"十二五"普通高等教育本科国家级规划教材

2009年度普通高等教育精品教材

张三慧 编著

B版

大学物理学（第三版）
热学、光学、量子物理

U0422148

清华大学出版社

北京

内 容 简 介

本书是张三慧编著的《大学物理学》(第三版)中的《热学、光学、量子物理》分册。热学部分包括温度和气体动理论,热力学第一和第二定律。光学部分在讲了波动光学的光的干涉、衍射、偏振等规律之后,也讲了几何光学的基本知识。量子物理部分包括微观粒子的二象性、薛定谔方程(定态)、原子中的电子能态、分子的结构和能级、固体中电子的能态、量子统计的基本概念和核物理的基础知识。各部分内容均配置了适量的联系实际的例题和习题。除了基本内容外,还专题介绍了能源与环境、全息照相、光学信息处理、液晶、非线性光学、自由电子激光、多光子吸收、激光冷却、纳米科技等今日物理趣闻,以及几位科学家的传略。书末还列出了历年诺贝尔物理学奖获得者名录及其创新课题。本书基本内容讲解简明有序,扩展内容通俗易懂。

本书可作为高等院校的物理教材,也可以作为中学物理教师教学或其他读者自学的参考书,与本书配套的《大学物理学辅导(第2版)》和《大学物理学(第三版)学习辅导与习题解答》可帮助读者学习本书。

本书封面贴有清华大学出版社防伪标签,无标签者不得销售。
版权所有,侵权必究。举报: 010-62782989, beiqinquan@tup.tsinghua.edu.cn。
未经清华大学出版社授权,请不要专门为本书编写学习辅导材料,如思考题和习题解答等。

图书在版编目(CIP)数据

大学物理学. 热学、光学、量子物理/张三慧编著. —3版. —B版. —北京: 清华大学出版社,2009.2 (2024.1重印)
ISBN 978-7-302-19343-2

Ⅰ. 大… Ⅱ. 张… Ⅲ. ①物理学-高等学校-教材 ②热学-高等学校-教材 ③光学-高等学校-教材 ④量子力学-高等学校-教材 Ⅳ. O4

中国版本图书馆 CIP 数据核字(2009)第 010782 号

责任编辑: 朱红莲
责任校对: 王淑云
责任印制: 丛怀宇

出版发行: 清华大学出版社　　　　　　　　　地　　址: 北京清华大学学研大厦A座
　　　　　https://www.tup.com.cn　　　　　邮　　编: 100084
　　　　　社　总　机: 010-83470000　　　　邮　　购: 010-62786544
　　　　　投稿与读者服务: 010-62772015, c-service@tup.tsinghua.edu.cn
　　　　　质　量　反　馈: 010-62772015, zhiliang@tup.tsinghua.edu.cn
印 装 者: 三河市龙大印装有限公司
经　　销: 全国新华书店
开　　本: 185mm×260mm　　印张: 31　　字数: 751 千字
版　　次: 2009年2月第3版　　　　　　　印次: 2024年1月第29次印刷
定　　价: 78.00元

产品编号: 032537-08

前言
FOREWORD

这部《大学物理学》(第三版)含力学篇、热学篇、电磁学篇、光学篇和量子物理篇,共 5 篇。按照篇章的组织顺序,本套教材又分为两个版本,称为 A 版和 B 版。A 版分为 3 册,第 1 册为《力学、热学》,第 2 册为《电磁学》(或《基于相对论的电磁学》,二选其一),第 3 册为《光学、量子物理》。B 版分为 2 册,第 1 册为《力学、电磁学》,第 2 册为《热学、光学、量子物理》。读者可根据实际教学和学习的需要,选择使用 A 版或 B 版;其中 A 版中的第 2 册又分为两个版本——《电磁学》或《基于相对论的电磁学》,选用 A 版的读者可选择其中一个版本使用。本册为 B 版的第 2 册《热学、光学、量子物理》。

本书自第一版与第二版问世以来,已被多所院校用作教材。根据使用过此书的教师与学生以及其他读者的反映,也考虑到近几年物理教学的发展动向,本书推出第三版。第三版内容的撰写与修改仍延续了第二版的科学性和系统性的特点,保持了原有的体系和风格,并在第二版的基础上,增加、拓宽了一些内容。

本书内容完全涵盖了 2006 年我国教育部发布的"非物理类理工学科大学物理课程基本要求"。书中各篇对物理学的基本概念与规律进行了正确明晰的讲解。讲解基本上都是以最基本的规律和概念为基础,推演出相应的概念与规律。笔者认为,在教学上应用这种演绎逻辑更便于学生从整体上理解和掌握物理课程的内容。

力学篇是以牛顿定律为基础展开的。除了直接应用牛顿定律对问题进行动力学分析外,还引入了动量、角动量、能量等概念,并着重讲解相应的守恒定律及其应用。除惯性系外,还介绍了利用非惯性系解题的基本思路,刚体的转动、振动、波动这三章内容都是上述基本概念和定律对于特殊系统的应用。狭义相对论的讲解以两条基本假设为基础,从同时性的相对性这一"关键的和革命的"(杨振宁语)概念出发,逐渐展开得出各个重要结论。这种讲解可以比较自然地使学生从物理上而不只是从数学上弄懂狭义相对论的基本结论。

电磁学篇按照传统讲法,讲述电磁学的基本理论,包括静止和运动电荷的电场,运动电荷和电流的磁场,介质中的电场和磁场,电磁感应,电磁波等。电磁学的讲述未止于麦克斯韦方程组,而是继续讲述了电磁波的发射机制及其传播特征等。

热学篇的讲述是以微观的分子运动的无规则性这一基本概念为基础的。除了阐明经典力学对分子运动的应用外，特别引入并加强了统计概念和统计规律，包括麦克斯韦速率分布律的讲解。对热力学第一定律也阐述了其微观意义。对热力学第二定律是从宏观热力学过程的方向性讲起的，说明方向性的微观根源，并利用热力学概率定义了玻耳兹曼熵并说明了熵增加原理，然后再进一步导出克劳修斯熵及其计算方法。这种讲法最能揭露熵概念的微观本质，也便于理解熵概念的推广应用。

光学篇以电磁波和振动的叠加概念为基础，讲述了光电干涉和衍射的规律。第24章光的偏振讲述了电磁波的横波特征。然后，根据光电波动性在特定条件下的近似特征——直线传播，讲述了几何光学的基本定律及反射镜和透镜的成像原理。

以上力学、电磁学、热学、光学各篇的内容基本上都是经典理论，但也在适当地方穿插了量子理论的概念和结论以便相互比较。

量子物理篇是从波粒二象性出发以定态薛定谔方程为基础讲解的。介绍了原子、分子和固体中电子的运动规律以及核物理的知识。关于教学要求中的扩展内容，如基本粒子和宇宙学的基本知识是在"今日物理趣闻A"和"今日物理趣闻C"栏目中作为现代物理学前沿知识介绍的。

本书除了5篇基本内容外，还开辟了"今日物理趣闻"栏目，介绍物理学的近代应用与前沿发展，而"科学家介绍"栏目用以提高学生素养，鼓励成才。

本书各章均配有思考题和习题，以帮助学生理解和掌握已学的物理概念和定律或扩充一些新的知识。这些题目有易有难，绝大多数是实际现象的分析和计算。题目的数量适当，不以多取胜。也希望学生做题时不要贪多，而要求精，要真正把做过的每一道题从概念原理上搞清楚，并且用尽可能简洁明确的语言、公式、图像表示出来，需知，对一个科技工作者来说，正确地书面表达自己的思维过程与成果也是一项重要的基本功。

本书在保留经典物理精髓的基础上，特别注意加强了现代物理前沿知识和思想的介绍。本书内容取材在注重科学性和系统性的同时，还注重密切联系实际，选用了大量现代科技与我国古代文明的资料，力求达到经典与现代，理论与实际的完美结合。

本书在量子物理篇中专门介绍了近代（主要是20世纪30年代）物理知识，并在其他各篇适当介绍了物理学的最新发展，同时为了在大学生中普及物理学前沿知识以扩大其物理学背景，在"今日物理趣闻"专栏中，分别介绍了"基本粒子"、"混沌——决定论的混乱"、"大爆炸和宇宙膨胀"、"能源与环境"、"等离子体"、"超导电性"、"激光应用二例"、"新奇的纳米技术"等专题。这些都是现代物理学以及公众非常关心的题目。本书所介绍的趣闻有的已伸展到最近几年的发现，这些"趣闻"很受学生的欢迎，他们拿到新书后往往先阅读这些内容。

物理学很多理论都直接联系着当代科技乃至人们的日常生活。教材中列举大量实例，既能提高学生的学习兴趣，又有助于对物理概念和定律的深刻理解以及创造性思维的启迪。本书在例题、思考题和习题部分引用了大量的实例，特别是反映现代物理研究成果和应用的实例，如全球定位系统、光盘、宇宙探测、天体运行、雷达测速、立体电影等。同时还大量引用了我国从古到今技术上以及生活上的有关资料，例如古籍《宋纪要》关于"客星"出没的记载，北京天文台天线阵，长征火箭，神舟飞船，天坛祈年殿，黄果树瀑布，阿迪力走钢丝，抖空竹，1976年唐山地震，1988年特大洪灾，等等。这些例子体现了民族文化，可以增强学生对物理的"亲切感",而且有助于学生的民族自豪感和责任心的提升。

  物理教学除了"授业"外,还有"育人"的任务。为此本书介绍了十几位科学大师的事迹,简要说明了他们的思想境界、治学态度、开创精神和学术成就,以之作为学生为人处事的借鉴。在此我还要介绍一下我和帕塞尔教授的一段交往。帕塞尔教授是哈佛大学教授,1952年因对核磁共振研究的成果荣获诺贝尔物理学奖。我于1977年看到他编写的《电磁学》,深深地为他的新讲法所折服。用他的书讲述两遍后,于1987年贸然写信向他请教,没想到很快就收到他的回信(见附图)和赠送给我的教材(第二版)及习题解答。他这种热心帮助一个素不相识的外国教授的行为使我非常感动。

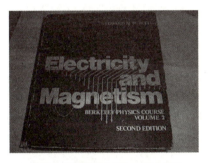

帕塞尔《电磁学》(第二版)封面

本书作者与帕塞尔教授合影(1993年)

帕塞尔回信复印件

  他在信中写道"本书170~171页关于L. Page的注解改正了第一版的一个令人遗憾的疏忽。1963年我写该书时不知道Page那篇出色的文章,我并不认为我的讲法是原创的——远不是这样——但当时我没有时间查找早先的作者追溯该讲法的历史。现在既然你也喜欢这种讲法,我希望你和我一道在适当时机宣扬Page的1912年的文章。"一位物理学大师对自己的成就持如此虚心、谦逊、实事求是的态度使我震撼。另外,他对自己书中的疏漏(实际上有些是印刷错误)认真修改,这种严肃认真的态度和科学精神也深深地教育了我。帕塞尔这封信所显示的作为一个科学家的优秀品德,对我以后的为人处事治学等方面都产生了很大影响,始终视之为楷模追随仿效,而且对我教的每一届学生都要展示帕塞尔的这一封信对他们进行教育,收到了很好的效果。

本书的撰写和修订得到了清华大学物理系老师的热情帮助(包括经验与批评),也采纳了其他兄弟院校的教师和同学的建议和意见。此外,也从国内外的著名物理教材中吸取了很多新的知识、好的讲法和有价值的素材。这些教材主要有:新概念物理教程(赵凯华等),Feyman Lectures on Physics,Berkeley Physics Course(Purcell E M, Reif F, et al.),The Manchester Physics Series(Mandl F, et al.),Physics(Chanian H C.),Fundamentals of Physics(Resnick R),Physics(Alonso M et al.)等。

对于所有给予本书帮助的老师和学生以及上述著名教材的作者,本人在此谨致以诚挚的谢意。清华大学出版社诸位编辑对第三版杂乱的原稿进行了认真的审阅和编辑,特在此一并致谢。

张三慧

2008 年 10 月

于清华园

目录

第 3 篇 热 学

第 17 章 温度和气体动理论 3
- 17.1 平衡态 3
- 17.2 温度的概念 4
- 17.3 理想气体温标 5
- 17.4 理想气体状态方程 7
- 17.5 气体分子的无规则运动 9
- 17.6 理想气体的压强 11
- 17.7 温度的微观意义 14
- 17.8 能量均分定理 16
- 17.9 麦克斯韦速率分布律 18
- 17.10 麦克斯韦速率分布律的实验验证 24
- *17.11 玻耳兹曼分布律 25
- 17.12 实际气体等温线 27
- *17.13 范德瓦耳斯方程 28
- *17.14 非平衡态 输运过程 32
- 提要 36
- 思考题 38
- 习题 39
- 科学家介绍 玻耳兹曼 43

第 18 章 热力学第一定律 46
- 18.1 功 热量 热力学第一定律 46
- 18.2 准静态过程 48
- 18.3 热容 51
- 18.4 绝热过程 56

18.5 循环过程 60
18.6 卡诺循环 62
18.7 致冷循环 65
提要 66
思考题 68
习题 68
科学家介绍 焦耳 73

今日物理趣闻 I 能源与环境 76

I.1 各式能源的利用 76
I.2 人类环境问题 77

第 19 章 热力学第二定律 82

19.1 自然过程的方向 82
19.2 不可逆性的相互依存 84
19.3 热力学第二定律及其微观意义 85
19.4 热力学概率与自然过程的方向 87
19.5 玻耳兹曼熵公式与熵增加原理 90
19.6 可逆过程 92
19.7 克劳修斯熵公式 94
19.8 用克劳修斯熵公式计算熵变 98
*19.9 温熵图 100
*19.10 熵和能量退降 101
提要 102
思考题 103
习题 104

今日物理趣闻 J 耗散结构 107

J.1 宇宙真的正在走向死亡吗 107
J.2 生命过程的自组织现象 107
J.3 无生命世界的自组织现象 109
J.4 开放系统的熵变 110
J.5 稍离平衡的系统 111
J.6 远离平衡的系统 112
J.7 通过涨落达到有序 113

第 4 篇 光 学

第 20 章 振动 ······ 117
- 20.1 简谐运动的描述 ······ 117
- 20.2 简谐运动的动力学 ······ 120
- 20.3 简谐运动的能量 ······ 124
- 20.4 阻尼振动 ······ 125
- 20.5 受迫振动 共振 ······ 127
- 20.6 同一直线上同频率的简谐运动的合成 ······ 128
- 20.7 同一直线上不同频率的简谐运动的合成 ······ 130
- *20.8 谐振分析 ······ 131
- *20.9 两个相互垂直的简谐运动的合成 ······ 133
- 提要 ······ 134
- 思考题 ······ 135
- 习题 ······ 136

第 21 章 波动 ······ 140
- 21.1 行波 ······ 140
- 21.2 简谐波 ······ 141
- 21.3 物体的弹性形变 ······ 146
- 21.4 弹性介质中的波速 ······ 148
- 21.5 波的能量 ······ 150
- 21.6 惠更斯原理与波的反射和折射 ······ 153
- 21.7 波的叠加 驻波 ······ 156
- 21.8 声波 ······ 160
- *21.9 地震波 ······ 162
- *21.10 水波 ······ 163
- 21.11 多普勒效应 ······ 165
- *21.12 行波的叠加和群速度 ······ 169
- *21.13 孤子 ······ 171
- 提要 ······ 172
- 思考题 ······ 174
- 习题 ······ 175

第 22 章 光的干涉 ······ 181
- 22.1 杨氏双缝干涉 ······ 181
- 22.2 相干光 ······ 185

*22.3 光的非单色性对干涉条纹的影响 ……………………………………………………… 187
*22.4 光源的大小对干涉条纹的影响 ………………………………………………………… 189
22.5 光程 ……………………………………………………………………………………… 192
22.6 薄膜干涉(一)——等厚条纹 ………………………………………………………… 194
22.7 薄膜干涉(二)——等倾条纹 ………………………………………………………… 198
22.8 迈克耳孙干涉仪 ………………………………………………………………………… 200
提要 ……………………………………………………………………………………………… 201
思考题 …………………………………………………………………………………………… 202
习题 ……………………………………………………………………………………………… 203
科学家介绍 托马斯·杨和菲涅耳 …………………………………………………………… 206

第 23 章 光的衍射

23.1 光的衍射和惠更斯-菲涅耳原理 ………………………………………………………… 209
23.2 单缝的夫琅禾费衍射 …………………………………………………………………… 210
23.3 光学仪器的分辨本领 …………………………………………………………………… 215
23.4 细丝和细粒的衍射 ……………………………………………………………………… 217
23.5 光栅衍射 ………………………………………………………………………………… 219
23.6 光栅光谱 ………………………………………………………………………………… 225
23.7 光盘及其录音与放音 …………………………………………………………………… 227
23.8 X 射线衍射 ……………………………………………………………………………… 231
提要 ……………………………………………………………………………………………… 232
思考题 …………………………………………………………………………………………… 233
习题 ……………………………………………………………………………………………… 234

今日物理趣闻 K 全息照相

K.1 全息照片的拍摄 ………………………………………………………………………… 237
K.2 全息图像的观察 ………………………………………………………………………… 239
K.3 全息照相的应用 ………………………………………………………………………… 240

今日物理趣闻 L 光学信息处理

L.1 空间频率与光学信息 …………………………………………………………………… 241
L.2 空间频谱分析 …………………………………………………………………………… 242
L.3 阿贝成像原理和空间滤波 ……………………………………………………………… 243
L.4 θ 调制 ……………………………………………………………………………………… 245

第 24 章　光的偏振 …… 246
- 24.1　光的偏振状态 …… 246
- 24.2　线偏振光的获得与检验 …… 248
- 24.3　反射和折射时光的偏振 …… 250
- 24.4　由散射引起的光的偏振 …… 251
- 24.5　双折射现象 …… 252
- *24.6　椭圆偏振光和圆偏振光 …… 256
- *24.7　偏振光的干涉 …… 259
- *24.8　人工双折射 …… 260
- *24.9　旋光现象 …… 261
- 提要 …… 263
- 思考题 …… 264
- 习题 …… 265

今日物理趣闻 M　液晶 …… 268
- M.1　液晶的结构 …… 268
- M.2　液晶的光学特性 …… 269

今日物理趣闻 N　非线性光学 …… 272
- N.1　非线性光学与激光 …… 272
- N.2　倍频与混频 …… 272
- N.3　自聚焦 …… 274
- N.4　受激拉曼散射 …… 275

第 25 章　几何光学 …… 276
- 25.1　光线 …… 276
- 25.2　光的反射 …… 277
- 25.3　球面反射镜 …… 279
- 25.4　光的折射 …… 281
- 25.5　薄透镜的焦距 …… 283
- 25.6　薄透镜成像 …… 286
- 25.7　人眼 …… 290
- 25.8　助视仪器 …… 291
- 提要 …… 294
- 思考题 …… 295
- 习题 …… 297

第 5 篇 量子物理

第 26 章 波粒二象性 ································ 303
- 26.1 黑体辐射 ··································· 303
- 26.2 光电效应 ··································· 306
- 26.3 光的二象性 光子 ··························· 308
- 26.4 康普顿散射 ································· 311
- 26.5 粒子的波动性 ······························· 314
- 26.6 概率波与概率幅 ····························· 317
- 26.7 不确定关系 ································· 320
- 提要 ·· 325
- 思考题 ·· 326
- 习题 ·· 326
- 科学家介绍 德布罗意 ··························· 329

第 27 章 薛定谔方程 ································ 331
- 27.1 薛定谔得出的波动方程 ······················ 331
- 27.2 无限深方势阱中的粒子 ······················ 335
- 27.3 势垒穿透 ··································· 338
- 27.4 谐振子 ····································· 343
- 提要 ·· 345
- 思考题 ·· 345
- 习题 ·· 346
- 科学家介绍 薛定谔 ····························· 348

第 28 章 原子中的电子 ······························ 350
- 28.1 氢原子 ····································· 350
- 28.2 电子的自旋与自旋轨道耦合 ·················· 358
- *28.3 微观粒子的不可分辨性和泡利不相容原理 ····· 364
- 28.4 各种原子核外电子的组态 ···················· 365
- *28.5 X 射线 ····································· 369
- 28.6 激光 ······································· 372
- *28.7 分子结构 ··································· 376
- *28.8 分子的转动和振动能级 ······················ 380
- 提要 ·· 384
- 思考题 ·· 385
- 习题 ·· 386

科学家介绍　玻尔 ··· 389

今日物理趣闻 O　自由电子激光 ··· 391

今日物理趣闻 P　激光应用二例 ··· 394
    P.1　多光子吸收 ··· 394
    P.2　激光冷却与捕陷原子 ·· 396

第 29 章　固体中的电子 ··· 399
    29.1　自由电子按能量的分布 ·· 399
    29.2　金属导电的量子论解释 ·· 403
   *29.3　量子统计 ·· 404
    29.4　能带　导体和绝缘体 ·· 407
    29.5　半导体 ·· 410
    29.6　PN 结 ··· 411
    29.7　半导体器件 ··· 412
    提要 ··· 414
    思考题 ··· 416
    习题 ··· 416

今日物理趣闻 Q　新奇的纳米科技 ·· 418
    Q.1　什么是纳米科技 ··· 418
    Q.2　纳米材料 ··· 419
    Q.3　纳米器件 ··· 420

第 30 章　核物理 ··· 422
    30.1　核的一般性质 ·· 422
    30.2　核力 ··· 426
    30.3　核的结合能 ··· 427
   *30.4　核的液滴模型 ·· 430
    30.5　放射性和衰变定律 ··· 432
    30.6　α 衰变 ·· 436
   *30.7　穆斯堡尔效应 ·· 437
    30.8　β 衰变 ·· 442
    30.9　核反应 ·· 445
    提要 ··· 448
    思考题 ··· 449

习题 ·· 449

元素周期表 ·· 452

数值表 ·· 453

习题答案 ··· 455

诺贝尔物理学奖获得者名录 ··· 465

索引 ··· 470

第 3 篇 热 学

热学研究的是自然界中物质与冷热有关的性质及这些性质变化的规律。

冷热是人们对自然界的一种最普通的感觉，人类文化对此早有记录。我国山东大汶口文化（6000 年前）遗址发现的陶器刻画符号，就有如右下图所示的"热"字。该符号是"繁体字"，上面是日，中间是火，下面是山。它表示在太阳照射下，山上起了火。这当然反映了人们对热的感觉。现今的"热"字虽然和这一符号不同，但也离不开它下面那四点所代表的火字。

对冷热的客观本质以及有关现象的定量研究约起自 300 年前。先是人们建立了温度的概念，用它来表示物体的冷热程度。伽利略就曾制造了一种"验温器"（如下页图）。他用一根长玻璃管，上端和一玻璃泡连通，下端开口，插在一个盛有带颜色的水的玻璃容器内，他根据管内水面的高度来判断其周围的"热度"。他的玻璃管上没有刻度，因此

还不能定量地测定温度。此后，人们不断设计制造了比较完善的能定量测定温度的温度计，并建立了几种温标。今天仍普遍使用的摄氏温标就是 1742 年瑞典天文学家摄尔修斯（A. Celsius）建立的。

温度概念建立之后，人们就探讨物体的温度为什么会有高低的不同。最初人们把这种不同归因于物体内所含的一种假想的无重量的"热质"的多少。利用这种热质的守恒规律曾定量地说明了许多有关热传递、热平衡的现象，甚至热机工作的一些规律。18 世纪末伦

福特伯爵(Count Rumford)通过观察大炮膛孔工作中热的不断产生,否定了热质说,明确指出热是"运动"。这一概念随后就被迈耶(R. J. Mayer)通过计算和焦耳(J. P. Joule)通过实验得出的热功当量加以定量地确认了。此后,经过亥姆霍兹(Hermann von Helmholtz)、克劳修斯(R. Clausius)、开尔文(Kelvin, William Thomson, Lord)等人的努力,逐步精确地建立了热量是能量传递的一种量度的概念,并根据大量实验事实总结出了关于热现象的宏观理论——热力学。热力学的主要内容是两条基本定律——热力学第一定律和热力学第二定律。这些定律都具有高度的普遍性和可靠性,但由于它们不涉及物质的内部具体结构,所以显得不够深刻。

对热现象研究的另一途径是从物质的微观结构出发,以每个微观粒子遵循的力学定律为基础,利用统计规律来导出宏观的热学规律。这样形成的理论称为统计物理或统计力学。统计力学是从19世纪中叶麦克斯韦(J. C. Maxwell)等对气体动理论的研究开始,后经玻耳兹曼(L. Boltzmann)、吉布斯(J. W. Gibbs)等人在经典力学的基础上发展为系统的经典统计力学。20世纪初,建立了量子力学。在量子力学的基础上,狄拉克(P. A. M. Dirac)、费米(E. Fermi)、玻色(S. Bose)、爱因斯坦等人又创立了量子统计力学。由于统计力学是从物质的微观结构出发的,所以更深刻地揭露了热现象以及热力学定律的本质。这不但使人们对自然界的认识深入了一大步,而且由于了解了物质的宏观性质和微观因素的关系,也使得人们在实践中,例如在控制材料的性能以及制取新材料的研究方面,大大提高了自觉性。因此,统计力学在近代物理各个领域都起着很重要的作用。

在本篇热学中,我们将介绍统计物理的基本概念和气体动理论的基本内容以及热力学的基本定律,并尽可能相互补充地加以讲解。

第 17 章

温度和气体动理论

本章先从宏观角度介绍平衡态温度、状态方程等热学基本概念,然后在气体的微观特征——大量分子的无规则运动——的基础上讲解平衡态统计理论的基本知识,即气体动理论。这包括气体的压强、温度的微观意义和气体分子的麦克斯韦速率分布、玻耳兹曼分布等规律。之后介绍实际气体的宏观行为及其近似微观理论——范德瓦耳斯方程。最后通过输运过程的简介,说明一些非平衡态的基本知识。关于气体的统计理论是整个物理学的基础理论之一,读者通过本章的学习,可理解其基本特点、思想和方法。

17.1 平衡态

在热学中,我们把作为研究对象的一个物体或一组物体称为**热力学系统**,简称为**系统**,系统以外的物体称为**外界**。

一个系统的各种性质不随时间改变的状态叫做**平衡态**,热学中研究的平衡态包括力学平衡,但也要求其他所有的性质,包括冷热的性质,保持不变。对处于平衡态的系统,其状态可用少数几个可以直接测量的物理量来描述。例如封闭在汽缸中的一定量的气体,其平衡态就可以用其体积、压强以及组分比例来描述(图 17.1)。这样的描述称为**宏观描述**,所用的物理量叫系统的**宏观状态参量**。

平衡态只是一种宏观上的寂静状态,在微观上系统并不是静止不变的。在平衡态下,组成系统的大量分子还在不停地无规则地运动着,这些微观运动的总效果也随时间不停地急速地变化着,只不过其总的平均效果不随时间变化罢了。因此我们讲的平衡态从微观的角度应该理解为**动态平衡**。

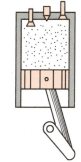

图 17.1 气体作为系统

基于实际的热力学系统都是由分子构成的这一事实,也可以通过对分子运动状态的说明来描述系统的宏观状态。这样的描述称为**微观描述**。但由于分子的数量巨大,且各分子的运动在相互作用和外界的作用下极其复杂,要逐个说明各分子的运动是不可能的。所以对系统的微观描述都采用**统计**的方法。在平衡态下,系统的宏观参量就是说明单个分子运动的**微观参量**(如质量、速度、能量等)的**统计平均值**。本章将对这一方法加以详细的介绍。

由于一个实际的系统总要受到外界的干扰,所以严格的不随时间变化的平衡态是不存在的。平衡态是一个理想的概念,是在一定条件下对实际情况的概括和抽象。但在许多实际问题中,往往可以把系统的实际状态近似地当做平衡态来处理,而比较简便地得出与实际情况基本相符的结论。因此,平衡态是热学理论中的一个很重要的概念。

本书热学部分只限于讨论组分单一的系统,特别是单纯的气体系统,而且只讨论涉及其平衡态的性质。

17.2 温度的概念

将两个物体(或多个物体)放到一起使之接触并不受外界干扰(例如,将热水倒入玻璃杯内放到保温箱内(图 17.2)),由于相互的能量传递,经过足够长的时间,它们必然达到一个平衡态。这时我们的直觉认为它们的冷热一样,或者说它们的温度相等。这就给出了温度的定性定义:**共处于平衡态的物体,它们的温度相等**。

图 17.2　水和杯在塑料箱内会达到热平衡

温度的完全定义需要有温度的数值表示法,这一表示方法基于以下实验事实,即:**如果物体 A 和物体 B 能分别与物体 C 的同一状态处于平衡态**(图 17.3(a)),**那么当把这时的 A 和 B 放到一起时,二者也必定处于平衡态**(图 17.3(b))。这一事实被称为**热力学第零定律**。根据这一定律,要确定两个物体是否温度相等,即是否处于平衡态,就不需要使二者直接接触,只要利用一个"第三者"加以"沟通"就行了,这个"第三者"就被称为**温度计**。

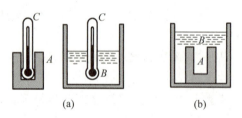

图 17.3　热力学第零定律的说明
(a) A(铁槽)和 B(一定量的水)分别和 C(测温器)的同一状态处于平衡态;
(b) A 和 B 放到一起也一定处于平衡态

利用温度计就可以定义温度的数值了,为此,选定一种物质作为测温物质,以其随温度有明显变化的性质作为温度的标志。再选定一个或两个特定的"**标准状态**"作为温度"**定点**"并赋予数值就可以建立一种**温标**来测量其他温度了。常用的一种温标是用水银作测温物质,以其体积(实际上是把水银装在毛细管内观察水银面的高度)随温度的膨胀作为温度标志。以 1 atm 下水的冰点和沸点为两个定点,并分别赋予二者的温度数值为 0 与 100。然后,在标有 0 和 100 的两个水银面高度之间刻记 100 份相等的距离,每一份表示 1 度,记作 1℃。这样就做成了一个水银温度计,由它给出的温度叫**摄氏温度**。这种温度计量方法叫**摄氏温标**。

建立了温度概念,我们就可以说,**两个相互接触的物体,当它们的温度相等时,它们就达到了一种平衡态**。这样的平衡态叫**热平衡**。

以上所讲的温度的概念是它的宏观意义。温度的微观本质,即它和分子运动的关系将在 17.7 节中介绍。

17.3 理想气体温标

一种有重要理论和实际意义的温标叫**理想气体温标**。它是用理想气体作测温物质的,那么什么是理想气体呢?

玻意耳定律指出:一定质量的气体,在一定温度下,其压强 p 和体积 V 的乘积是个常量,即

$$pV = 常量 \quad (温度不变) \tag{17.1}$$

对不同的温度,这一常量的数值不同。各种气体都近似地遵守这一定律,而且压强越小,与此定律符合得也越好。为了表示气体的这种共性,我们引入理想气体的概念。**理想气体就是在各种压强下都严格遵守玻意耳定律的气体**。它是各种实际气体在压强趋于零时的极限情况,是一种理想模型。

既然对一定质量的理想气体,它的 pV 乘积只决定于温度,所以我们就可以据此定义一个温标,叫**理想气体温标**,这一温标指示的温度值与该温度下一定质量的理想气体的 pV 乘积成正比,以 T 表示理想气体温标指示的温度值,则应有

$$pV \propto T \tag{17.2}$$

这一定义只能给出两个温度数值的比,为了确定某一温度的数值,还必须规定一个特定温度的数值。1954 年国际上规定的**标准温度定点**为水的**三相点**,即水、冰和水汽共存而达到平衡态时(图 17.4 所示装置的中心管内)的温度(这时水汽的压强是 4.58 mmHg,约 609 Pa)。这个温度称为水的**三相点温度**,以 T_3 表示此温度,它的数值**规定**为

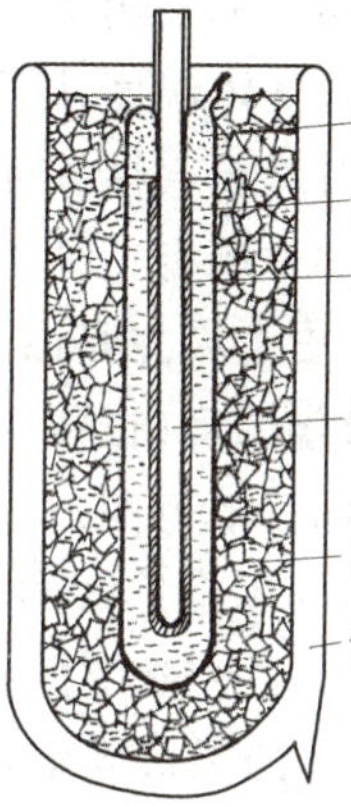

图 17.4 水的三相点装置

$$T_3 \equiv 273.16 \text{ K} \tag{17.3}$$

式中 K 是理想气体温标的温度单位的符号,该单位的名称为开[尔文]。

以 p_3, V_3 表示一定质量的理想气体在水的三相点温度下的压强和体积,以 p, V 表示该气体在任意温度 T 时的压强和体积,由式(17.2)和式(17.3),T 的数值可由下式决定:

$$\frac{T}{T_3} = \frac{pV}{p_3 V_3}$$

或

$$T = T_3 \frac{pV}{p_3 V_3} = 273.16 \frac{pV}{p_3 V_3} \tag{17.4}$$

这样,只要测定了某状态的压强和体积的值,就可以确定和该状态相应的温度数值了。

实际上测定温度时,总是保持一定质量的气体的体积(或压强)不变而测它的压强(或体

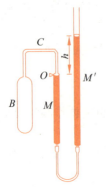

图 17.5 定体气体温度计

积),这样的温度计叫**定体**(或定压)气体温度计。图 17.5 是定体气体温度计的结构示意图。在充气泡 B(通常用铂或铂合金做成)内充有气体,通过一根毛细管 C 和水银压强计的左臂 M 相连。测量时,使 B 与待测系统相接触。上下移动压强计的右臂 M',使 M 中的水银面在不同的温度下始终保持与指示针尖 O 同一水平,以保持 B 内气体的体积不变。当待测温度不同时,由气体实验定律知,气体的压强也不同,它可以由 M 与 M' 中的水银面高度差 h 及当时的大气压强测出。如以 p 表示测得的气体压强,则根据式(17.4)可求出待测温度数值应是

$$T = 273.16 \frac{p}{p_3} \tag{17.5}$$

由于实际仪器中的充气泡内的气体并不是"理想气体",所以利用此式计算待测温度时,事先必须对压强加以修正。此外,还需要考虑由于容器的体积、水银的密度随温度变化而引起的修正。

理想气体温标利用了气体的性质,因此在气体要液化的温度下,当然就不能用这一温标表示温度了。气体温度计所能测量的最低温度约为 0.5 K(这时用低压 ^{3}He 气体),低于此温度的数值对理想气体温标来说是无意义的。

在热力学中还有一种不依赖于任何物质的特性的温标叫**热力学温标**(也曾叫绝对温标)。它在历史上最先是由开尔文引进的(见 18.6 节),通常也用 T 表示,这种温标指示的数值,叫**热力学温度**(也曾叫绝对温度)。它的 SI 单位为开[尔文],符号为 K。可以证明,在理想气体温标有效范围内,理想气体温标和热力学温标是完全一致的,因而都用 K 作单位。

实际上,为了在广大的温度范围内标定各种实用的温度计,国际上按最接近热力学温标的数值规定了一些温度的**固定点**。用这些固定点标定的温标叫**国际温标**。现在采用的 1990 国际温标的一些固定点在表 17.1 中用 * 号标记。以 t(℃)表示摄氏温度,它和热力学温度 T(K)的关系是

$$t = T - 273.15 \tag{17.6}$$

表 17.1 给出了一些实际的温度值。表中最后一行给出了 1995 年朱棣文等利用激光冷却的方法[①]获得的目前为止实验室内达到的最低温度,即 2.4×10^{-11} K。这已经非常接近 0 K 了,但还不到 0 K。实际上,要想获得越低的温度就越困难,而热学理论已给出:**热力学零度**(也称绝对零度)**是不能达到的**!这个结论叫**热力学第三定律**。

表 17.1 一些实际的温度值

激光管内正发射激光的气体	<0 K(负温度)[①]
宇宙大爆炸后的 10^{-43} s	10^{32} K
氢弹爆炸中心	10^8 K
实验室内已获得的最高温度	6×10^7 K
太阳中心	1.5×10^7 K

---

① 参见本书第 5 篇 量子物理中"今日物理趣闻 P 激光应用二例"。

续表

地球中心	4×10^3 K
乙炔焰	2.9×10^3 K
金的凝固点*	1337.33 K
地球上出现的最高温度（利比亚）	331 K(58℃)
吐鲁番盆地最高温度	323 K(50℃)
水的三相点*	273.16 K(0.01℃)
地球上出现的最低温度（南极）	185 K($-$88℃)
氮的沸点（1 atm）	77 K
氢的三相点*	13.8033 K
氦的沸点（1 atm）	4.2 K
星际空间	2.7 K
用激光冷却法获得的最低温度	2.4×10^{-11} K

① 负温度指的是系统的热力学温度值为**负值**，它是从统计意义上对系统状态的一种描述。根据玻耳兹曼分布律（见 17.11 节），在热力学温度为 T 时，构成系统的粒子（如分子、原子或电子）在高能级（E_1）上的数目（N_1）与在低能级（E_2）上的数目（N_2）之比为 $N_1/N_2 = e^{-(E_1-E_2)/kT}$。在实际的正常情况下，$T>0$，因而总有 $N_1<N_2$。在特定情况下，可以使 $N_1>N_2$，这时由上述等式给出系统的温度 T 的值就小于零而为负值了。激光器发出激光时其中气体所处的"布居数反转"状态就是这样的状态，因而其温度为负值（见本书 28.6 节　激光）。

17.4　理想气体状态方程

由式（17.4）可得，对一定质量的同种理想气体，任一状态下的 pV/T 值都相等（都等于 p_3V_3/T_3），因而可以有

$$\frac{pV}{T} = \frac{p_0 V_0}{T_0} \tag{17.7}$$

其中 p_0, V_0, T_0 为**标准状态**下相应的状态参量值。

实验又指出，在一定温度和压强下，气体的体积和它的质量 m 或摩尔数 ν 成正比。若以 $V_{m,0}$ 表示气体在标准状态下的摩尔体积，则 ν mol 气体在标准状态下的体积应为 $V_0 = \nu V_{m,0}$，以此 V_0 代入式（17.7），可得

$$pV = \nu \frac{p_0 V_{m,0}}{T_0} T \tag{17.8}$$

阿伏伽德罗定律指出，在相同温度和压强下，1 mol 的各种理想气体的体积都相同，因此上式中的 $p_0 V_{m,0}/T_0$ 的值就是一个对各种理想气体都一样的常量。用 R 表示此常量，则有

$$R \equiv \frac{p_0 V_{m,0}}{T_0} = \frac{1.013\times 10^5 \times 22.4\times 10^{-3}}{273.15}$$

$$= 8.31 \ (\text{J/(mol·K)}) \tag{17.9}$$

此 R 称为**普适气体常量**。利用 R，式（17.8）可写作

$$pV = \nu RT \tag{17.10}$$

或

$$pV = \frac{m}{M} RT \tag{17.11}$$

上式中 m 是气体的质量，M 是气体的摩尔质量。式(17.10)或式(17.11)表示了**理想气体在任一平衡态下各宏观状态参量之间的关系**，称理想气体状态方程。它是由实验结果(玻意耳定律、阿伏伽德罗定律)和理想气体温标的定义综合得到的。各种实际气体，在通常的压强和不太低的温度的情况下，都近似地遵守这个状态方程，而且压强越低，近似程度越高。

1 mol 的任何气体中都有 N_A 个分子，

$$N_A = 6.023 \times 10^{23}/\text{mol}$$

这一数值叫阿伏伽德罗常量。

若以 N 表示体积 V 中的气体分子总数，则 $\nu = N/N_A$。引入另一普适常量，称为**玻耳兹曼常量**，用 k 表示：

$$k \equiv \frac{R}{N_A} = 1.38 \times 10^{-23} \text{ J/K} \tag{17.12}$$

则理想气体状态方程(17.10)又可写作

$$pV = NkT \tag{17.13}$$

或

$$p = nkT \tag{17.14}$$

其中 $n = N/V$ 是单位体积内气体分子的个数，叫气体分子数密度。

按上式计算，在标准状态下，1 cm³ 空气中约有 2.9×10^{19} 个分子。

例 17.1

一房间的容积为 5 m × 10 m × 4 m。白天气温为 21℃，大气压强为 0.98×10^5 Pa，到晚上气温降为 12℃ 而大气压强升为 1.01×10^5 Pa。窗是开着的，从白天到晚上通过窗户漏出了多少空气(以 kg 表示)？视空气为理想气体并已知空气的摩尔质量为 29.0 g/mol。

解 已知条件可列为 $V = 5 \times 10 \times 4 = 200 \text{ m}^3$；白天 $T_d = 21℃ = 294 \text{ K}$，$p_d = 0.98 \times 10^5$ Pa；晚上 $T_n = 12℃ = 285 \text{ K}$，$p_n = 1.01 \times 10^5$ Pa；$M = 29.0 \times 10^{-3}$ kg/mol。以 m_d 和 m_n 分别表示在白天和晚上室内空气的质量，则所求漏出空气的质量应为 $m_d - m_n$。

由理想气体状态方程式(17.11)可得

$$m_d = \frac{p_d V_d}{T_d} \frac{M}{R}, \quad m_n = \frac{p_n V_n}{T_n} \frac{M}{R}$$

由于 $V_d = V_n = V$，所以

$$m_d - m_n = \frac{MV}{R} \left(\frac{p_d}{T_d} - \frac{p_n}{T_n} \right)$$

$$= \frac{29.0 \times 10^{-3} \times 200}{8.31} \left(\frac{0.98 \times 10^5}{294} - \frac{1.01 \times 10^5}{285} \right)$$

$$= -14.6 \text{ (kg)}$$

此结果的负号表示，实际上是从白天到晚上有 14.6 kg 的空气流进了房间。

例 17.2

恒温气压。求大气压强 p 随高度 h 变化的规律，设空气的温度不随高度改变。

解 如图 17.6 所示，设想在高度 h 处有一薄层空气，其底面积为 S，厚度为 dh，上下两面的气体压强分别为 $p + dp$ 和 p。该处空气密度为 ρ，则此薄层受的重力为 $dmg = \rho g S dh$。力学平衡条件给出

$$(p+\mathrm{d}p)S + \rho g S\,\mathrm{d}h = pS$$
$$\mathrm{d}p = -\rho g\,\mathrm{d}h$$

视空气为理想气体，由式(17.11)可以导出
$$\rho = \frac{pM}{RT}$$

将此式代入上一式可得
$$\mathrm{d}p = -\frac{pMg}{RT}\mathrm{d}h \qquad (17.15)$$

将右侧的 p 移到左侧，再两边积分：
$$\int_{p_0}^{p} \frac{\mathrm{d}p}{p} = -\int_0^h \frac{Mg}{RT}\mathrm{d}h = -\frac{Mg}{RT}\int_0^h \mathrm{d}h$$

可得
$$\ln\frac{p}{p_0} = -\frac{Mg}{RT}h$$

或
$$p = p_0 \mathrm{e}^{-\frac{Mgh}{RT}} \qquad (17.16)$$

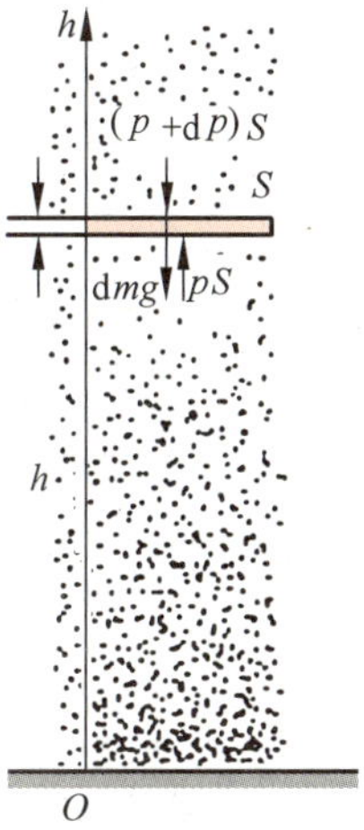

图 17.6 例 17.2 用图

即大气压强随高度按指数规律减小。这一公式称做恒温气压公式。

按此式计算，取 $M = 29.0$ g/mol，$T = 273$ K，$p_0 = 1.00$ atm。在珠穆朗玛峰（图 17.7）峰顶，$h = 8844.43$ m(2005 年测定值)，大气压强应为 0.33 atm。实际上由于珠峰峰顶温度很低，该处大气压强要比这一计算值小。一般地说，恒温气压公式(17.16)只能在高度不超过 2 km 时才能给出比较符合实际的结果，而这就是一种**高度计**的原理。

图 17.7 本书作者在南侧飞机上拍得的珠峰雄姿

实际上，大气的状况很复杂，其中的水蒸气含量、太阳辐射强度、气流的走向等因素都有较大的影响，大气温度也并不随高度一直降低。在 10 km 高空，温度约为 -50 ℃。再往高处去，温度反而随高度而升高了。火箭和人造卫星的探测发现，在 400 km 以上，温度甚至可达 10^3 K 或更高。

17.5 气体分子的无规则运动

下面开始介绍气体动理论，就是从分子运动论的观点来说明气体的宏观性质，以说明统计物理学的一些基本特点与方法。大家已知道气体的宏观性质是分子无规则运动的整体平

均效果。本节先介绍一下气体分子无规则运动的特征,即分子的无规则碰撞与平均自由程概念,以帮助大家对气体分子的无规则运动有些具体的形象化的理解。

由于分子运动是无规则的,一个分子在任意连续两次碰撞之间所经过的自由路程是不同的(图 17.8)。在一定的宏观条件下,一个气体分子在连续两次碰撞之间所可能经过的各段自由路程的平均值叫**平均自由程**,用 $\bar{\lambda}$ 表示。它的大小显然和分子的碰撞频繁程度有关。一个分子在单位时间内所受到的平均碰撞次数叫**平均碰撞频率**,以 $\bar{z}$ 表示。若 $\bar{v}$ 代表气体分子运动的平均速率,则在 Δt 时间内,一个分子所经过的平均距离就是 $\bar{v}\Delta t$,而所受到的平均碰撞次数是 $\bar{z}\Delta t$。由于每一次碰撞都将结束一段自由程,所以平均自由程应是

$$\bar{\lambda} = \frac{\bar{v}\Delta t}{\bar{z}\Delta t} = \frac{\bar{v}}{\bar{z}} \tag{17.17}$$

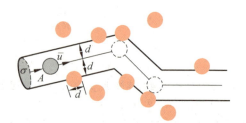

图 17.8 气体分子的自由程　　　　图 17.9 $\bar{z}$ 的计算

有哪些因素影响 $\bar{z}$ 和 $\bar{\lambda}$ 值呢?以同种分子的碰撞为例,我们把气体分子看做直径为 d 的钢球。为了计算 $\bar{z}$,我们可以设想"跟踪"一个分子,例如分子 A(图 17.9),计算它在一段时间 Δt 内与多少分子相碰。对碰撞来说,重要的是分子间的相对运动。为简便起见,可先假设其他分子都静止不动,只有分子 A 在它们之间以平均相对速率 $\bar{u}$ 运动,最后再做修正。

在分子 A 运动过程中,显然只有其中心与 A 的中心间距小于或等于分子直径 d 的那些分子才有可能与 A 相碰。因此,为了确定在时间 Δt 内 A 与多少分子相碰,可设想以 A 为中心的运动轨迹为轴线,以分子直径 d 为半径作一曲折的圆柱体,这样凡是中心在此圆柱体内的分子都会与 A 相碰,圆柱体的截面积为 σ,叫做分子的**碰撞截面**。对于大小都一样的分子,$\sigma = \pi d^2$。

在 Δt 时间内,A 所走过的路程为 $\bar{u}\Delta t$,相应的圆柱体的体积为 $\sigma\bar{u}\Delta t$,若 n 为气体分子数密度,则此圆柱体内的总分子数,亦即 A 与其他分子的碰撞次数应为 $n\sigma\bar{u}\Delta t$,因此平均碰撞频率为

$$\bar{z} = \frac{n\sigma\bar{u}\Delta t}{\Delta t} = n\sigma\bar{u} \tag{17.18}$$

可以证明(见习题 17.9),气体分子的平均相对速率 $\bar{u}$ 与平均速率 $\bar{v}$ 之间有下列关系:

$$\bar{u} = \sqrt{2}\,\bar{v} \tag{17.19}$$

将此关系代入式(17.18)可得

$$\bar{z} = \sqrt{2}\,\sigma\bar{v}\,n = \sqrt{2}\,\pi d^2\bar{v}\,n \tag{17.20}$$

将此式代入式(17.17),可得平均自由程为

$$\bar{\lambda} = \frac{1}{\sqrt{2}\,\sigma n} = \frac{1}{\sqrt{2}\,\pi d^2 n} \tag{17.21}$$

这说明,平均自由程与分子的直径的平方及分子的数密度成反比,而与平均速率无关。又因为 $p=nkT$,所以式(17.21)又可写为

$$\bar{\lambda} = \frac{kT}{\sqrt{2}\pi d^2 p} \tag{17.22}$$

这说明当温度一定时,平均自由程和压强成反比。

对于空气分子,$d \approx 3.5 \times 10^{-10}$ m。利用式(17.22)可求出在标准状态下,空气分子的 $\bar{\lambda} = 6.9 \times 10^{-8}$ m,即约为分子直径的 200 倍。这时 $\bar{z} \approx 6.5 \times 10^9/\text{s}$。每秒钟内一个分子竟发生几十亿次碰撞!

在 0 ℃,不同压强下空气分子的平均自由程计算结果如表 17.2 所列。由此表可看出,压强低于 1.33×10^{-2} Pa(即 10^{-4} mmHg,相当于普通白炽灯泡内的空气压强)时,空气分子的平均自由程已大于一般气体容器的线度(1 m 左右),在这种情况下空气分子在容器内相互之间很少发生碰撞,只是不断地来回碰撞器壁,因此气体分子的平均自由程就应该是容器的线度。还应该指出,即使在 1.33×10^{-4} Pa 的压强下,1 cm³ 内还有 3.5×10^{10} 个分子!

表 17.2　0 ℃时不同压强下空气分子的平均自由程(计算结果)

p/Pa	$\bar{\lambda}/\text{m}$
1.01×10^5	6.9×10^{-8}
1.33×10^2	5.2×10^{-5}
1.33	5.2×10^{-3}
1.33×10^{-2}	5.2×10^{-1}
1.33×10^{-4}	52

17.6　理想气体的压强

气体对容器壁有压强的作用,大家在中学物理中已学过,气体对器壁的压强是大量气体分子在无规则运动中对容器壁碰撞的结果,并作出了定性的解释。本节将根据气体动理论对气体的压强作出定量的说明。为简单起见,我们讨论理想气体的压强。关于理想气体,我们在 17.3 节中已给出**宏观**的定义。为了从微观上解释气体的压强,需要先了解理想气体的分子及其运动的特征。对于这些我们只能根据气体的表现作出一些假设,建立一定的模型,然后进行理论推导,最后再将导出的结论与实验结果进行比较,以判定假设是否正确。

气体动理论关于理想气体模型的基本微观假设的内容可分为两部分:一部分是关于分子个体的;另一部分是关于分子集体的。

1. 关于每个分子的力学性质的假设

(1) 分子本身的线度比起分子之间的平均距离来说,小了很多,以至可以忽略不计。

(2) 除碰撞瞬间外,分子之间和分子与容器壁之间均无相互作用。

(3) 分子在不停地运动着,分子之间及分子与容器壁间发生着频繁的碰撞,这些碰撞都是完全弹性的,即在碰撞前后气体分子的动能是守恒的。

(4) 分子的运动遵从经典力学规律。

以上这些假设可概括为理想气体分子的一种微观模型:理想气体分子像一个个极小的彼此间无相互作用的遵守经典力学规律的弹性质点。

2. 关于分子集体的统计性假设

(1) 每个分子运动速度各不相同,而且通过碰撞不断发生变化。

(2) 平衡态时,若忽略重力的影响,每个分子的位置处在容器内空间任何一点的机会(或概率)是一样的,或者说,**分子按位置的分布是均匀的**。如以 N 表示容器体积 V 内的分子总数,则分子数密度应到处一样,并且有

$$n = \frac{dN}{dV} = \frac{N}{V} \tag{17.23}$$

(3) 在平衡态时,气体分子的运动是完全无规则的,这表现为每个分子的速度指向任何方向的机会(或概率)都是一样的,或者说,**分子速度按方向的分布是均匀的**。因此速度的每个分量的平方的平均值应该相等,即

$$\overline{v_x^2} = \overline{v_y^2} = \overline{v_z^2} \tag{17.24}$$

其中各速度分量的平方的平均值按下式定义:

$$\overline{v_x^2} = \frac{v_{1x}^2 + v_{2x}^2 + \cdots + v_{Nx}^2}{N}$$

由于每个分子的速率 v_i 和速度分量有下述关系:

$$v^2 = v_{ix}^2 + v_{iy}^2 + v_{iz}^2$$

所以取等号两侧的平均值,可得

$$\overline{v^2} = \overline{v_x^2} + \overline{v_y^2} + \overline{v_z^2}$$

将式(17.24)代入上式得

$$\overline{v_x^2} = \overline{v_y^2} = \overline{v_z^2} = \frac{1}{3}\overline{v^2} \tag{17.25}$$

上述(2),(3)两个假设实际上是关于分子无规则运动的假设。它是一种**统计性假设**,只适用于**大量分子的集体**。上面的 $n, \overline{v_x^2}, \overline{v_y^2}, \overline{v_z^2}, \overline{v^2}$ 等都是**统计平均值**,只对大量分子的集体才有确定的意义。因此在考虑如式(17.23)中的 dV 时,从宏观上来说,为了表明容器中各点的分子数密度,它应该是非常小的体积元;但从微观上来看,在 dV 内应包含大量的分子。因而 dV 应是**宏观小**、**微观大**的体积元,不能单纯地按数学极限来了解 dV 的大小。在我们遇到的一般情形,这个物理条件完全可以满足。例如,在标准状态下,$1\ cm^3$ 空气中有 2.7×10^{19} 个分子,若 dV 取 $10^{-9}\ cm^3$(即边长为 $0.001\ cm$ 的正立方体),这在宏观上看是足够小的了。但在这样小的体积 dV 内还包含 10^{10} 个分子,因而 dV 在微观上看还是非常大的。分子数密度 n 就是对这样的体积元内可能出现的分子数统计平均的结果。当然,由于分子不停息地作无规则运动,不断地进进出出,因而 dV 内的分子数 dN 是不断改变的,而 dN/dV 值也就是不断改变的,各时刻的 dN/dV 值相对于平均值 n 的差别叫**涨落**。通常 dV 总是取得这样大,使这一涨落比起平均值 n 可以小到忽略不计。

在上述假设的基础上,可以定量地推导理想气体的压强公式。为此设一定质量的某种理想气体,被封闭在体积为 V 的容器内并处于平衡态。分子总数为 N,每个分子的质量为 m,各个分子的运动速度不同。为了讨论方便,我们把所有分子**按速度区间分为若干组**,在每一组内各分子的速度大小和方向都差不多相同。例如,第 i 组分子的速度都在 v_i 到

$v_i+\mathrm{d}v_i$ 这一区间内，它们的速度基本上都是 v_i，以 n_i 表示这一组分子的数密度，则总的分子数密度应为

$$n = n_1 + n_2 + \cdots + n_i + \cdots$$

从微观上看，气体对容器壁的压力是气体分子对容器壁频繁碰撞的总的平均效果。为了计算相应的压强，我们选取容器壁上一小块面积 $\mathrm{d}A$，取垂直于此面积的方向为直角坐标系的 x 轴方向(图 17.10)，首先考虑速度在 v_i 到 $v_i+\mathrm{d}v_i$ 这一区间内的分子对器壁的碰撞。设器壁是光滑的(由于分子无规则运动，大量分子对器壁碰撞的平均效果在沿器壁方向上都相互抵消了，对器壁无切向力作用。这相当于器壁是光滑的)。在碰撞前后，每个分子在 y,z 方向的速度分量不变。由于碰撞是完全弹性

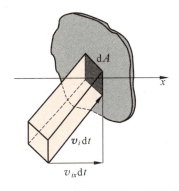

图 17.10　速度基本上是 v_i 的这类分子对 $\mathrm{d}A$ 的碰撞

的，分子在 x 方向的速度分量由 v_{ix} 变为 $-v_{ix}$，其动量的变化是 $m(-v_{ix})-mv_{ix}=-2mv_{ix}$。按动量定理，这就等于每个分子在一次碰撞器壁的过程中器壁对它的冲量。根据牛顿第三定律，每个分子对器壁的冲量的大小应是 $2mv_{ix}$，方向垂直指向器壁。

在 $\mathrm{d}t$ 时间内有多少个速度基本上是 v_i 的分子能碰到 $\mathrm{d}A$ 面积上呢？凡是在底面积为 $\mathrm{d}A$，斜高为 $v_i\mathrm{d}t$（高为 $v_{ix}\mathrm{d}t$）的斜形柱体内的分子在 $\mathrm{d}t$ 时间内都能与 $\mathrm{d}A$ 相碰。由于这一斜柱体的体积为 $v_{ix}\mathrm{d}t\mathrm{d}A$，所以这类分子的数目是

$$n_i v_{ix}\mathrm{d}A\mathrm{d}t$$

这些分子在 $\mathrm{d}t$ 时间内对 $\mathrm{d}A$ 的总冲量的大小为

$$n_i v_{ix}\mathrm{d}A\mathrm{d}t(2mv_{ix})$$

计算 $\mathrm{d}t$ 时间内碰到 $\mathrm{d}A$ 上所有分子对 $\mathrm{d}A$ 的总冲量的大小 $\mathrm{d}^2 I$[①]，应把上式对所有 $v_{ix}>0$ 的各个速度区间的分子求和(因为 $v_{ix}<0$ 的分子不会向 $\mathrm{d}A$ 撞去)，因而有

$$\mathrm{d}^2 I = \sum_{(v_{ix}>0)} 2m n_i v_{ix}^2 \mathrm{d}A\mathrm{d}t$$

由于分子运动的无规则性，$v_{ix}>0$ 与 $v_{ix}<0$ 的分子数应该各占分子总数的一半。又由于此处求和涉及的是 v_{ix} 的平方，所以如果 $\sum$ 表示对所有分子(即不管 v_{ix} 为何值)求和，则应有

$$\mathrm{d}^2 I = \frac{1}{2}\Big(\sum_i 2m n_i v_{ix}^2 \mathrm{d}A\mathrm{d}t\Big) = \sum_i m n_i v_{ix}^2 \mathrm{d}A\mathrm{d}t$$

各个气体分子对器壁的碰撞是断续的，它们给予器壁冲量的方式也是一次一次断续的。但由于分子数极多，因而碰撞**极其频繁**。它们对器壁的碰撞宏观上就成了**连续地**给予冲量，这也就在宏观上表现为气体对容器壁有**持续的**压力作用。根据牛顿第二定律，气体对 $\mathrm{d}A$ 面积上的作用力的大小应为 $\mathrm{d}F=\mathrm{d}^2 I/\mathrm{d}t$。而气体对容器壁的宏观压强就是

$$p = \frac{\mathrm{d}F}{\mathrm{d}A} = \frac{\mathrm{d}^2 I}{\mathrm{d}t\mathrm{d}A} = \sum_i m n_i v_{ix}^2 = m \sum_i n_i v_{ix}^2$$

由于

$$\overline{v_x^2} = \frac{\sum_i n_i v_{ix}^2}{n}$$

---

① 因为此总冲量为两个无穷小 $\mathrm{d}t$ 和 $\mathrm{d}A$ 所限，所以在数字上相应的总冲量的大小应记为 $\mathrm{d}^2 I$。

所以

$$p = nm\overline{v_x^2}$$

再由式(17.25)又可得

$$p = \frac{1}{3}nm\overline{v^2}$$

或

$$p = \frac{2}{3}n\left(\frac{1}{2}m\overline{v^2}\right) = \frac{2}{3}n\bar{\varepsilon}_t \tag{17.26}$$

其中

$$\bar{\varepsilon}_t = \frac{1}{2}m\overline{v^2} \tag{17.27}$$

为分子的**平均平动动能**。

式(17.26)就是气体动理论的压强公式,它把宏观量 p 和统计平均值 n 和 $\bar{\varepsilon}_t$(或 $\overline{v^2}$)联系起来。它表明气体压强具有统计意义,即它对于大量气体分子才有明确的意义。实际上,在推导压强公式的过程中所取的 dA, dt 都是"**宏观小微观大**"的量。因此在 dt 时间内撞击 dA 面积上的分子数是非常大的,这才使得压强有一个稳定的数值。对于微观小的时间和微观小的面积,碰撞该面积的分子数将很少而且变化很大,因此也就不会产生有一稳定数值的压强。对于这种情况宏观量压强也就失去意义了。

17.7 温度的微观意义

将式(17.26)与式(17.14)对比,可得

$$\frac{2}{3}n\bar{\varepsilon}_t = nkT$$

或

$$\bar{\varepsilon}_t = \frac{3}{2}kT \tag{17.28}$$

此式说明,各种理想气体在平衡态下,它们的分子**平均平动动能**只和温度有关,并且与热力学温度成正比。

式(17.28)是一个很重要的关系式。它说明了温度的微观意义,即热力学温度是分子平均平动动能的量度。粗略地说,温度反映了物体内部分子无规则运动的激烈程度(这就是中学物理课程中对温度的微观意义的定性说明)。再详细一些,关于温度概念应注意以下几点:

(1) 温度是描述热力学系统**平衡态**的一个物理量。这一点在从宏观上引入温度概念时就明确地说明了。当时曾提到热平衡是一种动态平衡,式(17.28)更定量地显示了"动态"的含义。对处于非平衡态的系统,不能用温度来描述它的状态(如果系统整体上处于非平衡态,但各个微小局部和平衡态差别不大时,也往往以不同的温度来描述各个局部的状态)。

(2) 温度是一个**统计**概念。式(17.28)中的平均值就表明了这一点。因此,温度只能用来描述大量分子的集体状态,对单个分子谈论它的温度是毫无意义的。

(3) 温度所反映的运动是分子的**无规则运动**。式(17.28)中分子的平动动能是分子的

无规则运动的平动动能。温度和物体的整体运动无关,物体的整体运动是其中所有分子的一种有规则运动(即系统的机械运动)的表现。因此式(17.28)中的平均平动动能是相对于系统的**质心参考系**测量的,系统内所有分子的平动动能的总和就是系统的**内动能**。例如,物体在平动时,其中所有分子都有一个共同的速度,和这一速度相联系的动能是物体的轨道动能。温度和物体的轨道动能无关。例如,匀高速开行的车厢内的空气温度并不一定比停着的车厢内的空气的温度高,冷气开放时前者温度会更低一些。正因为温度反映的是分子的无规则运动,所以这种运动又称**分子热运动**。

(4) 式(17.28)根据气体分子的热运动的平均平动动能说明了温度的微观意义。实际上,不仅是平均平动动能,而且分子热运动的平均转动动能和振动动能也都和温度有直接的关系。这将在17.8节介绍。

由式(17.27)和式(17.28)可得

$$\frac{1}{2}m\overline{v^2} = \frac{3}{2}kT$$

由此得

$$\overline{v^2} = 3kT/m$$

于是有

$$\sqrt{\overline{v^2}} = \sqrt{\frac{3kT}{m}} = \sqrt{\frac{3RT}{M}} \tag{17.29}$$

$\sqrt{\overline{v^2}}$ 叫气体分子的**方均根速率**,常以 v_{rms} 表示,是分子速率的一种统计平均值。式(17.29)说明,在同一温度下,质量大的分子其方均根速率小。

例 17.3

求 0℃ 时氢分子和氧分子的平均平动动能和方均根速率。

解 已知
$$T = 273.15 \text{ K}$$
$$M_{H_2} = 2.02 \times 10^{-3} \text{ kg/mol}$$
$$M_{O_2} = 32 \times 10^{-3} \text{ kg/mol}$$

H_2 分子与 O_2 分子的平均平动动能相等,均为

$$\overline{\varepsilon}_t = \frac{3}{2}kT = \frac{3}{2} \times 1.38 \times 10^{-23} \times 273.15$$
$$= 5.65 \times 10^{-21} \text{ (J)} = 3.53 \times 10^{-2} \text{ (eV)}$$

H_2 分子的方均根速率

$$v_{rms,H_2} = \sqrt{\frac{3RT}{M_{H_2}}} = \sqrt{\frac{3 \times 8.31 \times 273.15}{2.02 \times 10^{-3}}}$$
$$= 1.84 \times 10^3 \text{ (m/s)}$$

O_2 分子的方均根速率

$$v_{rms,O_2} = \sqrt{\frac{3RT}{M_{O_2}}} = \sqrt{\frac{3 \times 8.31 \times 273.15}{32.00 \times 10^{-3}}} = 461 \text{ (m/s)}$$

此后一结果说明,在常温下气体分子的平均速率与声波在空气中的传播速率数量级相同。

例 17.4

"**量子零度**"。按式(17.28),当温度趋近 0 K 时,气体分子的平均平动动能趋近于 0,即分子要停止运动。这是经典理论的结果。金属中的自由电子也在不停地作热运动,组成"电

子气",在低温下并不遵守经典统计规律。量子理论给出,即使在 0 K 时,电子气中电子的平均平动动能并不等于零。例如,铜块中的自由电子在 0 K 时的平均平动动能为 4.23 eV。如果按经典理论计算,这样的能量相当于多高的温度?

解 由式(17.28)可得

$$T = \frac{2\bar{\varepsilon}_t}{3k} = \frac{2 \times 4.23 \times 1.6 \times 10^{-19}}{3 \times 1.38 \times 10^{-23}} = 3.19 \times 10^4 \text{(K)}$$

量子理论给出的结果与经典理论结果的差别如此之大!

17.8 能量均分定理

17.7 节讲了在平衡态下气体分子的平均平动动能和温度的关系,那里只考虑了分子的平动。实际上,各种分子都有一定的内部结构。例如,有的气体分子为单原子分子(如 He、Ne),有的为双原子分子(如 H_2、N_2、O_2),有的为多原子分子(如 CH_4、H_2O)。因此,气体分子除了平动之外,还可能有转动及分子内原子的振动。为了用统计的方法计算分子的平均转动动能和平均振动能量,以及平均总能量,需要引入**运动自由度**的概念。

按经典力学理论,一个物体的能量常能以"平方项"之和表示。例如一个自由物体的平动动能可表示为 $E_{k,t} = \frac{1}{2}mv_x^2 + \frac{1}{2}mv_y^2 + \frac{1}{2}mv_z^2$,转动动能可表示为 $E_{k,r} = \frac{1}{2}J_x\omega_x^2 + \frac{1}{2}J_y\omega_y^2 + \frac{1}{2}J_z\omega_z^2$,而一维振子的能量为 $E = \frac{1}{2}kx^2 + \frac{1}{2}mv^2$ 等。一个物体的能量表示式中这样的平方项的数目称做物体的运动自由度数,简称自由度。

考虑气体分子的运动能量时,对单原子分子,当做质点看待,只需计算其平动动能。一个单原子分子的自由度就是 3。这 3 个自由度叫**平动自由度**。以 t 表示平动自由度,就有 $t=3$。对双原子分子,除了计算其平动动能外,还有转动动能。以其两原子的连线为 x 轴,则它对此轴的转动惯量 J_x 甚小,相应的那一项转动能量可略去。于是,一个双原子分子的**转动自由度**就是 $r=2$。对一个多原子分子,其转动自由度应为 $r=3$。

仔细来讲,考虑双原子分子或多原子分子的能量时,还应考虑分子中原子的振动。但是,由于关于分子振动的能量经典物理不能作出正确的说明,正确的说明需要量子力学[①];另外在常温下用经典方法认为分子是刚性的也能给出与实验大致相符的结果;所以作为统计概念的初步介绍,下面将不考虑分子内部的振动而认为**气体分子都是刚性的**。这样,一个气体分子的运动自由度就如表 17.3 所示。

表 17.3 气体分子的自由度

分子种类	平动自由度 t	转动自由度 r	总自由度 $i(i=t+r)$
单原子分子	3	0	3
刚性双原子分子	3	2	5
刚性多原子分子	3	3	6

---

① 参看本书 18.3 节。

17.8 能量均分定理

现在考虑气体分子的每一个自由度的**平均动能**。17.7 节已讲过,一个分子的平均平动动能为

$$\bar{\varepsilon}_t = \frac{1}{2} m \overline{v^2} = \frac{3}{2} kT$$

利用分子运动的无规则性表示式(17.25),即

$$\overline{v_x^2} = \overline{v_y^2} = \overline{v_z^2} = \frac{1}{3} \overline{v^2}$$

可得

$$\frac{1}{2} m \overline{v_x^2} = \frac{1}{2} m \overline{v_y^2} = \frac{1}{2} m \overline{v_z^2} = \frac{1}{3} \left(\frac{1}{2} m \overline{v^2} \right) = \frac{1}{2} kT \qquad (17.30)$$

此式中前三个平方项的平均值各和一个平动自由度相对应,因此它说明分子的每一个平动自由度的平均动能都相等,而且等于 $\frac{1}{2} kT$。

式(17.30)所表示的规律是一条统计规律,它只适用于大量分子的集体。各平动自由度的平动动能相等,是气体分子在无规则运动中不断发生碰撞的结果。由于碰撞是无规则的,所以在碰撞过程中动能不但在分子之间进行交换,而且还可以从一个平动自由度转移到另一个平动自由度上去。由于在各个平动自由度中并没有哪一个具有特别的优势,因而**平均来讲**,各平动自由度就具有相等的平均动能。

这种能量的分配,在分子有转动的情况下,应该还扩及转动自由度。这就是说,在分子的无规则碰撞过程中,平动和转动之间以及各转动自由度之间也可以交换能量(试想两个枣仁状的橄榄球在空中的任意碰撞),而且就能量来说这些自由度中也没有哪个是特殊的。因而就得出更为一般的结论:各自由度的平均动能都是相等的。在理论上,经典统计物理可以更严格地证明:**在温度为 T 的平衡态下,气体分子每个自由度的平均能量都相等,而且等于 $\frac{1}{2} kT$**。这一结论称为**能量均分定理**。在经典物理中,这一结论也适用于液体和固体分子的无规则运动。

根据能量均分定理,如果一个气体分子的总自由度数是 i,则它的**平均总动能**就是

$$\bar{\varepsilon}_k = \frac{i}{2} kT \qquad (17.31)$$

将表 17.3 的 i 值代入,可得几种气体分子的平均总动能如下:

单原子分子 $\qquad \bar{\varepsilon}_k = \frac{3}{2} kT$

刚性双原子分子 $\qquad \bar{\varepsilon}_k = \frac{5}{2} kT$

刚性多原子分子 $\qquad \bar{\varepsilon}_k = 3kT$

作为质点系的总体,宏观上气体具有**内能**。气体的内能是指它所包含的所有分子的无规则运动的动能和分子间的相互作用势能的总和。对于理想气体,由于分子之间无相互作用力,所以分子之间无势能,因而理想气体的内能就是它的所有分子的动能的总和。以 N 表示一定的理想气体的分子总数,由于每个分子的平均动能由式(17.31)决定,所以这理想气体的内能就应是

$$E = N \bar{\varepsilon}_k = N \frac{i}{2} kT$$

由于 $k=R/N_A$，$N/N_A=\nu$，即气体的摩尔数，所以上式又可写成

$$E=\frac{i}{2}\nu RT \tag{17.32}$$

对已讨论的几种理想气体，它们的内能如下：

单原子分子气体 $\qquad\qquad E=\dfrac{3}{2}\nu RT$

刚性双原子分子气体 $\qquad\qquad E=\dfrac{5}{2}\nu RT$

刚性多原子分子气体 $\qquad\qquad E=3\nu RT$

这些结果都说明一定的理想气体的内能**只是温度的函数，而且和热力学温度成正比**。这个经典统计物理的结果在与室温相差不大的温度范围内和实验近似地符合。在本篇中也只按这种结果讨论有关理想气体的能量问题。

17.9 麦克斯韦速率分布律

在 17.6 节中关于理想气体的气体动理论的统计假设中，有一条是每个分子运动速度各不相同，而且通过碰撞不断发生变化。对任何一个分子来说，在任何时刻它的速度的方向和大小受到许多偶然因素的影响，因而是不能预知的。但从整体上统计地说，气体分子的速度还是有规律的。早在 1859 年（当时分子概念还是一种假说）麦克斯韦就用概率论证明了（见本节末）在平衡态下，理想气体的分子按速度的分布是有确定的规律的，这个规律现在就叫**麦克斯韦速度分布律**。如果不管分子运动速度的方向如何，只考虑分子按速度的大小即速率的分布，则相应的规律叫做**麦克斯韦速率分布律**。作为统计规律的典型例子，我们在本节介绍麦克斯韦速率分布律。

先介绍**速率分布函数**的意义。从微观上说明一定质量的气体中所有分子的速率状况时，因为分子数极多，而且各分子的速率通过碰撞又在不断地改变，所以不可能逐个加以说明。因此就采用统计的说明方法，也就是指出在总数为 N 的分子中，具有各种速率的分子各有多少或它们各占分子总数的百分比多大。这种说明方法就叫给出**分子按速率的分布**。正像为了说明一个学校的学生年龄的总状况时，并不需要指出一个个学生的年龄，而只要给出各个年龄段的学生是多少，即学生数目按年龄的分布，就可以了。

按经典力学的概念，气体分子的速率 v 可以连续地取 0 到无限大的任何数值。因此，说明分子按速率分布时就需要采取按速率区间分组的办法，例如可以把速率以 10 m/s 的间隔划分为 0~10 m/s，10~20 m/s，20~30 m/s，…的区间，然后说明各区间的分子数是多少。一般地讲，速率分布就是要指出速率在 v 到 $v+dv$ 区间的分子数 dN_v 是多少，或是 dN_v 占分子总数 N 的百分比，即 dN_v/N 是多少。这一百分比在各速率区间是不相同的，即它应是速率 v 的函数。同时，在速率区间 dv 足够小的情况下，这一百分比还应和区间的大小成正比，因此，应该有

$$\frac{dN_v}{N}=f(v)dv \tag{17.33}$$

或

$$f(v) = \frac{\mathrm{d}N_v}{N\mathrm{d}v} \tag{17.34}$$

式中函数 $f(v)$ 就叫速率分布函数,它的物理意义是:**速率在速率 v 所在的单位速率区间内的分子数占分子总数的百分比**。

将式(17.33)对所有速率区间积分,将得到所有速率区间的分子数占总分子数百分比的总和。它显然等于 1,因而有

$$\int_0^N \frac{\mathrm{d}N_v}{N} = \int_0^\infty f(v)\mathrm{d}v = 1 \tag{17.35}$$

所有分布函数必须满足的这一条件叫做**归一化条件**。

速率分布函数的意义还可以用**概率**的概念来说明。各个分子的速率不同,可以说成是一个分子具有各种速率的概率不同。式(17.33)的 $\mathrm{d}N_v/N$ 就是一个分子的速率在速率 v 所在的 $\mathrm{d}v$ 区间内的概率,式(17.34)中的 $f(v)$ 就是一个分子的速率在速率 v 所在的单位速率区间的概率。在概率论中,$f(v)$ 叫做分子速率分布的**概率密度**。它对所有可能的速率积分就是一个分子具有不管什么速率的概率。这个"总概率"当然等于 1,这也就是式(17.35)所表示的归一化条件的概率意义。

麦克斯韦速率分布律就是在一定条件下的速率分布函数的具体形式。它指出:**在平衡态下,气体分子速率在 v 到 $v+\mathrm{d}v$ 区间内的分子数占总分子数的百分比为**

$$\frac{\mathrm{d}N_v}{N} = 4\pi \left(\frac{m}{2\pi kT}\right)^{3/2} v^2 \mathrm{e}^{-mv^2/2kT} \mathrm{d}v \tag{17.36}$$

和式(17.33)对比,可得**麦克斯韦速率分布函数**为

$$f(v) = 4\pi \left(\frac{m}{2\pi kT}\right)^{3/2} v^2 \mathrm{e}^{-mv^2/2kT} \tag{17.37}$$

式中 T 是气体的热力学温度,m 是一个分子的质量,k 是玻耳兹曼常量。由式(17.37)可知,对一给定的气体(m 一定),麦克斯韦速率分布函数只和温度有关。以 v 为横轴,以 $f(v)$ 为纵轴,画出的图线叫做**麦克斯韦速率分布曲线**(图 17.10),它能形象地表示出气体分子按速率分布的情况。图中曲线下面宽度为 $\mathrm{d}v$ 的小窄条面积就等于在该区间内的分子数占总数的百分比 $\mathrm{d}N_v/N$。

从图中可以看出,按麦克斯韦速率分布函数确定的速率很小和速率很大的分子数都很少。在某一速率 v_p 处函数有一极大值,v_p 叫**最概然速率**,它的物理意义是:若把整个速率范围分成许多相等的小区间,则 v_p 所在的区间内的分子数占分子总数的百分比最大。v_p 可以由下式求出:

$$\left.\frac{\mathrm{d}f(v)}{\mathrm{d}v}\right|_{v_\mathrm{p}} = 0$$

由此得

$$v_\mathrm{p} = \sqrt{\frac{2kT}{m}} = \sqrt{\frac{2RT}{M}} \approx 1.41\sqrt{\frac{RT}{M}} \tag{17.38}$$

而 $v=v_\mathrm{p}$ 时,

$$f(v_\mathrm{p}) = \left(\frac{8m}{\pi kT}\right)^{1/2} \bigg/ \mathrm{e} \tag{17.39}$$

式(17.38)表明,v_p 随温度的升高而增大,又随 m 增大而减小。图 17.11 画出了氮气在不同

温度下的速率分布函数,可以看出温度对速率分布的影响,温度越高,最概然速率越大,$f(v_p)$ 越小。由于曲线下的面积恒等于 1,所以温度升高时曲线变得平坦些,并向高速区域扩展。也就是说,温度越高,速率较大的分子数越多。这就是通常所说的温度越高,分子运动越剧烈的真正含义。

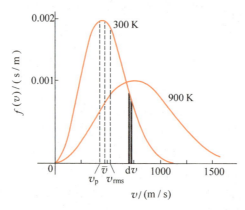

图 17.11　N_2 气体的麦克斯韦速率分布曲线

应该指出,麦克斯韦速率分布定律是一个统计规律,它只适用于大量分子组成的气体。由于分子运动的无规则性,在任何速率区间 v 到 $v+dv$ 内的分子数都是不断变化的。式(17.36)中的 dN_v 只表示在这一速率区间的分子数的统计平均值。为使 dN_v 有确定的意义,区间 dv 必须是宏观小微观大的。如果区间是微观小的,dN_v 的数值将十分不确定,因而失去实际意义。至于说速率正好是某一确定速率 v 的分子数是多少,那就根本没有什么意义了。

已知速率分布函数,可以求出分子运动的**平均速率**。平均速率的定义是

$$\bar{v} = \left(\sum_{i}^{N} v_i\right)/N = \int v \, dN_v / N = \int_0^\infty v f(v) \, dv \tag{17.40}$$

将麦克斯韦速率分布函数式(17.37)代入式(17.40),可求得平衡态下理想气体分子的平均速率为

$$\bar{v} = \sqrt{\frac{8kT}{\pi m}} = \sqrt{\frac{8RT}{\pi M}} \approx 1.60 \sqrt{\frac{RT}{M}} \tag{17.41}$$

还可以利用速率分布函数求 v^2 的平均值。由平均值的定义

$$\overline{v^2} = \left(\sum_{i}^{N} v_i^2\right)/N = \int v^2 \, dN_v / N = \int_0^\infty v^2 f(v) \, dv$$

将麦克斯韦速率分布函数式(17.37)代入,可得

$$\overline{v^2} = \int_0^\infty v^4 \, 4\pi \left(\frac{m}{2\pi kT}\right)^{3/2} e^{-mv^2/2kT} \, dv = 3kT/m$$

这一结果的平方根,即方均根速率为

$$v_{\text{rms}} = \sqrt{\overline{v^2}} = \sqrt{\frac{3kT}{m}} = \sqrt{\frac{3RT}{M}} \approx 1.73 \sqrt{\frac{RT}{M}} \tag{17.42}$$

此结果与式(17.29)相同。

由式(17.39)、式(17.41)和式(17.42)确定的三个速率值 $v_p, \bar{v}, v_{\text{rms}}$ 都是在统计意义上

说明大量分子的运动速率的典型值。它们都与 $\sqrt{T}$ 成正比,与 $\sqrt{m}$ 成反比。其中 v_{rms} 最大,$\bar{v}$ 次之,v_p 最小。三种速率有不同的应用,例如,讨论速率分布时要用 v_p,计算分子的平均平动动能时要用 v_{rms},以后讨论分子的碰撞次数时要用 $\bar{v}$。

例 17.5

大气组成。计算 He 原子和 N_2 分子在 20℃ 时的方均根速率,并以此说明地球大气中为何没有氦气和氢气而富有氮气和氧气。

解 由式(17.40)可得

$$v_{rms,He} = \sqrt{\frac{3RT}{M_{He}}} = \sqrt{\frac{3 \times 8.31 \times 293}{4.00 \times 10^{-3}}} = 1.35 \text{ (km/s)}$$

$$v_{rms,N_2} = \sqrt{\frac{3RT}{M_{N_2}}} = \sqrt{\frac{3 \times 8.31 \times 293}{28.0 \times 10^{-3}}} = 0.417 \text{ (km/s)}$$

地球表面的逃逸速度为 11.2 km/s,例 17.5 中算出的 He 原子的方均根速率约为此逃逸速率的 1/8,还可算出 H_2 分子的方均根速率约为此逃逸速率的 1/6。这样,似乎 He 原子和 H_2 分子都难以逃脱地球的引力而散去。但是由于速率分布的原因,还有相当多的 He 原子和 H_2 分子的速率超过了逃逸速率而可以散去。现在知道宇宙中原始的化学成分(现在仍然如此)大部分是氢(约占总质量的 3/4)和氦(约占总质量的 1/4)。地球形成之初,大气中应该有大量的氢和氦。正是由于相当数目的 H_2 分子和 He 原子的方均根速率超过了逃逸速率,它们不断逃逸。几十亿年过去后,如今地球大气中就没有氢气和氦气了。与此不同的是,N_2 和 O_2 分子的方均根速率只有逃逸速率的 1/25,这些气体分子逃逸的可能性就很小了。于是地球大气今天就保留了大量的氮气(约占大气质量的 76%)和氧气(约占大气质量的 23%)。

实际上大气化学成分的起因是很复杂的,许多因素还不清楚。就拿氦气来说,1963 年根据人造卫星对大气上层稀薄气体成分的分析,证实在几百千米的高空(此处温度可达 1000 K),空气已稀薄到接近真空,那里有一层氦气,叫"氦层",其上更有一层"氢层",实际上是"质子层"。

麦克斯韦速度分布律和速率分布律的推导

根据麦克斯韦在 1859 年发表的论文《气体动力理论的说明》,速度分布律及速率分布律的推导过程大致如下。设总粒子数为 N,粒子速度在 x,y,z 三个方向的分量分别为 v_x,v_y,v_z。

(1) 以 dN_{v_x} 表示速度分量 v_x 在 v_x 到 v_x+dv_x 之间的粒子数,则一个粒子在此 dv_x 区间出现的概率为 dN_{v_x}/N。粒子在不同的 v_x 附近区间 dv_x 内出现的概率不同,用分布函数 $g(v_x)$ 表示在单位 v_x 区间粒子出现的概率,则应有

$$\frac{dN_{v_x}}{N} = g(v_x)dv_x \tag{17.43}$$

系统处于平衡态时,容器内各处粒子数密度 n 相同,粒子朝任何方向运动的概率相等。因此相应于速度分量 v_y,v_z 也应有相同形式的分布函数 $g(v_y),g(v_z)$,使得相应的概率可表示为

$$\frac{dN_{v_y}}{N} = g(v_y)dv_y$$

$$\frac{\mathrm{d}N_{v_z}}{N} = g(v_z)\mathrm{d}v_z$$

(2) 假设上述三个概率就是彼此独立的，又根据独立概率相乘的概率原理，得到粒子出现在 v_x 到 $v_x + \mathrm{d}v_x$，v_y 到 $v_y + \mathrm{d}v_y$，v_z 到 $v_z + \mathrm{d}v_z$ 间的概率为

$$\frac{\mathrm{d}N_v}{N} = g(v_x)g(v_y)g(v_z)\mathrm{d}v_x\mathrm{d}v_y\mathrm{d}v_z = F\mathrm{d}v_x\mathrm{d}v_y\mathrm{d}v_z$$

式中 $F = g(v_x)g(v_y)g(v_z)$，即为速度分布函数。

(3) 由于粒子向任何方向运动的概率相等，所以速度分布应与粒子的速度方向无关。因而速度分布函数应只是速度大小

$$v = \sqrt{v_x^2 + v_y^2 + v_z^2}$$

的函数。这样，速度分布函数就可以写成下面的形式：

$$g(v_x)g(v_y)g(v_z) = F(v_x^2 + v_y^2 + v_z^2)$$

要满足这一关系，函数 $g(v_x)$ 应具有 $Ce^{Av_x^2}$ 的形式。因此可得

$$F = Ce^{Av_x^2} \cdot Ce^{Av_y^2} \cdot Ce^{Av_z^2} = C^3 e^{A(v_x^2+v_y^2+v_z^2)} = C^3 e^{Av^2}$$

现在来定常数 C 及 A。考虑到具有无限大速率的粒子出现的概率极小，故 A 应为负值。令 $A = -1/\alpha^2$，则

$$\frac{\mathrm{d}N_v}{N} = C^3 e^{-(v_x^2+v_y^2+v_z^2)/\alpha^2} \mathrm{d}v_x\mathrm{d}v_y\mathrm{d}v_z \tag{17.44}$$

由于粒子的速率在从 $-\infty$ 到 $+\infty$ 的全部速率区间内出现的概率应等于 1，即分布函数应满足归一化条件，所以

$$\int \frac{\mathrm{d}N_v}{N} = C^3 \int_{-\infty}^{+\infty} e^{-v_x^2/\alpha^2}\mathrm{d}v_x \int_{-\infty}^{+\infty} e^{-v_y^2/\alpha^2}\mathrm{d}v_y \int_{-\infty}^{+\infty} e^{-v_z^2/\alpha^2}\mathrm{d}v_z = 1$$

利用数学公式

$$\int_{-\infty}^{+\infty} e^{-\lambda u^2}\mathrm{d}u = \sqrt{\frac{\pi}{\lambda}}$$

得

$$C^3 (\pi\alpha^2)^{3/2} = 1$$

由此得

$$C = \frac{1}{\alpha\sqrt{\pi}}$$

代入式 (17.44) 得

$$\frac{\mathrm{d}N_v}{N} = \frac{1}{\alpha^3\sqrt{\pi^3}} e^{-(v_x^2+v_y^2+v_z^2)/\alpha^2} \mathrm{d}v_x\mathrm{d}v_y\mathrm{d}v_z \tag{17.45}$$

这就是麦克斯韦速度分布律。

(4) 由式 (17.45) 还可以导出速率分布律。为此设想一个用三个相互垂直的轴分别表示 v_x, v_y, v_z 的"速度空间"。在这一空间内从原点到任一点 (v_x, v_y, v_z) 的连线都代表一个粒子可能具有的速度（图 17.12）。由于速率分布与速度的方向无关，所以粒子的速率出现在同一速率 v 处的速率区间 $\mathrm{d}v$ 内的概率相同。这一速率区间是半径为 v，厚度为 $\mathrm{d}v$ 的球壳，其总体积为 $4\pi v^2 \mathrm{d}v$。将式 (17.45) 中的 $\mathrm{d}v_x\mathrm{d}v_y\mathrm{d}v_z$ 换成 $4\pi v^2 \mathrm{d}v$ 即可得粒子的速率在 v 到 $v+\mathrm{d}v$ 区间出现的概率为

$$\frac{\mathrm{d}N_v}{N} = \frac{4}{\alpha^3\sqrt{\pi}} v^2 e^{-v^2/\alpha^2} \mathrm{d}v \tag{17.46}$$

这就是麦克斯韦速率分布律。

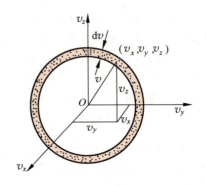

图 17.12　速度空间

(5) 确定常数 α。用式(17.46)可求出粒子的速率平方的平均值为

$$\overline{v^2} = \frac{3}{2}\alpha^2 \tag{17.47}$$

17.7 节曾由压强微观公式和理想气体状态方程得出式(17.29),即

$$\overline{v^2} = \frac{3kT}{m}$$

与式(17.47)比较可得

$$\alpha^2 = \frac{2kT}{m}$$

将此 α^2 的值代入式(17.45)和式(17.46)就可得到现代物理教科书中的麦克斯韦速度分布律及速率分布律,即

$$F(\boldsymbol{v}) = \frac{\mathrm{d}N_v}{N\mathrm{d}v_x\mathrm{d}v_y\mathrm{d}v_z} = \left(\frac{m}{2\pi kT}\right)^{3/2} \mathrm{e}^{-mv^2/2kT} \tag{17.48}$$

$$f(v) = \frac{\mathrm{d}N_v}{N\mathrm{d}v} = 4\pi\left(\frac{m}{2\pi kT}\right)^{3/2} v^2 \mathrm{e}^{-mv^2/2kT}$$

沿 x 方向的速度分量 v_x 的分布律应为

$$g(v_x) = \frac{\mathrm{d}N_{v_x}}{N\mathrm{d}v_x} = \left(\frac{m}{2\pi kT}\right)^{1/2} \mathrm{e}^{-mv_x^2/2kT}$$

例 17.6

用麦克斯韦按速度分量分布函数,求单位时间内碰撞到单位面积容器壁上的分子数 Γ。

解 先计算 $\mathrm{d}t$ 时间内碰到 $\mathrm{d}A$ 面积容器壁上速度在 $\mathrm{d}v_x$ 区间的分子数。如图 17.13 所示,设 x 轴方向垂直于 $\mathrm{d}A$ 向外,则此分子数为

$$\mathrm{d}n_{v_x}\, v_x\, \mathrm{d}t\, \mathrm{d}A$$

$\mathrm{d}n_{v_x}$ 为在 $\mathrm{d}v_x$ 区间的分子数密度,它和总的分子数密度 n 的关系为

$$\mathrm{d}n_{v_x} = ng(v_x)\mathrm{d}v_x$$

代入上一式,并除以 $\mathrm{d}t\mathrm{d}A$,可得单位时间内碰撞到单位器壁面积上,速度在 $\mathrm{d}v_x$ 区间的分子数为

$$\mathrm{d}\Gamma = ng(v_x)v_x\mathrm{d}v_x$$

由于

$$g(v_x) = C\mathrm{e}^{-v_x^2/\alpha^2} = \left(\frac{m}{2\pi kT}\right)^{1/2}\mathrm{e}^{-mv_x^2/2kT}$$

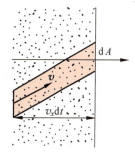

图 17.13 例 17.6 用图

所以单位时间内碰撞到单位面积器壁上的分子总数应为

$$\Gamma = \int \mathrm{d}\Gamma = \int_0^\infty n\left(\frac{m}{2\pi kT}\right)^{1/2}\mathrm{e}^{-mv_x^2/2kT}v_x\mathrm{d}v_x$$

注意,此积分的积分域只能取 $v_x>0$,因为 $v_x<0$ 的分子不可能碰上 $\mathrm{d}A$。此积分很容易用变换变量法求出,其结果为

$$\Gamma = n\left(\frac{kT}{2\pi m}\right)^{1/2} \tag{17.49}$$

注意到平均速率 $\overline{v} = \sqrt{8kT/\pi m}$,上式又可写成

$$\Gamma = \frac{1}{4}n\overline{v}$$

如果器壁有一小孔,则式(17.49)给出的 Γ 值就是单位时间内泄漏出单位面积小孔的分子数。由式(17.49)可知,相同时间内泄漏出的分子数和分子的质量的平方根成反比。这个关系被用来富集天然铀中的 ^{235}U。天然铀中 ^{238}U 的丰度为 99.3%,^{235}U 的丰度仅为 0.7%。链式反应实际用到的是 ^{235}U,为了把

^{235}U 从天然铀中分离出来,就先把固态铀转换成气体化合物 UF$_6$,其中 ^{235}U 的丰度和天然铀相同。将此气体通入一容器中,使它通过一多孔隔膜向另一容器中泄漏,然后再通过一多孔隔膜向第三级容器中泄漏,并如此逐级泄漏下去。由于每一级泄漏都会使质量较小的 ^{235}UF$_6$ 的密度增大一些,最后 ^{235}UF$_6$ 的丰度就会大大增加。经过两千多级的泄漏,^{235}U 的丰度可达 99% 以上。

17.10 麦克斯韦速率分布律的实验验证

由于未能获得足够高的真空,所以在麦克斯韦导出速率分布律的当时,还不能用实验验证它。直到 20 世纪 20 年代后由于真空技术的发展,这种验证才有了可能。史特恩(Stern) 于 1920 年最早测定分子速率,1934 年我国物理学家葛正权曾测定过铋(Bi)蒸气分子的速率分布,实验结果都与麦克斯韦分布律大致相符。下面介绍 1955 年密勒(Miller)和库什(P. Kusch)做得比较精确地验证麦克斯韦速率分布定律的实验[①]。

他们的实验所用的仪器如图 17.14 所示。图 17.14(a)中 O 是蒸气源,选用钾或铊的蒸气。在一次实验中所用铊蒸气的温度是 870 K,其蒸气压为 0.4256 Pa。R 是一个用铝合金制成的圆柱体,图 17.14(b)表示其真实结构。该圆柱长 $L=20.40$ cm,半径 $r=10.00$ cm,可以绕中心轴转动,它用来精确地测定从蒸气源开口逸出的金属原子的速率,为此在它上面沿纵向刻了很多条螺旋形细槽,槽宽 $l=0.0424$ cm,图中画出了其中一条。细槽的入口狭缝处和出口狭缝处的半径之间夹角为 $\varphi=4.8°$。在出口狭缝后面是一个检测器 D,用它测定通过细槽的原子射线的强度,整个装置放在抽成高真空(1.33×10^{-5} Pa)的容器中。

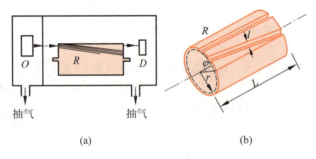

图 17.14 密勒-库什的实验装置

当 R 以角速度 ω 转动时,从蒸气源逸出的各种速率的原子都能进入细槽,但并不都能通过细槽从出口狭缝飞出,只有那些速率 v 满足关系式

$$\frac{L}{v}=\frac{\varphi}{\omega}$$

或

$$v=\frac{\omega}{\varphi}L \tag{17.50}$$

[①] 麦克斯韦速率分布定律本是对理想气体建立的。但由于这里指的分子的速率是分子质心运动的速率,又由于质心运动的动能总是作为分子总动能的独立的一项出现,所以,即使对非理想气体,麦克斯韦速率分布仍然成立。实验结果就证明了这一点,因为实验中所用的气体都是实际气体而非真正的理想气体。

的原子才能通过细槽,而其他速率的原子将沉积在槽壁上。因此,R实际上是个滤速器,改变角速度ω,就可以让不同速率的原子通过。槽有一定宽度,相当于夹角φ有一Δφ的变化范围,相应地,对于一定的ω,通过细槽飞出的所有原子的速率并不严格地相同,而是在一定的速率范围 v 到 $v+\Delta v$ 之内。改变ω,对不同速率范围内的原子射线检测其强度,就可以验证原子速率分布是否与麦克斯韦速率分布律给出的一致。

需要指出的是,**通过细槽**的原子和从**蒸气源逸出的射线**中的原子以及**蒸气源内**原子的速率分布都不同。在蒸气源内速率在 v 到 $v+\Delta v$ 区间内的原子数与 $f(v)\Delta v$ 成正比。由于速率较大的原子有更多的机会逸出,所以在原子射线中,在相应的速率区间的原子数还应和 v 成正比,因而应和 $vf(v)\Delta v$ 成正比。据速率的公式(17.50)可知,能通过细槽的原子的速率区间 $|\Delta v|=\dfrac{\omega L}{\varphi^2}\Delta\varphi=\dfrac{v}{\varphi}\Delta\varphi$,因而通过细槽的速率在 Δv 区间的原子数应与 $v^2 f(v)\Delta\varphi$ 成正比。由于 $\Delta\varphi=l/r$ 是常数,所以由式(17.37)可知,通过细槽到达检测器的、速率在 v 到 $v+\Delta v$ 区间的原子数以及相应的强度应和 $v^4 e^{-mv^2/2kT}$ 成正比,其极大值应出现在 $v'_p=(4kT/m)^{1/2}$ 处。图 17.15 中的理论曲线(实线)就是根据这一关系画出的,横轴表示 v/v'_p,纵轴表示检测到的原子射线强度。图中小圆圈和三角黑点是密勒和库什的两组实验值,实验结果与理论曲线的密切符合,说明蒸气源内的原子的速率分布是遵守麦克斯韦速率分布律的。

在通常情况下,实际气体分子的速率分布和麦克斯韦速率分布律能很好地符合,但在密度大的情况下

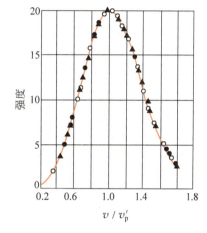

图 17.15 密勒-库什的实验结果

就不符合了,这是因为在密度大的情况下,经典统计理论的基本假设不成立了。在这种情况下必须用量子统计理论才能说明气体分子的统计分布规律。

*17.11 玻耳兹曼分布律

17.9 节与 17.10 节讨论了理想气体分子按速率的分布。那里未考虑分子速度的方向,更仔细的讨论应该指出分子按速度是如何分布的,即指出速度分量分别在 v_x 到 v_x+dv_x,v_y 到 v_y+dv_y,v_z 到 v_z+dv_z 区间的分子数或百分比是多少。这里 $dv_x dv_y dv_z$ 叫**速度区间**。除了分子按速度分布外,更一般的情况下,如对在外力场中的气体,还需要指明它们的分子按**空间位置**的分布,即要指出位置坐标分别在 x 到 $x+dx$,y 到 $y+dy$,z 到 $z+dz$ 区间的分子数或百分比。这里 $dxdydz$ 叫**位置区间**。这样,一般来讲,从微观上统计地说明理想气体的状态时,以速度和位置表示一个分子的状态就需要指出其分子在 $dv_x dv_y dv_z dxdydz$ 所限定的各个**状态区间**的分子数或百分比。这种一般的分布遵守什么规律呢?

在麦克斯韦速率分布函数中,可能已注意到指数因子 $e^{-mv^2/2kT}$。由于 $\dfrac{1}{2}mv^2=E_k$ 是分子的平动动能,所以分子的速率分布与它们的平动动能有关。实际上,麦克斯韦已导出了理

想气体分子按**速度**的分布（式(17.48)），即在**速度区间** $dv_x dv_y dv_z$ 的分子数与该区间内分子的平动动能 E_k 有关，而且与 $e^{-E_k/kT}$ 成正比。玻耳兹曼将这一规律推广，得出：在温度为 T 的平衡态下，任何系统的微观粒子按状态的分布，即在某一状态区间的粒子数与该状态区间的一个粒子的能量 E 有关，而且与 $e^{-E/kT}$ 成正比。这个结论叫**玻耳兹曼分布律**，它是统计物理中适用于任何系统的一个基本定律，$e^{-E/kT}$ 就叫**玻耳兹曼因子**。这个定律说明，在能量越大的状态区间内的粒子数越小，而且随着能量的增大，大小相等的状态区间的粒子数按指数规律急剧地减小。

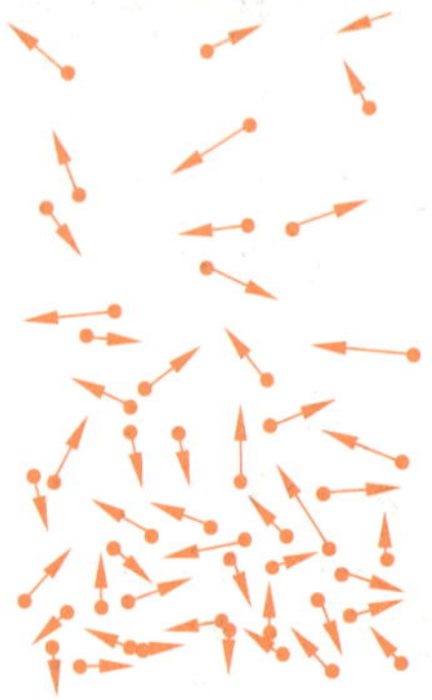

作为玻耳兹曼分布律的实例，我们考虑在重力场中理想气体分子按位置的分布。由于重力的影响，分子的位置分布不再是均匀的，而是下密上疏，定性地如图 17.16 所示。由于在状态区间 $dv_x dv_y dv_z dxdydz$ 分子的总能量为

$$E = E_k + E_p = \frac{1}{2}mv^2 + E_p$$
$$= \frac{1}{2}m(v_x^2 + v_y^2 + v_z^2) + E_p$$

图 17.16 重力场中分子的分布示意图

所以玻耳兹曼分布律给出在该区间的分子数为

$$dN = Ce^{-(E_k+E_p)/kT} dv_x dv_y dv_z dxdydz \quad (17.51)$$

其中 C 是比例常数，与速度和位置无关。

如果要计算体积元 $dxdydz$ 中的总分子数，就可以将上式对所有速度进行积分。由于 E_p 与速度无关，所以在这体积元中的分子数就是

$$dN' = C\left[\iiint_{-\infty}^{+\infty} e^{-m(v_x^2+v_y^2+v_z^2)/2kT} dv_x dv_y dv_z\right] e^{-E_p/kT} dxdydz$$

由于方括号内的积分是一个定积分，其值可与 C 合并成另一常数 C'，所以

$$dN' = C'e^{-E_p/kT} dxdydz$$

由此可得在体积元 $dxdydz$ 内的分子数密度为

$$n = \frac{dN'}{dxdydz} = C'e^{-E_p/kT}$$

如果以 n_0 表示在 $E_p=0$ 处的分子数密度，则上式给出

$$n_0 = C'$$

因此，上式可写成

$$n = n_0 e^{-E_p/kT}$$

将 $E_p = mgh$（此处以 h 代替纵坐标 z）代入，则可得

$$n = n_0 e^{-mgh/kT} \quad (17.52)$$

其中 m 是一个分子的质量。以 $m/k = M/R$ 代入上式还可得

$$n = n_0 e^{-Mgh/RT} \quad (17.53)$$

这两个公式就是玻耳兹曼分布律给出的在重力场中的分子或粒子**按高度分布**的定律。这一定律说明粒子数密度随高度按指数规律减小。1909 年皮兰(M. J. Perrin)曾数了在显微镜下的悬浊

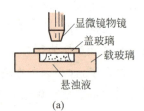

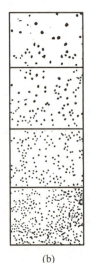

图 17.17 皮兰实验

液内不同高度处悬浮的粒子的数目(图 17.17),其结果直接证实了这一分布规律,并求出了阿伏伽德罗常数 N_A。这个实验结果在物理学史上最后确立了分子存在的真实性。

还可以根据式(17.53)导出大气压强随高度的变化关系。由式(17.14),$p=nkT$,再利用式(17.53),即可得在 h 高度处的大气压压强为

$$p = n_0 e^{-Mgh/kT} kT = p_0 e^{-Mgh/kT} \tag{17.54}$$

式中 $p_0 = n_0 kT$ 是高度为零处的压强,这就是恒温气压公式(17.16)。

17.12 实际气体等温线

17.6 节用气体动理论说明了理想气体的性质,它能相当近似地解释实际气体在通常温度和压强范围内的宏观表现。下面我们要用气体动理论说明在温度和压强更大的范围内实际气体的性质。首先介绍由实验得出的实际气体等温线。

在 $p\text{-}V$ 图上理想气体的等温线是双曲线($pV=$ 常数)。实验测得的实际气体等温线,特别在较大压强和较低温度范围内,与双曲线有明显的背离。1869 年安德鲁斯首先仔细地对 CO_2 气体的等温变化做了实验,得出的几条等温线如图 17.18 所示(图中横坐标为摩尔体积 V_m)。在较高温度(如 48.1 ℃)时,等温线与双曲线接近,CO_2 气体表现得和理想气体近似。在较低温度(如 13 ℃)下,等温压缩气体时,最初随着体积的减小,气体的压强逐渐增大(图中 AB 段)。当压强增大到约 49 atm 后,进一步压缩气体时,气体的压强将保持不变(图中 BC 段),但汽缸中出现了液体,压缩只能使气体等压地向液体转变。在这个过程中**液体与其蒸气共存而且能处于平衡的状态**。这时的蒸气叫**饱和蒸气**,对应的压强叫**饱和蒸气压**。在一定的温度下饱和蒸气压有一定的值。当蒸气全部液化(C 点)后,再增大压强只能引起液体体积的微小收缩(图中 CD 段),这说明液体的可压缩性很小。

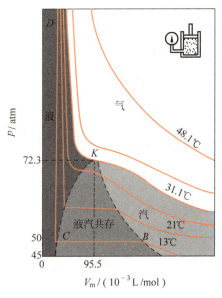

图 17.18 CO_2 的等温线

在稍高一些的温度下压缩气体,也观察到同样的过程,只是温度越高时,气体开始液化时的摩尔体积越小,而完全变成液体时的摩尔体积越大,致使表示液汽共存的水平饱和线段越来越短,且温度越高,饱和蒸气压越大。

CO_2 的 31.1 ℃ 等温线是一条特殊的等温线。在这一温度下,没有液汽共存的转变过程。较低温度时见到的水平线段(BC 段)在这一温度时缩为一点 K。在 K 点所表示的状态下,气体和液体的摩尔体积一样而没有区别。在高于 31.1 ℃ 的温度下,对气体进行等温压缩,它就再不会转变为液体,如 48.1 ℃ 等温线所示。我们把 31.1 ℃ 称**临界温度** T_c,它是区别气体能否被等温压缩成液体的温度界限。相应的等温线叫**临界等温线**。在临界等温线上汽液转变点 K 是该曲线上斜率为零的一个拐点。K 点叫做**临界点**,它所表示的状态叫**临界**

态,其压强和摩尔体积分别叫做**临界压强** p_c 和**临界摩尔体积** $V_{m,c}$,而 T_c、p_c 和 $V_{m,c}$ 统称为**临界参量**。几种物质的临界参量如表 17.4 所示。从表中可以看出,有些物质(如 NH_3、H_2O)的临界温度高于室温,所以在常温下压缩就可以使之液化。但有些物质(如氧、氮、氢、氦等)的临界温度很低,所以在 19 世纪上半叶还没有办法使它们液化。当时还未发现临界温度的规律,于是人们就称这些气体为"永久气体"或"真正气体"。在认识到物质具有临界温度这一事实后,人们就努力发展低温技术。在 19 世纪后半叶到 20 世纪初所有气体都能被液化了。在进一步发展低温技术后,还能做到使所有的液体都凝成固体。最后一个被液化的气体是氦,它在 1908 年被液化,并在 1928 年被进一步凝成固体。

表 17.4 几种物质的临界参量

物质种类	T_c/K	$p_c/(1.013\times 10^5 Pa)$	$V_{m,c}/(10^{-3} L/mol)$
He	5.3	2.26	57.6
H_2	33.3	12.8	64.9
N_2	126.1	33.5	84.6
O_2	154.4	49.7	74.2
CO_2	304.3	72.3	95.5
NH_3	408.3	113.3	72.5
H_2O	647.2	217.7	45.0
C_2H_5OH	516	63.0	153.9

从图 17.18 可看出,临界等温线和联结各等温线上的液化开始点(如 B 点)和液化终了点(如 C 点)的曲线(如图中虚线),把物质的 p-V 图分成了四个区域。在临界等温线以上的区域是气态,其性质近似于理想气体。在临界等温线以下,KB 曲线右侧,物质也是气态,但由于能通过等温压缩被液化而称为**蒸气**或**汽**。BKC 曲线以下是液汽共存的饱和状态。在临界等温线和 KC 曲线以左的状态是液态。

*17.13 范德瓦耳斯方程

实际气体的宏观性质为什么和理想气体有差别呢?这可以追溯到它们的分子性质的差别。对于理想气体,我们认为它们的分子之间除了在碰撞的瞬时外没有相互作用力。但是实际的分子都是由电子和带正电的原子核组成的,它们之间实际上总存在着相互作用力。对实验结果的理论分析表明,两个分子间的相互作用力随两分子中心之间的距离 r 变化的情况可用图 17.19 中的曲线表示。当 $r<r_0$ 时,两分子的相互作用表现为斥力。当 $r>r_0$ 时,表现为引力。两分子分离较远时,例如,$r>s$ 时,两分子的相互作用几乎等于零,而可以忽略。s 称为分子力的**有效作用距离**。当 $r=r_0$ 时,两分子也无相互作用。此 r_0 称为**平衡距离**。由图可看出,当两个相向运动

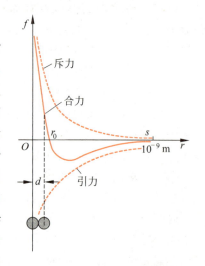

图 17.19 分子力示意图

的分子彼此接近至 $r<r_0$ 时,相互斥力迅速增大。这强大的斥力将阻止两者进一步靠近,好像两个分子都是有一定大小的球体一样。

为了初步考虑分子间相互作用对气体宏观性质的影响,我们就简化地认为当两个分子的中心距离达到某一值 d 时,**斥力**变为无限大,因而两个分子中心距离不可能再小于 d。这相当于把分子设想为直径为 d 的刚性球,这 d 就叫做分子的**有效直径**。实验表明,分子有效直径的数量级为 10^{-10} m。中心距离超过 d 时,两分子间只有引力作用,其有效作用距离 s 大约是分子有效直径的几十到几百倍。这样,我们就建立了比理想气体分子模型更接近实际气体分子的分子模型——有吸引力的刚性球模型。下面根据这个粗略模型来修正理想气体状态方程,从而得出更接近实际气体性质的状态方程。

我们知道,1 mol 理想气体的状态方程可写成

$$p = \frac{RT}{V'_m} \tag{17.55}$$

式中 V'_m 是 1 mol 气体所占的可被压缩的,也就是分子能在其中自由活动的空间的体积。对理想气体来说,由于分子本身的大小可忽略不计,所以这一体积就等于实验测出的气体的体积,即气体所占的容器的容积 V_m。

如果认为气体分子是刚性球,则分子本身具有一定体积。这时 1 mol 气体所占的可被压缩的空间体积,不再等于容器的容积 V_m,而应该等于 V_m 减去一个反映气体分子本身体积的改正项 b。因此,考虑到分子本身的体积式(17.55)应修正为

$$p = \frac{RT}{V_m - b} \tag{17.56}$$

理论指出,b 约等于 1 mol 气体分子本身总体积的 4 倍。由于分子有效直径的数量级为 10^{-10} m,所以可估计出 b 的大小为

$$b = 4N_A \frac{4}{3}\pi \left(\frac{10^{-10}}{2}\right)^3 \approx 10^{-6} \,(\text{m}^3) = 1 \,(\text{cm}^3)$$

标准状态下,1 mol 气体所占容积为 $V_{m,0} = 22.4 \times 10^{-3}$ m³。这时 b 仅为 $V_{m,0}$ 的 $4/10^5$,所以可以忽略。但是如果压强增大,例如增大到 1000 倍约 10^8 Pa 时,设想玻意耳定律仍能应用,则气体所占容积将缩小到 $22.4 \times 10^{-3}/1000 = 22.4 \times 10^{-6}$ m³,b 是它的 $1/20$,这时改正量 b 就必须考虑了。

再看考虑分子引力所引起的修正。气体动理论指出,气体的压强是大量分子无规则运动中碰撞器壁的平均总效果。对理想气体来说,分子间无相互作用,各个分子都无牵扯地撞向器壁。当分子间有吸引力时情况又怎样呢?如图 17.20 所示,先看处于容器当中的一个分子 α,凡中心位于以 α 为球心,以分子引力有效作用距离 s 为半径的球内的分子都对 α 有引力作用,但由于在平衡态时这些分子分布均匀,对 α 来说是对称分布,所以它们对 α 的引力平均来说相互抵消,其结果使 α 好像不受引力的作用一样。处于器壁附近厚度为 s 的表面层内的分子如 β,情况就不同了。由于对 β 有引力作用的分子分布不对称,平均来说 β 受到一个指向气体内部的合力。气体分子要与器壁碰撞,必然要通过这个区

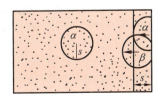

图 17.20 气体内压强的产生

域，那么这个指向气体内部的力将减小分子撞击器壁的动量，从而减小它对器壁的冲力。这层气体分子受到的指向气体内部的力所产生的总效果相当于一个指向内部的压强，叫**内压强** p_{in}。

式(17.56)是不考虑分子间引力时气体对容器壁的压强。如果考虑分子间的引力时，气体分子实际作用于器壁的由实验测得的压强 p 应该是式(17.56)的压强减去内压强 p_{in}，即

$$p = \frac{RT}{V_m - b} - p_{in} \tag{17.57}$$

p_{in} 与哪些因素有关呢？由于 p_{in} 等于表面层内分子受内部分子的通过单位面积的作用力，那么这力一方面应与被吸引的表面层内的分子数密度 n 成正比，另一方面还应与施加引力的那些内部分子的数密度 n 成正比。而这两个 n 的数值是一样的，所以 p_{in} 与 n^2 成正比。又由于 n 与测出的气体体积 V_m 成反比，所以有

$$p_{in} \propto n^2 \propto \frac{1}{V_m^2}$$

或

$$p_{in} = \frac{a}{V_m^2} \tag{17.58}$$

式中 a 为反映分子间引力的一个常数。

将式(17.58)代入式(17.57)就可得到将气体分子视为有吸引力的刚性球时气体的状态方程，即

$$\left(p + \frac{a}{V_m^2}\right)(V_m - b) = RT \tag{17.59}$$

此式适用于 1 mol 的气体。对质量为 m 的任何气体，其体积 $V = \frac{m}{M} V_m$，所以 $V_m = \frac{M}{m} V$。以此式代入式(17.59)可得适用于质量为 m 的气体的状态方程为

$$\left(p + \frac{m^2}{M^2} \frac{a}{V^2}\right)\left(V - \frac{m}{M} b\right) = \frac{m}{M} RT \tag{17.60}$$

式(17.59)和式(17.60)叫**范德瓦耳斯方程**，是荷兰物理学家范德瓦耳斯(van der Waals)在 1873 年首先导出的。各种气体的 a,b 值称为范德瓦耳斯常量，可由实验测得。例如，对于氮气，在常温和压强低于 5×10^7 Pa 范围内，a 和 b 的值可取

$$a = 0.84 \times 10^5 \text{ Pa} \cdot \text{L}^2/\text{mol}^2, \quad b = 0.0305 \text{ L/mol}$$

实际气体在相当大的压强范围内，更近似地遵守范德瓦耳斯方程。这可以由表 17.5 所列的实验结果和理论值相比较看出来。当 1 mol 氮气在等温压缩过程中，压强增大 1000 倍时，pV_m 乘积已增大到两倍，因而玻意耳定律明显失效，但范德瓦耳斯方程中两乘积的数值基本保持不变。当然，这后一乘积也并非准确地保持一定，说明范德瓦耳斯方程也只是近似地表示了实际气体的宏观性质。理论上把完全遵守范德瓦耳斯方程的气体叫**范德瓦耳斯气体**。

表 17.5　1 mol 氮气在 0℃ 时的数据

实　验　值		计　算　值	
p/atm	V_m/L	pV_m/(atm·L)	$\left(p+\dfrac{a}{V_m^2}\right)(V_m-b)$/(atm/L)
1	22.41	22.41	22.41
100	0.2224	22.24	22.40
500	0.062 35	31.17	22.67
700	0.053 25	37.27	22.65
900	0.048 25	43.40	22.4
1000	0.0464	46.4	22.0

根据范德瓦耳斯方程式(17.59)画出的等温线叫**范德瓦耳斯等温线**。图 17.21 中画出了一系列这样的等温线，它们和实际气体等温线(图 17.18)十分相似，也有一条"临界等温线"。图 17.21 中某一较低温度下的等温线 ABEFCD 与实际气体等温线(图 17.18 中的低温等温线)相比较，可发现在气态和液态部分，曲线的形状基本一致。这说明，范德瓦耳斯方程能很好地说明实际气体(包括转化为液体后)的性质。实际气体等温线在 BC 间是一段与横轴平行的直线，但范德瓦耳斯等温线在相应部分有一个弯曲，其中 FE 段表示气体的体积随压强增加而增大，这在实际上是不可能实现的状态。但 BE 和 CF 段所表示的状态，在实际上是可以实现的。若蒸气中基本上没有尘埃或带电粒子作为**凝结核**，当被压缩时虽然达到了饱和状态 B 仍可能不凝结，甚至在超过同温度的饱和蒸气压的压强下仍以蒸气状态存在，而体积不断缩小(即 BE 段)。这时的蒸气称为**过饱和蒸气**。这是一种不太稳定的状态，只要引入一

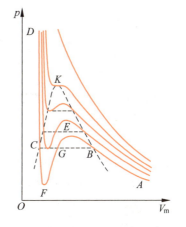

图 17.21　范德瓦耳斯等温线

些微尘或带电粒子，蒸气分子就会以它们为核心而迅速凝结，过饱和蒸气也就立即回到 BC 直线上饱和蒸气和液体共存的状态。近代研究宇宙射线或粒子反应的实验中常利用这一现象。先使一容器内的蒸气形成过饱和状态，再让高速粒子射入。高速粒子与其他分子相碰时在沿途产生许多离子，蒸气分子就以这些离子为核心而凝结成一连串很小的液珠，从而高速粒子的**径迹**就以白色的雾状细线显示出来了。这样的装置叫**云室**。图 17.21 中 CF 段表示液体所受压力比同温度下饱和蒸气压还小时仍不蒸发。如果液体中没有尘埃或带电粒子作**汽化核**，这样的状态实际上也是可以实现的。这时的液体叫**过热液体**，也是一种不太稳定的状态。发电厂锅炉中的水多次煮沸后已变得很纯净，容易过热。在过热的水中如果猛然加进溶有空气的新鲜水，则将引起剧烈的汽化，而压强突增。曾经由于这种原因引起过锅炉的爆炸。过热液体的汽化在近代物理实验中也能用于显示高速粒子的径迹，常用的液体是纯净的液态氢或丙烷。先使液体达到过热状态，再使高速粒子射入。高速粒子在沿途产生的离子能使过热液体汽化成一连串小气泡，从而显示出粒子的径迹。这种装置叫**气泡室**。

图 17.22 是欧洲核子研究中心的气泡室（装有 38 m³ 过热液态氢）的外形和利用气泡室拍摄的高速粒子径迹的照片。

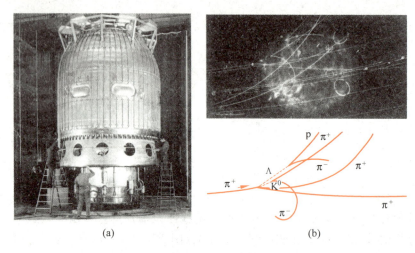

(a)   (b)

图 17.22   气泡室的外形和高速粒子径迹的照片

*17.14   非平衡态   输运过程

前面所讨论的都是系统处于平衡态下的问题，实际上还常常遇到处于非平衡态的系统。在这一节里简要地讨论几个最简单的非平衡态的问题。

当系统各部分的宏观物理性质如流速、温度或密度不均匀时，系统就处于非平衡态。在不受外界干预时，系统总要从非平衡态自发地向平衡态过渡。这种过渡称为**输运过程**。

输运过程有三种：内摩擦、热传导和扩散。下面分别介绍它们的基本规律。

1. 内摩擦

流体内各部分流动速度不同时，就发生**内摩擦**现象。气体的内摩擦现象可用图 17.23 所示的实验演示。A，B 为两个水平圆盘，A 盘自由悬挂，B 盘可以由电动机带着转动。两盘之间是一层空气，开动电动机使 B 盘转动起来。过不一会儿，发现 A 盘也跟着转一个角度而停下。这一现象的解释如下。可以把两盘间的空气看做是一层层地组成的。当下面的盘转动时，由于盘面与空气层之间以及各相邻的空气层之间有摩擦作用，所以由下至上各空气层就逐层被带动着转动，直到 A 盘也被带着转动起来。最后由于悬挂 A 盘的细丝的扭转制动作用使 A 盘停在一定的位置。这相邻的空气层之间由于速度不同引起的相互作用力称为**内摩擦力**，也叫**黏力**。液体中如果各部分流速不同时，相邻各部分之间也有黏力作用，而且比气体中的黏力要大。

为了说明内摩擦现象的宏观规律，可考虑以下简单情况。设流体装在两大平板之间（图 17.24）。下面的板静止，上面的板沿 x 向以速度 u_0 匀速运动，因而板间流体也被带着沿 x 向流动，但平行于板的各层流体的速度不同，它们的流速 u 是 z 的函数。各层流速随 z 的变化情况可以用**流速梯度** du/dz 表示，它等于沿 z 方向经过单位长度时流速的增加量。它是描述**流速不均匀**情况的物理量。设想在流体内，$z = z_0$ 处有一分界平面，面积为 dS，则下面流速小的流体层将对上面流速大的流体层产生向后的黏力 df,上面流体层将对下面的流体层产生向前的黏力 df',$df'=-df$。

图 17.23　气体内摩擦现象的演示

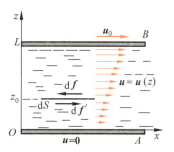

图 17.24　流体的内摩擦现象

实验证明,上面的流体受下面的流体通过 dS 面的黏力 df 与该处的流速梯度及面积 dS 成正比,可写作

$$df = -\eta\left(\frac{du}{dz}\right)_{z_0} dS \tag{17.61}$$

式中比例系数 η 叫流体的**内摩擦系数**或**黏度**,总取正值。η 的数值与流体的性质和状态有关。它的单位是 Pa·s。例如在 20℃ 时水的黏度为 1.005×10^{-3} Pa·s,蓖麻油的为 0.986 Pa·s,而空气的为 1.71×10^{-5} Pa·s。上式中的负号表示 df 相对于流速的方向。在图 17.24 所示 $du/dz>0$ 的情况下,$df<0$,说明 dS 上面流体受到下面流体的黏力的方向与流速方向相反。

内摩擦现象的微观机制在液体中和气体中不同。就气体来说,它和分子的热运动以及分子间的碰撞有直接的联系。气体的宏观流速是其中分子在无规则热运动的基础上具有定向速度的表现。像在图 17.24 中那样,dS 下面的气体分子定向速度比其上面的气体分子的小。在无规则运动中,下面的分子会带着自己较小的定向动量越过 dS 跑到上面,经过与上面的分子的碰撞把它的动量传给了上面的分子。同时上面的分子在无规则运动中也会带着自己的较大的定向动量越过 dS 跑到下面来,经过与下面分子的碰撞把它的动量传给了下面的分子。这样交换的结果,将有净的定向动量由上向下输运,使下面气体分子的定向动量增大,宏观上表现为下面的气体受到了向前的作用力;同时上面气体分子的定向动量减小,宏观上表现为上面的气体受到了向后的作用力。因此,气体的内摩擦现象在微观上是分子在热运动中**输运定向动量**的过程。

根据气体动理论可以导出(见下),气体的黏度与分子运动的微观量的统计平均值有下述关系:

$$\eta = \frac{1}{3}nm\bar{v}\bar{\lambda} \tag{17.62}$$

式中 n 为气体的分子数密度,m 为分子的质量,$\bar{v}$ 为平均速率,$\bar{\lambda}$ 为平均自由程。

将式(17.22)的 $\bar{\lambda}$ 代入式(17.62),并注意到 $p=nkT$,以及 $\bar{v}=\sqrt{8kT/\pi m}$,可得出在同一温度下 η 与气体的压强无关。麦克斯韦曾亲自做实验测定不同压强(不是太低)下气体的黏度,其结果果然和压强无关。100 多年前的这个实验在当时曾有力地支持了气体动理论。

用气体动理论推导气体的黏度公式

气体的内摩擦现象是由于分子在热运动中通过 dS 面(图 17.24)交换定向动量的结果。为了计算这种交换的宏观效果,先计算在 dt 时间内平均有多少气体分子从下面通过 dS 面进入上方。在宏观流速 u 比分子热运动平均速率 $\bar{v}$ 小很多的情况(通常就是这种情形)下,还可把气体当成处于平衡态处理。根据分子热运动的各向同性,平均来讲,总数中有 1/6 的分子从下向上垂直越过 dS 面,它们的速率,平均来讲,都等于平均速率 $\bar{v}$。以 n 表示分子数密度,则在 dt 时间内从下向上垂直越过 dS 面的分子数,平均来讲,就应是 $\frac{1}{6}n\bar{v}\mathrm{d}S\mathrm{d}t$。这些分子都是在 dS 下面经过最后一次碰撞后越过的。这些分子经历这最后一次碰撞时离 dS 的距离有近有远。平均来讲,可以认为它们经历最后一次碰撞时离 dS 的距离都等于平均自由程 $\bar{\lambda}$。从这里起程越过 dS 面的分子可以认为就带着此处的定向动量 $mu_{z_0-\bar{\lambda}}$。因此,在 dt 时间内由于分子的热运动从下向上带过 dS 面的定向动量就等于

$$\mathrm{d}p_1 = \frac{1}{6}n\bar{v}\mathrm{d}S\mathrm{d}t\, m\, u_{z_0-\bar{\lambda}}$$

同理,在同一时间内由于分子的热运动从上向下带过 dS 面的定向动量等于

$$\mathrm{d}p_2 = \frac{1}{6}n\bar{v}\mathrm{d}S\mathrm{d}t\, m\, u_{z_0+\bar{\lambda}}$$

两式相减,可得 dS 面上方气体的定向动量增量为

$$\mathrm{d}p = \mathrm{d}p_1 - \mathrm{d}p_2 = \frac{1}{6}n\bar{v}\mathrm{d}S\mathrm{d}t\, m[u_{z_0-\bar{\lambda}} - u_{z_0+\bar{\lambda}}]$$

(此处按平衡态处理,dS 面上下的 n 和 $\bar{v}$ 相同)。由于

$$u_{z_0-\bar{\lambda}} - u_{z_0+\bar{\lambda}} = -\left(\frac{\mathrm{d}u}{\mathrm{d}z}\right)_{z_0} 2\bar{\lambda}$$

上一式又可写成

$$\mathrm{d}p = -\frac{1}{3}nm\bar{v}\mathrm{d}S\mathrm{d}t\left(\frac{\mathrm{d}u}{\mathrm{d}z}\right)_{z_0}\bar{\lambda}$$

根据牛顿第二定律,由 dS 面上方气体的这一动量的增量可以求出它受 dS 面下方的气体的力,即内摩擦力,应为

$$\mathrm{d}f = \frac{\mathrm{d}p}{\mathrm{d}t} = -\frac{1}{3}nm\bar{v}\bar{\lambda}\left(\frac{\mathrm{d}u}{\mathrm{d}z}\right)_{z_0}\mathrm{d}S$$

$$= -\frac{1}{3}\rho\bar{v}\bar{\lambda}\left(\frac{\mathrm{d}u}{\mathrm{d}z}\right)_{z_0}\mathrm{d}S$$

式中 $\rho=nm$ 是气体的质量密度。将此式和式(17.61)对比,即可得黏度式(17.62)。

2. 热传导

物体内各部分温度不均匀时,将有内能从温度较高处传递到温度较低处,这种现象叫**热传导**。在这种过程中所传递的内能的多少叫**热量**。

为了说明热传导现象的宏观规律,我们考虑以下简单情况。设 A,B 两平板之间充以某种物质(图 17.25),其温度由下而上逐渐降低,温度 T 是 z 的函数,而温度的变化情况可以用**温度梯度** $\mathrm{d}T/\mathrm{d}z$ 表示。它是描述**温度不均匀**情况的物理量。设想在 $z=z_0$ 处有一分界平面,面积为 dS。实验指出,在 dt 时间内通过 dS 沿 z 轴方向传递的热量为

$$\mathrm{d}Q = -\kappa\left(\frac{\mathrm{d}T}{\mathrm{d}z}\right)_{z_0}\mathrm{d}S\mathrm{d}t \tag{17.63}$$

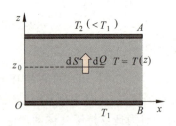

图 17.25 热传导现象

式中 κ 叫**热导率**。它的数值与物质的种类和状态有关,其单位是 W/(m·K)。例如,银的热导率为 406 W/(m·K),红砖的为 0.6 W/(m·K),石棉的为 0.04 W/(m·K),在常温下水的为 0.597 W/(m·K),空气的为 0.024 W/(m·K)。式(17.63)中的负号表明热量总是从温度高的区域向温度低的区域传递(热导率 κ 总取正值)。

热传导现象的微观机制在固体、液体中也和气体中不同。就气体来说,也和分子热运动有直接联系。气体内各部分温度不均匀表明各部分分子平均热运动能量 $\bar{\varepsilon}$ 不同。气体分子在热运动中也要不断地由上到下和由下到上地穿过 dS 面。由下向上的分子带着较大的平均能量,而由上向下的分子带着较小的平均能量。上下分子交换的结果将有净能量自下向上输运。这就在宏观上表现为热传导。因此,气体内的热传导在微观上是分子在热运动中**输运热运动能量**的过程。

根据气体动理论,类似 η 的导出,可得气体热导率与分子运动的微观量的统计平均值有下述关系:

$$\kappa = \frac{1}{3}nm\bar{v}\bar{\lambda}c_V \tag{17.64}$$

式中,c_V 为气体定体比热,单位为 J/(kg·K);其他量的意义和式(17.62)中的相同。

例 17.7

北京冬季一些天的气温白天都为零度,晚上都在零度以下。冬泳爱好者白天在户外游泳池破冰游泳,第二天再来时发现水面上又结了厚度约为 $D = 3.0$ cm 的冰层。以晚上连续时间 $t = 10$ h 结冰计,晚上的平均气温如何?查得冰的熔化热(即 1 kg 的水在 0℃ 结冰时放出的热)$\lambda = 3.3 \times 10^5$ J/kg,冰的密度 $\rho = 0.92 \times 10^3$ kg/m³,热导率为 $\kappa = 0.92$ W/(m·K)。

解 如图 17.26 所示,选垂直水面向下为 x 轴正向,未结冰时的自由水面为原点,考虑面积为 dS 的水面。以 dt 表示冰层厚度为 x 时再结厚度为 dx 的冰层所用的时间,在这一段时间内,此薄层冰结成时放出的熔化热就通过其上的冰层放到大气中。以 T 表示大气晚上的平均温度,则由热传导公式(17.63)可得

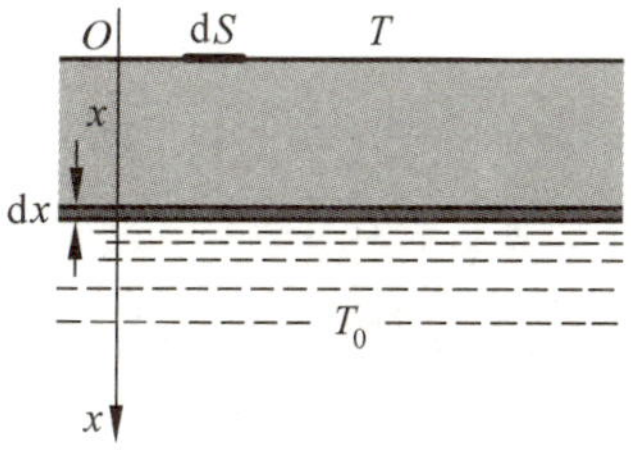

$$\lambda \rho dS dx = -\kappa \frac{T - T_0}{x} dS dt$$

由于水温 $T_0 = 0℃$,所以有

图 17.26 例 17.7 用图

$$dt = -\frac{\lambda \rho x}{\kappa T} dx$$

两边积分,可得

$$t = -\frac{\lambda \rho D^2}{2\kappa T}$$

由此得晚上平均气温为

$$T = -\frac{\lambda \rho D^2}{2\kappa t} = -\frac{3.3 \times 10^5 \times 0.92 \times 10^3 \times (3.0 \times 10^{-2})^2}{2 \times 0.92 \times 3600 \times 10} = -4.1 \,(℃)$$

这个结果和实际的晚上最低温度约为 $-8℃$ 大致相符。

---

3. 扩散

两种物质混合时,如果其中一种物质在各处的密度不均匀,这种物质将从密度大的地方

向密度小的地方散布,这种现象叫**扩散**。为了说明扩散的宏观规律,我们考虑下面最简单的单纯扩散过程。图 17.27 所示的混合气体的温度和压强各处都相同。它的两种组分的化学性质相同,只是其中一种组分有放射性,另一种无放射性。例如像二氧化碳气体,一种分子中的碳原子是无放射性的^{12}C,另一种分子中的碳原子是放射性的^{14}C。设一种组分(以小圆圈表示)的密度沿 z 轴方向减小,密度 ρ 是 z 的函数,其不均匀情况用**密度梯度** $d\rho/dz$ 表示。

设想在 $z=z_0$ 处有一分界平面,面积为 dS。实验指出,在 dt 时间内通过 dS 面传递的这种组分的质量为

$$dM = -D\left(\frac{d\rho}{dz}\right)_{z_0} dS dt \quad (17.65)$$

式中 D 为**扩散系数**,它的数值与物质的性质有关,其单位是 m^2/s。式中负号说明扩散总是沿 ρ 减小的方向进行(D 值总取正值)。

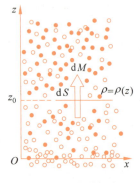

图 17.27 扩散现象

从微观上来说,气体中的扩散现象也和气体分子热运动有直接关系。在图 17.27 中,所述组分在 dS 下面的密度大,密度大表示该处单位体积内这种分子数多,dS 上面密度小,表示这里单位体积内这种分子数少。由于热运动,在同样的 dt 时间内由下向上穿过 dS 面的分子数比由上向下穿过 dS 面的分子数多。因而有净质量由下向上输运。这就在宏观上表现为扩散。因此,气体内的扩散在微观上是分子在热运动中**输运质量**的过程。

由气体动理论,类似 η 的导出,可得在上述单纯扩散的情况下气体的扩散系数与分子运动的微观量的统计平均值有下述关系:

$$D = \frac{1}{3}\bar{v}\bar{\lambda} \quad (17.66)$$

提 要

1. 平衡态:一个系统的各种性质不随时间改变的状态。处于平衡态的系统,其状态可用少数几个宏观状态参量描写。从微观的角度看,平衡态是分子运动的**动态平衡**。

2. 温度:处于平衡态的物体,它们的温度相等。温度相等的平衡态叫热平衡。

3. 热力学第零定律:如果 A 和 B 能分别与物体 C 的同一状态处于平衡态,那么当把这时的 A 和 B 放到一起时,二者也必定处于平衡态。这一定律是制造温度计,建立温标,定量地计量温度的基础。

4. 理想气体温标:建立在玻意耳定律($pV=$ 常量)的基础上,选定水的三相点温度为 $T_3 = 273.16$ K,以此制造气体温度计。

在理想气体温标有效的范围内,它和热力学温标完全一致。

摄氏温标 $t(℃)$ 和热力学温标 $T(K)$ 的关系:

$$t = T - 273.15$$

5. 热力学第三定律:热力学(绝对)零度不能达到。

6. 理想气体状态方程：在平衡态下，对理想气体有

$$p = \nu RT = \frac{m}{M}RT$$

或

$$p = nkT$$

其中，气体普适常量

$$R = 8.31 \text{ J/(mol·K)}$$

玻耳兹曼常量

$$k = R/N_A = 1.38 \times 10^{-23} \text{ J/K}$$

7. 气体分子的无规则运动

平均自由程($\bar{\lambda}$)：气体分子无规则运动中各段自由路程的平均值。

平均碰撞频率($\bar{z}$)：气体分子单位时间内被碰撞次数的平均值。

$$\bar{\lambda} = \bar{v}/\bar{z}$$

碰撞截面(σ)：一个气体分子运动中可能与其他分子发生碰撞的截面面积，

$$\bar{\lambda} = \frac{1}{\sqrt{2}\sigma n} = \frac{kT}{\sqrt{2}\sigma p}$$

8. 理想气体压强的微观公式

$$p = \frac{1}{3}nm\overline{v^2} = \frac{2}{3}n\bar{\varepsilon}_t$$

式中各量都是统计平均值，应用于宏观小微观大的区间。

9. 温度的微观统计意义

$$\bar{\varepsilon}_t = \frac{3}{2}kT$$

10. 能量均分定理：在平衡态下，分子热运动的每个自由度的平均动能都相等，且等于 $\frac{1}{2}kT$。以 i 表示分子热运动的总自由度，则一个分子的总平均动能为

$$\bar{\varepsilon}_k = \frac{i}{2}kT$$

ν(mol)理想气体的内能，只包含有气体分子的无规则运动动能，

$$E = \frac{i}{2}\nu RT$$

11. 速率分布函数：指气体分子速率在速率 v 所在的单位速率区间内的分子数占总分子数的百分比，也是分子速率分布的概率密度，

$$f(v) = \frac{dN_v}{Ndv}$$

麦克斯韦速率分布函数：对在平衡态下，分子质量为 m 的气体，

$$f(v) = 4\pi\left(\frac{m}{2\pi kT}\right)^{3/2} v^2 e^{-mv^2/2kT}$$

三种速率：

最概然速率

$$v_p = \sqrt{\frac{2kT}{m}} = \sqrt{\frac{2RT}{M}} = 1.41\sqrt{\frac{RT}{M}}$$

平均速率 $\bar{v} = \sqrt{\dfrac{8kT}{\pi m}} = \sqrt{\dfrac{8RT}{\pi M}} = 1.60\sqrt{\dfrac{RT}{M}}$

方均根速率 $v_{\text{rms}} = \sqrt{\dfrac{3kT}{m}} = \sqrt{\dfrac{3RT}{M}} = 1.73\sqrt{\dfrac{RT}{M}}$

***12. 玻耳兹曼分布律**：平衡态下某状态区间（粒子能量为 E）的粒子数正比于 $e^{-E/kT}$（玻耳兹曼因子）。

13. 实际气体等温线：在某些温度和压强下，可能存在液汽共存的状态，这时的蒸气叫饱和蒸气。温度高于某一限度，则不可能有这种液汽共存的平衡态出现，因而此时只靠压缩不能使气体液化，这一温度限度叫临界温度。

14. 范德瓦耳斯方程：采用有吸引力的刚性球分子模型，1 mol 气体的状态方程为

$$\left(p + \dfrac{a}{V_m^2}\right)(V_m - b) = RT$$

由此式还能说明实际气体的过饱和和液体的过冷现象。

15. 非平衡态　输运过程：**内摩擦**（输运分子定向动量）、**热传导**（输运分子无规则运动能量）、**扩散**（输运分子质量）。三种过程的宏观规律和系数的微观表示式如下：

内摩擦　　$\mathrm{d}f = -\eta \left(\dfrac{\mathrm{d}u}{\mathrm{d}z}\right)_{z_0} \mathrm{d}S$,　　$\eta = \dfrac{1}{3} mn\bar{v}\bar{\lambda}$

热传导　　$\mathrm{d}Q = -\kappa \left(\dfrac{\mathrm{d}T}{\mathrm{d}z}\right)_{z_0} \mathrm{d}S\mathrm{d}t$,　　$\kappa = \dfrac{1}{3} mn\bar{v}\bar{\lambda} c_V$

扩散　　　$\mathrm{d}M = -D \left(\dfrac{\mathrm{d}\rho}{\mathrm{d}z}\right)_{z_0} \mathrm{d}S\mathrm{d}t$,　　$D = \dfrac{1}{3} \bar{v}\bar{\lambda}$

思考题

17.1　什么是热力学系统的平衡态？为什么说平衡态是热动平衡？

17.2　怎样根据平衡态定性地引进温度的概念？对于非平衡态能否用温度概念？

17.3　用温度计测量温度是根据什么原理？

17.4　理想气体温标是利用气体的什么性质建立的？

17.5　图 17.28 是用扫描隧穿显微镜（STM）取得的石墨晶体表面碳原子排列队形的照片。试根据此照片估算一个碳原子的直径。

17.6　地球大气层上层的电离层中，电离气体的温度可达 2000 K，但每立方厘米中的分子数不超过 10^5 个。这温度是什么意思？一块锡放到该处会不会被熔化？已知锡的熔点是 505 K。

17.7　如果盛有气体的容器相对某坐标系作匀速运动，容器内的分子速度相对这坐标系也增大了，温度也因此升高吗？

17.8　在大气中随着高度的增加，氢气分子数密度与氧气分子数密度的比值也增大，为什么？

17.9　一定质量的气体，保持体积不变。当温度升高时分子运动得更剧烈，因而平均碰撞次数增多，平均自由程是否也因此而减小？为什么？

17.10　在平衡态下，气体分子速度 v 沿各坐标方向的分量的平均值 $\bar{v}_x$、$\bar{v}_y$ 和 $\bar{v}_z$ 各应为多少？

17.11　对一定量的气体来说，当温度不变时，气体的压强随体积的减小而增大；当体积不变时，压强随温度的升高而增大。从宏观来看，这两种变化同样使压强增大，从微观来看它们有何区别？

17.12　根据下述思路粗略地推导理想气体压强微观公式。设想在四方盒子内装有处于平衡态的理

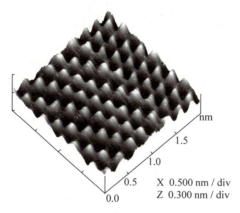

图 17.28　思考题 17.5 用图

想气体,从统计平均效果讲,可认为所有气体分子的平均速率都是 $\bar{v}$,且总数中有 1/6 垂直地向某一器壁运动而冲击器壁。计算动量变化以及压强（忽略 $\bar{v}$ 与 $\sqrt{\overline{v^2}}$ 的差别）。

17.13　试用气体动理论说明,一定体积的氢和氧的混合气体的总压强等于氢气和氧气单独存在于该体积内时所产生的压强之和。

17.14　在相同温度下氢气和氧气分子的速率分布的概率密度是否一样？试比较它们的 v_p 值以及 v_p 处概率密度的大小。

17.15　证明 $v_{rms} = \sqrt{3p/\rho}$,其中 ρ 为气体的质量密度。

17.16　在深秋或冬日的清晨,有时你会看到蓝天上一条笔直的白练在不断延伸。再仔细看去,那是一架正在向右飞行的喷气式飞机留下的径迹（图 17.29）。喷气式飞机在飞行时喷出的"废气"中充满了带电粒子,那条白练实际上是小水珠形成的雾条。你能解释这白色雾条形成的原因吗？

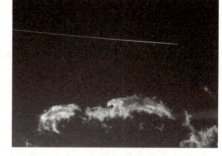

图 17.29　白练映蓝天

17.17　试根据热导率的微观公式说明：当容器内的气体温度不变而压强降低时,它的热导率将保持不变；当压强降低到分子运动的平均自由程和容器线度可比或更低时,气体的热导率将随压强的降低而减小。

习题

17.1　定体气体温度计的测温气泡放入水的三相点管的槽内时,气体的压强为 6.65×10^3 Pa。

(1) 用此温度计测量 373.15 K 的温度时,气体的压强是多大？

(2) 当气体压强为 2.20×10^3 Pa 时,待测温度是多少 K？多少 ℃？

17.2　温度高于环境的物体会逐渐冷却。实验指出,在物体温度 T 和环境温度 T_s 差别不太大的情况下,物体的冷却速率和温差 $(T-T_s)$ 成正比,即

$$-\frac{dT}{dt} = A(T-T_s)$$

其中 A 是比例常量。试由上式导出,在 T_s 保持不变,物体初温度为 T_1 的情况下,经过时间 t,物体的温度变为

$$T = T_s + (T_1 - T_s)e^{-\lambda t}$$

一天早上房内温度是 25℃ 时停止供暖,室外气温为 −10℃。40 min 后房内温度降为 20℃,再经过多长时间房内温度将降至 15℃?

17.3 "28"自行车车轮直径为 71.12 cm(相当于 28 英寸),内胎截面直径为 3 cm。在 −3℃ 的天气里向空胎里打气。打气筒长 30 cm,截面半径 1.5 cm。打了 20 下,气打足了,问此时车胎内压强是多少?设车胎内最后气体温度为 7℃。

17.4 在 90 km 高空,大气的压强为 0.18 Pa,密度为 3.2×10^{-6} kg/m³。求该处的温度和分子数密度。空气的摩尔质量取 217.0 g/mol。

17.5 一个大热气球的容积为 2.1×10^4 m³,气球本身和负载质量共 4.5×10^3 kg,若其外部空气温度为 20℃,要想使气球上升,其内部空气最低要加热到多少度?

17.6 目前可获得的极限真空度为 1.00×10^{-18} atm。求在此真空度下 1 cm³ 空气内平均有多少个分子?设温度为 20℃。

17.7 星际空间氢云内的氢原子数密度可达 10^{10} m⁻³,温度可达 10^4 K。求这云内的压强。

17.8 在较高的范围内大气温度 T 随高度 y 的变化可近似地取下述线性关系:
$$T = T_0 - \alpha y$$
其中,T_0 为地面温度;α 为一常量。

(1) 试证明在这一条件下,大气压强随高度变化的关系为
$$p = p_0 \exp\left[\frac{Mg}{\alpha R}\ln\left(1-\frac{\alpha y}{T_0}\right)\right]$$

(2) 证明 $\alpha \to 0$ 时,上式转变为式(17.16)。

(3) 通常取 $\alpha = 0.6$℃/100 m,试求珠穆朗玛峰峰顶的温度和大气压强。已知 $M = 29.0$ g/mol,$T_0 = 273$ K,$P_0 = 1.00$ atm。

17.9 证明:在平衡态下,两分子热运动相对速率的平均值 $\bar{u}$ 与分子的平均速率 $\bar{v}$ 有下述关系:
$$\bar{u} = \sqrt{2}\,\bar{v}$$

[提示:写 u_{12} 和 v_1,v_2 的关系式,然后求平均值。]

17.10 试证不论气体分子速率分布函数的形式如何,其分子热运动的速率均满足式
$$\sqrt{\overline{v^2}} \geqslant \bar{v}$$

[提示:考虑速率对平均值的偏差 $(v-\bar{v})$ 的平方的平均值。]

17.11 氮分子的有效直径为 3.8×10^{-10} m,求它在标准状态下的平均自由程和连续两次碰撞间的平均时间间隔。

17.12 真空管的线度为 10^{-2} m,其中真空度为 1.33×10^{-3} Pa,设空气分子的有效直径为 3×10^{-10} m,求 27℃ 时单位体积内的空气分子数、平均自由程和平均碰撞频率。

17.13 在 160 km 高空,空气密度为 1.5×10^{-9} kg/m³,温度为 500 K。分子直径以 3.0×10^{-10} m 计,求该处空气分子的平均自由程与连续两次碰撞相隔的平均时间。

17.14 在气体放电管中,电子不断与气体分子碰撞。因电子的速率远大于气体分子的平均速率,所以气体分子可以认为是不动的。设电子的"有效直径"比起气体分子的有效直径 d 来可以忽略不计。求:

(1) 电子与气体分子的碰撞截面;

(2) 电子与气体分子碰撞的平均自由程(以 n 表示气体分子数密度)。

17.15 一篮球充气后,其中有氮气 8.5 g,温度为 17℃,在空中以 65 km/h 做高速飞行。求:

(1) 一个氮分子(设为刚性分子)的热运动平均平动动能、平均转动动能和平均总动能;

(2) 球内氮气的内能;

(3) 球内氮气的轨道动能。

17.16 温度为 27℃ 时,1 mol 氦气、氢气和氧气各有多少内能?1 g 的这些气体各有多少内能?

17.17 一容器被中间的隔板分成相等的两半,一半装有氦气,温度为 250 K;另一半装有氧气,温度为 310 K。二者压强相等。求去掉隔板两种气体混合后的温度。

17.18 有 N 个粒子,其速率分布函数为

$$f(v) = av/v_0 \quad (0 \leqslant v \leqslant v_0)$$
$$f(v) = a \quad (v_0 \leqslant v \leqslant 2v_0)$$
$$f(v) = 0 \quad (v > 2v_0)$$

(1) 作速率分布曲线并求常数 a;
(2) 分别求速率大于 v_0 和小于 v_0 的粒子数;
(3) 求粒子的平均速率。

17.19 日冕的温度为 2×10^6 K,求其中电子的方均根速率。星际空间的温度为 2.7 K,其中气体主要是氢原子,求那里氢原子的方均根速率。1994 年曾用激光冷却的方法使一群 Na 原子几乎停止运动,相应的温度是 2.4×10^{-11} K,求这些 Na 原子的方均根速率。

17.20 火星的质量为地球质量的 0.108 倍,半径为地球半径的 0.531 倍,火星表面的逃逸速度多大?以表面温度 240 K 计,火星表面 CO_2 和 H_2 分子的方均根速率多大?以此说明火星表面有 CO_2 而无 H_2(实际上,火星表面大气中 96% 是 CO_2)。

木星质量为地球的 318 倍,半径为地球半径的 11.2 倍,木星表面的逃逸速度多大?以表面温度 130 K 计,木星表面 H_2 分子的方均根速率多大?以此说明木星表面有 H_2(实际上木星大气 78% 质量为 H_2,其余的是 He,其上盖有冰云,木星内部为液态甚至固态氢)。

17.21 烟粒悬浮在空气中受空气分子的无规则碰撞作布朗运动的情况可用普通显微镜观察,它和空气处于同一平衡态。一颗烟粒的质量为 1.6×10^{-16} kg,求在 300 K 时它悬浮在空气中的方均根速率。此烟粒如果是在 300 K 的氢气中悬浮,它的方均根速率与在空气中的相比会有不同吗?

17.22 质量为 6.2×10^{-14} g 的碳粒悬浮在 27℃ 的液体中,观察到它的方均根速率为 1.4 cm/s。试由气体普适常量 R 值及此实验结果求阿伏伽德罗常量的值。

17.23 试将麦克斯韦速率分布律改写成按平动动能 ε_t 分布的形式

$$\mathscr{F}(\varepsilon_t)d\varepsilon_t = \frac{2}{\sqrt{\pi}}(kT)^{-3/2}\varepsilon_t^{1/2}e^{-\varepsilon_t/kT}d\varepsilon_t$$

由此求出最概然平动动能,并和 $\frac{1}{2}mv_p^2$ 比较。

17.24 皮兰对悬浮在水中的藤黄粒子数按高度分布的实验应用了公式

$$\frac{RT}{N_A}\ln\frac{n_0}{n} = \frac{4}{3}\pi a^3(\Delta - \delta)gh$$

式中,n 和 n_0 分别表示上下高度差为 h 的两处的粒子数密度;Δ 为藤黄的密度;δ 为水的密度;a 为藤黄粒子的半径。

(1) 试根据玻耳兹曼分布律推证此公式;
(2) 皮兰在一次实验中测得的数据是 $a=0.212\times10^{-6}$ m,$\Delta-\delta=0.2067$ g/cm^3,$t=20$℃,显微镜物镜每升高 30×10^{-6} m 时数出的同一液层内的粒子数分别是 7160,3360,1620,860。试验算这一组数目基本上是几何级数,从而证明粒子数密度是按指数规律递减的,并利用第一和第二个数计算阿伏伽德罗常量的值。

17.25 一汽缸内封闭有水和饱和水蒸气,其温度为 100℃,压强为 1 atm,已知这时水蒸气的摩尔体积为 3.01×10^4 cm^3/mol。

(1) 每 cm^3 水蒸气中含有多少个水分子?
(2) 每秒有多少水蒸气分子碰撞到 1 cm^2 面积的水面上?
(3) 设所有碰到水面上的水蒸气分子都凝聚成水,则每秒有多少水分子从 1 cm^2 面积的水面上跑出?

(4) 等温压进活塞使水蒸气的体积缩小一半后,水蒸气的压强是多少?

17.26 容器容积为 20 L,其中装有 1.1 kg 的 CO_2 气体,温度为 13℃,试用范德瓦耳斯方程求气体的压强(取 $a=3.64\times10^5$ Pa·L^2/mol^2,$b=0.0427$ L/mol),并与理想气体状态方程求出的结果作比较。这时 CO_2 气体的内压强多大?

**17.27 对比图 17.18 和图 17.21,可看出 CO_2 气体的临界等温线上的临界点 K 是范德瓦耳斯临界等温线的水平拐点。

(1) 将范德瓦耳斯方程(17.59)写成 $p=f(V_m)$ 的形式并利用水平拐点的数学条件证明两个范德瓦耳斯常量

$$a = 3V_{m,c}^2 p_c, \quad b = \frac{V_{m,c}}{3}$$

(2) 根据图 17.18 中标出的临界点 K 的压强和体积求 CO_2 气体的 a 和 b 的数值。

17.28 在标准状态下氦气(He)的黏度 $\eta=1.89\times10^{-5}$ Pa·s,$M=0.004$ kg/mol,$\bar{v}=1.20\times10^3$ m/s,试求:

(1) 在标准状况下氦原子的平均自由程;

(2) 氦原子的直径。

*17.29 热水瓶胆的两壁间距 $l=0.4$ cm,其间充满 $t=27℃$ 的 N_2,N_2 分子的有效直径 $d=3.7\times10^{-10}$ m,问两壁间的压强降低到多大以下时,N_2 的热导率才会比它在常压下的数值小?

**17.30 设有一半径为 R 的水滴悬浮在空气中,由于蒸发而体积逐渐缩小,蒸发出的水蒸气扩散到周围空气中。设其近邻处水蒸气的密度为 ρ,远处水蒸气的密度为 ρ_∞,水蒸气在空气中的扩散系数为 D,水的密度为 ρ_w。证明:

(1) 水滴的蒸发速率为 $W=4\pi D(\rho-\rho_\infty)R$;

(2) 全部蒸发完需要的时间为 $t=\rho_w R^2/2D(\rho-\rho_\infty)$。

科学家介绍

玻 耳 兹 曼

（Ludwig Boltzmann，1844—1906 年）

玻耳兹曼像

《气体理论演讲集》的扉页

  1844 年 2 月 20 日玻耳兹曼生于奥地利首都维也纳。他从小勤奋好学，在维也纳大学毕业后，曾获得牛津大学理学博士学位。

  1867 年他到维也纳物理研究所当斯忒藩的助手和学生。1869 年起先后在格拉茨大学、维也纳大学、慕尼黑大学和莱比锡大学任教并被伦敦、巴黎、柏林、彼得堡等科学院吸收为会员。1906 年 9 月 5 日在意大利的一所海滨旅馆自杀身亡。

  玻耳兹曼与克劳修斯（R. Clausius）和麦克斯韦（J. C. Maxwell）同是分子运动论的主要奠基者。1868—1871 年，玻耳兹曼由麦克斯韦分布律引进了玻耳兹曼因子 $e^{-E/kT}$，据此他又得到了能量均分定理。

  为了说明非平衡的输运过程的规律，需要确定非平衡态的分布函数 $f(r,v,t)$。这个问题首先由玻耳兹曼在 1872 年解决了。他从某一状态区间的分子数的变化是由于分子的运动和碰撞两个原因出发,建立了一个关于 f 的既含有积分又含有微分的方程式。这个方程式现在就叫玻氏积分微分方程,利用它就可以建立输运过程的精确理论。

玻耳兹曼还利用分布函数 f 引进了一个函数 H,即

$$H = \iiint f \ln f \mathrm{d}v_x \mathrm{d}v_y \mathrm{d}v_z$$

他证明了当 f 变化时,**H 随时间单调地减小**,即总有

$$\frac{\mathrm{d}H}{\mathrm{d}t} \leqslant 0$$

而**平衡态相当于 H 取极小值的状态**。这一结论在当时是非常令人吃惊的。它的意义是,H 随时间的改变率给人们一个系统趋向平衡的标志。这就是著名的 H 定理。它第一次用统计物理的微观理论证明了**宏观过程的不可逆性**或**方向性**。

在这之前的 1865 年,克劳修斯用宏观的热力学方法建立了关于不可逆过程的定律,即熵增加原理(参看本书第 11 章热力学第二定律)。它指出孤立系统的熵总是要增加的,H 定理和熵增加原理是相当的。但从微观上这样解释不可逆过程,在当时是很难令人接受的,因而很受到一些知名学者的攻击。连支持分子运动理论的洛喜密特(Loschmidt)也提出了驳难。他在 1876 年提出:分子的运动遵守力学定律,因而是可逆的,即当全体分子的速度都反过来后,分子运动的进程应当向着与原来方向相反的方向进行。而 H 定理的不可逆性是和这不相容的。当时的知名学者实证论者马赫(E. Mach)和唯能论者奥斯特瓦德(W. Ostwald)根本否定分子原子的存在,当然对建立在分子运动理论基础上的 H 定理更大肆攻击了。

对于洛喜密特的驳难,玻耳兹曼的回答是:H 定理本身是统计性质的,它的结论是 H 减小的概率最大。所以宏观不可逆性是统计规律性的结果,这与微观可逆性并不矛盾,因为微观可逆性是建立在确定的微观运动状态上的,而统计结论则仅适用于微观状态不完全确定的情形。因此 H 定理并不是说 H 绝对不能增加,只是增加的机会极小而已。这些话深刻地阐明了**统计规律性**,今天仍保持着它的正确性,但在当时并不能为反对者所理解。

正是在解释这种"不可逆性佯谬"的过程中,1877 年玻耳兹曼提出了把熵 S 和热力学概率 W 联系起来,得出

$$S \propto \ln W$$

1900 年普朗克引进了比例常量 k,写出了著名公式

$$S = k \ln W$$

这一公式现在就叫**玻耳兹曼关系**,常量 k 就叫**玻耳兹曼常量**。他还导出了 H 和熵 S 的关系,即 H 和 S(或 $\ln W$)的负值成正比(或相差一个常数)。这样 H 的减小和 S 的增大相当就被完全证明了。

在众多的非难和攻击面前,玻耳兹曼清醒地认识到自己是正确的,因此坚持他的统计理论。在 1895 年出版的《气体理论讲义》第一册中,他写道:"尽管气体理论中使用概率论这一点不能直接从运动方程推导出来,但是由于采取概率论后得出的结果和实验事实一致,我们就应当承认它的价值。"在 1898 年出版的这本讲义的第二册的序言中,他又写道:"我坚持认为(对于动力论的)攻击是由于对它的错误理解以及它的意义目前还没有完全显示出来,如果对这一理论的攻击使它遭到像光的波动说在牛顿的权威影响下所遭受的命运一样而被人

遗忘的话，那将是对科学的一次很大的打击。我清楚地认识到在反对目前这种盛行的舆论时我个人力量的薄弱。为了保证以后当人们回过头来研究动力论时不至于作过多的重复性努力，我将对该理论最困难而且被人们错误地理解了的部分尽可能清楚地加以解说。"这些话一方面表明了玻耳兹曼的自信，另一方面也流露出了他凄凉的心情。有人就认为这种长期受到攻击的境遇是他在1906年自杀的重要原因之一。

真理是不会被遗忘的。1902年美国的吉布斯（J. W. Gibbs）出版了《统计力学的基本原理》，其中大大地发展了麦克斯韦、玻耳兹曼的理论，利用系综的概念建立了一套完整的统计力学理论。1905年爱因斯坦在理论上以及1909年皮兰在实验上对布朗运动的研究最终确立了分子的真实性。就这样统计力学成了一门得到普遍承认的、应用非常广泛的而且不断发展的科学理论，在近代物理研究的各方面发挥着极其重要的基础作用。

第 18 章

热力学第一定律

第 17 章讨论了热力学系统,特别是气体处于平衡态时的一些性质和规律。除了说明宏观规律外,还引进统计概念统计概念说明了微观本质。本章说明热力学系统状态发生变化时在能量上所遵循的规律,这一规律实际上就是能量守恒定律。能量守恒的概念源于 18 世纪末人们认识到热是一种运动,作为能量守恒定律真正得到公认则是在 19 世纪中叶迈耶(J. R. Mayer)关于热功当量的计算,特别是焦耳(J. P. Joule)关于热功当量的实验结果发表之后(焦耳的最重要的实验是利用重物下落带动许多叶片转动,叶片再搅动水使水的温度升高,见图 18.1)。随着物质结构的分子学说的建立,人们对热的本质及热功转换有了更具体更实在的认识,并有可能用经典力学对机械能和热的转换和守恒作出说明,这一转换和守恒可以说是能量守恒定律的最基本或最初的形式。本章讨论的热力学第一定律就限于能量守恒定律这一"最初形式"。

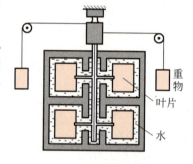

图 18.1 焦耳实验示意图

热力学第一定律及有关概念,如功、热量、内能、绝热过程等大家在中学物理课程中也都学过,对它们都有一定的认识和理解。本章所讨论的内容,包括定律本身及相关概念,包括热容量、各种单一过程、循环过程等都更加全面和深入,不但讲了它们的宏观意义,而且还尽可能说明其微观本质。希望同学们仔细领会,不但多知道些热学知识,而且对热学的思维方法也能有所体会。

18.1 功 热量 热力学第一定律

在 4.6 节中曾导出了机械能守恒定律(式(4.24)),即
$$A_{ex} + A_{in,n\text{-cons}} = E_B - E_A$$
并把它应用于保守系统,即 $A_{in,n\text{-cons}} = 0$,得式(4.25),即
$$A_{ex} = E_B - E_A = \Delta E \quad (保守系统)$$
之后,又进一步把式(4.25)应用于系统的质心参考系,得到式(4.31),即
$$A'_{ex} = E_{in,B} - E_{in,A}$$
此式说明,对于一个保守系统,在其质心参考系内,外力对它做的功等于它的内能的增量。

18.1 功 热量 热力学第一定律

现在让我们在分子理论的基础上把这一"机械能"守恒定律应用于我们讨论的**单一组分**的热力学系统,组成这种热力学系统的"质点"就是分子。由于分子间的作用力是保守力,因此这种热力学系统就是保守系。由于我们只考虑这种热现象而不考虑系统整体的运动,所以也就是在系统的质心参考系内讨论系统的规律。这样,式(4.31)中的内能 E_{in} 就是系统内所有分子的无规则运动动能和分子间势能的总和。它由系统的状态决定,因而是一个**状态量**。

理想气体的内能已由式(17.32)给出,即

$$E = \frac{i}{2}\nu RT$$

外力,或说外界,对系统内各分子做功的情况,从分子理论的观点看来,可以分两种情况。一种情况和系统的边界发生宏观位移相联系。例如以汽缸内的气体为系统,当活塞移动时,气体和活塞相对的表面就要发生宏观位移而使气体体积发生变化。在这一过程中,活塞将对气体做功:气体受压缩时,活塞对它做正功;气体膨胀时,活塞对它做负功。这种宏观功都会改变气体的内能。从分子理论的观点看来,这一做功过程是外界(如此例中的活塞)分子的有规则运动动能和系统内分子的无规则运动能量传递和转化的过程,表现为宏观的机械能和内能的传递和转化的过程。由于这一过程中做功的多少,亦即所传递的能量的多少,可以直接用力学中功的定义计算,所以这种情况下外界对系统做的功可称为**宏观功**,以后就直接称之为**功**,并以 A' 表示①。

另一种外界对系统内分子做功的情况是在没有宏观位移的条件下发生的。例如,把冷水倒入热锅中后,在没有任何宏观位移的情况下,热锅(作为外界)也会向冷水(作为系统)传递能量。从分子理论的观点看来,这种做功过程是由于水分子不断和锅的分子发生碰撞,在碰撞过程中两种分子间的作用力会在它们的微观位移中做功。大量分子在碰撞过程中做的这种**微观功**的总效果就是锅的分子无规则运动能量传给了水的分子,表现为外界和系统之间的内能传递。这种内能的传递,从微观上说,只有在外界分子和系统分子的平均动能不相同时才有可能。从宏观上说,也就是这种内能的传递需要外界和系统的温度不同。这种由于外界和系统的温度不同,通过分子做微观功而进行的内能传递过程叫做**热传递**,而所传递的能量叫**热量**。通常以 Q 表示热量,它的单位就是能量的单位 J。

综合上述宏观功和微观功两种情况可知,从分子理论的观点看来,公式(4.31)中外力对系统做的功 A'_{ex} 可写成

$$A'_{ex} = A' + Q$$

而式(4.31)就变为

$$A' + Q = \Delta E \tag{18.1}$$

此式说明,在一给定过程中,外界对系统做的功和传给系统的热量之和等于系统的内能的增

---

① 电流通过电阻丝时,电阻丝要发热而改变状态。这里没有宏观位移,但是从微观上看来,这一过程是带电粒子在集体定向运动中与电阻丝的正离子进行无规则碰撞而增大后者的无规则运动能量的过程。这也是一种有规则运动向无规则运动转化和传递的过程。所以这一过程也归类为做功过程,我们说电流对电阻丝**做了电功**。又由于电阻丝内的带电粒子的定向运动是电场作用的结果,我们也可以说这一过程是电场做功。将这一概念再引申一步,电磁辐射(如光)的照射引起被照系统的状态发生改变,也可归类为做功过程。不过,由于辐射的照射常常是使物体发热(即温度升高),所以辐射的作用又常被归为"热传递"。归根结底,它就是一种能量传递的方式。

量。这一结论现在叫做**热力学第一定律**。

如果以 A 表示过程中系统对外界做的功,则由于总有 $A=-A'$,所以式(18.1)又可以写成

$$Q = \Delta E + A \tag{18.2}$$

这是热力学第一定律常用的又一种表示式。本书后面将采用这一表示式。

式(18.1)实际上就是能量守恒定律的"最初形式"。因为,从微观上来说,它只涉及分子运动的能量。从上面的讨论看来,它是可以从经典力学导出的,因而它具有狭隘的机械的性质[①]。但是,不要因此而轻视它的重要意义。实际上,认识到物质由分子组成而把能量概念扩展到分子的运动,建立内能的概念,从而认识到热的本质,是科学史上一个重要的里程碑,从此打开了通向普遍的能量概念以及普遍的能量守恒定律的大门。随着人们对自然界的认识的扩展和深入,功的概念扩大了,并且引入电磁能、光能、原子核能等多种形式的能量。如果把这些能量也包括在式(18.1)的能量 E 中,则式(18.1)就成了普遍的能量守恒的表示式。当然,对式(18.1)的这种普遍性的理解已不再是经典力学的结果,而是守恒思想和实验结果的共同产物了。

18.2 准静态过程

一个系统的状态发生变化时,我们说系统在经历一个**过程**。在过程进行中的任一时刻,系统的状态当然不是平衡态。例如,推进活塞压缩汽缸内的气体时,气体的体积、密度、温度或压强都将发生变化(图18.2),在这一过程中任一时刻,气体各部分的密度、压强、温度并不完全相同。靠近活塞表面的气体密度要大些,压强也要大些,温度也高些。在热力学中,为了能利用系统处于平衡态时的性质来研究过程的规律,引入了**准静态过程**的概念。所谓准静态过程是这样的过程,**在过程中任意时刻,系统都无限地接近平衡态**,因而

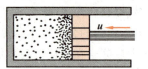

图18.2 压缩气体时气体内各处密度不同

任何时刻系统的状态都可以当平衡态处理。这也就是说,准静态过程是由一系列依次接替的平衡态所组成的过程。

准静态过程是一种理想过程。实际过程进行得越缓慢,经过一段确定时间系统状态的变化就越小,各时刻系统的状态就越接近平衡态。当实际过程进行得无限缓慢时,各时刻系统的状态也就无限地接近平衡态,而过程也就成了准静态过程。因此,准静态过程就是实际过程无限缓慢进行时的极限情况。这里"无限"一词,应从相对意义上理解。一个系统如果最初处于非平衡态,经过一段时间过渡到了一个平衡态,这一过渡时间叫**弛豫时间**。在一个实际过程中,如果系统的状态发生一个可以被实验查知的微小变化所需的时间比弛豫时间长得多,那么在任何时刻进行观察时,系统都有充分时间达到平衡态。这样的过程就可以当成准静态过程处理。例如,原来汽缸内处于平衡态的气体受到压缩后再达到平衡态所需的时间,即弛豫时间,大约是 10^{-3} s 或更小,如果在实验中压缩一次所用的时间是 1 s,这时间是上述弛豫时间的 10^3 倍,气体的这一压缩过程就可以认为是准静态过程。实际内燃机汽

---

① 见:王竹溪.热力学.高等教育出版社,1955,58.

缸内气体经历一次压缩的时间大约是 10^{-2} s，这个时间也已是上述弛豫时间的 10 倍以上。从理论上对这种压缩过程作初步研究时，也把它当成准静态过程处理。

准静态过程可以用系统的**状态图**，如 p-V 图（或 p-T 图、V-T 图）中的一条曲线表示。在状态图中，任何一点都表示系统的一个平衡态，所以一条曲线就表示由一系列平衡态组成的准静态过程，这样的曲线叫**过程曲线**。在图 18.3 的 p-V 图中画出了几种**等值过程**的曲线：a 是**等压过程**曲线，b 是**等体[积]过程**曲线，c 是**等温过程**（理想气体的）曲线。非平衡态不能用一定的状态参量描述，非准静态过程也就不能用状态图上的一条线来表示。

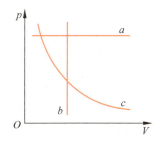 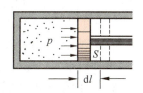

图 18.3　p-V 图上几条等值过程曲线　　图 18.4　气体膨胀时做功的计算

对于准静态过程，功的大小可以直接利用系统的状态参量来计算。在系统保持静止的情况下常讨论的功是和系统体积变化相联系的机械功。如图 18.4 所示，设想汽缸内的气体进行无摩擦的准静态的膨胀过程，以 S 表示活塞的面积，以 p 表示气体的压强。气体对活塞的压力为 pS，当气体推动活塞向外缓慢地移动一段微小位移 dl 时，**气体对外界做的微量功**为

$$dA = pS\,dl$$

由于

$$S\,dl = dV$$

是气体体积 V 的增量，所以上式又可写为

$$dA = p\,dV \tag{18.3}$$

这一公式是通过图 18.5 的特例导出的，但可以证明它是准静态过程中"**体积功**"的一般计算公式。它是用系统的状态参量表示的。很明显，如果 d$V>0$，则 d$A>0$，即系统体积膨胀时，系统对外界做功；如果 d$V<0$，则 d$A<0$，表示系统体积缩小时，系统对外界做负功，实际上是外界对系统做功。

当系统经历了一个有限的准静态过程，体积由 V_1 变化到 V_2 时，**系统对外界做的总功**就是

$$A = \int dA = \int_{V_1}^{V_2} p\,dV \tag{18.4}$$

如果知道过程中系统的压强随体积变化的具体关系式，将它代入此式就可以求出功来。

由积分的意义可知，用式(18.4)求出的功的大小等于 p-V 图上过程曲线下的**面积**，如图 18.5 所示。比较图 18.5(a)、(b)两图还可以看出，使系统从某一初态 1 过渡到另一末态

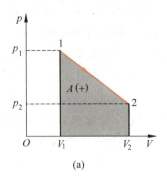 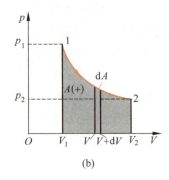

图 18.5 功的图示

2，功 A 的数值与过程进行的**具体形式**，即过程中压强随体积变化的具体关系直接有关，只知道初态和末态并不能确定功的大小。因此，**功是"过程量"**。不能说系统处于某一状态时，具有多少功，即功不是状态的函数。因此，微量功不能表示为某个状态函数的全微分。这就是在式(18.3)中我们用 dA 表示微量功而不用全微分表示式 dA 的原因。

在式(18.2)中，内能 E 是由系统的状态决定的而与过程无关，因而称为"状态量"。既然功是过程量，内能是状态量，则由式(18.2)可知，热量 Q 也一定是"过程量"，即决定于过程的形式。说系统处于某一状态时具有多少热量是没有意义的。对于微量热量，我们也将以 dQ 表示而不用 dQ。

关于热量的计算，对于固体或液体，如果吸热只引起温度的升高，通常是用下式计算热量：

$$Q = cm\Delta T \tag{18.5}$$

式中，m 为被加热物体的质量(kg)，ΔT 为物体温度的升高(K)，c 为该物体所属物质的比热(J/(kg·K))。不同的固体和液体，它们的比热各不相同。关于气体的比热将在 18.3 节讨论。

在有的过程中，系统和外界虽有热传递，但系统温度并不改变的实际的这种例子有系统发生的相变，如熔化、凝固、汽化或液化等。固体(晶体)在熔点熔化成液体时吸热而温度不变，液体在沸点汽化时吸热温度也不改变。物体在相变时所吸收(或放出)的热量叫**潜热**。具体来说，固体熔化时吸收的热量叫**熔化热**，这熔化成的液体在凝固时将放出同样多的热量。液体在沸点汽化时吸收的热量叫**汽化热**，所生成的蒸气在液化时也将放出同样的热。不同物质的熔化热和汽化热各不相同。如冰在 0℃ 时的熔化热为 6.03 kJ/mol，水在 100℃ 时的汽化热为 40.6 kJ/mol，铜在 1356 K 时的熔化热是 8.52 kJ/mol，液氮在 77.3 K 时的汽化热为 5.63 kJ/mol。

最后，再说明一点。传热和做功都是系统内能变化的过程。一个具体的过程是传热还是做功往往和所选择的系统的组成有关。例如，在用"热得快"烧水的过程中，如果把水和电阻丝一起作为系统，当接通电源，电流通过电阻丝会使电阻丝和水的温度升高，这是外界对系统做功而使系统内能增加的情形。如果只是把水作为系统，当接通电源，电流通过电阻丝，先是电阻丝温度升高而和水有了温度差，这时系统(水)的内能的增加就应归因于外界(包括电阻丝)对它的传热了。

例 18.1

气体等温过程。 ν(mol)的理想气体在保持温度 T 不变的情况下,体积从 V_1 经过准静态过程变化到 V_2。求在这一等温过程中气体对外做的功和它从外界吸收的热。

解 理想气体在准静态过程中,压强 p 随体积 V 按下式变化:
$$pV = \nu RT$$

由这一关系式求出 p 代入式(18.4),并注意到温度 T 不变,可求得在**等温过程**中气体对外做的功为

$$A = \int_{V_1}^{V_2} p\,\mathrm{d}V = \int_{V_1}^{V_2} \frac{\nu RT}{V}\mathrm{d}V = \nu RT \int_{V_1}^{V_2} \frac{\mathrm{d}V}{V} = \nu RT \ln\frac{V_2}{V_1} \tag{18.6}$$

此结果说明,气体等温膨胀时($V_2 > V_1$),气体对外界做正功;气体等温压缩时($V_2 < V_1$),气体对外界做负功,即外界对气体做功。

理想气体的内能由公式(17.32)
$$E = \frac{i}{2}\nu RT$$

给出。在等温过程中,由于 T 不变,$\Delta E = 0$,再由热力学第一定律公式(18.2)可得气体从外界吸收的热量为

$$Q = \Delta E + A = A = \nu RT \ln\frac{V_2}{V_1} \tag{18.7}$$

此结果说明,气体等温膨胀时,$Q > 0$,气体从外界吸热;气体等温压缩时,$Q < 0$,气体对外界放热。

例 18.2

汽化过程。 压强为 1.013×10^5 Pa 时,1 mol 的水在 100℃变成水蒸气,它的内能增加多少?已知在此压强和温度下,水和水蒸气的摩尔体积分别为 $V_{l,m} = 18.8$ cm³/mol 和 $V_{g,m} = 3.01 \times 10^4$ cm³/mol,而水的汽化热 $L = 4.06 \times 10^4$ J/mol。

解 水的汽化是等温等压相变过程。这一过程可设想为下述准静态过程:汽缸内装有 100℃的水,其上用一重量可忽略而与汽缸无摩擦的活塞封闭起来,活塞外面为大气,其压强为 1.013×10^5 Pa,汽缸底部导热,置于温度比 100℃高一无穷小值的热库上(图 18.6)。这样水就从热库缓缓吸热汽化,而水汽将缓缓地推动活塞向上移动而对外做功。在 $\nu = 1$ mol 的水变为水汽的过程中,水从热库吸的热量为

$$Q = \nu L = 1 \times 4.06 \times 10^4 = 4.06 \times 10^4 \text{(J)}$$

水汽对外做的功为

$$\begin{aligned}
A &= p(V_{g,m} - V_{l,m}) \\
&= 1.013 \times 10^5 \times (3.01 \times 10^4 - 18.8) \times 10^{-6} \\
&= 3.05 \times 10^3 \text{(J)}
\end{aligned}$$

图 18.6 水的等温等压汽化

根据式(18.2),水的内能增量为
$$\begin{aligned}
\Delta E &= E_2 - E_1 = Q - A = 4.06 \times 10^4 - 3.05 \times 10^3 \\
&= 3.75 \times 10^4 \text{(J)}
\end{aligned}$$

18.3 热容

很多情况下,系统和外界之间的热传递会引起系统本身温度的变化,这一温度的变化和

热传递的关系用**热容**表示。不同物质升高相同温度时吸收的热量一般不相同。1 mol 的物质温度升高 dT 时,如果吸收的热量为 dQ,则该物质的**摩尔热容**①定义为

$$C_m = \frac{dQ}{dT} \tag{18.8}$$

由于热量是过程量,同种物质的摩尔热容也就随过程不同而不同。常用的摩尔热容有定压热容和定体热容两种,分别由定压和定体条件下物质吸收的热量决定。对于液体和固体,由于体积随压强的变化甚小,所以摩尔定压热容和摩尔定体热容常可不加区别。气体的这两种摩尔热容则有明显的不同。下面就来讨论理想气体的摩尔热容。

对 ν(mol)理想气体进行的压强不变的准静态过程,式(18.2)和式(18.3)给出在一元过程中气体吸收的热量为

$$(dQ)_p = dE + pdV$$

气体的摩尔定压热容为

$$C_{p,m} = \frac{1}{\nu}\left(\frac{dQ}{dT}\right)_p = \frac{1}{\nu}\frac{dE}{dT} + \frac{p}{\nu}\left(\frac{dV}{dT}\right)_p$$

将 $E = \frac{i}{2}\nu RT$ 和 $pV = \nu RT$ 代入,可得

$$C_{p,m} = \frac{i}{2}R + R \tag{18.9}$$

对于体积不变的过程,由于 $dA = pdV = 0$,在一元过程中气体吸收的热量为

$$(dQ)_V = dE$$

由此得摩尔定体热容为

$$C_{V,m} = \frac{1}{\nu}\left(\frac{dQ}{dT}\right)_V = \frac{1}{\nu}\frac{dE}{dT} \tag{18.10}$$

由此可得

$$\Delta E = E_2 - E_1 = \nu \int_{T_1}^{T_2} C_{V,m} dT \tag{18.11}$$

这就是说,理想气体的内能改变可直接由**定体**热容求得。将 $E = \frac{i}{2}\nu RT$ 代入式(18.10),又可得

$$C_{V,m} = \frac{i}{2}R \tag{18.12}$$

比较式(18.9)和式(18.12)可得

$$C_{p,m} - C_{V,m} = R \tag{18.13}$$

迈耶在 1842 年利用该公式算出了热功当量,对建立能量守恒作出了重要贡献,这一公式就叫**迈耶公式**。

以 γ 表示摩尔定压热容和摩尔定体热容的比,叫**比热比**,则对理想气体,根据式(18.9)和式(18.12),就有

$$\gamma = \frac{C_{p,m}}{C_{V,m}} = \frac{i+2}{i} \tag{18.14}$$

---

① 如果式(18.8)中的 dQ 是单位质量的物质温度升高 dT 时所吸收的热量,则 dQ/dT 定义为物质的比热容,简称比热,以小写的 c 代表。

对单原子分子气体，
$$i=3, \quad C_{V,m}=\frac{3}{2}R, \quad C_{p,m}=\frac{5}{2}R, \quad \gamma=\frac{5}{3}=1.67$$

对刚性双原子分子气体，
$$i=5, \quad C_{V,m}=\frac{5}{2}R, \quad C_{p,m}=\frac{7}{2}R, \quad \gamma=1.40$$

对刚性多原子分子气体，
$$i=6, \quad C_{V,m}=3R, \quad C_{p,m}=4R, \quad \gamma=\frac{4}{3}=1.33$$

表 18.1 列出了一些气体的摩尔热容和 γ 值的理论值与实验值。对单原子分子气体及双原子分子气体来说符合得相当好，而对多原子分子气体，理论值与实验值有较大差别。

表 18.1 室温下一些气体的 $C_{V,m}/R, C_{p,m}/R$ 与 γ 值

气体	理论值			实验值		
	$C_{V,m}/R$	$C_{p,m}/R$	γ	$C_{V,m}/R$	$C_{p,m}/R$	γ
He	1.5	2.5	1.67	1.52	2.52	1.67
Ar	1.5	2.5	1.67	1.51	2.51	1.67
H_2	2.5	3.5	1.40	2.46	3.47	1.41
N_2	2.5	3.5	1.40	2.48	3.47	1.40
O_2	2.5	3.5	1.40	2.55	3.56	1.40
CO	2.5	3.5	1.40	2.69	3.48	1.29
H_2O	3	4	1.33	3.00	4.36	1.33
CH_4	3	4	1.33	3.16	4.28	1.35

上述经典统计理论给出的理想气体的热容是与温度无关的，实验测得的热容则随温度变化。图 18.7 为实验测得的氢气的摩尔定压热容和普适气体常量的比值 $C_{p,m}/R$ 同温度的关系，这个图线有三个台阶。在很低温度（$T<50$ K）下，$C_{p,m}/R \approx 5/2$，氢分子的总自由度数为 $i=3$；在室温（$T \approx 300$ K）附近，$C_{p,m}/R \approx 7/2$，氢分子的总自由度数 $i=5$；在很高温度时，$C_{p,m}/R \approx 9/2$，氢分子的总自由度数变成了 $i=7$。可见，在图示的温度范围内氢气的摩尔热容是明显地随温度变化的。这种热容随温度变化的关系是经典理论所不能解释的。

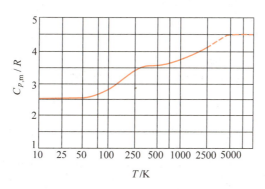

图 18.7 氢气的 $C_{p,m}/R$ 与温度的关系

经典理论所以有这一缺陷，后来认识到，其根本原因在于，上述热容的经典理论是建立

在能量均分定理之上,而这个定理是以粒子能量可以连续变化这一经典概念为基础的。实际上原子、分子等微观粒子的运动遵从量子力学规律,经典概念只在一定的限度内适用,只有量子理论才能对气体热容作出较完满的解释[①]。

例 18.3

20 mol 氧气由状态 1 变化到状态 2 所经历的过程如图 18.8 所示。试求这一过程的 A 与 Q 以及氧气内能的变化 $E_2 - E_1$。氧气当成刚性分子理想气体看待。

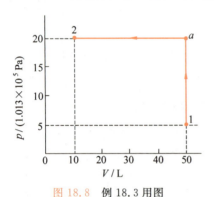

图 18.8 例 18.3 用图

解 图示过程分为两步:$1 \to a$ 和 $a \to 2$。

对于 $1 \to a$ 过程,由于是**等体过程**,所以由式(18.4),$A_{1a} = 0$,得

$$Q_{1a} = \nu C_{V,m}(T_a - T_1) = \frac{i}{2}\nu R(T_a - T_1)$$

$$= \frac{i}{2}(p_2 V_1 - p_1 V_1)$$

$$= \frac{i}{2}(p_2 - p_1)V_1$$

$$= \frac{5}{2} \times (20 - 5) \times 1.013 \times 10^5 \times 50 \times 1 \times 10^{-3}$$

$$= 1.90 \times 10^5 \text{ (J)}$$

此结果为正,表示气体从外界吸了热。由式(18.11),得

$$(\Delta E)_{1a} = \nu C_{V,m}(T_a - T_1) = Q_{1a} = 1.90 \times 10^5 \text{ (J)}$$

气体内能增加了 1.90×10^5 J。

对于 $a \to 2$ 过程,由于是**等压过程**,所以式(18.4)给出

$$A_{a2} = \int_{V_1}^{V_2} p dV = p \int_{V_1}^{V_2} dV = p_2(V_2 - V_1)$$

$$= 20 \times 1.013 \times 10^5 \times (10 - 50) \times 10^{-3}$$

$$= -0.81 \times 10^5 \text{ (J)}$$

此结果的负号表示气体的内能减少了 0.81×10^5 J。

$$Q_{a2} = \nu C_{p,m}(T_2 - T_a) = \frac{i+2}{2}\nu R(T_2 - T_a)$$

$$= \frac{i+2}{2} p_2(V_2 - V_1)$$

$$= \frac{5+2}{2} \times 20 \times 1.013 \times 10^5 \times (10 - 50) \times 10^{-3}$$

$$= -2.84 \times 10^5 \text{ (J)}$$

负号表明气体向外界放出了 2.84×10^5 J 的热量。由式(18.11),得

$$(\Delta E)_{a2} = \nu C_{V,m}(T_2 - T_a) = \frac{i}{2}\nu R(T_2 - T_a)$$

$$= \frac{i}{2} p_2(V_2 - V_1)$$

$$= \frac{5}{2} \times 20 \times 1.013 \times 10^5 \times (10 - 50) \times 10^{-3}$$

$$= -2.03 \times 10^5 \text{ (J)}$$

---

① 参见本书第 5 篇 量子物理中 28.8 节和思考题 28.14。

负号表示气体的内能减少了 2.03×10^5 J。

对于整个 1→a→2 过程，
$$A = A_{1a} + A_{a2} = 0 + (-0.81 \times 10^5) = -0.81 \times 10^5 \text{(J)}$$
气体对外界做了负功或外界对气体做了 0.81×10^5 J 的功。
$$Q = Q_{1a} + Q_{a2} = 1.90 \times 10^5 - 2.84 \times 10^5 = -0.94 \times 10^5 \text{(J)}$$
气体向外界放出了 0.94×10^5 J 热量。
$$\Delta E = E_2 - E_1 = (\Delta E)_{1a} + (\Delta E)_{a2}$$
$$= 1.90 \times 10^5 - 2.03 \times 10^5$$
$$= -0.13 \times 10^5 \text{(J)}$$
气体内能减小了 0.13×10^5 J。

以上分别独立地计算了 A,Q 和 ΔE，从结果可以验证 1→a 过程、a→2 过程以及整个过程，它们都符合热力学第一定律，即 $Q = \Delta E + A$。

例 18.4

20 mol 氮气由状态 1 到状态 2 经历的过程如图 18.9 所示，其过程图线为一斜直线。求这一过程的 A 与 Q 及氮气内能的变化 $E_2 - E_1$。氮气当成刚性分子理想气体看待。

解 对图示过程求功，如果还利用式(18.4)积分求解，必须先写出压强 p 作为体积的函数。这虽然是可能的，但比较繁琐。我们知道，任一过程的功等于 p-V 图中该过程曲线下到 V 轴之间的面积，所以可以通过计算斜线下梯形的面积而求出该过程的功，即气体对外界做的功为

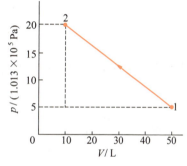

图 18.9 例 18.4 用图

$$A = -\frac{p_1 + p_2}{2}(V_1 - V_2)$$
$$= -\frac{5 + 20}{2} \times 1.013 \times 10^5 \times (50 - 10) \times 10^{-3}$$
$$= -0.51 \times 10^5 \text{(J)}$$

负号表示外界对气体做了 0.51×10^5 J 的功。

图示过程既非等体，亦非等压，故不能直接利用 $C_{V,m}$ 和 $C_{p,m}$ 求热量，但可以先求出内能变化 ΔE，然后用热力学第一定律求出热量来。由式(18.11)得从状态 1 到状态 2 气体内能的变化为

$$\Delta E = \nu C_{V,m}(T_2 - T_1)$$
$$= \frac{i}{2}\nu R(T_2 - T_1) = \frac{i}{2}(p_2 V_2 - p_1 V_1)$$
$$= \frac{5}{2} \times (20 \times 10 - 5 \times 50) \times 1.013 \times 10^5 \times 10^{-3} \text{(J)}$$
$$= -0.13 \times 10^5 \text{(J)}$$

负号表示气体内能减少了 0.13×10^5 J。

再由，得
$$Q = \Delta E + A = -0.13 \times 10^5 - 0.51 \times 10^5 = -0.64 \times 10^5 \text{(J)}$$
是气体向外界放了热。

18.4 绝热过程

绝热过程是系统在和外界无热量交换的条件下进行的过程，用隔能壁(或叫绝热壁)把系统和外界隔开就可以实现这种过程。实际上没有理想的隔能壁，因此用这个方法只能实现近似的绝热过程。如果过程进行得很快，以致在过程中系统来不及和外界进行显著的热交换，这种过程也近似于绝热过程。蒸汽机或内燃机汽缸内的气体所经历的急速压缩和膨胀，空气中声音传播时引起的局部膨胀或压缩过程都可以近似地当成绝热过程处理就是这个原因。

下面我们讨论理想气体的绝热过程的规律。举两个例子，一个是准静态的，另一个是非准静态的。

1. 准静态绝热过程

我们研究理想气体经历一个**准静态**绝热过程时，其能量变化的特点及各状态参量之间的关系。

因为是绝热过程，所以过程中 $Q=0$，根据热力学第一定律得出的能量关系是

$$E_2 - E_1 + A = 0 \tag{18.15}$$

或

$$E_2 - E_1 = -A$$

此式表明在绝热过程中，外界对系统做的功等于系统内能的增量。对于微小的绝热过程应有

$$dE + dA = 0$$

由于是理想气体，所以有

$$dE = \frac{i}{2}\nu R dT$$

又由于是准静态过程，所以又有

$$dA = p dV$$

因而绝热条件给出

$$\frac{i}{2}\nu R dT + p dV = 0 \tag{18.16}$$

此式是由能量守恒给定的状态参量之间的关系。

在准静态过程中的任意时刻，理想气体都应满足状态方程

$$pV = \nu RT$$

对此式求微分可得

$$p dV + V dp = \nu R dT \tag{18.17}$$

在式(18.16)与式(18.17)中消去 dT，可得

$$(i+2) p dV + i V dp = 0$$

再利用 γ 的定义式(18.14)，可以将上式写成

$$\frac{dp}{p} + \gamma \frac{dV}{V} = 0$$

这是理想气体的状态参量在准静态绝热过程中必须满足的微分方程式。在实际问题中，γ 可当做常数。这时对上式积分可得

$$\ln p + \gamma \ln V = C$$

或

$$pV^\gamma = C_1 \tag{18.18}$$

式中 C 为常数，C_1 为常量。式(18.18)叫**泊松公式**。利用理想气体状态方程，还可以由此得到

$$TV^{\gamma-1} = C_2 \tag{18.19}$$
$$p^{\gamma-1}T^{-\gamma} = C_3 \tag{18.20}$$

式中 C_2, C_3 也是常量。除状态方程外，理想气体在准静态绝热过程中，各状态参量还需要满足式(18.18)或式(18.19)或式(18.20)，这些关系式叫绝热过程的**过程方程**。

在图 18.10 所示的 p-V 图上画出了理想气体的绝热过程曲线 a，同时还画出了一条等温线 i 进行比较。可以看出，绝热线比等温线陡，这可以用数学方法通过比较两种过程曲线的斜率来证明。

从气体动理论的观点看绝热线比等温线陡是很容易解释的。例如同样的气体都从状态 1 出发，一次用绝热压缩，一次用等温压缩，使其体积都减小 ΔV。在等温条件下，随着体积的减小，气体分子数密度将增大，但分子平均动能不变，根据公式 $p = \dfrac{2}{3} n \bar{\varepsilon}_t$，气体的压强将增大 Δp_i。在绝热条件下，随

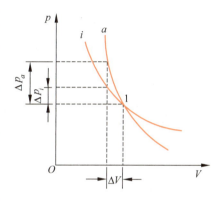

图 18.10　绝热线 a 与等温线 i 的比较

着体积的减小，不但分子数密度要同样地增大，而且由于外界做功增大了分子的平均动能，所以气体的压强增大得更多了，即 $\Delta p_a > \Delta p_i$，因此绝热线要比等温线陡些。

例 18.5

一定质量的理想气体，从初态 (p_1, V_1) 开始，经过准静态绝热过程，体积膨胀到 V_2，求在这一过程中气体对外做的功。设该气体的比热比为 γ。

解　由泊松公式(18.18)得

$$pV^\gamma = p_1 V_1^\gamma$$

由此得

$$p = p_1 V_1^\gamma / V^\gamma$$

将此式代入计算功的式(18.4)，可直接求得功为

$$A = \int_{V_1}^{V_2} p\,dV = p_1 V_1^\gamma \int_{V_1}^{V_2} \frac{dV}{V^\gamma} = p_1 V_1^\gamma \frac{1}{1-\gamma}(V_2^{1-\gamma} - V_1^{1-\gamma})$$

$$= \frac{p_1 V_1}{\gamma - 1}\left[1 - \left(\frac{V_1}{V_2}\right)^{\gamma-1}\right] \tag{18.21}$$

此式也可以利用绝热条件求得。由式(18.2)可得

$$A = -\Delta E = E_1 - E_2 = \frac{i}{2}\nu R(T_1 - T_2)$$

再利用式(18.14),可得

$$A = \frac{\nu R}{\gamma - 1}(T_1 - T_2) = \frac{1}{\gamma - 1}(\nu RT_1 - \nu RT_2)$$
$$= \frac{1}{\gamma - 1}(p_1V_1 - p_2V_2) \tag{18.22}$$

再利用泊松公式,就可以得到与式(18.21)相同的结果。

例 18.6

空气中的声速。空气中有声波传播时,各空气质元不断地反复经历着压缩和膨胀的过程,由于这种变化过程的频率较高,压缩和膨胀进行得都较快,各质元都来不及和周围的质元发生热传递,因而过程可视为绝热的。试根据是理想气体的绝热过程这一假定,求空气中的声速。

解 21.4 节中已讲过气体中的纵波波速公式(21.23)为 $u = \sqrt{K/\rho}$,其中 K 为气体的体弹模量,ρ 为气体的密度。按体弹模量的定义式(21.16)为 $K = -V\mathrm{d}p/\mathrm{d}V$。由绝热过程的过程方程式(18.18)及理想气体状态方程式(17.11)可得 $K = \gamma \rho RT/M$。将此式代入式(21.23)可得空气中的声速为

$$u_1 = \sqrt{\frac{\gamma RT}{M}}$$

此即 21.4 节中所列式(21.25)。

对于标准状况下的空气来说,$\gamma = 1.40, T = 273 \text{ K}, M = 29.0 \times 10^{-3} \text{ kg/mol}$,再用 $R = 8.31 \text{ J/(mol·K)}$ 代入,

$$u_1 = \sqrt{\frac{1.40 \times 8.31 \times 273}{29.0 \times 10^{-3}}} = 331 \text{ m/s}$$

此结果和表 21.2 所列结果一致,说明绝热过程的假设是正确的。

例 18.7

用绝热过程模型求大气温度随高度递减的规律。

解 在例 17.2 中分析大气压强随高度的变化时,曾假定大气的温度不随高度改变。这当然和实际不符。实际上,在地面上一定高度内,空气的温度是随高度递减的,这个温度的变化可以用绝热过程来研究。原来,由于地面被太阳晒热,其上空气受热而密度减小,就缓慢向上流动。流动时因为周围空气导热性差,所以上升气流可以认为是经历绝热过程。这种绝热过程模型应该更符合实际。

仍借助例 17.2 中的图 17.6,通过分析厚度为 $\mathrm{d}h$ 的一层空气的平衡条件得到式(17.15):

$$\frac{\mathrm{d}p}{\mathrm{d}h} = -\frac{Mgp}{RT}$$

考虑到温度随高度变化,此式可写成

$$\frac{\mathrm{d}p}{\mathrm{d}T}\frac{\mathrm{d}T}{\mathrm{d}h} = -\frac{Mgp}{RT}$$

对式(18.20)求导,可得对准静态绝热过程,

$$\frac{\mathrm{d}p}{\mathrm{d}T} = \frac{\gamma}{\gamma - 1}\frac{p}{T}$$

代入上一式可得

$$\frac{\mathrm{d}T}{\mathrm{d}h} = -\frac{\gamma - 1}{\gamma}\frac{Mg}{R}$$

对空气,取 $\gamma = 7/5, M = 29 \times 10^{-3} \text{ kg/mol}$,可得

$$\frac{dT}{dh} = -9.8 \times 10^{-3} \text{ K/m} = -9.8 \text{ K/km}$$

由此可得,每升高 1 km,大气温度约下降 10 K,这和地面上 10 km 以内大气温度的变化大致符合。

实际上,大气的状况很复杂,其中的水蒸气含量、太阳辐射强度、地势的高低、气流的走向等因素都有较大的影响,大气温度并不随高度一直递减下去。在 10 km 高空,温度约为 −50℃。再往高处去,温度反而随高度而升高了。火箭和人造卫星的探测发现,在 400 km 以上,温度甚至可达 10^3 K 或更高。

2. 绝热自由膨胀过程

考虑一绝热容器,其中有一隔板将容器容积分为相等的两半。左半充以理想气体,右半抽成真空(图 18.11)。左半部气体原处于平衡态,现在抽去隔板,则气体将冲入右半部,最后可以在整个容器内达到一个新的平衡态。这种过程叫**绝热自由膨胀**。在此过程中任一时刻气体显然不处于平衡态,因而过程是非准静态过程。

虽然自由膨胀是非准静态过程,它仍应服从热力学第一定律。由于过程是绝热的,即 $Q=0$,因而有

$$E_2 - E_1 + A = 0$$

又由于气体是向真空冲入,所以它对外界不做功,即 $A=0$。因而进一步可得

$$E_2 - E_1 = 0$$

即气体经过自由膨胀,内能保持不变。对于理想气体,由于内能只包含分子热运动动能,它只是温度的函数,所以经过自由膨胀,理想气体再达到平衡态时,它的温度将复原,即

$$T_2 = T_1 \quad \text{(理想气体绝热自由膨胀)} \quad (18.23)$$

根据状态方程,对于初、末状态应分别有

$$p_1 V_1 = \nu R T_1$$
$$p_2 V_2 = \nu R T_2$$

因为 $T_1 = T_2, V_2 = 2V_1$,这两式就给出

$$p_2 = \frac{1}{2} p_1$$

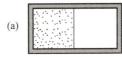
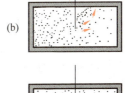
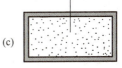

图 18.11 气体的自由膨胀
(a) 膨胀前(平衡态);(b) 过程中某一时刻(非平衡态);(c) 膨胀后(平衡态)

应该着重指出的是,上述状态参量的关系都是对气体的初态和末态说的。虽然自由膨胀的初、末态温度相等,但不能说自由膨胀是等温过程,因为在过程中每一时刻系统并不处于平衡态,不可能用一个温度来描述它的状态。又由于自由膨胀是非准静态过程,所以式(18.18)~式(18.20)诸过程方程也都不适用了。

应该指出,上述绝热自由膨胀过程是对理想气体说的。理想气体内能只包含分子热运动动能,内能不变就意味着分子的平均动能不变,因而温度不变。实际气体经过绝热自由膨胀后,温度一般不会恢复到原来温度。原因是实际气体分子之间总存在相互作用力,而内能中还包含分子间的势能。如果在绝热自由膨胀时,分子间的平均作用力以斥力为主(这要看分子间的平均距离是怎么改变的),则绝热膨胀后,由于斥力做了正功,分子间势能要减小。这时,内能不变就意味着分子的动能增大,因而气体的温度将升高。如果在绝热自由膨胀时,分子间的平均作用力以引力为主,则绝热膨胀后,由于引力做了负功,分子间的势能要增

大。这时,内能不变就意味着分子的动能减小,因而气体的温度要降低。

自由膨胀是向真空的膨胀,这在实验上难以严格做到,实际上做的是气体向压强较低的区域膨胀。如图 18.12 所示,在一管壁绝热的管道中间安置一个多孔塞(曾用棉花压紧制成,其中有许多细小的气体通道)。两侧气体压强分别为 p_1 和 p_2,且 $p_1 > p_2$。当徐徐推进左侧活塞时,气体可以通过多孔塞流入右侧压强较小区域,这一区域靠活塞的徐徐右移而保持压强 p_2 不变。气

图 18.12 节流过程

体通过多孔塞的过程不是准静态过程,这一过程叫**节流过程**。也可以用一个小孔代替多孔塞进行节流过程。通过节流过程,实际气体温度改变的现象叫**焦耳-汤姆孙效应**。正的焦耳-汤姆孙效应,即节流后气体温度降低的现象,被利用来制取液态空气,使空气经过几次节流膨胀后,其温度可以降低到其中部分空气被液化的程度。

18.5 循环过程

在历史上,热力学理论最初是在研究热机工作过程的基础上发展起来的。热机是利用热来做功的机器,例如蒸汽机、内燃机、汽轮机等都是热机。在热机中被利用来吸收热量并对外做功的物质叫**工作物质**,简称**工质**。各种热机都是重复地进行着某些过程而不断地吸热做功的。为了研究热机的工作过程,引入循环过程的概念。**一个系统**,如热机中的工质,**经历一系列变化后又回到初始状态的整个过程叫循环过程**,简称**循环**。研究循环过程的规律在实践上(如热机的改进)和理论上都有很重要的意义。

先以热电厂内水的状态变化为例说明循环过程的意义。水所经历的循环过程如图 18.13 所示。一定量的水先从锅炉 B 中吸收热量 Q_1 变成高温高压的蒸汽,然后进入汽缸 C,在汽缸中蒸汽膨胀推动汽轮机的叶轮对外做功 A_1。做功后蒸汽的温度和压强都大为降低而成为"废气",废气进入冷凝器 R 后凝结为水时放出热量 Q_2。最后由泵 P 对此冷凝水做功 A_2 将它压回到锅炉中去而完成整个循环过程。

如果一个系统所经历的循环过程的各个阶段都是准静态过程,这个循环过程就可以在状态图(如 p-V 图)上用一个闭合曲线表示。图 18.14 就画了一个闭合曲线表示任意的一个循环过程,其过程进行的方向如箭头所示。从状态 a 经状态 b 达到状态 c 的过程中,系统对外做功,其数值 A_1 等于曲线段 abc 下面到 V 轴之间的面积;从状态 c 经状态 d 回到状态 a 的过程中,外界对系统做功,其数值 A_2 等于曲线段 cda 下面到 V 轴之间的面积。整个循环过程中系统对外做的**净功**的数值为 $A = A_1 - A_2$,在图 18.14 中它就等于循环过程曲线所包围的面积。在 p-V 图中,循环过程沿顺时针方向进行时,像图 18.14 中那样,系统对外做功,这种循环叫**正循环**(或热循环)。循环过程沿逆时针方向进行时,外界将对系统做净功,这种循环叫**逆循环**(或致冷循环)。

在图 18.13 中,水进行的是正循环,该循环过程中的能量转化和传递的情况具有正循环的一般特征:一定量的工作物质在一次循环过程中要从**高温热库**(如锅炉)吸热 Q_1,对外做净功 A,又向**低温热库**(如冷凝器)放出热量 Q_2(只表示数值)。由于工质回到了初态,所以内能不变。根据热力学第一定律,工质吸收的**净热量**$(Q_1 - Q_2)$ 应该等于它对外做的净功 A,即

18.5 循环过程

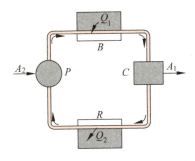

图 18.13 热电厂内水的循环过程示意图

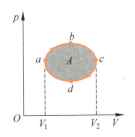

图 18.14 用闭合曲线表示循环过程

$$A = Q_1 - Q_2 \tag{18.24}$$

这就是说，工质以传热方式从高温热库得到的能量，有一部分仍以传热的方式放给低温热库，二者的**差额**等于工质对外做的净功。

对于热机的正循环，实践上和理论上都很注意它的**效率**。循环的效率是**在一次循环过程中工质对外做的净功占它从高温热库吸收的热量的比率**。这是热机效能的一个重要指标。以 η 表示循环的效率，则按定义，应该有

$$\eta = \frac{A}{Q_1} \tag{18.25}$$

再利用式(18.24)，可得

$$\eta = 1 - \frac{Q_2}{Q_1} \tag{18.26}$$

例 18.8

空气标准奥托循环。燃烧汽油的四冲程内燃机中进行的循环过程叫做奥托循环，它实际上进行的过程如下：先是将空气和汽油的混合气吸入汽缸，然后进行急速压缩，压缩至混合气的体积最小时用电火花点火引起爆燃。汽缸内气体得到燃烧放出的热量，温度、压强迅速增大，从而能推动活塞对外做功。做功后的废气被排出汽缸，然后再吸入新的混合气进行下一个循环。这一过程并非同一工质反复进行的循环过程，而且经过燃烧，汽缸内的气体还发生了化学变化。在理论上研究上述实际过程中的能量转化关系时，总是用一定质量的空气（理想气体）进行的下述准静态循环过程来代替实际的过程。这样的理想循环过程就叫**空气标准奥托循环**，它由下列四步组成（图 18.15）：

(1) 绝热压缩 $a \rightarrow b$，气体从 (V_1, T_1) 状态变化到 (V_2, T_2) 状态；

(2) 等体吸热（相当于点火爆燃过程） $b \rightarrow c$，气体由 (V_2, T_2) 状态变化到 (V_2, T_3) 状态；

(3) 绝热膨胀（相当于气体膨胀对外做功的过程）

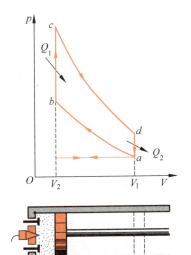

图 18.15 空气标准奥托循环

$c \to d$,气体由 (V_2, T_3) 状态变化到 (V_1, T_4) 状态;

(4) 等体放热 $d \to a$,气体由 (V_1, T_4) 状态变回到 (V_1, T_1) 状态。

求这个理想循环的效率。

解 在 $b \to c$ 的等体过程中气体吸收的热量为

$$Q_1 = \nu C_{V,m}(T_3 - T_2)$$

在 $d \to a$ 的等体过程中气体放出的热量为

$$Q_2 = \nu C_{V,m}(T_4 - T_1)$$

代入式(18.26),可得此循环效率为

$$\eta = 1 - \frac{Q_2}{Q_1} = 1 - \frac{T_4 - T_1}{T_3 - T_2}$$

由于 $a \to b$ 是绝热过程,所以

$$\frac{T_2}{T_1} = \left(\frac{V_1}{V_2}\right)^{\gamma-1}$$

又由于 $c \to d$ 也是绝热过程,所以又有

$$\frac{T_3}{T_4} = \left(\frac{V_1}{V_2}\right)^{\gamma-1}$$

由以上两式可得

$$\frac{T_3}{T_4} = \frac{T_2}{T_1} = \frac{T_3 - T_2}{T_4 - T_1}$$

将此关系代入上面的效率公式中,可得

$$\eta = 1 - \frac{1}{\frac{T_2}{T_1}} = 1 - \frac{1}{\left(\frac{V_1}{V_2}\right)^{\gamma-1}}$$

定义**压缩比**为 $V_1/V_2 = r$,则上式又可写成

$$\eta = 1 - \frac{1}{r^{\gamma-1}}$$

由此可见,空气标准奥托循环的效率决定于压缩比。现代汽油内燃机的压缩比约为 10,更大时当空气和汽油的混合气在尚未压缩到 b 状态时,温度就已升高到足以引起混合气燃烧了。设 $r=10$,空气的 γ 值取 1.4,则上式给出

$$\eta = 1 - \frac{1}{10^{0.4}} = 0.60 = 60\%$$

实际的汽油机的效率比这小得多,一般只有 30% 左右。

18.6 卡诺循环

在 19 世纪上半叶,为了提高热机效率,不少人进行了理论上的研究。1824 年法国青年工程师卡诺提出了一个理想循环,该循环体现了热机循环的最基本的特征。该循环是一种准静态循环,在循环过程中工质只和两个恒温热库交换热量。这种循环叫**卡诺循环**,按卡诺循环工作的热机叫**卡诺机**。

下面讨论以理想气体为工质的卡诺循环,它由下列几步准静态过程(图 18.16)组成。

$1 \to 2$:使汽缸和温度为 T_1 的高温热库接触,使气体做等温膨胀,体积由 V_1 增大到 V_2。

在这一过程中,它从高温热库吸收的热量按式(18.7)为

$$Q_1 = \nu R T_1 \ln \frac{V_2}{V_1}$$

2→3:将汽缸从高温热库移开,使气体做绝热膨胀,体积变为 V_3,温度降到 T_2。

3→4:使汽缸和温度为 T_2 的低温热库接触,等温地压缩气体直到它的体积缩小到 V_4,而状态 4 和状态 1 位于同一条绝热线上。在这一过程中,气体向低温热库放出的热量为

$$Q_2 = \nu R T_2 \ln \frac{V_3}{V_4}$$

4→1:将汽缸从低温热库移开,沿绝热线压缩气体,直到它回复到起始状态 1 而完成一次循环。

在一次循环中,气体对外做的净功为

$$A = Q_1 - Q_2$$

卡诺循环中的能量交换与转化的关系可用图 18.17 那样的能流图表示。

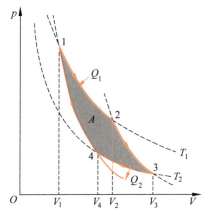

图 18.16　理想气体的卡诺循环

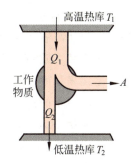

图 18.17　卡诺机的能流图

根据循环效率公式(18.26),上述理想气体卡诺循环的效率为

$$\eta_C = 1 - \frac{Q_2}{Q_1} = 1 - \frac{T_2 \ln \dfrac{V_3}{V_4}}{T_1 \ln \dfrac{V_2}{V_1}}$$

又由理想气体绝热过程方程,对两个绝热过程应有如下关系:

$$T_1 V_2^{\gamma-1} = T_2 V_3^{\gamma-1}$$
$$T_1 V_1^{\gamma-1} = T_2 V_4^{\gamma-1}$$

两式相比,可得

$$\frac{V_3}{V_4} = \frac{V_2}{V_1}$$

据此,上面的效率表示式可简化为

$$\eta_C = 1 - \frac{T_2}{T_1} \tag{18.27}$$

这就是说，以理想气体为工作物质的卡诺循环的效率，只由热库的温度决定。可以证明（见例 19.1），在同样两个温度 T_1 和 T_2 之间工作的**各种工质**的卡诺循环的效率都由上式给定，而且是实际热机的可能效率的最大值。这是卡诺循环的一个基本特征。

现代热电厂利用的水蒸气温度可达 580℃，冷凝水的温度约 30℃，若按卡诺循环计算，其效率应为

$$\eta_C = 1 - \frac{303}{853} = 64.5\%$$

实际的蒸汽循环的效率最高只到 36% 左右，这是因为实际的循环和卡诺循环相差很多。例如热库并不是恒温的，因而工质可以随处和外界交换热量，而且它进行的过程也不是准静态的。尽管如此，式(18.27)还是有一定的实际意义。因为它提出了提高高温热库的温度是提高效率的途径之一，现代热电厂中要尽可能提高水蒸气的温度就是这个道理。降低冷凝器的温度虽然在理论上对提高效率有作用，但要降到室温以下，实际上很困难，而且经济上不合算，所以都不这样做。

卡诺循环有一个重要的理论意义就是用它可以定义一个温标。对比式(18.26)和式(18.27)可得

$$\frac{Q_1}{Q_2} = \frac{T_1}{T_2} \tag{18.28}$$

即卡诺循环中工质从高温热库吸收的热量与放给低温热库的热量之比等于两热库的温度之比。由于这一结论和工质种类无关，因而可以利用任何进行卡诺循环的工质与高低温热库所交换的热量之比来量度两热库的温度，或说定义两热库的温度。这样的定义当然只能根据热量之比给出两温度的比值。如果再取水的三相点温度作为计量温度的定点，并规定它的值为 273.16，则由式(18.28)给出的温度比值就可以确定任意温度的值了。这种计量温度的方法是开尔文引进的，叫做**热力学温标**。如果工质是理想气体，则因理想气体温标的定点也是水的三相点，而且也规定为 273.16，所以在理想气体概念有效的范围内，热力学温标和理想气体温标将给出相同的数值，这样式(18.27)的卡诺循环效率公式中的温度也就可以用热力学温标表示了。

有限时间循环

应该指出，上述卡诺循环中工质经历的过程都是准静态过程，而且工质做等温膨胀或压缩时，其温度都和热库的温度相等(实际上应差一无穷小值)。这样的过程只能是无限缓慢的过程，因此这种循环过程输出的功率只能是零。为了使热机输出一定的功率，循环过程必须在有限时间内完成。为了更切合实际地研究热机的效率，有人提出了这样的循环模型：工质仍进行准静态的卡诺循环，但它等温变化时的温度不再等于热库的温度，即高温低于高温热库的温度 T_1，低温高于低温热库的温度 T_2。这样，热交换就可以在有限时间内完成。如果再假设工质与热库间交换的热量和时间成正比，则可以推知，这样的循环有一最大输出功率为

$$P_{max} = \frac{\alpha}{4}(\sqrt{T_1} - \sqrt{T_2})^2$$

式中 α 为工质与热库间的单位温差的传热率，单位为 J/(K·s)。与上述最大功率相应的循环效率为

$$\eta_C = 1 - \sqrt{\frac{T_2}{T_1}} \tag{18.29}$$

这一效率也只与热库温度有关,而比卡诺循环效率 η_C 小,但它更接近于实际热机的效率。这里所提出的循环叫"内卡诺循环"[①],与之相联系的热力学理论叫"有限时间热力学",现在正受到人们的关注。

18.7　致冷循环

如果工质做逆循环,即沿着与热机循环相反的方向进行循环过程,则在一次循环中,工质将从低温热库吸热 Q_2,向高温热库放热 Q_1,而外界必须对工质做功 A,其能量交换与转换的关系如图 18.18 的能流图所示。由热力学第一定律,得

$$A = Q_1 - Q_2$$

或者

$$Q_1 = Q_2 + A$$

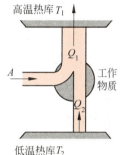

图 18.18　致冷机的能流图

这就是说,工质把从低温热库吸收的热和外界对它做的功一并以热量的形式传给高温热库。由于从低温物体的吸热有可能使它的温度降低,所以这种循环又叫**致冷循环**。按这种循环工作的机器就是**致冷机**。

在致冷循环中,从低温热库吸收热量 Q_2 是我们冀求的效果,而必须对工质做的功 A 是我们要付的"本钱"。因此致冷循环的效能用 Q_2/A 表示,吸热越多,做功越少,则致冷机性能越好。这一比值叫致冷循环的**致冷系数**,以 w 表示致冷系数,则有

$$w = \frac{Q_2}{A} \tag{18.30}$$

由于 $A = Q_1 - Q_2$,所以又有

$$w = \frac{Q_2}{Q_1 - Q_2} \tag{18.31}$$

以理想气体为工质的**卡诺致冷循环**的过程曲线如图 18.19 所示,很容易证明这一循环的致冷系数为

$$w_C = \frac{T_2}{T_1 - T_2} \tag{18.32}$$

这一致冷系数也是在 T_1 和 T_2 两温度间工作的各种致冷机的致冷系数的最大值。

常用的致冷机——冰箱——的构造与工作原理可用图 18.20 说明。工质用较易液化的物质,如氨。氨气在压缩机内被急速压缩,它的压强增大,而且温度升高,进入冷凝器(高温热库)后,由于向冷却水(或周围空气)放热而凝结为液态氨。液态氨经节流阀的小口通道后,降压降温,再进入蒸发器。此处由于压气机的抽吸作用因而压强很低。液态氨将从冷库(低温热库)中吸热,使冷库温度降低而自身全部蒸发为蒸气。此氨蒸气最后被吸入压气机进行下一循环。

---

① 参见:严子浚,陈丽璇.内可逆卡诺循环.大学物理,1985,7,22.

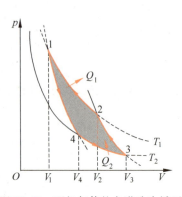

图 18.19　理想气体的卡诺致冷循环

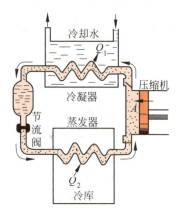

图 18.20　冰箱循环示意图

冰箱的致冷原理也可应用于房间。在夏天,可将房间作为低温热库,以室外的大气或河水为高温热库,用类似图 18.20 的致冷机使房间降温,这就是空调器的原理。如果在冬天则以室外大气或河水为低温热库,以房间为高温热库,可使房间升温变暖,为此目的设计的致冷机又叫**热泵**。图 18.21 为一空调器和热泵合为一体的装置示意图。当换向阀如图示接通后,此装置向室内供热致暖。当换向阀由图示位置转 90°时,工作物质流向将反过来,此装置将从室内带出热量使室内降温。

家用电冰箱的箱内要保持 $T_2=270\,\mathrm{K}$,箱外空气温度为 $T_1=300\,\mathrm{K}$,按卡诺致冷循环计算致冷系数为

$$w_\mathrm{C} = \frac{T_2}{T_1 - T_2} = \frac{270}{300 - 270} = 9$$

这表示从做功吸热角度看来,使用致冷机是相当合算的,实际冰箱的致冷系数要比这个数小些。

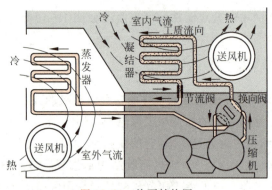

图 18.21　热泵结构图

提要

1. 功的微观本质:外界对系统做功而交换能量有两种情形。

做功是系统内分子的无规则运动能量和外界分子的有规则运动能量通过宏观功相互转

化与传递的过程。体积功总和系统的边界的宏观位移相联系。

功是过程量。

热传递是系统和外界(或两个物体)的分子的无规则运动能量(内能)通过分子碰撞时的微观功相互传递的过程。热传递只有在系统和外界的温度不同时才能发生,所传递的内能叫热量。

热量也是过程量。

2. 热力学第一定律

$$Q = E_2 - E_1 + A, \quad \mathrm{d}Q = \mathrm{d}E + \mathrm{d}A$$

其中,Q 为系统吸收的热量;A 为系统对外界做的功。

3. 准静态过程:过程进行中的每一时刻,系统的状态都无限接近于平衡态。

准静态过程可以用状态图上的曲线表示。

准静态过程中系统对外做的体积功:

$$\mathrm{d}A = p\mathrm{d}V, \quad A = \int_{V_1}^{V_2} p\mathrm{d}V$$

4. 热容

摩尔定压热容 $\quad C_{p,\mathrm{m}} = \dfrac{1}{\nu}\left(\dfrac{\mathrm{d}Q}{\mathrm{d}T}\right)_p$

摩尔定体热容 $\quad C_{V,\mathrm{m}} = \dfrac{1}{\nu}\left(\dfrac{\mathrm{d}Q}{\mathrm{d}T}\right)_V$

理想气体的摩尔热容

$$C_{V,\mathrm{m}} = \dfrac{i}{2}R, \quad C_{p,\mathrm{m}} = \dfrac{i+2}{2}R$$

迈耶公式 $\quad C_{p,\mathrm{m}} - C_{V,\mathrm{m}} = R$

比热比 $\quad \gamma = \dfrac{c_p}{c_V} = \dfrac{C_{p,\mathrm{m}}}{C_{V,\mathrm{m}}} = \dfrac{i+2}{i}$

5. 绝热过程

$$Q = 0, \quad A = E_1 - E_2$$

理想气体的准静态绝热过程:

$$pV^\gamma = 常量, \quad A = \dfrac{1}{\gamma - 1}(p_1 V_1 - p_2 V_2)$$

绝热自由膨胀:理想气体的内能不变,温度复原。

6. 循环过程

热循环:系统从高温热库吸热,对外做功,向低温热库放热。效率为

$$\eta = \dfrac{A}{Q_1} = 1 - \dfrac{Q_2}{Q_1}$$

致冷循环:系统从低温热库吸热,接受外界做功,向高温热库放热。

致冷系数 $\quad w = \dfrac{Q_2}{A} = \dfrac{Q_2}{Q_1 - Q_2}$

7. 卡诺循环:系统只和两个恒温热库进行热交换的准静态循环过程。

正循环的效率 $\quad \eta_\mathrm{C} = 1 - \dfrac{T_2}{T_1}$

逆循环的致冷系数 $\qquad w_C = \dfrac{T_2}{T_1 - T_2}$

8. 热力学温标：利用卡诺循环的热交换定义的温标，定点为水的三相点，$T_3 = 273.16$ K。

思考题

18.1 内能和热量的概念有何不同？下面两种说法是否正确？

(1) 物体的温度愈高，则热量愈多；

(2) 物体的温度愈高，则内能愈大。

*18.2 在 p-V 图上用一条曲线表示的过程是否一定是准静态过程？理想气体经过自由膨胀由状态 (p_1, V_1) 改变到状态 (p_2, V_2) 而温度复原这一过程能否用一条等温线表示？

18.3 汽缸内有单原子理想气体，若绝热压缩使体积减半，问气体分子的平均速率变为原来平均速率的几倍？若为双原子理想气体，又为几倍？

18.4 有可能对系统加热而不致升高系统的温度吗？有可能不作任何热交换，而使系统的温度发生变化吗？

18.5 一定量的理想气体对外做了 500 J 的功。

(1) 如果过程是等温的，气体吸了多少热？

(2) 如果过程是绝热的，气体的内能改变了多少？是增加了，还是减少了？

18.6 试计算 ν(mol) 理想气体在下表所列准静态过程中的 A，Q 和 ΔE，以分子的自由度数和系统初、末态的状态参量表示之，并填入下表：

过程	A	Q	ΔE
等体			
等温			
绝热			
等压			

18.7 有两个卡诺机共同使用同一个低温热库，但高温热库的温度不同。在 p-V 图上，它们的循环曲线所包围的面积相等，它们对外所做的净功是否相同？热循环效率是否相同？

18.8 一个卡诺机在两个温度一定的热库间工作时，如果工质体积膨胀得多些，它做的净功是否就多些？它的效率是否就高些？

18.9 在一个房间里，有一台电冰箱正工作着。如果打开冰箱的门，会不会使房间降温？会使房间升温吗？用一台热泵为什么能使房间降温？

习题

18.1 使一定质量的理想气体的状态按图 18.22 中的曲线沿箭头所示的方向发生变化，图线的 BC 段是以 p 轴和 V 轴为渐近线的双曲线。

(1) 已知气体在状态 A 时的温度 $T_A = 300$ K，求气体在 B，C 和 D 状态时的温度。

(2) 从 A 到 D 气体对外做的功总共是多少？

(3) 将上述过程在 V-T 图上画出,并标明过程进行的方向。

18.2 一热力学系统由如图 18.23 所示的状态 a 沿 acb 过程到达状态 b 时,吸收了 560 J 的热量,对外做了 356 J 的功。

(1) 如果它沿 adb 过程到达状态 b 时,对外做了 220 J 的功,它吸收了多少热量?

(2) 当它由状态 b 沿曲线 ba 返回状态 a 时,外界对它做了 282 J 的功,它将吸收多少热量?是真吸了热,还是放了热?

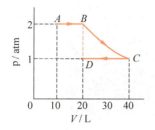

图 18.22 习题 18.1 用图

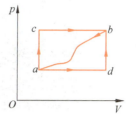

图 18.23 习题 18.2 用图

18.3 64 g 氧气的温度由 0 ℃ 升至 50 ℃,(1) 保持体积不变;(2) 保持压强不变。在这两个过程中氧气各吸收了多少热量?各增加了多少内能?对外各做了多少功?

18.4 10 g 氮气吸收 10^3 J 的热量时压强未发生变化,它原来的温度是 300 K,最后的温度是多少?

18.5 一定量氢气在保持压强为 4.00×10^5 Pa 不变的情况下,温度由 0.0 ℃ 升高到 50.0 ℃ 时,吸收了 6.0×10^4 J 的热量。

(1) 氢气的量是多少摩尔?

(2) 氢气内能变化多少?

(3) 氢气对外做了多少功?

(4) 如果这氢气的体积保持不变而温度发生同样变化,它该吸收多少热量?

18.6 用比较曲线斜率的方法证明在 p-V 图上相交于任一点的理想气体的绝热线比等温线陡。

18.7 一定量的氮气,压强为 1 atm,体积为 10 L,温度为 300 K。当其体积缓慢绝热地膨胀到 30 L 时,其压强和温度各是多少?在过程中它对外界做了多少功?内能改变了多少?

18.8 3 mol 氧气在压强为 2 atm 时体积为 40 L,先将它绝热压缩到一半体积,接着再令它等温膨胀到原体积。

(1) 求这一过程的最大压强和最高温度;

(2) 求这一过程中氧气吸收的热量、对外做的功以及内能的变化;

(3) 在 p-V 图上画出整个过程曲线。

18.9 如图 18.24 所示,有一汽缸由绝热壁和绝热活塞构成。最初汽缸内体积为 30 L,有一隔板将其分为两部分:体积为 20 L 的部分充以 35 g 氮气,压强为 2 atm;另一部分为真空。今将隔板上的孔打开,使氮气充满整个汽缸。然后缓慢地移动活塞使氮气膨胀,体积变为 50 L。

(1) 求最后氮气的压强和温度;

(2) 求氮气体积从 20 L 变到 50 L 的整个过程中氮气对外做的功及氮气内能的变化;

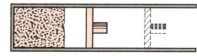

图 18.24 习题 18.9 用图

(3) 在 p-V 图中画出整个过程的过程曲线。

18.10 在标准状态下,在氧气中的声速为 3.172×10^2 m/s。试由此求出氧气的比热比 γ。

*18.11 按准静态绝热过程模型证明:大气压强 p 随高度 h 的变化关系为

$$p = p_0 \left(1 - \frac{Mgh}{C_{p,m} T_0}\right)^{\gamma/(\gamma-1)}$$

式中 p_0，T_0 分别为 $h=0$ 处的大气压强和温度，$C_{p,m}$ 为空气的摩尔定压热容。

18.12 美国马戏团曾有将人体作为炮弹发射的节目。图 18.25 是 2005 年 8 月 27 日在墨西哥边境将著名美国人体炮弹戴维·史密斯发射到美国境内的情景。

图 18.25 人体炮弹发射

假设炮筒直径为 0.80 m，炮筒长 4.0 m。史密斯原来屈缩在炮筒底部，火药爆发后产生的气体在推动他之前的体积为 2.0 m³，压强为 2.7 atm，然后经绝热膨胀把他推出炮筒。如果气体推力对他做的功的 75% 用来推他前进，而史密斯的质量是 70 kg，则史密斯在出口处速率多大？当时的大气压强按 1.0 atm 计算，火药产生的气体的比热比 γ 取 1.4。

*18.13 试证明：一定量的气体在节流膨胀前的压强为 p_1，体积为 V_1，经过节流膨胀后（图 18.12）压强变为 p_2，体积变为 V_2，则总有

$$E_1 + p_1 V_1 = E_2 + p_2 V_2$$

热力学中定义 $E+pV \equiv H$，称做系统的**焓**。很明显，**焓也是系统的状态函数**。上面的证明表明，**经过节流过程，系统的焓不变**。

*18.14 一种测量气体的比热比 γ 的方法如下：一定量的气体，初始温度、压强、体积分别为 T_0，p_0，V_0，用一根铂丝通过电流对气体加热。第一次加热时保持气体体积不变，温度和压强各变为 T_1 和 p_1。第二次加热时保持气体压强不变而温度和体积变为 T_2 和 V_1。设两次加热的电流和时间均相同，试证明

$$\gamma = \frac{(p_1 - p_0) V_0}{(V_1 - V_0) p_0}$$

*18.15 理想气体的既非等温也非绝热而其过程方程可表示为 $pV^n = $ 常量的过程叫**多方过程**，n 叫**多方指数**。

(1) 说明 $n=0, 1, \gamma$ 和 ∞ 时各是什么过程？

(2) 证明：多方过程中外界对理想气体做的功为

$$\frac{p_2 V_2 - p_1 V_1}{n-1}$$

(3) 证明：多方过程中理想气体的摩尔热容为

$$C_m = C_{V,m} \left(\frac{\gamma - n}{1 - n} \right)$$

并就此说明(1)中各过程的 C_m 值。

18.16 如图 18.26 所示总容积为 40 L 的绝热容器，中间用一绝热隔板隔开，隔板重量忽略，可以无摩擦地自由升降。A，B 两部分各装有 1 mol 的氦气，它们最初的压强都是 1.013×10^5 Pa，隔板停在中间。现在使微小电流通过 B 中的电阻而缓缓加热，直到 A 部气体体积缩小到一半为止，求在这一过程中：

(1) B 中气体的过程方程，以其体积和温度的关系表示；

(2) 两部分气体各自的最后温度；

(3) B 中气体吸收的热量。

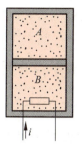

图 18.26　习题 18.16 用图

图 18.27　我国歼 10 歼击机雄姿

18.17　现代喷气式飞机(图 18.27)和热电站所用的燃气轮机进行的循环过程可简化为下述布瑞顿循环(Brayton cycle)(图 18.28)。1→2,一定量空气被绝热压缩到燃烧室内;2→3,在燃烧室内燃料喷入燃烧,气体等压膨胀;3→4,高温高压气体被导入轮机内绝热膨胀推动叶轮做功;4→1,废气进入热交换器等压压缩,放热给冷却剂(空气或水)。

(1) 证明：以 1,2,3,4 各点的温度表示的循环效率为 $\eta = 1 - \dfrac{T_4 - T_1}{T_3 - T_2}$；

(2) 以 $r_p = p_{\max}/p_{\min}$ 表示此循环的压缩比,则其效率可表示为 $\eta = 1 - \dfrac{1}{r_p^{(\gamma-1)/\gamma}}$。取 $\gamma = 1.40$,则当 $r_p = 10$ 时,效率是多少?

*18.18　空气标准狄赛尔循环(柴油内燃机的工作循环)由两个绝热过程 ab 和 cd、一个等压过程 bc 及一个等容过程 da 组成(图 18.29),试证明此热机效率为

$$\eta = 1 - \dfrac{\left(\dfrac{V_1'}{V_2}\right)^\gamma - 1}{\gamma \left(\dfrac{V_1}{V_2}\right)^{\gamma-1} \left(\dfrac{V_1'}{V_2} - 1\right)}$$

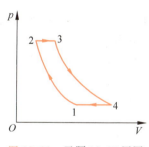

图 18.28　习题 18.17 用图

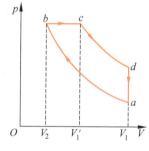

图 18.29　习题 18.18 用图

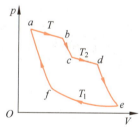

图 18.30　习题 18.19 用图

18.19　克劳修斯在 1854 年的论文中曾设计了一个如图 18.30 所示的循环过程,其中 ab, cd, ef 分别是系统与温度为 T, T_2 和 T_1 的热库接触而进行的等温过程, bc, de, fa 则是绝热过程。他还设定系统在 cd 过程吸的热和 ef 过程放的热相等。设系统是一定质量的理想气体,而 T_1, T_2, T 又是热力学温度,试计算此循环的效率。

18.20　两台卡诺热机串联运行,即以第一台卡诺热机的低温热库作为第二台卡诺热机的高温热库。试证明它们各自的效率 η_1 及 η_2 和该联合机的总效率 η 有如下的关系：

$$\eta = \eta_1 + (1 - \eta_1)\eta_2$$

再用卡诺热机效率的温度表示式证明该联合机的总效率和一台工作于最高温度与最低温度的热库之间的卡诺热机的效率相同。

18.21　有可能利用表层海水和深层海水的温差来制成热机。已知热带水域表层水温约 25℃,

300 m 深处水温约 5℃。

(1) 在这两个温度之间工作的卡诺热机的效率多大?

(2) 如果一电站在此最大理论效率下工作时获得的机械功率是 1 MW,它将以何速率排出废热?

(3) 此电站获得的机械功和排出的废热均来自 25℃ 的水冷却到 5℃ 所放出的热量,问此电站将以何速率取用 25℃ 的表层水?

18.22 一台冰箱工作时,其冷冻室中的温度为 −10℃,室温为 15℃。若按理想卡诺致冷循环计算,则此致冷机每消耗 10^3 J 的功,可以从冷冻室中吸出多少热量?

18.23 当外面气温为 32℃ 时,用空调器维持室内温度为 21℃。已知漏入室内热量的速率是 3.8×10^4 kJ/h,求所用空调器需要的最小机械功率是多少?

18.24 有一暖气装置如下:用一热机带动一致冷机,致冷机自河水中吸热而供给暖气系统中的水,同时暖气中的水又作为热机的冷却器。热机的高温热库的温度是 $t_1 = 210℃$,河水温度是 $t_2 = 15℃$,暖气系统中的水温为 $t_3 = 60℃$。设热机和致冷机都以理想气体为工质,分别以卡诺循环和卡诺逆循环工作,那么每燃烧 1 kg 煤,暖气系统中的水得到的热量是多少?是煤所发热量的几倍?已知煤的燃烧值是 3.34×10^7 J/kg。

18.25 一台致冷机的循环过程如图 18.31 所示(参看图 17.18 中的汽液转变过程),其中压缩过程 da 和膨胀过程 bc 都是绝热的。工质在 a,b,c,d 四个状态的温度、压强、体积以及内能如下表所示:

状态	$T/℃$	p/kPa	V/m^3	E/kJ	液体占的百分比/%
a	80	2305	0.0682	1969	0
b	80	2305	0.00946	1171	100
c	5	363	0.2202	1015	54
d	5	363	0.4513	1641	5

(1) 每一次循环中,工质在蒸发器内从致冷机内部吸收多少热量?

(2) 每一次循环中,工质在冷凝器内向机外空气放出多少热量?

(3) 每一次循环,压缩机对工质做功多少?

(4) 计算此致冷机的致冷系数。如按卡诺致冷机计算,致冷系数又是多少?

*18.26 一定量的理想气体进行如图 18.32 所示的**逆向斯特林循环**,其中 1→2 为等温(T_1)压缩过程,3→4 为等温(T_2)膨胀过程,其他两过程为等体积过程。求证此循环的致冷系数和逆向卡诺循环的致冷系数相等,因而具有较好的致冷效果(这一循环是回热式制冷机中的工作循环。4→1 过程从热库吸收的热量在 2→3 过程中又放回给了热库,故均不计入循环效率计算)。

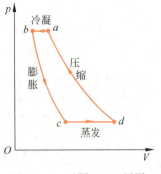

图 18.31 习题 18.25 用图

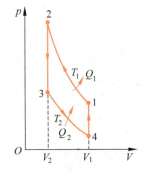

图 18.32 逆向斯特林循环

科学家介绍

焦　耳

(James Prescott Joule,1818—1889 年)

焦耳像

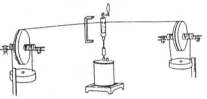

焦耳在 1849 年宣读的论文及
他的实验装置图

1818 年 12 月 24 日焦耳出生在英国曼彻斯特市郊的一个富有的酿酒厂老板的家中。从小跟父母参加酿酒劳动,没有上过正规学校。16 岁时,曾与其兄一起到著名化学家道尔顿(J. Dolton)家里学习,受到了热情的帮助和鼓励,激发了他对科学的浓厚兴趣。

19 世纪 30 年代末英国有一股研究磁电机的热潮。焦耳当时刚 20 岁,也想研制磁电机来代替父母酿酒厂中的蒸汽机,以便提高效率。他虽然没有达到预期的目的,但却从实验中发现电流可以做机械功,也能产生热,即电、磁、热和功之间存在一定的联系。于是他开始进行电流热效应的实验研究。

1840 年至 1841 年焦耳在《论伏打电流所生的热》和《电的金属导体产生的热和电解时电池组所放出的热》这两篇论文中发表了实验结果。他得出"在一定时间内伏打电流通过金属导体产生的热与电流强度的平方和导体电阻乘积成正比",这就是著名的焦耳定律。

接着焦耳进一步想到磁电机产生的感应电流和伏打电流一样产生热效应。于是他又做这方面的实验,并于 1883 年在《磁电的热效应和热的机械值》一文中叙述了他的实验和结果。他的实验是使一个小线圈在一个电磁体的两极间转动,通过小线圈的电流由一个电流计测量。小线圈放在一个量热器内的水中,从水温的升高可以测出小线圈放出的热量,实验给出了相同的结果:"磁电机的线圈所产生的热量(在其他条件相同时)正比于电流的平方。"他还用这一装置进行了机械功和热量的关系的实验,为此他用重物下降来带动线圈转动,机械功就用重物的重量和下降的距离求得。他得出的平均结果是:"使 1 磅水温度升高华氏 1 度的热量,等于(并可转化为)把 838 磅重物举高 1 英尺的机械功。"用现在的单位表示,这一数值约等于 4.51 J/cal。

1844 年焦耳曾要求在皇家学会上宣读自己的论文,但遭到拒绝。1847 年又要求在牛津的科学技术促进协会上宣读自己的论文,会议只允许他作一简单的介绍。他在会上介绍了他用铜制叶轮搅动水使其温度升高的实验,并根据实验指出:"一般的规律是:通过碰撞、摩擦或任何类似的方式,活力**看来**是消灭了,但总有正好与之相当的热量产生。"这里"活力"后来叫做动能或机械能。这样焦耳就从数量上完全肯定了热是能量的一种形式。它比伦福德在年前关于"热是运动"的定性结论在热的本质方面又前进了一大步。由于当时英国学者都相信法国工程师们的热质说,所以在会上这一结论曾受到汤姆孙(W. Thomson)的质问。但正是这种质问的提出,反而使焦耳的工作更受到与会的其他人的重视。

此后焦耳还做了压缩空气或使空气膨胀时温度变化的实验,并由此也计算了热功当量。他还进行了空气的真空自由膨胀的实验,并和汤姆孙合作做了节流膨胀的实验,发现了节流膨胀后气体的温度变化的现象。这一现象现在就叫焦耳-汤姆孙效应,其中节流后引起冷却的效应对制冷技术的发展起了重要的作用。

1849 年 6 月 21 日,焦耳作了一个《热功当量》的总结报告。全面整理了他几年来用叶轮搅拌和铸铁摩擦等方法测定热功当量的实验,给出了用水、汞做实验的结果。他用水得出的结果是 772 磅·英尺/英热单位,这相当于 4.154 J/cal,和现代公认的结果十分相近。

在这以后直到 1878 年,焦耳又做了许多测定热功当量的实验。在前后近四十年的时间里,他用各种方法做了四百多次实验,用实验结果确凿地证明了热和机械能以及电能的转化,因而对能量的转化和守恒定律的建立作出了不可磨灭的贡献。

应该指出,在建立能量守恒定律方面,焦耳的同代人,英国的格罗夫(W. R. Grove)、德国的迈耶(R. Mayer)、亥姆霍兹(H. Helmholtz)、法国的卡诺(S. Carnot)、丹麦的柯尔丁(L. A. Colding)、法国的赫恩(G. A. Hirn),都曾独立地做过研究而得出了相同的结论。例如迈耶在 1842 年就提出能量守恒的理论,认为热是能量的一种形式,可以和机械能相互转化。他还利用空气的定压比热和定体比热之差算出了热功当量的值为 3.58 J/cal。(现在就把公式 $C_{p,m} - C_{V,m} = R$ 叫做迈耶公式。)迈耶后来曾和焦耳发生过发现能量守恒的优先权的争论,在英国未曾获胜,在他自己的祖国也遭到粗暴的、侮辱性的中伤。亥姆霍兹在 1847 年发表的《力的守恒》一文,论述了他的能量守恒与转化的思想,并提出了把这一原理应用到生物过程的可能性。他的这篇文章也曾受到过冷遇。卡诺早在 1830 年也意识到热质说的错误,得出过"动力不变"的结论,并且算出过热功当量的数值为 3.6 J/cal,可惜这是 1878 年在他的遗稿中发现的。当然,用大量实验事实来证明能量守恒定律,完全是焦耳的功绩。在1850年,他的实验结果就已使科学界公认能量守恒是自然界的一条基本规律了。

焦耳是一位没有受过专业训练的自学成才的科学家。虽多次受到冷遇与热讽,但还是不屈不挠地进行科学实验研究,几十年如一日。这种精神是很令人钦佩的。他在1850年(32岁)被选为英国伦敦皇家学会会员。1886年被授予皇家学会柯普兰金质奖章,1872—1887年任英国科学促进协会主席,1889年10月11日在塞拉逝世,终年71岁。

今日物理趣闻

I

能源与环境

I.1 各式能源的利用

在生产、生活的各个方面,人类每时每刻都在利用着能量,提供能量的物质叫**能源**。在人类历史上,最早利用的是柴草,其后逐渐发展到煤炭、石油、天然气以及核能等。最初柴草和煤炭还只是用来取暖和做熟食,作为动力来源的主要还是人力和畜力,金字塔、长城、运河、宫殿等伟大建筑都是靠无数劳力组成的"人海战术"完成的。人们也利用了水力和风力这种自然力。我国东汉时代(公元初年)的杜诗,就曾做了**水排**(一种水轮机)来推动炼铁炉的风箱(图I.1)。黄河上游的人很早就利用水车汲取黄河水进行灌溉。帆船是利用风力的最普通的例子,我国明代(15世纪)郑和七次下西洋直达非洲东岸所乘坐的长150 m、宽56 m的大船就是风力推动的。直到19世纪中叶,西方工业革命由于蒸汽机的发明而兴起,其后能源才逐渐地转为大部分用来提供动力。在今天,能源已成为发展国民经济和提高人民生活水平的重要物质基础,生产力发达的国家都是以雄厚的能源工业为支柱的。

图I.1 水排

目前,人类利用的能源主要是化石能源,包括煤、石油、天然气等。这些能源的应用约1/3是取暖,其余用于工业和交通。这些能源的储量总是有限的,会有用尽的一天。就目前来说,这些化石能源的利用,主要遇到了两个大问题。其一,这些化石能源都是很宝贵的化工原料(实际上全世界石油和天然气产量的75%做了化工原料,我国还不足5%),把它们都烧掉实在是资源的浪费。其二,化石燃料的燃烧严重地污染了大气,会给人类带来很大的灾难(见I.2节)。因此,人们正在不断地寻找新的干净的能源。

目前利用较多的新能源是**裂变**核能。现在世界上已有400多座裂变核电站,发电量3亿kW,占世界总发电量的15%。有的国家,如法国和比利时,已超过国家总发电量的一半。裂变核能并不干净。这是由于它的放射性危害,放射性废弃物难于处理,而意外事故更造成较大的灾害。例如,1986年苏联切尔诺贝利核电站因值班人员失职引起反应堆失控,堆芯熔化引起爆炸,致使大量放射性物质外泄,造成了东欧大面积的放射性污染灾害,有 31 人直接死于这次事故。尽管如此,这类事故出现的概率还是相当小的,而且日益完善的技术会使核电站的安全达到令人无需忧虑的程度。现在我国也正在发展核能发电。据报道,到 2020 年我国将建成 40 座核电站,总功率达 $4.0×10^6$ kW,占全国发电量的 4%。

比较干净而且更有效的核能是**聚变**核能。它利用海水中大量存在的氘,其储量足够人类用上几百亿年。但目前聚变的关键问题——10^8 K 的高温条件——还没有完全得到技术上的解决,"室温核聚变"还处在极初始的实验阶段,因而聚变在近期(二三十年)还不是可持续利用的能源。世界上第一个示范级热核聚变实验反应堆将建在法国南部,预计于 2015 年竣工(图 I.2)。

地球上可利用的无尽的干净能源是**太阳能**、**水能**、**风能**(图 I.3)、**海水的波浪能**等,前三种已得到广泛应用,主要是发电。例如,目前全世界的发电量有 1/4 来自水电站。

图 I.2　国际热核聚变实验反应堆

图 I.3　乌鲁木齐城南的亚洲最大的风力发电站

(新京报记者刘旻)

I.2　人类环境问题

人类环境污染已成为当代世界范围内危及人类生存的问题,它已受到各国政府和科学家的普遍重视。

环境污染严重的首推**大气污染**,它主要是大量使用化石燃料以及大规模烧毁森林的结果,城市中汽车排放的尾气也是重要的大气污染源。1000 MW 的煤电站年排烟尘(包括粉尘、CO 等)100 万 t,SO_2 6 万 t,强致癌物苯并芘 630 kg。大气污染直接有害于人的健康。1952 年 12 月伦敦的"死雾"就是燃煤产生的粉尘造成的恶果。由大气中的 SO_2 形成的酸雨不仅直接破坏森林,使农作物和水果减产,而且严重污染水资源,使鱼类、动物和人受到危害。我国是大气污染最严重的国家之一。1997 年我国工业粉尘排放量约为 1000 万 t,烟气(CO、碳氢化合物、氮氧化物等)排放量 3000 万 t,SO_2 排放量为 2346 万 t,其中烟尘的 73%

和 SO_2 的 90% 来自煤的燃烧。而我国主要能源是煤。城市污染特别严重而且日益加剧,北京市的雾气随着工业的发展也越来越严重了。很早以前,从北京以西 60 km 的百花山上,可以看到北京城;从北京以西 23 km 的香山上,可以看见故宫的黄屋顶。这些在现今已很难实现了。据记录,北京的大气中颗粒浓度曾大约是东京的 15 倍和伦敦的 2 倍,肺癌发病率曾

图 I.4 某乡镇耐火材料厂正排出可怕的"黑龙"

是全国平均发病率的 3 倍。进入 21 世纪,北京市经大力整治,大气污染已有所减轻,晴朗天数逐渐增多。有些城乡的大气污染还很严重,如本溪市全年一半时间能见度只有 30~50 m,重庆酸雨的 pH 值已达 3.35。图 I.4 是笔者老家某乡镇企业的烟囱排出黑烟的可怕景象,该企业实际上是损害附近居民的健康来获取利润的(经笔者投诉,省、市环保局查处,近期白天已不见冒黑烟)。全国每年因大气污染造成的经济损失达数百亿元,对人民健康造成的损害是无法计量的。

化石燃料燃烧的后果还引起了一种重要的世界性污染——热污染或**温室效应**。这是由于化石燃料燃烧生成的大量 CO 与空气中氧结合生成的 CO_2 造成的。1995 年全球 CO_2 排放量为 220 亿 t,其中美国 50 亿 t,中国 30 亿 t。CO_2 允许短波辐射透过,但能吸收热辐射(红外线)。因此,如大气中有大量的 CO_2,太阳光直射地面,但地面增暖后放出的热辐射则难于散向太空。这样地球表面温度就会上升,这就是温室效应。过去 50 年里,大气中 CO_2 约增加了 10%。近几年,大气中 CO_2 含量正以每年 1.5×10^6 亿 t 的速度增长。我国竺可桢教授指出,过去 5000 年我国年平均气温上升了约 2℃。世界气象组织等估计,由于 CO_2 的增多,再过 50 年全球气温就将上升 1.5~4.5℃,从而使海水升温膨胀,极地冰雪融化,海平面上升 0.2~1.4 m。这将淹没大片经济繁荣的沿海地区。同时全球气候格局也会发生重大变化,风暴与旱涝灾害增多,灾情加重。中纬度地区将变得酷热难忍,森林草原失火增多,土壤盐碱化、沼泽化和沙漠化加剧。为了减弱温室效应,1997 年 12 月联合国气候大会在日本东京通过《京都议定书》,目标是在 2008 年至 2012 年间,将发达国家的 CO_2、CH_4 等 6 种"温室气体"的排放量在 1990 年的基础上平均减少 5.2%。10 年来,占全球温室气体排放量 55% 以上的 100 多个国家和地区(其中包括中国、俄罗斯、欧盟、日本)的批准使《京都议定书》终于正式生效。然而,美国、澳大利亚等发达国家认为没有必要,借口对本国经济发展有碍,至今仍然拒绝批准《京都议定书》。但不幸的是,2005 年 8 月"卡特里娜"飓风(图 I.5)肆虐美国南海岸,新奥尔良市沦为泽国,据报道,有 1836 人葬身鱼腹,100 多万人无家可归,经济损失 750 亿美元。此次灾难被说成美国历史上十大自然灾难之一,比"9·11"恐怖袭击还要严重得多。这也是大自然的一种警告吧!

和大气污染有直接关系的是**水污染**。地球上虽然有大量的水,但 96.5% 是不能直接饮用或工业用的海洋咸水,其余 3.5% 的陆地淡水中,可供人类采用的河湖经流水和浅层地下

图 I.5 "卡特里娜"飓风登陆美国南海岸

水仅占 0.35%,即约 90 000 亿 t/a。但因每年降雨时间和地域分布不均,城市人口膨胀,工农业用水和生活用水迅速增加,特别是由于水的污染,使得世界各国,特别是大城市都感到水资源紧张。水污染主要是由于工业废水的排放。全世界目前每年工业和城市排放废水 5000 亿 t,有 18 亿人口饮用未进行处理的受过污染的水。我国水污染也很严重。2004 年废水排放量为 600 亿 t,使 80% 的江河湖泊受到不同程度的污染(表 I.1)。以长江为例,2007 年 4 月 14 日发表的《长江保护与发展报告 2007》指出:"长江干流水质总体良好,但局部污染严重,整体呈恶化趋势。长江干流存在岸边污染带累计达 600 多公里……90% 以上的湖泊呈不同程度的富营养化状态……长江生态系统也在不断退化,物种减少……国宝白鳍豚难觅踪迹,长江鲥鱼不见多年,中华鲟、白鲟数量急剧减少。"(图 I.6)严重的河水污黑发臭,时时泛起白沫。这就使得 3 亿多人饮水不安全,其中 1.9 亿人饮用的水中有害物质含量超标。近海海水也受到很大污染。水污染对人类以及动物鱼类生存的危害是显而易见的,我国因水污染年经济损失约 400 亿元,而对人的健康损害无法计算。

表 I.1 环保总局 2005 环境状况公报中所列我国七大水系水质污染情况

水 系	污染情况	劣 V 类*水体比例/%
长江	轻度污染	9.6
黄河	中度污染	29.5
珠江	水质良好	6.1
松花江	中度污染	24.4
淮河	中度污染	32.6
海河	重度污染	56.7
辽河	中度污染	

*劣 V 类水质的水体已丧失使用功能,连农业灌溉都不行。

森林是人类的自然生态环境的重要组成部分。它不但蕴藏有大量宝贵的财富,是各种野生动物的栖息场所,涵养水源,而且还吸收大量 CO_2,可抵消温室效应。但是近年来世界森林资源遭到严重破坏。占地球上森林面积 1/3,聚集了人类 1/5 的淡水资源,向人类提供 50% 的新鲜氧气的亚马孙热带雨林,近 20 年来已被毁 20%。全世界森林面积正以每年 1800 万公顷的速度被破坏。水土流失每天就使 4 万公顷土地变为沙漠。我国情况也十分严重。由于森林遭到破坏,新中国成立以来水土流失面积达 36 700 万公顷,流失总量 50 亿

图 I.6　2006年9月,水位下降及水质污染导致洞庭湖丁字堤沙滩裸露,鱼类死亡

t,这相当于全国耕地年损失1 cm厚的沃土层,年带走氮、磷、钾成分等于全国施肥量。近几年平均水旱灾面积达5亿亩,比建国初期增加了65%。森林破坏造成的经济年损失为115亿元。多么严重的后果!1998年夏季发生了长江和嫩江特大洪灾,直接经济损失达2551多亿元。在森林遭破坏的同时,由于干旱和过度放牧,我国北部草原沙漠化严重。2001年我国90%的可利用天然草原在退化,并且退化面积以每年200万公顷的速度增加。狂风掠过沙漠引起沙尘,2000年我国北方就发生过严重的沙尘暴。2006年春沙尘暴曾袭击北京14次,4月17日那次特别严重,黄沙从天而降,每平方米有20 g,北京市降落了33 t多黄沙。图 I.7为沙尘过后一辆吸尘车在天安门广场吸扫黄尘。环境灾害触目惊心,保护植被刻不容缓。

图 I.7　北京天安门前沙尘过后清扫黄尘
(新京报记者张涛)

我国国家环保总局和国家统计局2006年9月7日联合发布的《中国绿色GDP核算报告2004》中称2004年全国环境退化成本(即因环境污染造成的经济损失)为5118亿元,占当年GDP的3.05%,其中水污染占55.9%,大气污染占42.9%,污染事故占1.1%。这一核算还没有包含自然资源耗减成本和环境退化成本中生态破坏成本,而且只计算了20多项环境污染损失中的10项。我们为经济起飞付出的代价过大,应该尽力消除污染,以此作为坚持科学发展观的一项重要任务。

近几年又提出了**拯救臭氧层**这一全球性环境问题。臭氧层存在于离地面15～50 km高的同温层中。它阻挡了太阳99%的紫外辐射,保护着地球上的生命。1985年英国南极考察队发现南极上空臭氧层出现"空洞",该处臭氧含量只有正常情况的一半甚至40%,目前空洞还在扩大。其后北极上空也发现了臭氧空洞,又发现世界大部分人口居住的北纬30°~60°地区冬季臭氧层减少5%~7%。科学家认为,臭氧层减少1%,射到地面上的太阳紫外线辐射增加2%。这样,皮肤癌、白内障发病率将增加,海洋生态平衡将遭破坏,使农作物减产。紫外线的大量射入还会进一步增强温室效应。据研究,臭氧层的减少主要是由于氟氯烃。这种化工产品发明于1930年,目前大量应用在致冷空调设备、灭火器、泡沫塑料和电子工业中。工业和生活中排出的大量氟氯烃飘浮到同温层高空,受太阳紫外线作用产生出游离氯原子,一个氯原子就能破坏近10万个臭氧分子(O_3)。这样严重的污染已引起各国的注意。1987年国际会议规定从1989年元旦到20世纪末使氟氯烃的生产减少50%。1989年3月西欧共同体和美国宣布到20世纪末停止生产氟氯烃。在减少氟氯烃方面,工业发达国家担负着主要责任,因为据统计,目前美国、日本和欧洲生产的氟氯烃占世界总产量的96%,消费占全世界的84%。这个任务是艰巨的,因为找到氟氯烃的代用品尚需时日,而且即使全部停止使用氟氯烃后,要完全恢复臭氧层也要经过至少50年的时间。由于近几年世界各国在这方面的成功措施,2006年已有报告指明臭氧层空洞已出现缩小的征兆。

由上述可知,人类社会正面临着环境恶化的严重威胁。这不但需要各国在自己的经济发展中加以注意,而且需要国际社会的努力合作。1992年在联合国环境与发展大会上,100多个国家的首脑共同签署了《地球宣言》,提出全世界要走可持续发展的道路,既要符合当代人的利益,也不要损害未来人的利益,人人都要关心并且参与自己周围环境条件的改善。

第19章

热力学第二定律

第18章讲了热力学第一定律,说明在一切热力学过程中,能量一定守恒。但满足能量守恒的过程是否都能实现呢?许多事实说明,**不一定**!一切实际的热力学过程都只能按一定的方向进行,反方向的热力学过程不可能发生。本章所要介绍的热力学第二定律就是关于自然过程的方向的规律,它决定了实际过程是否能够发生以及沿什么方向进行,所以也是自然界的一条基本的规律。

本章先用实例说明宏观热力学过程的方向性,即不可逆性,然后总结出热力学第二定律。此后着重说明这一规律的微观本质:自然过程总是沿着分子运动的无序性增大的方向进行。接着引入了玻耳兹曼用热力学概率定义的熵的概念来定量地表示这一规律——熵增加原理。一个系统的熵变可以根据系统的状态参量的变化求得。为此,本章从微观的熵的玻耳兹曼公式导出了宏观的熵的克劳修斯公式并说明了熵变的计算方法。最后本章说明了熵增加原理的实际意义,即它对能量转化的影响——能量退降。

19.1 自然过程的方向

自古人生必有死,这是一个自然规律,它说明人生这个自然过程总体上是沿着向死的方向进行,是不可逆的。鸡蛋从高处落到水泥地板上,碎了,蛋黄蛋清流散了(图 19.1),此后再也不会聚合在一起恢复成原来那个鸡蛋了。鸡蛋被打碎这个自然过程也是不可逆的。实际经验告诉我们一切自然过程都是不可逆的,是按一定方向进行的。上面的例子太复杂了,热力学研究最简单但也是最基本的情况,下面举三个典型的例子。

1. 功热转换

转动着的飞轮,撤除动力后,总是要由于轴处的摩擦而逐渐停下来。在这一过程中飞轮的机械能转变为轴和飞轮的内能。相反的过程,即轴和飞轮自动地冷却,其内能转变为飞轮的机械能使飞轮转起来的过程从来没有发生过,尽管它并不违反热力学第一定律。这一现象还可以更典型地用焦耳实验(图 19.1)来说明。在该实验中,重物可以**自动**下落,使叶片在水中转动,和水相互摩擦而使水温上升。这是机械能转变为

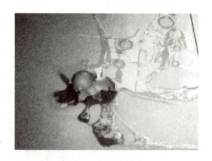

图 19.1 鸡蛋碎了,不能复原

内能的过程,或简而言之,是功变热的过程。与此相反的过程,即水温**自动**降低,产生水流,推动叶片转动,带动重物上升的过程,是热**自动地**转变为功的过程。这一过程是不可能发生的。对于这个事实我们说,**通过摩擦而使功变热的过程是不可逆的**。

"热自动地转换为功的过程不可能发生"也常说成是**不引起其他任何变化**,因而**惟一效果**是一定量的内能(热)全部转变成了机械能(功)的过程是不可能发生的。当然热变功的过程是有的,如各种热机的目的就是使热转变为功,但实际的热机都是工作物质从高温热库吸收热量,其中一部分用来对外做功,同时还有一部分热量不能做功,而传给了低温热库。因此热机循环除了热变功这一效果以外,还产生了其他效果,即一定热量从高温热库传给了低温热库。热全部转变为功的过程也是有的,如理想气体的等温膨胀过程。但在这一过程中除了气体把从热库吸的热全部转变为对外做的功以外,还引起了其他变化,表现在过程结束时,理想气体的体积增大了。

上面的例子说明自然界里的功热转换过程具有**方向性**。功变热是实际上经常发生的过程,但是在热变功的过程中,如果其**惟一效果**是热全部转变为功,那这种过程在实际上就不可能发生。

2. 热传导

两个温度不同的物体互相接触(这时二者处于非平衡态),热量总是**自动地**由高温物体传向低温物体,从而使两物体温度相同而达到热平衡。从未发现过与此相反的过程,即热量**自动地**由低温物体传给高温物体,而使两物体的温差越来越大,虽然这样的过程并不违反能量守恒定律。对于这个事实我们说,**热量由高温物体传向低温物体的过程是不可逆的**。

这里也需要强调"自动地"这几个字,它是说在传热过程中不引起其他任何变化。因为热量从低温物体传向高温物体的过程在实际中也是有的,如致冷机就是。但是致冷机是要通过外界做功才能把热量从低温热库传向高温热库的,这就不是热量自动地由低温物体传向高温物体了。实际上,外界由于做功,必然发生了某些变化。

3. 气体的绝热自由膨胀

如图 19.2 所示,当绝热容器中的隔板被抽去的瞬间,气体都聚集在容器的左半部,这是一种非平衡态。此后气体将自动地迅速膨胀充满整个容器,最后达到一平衡态。而相反的过程,即充满容器的气体自动地收缩到只占原体积的一半,而另一半变为真空的过程,是不可能实现的。对于这个事实,我们说,**气体向真空中绝热自由膨胀的过程是不可逆的**。

以上三个典型的实际过程都是**按一定的方向进行的**,是**不可逆的**[①]。相反方向的过程不能自动地发生,或者说,可以发生,但必然会产生其他后果。由于自然界中一切与热现象有关的**实际宏观过程**都涉及热功转换或热传导,特别是,都是由非平衡态向平衡态的转化,因此可以说,**一切与热现象有关的实际宏观过程都是不可逆的**。

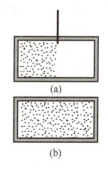

图 19.2 气体的绝热自由膨胀
(a) 膨胀前;(b) 膨胀后

---

① 参见:王竹溪. 热力学. 高等教育出版社,1955,80.

自然过程进行的方向性遵守什么规律,这是热力学第一定律所不能概括的。这个规律是什么?它的微观本质如何?如何定量地表示这一规律?这就是本章要讨论的问题。

19.2 不可逆性的相互依存

关于各种自然的能实现的宏观过程的不可逆性的一条重要规律是:它们都是**相互依存的**。意思是说,一种实际宏观过程的不可逆性保证了另一种过程的不可逆性,或者反之,如果一种实际过程的不可逆性消失了,其他的实际过程的不可逆性也就随之消失了。下面通过例子来说明这一点。

假设功变热的不可逆性消失了,即热量可以自动地通过某种假想装置全部转变为功,这样我们可以利用这种装置从一个温度为 T_0 的热库吸热 Q 而对外做功 A($A=Q$)(图 19.3(a)),然后利用这功来使焦耳实验装置中的转轴转动,搅动温度为 T($T>T_0$)的水,从而使水的内能增加 $\Delta E=A$。把这样的假想装置和转轴看成一个整体,它们就自行动作,而把热量由低温热库传到了高温的水(图 19.3(b))。这也就是说,热量由高温传向低温的不可逆性也消失了。

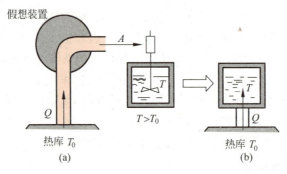

图 19.3 假想的自动传热机构

如果假定热量由高温传向低温的不可逆性消失了,即热量能自动地经过某种假想装置从低温传向高温。这时我们可以设计一部卡诺热机,如图 19.4(a),使它在一次循环中由高温热库吸热 Q_1,对外做功 A,向低温热库放热 Q_2($Q_2=Q_1-A$),这种热机能自动进行动作。然后利用那个假想装置使热量 Q_2 自动地传给高温热库,而使低温热库恢复原来状态。当我们把该假想装置与卡诺热机看成一个整体时,它们就能从热库 T_1 吸出热量 Q_1-Q_2 而全部转变为对外做的功 A,而不引起其他任何变化(图 19.4(b))。这就是说,功变热的不可逆性也消失了。

再假定理想气体绝热自由膨胀的不可逆性消失了,即气体能够自动收缩。这时,如图 19.5(a)~(c)所示,我们可以利用一个热库,使装有理想气体的侧壁绝热的汽缸底部和它接触,其中气体从热库吸热 Q,作等温膨胀而对外做功 $A=Q$,然后让气体自动收缩回到原体积,再把绝热的活塞移到原位置(注意这一移动不必做功)。这个过程的惟一效果将是一定的热量变成了功,而没有引起任何其他变化(图 19.5(d))。也就是说,功变热的不可逆性也消失了。

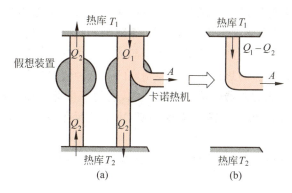

图 19.4 假想的热自动变为功的机构

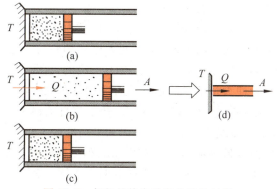

图 19.5 假想的热自动变为功的过程
（a）初态；（b）吸热做功；（c）自动收缩回复到初态；（d）总效果

类似的例子还可举出很多，它们都说明各种宏观自然过程的不可逆性都是互相联系在一起或者说是相互依存的，只需承认其中之一的不可逆性，便可以论证其他过程的不可逆性。

19.3 热力学第二定律及其微观意义

以上两节说明了自然宏观过程是不可逆的，而且都是按确定的方向进行的。**说明自然宏观过程进行的方向的规律叫做热力学第二定律**。由于各种实际自然过程的不可逆性是相互依存的，所以要说明关于各种实际过程进行的方向的规律，就无须把各个特殊过程列出来一一加以说明，而只要任选一种实际过程并指出其进行的方向就可以了。这就是说，任何一个实际过程进行的方向的说明都可以作为热力学第二定律的表述。

历史上热力学理论是在研究热机的工作原理的基础上发展的，最早提出的并沿用至今的热力学第二定律的表述是和热机的工作相联系的。克劳修斯 1850 年提出的热力学第二定律的表述为：**热量不能自动地从低温物体传向高温物体**。

开尔文在 1851 年提出（后来普朗克又提出了类似的说法）的热力学第二定律的表述为：**其惟一效果是热全部转变为功的过程是不可能的**。

在 19.2 节中我们已经说明这两种表述是完全等效的。

结合热机的工作还可以进一步说明开尔文说法的意义。如果能制造一台热机,**它只利用一个恒温热库工作**,工质从它吸热,经过一个**循环**后,热量全部转变为功而未引起其他效果,这样我们就实现了一个"其惟一效果是热全部转变为功"的过程。这是不可能的,因而只利用一个恒温热库进行工作的热机是不可能制成的。这种假想的热机叫**单热源热机**。不需要能量输入而能继续做功的机器叫**第一类永动机**,它的不可能是由于违反了热力学第一定律。有能量输入的单热源热机叫**第二类永动机**,由于违反了热力学第二定律,它也是不可能的。

以上是从**宏观的**观察、实验和论证得出了热力学第二定律。如何从微观上理解这一定律的意义呢?

从微观上看,任何热力学过程总包含大量分子的无序运动状态的变化。热力学第一定律说明了热力学过程中能量要遵守的规律,热力学第二定律则说明大量分子运动的无序程度变化的规律,下面通过已讲过的实例定性说明这一点。

先说热功转换。功转变为热是机械能(或电能)转变为内能的过程。从微观上看,是大量分子的有序(这里是指分子速度的方向)运动向无序运动转化的过程,这是可能的。而相反的过程,即无序运动自动地转变为有序运动,是不可能的。因此从微观上看,在功热转换现象中,自然过程总是沿着使大量分子的运动从有序状态向无序状态的方向进行。

再看热传导。两个温度不同的物体放在一起,热量将自动地由高温物体传到低温物体,最后使它们的温度相同。温度是大量分子无序运动平均动能大小的宏观标志。初态温度高的物体分子平均动能大,温度低的物体分子平均动能小。这意味着虽然两物体的分子运动都是无序的,但还能按分子的平均动能的大小区分两个物体。到了末态,两物体的温度变得相同,所有分子的平均动能都一样了,按平均动能区分两物体也成为不可能的了。这就是大量分子运动的无序性(这里是指分子的动能或分子速度的大小)由于热传导而增大了。相反的过程,即两物体的分子运动从平均动能完全相同的无序状态自动地向两物体分子平均动能不同的较为有序的状态进行的过程,是不可能的。因此从微观上看,在热传导过程中,自然过程总是沿着使大量分子的运动向更加无序的方向进行的。

最后再看气体绝热自由膨胀。自由膨胀过程是气体分子整体从占有较小空间的初态变到占有较大空间的末态。经过这一过程,从分子运动状态(这里指分子的位置分布)来说是更加无序了(这好比把一块空地上乱丢的东西再乱丢到更大的空地上去,这时要想找出某个东西在什么地方就更不容易了)。我们说末态的无序性增大了。相反的过程,即分子运动自动地从无序(从位置分布上看)向较为有序的状态变化的过程,是不可能的。因此从微观上看,自由膨胀过程也说明,自然过程总是沿着使大量分子的运动向更加无序的方向进行。

综上分析可知:**一切自然过程总是沿着分子热运动的无序性增大的方向进行**。这是不可逆性的微观本质,它说明了热力学第二定律的微观意义。

热力学第二定律既然是涉及大量分子的运动的无序性变化的规律,因而它就是一条**统计规律**。这就是说,它只适用于包含大量分子的集体,而不适用于只有少数分子的系统。例如对功热转换来说,把一个单摆挂起来,使它在空中摆动,自然的结果毫无疑问是单摆最后停下来,它最初的机械能都变成了空气和它自己的内能,无序性增大了。但如果单摆的质量和半径非常小,以至在它周围作无序运动的空气分子,任意时刻只有少数分子从不同的且非对称的方向和它相撞,那么这时静止的单摆就会被撞得摆动起来,空气的内能就自动地变成单摆的机械能,这不是违背了热力学第二定律吗?(当然空气分子的无序运动又有同样的可能使这样摆动起来的单摆停下来。)又例如,气体的自由膨胀过程,对于有大量分子的系统是不可逆的。但如果容器左半部只有 4 个分子,那么隔板打开后,由于无序运动,这 4 个分子将分散到整个容器内,但仍有较多的机会使这 4 个分子又都同时进入左半部,这样就实现了"气体"的自动收缩,这不又违背了热力学第二定律吗?(当然,这 4 个分子的无序运动又会立即使它们散开。)是的! 但这种现象都只涉及少数分子的集体。对于由大量分子组成的热力学系统,是不可能观察到上面所述的违背热力学第二定律的现象的。因此说,热力学第二定律是一个统计规律,它只适用于大量分子的集体。由于宏观热力学过程总涉及极大量的分子,对它们来说,热力学第二定律总是正确的。也正因为这样,它就成了自然科学中最基本而又最普遍的规律之一。

19.4 热力学概率与自然过程的方向

19.3 节说明了热力学第二定律的宏观表述和微观意义,下面进一步介绍如何用数学形式把热力学第二定律表示出来。最早把上述热力学第二定律的微观本质用数学形式表示出来的是玻耳兹曼,他的基本概念是:"从微观上来看,对于一个系统的状态的宏观描述是非常不完善的,系统的同一个宏观状态实际上可能对应于非常非常多的微观状态,而这些微观状态是粗略的宏观描述所不能加以区别的。"现在我们以气体自由膨胀中分子的位置分布的经典理解为例来说明这个意思。

设想有一长方形容器,中间有一隔板把它分成左、右两个相等的部分,左面有气体,右面为真空。让我们讨论打开隔板后,容器中气体分子的位置分布。

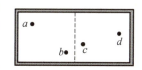

图 19.6 4 个分子在容器中

设容器中有 4 个分子 a,b,c,d(图 19.6),它们在无规则运动中任一时刻可能处于左或右任意一侧。这个由 4 个分子组成的系统的任一微观状态是指出**这个**或**那个**分子各处于左或右哪一侧。而宏观描述无法区分各个分子,所以宏观状态只能指出左、右两侧各有**几个**分子。这样区别的微观状态与宏观状态的分布如表 19.1 所示。

表 19.1 4 个分子的位置分布

微观状态		宏观状态		一种宏观状态对应的微观状态数 Ω
左	右			
$a\,b\,c\,d$	无	左 4	右 0	1
$a\,b\,c$	d			
$b\,c\,d$	a	左 3	右 1	4
$c\,d\,a$	b			
$d\,a\,b$	c			

续表

微观状态		宏观状态		一种宏观状态对应的微观状态数 Ω
左	右			
a b	c d	左2	右2	6
a c	b d			
a d	b c			
b c	a d			
b d	a c			
c d	a b			
a	b c d	左1	右3	4
b	c d a			
c	d a b			
d	a b c			
无	a b c d	左0	右4	1

若容器中有20个分子,则与各个宏观状态对应的微观状态数如表19.2所示。

表19.2　20个分子的位置分布

宏观状态		一种宏观状态对应的微观状态数 Ω
左20	右0	1
左18	右2	190
左15	右5	15 504
左11	右9	167 960
左10	右10	184 756
左9	右11	167 960
左5	右15	15 504
左2	右18	190
左0	右20	1

从表19.1及表19.2已可看出,对于一个宏观状态,可以有许多微观状态与之对应。系统内包含的分子数越多,和一个宏观状态对应的微观状态数就越多。实际上一般气体系统所包含的分子数的量级为 10^{23},这时对应于一个宏观状态的微观状态数就非常大了。这还只是以分子的左、右位置来区别状态,如果再加上以分子速度的不同作为区别微观状态的标志,那么气体在一个容器内的一个宏观状态所对应的微观状态数就会非常大了。

从表19.1及表19.2中还可以看出,与每一种宏观状态对应的微观状态数是不同的。在这两个表中,与左、右两侧分子数相等或差不多相等的宏观状态所对应的微观状态数最多,但在分子总数少的情况下,它们占微观状态总数的比例并不大。计算表明,分子总数越多,则左、右两侧分子数相等和差不多相等的宏观状态所对应的微观状态数占微观状态总数的比例越大。对实际系统所含有的分子总数(10^{23})来说,这一比例几乎是,或**实际上是百分**

之百。这种情况如图 19.7 所示，其中横轴表示容器左半部中的分子数 N_L，纵轴表示相应的微观状态数 Ω（注意各分图纵轴的标度）。Ω 在两侧分子数相等处有极大值，而且在此极大值显露出，曲线峰随分子总数 N 的增大越来越尖锐。

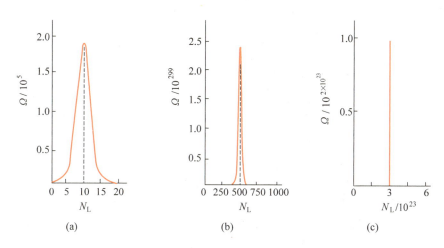

图 19.7　容器中气体的 Ω 和左侧分子数 N_L 的关系图
(a) $N=20$；(b) $N=1000$；(c) $N=6\times10^{23}$

在一定宏观条件下，既然有多种可能的宏观状态，那么，哪一种宏观状态是实际上观察到的状态呢？从微观上说明这一规律时要用到统计理论的一个**基本假设：对于孤立系，各个微观状态出现的可能性（或概率）是相同的**。这样，对应微观状态数目多的宏观状态出现的概率就大。实际上**最可能**观察到的宏观状态就是在一定宏观条件下出现的概率最大的状态，也就是包含微观状态数最多的宏观状态。对上述容器内封闭的气体来说，也就是左、右两侧分子数相等或差不多相等的那些宏观状态。对于实际上分子总数很多的气体系统来说，这些"位置上均匀分布"的宏观状态所对应的微观状态数几乎占微观状态总数的百分之百，因此实际上观察到的总是这种宏观状态。所以**对应于微观状态数最多的宏观状态就是系统在一定宏观条件下的平衡态**。气体的自由膨胀过程是由非平衡态向平衡态转化的过程，在微观上说，是由包含微观状态数目少的宏观状态向包含微观状态数目多的宏观状态进行。相反的过程，在外界不发生任何影响的条件下是不可能实现的。这就是气体自由膨胀的过程。

一般地说，为了定量说明宏观状态和微观状态的关系，我们定义：**任一宏观状态所对应的微观状态数称为该宏观状态的热力学概率**，并用 Ω 表示。这样，对于系统的宏观状态，根据基本统计假设，我们可以得出下述结论：

（1）对孤立系，在一定条件下的平衡态对应于 Ω 为最大值的宏观态。对于一切实际系统来说，Ω 的最大值**实际上**就等于该系统在给定条件下的所有可能微观状态数。

（2）若系统最初所处的宏观状态的微观状态数 Ω 不是最大值，那就是非平衡态。系统将随着时间的延续向 Ω 增大的宏观状态过渡，最后达到 Ω 为最大值的宏观平衡状态。这就是实际的自然过程的方向的微观定量说明。

19.3 节从微观上定性地分析了自然过程总是沿着使分子运动更加无序的方向进行，这里又定量地说明了自然过程总是沿着使系统的热力学概率增大的方向进行。两者相对比，可知**热力学概率Ω是分子运动无序性的一种量度**。的确是这样，宏观状态的Ω越大，表明在该宏观状态下系统可能处于的微观状态数越多，从微观上说，系统的状态更是变化多端，这就表示系统的分子运动的无序性越大。和Ω为极大值相对应的宏观平衡状态就是在一定条件下系统内分子运动最无序的状态。

均匀分布微观状态数最大的定量说明

对于按左右相等两部分来说明分子位置分布的情况，微观状态数可以用二项式定理的系数表示。如分子总数为 N，则有 n 个分子处于左半部的微观状态数就等于

$$\Omega(n) = \frac{N!}{n!(N-n)!}$$

对左右两半分子数相等的"均匀"分布，有

$$\Omega = N! \Big/ \left[\left(\frac{N}{2}\right)!\right]^2$$

这一分布的概率最大，即微观状态数最多，可以通过下述估算看出来。设另一宏观状态和均匀分布偏离一微小的比例 $\delta \ll 1$，以致左方分子数为 $\frac{N}{2}(1-\delta)$，右方分子数为 $\frac{N}{2}(1+\delta)$，此分布的微观状态数为

$$\Omega' = N! \Big/ \left[\frac{N}{2}(1-\delta)! \frac{N}{2}(1+\delta)!\right]$$

当数 M 很大时，可以利用关于大数的斯特令公式，即

$$\ln M! \approx M \ln M - M$$

将 Ω 和 Ω' 分别代入此式可得

$$\ln \Omega \approx N \ln 2, \quad \ln \Omega' \approx N \ln 2 - N\delta^2$$

由此可得

$$\ln(\Omega'/\Omega) = -N\delta^2$$

即

$$\Omega'/\Omega = e^{-N\delta^2}$$

在 $N \approx 10^{23}$ 的情况下，即使偏离值 δ 只有 10^{-10}，也会有 $\Omega'/\Omega \approx e^{-1000} \approx 10^{-434}$。这一结果说明 Ω' 和 Ω 相比是微不足道的。这也就是说，均匀分布和几乎均匀分布的微观状态数占微观状态总数的绝大比例，或实际上是百分之百。

19.5 玻耳兹曼熵公式与熵增加原理

一般来讲，热力学概率 Ω 是非常大的，为了便于理论上处理，1877 年玻耳兹曼用关系式

$$S \propto \ln \Omega$$

定义的**熵** S 来表示系统无序性的大小。1900 年，普朗克引进了比例系数 k，将上式写为

$$S = k \ln \Omega \tag{19.1}$$

其中 k 是玻耳兹曼常量。此式叫**玻耳兹曼熵公式**。对于系统的某一宏观状态，有一个 Ω 值与之对应，因而也就有一个 S 值与之对应，因此由式(19.1)定义的熵是系统状态的函数。和 Ω 一样，熵的微观意义是系统内分子热运动的无序性的一种量度。对熵的这一本质的认识，现已远远超出了分子运动的领域，它适用于任何作无序运动的粒子系统。甚至对大量的无序地出现的事件(如大量的无序出现的信息)的研究，也应用了熵的概念。

由式(19.1)可知，熵的量纲与 k 的量纲相同，它的 SI 单位是 J/K。

注意，用式(19.1)定义的熵具有**可加性**。例如，当一个系统由两个子系统组成时，该系统的熵 S 等于两个子系统的熵 S_1 与 S_2 之和，即

$$S = S_1 + S_2 \tag{19.2}$$

这是因为若分别用 Ω_1 和 Ω_2 表示在一定条件下两个子系统的热力学概率，则在同一条件下系统的热力学概率 Ω，根据概率法则，为

$$\Omega = \Omega_1 \Omega_2$$

这样，代入式(19.1)就有

$$S = k\ln\Omega = k\ln\Omega_1 + k\ln\Omega_2 = S_1 + S_2$$

即式(19.2)。

用熵来代替热力学概率 Ω 后，以上两节所述的热力学第二定律就可以表述如下：**在孤立系中所进行的自然过程总是沿着熵增大的方向进行**，它是不可逆的。**平衡态相应于熵最大的状态**。热力学第二定律的这种表述叫**熵增加原理**，其数学表示式为

$$\Delta S > 0 \quad (\text{孤立系，自然过程}) \tag{19.3}$$

下面我们用熵的概念来说明理想气体的绝热自由膨胀过程的不可逆性。

设 $\nu\,(\mathrm{mol})$ 理想气体的体积从 V_1 经绝热自由膨胀到 V_2，气体的初末状态均为平衡态。因为气体的温度复原，所以分子速度分布不变，只有位置分布改变。因此可以只按位置分布来计算气体的热力学概率。设气体在一立方盒子内处于平衡态，盒子的三边长度分别为 x，y，z。由于平衡态时，一个气体分子到达盒内各处的概率相同，所以它沿 x 方向的位置分布的可能状态数应该和边长成正比(这和一个人在一长排空椅上的可能座次数和这一排椅子的总长成正比相类似)，沿 y 和 z 方向的位置分布的可能状态数分别和 y 及 z 成正比。这样，由于对应于任一个 x 位置状态，一个分子都还可以处于任一 y 和 z 位置状态，所以一个分子在盒子内任一点的位置分布的可能状态数 ω 将和乘积 xyz，亦即气体的体积 V 成正比。盒子内总共有 νN_A 个分子，由于各分子的位置分布是相互独立的，所以这些分子在体积 V 内的位置分布的可能状态总数 $\Omega(\Omega = \omega^{\nu N_A})$ 就将和 $V^{\nu N_A}$ 成正比，即

$$\Omega \propto V^{\nu N_A} \tag{19.4}$$

当气体体积从 V_1 增大到 V_2 时，气体的微观状态数 Ω 将增大到 $(V_2/V_1)^{\nu N_A}$ 倍，即 $\Omega_2/\Omega_1 = (V_2/V_1)^{\nu N_A}$。按式(19.1)计算熵的增量应是

$$\Delta S = S_2 - S_1 = k(\ln\Omega_2 - \ln\Omega_1) = k\ln(\Omega_2/\Omega_1)$$

即

$$\Delta S = \nu N_A k\ln(V_2/V_1) = \nu R\ln(V_2/V_1) \tag{19.5}$$

因为 $V_2 > V_1$，所以

$$\Delta S > 0$$

这一结果说明理想气体绝热自由膨胀过程是熵增加的过程，这是符合熵增加原理的。

这里我们对热力学第二定律的不可逆性的统计意义作进一步讨论。根据式(19.3)所表示的熵增加原理，孤立系内自然发生的过程总是向热力学概率更大的宏观状态进行。但这只是一种可能性。由于每个微观状态出现的概率都相同，所以也还可能向那些热力学概率小的宏观状态进行。只是由于对应于宏观平衡状态的可能微观状态数这一极大值比其他宏观状态所对应的微观状态数无可比拟地大得非常多，所以孤立系处于非平衡态时，它将以完全压倒优势的可能性向平衡态过渡。这就是不可逆性的统计意义。反向的过程，即孤立系

熵减小的过程，**并不是原则上不可能**，而是**概率非常非常小**。实际上，在平衡态时，系统的热力学概率或熵总是不停地进行着对于极大值或大或小的偏离。这种偏离叫做**涨落**。对于分子数比较少的系统，涨落很容易观察到，例如布朗运动中粒子的无规则运动就是一种位置涨落的表现，这是因为它总是只受到少数分子无规则碰撞的缘故。对于由大量分子构成的热力学系统，这种涨落相对很小，观测不出来。因而平衡态就显出是静止的模样，而实际过程也就成为不可逆的了。我们再以气体的自由膨胀为例从数量上说明这一点。

设容器内有 1 mol 气体，分子数为 N_A。一个分子任意处在容器左半或右半容积内的状态数是 2，N_A 个分子任意分布在左半或右半的状态总数就是 2^{N_A}。在这些所有可能微观状态中，只有一个微观状态对应于分子都聚集在左半容积内的宏观状态。为了形象化地说明气体膨胀后自行聚集到左半容积的可能性，我们设想将这 2^{N_A} 个微观状态中的每一个都拍成照片，然后再像放电影那样一个接一个地匀速率地放映。平均来讲，要放 2^{N_A} 张照片才能碰上分子集聚在左边的那一张，即显示出气体自行收缩到一半体积的那一张。即使设想 1 秒钟放映 1 亿张（普通电影 1 秒钟放映 24 幅画面），要放完 2^{N_A} 张照片需要多长时间呢？时间是

$$2^{6\times 10^{23}}/10^8 \approx 10^{2\times 10^{23}} \text{ (s)}$$

这个时间比如今估计的宇宙的年龄 10^{18} s（200 亿年）还要大得无可比拟。因此，并不是原则上不可能出现那张照片，而是实际上"永远"不会出现（而且，即使出现，它也只不过出现一亿分之一秒的时间，立即就又消失了，看不见也测不出）。这就是气体自由膨胀的不可逆性的统计意义：气体自由收缩不是不可能，而是实际上永远不会出现。

以熵增加原理表明的自然过程的不可逆性给出了"时间的箭头"：时间的流逝总是沿着熵增加的方向，亦即分子运动更加无序的方向进行的，逆此方向的时间倒流是不可能的。一旦孤立系达到了平衡态，时间对该系统就毫无意义了。电影屏幕上显现着向下奔流的洪水冲垮了房屋，你不会怀疑此惨相的发生。但当屏幕上显现洪水向上奔流，把房屋残片收拢在一块，房屋又被重建起来而洪水向上退去的画面时，你一定想到是电影倒放了，因为实际上这种时间倒流的过程是根本不会发生的。热力学第二定律决定着在能量守恒的条件下，什么事情可能发生，什么事情不可能发生。

19.6 可逆过程

在第 18 章开始研究过程的规律时，为了从理论上分析实际过程的规律，我们曾在 18.2 节引入了**准静态过程**这一概念。现在为了说明熵的宏观意义，要引入热力学中另一个重要概念：**可逆过程**，它是对准静态过程的进一步理想化，在分析过程的方向性时显得特别重要。下面我们先以气体的绝热压缩为例说明这一点。

设想在具有绝热壁的汽缸内被一绝热的活塞封闭着一定量的气体，要使过程成为准静态的，汽缸壁和活塞之间**没有摩擦**。考虑一准静态的压缩过程。要使过程无限缓慢地准静态地进行，外界对活塞的推力必须在任何时刻都等于（严格说来，应是大一个无穷小的值）气体对它的压力。否则，活塞将加速运动，压缩将不再是无限缓慢的了。这样的压缩过程具有

下述特点，即如果在压缩到某一状态时，使外界对活塞的推力减小一**无穷小的值**以致推力比气体对活塞的压力还小，并且此后逐渐减小这一推力，则气体将能准静态地膨胀而依相反的次序逐一经过被压缩时所经历的各个状态而回到未受压缩前的初态。这时，如果忽略外界在最初减小推力时的无穷小变化，则连**外界也都一起恢复了原状**。显然，如果汽缸壁和活塞**之间有摩擦**，则由于要克服摩擦，外界对活塞的推力只减小一无穷小的值是不足以使过程反向（即膨胀）进行的。推力减小一有限值是可以使过程反向进行而使气体回到初态的，但推力的有限变化必然在外界留下了不能忽略的有限的改变。

一般地说，**一个过程进行时，如果使外界条件改变一无穷小的量，这个过程就可以反向进行**（其结果是系统和外界能同时回到初态），**则这一过程就叫做可逆过程**。如上例说明的无摩擦的准静态过程就是可逆过程。

在有传热的情况下，准静态过程还要求系统和外界在任何时刻的温差是无限小。否则，传热过快也会引起系统的状态不平衡，而使过程不再是准静态的。由于温差是无限小的，所以就可以无限小地使温差倒过来而使传热过程反向进行，直至系统和外界都回到初态。这种系统和外界的**温差为无限小的热传导**有时就叫"**等温热传导**"。它是有传热发生的可逆过程。

前面已经讲过，实际的自然过程是不可逆的，其根本原因在于如热力学第二定律指出的那些摩擦生热，有限的温差条件下的热传导，或系统由非平衡态向平衡态转化等过程中有不可逆因素。由于这些不可逆因素的存在，一旦一个自然过程发生了，系统和外界就不可能同时都回复到原来状态了。由此可知，可逆过程实际是排除了这些不可逆因素的理想过程。有些过程，可以忽略不可逆因素（如摩擦）而当成可逆过程处理，这样可以简化处理过程而得到足够近似的结果。

在第 18 章中讲了卡诺循环，那里的功和热的计算都是按准静态过程进行的。工质所做的功已全部作为对外输出的"有用功"。因此那里讨论的卡诺循环实际上是可逆的，而式(18.27)给出的就是这种可逆循环的效率。

对于可逆过程，有一个重要的关于系统的熵的结论：**孤立系进行可逆过程时熵不变**，即

$$\Delta S = 0 \quad (\text{孤立系，可逆过程}) \tag{19.6}$$

这是因为，在可逆过程中，系统总处于平衡态，平衡态对应于热力学概率取极大值的状态。在不受外界干扰的情况下，系统的热力学概率的极大值是不会改变的，因此就有了式(19.6)的关系。

例 19.1

卡诺定理。证明：在相同的高温热库和相同的低温热库之间工作的一切可逆热机，其效率都相等，与工作物质种类无关，并且和不可逆热机相比，可逆热机的效率最高（这是 1824 年法国工程师卡诺错误地用热质说导出的正确结论，现在就叫卡诺定理）。

证明 设有两部可逆热机 E 和 E'，在同一高温热库和同一低温热库之间工作。这样两个可逆热机必定都是**卡诺机**。调节两热机的工作过程使它们在一次循环过程中分别从高温热库吸热 Q_1 和 Q_1'，向低温热库放热 Q_2 和 Q_2'，而且两热机对外做的功 A 相等。以 η_C 和 η_C' 分别表示两热机的效率，则有

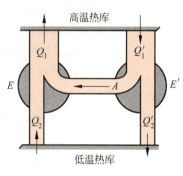

图 19.8　两部热机的联动

$$\eta_C = \frac{A}{Q_1}, \quad \eta_C' = \frac{A}{Q_1'}$$

让我们证明 $\eta_C' = \eta_C$，为此用反证法。设 $\eta_C' > \eta_C$，由于热机是可逆的，我们可以使 E 机倒转，进行卡诺逆循环。在一次循环中，它从低温热库吸热 Q_2，接收 E' 机输入的功 A，向高温热库放热 Q_1（图 19.8）。由于 $\eta_C' > \eta_C$，而

$$\eta_C = \frac{A}{Q_1}, \quad \eta_C' = \frac{A}{Q_1'}$$

所以

$$Q_1 > Q_1'$$

又因为

$$Q_2 = Q_1 - A, \quad Q_2' = Q_1' - A$$

所以

$$Q_2 > Q_2'$$

两机联合动作进行一次循环后，工质状态都已复原，结果将有 $Q_2 - Q_2'$ 的热量（也等于 $Q_1 - Q_1'$）由低温热库传到高温热库。这样，对于由两个热机和两个热库组成的系统来说，在未发生任何其他变化的情况下，热量就由低温传到了高温。这是直接违反热力学第二定律的克劳修斯表述的，因而是不可能的。因此，η_C' 不能大于 η_C。同理，可以证明 η_C 不能大于 η_C'。于是必然有 $\eta_C' = \eta_C$。注意，这一结论并不涉及工质为何物，这正是要求证明的。

如果 E' 是工作在相同热库之间的不可逆热机，则由于 E' 不能逆运行，所以如上分析只能证明 η_C' 不能大于 η_C，从而得出卡诺机的效率最高的结论。

19.7　克劳修斯熵公式

熵的玻耳兹曼公式，即式(19.1)，是从微观上定义的。实际上对热力学过程的分析，总是用宏观状态参量的变化说明的。熵和系统的宏观状态参量有什么关系呢？如何从系统的宏观状态的改变求出熵的变化呢？这对熵的概念的实际应用当然是很重要的，下面我们就根据式(19.1)的定义来导出熵的宏观表示式[①]。

先以 1 mol 单原子理想气体为例。它的平衡状态可用两个宏观量，例如 V, T，完全确定。让我们来求它处于任意平衡态 (V, T) 时的熵 $S = S(V, T)$ 的具体形式。为此先要求出 $\Omega = \Omega(V, T)$。

在一定温度下一定体积内的单原子的理想气体，它的微观状态是以分子的位置和速度来确定的。由于分子按位置分布和按速度分布是相互独立的，所以气体的可能微观状态总数 $\Omega(V, T)$ 应是分子按位置分布的可能微观状态数 Ω_p 和按速度分布的可能微观状态数 Ω_v 的乘积，即

$$\Omega(V, T) = \Omega_p \Omega_v \tag{19.7}$$

可以证明（见本节最后），对处于平衡态的 1 mol 单原子理想气体，

---

① 以下推导由 N. B. Narozhny 提出，见：I. V. Savelyev. Physics. Vol. 1. English Trans.. Moscow：Mir Publishers，1980. pp338～344.

$$\ln \Omega(V,T) = N_A \ln V + \frac{3}{2} N_A \ln T + S_0' \qquad (19.8)$$

其中 S_0' 是与气体状态参量无关的常量。

由于气体在平衡态下的微观状态数基本上就等于在该体积 V 和温度 T 的条件下的所有可能微观状态数 $\Omega(V,T)$,所以,将式(19.8)代入玻耳兹曼熵公式(19.1),可得单原子理想气体在平衡态时的熵的宏观表达式为

$$S = N_A k \ln V + \frac{3}{2} N_A k \ln T + S_0$$

其中 $S_0 = kS_0'$ 为另一常量,它的值可以由气体在某一特定状态下所规定的 S 值确定。由于 $N_A k = R$, $\frac{3}{2} N_A k = \frac{3}{2} R = C_{V,m}$ 为单原子理想气体的摩尔定体热容,所以上式又可写成

$$S = R \ln V + C_{V,m} \ln T + S_0 \qquad (19.9)$$

这就是 1 mol 单原子理想气体在平衡态 (V,T) 时的熵的宏观表示式。

为了得到熵 S 的普遍关系式,考虑气体吸收一点微小热量 $\mathrm{d}Q$。这将使气体的体积或温度,或二者同时发生微小的变化,从而使熵也发生微小的变化。由式(19.9)可得这些微量变化的关系为

$$\mathrm{d}S = \frac{R}{V}\mathrm{d}V + \frac{C_{V,m}}{T}\mathrm{d}T$$

以 T 乘等式两侧,得

$$T\mathrm{d}S = \frac{RT}{V}\mathrm{d}V + C_{V,m}\mathrm{d}T$$

对于理想气体,$RT/V = p$,所以

$$T\mathrm{d}S = p\mathrm{d}V + C_{V,m}\mathrm{d}T$$

对于理想气体的**可逆过程**,$p\mathrm{d}V = \mathrm{d}A$, $C_{V,m}\mathrm{d}T = \mathrm{d}E$,于是又有

$$T\mathrm{d}S = \mathrm{d}A + \mathrm{d}E$$

但由热力学第一定律,此等式右侧的量 $\mathrm{d}A + \mathrm{d}E = \mathrm{d}Q$,即系统吸收的热量。故最后可得

$$T\mathrm{d}S = \mathrm{d}Q$$

或

$$\mathrm{d}S = \frac{\mathrm{d}Q}{T} \qquad (19.10)$$

这是关于单原子理想气体的熵变和吸热的关系,它只适用于可逆过程。

下面进一步把式(19.10)推广于任何热力学系统。为此设想一任意的热力学系统 Σ_a 和上述单原子理想气体系统 Σ_i 组成一个孤立的复合系统 Σ,使 Σ_a 和 Σ_i 接触而达到平衡态,温度为 T。由于熵的可加性,可得复合系统的熵为

$$S = S_a + S_i \qquad (19.11)$$

其中 S_a 和 S_i 分别表示 Σ_a 和 Σ_i 在同一状态下的熵。设想 Σ_a 和 Σ_i 的状态发生一微小的涨落,以致在它们之间发生一微小的热量传递:Σ_a 吸收热量 $\mathrm{d}Q_a$,Σ_i 吸收热量 $\mathrm{d}Q_i$。由能量守恒可知 $\mathrm{d}Q_a = -\mathrm{d}Q_i$。由于此热量非常小,所以可以认为两系统的温度均无变化而过程成为可逆的。这样,由式(19.10)可得

$$\mathrm{d}S_i = \frac{\mathrm{d}Q_i}{T}$$

代入式(19.11),可得

$$dS = dS_a + \frac{dQ_i}{T}$$

由于孤立系统进行可逆过程时,熵变 $dS=0$,所以有

$$dS_a = \frac{-dQ_i}{T} = \frac{dQ_a}{T}$$

去掉下标 a,就得到对于任意系统的熵变公式

$$dS = \frac{dQ}{T} \quad \text{(任意系统,可逆过程)} \tag{19.12}$$

当系统进行一有限的可逆过程时,其熵变可以将上式积分求得,即(下标 R 表示可逆过程)

$$S_2 - S_1 = \int_{R\,1}^{2} \frac{dQ}{T} \tag{19.13}$$

式(19.12)说明,系统的熵的改变,即系统内分子热运动无序度的改变是通过分子在热运动中相互碰撞这种热传递过程而发生的。

式(19.12)和式(19.13)是在 1865 年首先由克劳修斯根据可逆卡诺循环用完全宏观的方法导出的(本书略去其推导,有兴趣者可参看任一本热力学教材),现在就称做**克劳修斯熵公式**[①]。熵的英文名字(entropy)也是克劳修斯造的,中文的"熵"字则是胡刚复先生根据此量等于温度去除热量的"商"再加上火字旁(热力学!)而造成的。

对于孤立系中进行的可逆过程,由于 dQ 总等于零,所以总有

$$\Delta S = 0 \quad \text{(孤立系,可逆过程)}$$

我们又回到了式(19.6)。

对于任意系统的可逆绝热过程,由于 $dQ=0$,所以也有 $\Delta S=0$。因此,任何系统的可逆绝热过程都是**等熵过程**。

再用第一定律公式 $dQ=dA+dE$,可由式(19.12)得,对于任一系统的可逆过程,

$$TdS = dE + dA \tag{19.14}$$

这个结合热力学第一定律和热力学第二定律的公式是热力学的基本关系式。

关于熵的两个公式,即玻耳兹曼熵公式(19.1)和克劳修斯熵公式(19.12),还应该指明一点。熵是系统的状态函数,其微观意义是系统内分子热运动的无序性的量度。作为状态函数,玻耳兹曼熵式(19.1)和克劳修斯熵式(19.12)在概念上还有些区别。由式(19.12)的推导过程可知,克劳修斯熵只对系统的平衡状态才有意义,它是系统的平衡状态的函数。熵

[①] 对于孤立系的不可逆过程,$\Delta S>0$。因此,如果系统 Σ_a 进行的是不可逆过程,则应有

$$dS=dS_a+\frac{dQ_i}{T}>0$$

于是有

$$dS_a > \frac{-dQ_i}{T} = \frac{dQ_a}{T}$$

去掉下标 a,就有对任意系统的**不可逆过程**,

$$dS > \frac{dQ}{T}$$

对有限的不可逆过程,有

$$S_2 - S_1 > \int_{Ir\,1}^{2} \frac{dQ}{T}$$

这两个公式称为**克劳修斯不等式**,式中下标"Ir"表示不可逆过程。

的变化是指系统从某一平衡态到另一平衡态熵的变化。但式(19.1)定义的熵表示了系统的某一宏观态所对应的微观态数。对于系统的任一宏观态,哪怕是非平衡态,都有一定的可能微观状态数与之对应,因此,也有一定的熵值和它对应[①]。由于平衡态对应于热力学概率最大的状态,所以可以说,克劳修斯熵是玻耳兹曼熵的最大值。后者的意义更普遍些。但要注意,当我们对熵按式(19.12)或式(19.13)进行宏观计算时(热力学中都是这样),用的都是克劳修斯熵公式。

式(19.8)的证明

因为 $\Omega(V, T) = \Omega_p \Omega_v$,所以 $\ln \Omega(V, T) = \ln \Omega_p + \ln \Omega_v$。现在先计算 1 mol 理想气体在平衡态时的 Ω_p。为此设想把体积 V 分成很多(r 个)宏观小的相等的体积元 $\Delta V = V/r$,N_A 个分子分配到这 r 个体积元内的可能**组合数**(这是考虑到在同一体积元内的分子交换位置并不改变分子的微观分布状态)就是气体分子按位置分布的可能微观状态总数 Ω_p。由于在**平衡态**下,气体分子按位置分布是均匀的,每个体积元内的分子数就应是 $N_1 = N_A/r$。排列组合的算法给出

$$\Omega_p = \frac{N_A!}{(N_1!)^r} = \frac{N_A!}{[(N_A/r)!]^r} \tag{19.15}$$

取对数,即有

$$\ln \Omega_p = \ln N_A! - r \ln \left(\frac{N_A}{r}\right)!$$

由于 N_A 和 N_A/r 都非常大,计算此式右侧两项时可以用关于大数 M 的斯特林公式($\ln M! = M \ln M - M$)。这样就可得到

$$\ln \Omega_p = N_A \ln r = N_A \ln V - N_A \ln \Delta V \tag{19.16}$$

再来计算 Ω_v 和 $\ln \Omega_v$。为此利用速度空间(图 17.12),也设想把速度空间分成许多(无限多)个相等的"体积元" ΔV_1。在平衡态下,理想气体分子在速度空间的分布不是均匀的。它遵守麦克斯韦速度分布律(式(17.48)),即

$$F(v) = \left(\frac{m}{2\pi kT}\right)^{3/2} e^{-\frac{mv^2}{2kT}}$$

这样,在速度 v_i 所在的第 i 个"体积元"内的分子数就是

$$N_{v_i} = N_A F(v_i) \Delta V_V = N_A \left(\frac{m}{2\pi kT}\right)^{3/2} e^{-\frac{mv_i^2}{2kT}} \Delta V_V$$

而分子按速度分布的可能微观状态总数就是

$$\Omega_v = \frac{N_A!}{\prod_i N_{v_i}!} \tag{19.17}$$

取对数可得

$$\ln \Omega_v = \ln N_A! - \sum_i N_{v_i}!$$

再用斯特令公式,并注意到 $N_A = \sum_i N_{v_i}$,可得

$$\ln \Omega_v = \frac{3}{2} N_A \ln T - \frac{3}{2} N_A \ln \frac{m}{2\pi k} + \frac{1}{kT} \sum_i \left(N_{v_i} \frac{mv_i^2}{2}\right) - N_A \ln \Delta V_V$$

由于 $\sum_i \left(N_{v_i} \frac{mv_i^2}{2}\right) = N_A \overline{\varepsilon_t} = \frac{3}{2} N_A kT$,所以又有

[①] 参见:王竹溪.统计物理学导论.高等教育出版社,1956.

$$\ln \Omega_v = \frac{3}{2} N_A \ln T + \frac{3}{2} N_A \left(1 - \ln \frac{m}{2\pi k}\right) - N_A \ln \Delta V_V \tag{19.18}$$

将式(19.16)和式(19.18)相加,得

$$\ln \Omega_p + \ln \Omega_v = N_A \ln V + \frac{3}{2} N_A \ln T + \frac{3}{2} N_A \left(1 - \ln \frac{m}{2\pi k}\right) - N_A \ln(\Delta V \Delta V_V)$$

此式后两项与气体状态参量无关,可记作常量 S_0',于是有

$$\ln \Omega(V, T) = \ln \Omega_p + \ln \Omega_v = N_A \ln V + \frac{3}{2} N_A \ln T + S_0'$$

这正是式(19.8)。

19.8 用克劳修斯熵公式计算熵变

用克劳修斯熵公式(19.13)可以计算熵的变化。要想利用这一公式求出任一平衡态 2 的熵,应先选定某一平衡态 1 作为参考状态。为了计算方便,常把参考态的熵定为零。在热力工程中计算水和水汽的熵时就取 0℃时的纯水的熵值为零,而且常把其他温度时熵值计算出来列成数值表备用。

在用式(19.13)计算熵变时要注意积分路线必须是连接始、末两态的任一**可逆过程**。如果系统由始态实际上是经过不可逆过程到达末态的,那么必须设计一个连接同样始、末两态的可逆过程来计算。由于熵是态函数,与过程无关,所以利用这种过程求出来的熵变也就是原过程始、末两态的熵变。

下面举几个求熵变的例子。

例 19.2

熔冰过程微观状态数增大。1 kg,0℃ 的冰,在 0℃ 时完全熔化成水。已知冰在 0℃ 时的熔化热 $\lambda = 334$ J/g。求冰经过熔化过程的熵变,并计算从冰到水微观状态数增大到几倍。

解 冰在 0℃ 时等温熔化,可以设想它和一个 0℃ 的恒温热源接触而进行可逆的吸热过程,因而

$$\Delta S = \int \frac{\mathrm{d}Q}{T} = \frac{Q}{T} = \frac{m\lambda}{T} = \frac{10^3 \times 334}{273} = 1.22 \times 10^3 \,(\mathrm{J/K})$$

由式(19.1)熵的微观定义式可知

$$\Delta S = k \ln\left(\frac{\Omega_2}{\Omega_1}\right) = 2.30 k \lg\left(\frac{\Omega_2}{\Omega_1}\right)$$

由此得

$$\frac{\Omega_2}{\Omega_1} = 10^{\Delta S/2.30 k} = 10^{1.22 \times 10^3/(2.30 \times 1.38 \times 10^{-23})} = 10^{3.84 \times 10^{25}}$$

方次上还有方次,多么大的数啊!

例 19.3

热水熵变。把 1 kg,20℃ 的水放到 100℃ 的炉子上加热,最后达到 100℃,水的比热是 4.18×10^3 J/(kg·K)。分别求水和炉子的熵变 $\Delta S_w, \Delta S_f$。

解 水在炉子上被加热的过程,由于温差有限而是不可逆过程。为了计算熵变需要设计一个可逆过程。设想把水依次与一系列温度逐渐升高,但一次只升高无限小温度 $\mathrm{d}T$ 的热库接触,每次都吸热 $\mathrm{d}Q$ 而达到平衡,这样就可以使水经过准静态的可逆过程而逐渐升高温度,最后达到温度 T。

和每一热库接触的过程,熵变都可以用式(19.13)求出,因而对整个升温过程,就有

$$\Delta S_w = \int_1^2 \frac{\text{d}Q}{T} = \int_{T_1}^{T_2} \frac{cm\,\text{d}T}{T} = cm\int_{T_1}^{T_2} \frac{\text{d}T}{T}$$

$$= cm\ln\frac{T_2}{T_1} = 4.18\times 10^3 \times 1 \times \ln\frac{373}{293}$$

$$= 1.01\times 10^3\,(\text{J/K})$$

由于熵变与水实际上是怎样加热的过程无关，这一结果也就是把水放在100℃的炉子上加热到100℃时的水的熵变。

炉子在100℃供给水热量 $\Delta Q = cm(T_2 - T_1)$。这是不可逆过程，考虑到炉子温度未变，设计一个可逆等温放热过程来求炉子的熵变，即有

$$\Delta S_f = \int_1^2 \frac{\text{d}Q}{T} = \frac{1}{T_2}\int_1^2 \text{d}Q = -\frac{cm(T_2-T_1)}{T_2}$$

$$= -\frac{4.18\times 10^3 \times 1 \times (373-293)}{373}$$

$$= -9.01\times 10^2\,(\text{J/K})$$

例 19.4

气体熵变。1 mol 理想气体由初态 (T_1, V_1) 经某一过程到达末态 (T_2, V_2)，求熵变。设气体的 $C_{V,m}$ 为常量。

解 利用式(19.13)和式(19.14)，可得

$$\Delta S = \int_1^2 \text{d}S = \int_1^2 \frac{\text{d}E + p\text{d}V}{T} = \int_1^2 \frac{C_{V,m}\text{d}T}{T} + R\int_1^2 \frac{\text{d}V}{V}$$

$$= C_{V,m}\ln\frac{T_2}{T_1} + R\ln\frac{V_2}{V_1}$$

例 19.5

焦耳实验熵变。计算利用重物下降使水温度升高的焦耳实验(图 6.1)中当水温由 T_1 升高到 T_2 时水和外界(重物)总的熵变。

解 把水和外界(重物)都考虑在内，这是一个孤立系内进行的不可逆过程。为了计算此过程水的熵变，可设想一个可逆等压(或等体)升温过程，以 c 表示水的比热(等压比热和等体比热基本一样)，以 m 表示水的质量，则对这一过程

$$\text{d}Q = cm\,\text{d}T$$

由式(19.13)可得

$$S_2 - S_1 = \int_{T_1}^{T_2} \frac{\text{d}Q}{T} = \int_{T_1}^{T_2} cm\,\frac{\text{d}T}{T}$$

把水的比热当做常数，则

$$S_2 - S_1 = cm\ln\frac{T_2}{T_1}$$

因为 $T_2 > T_1$，所以水的熵变 $S_2 - S_1 > 0$。重物下落只是机械运动，熵不变，所以水的熵变也就是水和重物组成的孤立系统的熵变。上面的结果说明这一孤立系统在这个不可逆过程中总的熵是增加的。

例 19.6

有限温差热传导的熵变。求温度分别为 T_A 和 T_B ($T_A > T_B$) 的两个物体之间发生 $|\text{d}Q|$ 的热传递后二者的总熵变。

解 两个物体接触后,热量$|dQ|$将由A传向B。由于$|dQ|$很小,A和B的温度基本未变,因此计算A的熵变时可设想它经历了一个可逆等温过程放热$|dQ|$。由式(19.12)得它的熵变为

$$dS_A = \frac{-|dQ|}{T_A}$$

同理,B的熵变为

$$dS_B = \frac{|dQ|}{T_B}$$

二者整体构成一孤立系,其总熵的变化为

$$dS = dS_A + dS_B = |dQ|\left(\frac{1}{T_B} - \frac{1}{T_A}\right)$$

由于$T_A > T_B$,所以$dS > 0$。这说明,两个物体的熵在**有限温差热传导**这个不可逆过程中也是增加的。

例 19.7

绝热自由膨胀熵变。求ν(mol)理想气体体积从V_1绝热自由膨胀到V_2时的熵变。

解 这也是不可逆过程。绝热容器中的理想气体是一孤立系统,已知理想气体的体积由V_1膨胀到V_2,而始末温度相同,设都是T_0,故可以设计一个可逆等温膨胀过程,使气体与温度也是T_0的一恒温热库接触吸热而体积由V_1缓慢膨胀到V_2。由式(19.13)得这一过程中气体的熵变ΔS为

$$\Delta S = \int \frac{dQ}{T_0} = \frac{1}{T_0}\int dQ = \nu R \ln(V_2/V_1)$$

这一结果和前面用玻耳兹曼熵公式得到的结果式(19.5)相同。因为$V_2 > V_1$,所以$\Delta S > 0$。这说明理想气体经过绝热自由膨胀这个不可逆过程熵是增加的。又因为这时的理想气体是一个孤立系,所以又说明一孤立系经过不可逆过程总的熵是增加的。

*19.9 温熵图

由式(19.12)$dS = \dfrac{dQ}{T}$可以得到,系统在某一可逆过程中所吸收的热量为

$$Q = \int T dS \tag{19.19}$$

若已知一定过程中T和S的关系,则计算此积分,便可求得系统在该过程中所吸收的热量。这热量可以在T-S图(温熵图)中直观地表示出来。

以T,S为状态参量,则T-S图中任一点都表示系统的一个平衡态,任一条曲线都表示一个可逆过程。图19.9中就画出了某个系统经某一可逆过程从状态A过渡到状态B的过程曲线。根据式(19.19)的几何意义,可知该系统在此过程中所吸收的热量Q等于ACB过程曲线下的面积。任意循环在T-S图中的过程曲线也是一封闭曲线,如图19.10中$ABCDA$所示。作与OT轴平行的两条切线AM与CN,则ABC是吸热过程,吸收的热量Q_1由面积$ABCNM$表示;CDA是放热过程,放出的热量$|Q_2|$由面积$CDAMN$表示。封闭曲线包围的面积$Q_1 - |Q_2|$就表示循环过程的净吸热。由热力学第一定律知,经过一个循环,系统所做的功$A = Q_1 - |Q_2|$,所以循环的效率η等于面积$ABCDA$与面积$ABCNM$之比。

*19.10 熵和能量退降

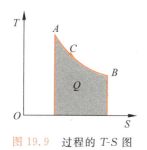

图 19.9　过程的 T-S 图

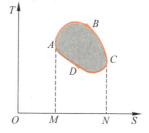

图 19.10　任意循环的 T-S 图

下面借助于 T-S 图来研究卡诺循环的效率。设任意工质在只和两个恒温热库交换热量的条件下进行可逆循环过程。如 18.6 节所述，这种循环过程叫卡诺循环，它由两个等温过程和两个绝热过程组成。由于可逆绝热过程是等熵过程，所以卡诺循环的 T-S 曲线一定是封闭的矩形曲线，如图 19.11 中的 abcda 所示。据上面讲的热量和面积的关系可知这一卡诺循环的效率为

$$\eta_C = \frac{abcda \text{ 包围的面积}}{abnma \text{ 包围的面积}} = \frac{\overline{ad}}{\overline{am}} = 1 - \frac{T_2}{T_1}$$

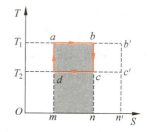

很容易看出，如果保持 T_1 和 T_2 不变，只是改变等温过程的"长度"，循环输出的有用功会改变，但 η_C 保持不变。这就是说：**在各具一定温度的两个恒温热库之间工作的一切可逆热机**（其工质的循环过程一定是卡诺循环）**的效率都相等，只决定于两热库的温度而与它们的工作物质无关**。由图 19.11 得出的效率与温度的关系和式(18.27)给出的用理想气体做工质的效率相同，这是利用熵概念对卡诺定理的说明。

图 19.11　卡诺循环的 T-S 曲线

如果过程是不可逆的，例如有明显的摩擦，则会有能量的耗散，输出的有用功将减少，因此，**在各具一定温度的两个恒温热库之间工作的一切不可逆热机和可逆热机相比，前者的效率不可能大于后者的效率**，实际上是较小。

*19.10　熵和能量退降

为了说明熵的宏观意义和不可逆过程的后果，我们介绍一下能量退降的规律。这个规律说明：不可逆过程在能量利用上的后果总是使一定的能量 E_d 从能做功的形式变为不能做功的形式，即成了"退降的"能量，而且 E_d 的大小和不可逆过程所引起的熵的增加成正比。所以从这个意义上说，**熵的增加是能量退降的量度**。

下面通过有限温差热传导这个具体例子看 E_d 与熵的关系。

设两个物体 A,B 的温度分别为 T_A 和 T_B，且 $T_A > T_B$。当它们刚接触后，发生一不可逆传热过程，使热量 $|dQ|$ 由 A 传向 B。考虑到利用能量做功时，$|dQ|$ 这么多能量原来是以内能的形式存在 A 中的，为了利用这些能量做功，可以借助于周围温度最低(T_0)的热库，而使用卡诺热机。这时，从 A 中吸出 $|dQ|$ 可以做功的最大值为

$$A_i = |dQ|\eta_C = |dQ|\left(1 - \frac{T_0}{T_A}\right)$$

传热过程进行以后，$|dQ|$ 到了 B 内，这时再利用它能做的功的最大值变成了

$$A_f = |dQ|\left(1 - \frac{T_0}{T_B}\right)$$

前后相比，可转化为功的能量减少了，其数量，即退降了的能量为

$$E_d = A_i - A_f = |dQ|\,T_0\left(\frac{1}{T_B} - \frac{1}{T_A}\right)$$

将此式和例 19.6 给出的熵的增量 dS 对比，可得

$$E_d = T_0 dS \tag{19.20}$$

这就说明了退降的能量 E_d 与系统熵的增加成正比。由于在自然界中所有的实际过程都是不可逆的，这些不可逆过程的不断进行，将使得能量不断地转变为不能做功的形式。能量虽然是守恒的，**但是越来越多地不能被用来做功了**。这是自然过程的不可逆性，也是熵增加的一个直接后果。

就能量的转换和传递来说，对于自然过程，**热力学第一定律告诉我们，能量的数量是守恒的；热力学第二定律告诉我们，就做功来说，能量的质量越来越降低了**。这正像一句西方谚语所说的："你不可能赢，甚至打平手也不可能（You can't get ahead, and you can't even break even）！"

提 要

1. **不可逆**：各种自然的宏观过程都是不可逆的，而且它们的不可逆性又是相互沟通的。
   三个实例：功热转换、热传导、气体绝热自由膨胀。

2. **热力学第二定律**
   克劳修斯表述：热量不能自动地由低温物体传向高温物体。
   开尔文表述：其惟一效果是热全部转变为功的过程是不可能的。
   微观意义：自然过程总是沿着使分子运动更加无序的方向进行。

3. **热力学概率 Ω**：和同一宏观状态对应的可能微观状态数。自然过程沿着向 Ω 增大的方向进行。平衡态相应于一定宏观条件 Ω 最大的状态，它也（几乎）等于平衡态下系统可能有的微观状态总数。

4. **玻耳兹曼熵公式**
   熵的定义：$S = k \ln \Omega$
   熵增加原理：对孤立系的各种自然过程，总有
   $$\Delta S > 0$$
   这是一条统计规律。

5. **可逆过程**：外界条件改变无穷小的量就可以使其反向进行的过程（其结果是系统和外界能同时回到初态）。这需要系统在过程中无内外摩擦并与外界进行等温热传导。严格意义上的准静态过程都是可逆过程。

6. **克劳修斯熵公式**：熵 S 是系统的平衡态的态函数。
   $$dS = \frac{dQ}{T} \quad \text{（可逆过程）}$$

$$S_2 - S_1 = {}_{\text{rev}}\int_1^2 \frac{\mathrm{d}Q}{T}$$

克劳修斯不等式：对于不可逆过程　　$\mathrm{d}S > \dfrac{\mathrm{d}Q}{T}$

熵增加原理：$\Delta S \geqslant 0$（孤立系，等号用于可逆过程）

7. 温熵图：热量由面积表示。

8. 能量的退降：过程的不可逆性引起能量的退降即做功数量的减小，退降的能量和过程的熵的增加成正比。

思考题

19.1　试设想一个过程，说明：如果功变热的不可逆性消失了，则理想气体自由膨胀的不可逆性也随之消失。

19.2　试根据热力学第二定律判别下列两种说法是否正确。

(1) 功可以全部转化为热，但热不能全部转化为功；

(2) 热量能够从高温物体传到低温物体，但不能从低温物体传到高温物体。

19.3　瓶子里装一些水，然后密闭起来。忽然表面的一些水温度升高而蒸发成汽，余下的水温变低，这件事可能吗？它违反热力学第一定律吗？它违反热力学第二定律吗？

19.4　一条等温线与一条绝热线是否能有两个交点？为什么？

19.5　下列过程是可逆过程还是不可逆过程？说明理由。

(1) 恒温加热使水蒸发。

(2) 由外界做功使水在恒温下蒸发。

(3) 在体积不变的情况下，用温度为 T_2 的炉子加热容器中的空气，使它的温度由 T_1 升到 T_2。

(4) 高速行驶的卡车突然刹车停止。

19.6　一杯热水置于空气中，它总是要冷却到与周围环境相同的温度。在这一自然过程中，水的熵减小了，这与熵增加原理矛盾吗？

19.7　一定量气体经历绝热自由膨胀。既然是绝热的，即 $\mathrm{d}Q = 0$，那么熵变也应该为零。对吗？为什么？

*19.8　现在已确认原子核都具有自旋角动量，好像它们都围绕自己的轴线旋转运动。这种运动就叫自旋（图 19.12），自旋角动量是**量子化的**。在磁场中其自旋轴的方向只能取某些特定的方向，如与外磁场平行或反平行的方向。由于原子核具有电荷，所以伴随着自旋，它们就有**自旋磁矩**，如小磁针那样。通常以 μ_0 表示自旋磁矩。磁矩在磁场中具有和磁场相联系的能量。例如，μ_0 和磁场 $\boldsymbol{B}$ 平行时能量为 $-\mu_0 B$，其值较低；μ_0 和磁场 $\boldsymbol{B}$ 反平行时能量为 $+\mu_0 B$，其值较高。

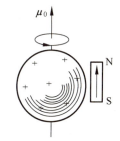

图 19.12　核的自旋模型

现在考虑某种晶体中由 N 个原子核组成的系统，并假定其磁矩只能取与外磁场平行或反平行两个方向。对此系统加一磁场 $\boldsymbol{B}$ 后，最低能量的状态应是所有磁矩的方向都平行于磁场 $\boldsymbol{B}$ 的状态，如图 19.13(a) 所示，其中小箭头表示核的磁矩。这时系统的总能量为 $E = -N\mu_0 B_0$。当逐渐增大系统的能量时（如用频率适当的电磁波照射），磁矩与 $\boldsymbol{B}$ 的方向相同的核数 n 将逐渐减少，而磁矩与 $\boldsymbol{B}$ 反平行的能量较高的核的数目将增多，如图 19.13(b)，(c)，(d) 依次所示。当所有核的磁矩方向都和磁场 $\boldsymbol{B}$ 相反时（图 19.13(e)），系统的能量到了最

大值 $E=+N\mu_0 B$，系统不可能具有更大的能量了。

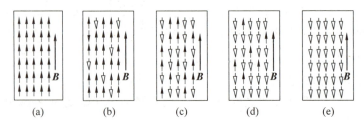

图 19.13　自旋系统在外磁场中的磁矩取向随能量变化的情况

(1) 用核的取向的无序性大小或热力学概率大小判断，从(a)到(e)的变化过程中，此核自旋系统的熵是怎样变化的？何状态熵最大？(a)，(e)两状态的熵各是多少？

(2) 对于从(a)到(c)的各个状态，系统的温度 $T>0$。对于从(c)到(e)的各状态，系统的温度 $T<0$，即系统处于负热力学温度状态(此温度称自旋温度)。试用玻耳兹曼分布律(能量为 E 的粒子数和 $e^{-E/kT}$ 成正比，从而具有较高能量 E_2 的粒子数 N_2 和具有较低能量 E_1 的粒子数 N_1 的比为 $N_2/N_1=e^{-(E_2-E_1)/kT}$)加以解释。

(3) 由热力学第二定律，热量只能从高温物体传向低温物体。试分析以下关于系统温度的论断是否正确。状态(a)的能量最低，因而再不能从系统传出能量(指相关的磁矩-磁场能量)，所以其(自旋)温度是最低的。状态(e)的能量最高，因而再不能传给系统能量，所以系统的温度是最高的。就(a)到(c)各状态和(c)到(e)各状态对比，$T<0$ 的状态的温度比 $T>0$ 的状态的温度还要高。

*19.9　热力学第零定律指出：分别和系统 C 处于热平衡的系统 A 和系统 B 接触时，二者也必定处于热平衡状态。利用温度概念，则有：温度相同的系统 A 和系统 B 相接触时必定处于热平衡状态。试说明：如果这一结论不成立，则热力学第二定律，特别是克劳修斯表述，也将不成立。从这个意义上说，热力学第零定律已暗含在热力学第二定律之中了。

*19.10　热力学第三定律的说法是：热力学绝对零度不能达到。试说明，如果这一结论不成立，则热力学第二定律，特别是开尔文表述，也将不成立。从这个意义上说，热力学第三定律也已暗含在热力学第二定律之中了。

习题

19.1　1 mol 氧气(当成刚性分子理想气体)经历如图 19.14 所示的过程由 a 经 b 到 c。求在此过程中气体对外做的功、吸的热以及熵变。

19.2　求在一个大气压下 30 g，$-40\,^\circ\!C$ 的冰变为 $100\,^\circ\!C$ 的蒸气时的熵变。已知冰的比热 $c_1=2.1\,\text{J/(g·K)}$，水的比热 $c_2=4.2\,\text{J/(g·K)}$，在 $1.013\times10^5\,\text{Pa}$ 气压下冰的熔化热 $\lambda=334\,\text{J/g}$，水的汽化热 $L=2260\,\text{J/g}$。

19.3　你一天大约向周围环境散发 8×10^6 J 热量，试估算你一天产生多少熵？忽略你进食时带进体内的熵，环境的温度按 273 K 计算。

19.4　在冬日一座房子散热的速率为 2×10^8 J/h。设室内温度为 $20\,^\circ\!C$，室外温度为 $-20\,^\circ\!C$，这一散热过程产生熵的速率(J/(K·s))是多大？

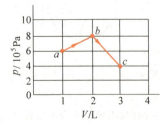

图 19.14　习题 19.1 用图

19.5　一汽车匀速开行时，消耗在各种摩擦上的功率是 20 kW。求由于这个原因而产生熵的速率(J/(K·s))是多大？设气温为 $12\,^\circ\!C$。

19.6 贵州黄果树瀑布的主瀑布(图 19.15)宽 83 m,落差为 74 m,大水时流量为 1500 m³/s,如果当时气温为 12℃,此瀑布每秒钟产生多少熵?

19.7 (1) 1 kg,0℃的水放到 100℃的恒温热库上,最后达到平衡,求这一过程引起的水和恒温热库所组成的系统的熵变,是增加还是减少?

(2) 如果 1 kg,0℃的水,先放到 50℃的恒温热库上使之达到平衡,然后再把它移到 100℃的恒温热库上使之达到平衡。求这一过程引起的整个系统(水和两个恒温热库)的熵变,并与(1)比较。

19.8 一金属筒内放有 2.5 kg 水和 0.7 kg 冰,温度为 0℃ 而处于平衡态。

(1) 今将金属筒置于比 0℃稍有不同的房间内使筒内达到水和冰质量相等的平衡态。求在此过程中冰水混合物的熵变以及它和房间的整个熵变各是多少?

(2) 现将筒再放到温度为 100℃的恒温箱内使筒内的冰水混合物状态复原。求此过程中冰水混合物的熵变以及它和恒温箱的整个熵变各是多少?

19.9 一理想气体开始处于 $T_1 = 300$ K,$p_1 = 3.039 \times 10^5$ Pa,$V_1 = 4$ m³ 的平衡态。该气体等温地膨胀到体积为 16 m³,接着经过一等体过程达到某一压强,从这个压强再经一绝热压缩就可使气体回到它的初态。设全部过程都是可逆的。

图 19.15　习题 19.6 用图

(1) 在 p-V 图上画出上述循环过程。

(2) 计算每段过程和循环过程气体所做的功和它的熵的变化(已知 $\gamma = 1.4$)。

19.10 在绝热容器中,有两部分同种液体在等压下混合,这两部分的质量相等,都等于 m,但初温度不同,分别为 T_1 和 T_2,且 $T_2 > T_1$。二者混合后达到新的平衡态。求这一混合引起的系统的总熵的变化,并证明熵是增加了。已知定压比热 c_p 为常量。

*__19.11__ 两个绝热容器各装有 ν(mol)的同种理想气体。最初两容器互相隔绝,但温度相同而压强分别为 p_1 和 p_2,然后使两容器接通使气体最后达到平衡态。证明这一过程引起的整个系统熵的变化为

$$\Delta S = \nu R \ln \frac{(p_1 + p_2)^2}{4 p_1 p_2}$$

并证明 $\Delta S > 0$。

*__19.12__ 在和外界绝热并保持压强不变的情况下,将一块金属(质量为 m,定压比热为 c_p,温度为 T_i)没入液体(质量为 m',定压比热为 c_p',温度为 T_i')中。证明系统达到平衡的条件,即二者最后的温度相同,可以根据能量守恒及使熵的变化为最大值求出。

*__19.13__ 在气体液化技术中常用到绝热致冷或节流致冷过程,这要参考气体的温熵图。图 19.16 为氢气的温熵图,其中画了一系列等压线和等焓线(图中 H_m 表示摩尔焓,S_m 表示摩尔熵)。试由图回答:

(1) 氢气由 80 K,50 MPa 节流膨胀到 20 MPa 时,温度变为多少?

(2) 氢气由 70 K,2.0 MPa 节流膨胀到 0.1 MPa 时,温度变为多少?

(3) 氢气由 76 K,5.0 MPa 可逆绝热膨胀到 0.1 MPa 时温度变为多少?

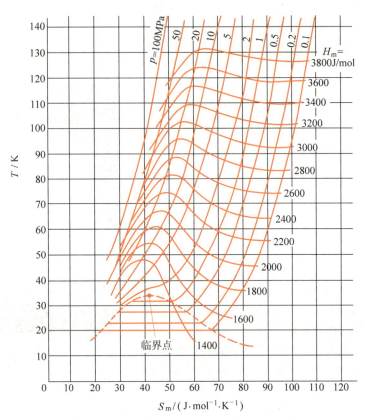

图 19.16 氢气的温熵图

今日物理趣闻

耗散结构

J.1 宇宙真的正在走向死亡吗

热力学第二定律指出,自然界的一切实际过程都是**不可逆**的。从能量上来说,一个不可逆过程虽然不"消灭"能量,但总要或多或少地使一部分能量变成不能再做有用功了。这种现象叫能量的**退降**或能量的**耗散**。从微观上说,过程的不可逆性表现为:在孤立系中的各种自发过程总是要使系统的分子(或其他的单元)的运动从某种**有序**的状态向**无序**的状态转化,最后达到最无序的平衡态而保持稳定。这就是说,在孤立系中,即使初始存在着某种有序或说某种差别(非平衡态),随着时间的推移,由于不可逆过程的进行,这种有序将被破坏,任何的差别将逐渐消失,有序状态将转变为最无序的状态(平衡态);而热力学第二定律又保证了这最无序的状态的稳定性,它再也不能转变为有序的状态了。

如果把上述结论**推广**到整个宇宙,则可得出这样的结论:宇宙的发展最终走向一个除了分子热运动以外没有任何宏观差别和宏观运动的死寂状态。这意味着宇宙的死亡和毁灭,因此,有人认为热力学第二定律在哲学上预示了一幅平淡的、无差别的、死气沉沉的宇宙图像。这种"热寂说"是错误的。有一种观点认为宇宙是无限的,不能当成一个孤立系看待,因此不能将上面说明关于孤立系演变的规律套用于整个宇宙。实际上我们现在看到的宇宙万物以及迄今所知宇宙发展确实是充满了由无序向有序的发展与变化,在我们面前完全是一幅丰富多彩、千差万别、生气勃勃的图像。

J.2 生命过程的自组织现象

生物界的有序是很明显的,各种生物都是由各种细胞按精确的规律组成的高度有序的机构。例如人的大脑就是由多至 150 亿个神经细胞组成的一个极精密、极有序的装置。(附带说一下,据研究,现代聪明人不过只利用了这些细胞的 10%。)每个生物细胞中也有非常奇特的有序结构。现代分子生物学已证实,在一个细胞中至少含有一个 DNA(脱氧核糖核酸)或它的近亲 RNA(核糖核酸)这样的长链分子。一个 DNA 分子可能由 10^8 到 10^{10} 个原子组成。这些原子构成 4 种不同的核苷酸碱基,分别叫做腺嘌呤(A)、胸腺嘧啶(T)、鸟嘌呤(G)和胞嘧啶(C)。在图 J.1(a)中分别利用 4 种符号表示这 4 种碱基。在一个分子中这4种碱基都与糖基S相连,而S又与磷酸基P交替结合组成长链(见图J.1(b)),每个DNA分子有两个这样的长链,它们靠A和T以及C和G间的氢键结合在一起而且绕成螺旋状。按各种有机体的不同,长链中的A—T对和C—G对可以多至10^6到10^9个,它们都按一定严格的次序排列着。一个生物体的全部遗传信息都编码在这些核苷酸碱基排列的**次序**中,这是多么神奇有序的结构啊!而这种结构竟源于生物的食物中那些混乱无序的原子!

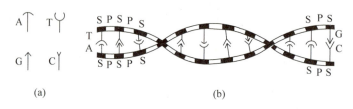

图J.1　DNA分子示意图

以上是生物体中**空间有序**的例子,实际上,生命过程从分子、细胞到有机个体和群体的不同水平上还呈现出**时间有序**的特征。这表现为随时间作周期性变化的振荡行为。例如在分子水平上,现在已经肯定新陈代谢过程中的**糖酵解反应**有振荡现象。在这种反应中,葡萄糖转化为乳酸。这种反应是一种为生命提供能量的过程。它涉及十几种中间产物和生物催化剂——酶。实验发现,在某些条件下,所有中间产物(以及某些酶)的浓度会随时间振荡,振荡周期一般在分钟的量级,据研究这种振荡可提高能量的利用率。"日出而作,日落而息"可以说是生物体的振荡行为,这种行为在有些生物体中表现为生物钟的有节奏的变化。生物群体的振荡行为可以举出中华鲟的例子。我国长江中特产的中华鲟总是每年秋季上溯长江到宜宾江段产卵,幼鱼返回长江下游生活。对虾在我国渤海、黄海沿岸也有每年按季的巡游。在我国北方,各种候鸟的冬去春来也是生物的时间有序现象。

以上是生命过程中有序现象的例子。如果考虑到生物体的生长和物种的进化,更可以明显地看到从无序到有序的**发展**。一个生物个体的生长发育,都是从少数细胞开始的,由此发展成各种复杂有序的器官,而所有细胞都是由很多原来无序的原子组成的。在物种起源上,尽人皆知的达尔文的生物进化论指出在地球上各种各样的生物都是经过漫长的年代由简单到复杂、由低级到高级或者说由较为有序向更加有序、精确有序发展而形成的。这种发展还可以延伸到人类社会的进化,人类社会也是逐渐由低级向高级向更加完善、更加有序的阶段发展的。这是一幅和有的物理学家所描绘的自然发展图像完全不同的另一种自然发展图像。

一个系统的内部由无序变为有序使其中大量分子按一定的规律运动的现象叫**自组织**现象。生命过程实际上就是生物体持续进行的自组织过程。这一过程是系统内不平衡的表现,而且不会达到平衡。一旦达到平衡而有序状态消失时,生命也就终止了。

长期以来,物理学家、化学家和生物学家、社会学家形成了两种关于发展的截然不同的观点。但是他们和平共处,各自立论。所以能如此,是因为他们认为生命现象以及社会现象和非生命现象是由不同规律支配的,它们之间隔着一条不可逾越的鸿沟。但是现代科学的研究使人们认识到并不是这样,人们发现,即使在无生命的世界里也大量地存在着无序到有序的自组织现象。

J.3 无生命世界的自组织现象

在地球上我们常常观察到天空中的云有时会形成整齐的鱼鳞状或带状。在高空水汽凝结会形成非常有规则的六角形雪花,由火山岩浆形成的花岗岩石中有时会发现非常有规则的环状或带状结构。这些都是大自然中产生空间有序的自组织现象的例子。就天体来讲,太阳系也是一个空间有序的结构,所有行星都大致在同一平面内运行而且绕着相同的方向。中子星以极其准确的周期自转。这些从宇宙发展上看也都经历了自组织过程。

在实验室中也发现了自组织过程。在化学实验方面有空间有序的**利色根现象**。它是利色根在20世纪发现的,于今又受到了重视。将碘化钾溶液加到含有硝酸银的胶体介质中,如在一根细管中做实验就发现会形成一条条间隔有规律的沉淀带,如在一个浅盘中做实验,则发现会形成一圈圈间隔有规律的沉淀环。时间有序的实验是所谓 **B-Z 反应**。它是前苏联化学家别洛索夫和扎鲍廷斯基于1958年及以后发现的。在一个装有搅拌器的烧杯中首先将 4.292 g 丙二酸和 0.175 g 硝酸铈铵溶于 150 ml,浓度为 1 mol/L 的硫酸中。开始溶液呈黄色,几分钟后变清。这时再加入 1.415 g 溴酸钠,溶液的颜色就会在黄色和无色之间振荡,振荡周期约为 1 分钟。如果另外加入几毫升浓度为 0.025 mol/L 的试亚铁灵试剂,则溶液的颜色会在红色和蓝色之间振荡。颜色的变化表示离子浓度的变化。图 J.2 中画出了上述 B-Z 反应的离子浓度振荡曲线。$[Br^-]$,$[Ce^{3+}]$ 和 $[Ce^{4+}]$ 分别表示溴离子、三价铈离子和四价铈离子的浓度。

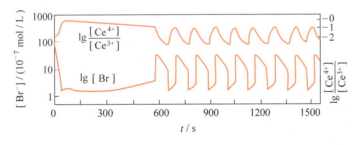

图 J.2 B-Z 反应中的离子浓度振荡

物理实验中空间有序的自组织现象可以举出贝纳特于1900年发现的**对流有序**现象。他在一个盘子中倒入一些液体。当从下面加热这一薄层液体时,刚开始温度梯度不太大,流体中只有热传导,未见有显见的扰动。但当流体中温度梯度超过某一临界值时,原来静止的液体中会突然出现许多规则的六角形对流格子,它的花样像蜂房那样,此时液体内部的运动转向宏观有序化。

时间有序的物理自组织现象最突出的是20世纪60年代出现的**激光**。要激光器工作,需要向它输入功率。实验表明,当输入功率小于某一临界值时,激光器就像普通灯泡一样,发光物质的各原子接受能量后各自独立地发光,每次发光持续 10^{-8} s 的时间,所发波列的长度只有约 3 m,而且各原子发光没有任何的联系。当输入功率大于临界值时,就产生了一种全新的现象,各原子不再独立地互不相关地发射光波了,它们集体一致地行动,发出频率、振动方向都相同的"相干光波",这种光波的波列长度可达 30 万公里。这就是激光。发射激光时,发光物质的原子处于一种非常有序的状态,它们不断地进行着自组织过程。

正是无生命世界和有生命世界同有自组织现象的事实,促使人们想到这两个世界在这方面可能遵循相同的规律,也激发人们去创立有关的理论。实际上,也正是在研究激光发射过程的基础上,把它和生物过程等加以类比时,哈肯创立了**协同论**(1976年)。普里高津的**耗散结构理论**也是在把物理和生物过程结合起来研究时提出来的(1967年)。

怎样用物理学的理论来说明自组织现象呢?耗散结构理论和协同论采用不同的方法已得出了很多有价值的结果,前者着重用热力学方法进行分析,后者着重于统计原理的应用。下面我们简单地介绍它们的一些结果。

J.4 开放系统的熵变

一个系统内分子运动的无序程度是用**熵**这个物理量来定量地描述的。一个孤立系内的自发过程是沿着有序向无序的方向进行,也可以说成是沿着使系统的**熵增加的方向**进行。这就是**熵增加原理**。根据这个原理,不管最初是什么状态,孤立系内的自发变化总是要使系统达到一个使系统的熵为最大值的状态。这是一个宏观上平衡的状态。如果由于某种扰动,系统偏离了平衡态,这一状态的熵要比原平衡态的小,熵增加原理要使系统回到原来的平衡态去。因此,熵最大的平衡态是稳定的状态,熵最大意味着最无序,因此孤立系不可能自发地由无序转化为有序的稳定状态。

以上熵增加的规律只是对**孤立系**来说的,这种系统是和外界环境无任何联系的系统。实际上遇到的发生自组织现象的系统,都不是孤立系。例如,在液体薄层中的对流花纹是在外界供给液体热量的条件下发生的。发光物质发出激光也是在外界向它输入能量的情况下才可能的。这种和外界**只有能量交换**的系统叫**封闭系统**。连续流动的化学反应器中反应的进行,不但要求反应器内外有能量的交换,而且要求不断地**交换物质**,即输入反应物,输出产物。生物体更是这样,它是在也只有在不断地和外界交换能量和物质的条件下才能维持其生存。这种和外界既有能量交换也有物质交换的系统叫**开放系统**。自组织现象都是在非孤立的、封闭的或开放的系统中进行的。

封闭系统或开放系统也能达到平衡态。一旦达到平衡态,系统和外界就不再有能量和物质的交换,而且系统内部也不再有任何的宏观过程。对生物体来说,如前所述,这就意味着死亡。生物体或其他的非孤立系在其发展的某一阶段可能达到一个非平衡的,但其宏观性质也不随时间改变的状态。在这一状态下,系统和外界仍进行着能量和物质的交换,而且内部也不停地进行着宏观的自发的不可逆过程,如传热、发光、扩散以及生物的新陈代谢过程。这种稳定的非平衡态叫做**定态**。在自组织现象的研究中,对非孤立系的非平衡定态的研究,更引起人们的注意。

对于非孤立系统,熵的变化可以形式地分为两部分。一部分是由于系统内部的不可逆过程引起的,叫做**熵产生**,用 d_iS 表示。另一部分是由于系统和外界交换能量或物质而引起的,叫做**熵流**,用 d_eS 表示。整个系统的熵的变化就是

$$dS = d_iS + d_eS$$

一个系统的熵产生永不可能是负的,即总有

$$d_iS \geqslant 0$$

对于孤立系,由于 $d_eS=0$,所以
$$dS = d_iS > 0$$
这就是熵增加原理的表达式。

但对于非孤立系,视外界的作用不同,熵流 d_eS 可以有不同的符号。如果 $d_eS<0$ 且 $|d_eS|>d_iS$,就会有
$$dS = d_iS + d_eS < 0$$
这表示经过这样的过程,系统的熵会减小,系统就由原来的状态进入更加有序的状态。这就是说,对于一个封闭系统或开放系统存在着由无序到有序的转化的可能。

J.5 稍离平衡的系统

为了找出从无序到有序的转化的规律,就需要研究系统离开平衡态时的行为。热力学的这一分支称做**非平衡态热力学**或**不可逆过程热力学**。(与此相比,已经研究得相当成熟的经典热力学叫做平衡态热力学或可逆过程热力学。)系统离开平衡态是在外界影响下发生的。当外界的影响(如产生的温度梯度或密度梯度)不大,以至在系统内引起的不可逆响应(如产生的热流或物质流)也不大,而可以认为二者间只有简单的线性关系时,可以认为系统对平衡态的偏离很小。以这种情况为研究对象的热力学叫做**线性非平衡态热力学**。这是热力学发展的第二阶段,目前已经有了比较成熟的理论。

线性非平衡态热力学的一个重要原理是普里高津于 1945 年提出的**最小熵产生原理**。按照这一原理,在接近平衡态的条件下,和外界强加的限制(控制条件)相适应的非平衡定态的熵产生具有最小值。以 $\mathscr{P}$ 表示系统内部由于不可逆过程引起的熵产生,则此原理给出在偏离平衡态很小时,系统中的不可逆过程要使得
$$\mathscr{P} > 0$$
即熵要增加而且
$$\frac{d\mathscr{P}}{dt} \leqslant 0$$
这说明熵产生总要减小,因而在到达一个定态时 $\mathscr{P}$ 为最小。

最小熵产生原理反映非平衡态在能量耗散上的一种"惯性"行为:当外界迫使系统离开平衡态时,系统中要进行不可逆过程因而引起能量的耗散。但在这种条件下,系统将总是选择一个能量耗散最小,即熵产生最小的状态。平衡态是这种定态的一个特例,此时的熵产生为零,因为熵已达到极大值而不能再增大了。

由最小熵产生原理可知,靠近平衡态的非平衡定态也是稳定的。因为如果有任何扰动,系统的熵增加必然要大于该定态的熵增加。根据最小熵增加原理,系统还是要回到该定态的。由于平衡态附近的非平衡定态可以看做是从平衡态在外界条件逐渐改变时逐渐过渡过来的,系统仍将保持均匀的无序态而不会自发地形成时空有序结构,并且即使最初对系统强加一有序结构,随着时间的推移,系统也会发展到一个无序的定态,任何有序结构最终仍将消失。换句话说,在偏离平衡态比较小的线性区,自发过程仍是趋于破坏任何有序而增加无序,自组织现象也不可能发生。

研究表明,要产生自组织现象,必须使系统处于远离平衡的状态。

J.6 远离平衡的系统

远离平衡的状态是指：当外界对系统的影响过于强烈以至它在系统内部引起的响应和它不成线性关系时的状态。研究这种情况下的系统的行为的热力学叫**非线性非平衡态热力学**。这是一门到目前为止还不很成熟的学科，可以说是热力学发展的第三阶段。它的理论指出，当系统远离平衡时，它们可以发展到某个不随时间改变的定态。但是这时系统的熵不再具有极值行为，最小熵增加原理也不再有效。系统的稳定性不能再根据它们来判断，而且一般地说，远离平衡的定态不再能用熵这样的状态函数来描述。因此这时过程发展的方向不能依靠纯粹的热力学方法来确定，必须同时研究系统的动力学的详细行为，这样的研究给

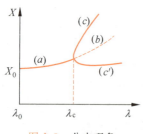

图 J.3　分支现象

出的结果如图 J.3 所示。图中横坐标 λ 表示外界对系统的**控制参数**，它的大小表示外界对系统影响的程度和系统偏离平衡态的程度；纵坐标 X 表示表征系统定态的某个参数，不同的 X 值表示不同的定态。与 λ_0 对应的定态 X_0 表示平衡态，随着 λ 偏离 λ_0，X 也就偏离平衡态，但在 λ 较小时，系统的状态很类似于平衡态而且具有稳定性。表示这种定态的点形成线段 (a)，这是平衡态的延伸，因此这一段叫**热力学分支**。

当 $\lambda \geqslant \lambda_c$ 时，例如贝纳特流体加热实验中，流体的温度梯度超过某定值或激光器的输入功率超过某一定值时，曲线段 (a) 的延续 (b) 上各非平衡定态变得不稳定，一个很小的扰动就可引起系统的突变，离开热力学分支而跃迁到另外两个稳定的分支 (c) 或 (c') 上。这两个分支上的每一个点可能对应于某种时空有序状态。由于这种有序状态是在系统离开平衡状态足够远或者说在不可逆的耗散过程足够强烈的情况下出现的，所以这种状态被普里高津叫做**耗散结构**。分支 (c) 或 (c') 就叫做**耗散结构分支**。在 $\lambda = \lambda_c$ 处热力学分支开始分岔（分岔的数目和行为决定于系统的动力学性质），这种现象叫**分岔现象**或**分支现象**。在分支以前，系统的状态保持空间均匀性和时间不变性，因而具有高度的时空对称性；超过分支点后，耗散结构对应于某种时空有序状态，就破坏了系统原来的对称性。因此这类现象也常常叫做**对称性破缺不稳定性现象**。

非平衡态热力学关于分支现象的理论表明它并没有抛弃经典热力学的基本理论，例如热力学第二定律，而是给以新的解释和重要补充，从而使人们对自然界的发展过程有一个比较全面的认识：**在平衡态附近，发展过程主要表现为趋向平衡态或与平衡态有类似行为的非平衡定态，并总是伴随着无序的增加与宏观结构的破坏。而在远离平衡的条件下，非平衡定态可以变得不稳定，发展过程可能发生突变，因而导致宏观结构的形成和宏观有序的增加。**这种认识不仅为弄清物理学和化学中各种有序现象的起因指明了方向，也为阐明像生命的起源、生物进化以至宇宙发展等复杂问题提供了有益的启示，更有助于人们对宏观过程不可逆性的本质及其作用的认识。

更有趣的是，分支理论指出，随着控制参数进一步改变，各稳定分支又会变得不稳定而导致所谓二级分支或高级分支现象（图 J.4）。高级分支现象说明系统在远离平衡态时，可以

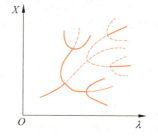

图 J.4　高级分支现象

多种可能的有序结构,因而使系统可以表现出复杂的时空行为。这可以用来说明生物系统的多种复杂行为。在系统偏离平衡态足够远时,分支越来越多,系统就具有越来越多的相互不同的可能的耗散结构,系统处于哪种结构完全是随机的,因而体系的瞬时状态不可预测。这时系统又进入一种无序态,叫**混沌状态**,它和热力学平衡的无序态的不同在于,这种无序的空间和时间的尺度是宏观的量级,而在热力学平衡的无序中,空间和时间的特征大小是分子的特征量级。从这种观点看,生命是存在于这两种无序之间的一种有序,它必须处于非平衡的条件下,但又不能过于远离平衡,否则混沌无序态的出现将完全破坏生物的有序。

对混沌现象的研究也是引人入胜的,近年来这方面也取得了令人鼓舞的进展。人们不仅在理论上发现了一些有关发生分支现象和混沌现象的普遍规律,并且已在自然界中和实验室内(包括流体力学、化学、生物学、电学以及大气科学和天体物理等领域)观测到了混沌现象。弄清这些现象的起因和规律无疑对于认识我们赖以生存的这个无序而又有序的世界是重要的。

在系统内部究竟是什么因素导致定态的不稳定而发生分支的呢?这涉及涨落的作用。

J.7 通过涨落达到有序

不论是平衡态还是非平衡定态都是系统在**宏观**上不随时间改变的状态,实际上由于组成系统的分子仍在不停地作无规则运动,因此系统的状态在局部上经常与宏观平均态有暂时的偏离。这种自发产生的微小偏离称为**涨落**。另外宏观系统所受的外界条件也或多或少地总有一些变动。因此,宏观系统的宏观状态总是不停地受到各种各样的扰动,远离平衡态的系统的定态的不稳定以致发展到耗散结构的出现就植根于这种涨落,普里高津把这个过程叫做"通过涨落达到有序"。

普里高津的意思大致如下:设某系统的宏观均匀状态用图 J.5(a)中的平直虚线所示(该图的横坐标表示空间位置,纵坐标表示系统的某一参量如温度或浓度),某时刻系统中各处的实际情况由于涨落而如无规则曲线所示。这一无规则曲线可以认为(按傅里叶分析)由许多规则的正弦曲线叠加而成(图 J.5(b))。这些有规则的正弦变化叫做**涨落分量**,它们在宏观上都观察不到,系统表现为宏观均匀态,随着控制条件的改变,有的涨落分量随时间很快地衰减掉了,有的涨落分量却会随时间长大以致其振幅终于达到宏观尺度而使系统进入一种宏观有序状态,这样,就形成了耗散结构。

哈肯的协同论对涨落产生有序的说明可能更具有启发性。哈肯认为:分子(或子系统)之间的相互作用或关联引起的**协同作用**使得系统从无序转化为有序。一般来讲,系统中各个分子的运动状态由分子的热运动(或子系统的各自独立的运动)和分子间的关联引起的协同运动共同决定。当分子间的关联能量小于独立运动能量时,分子独立运动占主导地位,系统就处于无序状态(如气体),当分子间的关联能量大

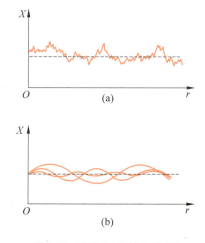

图 J.5 涨落(a)及其分量(b)

于分子的运动能量时,分子的独立运动就受到约束,它要服从由关联形成的协同运动,于是系统就显出有序的特征。涨落是系统中各局部内分子间相互耦合变化的反映。系统在偏离平衡态较小的状态时,独立运动和协同运动能量的相对大小未发生明显的变化,涨落相对较小。在控制参数变化时,这两种运动的能量的相对大小也在变化,当控制参数达到临界值 λ_c 时,这两种运动能量的相对地位几乎处在均势状态,因此局部分子间可能的各种耦合相当活跃,使得涨落变大。每个涨落都具有特定的内容,代表着一种结构或组织的"胚芽状态"。涨落的出现是偶然的,但只有适应系统动力学性质的那些涨落才能得到系统中绝大部分分子的响应而波及整个系统,将系统推进到一种新的有序的结构——耗散结构。

第 4 篇　光　学

光（这里主要指可见光）是人类以及各种生物生活不可或缺的最普通的要素。现在我们知道它是一种电磁波，但对它的这种认识却经历了漫长的过程。最早也是最容易观察到的规律是光的直线传播。在机械观的基础上，人们认为光是由一些微粒组成的，光线就是这些"光微粒"的运动路径。牛顿被尊为是光的微粒说的创始人和坚持者，但并没有确凿的证据。实际上牛顿已觉察到许多光现象可能需要用波动来解释，牛顿环就是一例。不过他当时未能作出这种解释。他的同代人惠更斯倒是明确地提出了光是一种波动，但是并没有建立起系统的有说服力的理论。直到进入 19 世纪，才由托马斯·杨和菲涅耳从实验和理论上建立起一套比较完整的光的波动理论，使人们正确地认识到光就是一种波动，而光的沿直线前进只是光的传播过程的一种表观的近似描述。托马斯·杨和菲涅耳对光波的理解还持有机械论的观点，即光是在一种介质中传播的波。关于传播光的介质是什么的问题，虽然对光波的传播规律的描述甚至实验观测并无直接的影响，但终究是波动理论的一个"要害"问题。19 世纪中叶光的电磁理论的建立使人们对光波的认识更深入了一步，但关于"介质"的问题还是矛盾重重，有待解决。最终解决这个问题的是 19 世纪末叶迈克耳孙的实验以及随后爱因斯坦建立的相对论理论。他们的结论是电磁波（包括光波）是一种可独立存在的物质，它的传播不需要任何介质。

本篇关于光的波动规律的讲解，基本上还是近 200 年前托马斯·杨和菲涅耳的理论，当然有许多应用实例是现代化的。正确的基本理论是不会过时的，而且它们的应用将随时代的前进而不断扩大和翻新。现代的许多高新技术中的精密测量与控制就应用了光的干涉和衍射的原理。激光的发明（这也是 40 年前的事情了！）更使

"古老的"光学焕发了青春。第22～24章就讲解波动光学的基本规律,包括干涉、衍射和偏振。在适当的地方都插入了若干这些规律的现代应用。所述规律大都是"唯象的",没有用电磁理论麦克斯韦方程说明它们的根源。

光在均匀介质中沿直线传播的认识虽然是对光的波动本性的一种近似的描述,但在大量的光学实用技术中这种描述可以达到非常"精确"的程度,因而被当做理论基础。由此形成的光学理论叫几何光学。第25章介绍几何光学的基本知识,包括反射和折射定律,反射镜和透镜的成像规律以及它们在助视仪器上的应用等。

从本质上说,光不单是电磁波,而且还是一种粒子,称为光子。关于这方面的知识,将在本书第5篇量子物理中介绍。

第20章

振 动

物体在一定位置附近所作的往复的运动叫机械振动,简称振动。它是物体的一种运动形式。从日常生活到生产技术以及自然界中到处都存在着振动。一切发声体都在振动,机器的运转总伴随着振动,海浪的起伏以及地震也都是振动,就是晶体中的原子也都在不停地振动着。

广义地说,任何一个物理量随时间的周期性变化都可以叫做振动。例如,电路中的电流、电压,电磁场中的电场强度和磁场强度也都可能随时间作周期性变化。这种变化也可以称为振动——电磁振动或电磁振荡。这种振动虽然和机械振动有本质的不同,但它们随时间变化的情况以及许多其他性质在形式上都遵从相同的规律。因此研究机械振动的规律有助于了解其他种振动的规律,本章着重研究机械振动的规律。

振动有简单和复杂之别。最简单的是简谐运动,它也是最基本的振动,因为一切复杂的振动都可以认为是由许多简谐运动合成的。简谐运动在中学物理课程中已有较多的讨论,下面先简述简谐运动的运动学和动力学,然后介绍阻尼振动和受迫振动,最后说明振动合成的规律。

20.1 简谐运动的描述

质点运动时,如果离开平衡位置的位移 x(或角位移 θ)按正弦规律随时间变化,这种运动就叫简谐运动(图20.1)。因此,简谐运动常用下一数学式作为其运动学定义:

$$x = A\cos(\omega t + \varphi) \tag{20.1}$$

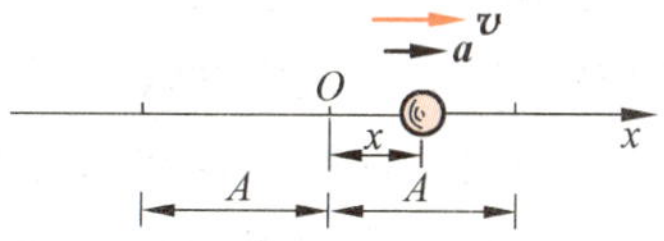

式中,A 叫简谐运动的**振幅**,它表示质点可能离开原点(即平衡位置)的最大距离;ω 叫简谐运动的**角频率**,它和简谐运动的**周期** T 有以下关系:

图 20.1 质点的简谐运动

$$\omega = \frac{2\pi}{T} \tag{20.2}$$

简谐运动的**频率** ν 为周期 T 的倒数,因而有

$$\omega = 2\pi\nu \tag{20.3}$$

将式(20.2)和式(20.3)代入式(20.1),又可得简谐运动的表达式为

$$x = A\cos\left(\frac{2\pi}{T}t + \varphi\right) = A\cos(2\pi\nu t + \varphi) \tag{20.4}$$

ω,T 和 ν 都是表示简谐运动在时间上的周期性的量。

根据定义,可得简谐运动的速度和加速度分别为

$$v = \frac{dx}{dt} = -\omega A \sin(\omega t + \varphi) = \omega A \cos\left(\omega t + \varphi + \frac{\pi}{2}\right) \tag{20.5}$$

$$a = \frac{d^2 x}{dt^2} = -\omega^2 A \cos(\omega t + \varphi) = \omega^2 A \cos(\omega t + \varphi + \pi) \tag{20.6}$$

比较式(20.1)和式(20.6)可得

$$a = \frac{d^2 x}{dt^2} = -\omega^2 x \tag{20.7}$$

这一关系式说明,**简谐运动的加速度和位移成正比而反向。**

式(20.1)、式(20.5)、式(20.6)的函数关系可用图 20.2 所示的曲线表示,其中表示 x-t 关系的一条曲线叫做**振动曲线**。

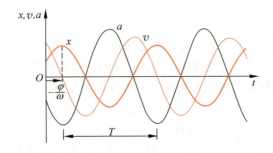

图 20.2　简谐运动的 x,v,a 随时间变化的关系曲线

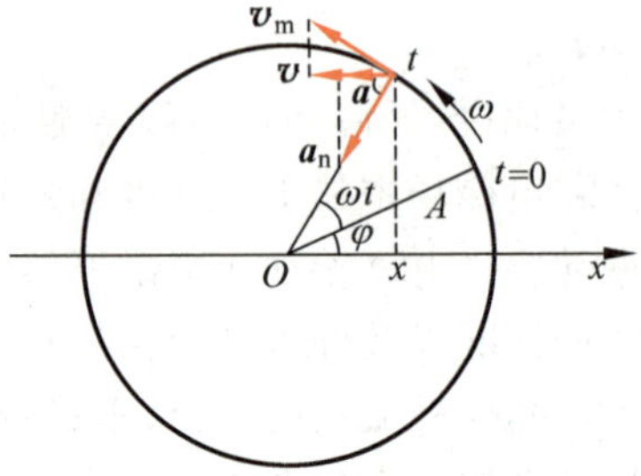

图 20.3　匀速圆周运动与简谐运动

质点的简谐运动和匀速圆周运动有简单的关系。如图 20.3 所示,质点沿着以平衡位置 O 为中心,半径为 A 的圆周作角速度为 ω 的圆周运动时,它在一直径(取作 x 轴)上投影的运动就是简谐运动。以起始时质点的径矢与 x 轴的夹角为 φ,在时间 t 内该径矢转过的角度为 ωt,则在任意时刻 t 质点在 x 轴上的投影的位置就是

$$x = A\cos(\omega t + \varphi)$$

这正是简谐运动的定义公式(20.1)。从图 20.3 还可以看出,质点沿圆周运动的速度和加速度沿 x 轴的分量,即质点在 x 轴上的投影的速度和加速度的表达式,也正是上面简谐运动的速度和加速度的表达式——式(20.5)和式(20.6)。

正是由于简谐运动和匀速圆周运动的这一关系,就常用圆周运动的起始径矢位置图示一简谐运动。例如图 20.4 就表示式(20.1)所表达的简谐运动,简谐运动的这一表示法叫**相量图法**,长度等于振幅的径矢叫**振幅矢量**。

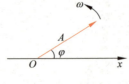

图 20.4　相量图

在简谐运动定义公式(20.1)中的量 $(\omega t + \varphi)$ 叫做在时刻 t 振动的**相**(或**相位**)。在相量图中,它还有一个直观的几何意义,即在时刻 t 振幅矢量和 x 轴的夹角。从式(20.1)和式(20.5),或者借助于图 20.3,都可以知道,对于一个确定的简谐运动来说,一定的相就对应于振动质点一定时刻的运动状态,即一定时刻的位置

和速度。因此，在说明简谐运动时，常不分别地指出位置和速度，而直接用相表示质点的某一运动状态。例如，当用余弦函数表示简谐运动时，$\omega t+\varphi=0$，即相为零的状态，表示质点在正位移极大处而速度为零；$\omega t+\varphi=\pi/2$，即相为 $\pi/2$ 的状态，表示质点正越过原点并以最大速率向 x 轴负向运动；$\omega t+\varphi=(3/2)\pi$ 的状态表示质点也正越过原点但是以最大速率向 x 轴正向运动；等等。因此，相是说明简谐运动时常用到的一个概念。

在初始时刻即 $t=0$ 时，相为 φ，因此，φ 叫做**初相**。

在式(20.1)中，如果 A,ω,φ 都知道了，由它表示的简谐运动就确定了。因此，A,ω 和 φ 叫做简谐运动的**三个特征量**。

相的概念在比较两个同频率的简谐运动的步调时特别有用。设有下列两个简谐运动：

$$x_1 = A_1\cos(\omega t+\varphi_1)$$
$$x_2 = A_2\cos(\omega t+\varphi_2)$$

它们的**相差**为

$$\Delta\varphi=(\omega t+\varphi_2)-(\omega t+\varphi_1)=\varphi_2-\varphi_1 \tag{20.8}$$

即它们在任意时刻的相差都等于其初相差而与时间无关。由这个相差的值就可以知道它们的步调是否相同。

如果 $\Delta\varphi=0$（或者 2π 的整数倍），两振动质点将同时到达各自的同方向的极端位置，并且同时越过原点而且向同方向运动，它们的步调相同。这种情况我们说二者**同相**。

如果 $\Delta\varphi=\pi$（或者 π 的奇数倍），两振动质点将同时到达各自的相反方向的极端位置，并且同时越过原点但向相反方向运动，它们的步调相反。这种情况我们说二者**反相**。

当 $\Delta\varphi$ 为其他值时，一般地说二者**不同相**。当 $\Delta\varphi=\varphi_2-\varphi_1>0$ 时，x_2 将先于 x_1 到达各自的同方向极大值，我们说 x_2 振动超前 x_1 振动 $\Delta\varphi$，或者说 x_1 振动落后于 x_2 振动 $\Delta\varphi$；当 $\Delta\varphi<0$ 时，我们说 x_1 振动超前 x_2 振动 $|\Delta\varphi|$。在这种说法中，由于相差的周期是 2π，所以我们把 $|\Delta\varphi|$ 的值限在 π 以内。例如，当 $\Delta\varphi=(3/2)\pi$ 时，我们常不说 x_2 振动超前 x_1 振动 $(3/2)\pi$，而改写成 $\Delta\varphi=(3/2)\pi-2\pi=-\pi/2$，且说 x_2 振动落后于 x_1 振动 $\pi/2$，或说 x_1 振动超前 x_2 振动 $\pi/2$。

相不但用来表示两个相同的作简谐运动的物理量的步调，而且可以用来表示频率相同的不同的物理量变化的步调。例如在图 20.2 中加速度 a 和位移 x 反相，速度 v 超前位移 $\pi/2$，而落后于加速度 $\pi/2$。

例 20.1

简谐运动。一质点沿 x 轴作简谐运动，振幅 $A=0.05$ m，周期 $T=0.2$ s。当质点正越过平衡位置向负 x 方向运动时开始计时。

(1) 写出此质点的简谐运动的表达式；

(2) 求在 $t=0.05$ s 时质点的位置、速度和加速度；

(3) 另一质点和此质点的振动频率相同，但振幅为 0.08 m，并和此质点反相，写出这另一质点的简谐运动表达式；

(4) 画出两振动的相量图。

解 (1) 取平衡位置为坐标原点，以余弦函数表示简谐运动，则 $A=0.05$ m，$\omega=2\pi/T=10\pi$ s^{-1}。由于 $t=0$ 时 $x=0$ 且 $v<0$，所以 $\varphi=\pi/2$。因此，此质点简谐运动表达式为

$$x = A\cos(\omega t + \varphi) = 0.05\cos(10\pi t + \pi/2)^{①}$$

(2) $t = 0.05$ s 时，
$$x = 0.05\cos(10\pi \times 0.05 + \pi/2) = 0.05\cos\pi = -0.05 \text{ m}$$
此时质点正在负 x 向最大位移处；
$$v = -\omega A\sin(\omega t + \varphi) = -0.05 \times 10\pi\sin(10\pi \times 0.05 + \pi/2) = 0$$
此时质点瞬时停止；
$$a = -\omega^2 A\cos(\omega t + \varphi)$$
$$= -(10\pi)^2 0.05\cos(10\pi \times 0.05 + \pi/2) = 49.3 \text{ m/s}^2$$
此时质点的瞬时加速度指向平衡位置。

(3) 由于频率相同，另一反相质点的初相与此质点的初相差就是 π（或 $-\pi$）。这另一质点的简谐运动表达式应为
$$x' = A'\cos(\omega t + \varphi - \pi) = 0.08\cos(10\pi t - \pi/2)$$

(4) 两振动的相量图见图 20.5。

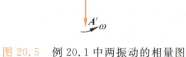

图 20.5 例 20.1 中两振动的相量图

20.2 简谐运动的动力学

作简谐运动的质点，它的加速度和对于平衡位置的位移有式(20.7)所示的关系，即
$$a = \frac{d^2 x}{dt^2} = -\omega^2 x$$
根据牛顿第二定律，质量为 m 的质点沿 x 方向作简谐运动，沿此方向所受的合外力就应该是
$$F = m\frac{d^2 x}{dt^2} = -m\omega^2 x$$
由于对同一个简谐运动，m, ω 都是常量，所以可以说：**一个作简谐运动的质点所受的沿位移方向的合外力与它对于平衡位置的位移成正比而反向**。这样的力称为回复力。

反过来，如果一个质点沿 x 方向运动，它受到的合外力 F 与它对于平衡位置的位移 x 成正比而反向，即
$$F = -kx \tag{20.9}$$
其中，k 为比例常量，则由牛顿第二定律，可得
$$F = m\frac{d^2 x}{dt^2} = -kx \tag{20.10}$$
或
$$a = \frac{d^2 x}{dt^2} = -\frac{k}{m}x \tag{20.11}$$
微分方程的理论证明，这一微分方程的解一定取式(20.1)的形式，即
$$x = A\cos(\omega t + \varphi)$$
因此可以说，在式(20.9)所示的合外力作用下，质点一定作简谐运动。这样，式(20.9)所表示的外力就是质点作简谐运动的充要条件。所以就可以说，**质点在与对平衡位置的位移成**

---

① 本章表达式中各量用数值表示时，除特别指明外，均用国际单位制单位。

正比而反向的合外力作用下的运动就是**简谐运动**。这可以作为**简谐运动的动力学定义**。式(20.10)就叫做简谐运动的**动力学方程**。

将式(20.7)和式(20.11)加以对比,还可以得出简谐运动的角频率为

$$\omega = \sqrt{\frac{k}{m}} \tag{20.12}$$

这就是说,简谐运动的角频率由振动系统本身的性质(包括力的特征和物体的质量)所决定。这一角频率叫振动系统的**固有角频率**,相应的周期叫振动系统的**固有周期**,其值为

$$T = \frac{2\pi}{\omega} = 2\pi\sqrt{\frac{m}{k}} \tag{20.13}$$

和处理一般的力学问题一样,除了知道式(20.9)所示外力条件外,还需要知道初始条件,即 $t=0$ 时的位移 x_0 和速度 v_0,才能决定简谐运动的具体形式。由式(20.1)和式(20.5)可知

$$x_0 = A\cos\varphi, \quad v_0 = -\omega A\sin\varphi \tag{20.14}$$

由此可解得

$$A = \sqrt{x_0^2 + \frac{v_0^2}{\omega^2}} \tag{20.15}$$

$$\varphi = \arctan\left(-\frac{v_0}{\omega x_0}\right) \tag{20.16}$$

在用式(20.16)确定 φ 时,一般说来,在 $-\pi$ 到 π 之间有两个值,因此应将此二值代回式(20.14)中以判定取舍。

简谐运动的三个特征量 A, ω, φ 都知道了,这个简谐运动的情况就完全确定了。

例 20.2

弹簧振子。图 20.6 所示为一水平弹簧振子,O 为振子的平衡位置,选作坐标原点。弹簧对小球(即振子)的弹力遵守胡克定律,即 $F=-kx$,其中 k 为弹簧的劲度系数。(1)证明:振子的运动为简谐运动。(2)已知弹簧的劲度系数为 $k=15.8\,\text{N/m}$,振子的质量为 $m=0.1\,\text{kg}$。在 $t=0$ 时振子对平衡位置的位移 $x_0=0.05\,\text{m}$,速度 $v_0=-0.628\,\text{m/s}$。写出相应的简谐运动的表达式。

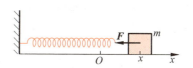

图 20.6 水平弹簧振子

解 (1)以胡克定律表示的振子所受的水平合力表示式说明此合力与振子在其平衡位置的位移成正比而反向。根据定义,此力作用下的振子的水平运动应为简谐运动。

(2)要写出此简谐运动的表达式,需要知道它的三个特征量 A, ω, φ。角频率决定于系统本身的性质,由式(20.12)可得

$$\omega = \sqrt{\frac{k}{m}} = \sqrt{\frac{15.8}{0.1}} = 12.57\ (\text{s}^{-1}) = 4\pi\ (\text{s}^{-1})$$

A 和 φ 由初始条件决定,由式(20.15)得

$$A = \sqrt{x_0^2 + \frac{v_0^2}{\omega^2}} = \sqrt{0.05^2 + \frac{(-0.628)^2}{12.57^2}} = 7.07\times 10^{-2}\ (\text{m})$$

又由式(20.16)得

$$\varphi = \arctan\left(-\frac{v_0}{\omega x_0}\right) = \arctan\left(-\frac{-0.628}{12.57 \times 0.05}\right) = \arctan 1 = \frac{\pi}{4} \text{ 或 } -\frac{3}{4}\pi$$

由于 $x_0 = A\cos\varphi = 0.05 \text{ m} > 0$，所以取 $\varphi = \pi/4$。

由此，以平衡位置为原点所求简谐运动的表达式应为

$$x = 7.07 \times 10^{-2} \cos\left(4\pi t + \frac{\pi}{4}\right)$$

例 20.3

单摆的小摆角振动。 如图 20.7 所示的单摆摆长为 l，摆锤质量为 m。证明：单摆的小摆角振动是简谐运动并求其周期。

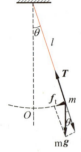

图 20.7 单摆

解 当摆线与竖直方向成 θ 角时，忽略空气阻力，摆球所受的合力沿圆弧切线方向的分力，即重力在这一方向的分力，为 $mg\sin\theta$。取逆时针方向为角位移 θ 的正方向，则此力应写成

$$f_t = -mg\sin\theta$$

在**角位移 θ 很小时**，$\sin\theta \approx \theta$，所以

$$f_t = -mg\theta \tag{20.17}$$

由于摆球的切向加速度为 $a_t = \dfrac{dv}{dt} = l\dfrac{d\omega}{dt} = l\dfrac{d^2\theta}{dt^2}$，所以由牛顿第二定律可得

$$ml\frac{d^2\theta}{dt^2} = -mg\theta$$

或

$$\frac{d^2\theta}{dt^2} = -\frac{g}{l}\theta \tag{20.18}$$

这一方程和式(20.11)具有相同的形式，其中的常量 g/l 相当于式(20.11)中的常量 k/m。由此可以得出结论：**在摆角很小的情况下，单摆的振动是简谐运动**。这一振动的角频率，根据式(20.12)应为

$$\omega = \sqrt{\frac{g}{l}}$$

而由式(20.2)可知单摆振动的周期为

$$T = \frac{2\pi}{\omega} = 2\pi\sqrt{\frac{l}{g}} \tag{20.19}$$

这就是在中学物理课程中大家已熟知的周期公式。

式(20.17)表示的力也和位移(或角位移)成正比而反向，和上例的弹性力类似。这种形式上与弹性力类似的力叫**准弹性力**。

在稳定平衡位置附近的微小振动

在弹簧振子和单摆的例子中，物体作简谐运动都是在恢复力作用下进行的。物体离开平衡位置时就要受到恢复力的作用而返回。这一平衡位置称做**稳定平衡位置**。根据力和势能的关系，在稳定平衡位置处，振动系统的势能必取最小值，而势能曲线在稳定平衡位置处应该达到最低点。由于势能曲线在其最低点附近足够小的范围内都可以用抛物线近似，所以质点在稳定平衡位置的微小振动就都是简谐运动(图 20.8 所示的弹簧振子的势能曲线是抛物线，它的振动就是简谐运动)。下面用解析方法来说明这一点。

以 $E_p = E_p(x)$ 表示振动系统的势能函数(这里只讨论一维的情况)。将稳定平衡位置取作原点，在此

处振动质点应该受力为零。根据力和势能的关系,应该有

$$F = -\left(\frac{\mathrm{d}E_\mathrm{p}}{\mathrm{d}x}\right)_{x=0} = 0 \tag{20.20}$$

又由于平衡是稳定的,所以还应该有

$$\left(\frac{\mathrm{d}^2 E_\mathrm{p}}{\mathrm{d}x^2}\right)_{x=0} > 0 \tag{20.21}$$

现在将 $E_\mathrm{p}(x)$ 在 $x=0$ 处展开成泰勒级数,即

$$E_\mathrm{p}(x) = E_\mathrm{p}(x_0) + \left(\frac{\mathrm{d}E_\mathrm{p}}{\mathrm{d}x}\right)_{x=0} x + \frac{1}{2!}\left(\frac{\mathrm{d}^2 E_\mathrm{p}}{\mathrm{d}x^2}\right)_{x=0} x^2$$
$$+ \frac{1}{3!}\left(\frac{\mathrm{d}^3 E_\mathrm{p}}{\mathrm{d}x^3}\right)_{x=0} x^3 + \cdots$$

在位移 x 足够小时,可以忽略 x^3 以及更高次方项,于是有

$$E_\mathrm{p}(x) = E_\mathrm{p}(x_0) + \left(\frac{\mathrm{d}E_\mathrm{p}}{\mathrm{d}x}\right)_{x=0} x + \frac{1}{2}\left(\frac{\mathrm{d}^2 E_\mathrm{p}}{\mathrm{d}x^2}\right)_{x=0} x^2$$

由式(20.20)可知,此式等号右侧第二项为零,于是质点受的力为

$$F(x) = -\frac{\mathrm{d}E_\mathrm{p}}{\mathrm{d}x} = -\left(\frac{\mathrm{d}^2 E_\mathrm{p}}{\mathrm{d}x^2}\right)_{x=0} x \tag{20.22}$$

令

$$\left(\frac{\mathrm{d}^2 E_\mathrm{p}}{\mathrm{d}x^2}\right)_{x=0} = k \tag{20.23}$$

由式(20.21)可知,$k>0$。于是式(20.22)变为

$$F(x) = -kx$$

这正是与位移成正比而反向的恢复力的表示式。因此,在稳定平衡位置附近的微小振动就是简谐运动,而且其振动的角频率为

$$\omega = \sqrt{\frac{k}{m}} = \left[\frac{1}{m}\left(\frac{\mathrm{d}^2 E_\mathrm{p}}{\mathrm{d}x^2}\right)_{x=0}\right]^{1/2} \tag{20.24}$$

例 20.4

已知氢分子内两原子的势能可表示为

$$E_\mathrm{p} = E_\mathrm{p0}\left[\mathrm{e}^{-(x-x_0)/b} - 2\mathrm{e}^{-(x-x_0)/2b}\right]$$

其中 $E_\mathrm{p0} = 4.7\,\mathrm{eV}$,$x_0 = 7.4 \times 10^{-11}\,\mathrm{m}$,$x$ 为两原子之间的距离,b 为一特征长度。

(1) 试证明:两原子的平衡间距为 x_0,而且是稳定平衡间距。

(2) 已测得氢分子中两原子的微小振动频率为 $\nu = 1.3 \times 10^{14}\,\mathrm{Hz}$,一个氢原子的质量是 $m = 1.67 \times 10^{-27}\,\mathrm{kg}$。求上面的势能表示式中 b 的值。

解 (1) 一个氢原子受的力应为

$$F = -\frac{\mathrm{d}E_\mathrm{p}}{\mathrm{d}x} = -\frac{E_\mathrm{p0}}{b}\left[-\mathrm{e}^{-(x-x_0)/b} + \mathrm{e}^{-(x-x_0)/2b}\right]$$

平衡间距对应于 $F=0$,由上式可得 $x=x_0$ 或 ∞。间距无穷大对应于氢分子已解离,所以氢分子中两原子的平衡间距应为 x_0。

又因

$$\left(\frac{\mathrm{d}^2 E_\mathrm{p}}{\mathrm{d}x^2}\right)_{x=x_0} = \frac{E_\mathrm{p0}}{2b^2} > 0$$

所以 $x=x_0$ 为稳定平衡间距。

(2) 由式(20.23)

$$k = \left(\frac{\mathrm{d}^2 E_\mathrm{p}}{\mathrm{d}x^2}\right)_{x=x_0} = \frac{E_\mathrm{p0}}{2b^2}$$

由于两氢原子都相对于其质心运动,所以

$$\nu = \frac{\omega}{2\pi} = \frac{1}{2\pi}\sqrt{\frac{2k}{m}} = \frac{1}{2\pi b}\sqrt{\frac{E_\mathrm{p0}}{m}}$$

由此得

$$b = \frac{1}{2\pi\nu}\sqrt{\frac{E_\mathrm{p0}}{m}}$$

$$= \frac{1}{2\pi \times 1.3 \times 10^{14}}\sqrt{\frac{4.7 \times 1.6 \times 10^{-19}}{1.67 \times 10^{-27}}} = 2.6 \times 10^{-11}\,(\mathrm{m})$$

20.3 简谐运动的能量

仍以图 20.6 所示的水平弹簧振子为例。当物体的位移为 x,速度为 $v = \mathrm{d}x/\mathrm{d}t$ 时,弹簧振子的总机械能为

$$E = E_\mathrm{k} + E_\mathrm{p} = \frac{1}{2}mv^2 + \frac{1}{2}kx^2 \tag{20.25}$$

利用式(20.1)和式(20.5),可得任意时刻弹簧振子的弹性势能和动能分别为

$$E_\mathrm{p} = \frac{1}{2}kx^2 = \frac{1}{2}kA^2\cos^2(\omega t + \varphi) \tag{20.26}$$

$$E_\mathrm{k} = \frac{1}{2}mv^2 = \frac{1}{2}m\omega^2 A^2\sin^2(\omega t + \varphi) \tag{20.27}$$

应用(20.12)式的关系,即

$$\omega^2 = \frac{k}{m}$$

可得

$$E_\mathrm{k} = \frac{1}{2}kA^2\sin^2(\omega t + \varphi) \tag{20.28}$$

因此,弹簧振子系统的总机械能为

$$E = E_\mathrm{k} + E_\mathrm{p} = \frac{1}{2}kA^2 \tag{20.29}$$

由此可知,弹簧振子的总能量不随时间改变,即其机械能守恒。这一点是和弹簧振子在振动过程中没有外力对它做功的条件相符合的。

式(20.29)还说明弹簧振子的总能量和振幅的平方成正比,这一点对其他的简谐运动系统也是正确的。振幅不仅给出了简谐运动的运动范围,而且还反映了振动系统总能量的大小,或者说反映了振动的**强度**。

弹簧振子作简谐运动时的能量变化情况可以在势能曲线图上查看。如图 20.8 所示,弹簧振子的势能曲线为抛物线。在一次振动中总能量为 E,保持不变。在位移为 x 时,势能和动能分别由 xa 和 ab 直线段表示。当位移到达 $+A$ 和 $-A$ 时,振子动能为零,开始返回运动。振子不可能越过势能曲线到达势能更大的区域,因为到那里振子的动能应为负值,而这

是不可能的[①]。

还可以利用式(20.26)和式(20.27)求出弹簧振子的势能和动能对时间的平均值。根据对时间的平均值的定义可得

$$\overline{E}_p = \frac{1}{T}\int_0^T E_p \mathrm{d}t = \frac{1}{T}\int_0^T \frac{1}{2}kA^2\cos^2(\omega t+\varphi)\mathrm{d}t = \frac{1}{4}kA^2$$

$$\overline{E}_k = \frac{1}{T}\int_0^T E_k \mathrm{d}t = \frac{1}{T}\int_0^T \frac{1}{2}kA^2\sin^2(\omega t+\varphi)\mathrm{d}t = \frac{1}{4}kA^2$$

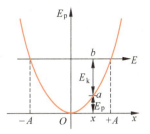

图 20.8 弹簧振子的势能曲线

即弹簧振子的势能和动能的平均值相等而且等于总机械能的一半。这一结论也同样适用于其他的简谐运动。

20.4 阻尼振动

前面几节讨论的简谐运动,都是物体在弹性力或准弹性力作用下产生的,没有其他的力,如阻力的作用。这样的简谐运动又叫做**无阻尼自由振动**("尼"字据《辞海》也是阻止的意思)。实际上,任何振动系统总还要受到阻力的作用,这时的振动叫做**阻尼振动**。由于在阻尼振动中,振动系统要不断地克服阻力做功,所以它的能量将不断地减少。因而阻尼振动的振幅也不断地减小,故而被称为**减幅振动**。

通常的振动系统都处在空气或液体中,它们受到的阻力就来自它们周围的这些介质。实验指出,当运动物体的速度不太大时,介质对运动物体的阻力与速度成正比。又由于阻力总与速度方向相反,所以阻力 f_r 与速度 v 就有下述的关系:

$$f_r = -\gamma v = -\gamma \frac{\mathrm{d}x}{\mathrm{d}t} \tag{20.31}$$

式中 γ 为正的比例常数,它的大小由物体的形状、大小、表面状况以及介质的性质决定。

质量为 m 的振动物体,在弹性力(或准弹性力)和上述阻力作用下运动时,运动方程应为

$$m\frac{\mathrm{d}^2 x}{\mathrm{d}t^2} = -kx - \gamma\frac{\mathrm{d}x}{\mathrm{d}t} \tag{20.32}$$

令

$$\omega_0^2 = \frac{k}{m}, \quad 2\beta = \frac{\gamma}{m}$$

这里 ω_0 为振动系统的固有角频率,β 称为**阻尼系数**。以此代入式(20.32)可得

$$\frac{\mathrm{d}^2 x}{\mathrm{d}t^2} + 2\beta\frac{\mathrm{d}x}{\mathrm{d}t} + \omega_0^2 x = 0 \tag{20.33}$$

这是一个微分方程。在阻尼作用较小(即 $\beta < \omega_0$)时,此方程的解为

[①] 式(20.29)表示简谐运动的能量和振幅的平方成正比,这个结论只适用于"经典"的谐振子。对于微观的振动系统,如分子内原子的振动,其能量只和振动的频率 ν 有关,而且是"量子化"的。其能量的可能值为

$$E = \left(n + \frac{1}{2}\right)h\nu, \quad n = 0,1,2,\cdots \tag{20.30}$$

式中,h 为普朗克常量;n 为振动"量子数",只取正整数,每一个 n 值,对应于一个振动能级。

图 20.8 表示的振子不可能越过势能曲线的现象也只限于经典的简谐运动。微观的振动粒子是可以越过势能曲线所形成的障壁而进入势能更大的区域的,这就是所谓"隧道效应"。

$$x = A_0 e^{-\beta t}\cos(\omega t + \varphi_0) \tag{20.34}$$

其中

$$\omega = \sqrt{\omega_0^2 - \beta^2} \tag{20.35}$$

而 A_0 和 φ_0 是由初始条件决定的积分常数。式(20.34)即阻尼振动的表达式，图 20.9 画出了相应的位移时间曲线。

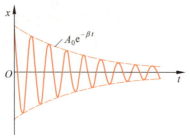

图 20.9　阻尼振动图线

式(20.34)中的 $A_0 e^{-\beta t}$ 可以看做是随时间变化的振幅，它随时间是按指数规律衰减的。这种振幅衰减的情况在图 20.9 中可以清楚地看出来。阻尼作用愈大，振幅衰减得愈快。显然阻尼振动不是简谐运动；它也不是严格的周期运动，因为位移并不能恢复原值。这时仍然把因子 $\cos(\omega t + \varphi_0)$ 的相变化 2π 所经历的时间，亦即相邻两次沿同方向经过平衡位置相隔的时间，叫周期。这样，阻尼振动的周期为

$$T = \frac{2\pi}{\omega} = \frac{2\pi}{\sqrt{\omega_0^2 - \beta^2}} \tag{20.36}$$

很明显，阻尼振动的周期比振动系统的固有周期要长。

由于振幅 $A_0 e^{-\beta t}$ 不断减小，振动能量也不断减小。由于振动能量和振幅的平方成正比，所以有

$$E = E_0 e^{-2\beta t} \tag{20.37}$$

其中 E_0 为起始能量。能量减小到起始能量的 $1/e$ 所经过的时间为

$$\tau = \frac{1}{2\beta} \tag{20.38}$$

这一时间可以作为阻尼振动的特征时间而称为**时间常量**，或叫鸣响时间。阻尼越小，则时间常数越大，鸣响时间也越长。

在通常情况下，阻尼很难避免，振动常常是阻尼的。对这种实际振动，常常用在鸣响时间内可能振动的次数来比较振动的"优劣"，振动次数越多越"好"。因此，技术上就用这一次数的 2π 倍定义为阻尼振动的**品质因数**，并以 Q 表示，因此又称为振动系统的 Q **值**。于是

$$Q = 2\pi \frac{\tau}{T} = \omega\tau \tag{20.39}$$

在阻尼不严重的情况下，此式中的 T 和 ω 就可以用振动系统的固有周期和固有角频率计算。一般音叉和钢琴弦的 Q 值为几千，即它们在敲击后到基本听不见之前大约可以振动几千次，无线电技术中的振荡回路的 Q 值为几百，激光器的光学谐振腔的 Q 值可达 10^7。

图 20.9 所示的阻尼较小的阻尼运动叫**欠阻尼**（也见图 20.10 中的曲线 a）。阻尼作用过大时，物体的运动将不再具有任何周期性，物体将从原来远离平衡位置的状态慢慢回到平衡位置（图 20.10 中

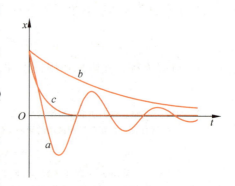

图 20.10　三种阻尼的比较

的曲线 b)。这种情况称为**过阻尼**。

阻尼的大小适当，则可以使运动处于一种**临界阻尼**状态。此时系统还是一次性地回到平衡状态，但所用的时间比过阻尼的情况要短(图 20.10 中的曲线 c)。因此当物体偏离平衡位置时，如果要它以最短的时间一次性地回到平衡位置，就常用施加临界阻尼的方法。

20.5 受迫振动 共振

实际的振动系统总免不了由于阻力而消耗能量，这会使振幅不断衰减。但这时也能够得到等幅的，即振幅并不衰减的振动，这是由于对振动系统施加了周期性外力因而不断地补充能量的缘故。这种周期性外力叫**驱动力**，在驱动力作用下的振动就叫**受迫振动**。

受迫振动是常见的。例如，如果电动机的转子的质心不在转轴上，则当电动机工作时它的转子就会对基座加一个周期性外力(频率等于转子的转动频率)而使基座作受迫振动。扬声器中和纸盆相连的线圈，在通有音频电流时，在磁场作用下就对纸盆施加周期性的驱动力而使之发声。人们听到声音也是耳膜在传入耳蜗的声波的周期性压力作用下作受迫振动的结果。

为简单起见，设驱动力是随时间按余弦规律变化的简谐力 $H\cos\omega t$。由于同时受到弹性力和阻力的作用，物体受迫振动的运动方程为

$$m\frac{d^2x}{dt^2} = -kx - \gamma\frac{dx}{dt} + H\cos\omega t \tag{20.40}$$

令

$$\omega_0^2 = \frac{k}{m}, \quad 2\beta = \frac{\gamma}{m}, \quad h = \frac{H}{m}$$

则上一式可改写成

$$\frac{d^2x}{dt^2} + 2\beta\frac{dx}{dt} + \omega_0^2 x = h\cos\omega t \tag{20.41}$$

这个微分方程的解为

$$x = A_0 e^{-\beta t}\cos\left(\sqrt{\omega_0^2 - \beta^2}\, t + \varphi_0\right) + A\cos(\omega t + \varphi) \tag{20.42}$$

此式表明，受迫振动可以看成是两个振动合成的。一个振动由此式的第一项表示，它是一个减幅的振动。经过一段时间后，这一分振动就减弱到可以忽略不计了。余下的就只有上式中后一项表示的振幅不变的振动，这就是受迫振动达到稳定状态时的等幅振动。因此，受迫振动的稳定状态就由下式表示：

$$x = A\cos(\omega t + \varphi) \tag{20.43}$$

可以证明(将式(20.43)代入式(20.41)即可)，此等幅振动的角频率 ω 就是驱动力的角频率，而振幅为

$$A = \frac{h}{[(\omega_0^2 - \omega^2)^2 + 4\beta^2\omega^2]^{1/2}} \tag{20.44}$$

稳态受迫振动与驱动力的相差为

$$\varphi = \arctan\frac{-2\beta\omega}{\omega_0^2 - \omega^2} \tag{20.45}$$

这些都与初始条件无关。

对一定的振动系统，改变驱动力的频率，当驱动力频率为某一值时，振幅 A(式(20.44))会达到极大值。用求极值的方法可得使振幅达到极大值的角频率为

$$\omega_r = \sqrt{\omega_0^2 - 2\beta^2} \qquad (20.46)$$

相应的最大振幅为

$$A_r = \frac{H/m}{2\beta\sqrt{\omega_0^2 - \beta^2}} \qquad (20.47)$$

在弱阻尼即 $\beta \ll \omega_0$ 的情况下,由式(20.46)可看出,当 $\omega_r = \omega_0$,即驱动力频率等于振动系统的固有频率时,振幅达到最大值。我们把这种振幅达到最大值的现象叫做**共振**[①]。

在几种阻尼系数不同的情况下受迫振动的振幅随驱动力的角频率变化的情况如图 20.11 所示。

可以证明,在共振时,振动速度和驱动力同相,因而,驱动力总是对系统做正功,系统能最大限度地从外界得到能量。这就是共振时振幅最大的原因[②]。

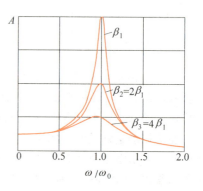

图 20.11 受迫振动的振幅曲线

共振现象是极为普遍的,在声、光、无线电、原子内部及工程技术中都常遇到。共振现象有有利的一面,例如,许多仪器就是利用共振原理设计的:收音机利用电磁共振(电谐振)进行选台,一些乐器利用共振来提高音响效果,核内的核磁共振被利用来进行物质结构的研究以及医疗诊断等。共振也有不利的一面,例如共振时因为系统振幅过大会造成机器设备的损坏等。1940年著名的美国塔科马海峡大桥断塌的部分原因就是阵阵大风引起的桥的共振。图 20.12 (a)是该桥要断前某一时刻的振动形态,图(b)是桥断后的惨状。

图 20.12 塔科马海峡大桥的共振断塌

20.6 同一直线上同频率的简谐运动的合成

在实际的问题中,常常会遇到几个简谐运动的合成(或叠加)。例如,当两列声波同时传到空间某一点时,该点空气质点的运动就是两个振动的合成。一般的振动合成问题比较复杂,下面先讨论在同一直线上的频率相同的两个简谐运动的合成。

[①] 一般来讲,可以证明,当驱动力频率正好等于系统固有频率时,受迫振动的速度幅达到极大值。这叫做**速度共振**。上面讲的振幅达到极大值的现象叫做**位移共振**。在弱阻尼的情况下,二者可不加区分。

[②] 关于受迫振动的能量,可参看:白守仁.受迫振动中的能量转换.大学物理,1984,6:19.

20.6 同一直线上同频率的简谐运动的合成

设两个在同一直线上的同频率的简谐运动的表达式分别为

$$x_1 = A_1 \cos(\omega t + \varphi_1)$$
$$x_2 = A_2 \cos(\omega t + \varphi_2)$$

式中,A_1,A_2 和 φ_1,φ_2 分别为两个简谐运动的振幅和初相,x_1,x_2 表示在同一直线上,相对同一平衡位置的位移。在任意时刻合振动的位移为

$$x = x_1 + x_2$$

对这种简单情况虽然利用三角公式不难求得合成结果,但是利用相量图可以更简捷直观地得出有关结论。

如图 20.13 所示,$\boldsymbol{A}_1,\boldsymbol{A}_2$ 分别表示简谐运动 x_1 和 x_2 的振幅矢量,$\boldsymbol{A}_1,\boldsymbol{A}_2$ 的合矢量为 $\boldsymbol{A}$,而 $\boldsymbol{A}$ 在 x 轴上的投影 $x = x_1 + x_2$。

因为 $\boldsymbol{A}_1,\boldsymbol{A}_2$ 以相同的角速度 ω 匀速旋转,所以在旋转过程中平行四边形的形状保持不变,因而合矢量 $\boldsymbol{A}$ 的长度保持不变,并以同一角速度 ω 匀速旋转。因此,合矢量 $\boldsymbol{A}$ 就是相应的合振动的振幅矢量,而合振动的表达式为

$$x = A\cos(\omega t + \varphi)$$

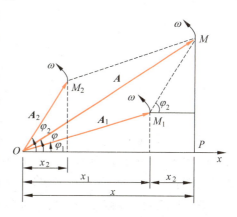

图 20.13 在 x 轴上的两个同频率的简谐运动合成的相量图

参照图 20.13,利用余弦定理可求得合振幅为

$$A = \sqrt{A_1^2 + A_2^2 + 2A_1 A_2 \cos(\varphi_2 - \varphi_1)} \tag{20.48}$$

由直角 $\triangle OMP$ 可以求得合振动的初相 φ 满足

$$\tan\varphi = \frac{A_1 \sin\varphi_1 + A_2 \sin\varphi_2}{A_1 \cos\varphi_1 + A_2 \cos\varphi_2} \tag{20.49}$$

式(20.48)表明合振幅不仅与两个分振动的振幅有关,还与它们的初相差 $\varphi_2 - \varphi_1$ 有关。下面是两个重要的特例。

(1)两分振动同相

$$\varphi_2 - \varphi_1 = 2k\pi, \quad k = 0, \pm 1, \pm 2, \cdots$$

这时 $\cos(\varphi_2 - \varphi_1) = 1$,由式(20.48)得

$$A = \sqrt{A_1^2 + A_2^2 + 2A_1 A_2} = A_1 + A_2$$

合振幅最大,振动曲线如图 20.14(a)所示。

(2)两分振动反相

$$\varphi_2 - \varphi_1 = (2k+1)\pi, \quad k = 0, \pm 1, \pm 2, \cdots$$

这时 $\cos(\varphi_2 - \varphi_1) = -1$,由式(20.48)得

$$A = \sqrt{A_1^2 + A_2^2 - 2A_1 A_2} = |A_1 - A_2|$$

合振幅最小,振动曲线如图 20.14(b)所示。当 $A_1 = A_2$ 时,$A = 0$,说明两个同幅反相的振动合成的结果将使质点处于静止状态。

当相差 $\varphi_2 - \varphi_1$ 为其他值时,合振幅的值在 $A_1 + A_2$ 与 $|A_1 - A_2|$ 之间。

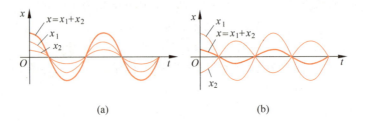

图 20.14 振动合成曲线
(a) 两振动同相；(b) 两振动反相

20.7 同一直线上不同频率的简谐运动的合成

如果在一条直线上的两个分振动频率不同,合成结果就比较复杂了。从相量图看,由于这时 A_1 和 A_2 的角速度不同,它们之间的夹角就要随时间改变,它们的合矢量也将随时间改变。该合矢量在 x 轴上的投影所表示的合运动将不是简谐运动。下面我们不讨论一般的情形,而只讨论两个振幅相同的振动的合成。

设两分振动的角频率分别为 ω_1 与 ω_2,振幅都是 A。由于二者频率不同,总会有机会二者同相(表现在相量图上是两分振幅矢量在某一时刻重合)。我们就从此时刻开始计算时间,因而二者的初相相同。这样,两分振动的表达式可分别写成

$$x_1 = A\cos(\omega_1 t + \varphi)$$
$$x_2 = A\cos(\omega_2 t + \varphi)$$

应用三角学中的和差化积公式可得合振动的表达式为

$$x = x_1 + x_2 = A\cos(\omega_1 t + \varphi) + A\cos(\omega_2 t + \varphi)$$
$$= 2A\cos\frac{\omega_2 - \omega_1}{2}t \cos\left(\frac{\omega_2 + \omega_1}{2}t + \varphi\right) \tag{20.50}$$

在一般情形下,我们察觉不到合振动有明显的周期性。但当两个分振动的频率都较大而其差很小时,就会出现明显的周期性。我们就来说明这种特殊的情形。

式 (20.50) 中的两因子 $\cos\frac{\omega_2-\omega_1}{2}t$ 及 $\cos\left(\frac{\omega_2+\omega_1}{2}t+\varphi\right)$ 表示两个周期性变化的量。根据所设条件, $\omega_2 - \omega_1 \ll \omega_2 + \omega_1$,第二个量的频率比第一个的大很多,即第一个的周期比第二个的大很多。这就是说,第一个量的变化比第二个量的变化慢得多,以致在某一段较短时间内第二个量反复变化多次时,第一个量几乎没有变化。因此,对于由这两个因子的乘积决定的运动可近似地看成振幅为 $\left|2A\cos\frac{\omega_2-\omega_1}{2}t\right|$ (因为振幅总为正,所以取绝对值),角频率为 $\frac{\omega_1+\omega_2}{2}$ 的谐振动。所谓近似谐振动,就是因为振幅是随时间改变的缘故。由于振幅的这种改变也是周期性的,所以就出现振动忽强忽弱的现象,这时的振动合成的图线如图 20.15 所示。频率都较大但相差很小的两个同方向振动合成时所产生的这种合振动忽强忽弱的现象叫做**拍**。单位时间内振动加强或减弱的次数叫**拍频**。拍频的值可以由振幅公式

$\left|2A\cos\dfrac{\omega_2-\omega_1}{2}t\right|$ 求出。由于这里只考虑绝对值，而余弦函数的绝对值在一个周期内两次达到最大值，所以单位时间内最大振幅出现的次数应为振动 $\left(\cos\dfrac{\omega_2-\omega_1}{2}t\right)$ 的频率的两倍，即拍频为

$$\nu = 2\times\dfrac{1}{2\pi}\left(\dfrac{\omega_2-\omega_1}{2}\right)=\dfrac{\omega_2}{2\pi}-\dfrac{\omega_1}{2\pi}=\nu_2-\nu_1 \tag{20.51}$$

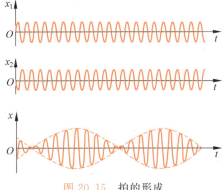

图 20.15　拍的形成

这就是说，**拍频为两分振动频率之差**。

式(20.51)常用来测量频率。如果已知一个高频振动的频率，使它和另一频率相近但未知的振动叠加，测量合成振动的拍频，就可以求出后者的频率。

*20.8　谐振分析

从 20.7 节关于振动合成的讨论知道，两个在同一直线上而频率不同的简谐运动合成的结果仍是振动，但一般不再是简谐运动。现在再来看一个频率比为 1∶2 的两个简谐运动合成的例子。设

$$x = x_1 + x_2 = A_1\sin\omega t + A_2\sin 2\omega t$$

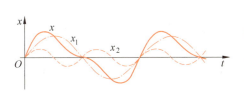

图 20.16　频率比为 1∶2 的两个简谐运动的合成

合振动的 x-t 曲线如图 20.16 所示。可以看出合振动不再是简谐运动，但仍是周期性振动。合振动的频率就是那个较低的振动的频率。一般地说，如果分振动不是两个，而是两个以上而且各分振动的频率都是其中一个最低频率的整数倍，则上述结论仍然正确，即合振动仍是周期性的，其频率等于那个最低的频率。合振动的具体变化规律则与分振动的个数、振幅比例关系及相差有关。图 20.17 是说明由若干分简谐运动合成"方波"的图线。图 20.17(a)表示方波的合振动图线，其频率为 ν。图 20.17(b),(c),(d)依次为频率是 $\nu, 3\nu, 5\nu$ 的简谐运动的图线。这三个简谐运动的合成图线如图 20.17(e)所示。它已和方波振动图线相近了，如果再加上频率更高而振幅适当的若干简谐运动，就可以合成相当准确的方波振动了。

以上讨论的是振动的合成，与之相反，任何一个复杂的周期性振动都可以分解为一系列简谐运动之和。这种把一个复杂的周期性振动分解为许多简谐运动之和的方法称为**谐振分析**。

根据实际振动曲线的形状，或它的位移时间函数关系，求出它所包含的各种简谐运动的频率和振幅的数学方法叫**傅里叶分析**，它指出：一个周期为 T 的周期函数 $F(t)$ 可以表示为

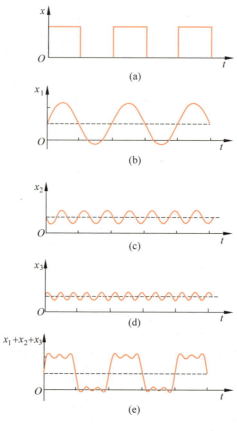

图 20.17 "方波"的合成

$$F(t) = \frac{a_0}{2} + \sum_{k=1}^{\infty}[A_k\cos(k\omega t + \varphi_k)] \tag{20.52}$$

其中各分振动的振幅 A_k 与初相 φ_k 可以用数学公式根据 $F(t)$ 求出。这些分振动中频率最低的称为**基频振动**,它的频率就是原周期函数 $F(t)$ 的频率,这一频率也就叫**基频**。其他分振动的频率都是基频的整数倍,依次分别称为二次、三次、四次……**谐频**。

不仅周期性振动可以分解为一系列频率为最低频率整数倍的简谐运动,而且任意一种非周期性振动也可以分解为许多简谐运动。不过对非周期性振动的谐振分析要用傅里叶变换处理,这里不再介绍。

通常用**频谱**表示一个实际振动所包含的各种谐振成分的振幅和它们的频率的关系。周期性振动的频谱是分立的**线状谱**(如图 20.18 中(a),(b)所示),而非周期性振动的频谱密集成连续谱(如图 20.18 中(c),(d)所示)。

谐振分析无论对实际应用或理论研究,都是十分重要的方法,因为实际存在的振动大多不是严格的简谐运动,而是比较复杂的振动。在实际现象中,一个复杂振动的特征总跟组成它们的各种不同频率的谐振成分有关。例如,同为 C 音,音调(即基频)相同,但钢琴和胡琴发出的 C 音的音色不同,就是因为它们所包含的高次谐频的个数与振幅不同。

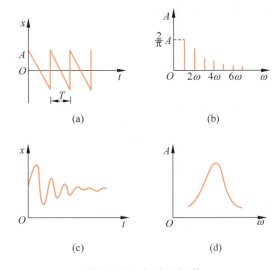

图 20.18 振动的频谱
(a) 锯齿波；(b) 锯齿波的频谱；(c) 阻尼振动；(d) 阻尼振动的频谱

*20.9　两个相互垂直的简谐运动的合成

设一个质点沿 x 轴和 y 轴的分运动都是简谐运动，而且频率相同。两分运动的表达式分别为

$$x = A_x \cos(\omega t + \varphi_x) \tag{20.53}$$

$$y = A_y \cos(\omega t + \varphi_y) \tag{20.54}$$

质点在任意时刻对于其平衡位置的位移应是两个分位移的矢量和。质点运动的轨迹则随两分运动的相差而改变。

如果二分简谐运动同相，则 x,y 值将同时为零并将按同一比例连续增大或减小，这样质点合运动的轨迹将是一条通过原点而斜率为正值的直线段，如图 20.19(a)所示。如果二分简谐运动反相，则 x,y 值也将同时为零但一正一负地按同一比例增大或减小。这样质点的合运动的轨迹将是一条通过原点而斜率为负值的直线段，如图 20.19(e)所示。

如果二分简谐运动相差 $\pi/2$，例如 $\varphi_y - \varphi_x = \pi/2$，则 x,y 值不可能同时为零，而是一个为零时另一个是极大值（正的或负的），而且是 y 先达到其正极大而 x 后达到其正极大。这样，质点运动的轨迹就是一个**右旋**的，长短半轴分别是 A_y 和 A_x 的正椭圆，如图 20.19(c)所示。同理，如果 $\varphi_y - \varphi_x = 3\pi/2$，则质点的轨迹将是一个同样的椭圆，不过是**左旋**的，如图 20.19(g)所示。在这两种情况下，如果两分运动的振幅相等，即 $A_x = A_y$，则质点合运动的轨迹将分别是右旋和左旋的圆周。

如果二分简谐运动的相差为其他值，则质点的合运动将是不同的斜置的椭圆，如图 20.19 中其他图所示。在所有这些情况下，质点运动的周期就是两分运动的周期。

两个频率不同的相互垂直的简谐运动的合成结果比较复杂，但如果二者的频率**有简单的整数比**，则合成的质点的运动将具有**封闭的稳定**的运动轨迹。图 20.20 画出了频率比 ν_y/ν_x 分别等于 1/2, 2/3 和 3/4 的三个分简谐运动合成的质点运动的轨迹。这种图称为李萨如图，它常被用来比较两个简谐运动的频率。

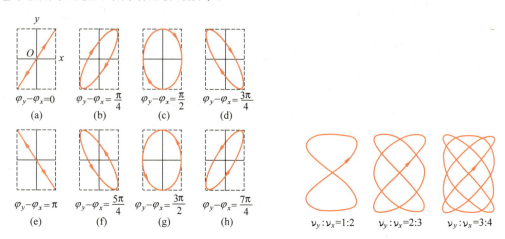

图 20.19　相互垂直的两个简谐运动的合成的轨迹与走向

图 20.20　李萨如图

最后应该指出，和合成相反，一个质点的圆运动或椭圆运动可以分解为相互垂直的两个同频率的简谐运动。这种运动的分解方法在研究光的偏振时就常常用到。

提 要

1. **简谐运动的运动学定义式**：$x = A\cos(\omega t + \varphi)$

   三个特征量：振幅 A　决定于振动的能量；

   $$\text{角频率 } \omega \quad \text{决定于振动系统的性质}, \omega = \frac{2\pi}{T}, \omega = 2\pi\nu;$$

   初相 φ　决定于起始时刻的选择。
   $$v = -\omega A \sin(\omega t + \varphi)$$
   $$a = -\omega^2 A\cos(\omega t + \varphi) = -\omega^2 x$$

   简谐运动可以用相量图表示。

2. **振动的相**：$(\omega t + \varphi)$

   两个振动的相差：同相 $\Delta\varphi = 2k\pi$，　反相 $\Delta\varphi = (2k+1)\pi$

3. **简谐运动的动力学定义**
   $$F = -kx$$
   由于
   $$\frac{\mathrm{d}^2 x}{\mathrm{d}t^2} = -\omega^2 x$$
   由牛顿第二定律可得
   $$\omega = \sqrt{\frac{k}{m}}, \quad T = 2\pi\sqrt{\frac{m}{k}}$$
   初始条件决定振幅和初相：
   $$A = \sqrt{x_0^2 + \frac{v_0^2}{\omega^2}}, \quad \varphi = \arctan\left(-\frac{v_0}{\omega x_0}\right)$$

4. 简谐运动实例

弹簧振子（劲度系数 k）：$\quad \dfrac{d^2 x}{dt^2} = -\dfrac{k}{m}x, \quad \omega = \sqrt{\dfrac{k}{m}}, \quad T = 2\pi\sqrt{\dfrac{m}{k}}$

单摆（摆长 l）小摆角振动：$\dfrac{d^2\theta}{dt^2} = -\dfrac{g}{l}\theta, \quad \omega = \sqrt{\dfrac{g}{l}}, \quad T = 2\pi\sqrt{\dfrac{l}{g}}$

在稳定平衡位置的微小振动：$k = \left(\dfrac{d^2 E_p}{dx^2}\right)_{x=x_0}, \quad \omega = \sqrt{\dfrac{k}{m}}$

5. 简谐运动的能量：机械能 E 保持不变。

$$E = E_k + E_p = \dfrac{1}{2}m\left(\dfrac{dx}{dt}\right)^2 + \dfrac{1}{2}kx^2 = \dfrac{1}{2}kA^2$$

这能量反映振动的强度，和振幅的平方成正比。

$$\overline{E_k} = \overline{E_p} = \dfrac{1}{2}E$$

6. 阻尼振动：欠阻尼（阻力较小）情况下

$$A = A_0 e^{-\beta t}$$

时间常数：$\quad \tau = \dfrac{1}{2\beta}$

Q 值：$\quad Q = 2\pi\dfrac{\tau}{T} = \omega\tau$

过阻尼（阻力较大）情况下，质点慢慢回到平衡位置，不再振动；

临界阻尼（阻力适当）情况下，质点以最短时间回到平衡位置不再振动。

7. 受迫振动：是在周期性的驱动力作用下的振动。稳态时的振动频率等于驱动力的频率；当驱动力的频率等于振动系统的固有频率时发生共振现象，这时系统最大限度地从外界吸收能量。

8. 两个简谐运动的合成

(1) 同一直线上的两个同频率振动：合振动的振幅决定于两分振动的振幅和相差：同相时，$A = A_1 + A_2$，反相时，$A = |A_1 - A_2|$。

(2) 同一直线上的两个不同频率的振动：两分振动频率都很大而频率差很小时，产生拍的现象。拍频等于二分振动的频率差。

***9. 谐振分析**：一个非简谐运动可以分解为振幅和频率不同的许多简谐振动，其组成可以用频谱表示。

***10. 两个相互垂直的简谐运动的合成**：两个分简谐运动的频率相同时，合成的质点运动的轨迹为直线段或椭圆，视二者的相差而定。频率不同而有简单整数比时，则合成的质点的轨迹形成李萨如图。

思考题

20.1 什么是简谐运动？下列运动中哪个是简谐运动？

(1) 拍皮球时球的运动；

(2) 锥摆的运动；

(3) 一小球在半径很大的光滑凹球面底部的小幅度摆动。

20.2 如果把一弹簧振子和一单摆拿到月球上去,它们的振动周期将如何改变?

20.3 当一个弹簧振子的振幅增大到两倍时,试分析它的下列物理量将受到什么影响:振动的周期、最大速度、最大加速度和振动的能量。

20.4 把一单摆从其平衡位置拉开,使悬线与竖直方向成一小角度 φ,然后放手任其摆动。如果从放手时开始计算时间,此 φ 角是否振动的初相?单摆的角速度是否振动的角频率?

20.5 已知一简谐运动在 $t=0$ 时物体正越过平衡位置,试结合相量图说明由此条件能否确定物体振动的初相。

20.6 稳态受迫振动的频率由什么决定?改变这个频率时,受迫振动的振幅会受到什么影响?

20.7 弹簧振子的无阻尼自由振动是简谐运动,同一弹簧振子在简谐驱动力持续作用下的稳态受迫振动也是简谐运动,这两种简谐运动有什么不同?

20.8 任何一个实际的弹簧都是有质量的,如果考虑弹簧的质量,弹簧振子的振动周期将变大还是变小?

20.9 简谐运动的一般表达式为

$$x = A\cos(\omega t + \varphi)$$

此式可以改写成

$$x = B\cos\omega t + C\sin\omega t$$

试用振幅 A 和初相 φ 表示振幅 B 和 C,并用相量图说明此表示形式的意义。

20.10 一个弹簧,劲度系数为 k,一质量为 m 的物体挂在它的下面。若把该弹簧分割成两半,物体挂在分割后的一根弹簧上,问分割前后两个弹簧振子的频率是否一样?二者的关系如何?

习题

20.1 一个小球和轻弹簧组成的系统,按

$$x = 0.05\cos\left(8\pi t + \frac{\pi}{3}\right)$$

的规律振动。

(1) 求振动的角频率、周期、振幅、初相、最大速度及最大加速度;

(2) 求 $t=1$ s,2 s,10 s 等时刻的相;

(3) 分别画出位移、速度、加速度与时间的关系曲线。

20.2 有一个和轻弹簧相连的小球,沿 x 轴作振幅为 A 的简谐运动。该振动的表达式用余弦函数表示。若 $t=0$ 时,球的运动状态分别为:(1) $x_0 = -A$;(2) 过平衡位置向 x 正方向运动;(3) 过 $x = A/2$ 处,且向 x 负方向运动。试用相量图法分别确定相应的初相。

20.3 已知一个谐振子(即作简谐运动的质点)的振动曲线如图 20.21 所示。

(1) 求与 a,b,c,d,e 各状态相应的相;

(2) 写出振动表达式;

(3) 画出相量图。

20.4 作简谐运动的小球,速度最大值为 $v_m = 3$ cm/s,振幅 $A = 2$ cm,若从速度为正的最大值的某时刻开始计算时间,

(1) 求振动的周期;

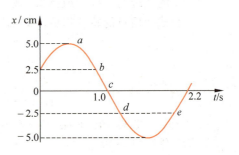

图 20.21 习题 20.3 用图

(2) 求加速度的最大值；

(3) 写出振动表达式。

20.5 一水平弹簧振子，振幅 $A=2.0\times10^{-2}$ m，周期 $T=0.50$ s。当 $t=0$ 时，

(1) 振子过 $x=1.0\times10^{-2}$ m 处，向负方向运动；

(2) 振子过 $x=-1.0\times10^{-2}$ m 处，向正方向运动。

分别写出以上两种情况下的振动表达式。

20.6 两个谐振子作同频率、同振幅的简谐运动。第一个振子的振动表达式为 $x_1=A\cos(\omega t+\varphi)$，当第一个振子从振动的正方向回到平衡位置时，第二个振子恰在正方向位移的端点。

(1) 求第二个振子的振动表达式和二者的相差；

(2) 若 $t=0$ 时，第一个振子 $x_1=-A/2$，并向 x 负方向运动，画出二者的 x-t 曲线及相量图。

20.7 两个质点平行于同一直线并排作同频率、同振幅的简谐运动。在振动过程中，每当它们经过振幅一半的地方时相遇，而运动方向相反。求它们的相差，并作相量图表示之。

20.8 一弹簧振子，弹簧劲度系数为 $k=25$ N/m，当振子以初动能 0.2 J 和初势能 0.6 J 振动时，试回答：

(1) 振幅是多大？

(2) 位移是多大时，势能和动能相等？

(3) 位移是振幅的一半时，势能多大？

20.9 将一劲度系数为 k 的轻质弹簧上端固定悬挂起来，下端挂一质量为 m 的小球，平衡时弹簧伸长为 b。试写出以此平衡位置为原点的小球的动力学方程，从而证明小球将作简谐运动并求出其振动周期。若它的振幅为 A，它的总能量是否还是 $\frac{1}{2}kA^2$？（总能量包括小球的动能和重力势能以及弹簧的弹性势能，两种势能均取平衡位置为势能零点。）

*20.10 在分析图 20.6 所示弹簧振子的振动时，都忽略了弹簧的质量，现在考虑一下弹簧质量的影响。设弹簧质量为 m'，沿弹簧长度均匀分布，振子质量为 m。以 v 表示振子在某时刻的速度，弹簧各点的速度和它们到固定端的长度成正比。

(1) 证明：此时刻弹簧振子的动能为 $\frac{1}{2}\left(m+\dfrac{m'}{3}\right)v^2$，从而可知此系统的有效质量为 $m+\dfrac{m'}{3}$。

(2) 证明：此系统的角频率应为 $\left[k\Big/\left(m+\dfrac{m'}{3}\right)\right]^{1/2}$。

20.11 将劲度系数分别为 k_1 和 k_2 的两根轻弹簧串联在一起，竖直悬挂着，下面系一质量为 m 的物体，做成一在竖直方向振动的弹簧振子，试求其振动周期。

*20.12 劲度系数分别为 k_1 和 k_2 的两根弹簧和质量为 m 的物体相连，如图 20.22 所示，试写出物体的动力学方程并证明该振动系统的振动周期为

$$T=2\pi\sqrt{\dfrac{m}{k_1+k_2}}$$

*20.13 在水平光滑桌面上用轻弹簧连接两个质量都为 0.05 kg 的小球（图 20.23），弹簧的劲度系数为 1×10^3 N/m。今沿弹簧轴线向相反方向拉开两球然后释放，求此后两球振动的频率。

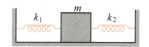

图 20.22 习题 20.12 用图

图 20.23 习题 20.13 用图

*20.14 设想穿过地球挖一条直细隧道（图 20.24），隧道壁光滑。在隧道内放一质量为 m 的球，它离隧道中点的距离为 x。设地球为均匀球体，质量为 M_E，半径为 R_E。

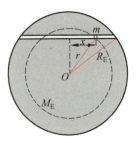

图 20.24 习题 20.14 用图

(1) 求球受的重力。(提示：球只受其所在处内侧的球面以内的地球质量的引力作用。)

(2) 证明球在隧道内在重力作用下的运动是简谐运动，并求其周期。

(3) 近地圆轨道人造地球卫星的周期多大？

*20.15 一物体放在水平木板上，物体与板面间的静摩擦系数为 0.50。

(1) 当此板沿水平方向作频率为 2.0 Hz 的简谐运动时，要使物体在板上不致滑动，振幅的最大值应是多大？

(2) 若令此板改作竖直方向的简谐运动，振幅为 5.0 cm，要使物体一直保持与板面接触，则振动的最大频率是多少？

20.16 如图 20.25 所示，一块均匀的长木板质量为 m，对称地平放在相距 $l=20$ cm 的两个滚轴上。如图所示，两滚轴的转动方向相反，已知滚轴表面与木板间的摩擦系数为 $\mu=0.5$。今使木板沿水平方向移动一段距离后释放，证明此后木板将作简谐运动并求其周期。

图 20.25 习题 20.16 用图

20.17 质量为 $m=121$ g 的水银装在 U 形管中，管截面积 $S=0.30$ cm²。当水银面上下振动时，其振动周期 T 是多大？水银的密度为 13.6 g/cm³。忽略水银与管壁的摩擦。

*20.18 行星绕太阳的运行速度可分解为径向分速度 $v_r=\dfrac{\mathrm{d}r}{\mathrm{d}t}$ 和角向（垂直于径向）分速度 $v_\theta=r\dfrac{\mathrm{d}\theta}{\mathrm{d}t}$。因此，质量为 m 的行星的机械能可写成

$$E=\frac{1}{2}m\left(\frac{\mathrm{d}r}{\mathrm{d}t}\right)^2+\frac{1}{2}mr^2\left(\frac{\mathrm{d}\theta}{\mathrm{d}t}\right)^2-\frac{GmM_S}{r}$$

式中 M_S 为太阳的质量，r 为太阳到行星的径矢。

(1) 证明：以 L 表示行星对太阳的恒定角动量，则有

$$E=\frac{1}{2}m\left(\frac{\mathrm{d}r}{\mathrm{d}t}\right)^2+\frac{1}{2}\frac{L^2}{mr^2}-\frac{GmM_S}{r}$$

(2) 对于圆轨道，$r=r_0$；对于一近似圆轨道，$r=r_0+x$，$x\ll r_0$。证明：对于此近似圆轨道，近似地有

$$E=\frac{1}{2}m\left(\frac{\mathrm{d}x}{\mathrm{d}t}\right)^2+\frac{3}{2}\frac{L^2}{mr_0^4}x^2-\frac{GmM_S}{r_0^3}x^2-\frac{GmM_S}{2r_0}$$

(3) 和简谐运动的能量公式 (20.25) 对比，可知上式除最后一项的附加常量外，它表示行星沿径向作简谐运动。证明：和此简谐运动相应的"等效劲度系数"为

$$k=\frac{GM_Sm}{r_0^3}$$

(4) 证明：上述径向简谐运动的周期等于该行星公转的周期。画出此行星的近似圆运动的轨道图形。

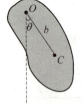

图 20.26 习题 20.19 用图

20.19 一质量为 m 的刚体在重力力矩的作用下绕固定的水平轴 O 作小幅度无阻尼自由摆动，如图 20.26 所示。设刚体质心 C 到轴线 O 的距离为 b，刚体对轴线 O 的转动惯量为 I。试用转动定律写出此刚体绕轴 O 的动力学方程，并证明 OC 与竖直线的夹角 θ 的变化为简谐运动，而且振动周期为

$$T=2\pi\sqrt{\frac{I}{mgb}}$$

20.20 一细圆环质量为 m，半径为 R，挂在墙上的钉子上。求它的微小摆动的周期。

*20.21 HCl 分子中两离子的平衡间距为 1.3×10^{-10} m，势能可近似地表示为

$$E_p(r) = -\frac{e^2}{4\pi\varepsilon_0 r} + \frac{B}{r^9}$$

式中 r 为两离子间的距离。

(1) 试求 HCl 分子的微小振动的频率。(由于 Cl 离子的质量比质子质量大得多，可以认为 Cl 离子不动。)

(2) 利用式(20.30)，并设 HCl 分子处于基态振动能级($n=1$)，按经典简谐运动计算，求其中质子振动的振幅。

20.22 一单摆在空气中摆动，摆长为 1.00 m，初始振幅为 $\theta_0=5°$。经过 100 s，振幅减为 $\theta_1=4°$。再经过多长时间，它的振幅减为 $\theta_2=2°$。此单摆的阻尼系数多大？Q 值多大？

*20.23 证明：当驱动力的频率等于系统的固有频率时，受迫振动的速度幅达到最大值。

20.24 一质点同时参与两个在同一直线上的简谐运动，其表达式为

$$x_1 = 0.04\cos\left(2t + \frac{\pi}{6}\right)$$

$$x_2 = 0.03\cos\left(2t - \frac{\pi}{6}\right)$$

试写出合振动的表达式。

20.25 三个同方向、同频率的简谐振动为

$$x_1 = 0.08\cos\left(314t + \frac{\pi}{6}\right)$$

$$x_2 = 0.08\cos\left(314t + \frac{\pi}{2}\right)$$

$$x_3 = 0.08\cos\left(314t + \frac{5\pi}{6}\right)$$

求：(1) 合振动的角频率、振幅、初相及振动表达式；

(2) 合振动由初始位置运动到 $x=\frac{\sqrt{2}}{2}A$（A 为合振动振幅）所需最短时间。

*20.26 一质点同时参与相互垂直的两个简谐运动：

$$x = 0.06\cos 20\pi t$$
$$y = 0.04\cos(20\pi t + \pi/2)$$

试证明其轨迹为一正椭圆（即其长短轴分别沿两个坐标轴）并求其长半轴和短半轴的长度以及绕行周期。此质点的绕行是右旋（即顺时针）还是左旋（即逆时针）的？

*20.27 李萨如图可用来测量频率。例如在示波器的水平和垂直输入端分别加上余弦式交变电压，荧光屏上出现如图 20.27 所示的闭合曲线，已知水平方向振动的频率为 2.70×10^4 Hz，求垂直方向的振动频率。

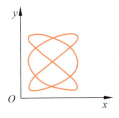

图 20.27 习题 20.27 用图

第21章

波　　动

> 定的扰动的传播称为**波动**,简称波。机械扰动在介质中的传播称为机械波,如声波、水波、地震波等。变化电场和变化磁场在空间的传播称为电磁波,如无线电波、光波、X射线等。虽然各类波的本质不同,各有其特殊的性质和规律,但是在形式上它们也具有许多相同的特征和规律,如都具有一定的传播速度,都伴随着能量的传播,都能产生反射、折射、干涉和衍射等现象。本章主要讨论机械波的基本规律,其中有许多对电磁波也是适用的。近代物理研究发现,微观粒子具有明显的二象性——粒子性与波动性,因此研究微观粒子的运动规律时,波动概念也是重要的基础。本章先介绍机械波特别是简谐波的形成过程、波函数及其特征。再说明波的传播速度和弹性介质的性质的关系以及波动传送能量的规律。接着讲述波的传播规律——惠更斯原理,以及波的一种叠加现象——驻波。然后介绍多普勒效应。最后讲述复波与群速度的概念。

21.1 行波

把一根橡皮绳的一端固定在墙上,用手沿水平方向将它拉紧(图 21.1)。当手猛然向上抖动一次时,就会看到一个突起状的扰动沿绳向另一端传去。这是因为各段绳之间都有相互作用的弹力联系着。当用手向上抖动绳的这一端的第一个质元时,它就带动第二个质元向上运动,第二个又带动第三个,依次下去。当手向下拉动第一个质元回到原来位置时,它也要带动第二个质元回来,而后第三个质元、第四个质元等也将被依次带动回到各自原来的位置。结果,由手抖动引起的扰动就不限在绳的这一端而是要向另一端传开了。这种扰动的传播就叫**行波**,取其"行走"之意。抖动一次的扰动叫**脉冲**,脉冲的传播叫**脉冲波**。

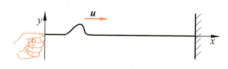

图 21.1　脉冲横波的产生

像图 21.1 所示那种情况,扰动中质元的运动方向和扰动的传播方向垂直,这种波叫**横波**。横波在外形上有峰有谷。

对如图 21.2 中的长弹簧用手在其一端沿水平方向猛然向前推一下,则靠近手的一小段弹簧就突然被压缩。由于各段弹簧之间的弹力作用,这一压缩的扰动也会沿弹簧向另一端传播而形成一个脉冲波。在这种情况下,扰动中质元的运动方向和扰动的传播方向在一条直线上,这种波叫**纵波**。纵波形成时,介质的密度发生改变,时疏时密。

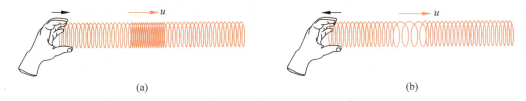

图 21.2 脉冲纵波的产生
(a) 密脉冲；(b) 疏脉冲

横波和纵波是弹性介质内波的两种基本形式。要特别注意的是,不管是横波还是纵波,都只是扰动(即一定的运动形态)的传播,介质本身并没有发生沿波的传播方向的**迁移**。

21.2 简谐波

脉冲波貌似简单,实际上是比较复杂的。最简单的波是**简谐波**,它所传播的扰动形式是简谐运动。正像复杂的振动可以看成是由许多简谐运动合成的一样,任何复杂的波都可以看成是由许多简谐波叠加而成的。因此,研究简谐波的规律具有重要意义。

简谐波可以是横波,也可以是纵波。一根弹性棒中的简谐横波和简谐纵波的形成过程分别如图 21.3 和图 21.4 所示。两图中把弹性棒划分成许多相同的质元,图中各点表示各质元中心的位置。最上面的(a)行表示振动就要从左端开始的状态,各质元都均匀地分布在各自的平衡位置上。下面各行依次画出了几个典型时刻(振动周期的分数倍)各质元的位置与其**形变**(见 21.3 节)的情况。从图中可以明显地看出,在横波中各质元发生**剪切形变**,外

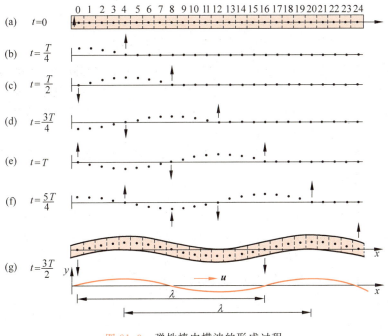

图 21.3 弹性棒中横波的形成过程

形有峰谷之分；在纵波中，各质元发生**线变**（或**体积改变**），因而介质的密度发生改变，各处密疏不同。图中用 u 表示简谐运动传播的速度，也就是波动的**传播速度**。图中的小箭头表示相应质元振动的方向。小箭头所在的各质元都正越过各自的平衡位置，因而具有最大的**振动速度**。从图中还可以看出，这些质元还同时发生着最大的形变。图中最下面的(g)行是波形曲线。

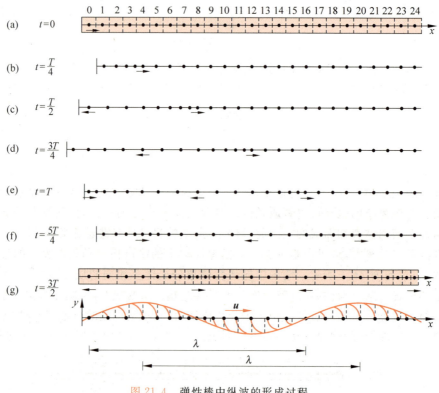

图 21.4　弹性棒中纵波的形成过程

简谐波在介质中传播时，各质元都在作简谐运动，它们的位移随时间不断改变。由于各质元开始振动的时刻不同，各质元的简谐运动并不同步，即在同一时刻各质元的位移随它们位置的不同而不同。各质元的位移 y 随其平衡位置 x 和时间 t 变化的数学表达式叫做简谐波的**波函数**，它可以通过以下的步骤写出来。

如图 21.3 和图 21.4 所示，沿棒长的方向取 x 轴，以棒的左端为原点 O。设位于原点的质元的振动表达式为

$$y_0 = A\cos\omega t \tag{21.1}$$

由于波沿 x 轴正向传播，所以在 $x>0$ 处的各质元将依次较晚开始振动。以 u 表示振动传播的速度，则位于 x 处的质元开始振动的时刻将比原点晚 x/u 这样一段时间，因此在时刻 t 位于 x 处的质元的位移应该等于原点在这**之前** x/u，亦即 $(t-x/u)$ 时刻的位移。由式(21.1)可得位于 x 处的质元在时刻 t 的位移应为

$$y = A\cos\omega\left(t - \frac{x}{u}\right) \tag{21.2}$$

式中 A 称为简谐波的振幅①，ω 称为简谐波的角频率。式(21.2)就是要写出的简谐波的波函数②。

式(21.2)中 $\omega\left(t-\dfrac{x}{u}\right)$ 为在 x 处的质点在时刻 t 的**相**(或相位)。式(21.2)表明，在同一时刻，各质元的相位不同；沿波的传播方向，各质元的相位依次落后。对于某一给定的相 $\varphi=\omega\left(t-\dfrac{x}{u}\right)$，它所在的位置 x 和时刻 t 有下述关系：

$$x = ut - \frac{\varphi u}{\omega}$$

即给定的相的位置随时间而改变，它的移动速度为

$$\frac{\mathrm{d}x}{\mathrm{d}t} = u$$

这说明，简谐波中扰动传播的速度，即波速 u，也就是振动的相的传播速度。因此，这一速度又叫**相速度**。

简谐波中任一质元都在作简谐运动，因而简谐波具有**时间上的周期性**。简谐运动的周期为

$$T = \frac{2\pi}{\omega} \tag{21.3}$$

这也就是波的周期。周期的倒数为波的频率，以 ν 表示波的频率，则有

$$\nu = \frac{1}{T} = \frac{\omega}{2\pi} \tag{21.4}$$

由于波函数式(21.2)中含有空间坐标 x，所以该余弦函数表明，简谐波还有**空间上的周期性**。在与坐标为 x 的质元相距 Δx 的另一质元，在时刻 t 的位移为

$$y_{x+\Delta x} = A\cos\omega\left(t - \frac{x+\Delta x}{u}\right)$$
$$= A\cos\left[\omega\left(t - \frac{x}{u}\right) - \frac{\omega\Delta x}{u}\right]$$

很明显，如果 $\omega\Delta x/u = 2\pi$ 或 2π 的整数倍，则此质元和位于 x 处的质元在同一时刻的位移就相同，或者说，它们将同相地振动。**两个相邻的同相质元之间的距离为** $\Delta x = 2\pi u/\omega$，以 λ 表示此距离，就有

$$\lambda = \frac{2\pi u}{\omega} = uT \tag{21.5}$$

这个表示简谐波的空间周期性的特征量叫做**波长**。由式(21.5)可看出，波长就等于一周期内简谐扰动传播的距离，或者，更准确地说，**波长等于一周期内任一给定的相所传播的距离**。

由式(21.4)和式(21.5)可得

$$u = \lambda \nu \tag{21.6}$$

这就是说，**简谐波的相速度等于其波长与频率的乘积**。

在某一给定的时刻 $t = t_0$，式(21.2)给出

---

① 式(21.2)假定振幅不变，这表示波的能量没有衰减，参看 21.5 节波的能量。
② 一般说来，若已知原点位移随时间的变化形式为 $y_0 = f(t)$，则当此变化沿 x 轴正向传播时，其波函数当为 $y = f(t-x/u)$。在某 t_0 时刻的波形曲线应是和 $y = f(t_0 - x/u)$ 相应的曲线。

$$y_{t_0} = A\cos\left(\omega t_0 - \frac{2\pi}{\lambda}x\right) \tag{21.7}$$

这一公式说明在同一时刻,各质元(中心)的位移随它们平衡位置的坐标做正弦变化,它给出 t_0 时刻波形的"照相"。和式(21.7)对应的 y-x 曲线就叫**波形曲线**。在图 21.3 和图 21.4 中的(g)就画出了在时刻 $t = \frac{3}{2}T$ 时的波形曲线。其中横波的波形曲线直接反映了横波中各质元的位移。纵波的波形曲线中 y 轴所表示的位移实际上是沿着 x 轴方向的,各质元的位移向左为负,向右为正。把位移转到 y 轴方向标出,就连成了与横波波形相似的正弦曲线。

由于波传播时任一给定的相都以速度 u 向前移动,所以波的传播在空间内就表现为整个波形曲线以速度 u 向前平移。图 21.5 就画出了波形曲线的平移,在 Δt 时间内向前平移了 $u\Delta t$ 的一段距离。

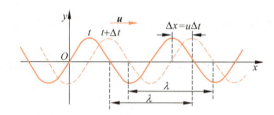

图 21.5 简谐波的波形曲线及其随时间的平移

对简谐波,还常用**波数** k 来表示其特征,k 的定义是

$$k = \frac{2\pi}{\lambda} \tag{21.8}$$

如果把横波中相接的一峰一谷算作一个"完整波",式(21.8)可理解为:波数等于在 2π 的长度内含有的"完整波"的数目。

根据 λ, ν, T, k 等的关系,沿 x 正向传播的简谐波的波函数还可以写成下列形式:

$$y = A\cos(\omega t - kx) \tag{21.9}$$

或

$$y = A\cos 2\pi\left(\frac{t}{T} - \frac{x}{\lambda}\right) \tag{21.10}$$

如果简谐波是沿 x 轴负向传播的,则在时刻 t 位于 x 处的质元的位移应该等于原点在这之后 x/u,亦即 $(t+x/u)$ 时刻的位移。因此,将式(21.2)、式(21.9)和式(21.10)中的**负号改为正号**,就可以得到相应的波函数了。

还需说明的是,这里写出的波函数是对一根棒上的行波来说的,但它也可以描述平面简谐波。在一个体积甚大的介质中,如果有一个平面上的质元都同相地沿同一方向作简谐运动,这种振动也会在介质中沿垂直于这个平面的方向传播开去而形成空间的行波。选波的传播方向为 x 轴的方向,则 x 坐标相同的平面上的质元的振动都是同相的。这些同相振动的点组成的面叫**同相面**或**波面**。像这种同相面是平面的波就叫**平面简谐波**。代表传播方向的直线称做**波线**(图 21.6)。很明显,式(21.2)、式(21.9)和式(21.10)能够描述这种波传播时介质中各质元的振动情况,因此它们又都是平面简谐波的波函数。

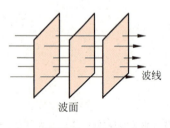

图 21.6 平面波

例 21.1

一列平面简谐波以波速 u 沿 x 轴正向传播，波长为 λ。已知在 $x_0 = \lambda/4$ 处的质元的振动表达式为 $y_{x_0} = A\cos\omega t$。试写出波函数，并在同一张坐标图中画出 $t=T$ 和 $t=5T/4$ 时的波形图。

解 设在 x 轴上 P 点处的质点的坐标为 x，则它的振动要比 x_0 处质点的振动晚 $(x-x_0)/u = \left(x-\dfrac{\lambda}{4}\right)\big/u$ 这样一段时间，因此 P 点的振动表达式为

$$y = A\cos\omega\left(t - \frac{x-\lambda/4}{u}\right)$$

或

$$y = A\cos\left(\omega t - \frac{2\pi}{\lambda}x + \frac{\pi}{2}\right)$$

这就是所求的波函数。

$t=0$ 时的波形由下式给出：

$$y = A\cos\left(-\frac{2\pi}{\lambda}x + \frac{\pi}{2}\right) = A\sin\frac{2\pi}{\lambda}x$$

由于波的时间上的周期性，在 $t=T$ 时的波形图线应向右平移一个波长，即和上式给出的相同。在 $t=\dfrac{5}{4}T$ 时，波形曲线应较上式给出的向 x 正向平移一段距离 $\Delta x = u\Delta t = u\left(\dfrac{5}{4}T - T\right) = \dfrac{1}{4}uT = \dfrac{1}{4}\lambda$。两时刻的波形曲线如图 21.7 所示。

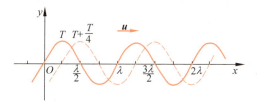

图 21.7 例 21.1 用图

例 21.2

一条长线用水平力张紧，其上产生一列简谐横波向左传播，波速为 20 m/s。在 $t=0$ 时它的波形曲线如图 21.8 所示。

(1) 求波的振幅、波长和波的周期；
(2) 按图设 x 轴方向写出波函数；
(3) 写出质点振动速度表达式。

解 (1) 由图可直接看出 $A = 4.0\times 10^{-2}$ m，$\lambda = 0.4$ m，于是得

$$T = \frac{\lambda}{u} = \frac{0.4}{20} = \frac{1}{50} \text{ (s)}$$

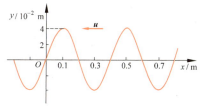

图 21.8 例 21.2 用图

(2) 在波传播的过程中，整个波形图向左平移，于是可得原点 O 处质元的振动表达式为

$$y_0 = A\cos\left(2\pi\frac{t}{T} - \frac{\pi}{2}\right)$$

而波函数为

$$y = A\cos\left(2\pi\frac{t}{T} - \frac{\pi}{2} + \frac{2\pi}{\lambda}x\right)$$

将上面的 A, T 和 λ 的值代入可得

$$y = 4.0\times 10^{-2}\cos\left(100\pi t + 5\pi x - \frac{\pi}{2}\right)$$

(3) 位于 x 处的介质质元的振动速度为

$$v = \frac{\partial y}{\partial t} = 12.6\cos(100\pi t + 5\pi x)$$

将此函数和波函数相比较,可知振动速度也以波的形式向左传播。要注意质元的振动速度(其最大值为 12.6 m/s)和波速(为恒定值 20 m/s)的区别。

21.3 物体的弹性形变

机械波是在弹性介质内传播的。为了说明机械波的动力学规律,先介绍一些有关物体的弹性形变的基本知识。

物体,包括固体、液体和气体,在受到外力作用时,形状或体积都会发生或大或小的变化。这种变化统称为**形变**。当外力不太大因而引起的形变也不太大时,去掉外力,形状或体积仍能复原。这个外力的限度叫**弹性限度**。在弹性限度内的形变叫**弹性形变**,它和外力具有简单的关系。

由于外力施加的方式不同,形变可以有以下几种基本形式。

1. 线变

一段固体棒,当在其两端沿轴的方向加以方向相反大小相等的外力时,其长度会发生改变,称为**线变**,如图 21.9 所示。伸长或压缩视二力的方向而定。以 F 表示力的大小,以 S 表示棒的横截面积,则 F/S 叫做**应力**。以 l 表示棒原来的长度,以 Δl 表示在外力 F 作用下的长度变化,则相对变化 $\Delta l/l$ 叫**线应变**。实验表明,在弹性限度内,**应力和线应变成正比**。这一关系叫做**胡克定律**,写成公式为

图 21.9 线变

$$\frac{F}{S} = E\frac{\Delta l}{l} \tag{21.11}$$

式中 E 为关于线变的比例常量,它随材料的不同而不同,叫**杨氏模量**。将式(21.11)改写成

$$F = \frac{ES}{l}\Delta l = k\Delta l \tag{21.12}$$

在外力不太大时,Δl 较小,S 基本不变,因而 ES/l 近似为一常数,可用 k 表示。式(21.12)即是常见的外力和棒的长度变化成正比的公式,k 称为**劲度系数**,简称**劲度**。

材料发生线变时,它具有弹性势能。类比弹簧的弹性势能公式,由式(21.12)可得弹性势能为

$$W_p = \frac{1}{2}k(\Delta l)^2 = \frac{1}{2}\frac{ES}{l}(\Delta l)^2 = \frac{1}{2}ESl\left(\frac{\Delta l}{l}\right)^2$$

注意到 $Sl=V$ 为材料的总体积,就可以得知,当材料发生线变时,单位体积内的弹性势能为

$$w_\mathrm{p} = \frac{1}{2}E\left(\frac{\Delta l}{l}\right)^2 \tag{21.13}$$

即等于杨氏模量和线应变的平方的乘积的一半。

在纵波形成时,介质中各质元都发生线变(图 21.4),各质元内就有如式(21.13)给出的弹性势能。

2. 剪切形变

一块矩形材料,当它的两个侧面受到与侧面平行的大小相等方向相反的力作用时,形状就要发生改变,如图 21.10 虚线所示。这种形变称为**剪切形变**,也简称**剪切**。外力 F 和施力面积 S 之比称做**剪应力**。施力面积相互错开而引起的材料角度的变化 $\varphi = \Delta d/D$ 叫做**剪应变**。在弹性限度内,剪应力也和剪应变成正比,即

$$\frac{F}{S} = G\varphi = G\frac{\Delta d}{D} \tag{21.14}$$

式中 G 称为**剪切模量**,它是由材料性质决定的常量。式(21.14)即用于剪切形变的胡克定律公式。

材料发生剪切形变时,也具有弹性势能。也可以证明:材料发生剪切变时,单位体积内的弹性势能等于剪切模量和应变平方的乘积的一半,即

$$w_\mathrm{p} = \frac{1}{2}G\varphi^2 = \frac{1}{2}G\left(\frac{\Delta d}{D}\right)^2 \tag{21.15}$$

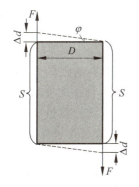

图 21.10 剪切形变

在横波形成时,介质中各质元都发生剪切形变(图 21.3),各质元内就有如式(21.15)给出的弹性势能。

3. 体变

一块物质周围受到的压强改变时,其体积也会发生改变,如图 21.11 所示。以 Δp 表示压强的改变,以 $\Delta V/V$ 表示相应的体积的相对变化即**体应变**,则胡克定律表示式为

$$\Delta p = -K\frac{\Delta V}{V} \tag{21.16}$$

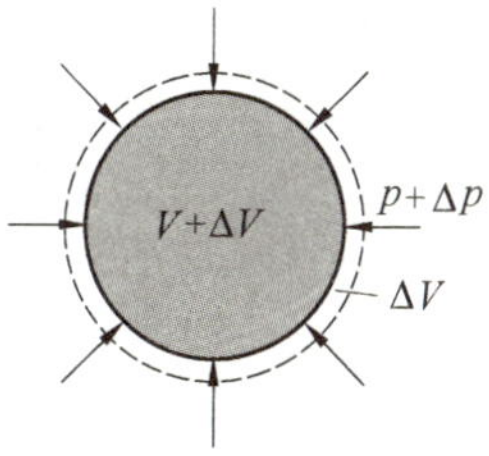

式中 K 叫**体弹模量**,总取正数,它的大小随物质种类的不同而不同。式(21.16)中的负号表示压强的增大总导致体积的缩小。

体弹模量的倒数叫**压缩率**。以 κ 表示压缩率,则有

$$\kappa = \frac{1}{K} = -\frac{1}{V}\frac{\Delta V}{\Delta p} \tag{21.17}$$

图 21.11 体变

可以证明,在发生体积压缩形变时,单位体积内的弹性势能也等于相应的弹性模量(K)与应变($\Delta V/V$)的平方的乘积的一半。

几种材料的弹性模量如表 21.1 所示。

表 21.1　几种材料的弹性模量

材　料	杨氏模量 $E/(10^{11}\,\text{N/m}^2)$	剪切模量 $G/(10^{11}\,\text{N/m}^2)$	体弹模量 $K/(10^{11}\,\text{N/m}^2)$
玻璃	0.55	0.23	0.37
铝	0.7	0.30	0.70
铜	1.1	0.42	1.4
铁	1.9	0.70	1.0
钢	2.0	0.84	1.6
水	—	—	0.02
酒精	—	—	0.0091

21.4　弹性介质中的波速

弹性介质中的波是靠介质各质元间的弹性力作用而形成的。因此弹性越强的介质，在其中形成的波的传播速度就会越大；或者说，弹性模量越大的介质中，波的传播速度就越大。另外，波的速度还应和介质的密度有关。因为密度越大的介质，其中各质元的质量就越大，其惯性就越大，前方的质元就越不容易被其后紧接的质元的弹力带动。这必将延缓扰动传播的速度。因此，密度越大的介质，其中波的传播速度就越小。下面我们以棒中横波为例推导波的速度与弹性介质的弹性模量及密度的定量关系。

如图 21.12 所示，取图 21.3 中棒中横波形成时棒的任一长度为 Δx 的质元。以 S 表示棒的横截面积，则此质元的质量为 $\Delta m = \rho S \Delta x$，其中 ρ 为棒材的质量密度。由于剪切形变，此质元将分别受到其前方和后方介质对它的剪应力。其后方介质薄层 1 由于剪切形变而产生的对它的作用力为（据式（21.14），此处 $\Delta d = \mathrm{d}y$，$D = \mathrm{d}x$）

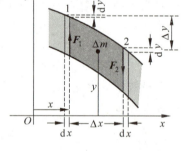

图 21.12　推导波的速度用图

$$F_1 = SG\left(\frac{\partial y}{\partial x}\right)_x ①$$

其后方介质薄层 2 对它的作用力为

$$F_2 = SG\left(\frac{\partial y}{\partial x}\right)_{x+\Delta x}$$

这一质元受的合力为

$$F_2 - F_1 = SG\left[\left(\frac{\partial y}{\partial x}\right)_{x+\Delta x} - \left(\frac{\partial y}{\partial x}\right)_x\right] = SG\frac{\mathrm{d}}{\mathrm{d}x}\left(\frac{\partial y}{\partial x}\right)\Delta x$$

$$= SG\frac{\partial^2 y}{\partial x^2}\Delta x \tag{21.18}$$

由于此合力的作用，此质元在 y 方向产生振动加速度 $\dfrac{\partial^2 y}{\partial t^2}$。由牛顿第二定律可得，对此段

---

① 由于波函数 y 是 x 和 t 的二元函数，此处形变是某一时刻棒的形变，所以此处 y 对 x 的求导是在 t 不变的情况下进行的。保持 t 不变而求得的 y 对 x 的导数叫 y 对 x 的**偏导数**，运算符号由"d"换成"∂"。

21.4 弹性介质中的波速

质元

$$SG\frac{\partial^2 y}{\partial x^2}\Delta x = \rho S\Delta x\frac{\partial^2 y}{\partial t^2} \tag{21.19}$$

等式两边消去 $S\Delta x$，得

$$\frac{G}{\rho}\frac{\partial^2 y}{\partial x^2} = \frac{\partial^2 y}{\partial t^2} \tag{21.20}$$

此二元二阶微分方程的解取波函数的形式。如果将波函数式(21.2)代入式(21.20)中的 y，分别对 x 和 t 求其二阶偏导数，即可得

$$u^2 = G/\rho$$

于是得弹性棒中横波的速度为

$$u = \sqrt{\frac{G}{\rho}} \tag{21.21}$$

这和本节开始时的定性分析是相符的。

用类似的方法可以导出棒中的纵波的波速为

$$u = \sqrt{\frac{E}{\rho}} \tag{21.22}$$

式中 E 为棒材的杨氏模量。

同种材料的剪切模量 G 总小于其杨氏模量 E（这在表 21.1 中可以看出来），因此在同一种介质中，横波的波速比纵波的要小些。

在固体中，既可以传播横波，也可以传播纵波。在液体和气体中，由于不可能发生剪切形变，所以不可能传播横波。但因为它们具有体变弹性，所以能传播纵波。液体和气体中的纵波波速由下式给出：

$$u = \sqrt{\frac{K}{\rho}} \tag{21.23}$$

式中，K 为介质的体弹模量；ρ 为其密度。

至于一条细绳中的横波，其中的波速由下式决定：

$$u = \sqrt{\frac{F}{\rho_l}} \tag{21.24}$$

式中，F 为细绳中的张力；ρ_l 为其质量线密度，即单位长度的质量。

对于气体，可以由式(21.23)导出其中纵波（即声波）的波速。

由状态方程 $p = \frac{\rho}{M}RT$ 和绝热过程方程 $pV^\gamma = C$ 可得

$$\frac{\mathrm{d}p}{\mathrm{d}V} = -\frac{\gamma p}{V} = -\frac{\gamma \rho RT}{MV}$$

由此可得 $K = \gamma \rho RT/M$，代入式(21.23)可得

$$u = \sqrt{\frac{\gamma p}{\rho}} = \sqrt{\frac{\gamma RT}{M}} \tag{21.25}$$

此式给出，对同一种气体，其中纵波波速明显地决定于其温度。实际上，即使对于固体或液体，其中的波速也和温度有关（因为弹性和密度都和温度有关）。

表 21.2 给出了一些波速的数值。

表 21.2　一些介质中波速的数值　　　　　　　　　　　　　　m/s

介　　质	棒中纵波	无限大介质中纵波	无限大介质中横波
硬玻璃	5170	5640	3280
铝	5000	6420	3040
铜	3750	5010	2270
电解铁	5120	5950	3240
低碳钢	5200	5960	3235
海水(25℃)	—	1531	—
蒸馏水(25℃)	—	1497	—
酒精(25℃)	—	1207	—
二氧化碳(气体 0℃)	—	259	—
空气(干燥 0℃)	—	331	—
氢气(0℃)	—	1284	—

21.5　波的能量

在弹性介质中有波传播时，介质的各质元由于运动而具有动能。同时又由于产生了形变（参看图 21.3 和图 21.4），所以还具有弹性势能。这样，随同扰动的传播就有机械能量的传播，这是波动过程的一个重要特征。本节以棒内简谐横波为例说明能量传播的定量表达式。为此先求任一质元的动能和弹性势能。

设介质的密度为 ρ，一质元的体积为 ΔV，其中心的平衡位置坐标为 x。当平面简谐波

$$y = A\cos\omega\left(t - \frac{x}{u}\right)$$

在介质中传播时，此质元在时刻 t 的运动（即振动）速度为

$$v = \frac{\partial y}{\partial t} = -\omega A\sin\omega\left(t - \frac{x}{u}\right)$$

它在此时刻的振动动能为

$$\Delta W_k = \frac{1}{2}\rho\Delta V v^2$$
$$= \frac{1}{2}\rho\Delta V \omega^2 A^2 \sin^2\omega\left(t - \frac{x}{u}\right) \tag{21.26}$$

此质元的应变（为切应变，参看图 21.3 和图 21.12）

$$\frac{\partial y}{\partial x} = -\frac{A\omega}{u}\sin\omega\left(t - \frac{x}{u}\right)$$

根据式（21.15），它的弹性势能为

$$\Delta W_p = \frac{1}{2}G\left(\frac{\partial y}{\partial x}\right)^2 \Delta V$$
$$= \frac{1}{2}\frac{G}{u^2}\omega^2 A^2 \sin^2\omega\left(t - \frac{x}{u}\right)\Delta V$$

由式（21.21）可知 $u^2 = G/\rho$，因而上式又可写作

$$\Delta W_{\mathrm{p}} = \frac{1}{2}\rho\omega^2 A^2 \Delta V \sin^2\omega\left(t - \frac{x}{u}\right) \tag{21.27}$$

和式(21.26)相比较可知,在平面简谐波中,每一质元的**动能和弹性势能是同相**地随时间变化的(这在图 21.3 和图 21.4 中可以清楚地看出来。质元经过其平衡位置时具有最大的振动速度,同时其形变也最大),而且**在任意时刻都具有相同的数值**。振动动能和弹性势能的这种关系是波动中质元不同于孤立的振动系统的一个重要特点。

将式(21.26)和式(21.27)相加,可得质元的总机械能为

$$\Delta W = \Delta W_{\mathrm{k}} + \Delta W_{\mathrm{p}} = \rho\omega^2 A^2 \Delta V \sin^2\omega\left(t - \frac{x}{u}\right) \tag{21.28}$$

这个总能量随时间作周期性变化,时而达到最大值,时而为零。质元的能量的这一变化特点是能量在传播时的表现。

波传播时,介质单位体积内的能量叫波的**能量密度**。以 w 表示能量密度,则介质中 x 处在时刻 t 的能量密度是

$$w = \frac{\Delta W}{\Delta V} = \rho\omega^2 A^2 \sin^2\omega\left(t - \frac{x}{u}\right) \tag{21.29}$$

在一周期内(或一个波长范围内)能量密度的平均值叫**平均能量密度**,以 $\overline{w}$ 表示。由于正弦的平方在一周期内的平均值为 1/2,所以有

$$\overline{w} = \frac{1}{2}\rho\omega^2 A^2 = 2\pi^2 \rho A^2 \nu^2 \tag{21.30}$$

此式表明,平均能量密度和介质的密度、振幅的平方以及频率的平方成正比。这一公式虽然是由平面简谐波导出的,但对于各种弹性波均适用。

对波动来说,更重要的是它传播能量的本领。如图 21.13 所示,取垂直于波的传播方向的一个面积 S,在 $\mathrm{d}t$ 时间内通过此面积的能量就是此面积后方体积为 $u\mathrm{d}t\mathrm{d}S$ 的立方体内的能量,即 $\mathrm{d}W = wu\mathrm{d}t\mathrm{d}S$。把式(21.29)的 w 值代入可得单位时间内通过面积 S 的能量为

$$P = \frac{wu\mathrm{d}tS}{\mathrm{d}t} = wuS = \rho u\omega^2 A^2 S \sin^2\omega\left(t - \frac{x}{u}\right) \tag{21.31}$$

此 P 称为通过面积 S 的**能流**。**通过垂直于波的方向的单位面积的能流的时间平均值,称为波的强度**。以 I 表示波的强度,就有

$$I = \frac{\overline{P}}{S} = \overline{w}u$$

再利用式(21.30),可得

$$I = \frac{1}{2}\rho\omega^2 A^2 u \tag{21.32}$$

由于波的强度和振幅有关,所以借助于式(21.32)和能量守恒概念可以研究波传播时振幅的变化。

设有一平面波在均匀介质中沿 x 方向行进。图 21.14 中画出了为同样的波线所限的两个截面积 S_1 和 S_2。假设介质不吸收波的能量,根据能量守恒,在一周期内通过 S_1 和 S_2 面的能量应该相等。以 I_1 表示 S_1 处的强度,以 I_2 表示 S_2 处的强度,则应该有

$$I_1 S_1 T = I_2 S_2 T$$

利用式(21.32),则有

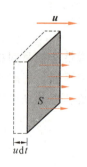
图 21.13 波的强度的计算

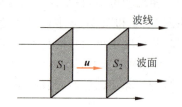
图 21.14 平面波中能量的传播

$$\frac{1}{2}\rho u\omega^2 A_1^2 S_1 T = \frac{1}{2}\rho u\omega^2 A_2^2 S_2 T \tag{21.33}$$

对于平面波,$S_1 = S_2$,因而有

$$A_1 = A_2$$

这就是说,在均匀的不吸收能量的介质中传播的平面波的振幅保持不变。这一点我们在 21.3 节中写平面简谐波的波函数时已经用到了。

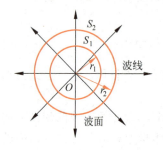
图 21.15 球面波中能量的传播

波面是球面的波叫**球面波**。如图 21.15 所示,球面波的波线沿着半径向外。如果球面波在均匀无吸收的介质中传播,则振幅将随 r 改变。设以点波源 O 为圆心画半径分别为 r_1 和 r_2 的两个球面(图 21.15)。在介质不吸收波的能量的条件下,一个周期内通过这两个球面的能量应该相等。这时式(21.33)仍然正确,不过 S_1 和 S_2 应分别用球面积 $4\pi r_1^2$ 和 $4\pi r_2^2$ 代替。由此,对于球面波应有

$$A_1^2 r_1^2 = A_2^2 r_2^2$$

或

$$A_1 r_1 = A_2 r_2 \tag{21.34}$$

即振幅与离点波源的距离成反比。以 A_1 表示离波源的距离为单位长度处的振幅,则在离波源任意距离 r 处的振幅为 $A = A_1/r$。由于振动的相位随 r 的增加而落后的关系和平面波类似,所以球面简谐波的波函数应该是

$$y = \frac{A_1}{r}\cos\omega\left(t - \frac{r}{u}\right) \tag{21.35}$$

实际上,波在介质中传播时,介质总要吸收波的一部分能量,因此即使在平面波的情况下,波的振幅,因而波的强度也要沿波的传播方向逐渐减小,所吸收的能量通常转换成介质的内能或热。这种现象称为**波的吸收**。

例 21.3

用聚焦超声波的方法在水中可以产生强度达到 $I = 120 \text{ kW/cm}^2$ 的超声波。设该超声波的频率为 $\nu = 500 \text{ kHz}$,水的密度为 $\rho = 10^3 \text{ kg/m}^3$,其中声速为 $u = 1500 \text{ m/s}$。求这时液体质元振动的振幅。

解 由式(21.32),$I = \frac{1}{2}\rho\omega^2 A^2 u$,可得

$$A = \frac{1}{\omega}\sqrt{\frac{2I}{\rho u}} = \frac{1}{2\pi\nu}\sqrt{\frac{2I}{\rho u}}$$

$$= \frac{1}{2\pi \times 500 \times 10^3}\sqrt{\frac{2 \times 120 \times 10^7}{10^3 \times 1500}} = 1.27 \times 10^{-5} \text{ (m)}$$

可见液体中超声波的振幅实际上是很小的。当然,它还是比水分子间距(10^{-10} m)大得多。

21.6 惠更斯原理与波的反射和折射

本节介绍有关波的传播方向的规律。

如图 21.16 所示,当观察水面上的波时,如果这波遇到一个障碍物,而且障碍物上有一个小孔,就可以看到在小孔的后面也出现了圆形的波,这圆形的波就好像是以小孔为波源产生的一样。

惠更斯在研究波动现象时,于 1690 年提出:**介质中任一波阵面上的各点,都可以看做是发射子波的波源,其后任一时刻,这些子波的包迹就是新的波阵面**。这就是**惠更斯原理**。这里所说的"波阵面"是指波传播时最前面那个波面,也叫"波前"。

根据惠更斯原理,只要知道某一时刻的波阵面就可以用几何作图法确定下一时刻的波阵面。因此,这一原理又叫惠更斯作图法,其应用在中学物理课程中已经作了举例说明。

例如,如图 21.17(a)所示,以波速 u 传播的平面波在某一时刻的波阵面为 S_1,在经过时间 Δt 后其上各点发出的子波(以小的半圆表示)的包迹仍是平面,这就是此时新的波阵面,已从原来的波阵面向前推进了 $u\Delta t$ 的距离。对在各向同性的介质中传播的球面波,则可如图 21.17(b)中所示的那样,利用同样的作图法由某一时刻的球面波阵面 S_1 画出经过时间 Δt 后的新的波阵面 S_2,它仍是球面。

图 21.16 障碍物的小孔成为新波源

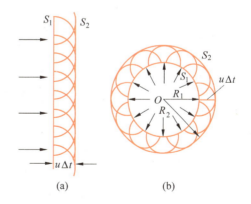

图 21.17 用惠更斯作图法求新波阵面
(a) 平面波;(b) 球面波

对于平面波传播时遇到有缝的障碍物的情况,画出由缝处波阵面上各点发出的子波的包迹,则会显示出波能绕过缝的边界向障碍物的后方几何阴影内传播,这就是波的**衍射现象**

(图 21.18)。

用惠更斯作图法可以说明波入射到两种均匀而且各向同性的介质的分界面上时传播方向改变的规律,也就是波的反射和折射的规律。

设有一平面波以波速 u 入射到两种介质的分界面上。根据惠更斯作图法,入射波传到的分界面上的各点都可看做发射子波的波源。作出某一时刻这些子波的包迹,就能得到新的波阵面,从而确定反射波和折射波的传播方向。

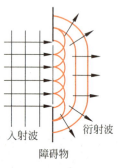

图 21.18 波的衍射

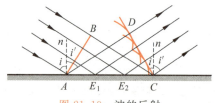

图 21.19 波的反射

先说明波的反射定律。如图 21.19 所示,设入射波的波阵面和两种介质的分界面均垂直于图面。在时刻 t,此波阵面与图面的交线 AB 到达图示位置,A 点和界面相遇。此后 AB 上各点将依次到达界面。设经过相等的时间此波阵面与图面的交线依次与分界面在 E_1,E_2 和 C 点相遇,而在时刻$(t+\Delta t)$,B 点到达 C 点。我们可以作出此时刻界面上各点发出的子波的包迹。为了清楚起见,图中只画出了 A,E_1,E_2 和 C 点发出的子波。因为波在同一介质中传播,波速 u 不变,所以在 $t+\Delta t$ 时刻,从 A,E_1,E_2 发出的子波半径分别是 d,$2d/3$,$d/3$,这里 $d=u\Delta t$。显然,这些子波的包迹面也是与图面垂直的平面。它与图面的交线为 CD,而且 $AD=BC$。作垂直于此波阵面的直线,即得**反射线**。与入射波阵面 AB 垂直的线称为**入射线**。令 An,Cn 为分界面的法线,则由图可看出任一条入射线和它的反射线以及入射点的法线在同一平面内。令 i 表示入射角,i' 表示反射角,则由图中还可以看出,两个直角△BAC,△DCA 全等,因此∠$BAC=$∠DCA,所以 $i=i'$,即入射角等于反射角。这就是**波的反射定律**。

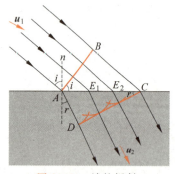

图 21.20 波的折射

如果波能进入第二种介质,则由于在两种介质中波速(指相速)不相同,在分界面上要发生折射现象。如图 21.20 所示,以 u_1,u_2 分别表示波在第一和第二种介质中的波速。仍如图 21.19,设时刻 t 入射波波阵面 AB 到达图示位置。其后经过相等的时间此波阵面依次到达 E_1,E_2 和 C 点,而在 $t+\Delta t$ 时,B 点到达 C 点。画出 $t+\Delta t$ 时刻,从 A,E_1,E_2 发出的在第二种介质中的子波,子波半径分别为 d,$2d/3$,$d/3$,但这里 $d=u_2\Delta t$。这些子波的包迹也是与图面垂直的平面,它与图面的交线为 CD,而且 $\Delta t=BC/u_1=AD/u_2$。作垂直于此波阵面的直线,即得**折射线**。以 r 表示折射角,则有∠$ACD=r$。再以 i 表示入射角,则有∠$BAC=i$。由图中可明显地看出

$$BC = u_1 \Delta t = AC \sin i$$
$$AD = u_2 \Delta t = AC \sin r$$

两式相除得

$$\frac{\sin i}{\sin r} = \frac{u_1}{u_2} = n_{21} \tag{21.36}$$

由于不同介质中的波速 u 为不同的常量,所以比值 $n_{21} = u_1/u_2$ 对于给定的两种介质来说就是常数,称为第二种介质对于第一种介质的**相对折射率**[①]。由此得出,对于给定的两种介质,入射角的正弦与折射角的正弦之比等于常数,这就是**波的折射定律**。

反射定律和折射定律也用于说明光的反射和折射。历史上关于光的本性,曾有微粒说和波动说之争。二者对光的反射解释相似,但对折射的解释则有明显的不同:微粒说为解释折射定律,就需要认定折射率 $n_{21} = u_2/u_1$。因此,例如,水对空气的折射率大于1,所以光在水中的速度就应大于光在空气中的速度。波动说则相反,按式(21.36),光在水中的速度应小于光在空气中的速度。孰是孰非要靠光速的实测结果来判定。1850年傅科首先测出了光在水中的速度,证实了它比光在空气中的速度小。这就最后否定了原来的光的微粒说。

由式(21.36)可得

$$\sin r = \frac{u_2}{u_1} \sin i$$

如果 $u_2 > u_1$,则当入射角 i 大于某一值时,等式右侧的值将大于1而使折射角 i 无解。这时将没有折射线产生,入射波将全部反射回原来的介质。这种现象叫**全反射**。产生全反射的最小入射角称为**临界角**。以 A 表示波从介质1射向介质2($u_2 > u_1$)时的临界角,则由于相应的折射角为 $90°$,所以由式(21.36)可得

$$\sin A = \frac{u_1}{u_2} = n_{21} \tag{21.37}$$

就光的折射现象来说,两种介质相比,在其中光速较大的介质叫光疏介质,光速较小的介质叫光密介质。光由光密介质射向光疏介质时,就会发生全反射现象。对于光从水中射向空气的情况,由于空气对水的折射率为 1/1.33,所以全反射临界角为

$$A = \arcsin \frac{1}{1.33} = 48.7°$$

光的反射的一个重要实际应用是制造光纤,它是现代光通信技术必不可少的材料。光可以沿着被称做光纤的玻璃细丝传播(图21.21),这是由于光纤表皮的折射率小于芯的折射率的缘故。

近年来发展起来的**导管 X 光学**也应用了全反射现象。由于对 X 光来说,玻璃对真空的折射率小于1,所以 X 光从真空(或空气)射向玻璃表面时也会发生全反射现象。如果制成内表面非常光滑的空心玻璃管,使 X 光以大于临界角的入射角射入管内,则 X 光就可以沿导管传播。利用弯曲的导管就可以改变 X 光的传播方向。这种管子就成了 **X 光导管**。

X 光导管的一种重要实际应用是用毛细管束来做 X 光透镜。如图 21.22(a) 所示的 X 光透镜可以将发散的 X 光束会聚成很小的束斑,以大大提高 X 光束的功率密度。如图 21.22(b) 所示的 X 光半透镜则可以把发散的 X 光束转化为平行光束。目前,X 光透镜

[①] 对光的传播来说,某种介质对真空的相对折射率 $n = c/u$ 就叫这种介质的**折射率**。很易证明,$n_{21} = n_2/n_1$。

已应用于 X 光荧光分析、X 光衍射分析、深亚微米 X 射线光刻、医疗诊断以及 X 光天文望远镜等领域。

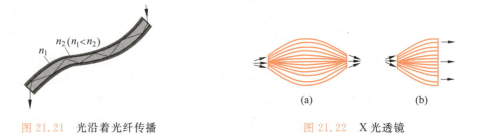

图 21.21　光沿着光纤传播　　　　图 21.22　X 光透镜

21.7　波的叠加　驻波

观察和研究表明:几列波可以保持各自的特点(频率、波长、振幅、振动方向等)同时通过同一介质,好像在各自的传播过程中没有遇到其他波一样。因此,在几列波相遇或叠加的区域内,任一点的位移,为各个波单独在该点产生的位移的合成。这一关于波的传播的规律称为波的传播的**独立性**或**波的叠加原理**。

管弦乐队合奏或几个人同时讲话时,空气中同时传播着许多声波,但我们仍能够辨别出各种乐器的音调或各个人的声音,这就是波的独立性的例子。通常天空中同时有许多无线电波在传播,我们仍能随意接收到某一电台的广播,这是电磁波传播的独立性的例子。

当人们研究的波的强度越来越大时,发现波的叠加原理并不是普遍成立的,只有当波的强度较小时(在数学上,这表示为波动方程是**线性的**),它才正确。对于强度甚大的波,它就失效了。例如,强烈的爆炸声就有明显的相互影响。

几列波叠加可以产生许多独特的现象,**驻波**就是一例。在同一介质中两列频率、振动方向相同,而且振幅也相同的简谐波,在同一直线上沿相反方向传播时就叠加形成驻波。

设有两列简谐波,分别沿 x 轴正方向和负方向传播,它们的表达式为

$$y_1 = A\cos\left(\omega t - \frac{2\pi}{\lambda}x\right)$$

$$y_2 = A\cos\left(\omega t + \frac{2\pi}{\lambda}x\right)$$

其合成波为

$$y = y_1 + y_2 = A\cos\left(\omega t - \frac{2\pi}{\lambda}x\right) + A\cos\left(\omega t + \frac{2\pi}{\lambda}x\right)$$

利用三角关系可以求出

$$y = 2A\cos\frac{2\pi}{\lambda}x\ \cos\omega t \tag{21.38}$$

此式就是驻波的表达式[①]。式中 $\cos\omega t$ 表示简谐运动,而 $\left|2A\cos\dfrac{2\pi}{\lambda}x\right|$ 就是这简谐运动的振幅。这一函数不满足 $y(t+\Delta t, x+u\Delta t)=y(t,x)$,因此它**不表示行波**,只表示各点都在作简

[①]　驻波函数式(21.38)也是函数微分方程(21.20)的解,可将式(21.38)代入式(21.20)加以证明。

谐运动。各点的振动频率相同,就是原来的波的频率。但各点的振幅随位置的不同而不同。振幅最大的各点称为**波腹**,对应于使 $\left|\cos\dfrac{2\pi}{\lambda}x\right|=1$ 即 $\dfrac{2\pi}{\lambda}x=k\pi$ 的各点。因此波腹的位置为

$$x=k\dfrac{\lambda}{2},\quad k=0,\pm1,\pm2,\cdots$$

振幅为零的各点称为**波节**,对应于使 $\left|\cos\dfrac{2\pi x}{\lambda}\right|=0$,即 $\dfrac{2\pi x}{\lambda}=(2k+1)\dfrac{\pi}{2}$ 的各点。因此波节的位置为

$$x=(2k+1)\dfrac{\lambda}{4},\quad k=0,\pm1,\pm2,\cdots$$

由以上两式可算出相邻的两个波节和相邻的两个波腹之间的距离都是 $\lambda/2$。这一点为我们提供了一种测定行波波长的方法,只要测出相邻两波节或波腹之间的距离就可以确定原来两列行波的波长 λ。

式(21.38)中的振动因子为 $\cos\omega t$,但不能认为驻波中各点的振动的相都是相同的。因为系数 $2A\cos(2\pi/\lambda)x$ 在 x 值不同时是有正有负的。把相邻两个波节之间的各点叫做一段,则由余弦函数取值的规律可以知道,$\cos(2\pi/\lambda)x$ 的值对于同一段内的各点有相同的符号,对于分别在相邻两段内的两点则符号相反。以 $|2A\cos(2\pi/\lambda)x|$ 作为振幅,这种符号的相同或相反就表明,在驻波中,同一段上的各点的振动同相,而相邻两段中的各点的振动反相。因此,驻波实际上就是分段振动的现象。在驻波中,没有振动状态或相位的传播,也没有能量的传播,所以才称之为驻波。

图 21.23 画出了驻波形成的物理过程,其中点线表示向右传播的波,虚线表示向左传播的波,粗实线表示合成振动。图中各行依次表示 $t=0,T/8,T/4,3T/8,T/2$ 各时刻各质点的分位移和合位移。从图中可看出波腹(a)和波节(n)的位置。

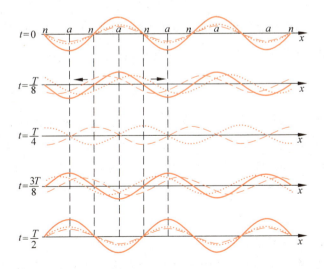

图 21.23 驻波的形成

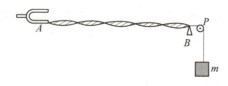

图 21.24 绳上的驻波

图 21.24 为用电动音叉在绳上产生驻波的简图,波腹和波节的形象看得很清楚。这一驻波是由音叉在绳中引起的向右传播的波和在 B 点反射后向左传播的波合成的结果。改变拉紧绳的张力,就能改变波在绳上传播的速度。当这一速度和音叉的频率正好使得绳长为**半波长的整数倍**时,在绳上就能有驻波产生。

值得注意的是,在这一实验中,在反射点 B 处绳是固定不动的,因而此处只能是波节。从振动合成考虑,这意味着反射波与入射波的相在此处正好相反,或者说,入射波在反射时有 π 的**相跃变**。由于 π 的相跃变相当于波程差为半个波长,所以这种入射波在反射时发生反相的现象也常称为**半波损失**。当波在自由端反射时,则没有相跃变,形成的驻波在此端将出现波腹。

一般情况下,入射波在两种介质分界处反射时是否发生半波损失,与波的种类、两种介质的性质以及入射角的大小有关。在垂直入射时,它由介质的密度和波速的乘积 ρu 决定。相对来讲,ρu 较大的介质称为**波密介质**,ρu 较小的称为**波疏介质**。当波从波疏介质垂直入射到与波密介质的界面上反射时,有半波损失,形成的驻波在界面处出现波节。反之,当波从波密介质垂直入射到与波疏介质的界面上反射时,无半波损失,界面处出现波腹。

在范围有限的介质内产生的驻波有许多重要的特征。例如将一根弦线的两端用一定的张力固定在相距 L 的两点间,当拨动弦线时,弦线中就产生来回的波,它们就合成而形成驻波。但**并不是**所有波长的波都能形成驻波。由于绳的两个端点固定不动,所以这两点必须是波节,因此驻波的波长必须满足下列条件:

$$L = n\frac{\lambda}{2}, \quad n = 1, 2, 3, \cdots$$

以 λ_n 表示与某一 n 值对应的波长,则由上式可得容许的波长为

$$\lambda_n = \frac{2L}{n} \tag{21.39}$$

这就是说能在弦线上形成驻波的波长值是不连续的,或者,用现代物理的语言说,波长是"**量子化**"的。由关系式 $\nu = \frac{u}{\lambda}$ 可知,频率也是量子化的,相应的可能频率为

$$\nu_n = n\frac{u}{2L}, \quad n = 1, 2, 3, \cdots \tag{21.40}$$

其中,$u = \sqrt{F/\rho_l}$ 为弦线中的波速。上式中的频率叫弦振动的**本征频率**,也就是它发出的声波的频率。每一频率对应于一种可能的振动方式。频率由式(21.40)决定的振动方式,称为弦线振动的**简正模式**,其中最低频率 ν_1 称为**基频**,其他较高频率 $\nu_2, \nu_3, \cdots$ 都是基频的**整数倍**,它们各以其对基频的倍数而称为二次、三次……**谐频**。图 21.25 中画出了频率为 ν_1, ν_2, ν_3 的 3 种简正模式。

简正模式的频率称为系统的固有频率。如上所述,一个驻波系统有许多个固有频率。这和弹簧振子只有一个固有频率不同。

当外界驱动源以某一频率激起系统振动时,如果这一频率与系统的某个简正模式的频率相同(或相近),就会激起强驻波。这种现象称为**驻波共振**。用电动音叉演示驻波时,观察到的就是驻波共振现象。

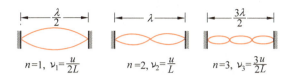

图 21.25 两端固定弦的几种简正模式

在驻波共振现象中,系统究竟按哪种模式振动,取决于初始条件。一般情况下,一个驻波系统的振动,是它的各种简正模式的叠加。

弦乐器的发声就服从驻波的原理。当拨动弦线使它振动时,它发出的声音中就包含有各种频率。管乐器中的管内的空气柱、锣面、鼓皮、钟、铃等振动时也都是驻波系统(图 21.26),它们振动时也同样各有其相应的简正模式和共振现象,但其简正模式要比弦的复杂得多。

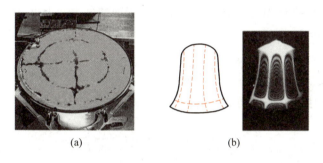

图 21.26 二维驻波

(a) 鼓皮以某一模式振动时,才能在其上的碎屑聚集在不振动的地方,显示出二维驻波的"节线"的形状(R. Resnick);(b) 钟以某一模式振动时"节线"的分布(左图)和该模式的全息照相(右图),其中白线对应于"节线"(T. D. Rossing)

乐器振动发声时,其**音调**由基频决定,同时发出的谐频的频率和强度决定声音的**音色**。

例 21.4

一只二胡的"千斤"(弦的上方固定点)和"码子"(弦的下方固定点)之间的距离是 $L = 0.3$ m(图 21.27)。其上一根弦的质量线密度为 $\rho_l = 3.8 \times 10^{-4}$ kg/m,拉紧它的张力 $F = 9.4$ N。求此弦所发的声音的基频是多少?此弦的三次谐频振动的节点在何处?

解 此弦中产生的驻波的基频为

$$\nu_1 = \frac{u}{2L} = \frac{1}{2L}\sqrt{\frac{F}{\rho_l}}$$

$$= \frac{1}{2 \times 0.3}\sqrt{\frac{9.4}{3.8 \times 10^{-4}}} = 262 \text{ (Hz)}$$

图 21.27 二胡

这就是它发出的声波的基频,是"C"调。三次谐频振动时,整个弦长等于 $\frac{1}{2}\lambda_3$ 的 3 倍。因此,从"千斤"算起,节点应在 0,10,20,30 cm 处。

21.8 声波

声波通常是指空气中形成的纵波[①]。频率在 20～20 000 Hz 之间的声波,能引起人的听觉,称为**可闻声波**,也简称**声波**。频率低于 20 Hz 的叫做**次声波**,高于 20 000 Hz 的叫做**超声波**。

介质中有声波传播时的压力与无声波时的静压力之间有一差额,这一差额称为**声压**。声波是疏密波,在稀疏区域,实际压力小于原来静压力,声压为负值;在稠密区域,实际压力大于原来静压力,声压为正值。它的表示式可如下求得。

把表示体积弹性形变的公式即式(21.16)

$$\Delta p = -K \frac{\Delta V}{V}$$

应用于介质的一个小质元,则 Δp 就表示声压。对平面简谐声波来讲,体应变 $\Delta V/V$ 也等于 $\partial y/\partial x$。以 p 表示声压,则有

$$p = -K \frac{\partial y}{\partial x} = -K \frac{\omega}{u} A \sin \omega \left(t - \frac{x}{u} \right)$$

由于纵波波速即声速 $u = \sqrt{\frac{K}{\rho}}$(见式(21.23)),所以上式又可改写为

$$p = -\rho u \omega A \sin \omega \left(t - \frac{x}{u} \right)$$

而声压的振幅为

$$p_m = \rho u A \omega \tag{21.41}$$

声强就是声波的强度,根据式(21.32),声强为

$$I = \frac{1}{2} \rho u A^2 \omega^2$$

再利用式(21.41),还可得

$$I = \frac{1}{2} \frac{p_m^2}{\rho u} \tag{21.42}$$

引起人的听觉的声波,不仅有一定的频率范围,还有一定的声强范围。能够引起人的听觉的声强范围大约为 $10^{-12} \sim 1$ W/m²。声强太小,不能引起听觉;声强太大,将引起痛觉。

由于可闻声强的数量级相差悬殊,通常用**声级**来描述声波的强弱。规定声强 $I_0 = 10^{-12}$ W/m² 作为测定声强的标准,某一声强 I 的声级用 L 表示:

$$L = \lg \frac{I}{I_0} \tag{21.43}$$

声级 L 的单位名称为贝[尔],符号为 B。通常用分贝(dB)为单位,1 B = 10 dB。这样式(21.43)可表示为

$$L = 10 \lg \frac{I}{I_0} \quad (\text{dB}) \tag{21.44}$$

声音响度是人对声音强度的主观感觉,它与声级有一定的关系,声级越大,人感觉越响。

[①] 一般地讲,弹性介质中的纵波都被称为声波。

表 21.3 给出了常遇到的一些声音的声级。

表 21.3 几种声音的声强、声级和响度

声　源	声强/(W/m²)	声级/dB	响　度
聚焦超声波	10^9	210	
炮声	1	120	
痛觉阈	1	120	
铆钉机	10^{-2}	100	震耳
闹市车声	10^{-5}	70	响
通常谈话	10^{-6}	60	正常
室内轻声收音机	10^{-8}	40	较轻
耳语	10^{-10}	20	轻
树叶沙沙声	10^{-11}	10	极轻
听觉	10^{-12}	0	

例 21.5

《三国演义》中有大将张飞喝断当阳桥的故事。设张飞大喝一声声级为 140 dB，频率为 400 Hz。问：

(1) 张飞喝声的声压幅和振幅各是多少？

(2) 如果一个士兵的喝声声级为 90 dB，张飞一喝相当于多少士兵同时大喝一声？

解 (1) 由式(21.44)，以 I 表示张飞喝声的声强，则

$$140 = 10 \lg \frac{I}{I_0}$$

由此得

$$I = I_0 \times 10^{14} = 10^{-12} \times 10^{14} = 100 \text{ (W/m}^2\text{)}$$

由式(21.42)，张飞喝声的声压幅为

$$p_m = \sqrt{2\rho u I} = \sqrt{2 \times 1.29 \times 340 \times 100} = 3.0 \times 10^2 \text{ (N/m}^2\text{)}$$

由式(21.32)，空气质元的振幅为

$$A = \frac{1}{\omega}\sqrt{\frac{2I}{\rho u}} = \frac{1}{2\pi \times 400}\sqrt{\frac{2 \times 100}{1.29 \times 340}} = 2.7 \times 10^{-4} \text{ (m)}$$

(2) 由式(21.44)，以 I_1 表示每一士兵喝声的声强，则

$$I_1 = I_0 \times 10^9 = 10^{-12} \times 10^9 = 10^{-3} \text{ (W/m}^2\text{)}$$

而

$$\frac{I}{I_1} = \frac{100}{10^{-3}} = 10^5$$

即张飞一喝相当于 10 万士兵同时齐声大喝。

声波是由振动的弦线（如提琴弦线、人的声带等）、振动的空气柱（如风琴管、单簧管等）、振动的板与振动的膜（如鼓、扬声器等）等产生的机械波。近似周期性或者由少数几个近似周期性的波合成的声波，如果强度不太大时会引起愉快悦耳的**乐音**。波形不是周期性的或者是由个数很多的一些周期波合成的声波，听起来是**噪声**。

超声波

超声波一般由具有磁致伸缩或压电效应的晶体的振动产生。它的显著特点是频率高,波长短,衍射不严重,因而具有良好的定向传播特性,而且易于聚焦。也由于其频率高,因而超声波的声强比一般声波大得多,用聚焦的方法,可以获得声强高达 10^9 W/m² 的超声波。超声波穿透本领很大,特别是在液体、固体中传播时,衰减很小。在不透明的固体中,能穿透几十米的厚度。超声波的这些特性,在技术上得到广泛的应用。

利用超声波的定向发射性质,可以探测水中物体,如探测鱼群、潜艇等,也可用来测量海深。由于海水的导电性良好,电磁波在海水中传播时,吸收非常严重,因而电磁雷达无法使用。利用声波雷达——声呐,可以探测出潜艇的方位和距离。

因为超声波碰到杂质或介质分界面时有显著的反射,所以可以用来探测工件内部的缺陷。超声探伤的优点是不损伤工件,而且由于穿透力强,因而可以探测大型工件,如用于探测万吨水压机的主轴和横梁等。此外,在医学上可用来探测人体内部的病变,如"B超"仪就是利用超声波来显示人体内部结构的图像。

目前超声探伤正向着显像方向发展,如用声电管把声信号变换成电信号,再用显像管显示出目的物的像来。随着激光全息技术的发展,声全息也日益发展起来。把声全息记录的信息再用光显示出来,可直接看到被测物体的图像。声全息在地质、医学等领域有着重要的意义。

由于超声波能量大而且集中,所以也可以用来切削、焊接、钻孔、清洗机件,还可以用来处理种子和促进化学反应等。

超声波在介质中的传播特性,如波速、衰减、吸收等与介质的某些特性(如弹性模量、浓度、密度、化学成分、黏度等)或状态参量(如温度、压力、流速等)密切有关,利用这些特性可以间接测量其他有关物理量。这种非声量的声测法具有测量精度高、速度快等优点。

由于超声波的频率与一般无线电波的频率相近,因此利用超声元件代替某些电子元件,可以起到电子元件难以起到的作用。超声延迟线就是其中一例。因为超声波在介质中的传播速度比起电磁波小得多,用超声波延迟时间就方便得多。

次声波

次声波又称亚声波,一般指频率在 10^{-4} ~ 20 Hz 之间的机械波,人耳听不到。它与地球、海洋和大气等的大规模运动有密切关系。例如火山爆发、地震、陨石落地、大气湍流、雷暴、磁暴等自然活动中,都有次声波产生,因此已成为研究地球、海洋、大气等大规模运动的有力工具。

次声波频率低,衰减极小,具有远距离传播的突出优点。在大气中传播几千公里后,吸收还不到万分之几分贝。因此对它的研究和应用受到越来越多的重视,已形成现代声学的一个新的分支——次声学。

*21.9 地震波

地震是一种严重的自然灾害,它起源于地壳内岩层的突然破裂。一年内全球大概发生约百万次地震,但绝大多数不能被人感知而只能由地震仪记录到,只有少数(几十次)造成或大或小的灾难。

发生岩层破裂的**震源**一般在地表下几千米到几百千米的地方,震源正上方地表的那一点叫**震中**。从震源和震中发出的地震波在地球内部有两种形式:纵波和横波,它们被地震学家分别称为 P 波(纵波)和 S 波(横波)。P 波的传播速度从地壳内的 5 km/s 到地幔深处的 14 km/s。S 波的速度较小,约 3~8 km/s。两种波速的区别被用来计算震源的位置。P 波和 S 波传到地球表面时会发生反射,反射时会产生沿地表传播的**表面波**。表面波也有两种形式:一种是扭曲波,使地表发生扭曲;另一种使地表上下波动,就像大洋面上的水波那样。P 波、S 波以及表面波的到达都可以用地震仪在不同时刻记录下来(图 21.28)。

世界上最早的地震仪是公元 132 年汉代张衡创制的"候风地动仪"(图 21.29)。它是一个形似酒樽的容器,内部正中立有一根上粗下细的"都柱"。樽的外表对称地装有八条龙。龙头朝下,口内各含一颗铜丸。龙口上颚是活动的,通过曲杠杆和樽内都柱接触,平时都柱平衡直立。一旦有地震波从某方传来,都柱就会倒向此方,压下曲杠杆而打开龙口,龙口内铜丸即下落到正下方的蛙口中。啷一声就告诉看守人地震的发生以及震源的方向。这种地震仪在西方迟至 1500 多年才见到。

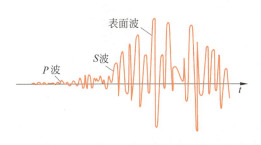

图 21.28 地震波的记录

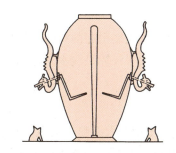

图 21.29 候风地动仪纵切面图

地震波的振幅可以大到几米(例如 1976 年唐山大地震地表起伏可达 1 米多),因而能造成巨大灾害。一次强地震所释放的能量可以达到 $10^{17} \sim 10^{18}$ J。一次地震释放的能量 E 通常用里氏地震级 M 表示,它们之间的关系是

$$M = 0.67 \lg E - 2.9 \tag{21.45}$$

例如,一次里氏 7 级地震释放的能量约为 10^{15} J,这大约相当于百万吨级氢弹爆炸所放出的能量。

地震波中的 P 波可以在固体和液体中传播,而 S 波则只能在固体中传播(因为液体不可能发生切变),它们又都能在固体和液体交界面处反射或折射。因此,对地震波的详细分析可以推知它们传播所经过的介质分布情况。目前对地球内部结构的认识几乎全部来自对地震波的分析(图 21.30)。人造地震可以帮助了解地壳内地层的分布,它是石油和天然气勘探的一种重要手段。此外,对地震波的分析也是检测地下核试验的一种可靠方法。

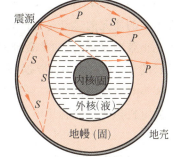

图 21.30 地震波与地球内部结构

*21.10 水波

水波是一种常见的波,从"风乍起,吹皱一池春水"的涟漪,到飓风引起的海面上的惊涛骇浪。形成水波的恢复力不是弹性力,而是水的表面张力和重力。微风拂过,水面形成的涟漪细波主要是表面张力作用的结果。这种波叫**表面张力波**,它的波长很短,一般不大于几厘

米。这种波的速度由水的表面张力系数 σ 和密度 ρ 决定,即有

$$u = \sqrt{\frac{2\pi\sigma}{\rho\lambda}} \tag{21.46}$$

海面上飓风劲吹产生的大波或洋底地震引起的海啸,波长为几米、几百米甚至几百千米。这种巨浪振荡的恢复力主要是重力。这种波叫**重力波**。下面只简要介绍有较重要实际意义的重力波。

水有深浅之别。对水波来说,深浅是相对于水波波长来说的。水的深度 h 较波长 λ 为甚小时为浅水。研究指出,浅水面上水波波速 u 和波长无关,只由深度决定,其关系为

$$u = \sqrt{gh} \quad (h \ll \lambda) \tag{21.47}$$

例如,由洋底地震引起的海啸的波长一般为 $100\sim400$ km。太平洋的平均深度为 4.3 km,对海啸来说,太平洋算是浅水,因此海啸在太平洋上的传播速度就是

$$u = \sqrt{9.8 \times 4.3 \times 10^3}$$
$$= 205 \text{ (m/s)} = 740 \text{ (km/h)}$$

这大约等于现今大型喷气式客机的飞行速度!

值得注意的是,海啸波在开阔的大洋表面的浪高(从谷底到峰尖的高度差)不过 1 m 左右,不甚显眼。但随着向海岸传播,由式(21.47)决定的波速越来越小,前面的波越来越慢,后浪赶前浪,浪头就越集越高,可达几十米,形成排山倒海巨浪拍岸的壮观场面。这对沿岸设施可能造成巨大的损害。

对于深水,即 $h \gg \lambda$ 的情况,研究指出,水面波的波速和波长有关,其关系式[①]为

$$u = \sqrt{\frac{g\lambda}{2\pi}} \quad (h \gg \lambda) \tag{21.48}$$

不管浅水波和深水波,表面上水的质元的运动并不是上下的简谐运动而是圆周运动。水面下水的质元的运动是椭圆运动,越深运动范围越小(图 21.31)。这样,水波的波形图线并不是正弦曲线,而是如常看到的谷宽峰尖的形状(图 21.32(a))。浪高太大(经验指出,大于波长的 1/7 时,峰尖就要崩碎(图 21.32(b)),形成白浪滔天的景观。

海浪具有很大的能量,可以掀翻船只造成灾难,但也可以加以利用,现在已设计制造了波浪发电机供海上航标用电。

---

① 液体表面波速的一般公式为

$$u = \sqrt{\left(\frac{g\lambda}{2\pi} + \frac{2\pi\sigma}{\rho\lambda}\right) \tanh \frac{2\pi h}{\lambda}} \tag{21.49}$$

式中,σ 为液体表面张力系数;ρ 为液体密度;h 为水深,当 $h \gg \lambda$ 时,$\tanh\frac{2\pi h}{\lambda} \approx 1$,上式给出

$$u = \sqrt{\frac{g\lambda}{2\pi} + \frac{2\pi\sigma}{\rho\lambda}}$$

此式中,当 λ 足够大时,忽略根号下第二项,即得式(21.48)的深水重力波公式。当 λ 足够小时,即得表面张力波波速公式 $u = \sqrt{2\pi\sigma/\rho\lambda}$。

当 $h \ll \lambda$ 时,$\tanh\frac{2\pi h}{\lambda} \approx \frac{2\pi h}{\lambda}$,式(21.49)给出 $u = \sqrt{gh + \frac{4\pi^2\sigma h}{\rho\lambda^2}}$。由于 $\lambda \gg h$,根号下第二项可以忽略,于是就得浅水重力波公式(21.47)。

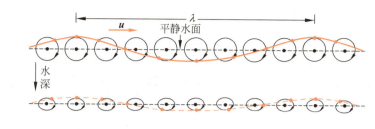

图 21.31 水波中水的质元的运动

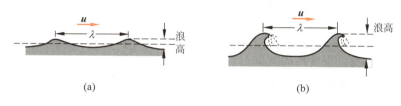

图 21.32 海面波的波形
(a) 浪高较小；(b) 浪高较大

21.11 多普勒效应

在前面的讨论中,波源和接收器相对于介质都是静止的,所以波的频率和波源的频率相同,接收器接收到的频率和波的频率相同,也和波源的频率相同。如果波源或接收器或两者相对于介质运动,则发现接收器接收到的频率和波源的振动频率不同。这种接收器接收到的频率有赖于波源或观察者运动的现象,称为**多普勒效应**。例如,当高速行驶的火车鸣笛而来时,我们听到的汽笛音调变高,当它鸣笛离去时,我们听到的音调变低,这种现象是声学的多普勒效应。本节讨论这一效应的规律。为简单起见,假定波源和接收器在同一直线上运动。波源相对于介质的运动速度用 v_S 表示,接收器相对于介质的运动速度用 v_R 表示,波速用 u 表示。波源的频率、接收器接收到的频率和波的频率分别用 ν_S, ν_R 和 ν 表示。在此处,三者的意义应区别清楚:波源的频率 ν_S 是波源在单位时间内振动的次数,或在单位时间内发出的"完整波"的个数;接收器接收到的频率 ν_R 是接收器在单位时间内接收到的振动数或完整波数;波的频率 ν 是介质质元在单位时间内振动的次数或单位时间内通过介质中某点的完整波的个数,它等于波速 u 除以波长 λ。这三个频率可能互不相同。下面分几种情况讨论。

(1) 相对于介质波源不动,接收器以速度 v_R 运动(图 21.33)。

若接收器向着静止的波源运动,接收器在单位时间内接收到的完整波的数目比它静止时接收的多。因为波源发出的波以速度 u 向着接收器传播,同时接收器以速度 v_R 向着静止的波源运动,因而多接收了一些完整波数。在单位时间内接收器接收到的完整波的数目等于分

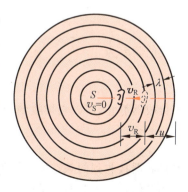

图 21.33 波源静止时的多普勒效应

布在 $u+v_R$ 距离内完整波的数目（见图 21.33），即

$$\nu_R = \frac{u+v_R}{\lambda} = \frac{u+v_R}{\dfrac{u}{\nu}} = \frac{u+v_R}{u}\nu$$

此式中的 ν 是波的频率。由于波源在介质中静止，所以波的频率就等于波源的频率，因此有

$$\nu_R = \frac{u+v_R}{u}\nu_S \tag{21.50}$$

这表明，当接收器向着静止波源运动时，接收到的频率为波源频率的 $(1+v_R/u)$ 倍。

当接收器离开波源运动时，通过类似的分析，可求得接收器接收到的频率为

$$\nu_R = \frac{u-v_R}{u}\nu_S \tag{21.51}$$

即此时接收到的频率低于波源的频率。

(2) 相对于介质接收器不动，波源以速度 v_S 运动（图 21.34(a)）。

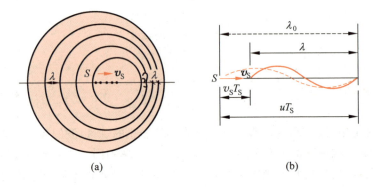

图 21.34　波源运动时的多普勒效应

波源运动时，波的频率不再等于波源的频率。这是由于当波源运动时，它所发出的相邻的两个同相振动状态是在不同地点发出的，这两个地点相隔的距离为 $v_S T_S$，T_S 为波源的周期。如果波源是向着接收器运动的，这后一地点到前方最近的同相点之间的距离是现在介质中的波长。若波源静止时介质中的波长为 λ_0（$\lambda_0 = uT_S$），则现在介质中的波长为（见图 21.34(b)）

$$\lambda = \lambda_0 - v_S T_S = (u-v_S)T_S = \frac{u-v_S}{\nu_S}$$

现时波的频率为

$$\nu = \frac{u}{\lambda} = \frac{u}{u-v_S}\nu_S$$

由于接收器静止，所以它接收到的频率就是波的频率，即

$$\nu_R = \frac{u}{u-v_S}\nu_S \tag{21.52}$$

此时接收器接收到的频率大于波源的频率。

当波源远离接收器运动时，通过类似的分析，可得接收器接收到的频率为

$$\nu_R = \frac{u}{u+v_S}\nu_S \tag{21.53}$$

这时接收器接收到的频率小于波源的频率。

(3) 相对于介质波源和接收器同时运动。

综合以上两种分析,可得当波源和接收器相向运动时,接收器接收到的频率为

$$\nu_R = \frac{u+v_R}{u-v_S}\nu_S \tag{21.54}$$

当波源和接收器彼此离开时,接收器接收到的频率为

$$\nu_R = \frac{u-v_R}{u+v_S}\nu_S \tag{21.55}$$

电磁波(如光)也有多普勒现象。和声波不同的是,电磁波的传播不需要什么介质,因此只是光源和接收器的相对速度 v 决定接收的频率。可以用相对论证明,当光源和接收器在同一直线上运动时,如果二者相互接近,则

$$\nu_R = \sqrt{\frac{1+v/c}{1-v/c}}\,\nu_S \tag{21.56}$$

如果二者相互远离,则

$$\nu_R = \sqrt{\frac{1-v/c}{1+v/c}}\,\nu_S \tag{21.57}$$

由此可知,当光源远离接收器运动时,接收到的频率变小,因而波长变长,这种现象叫做"红移",即在可见光谱中移向红色一端。

天文学家将来自星球的光谱与地球上相同元素的光谱比较,发现星球光谱几乎都发生红移,这说明星体都正在远离地球向四面飞去。这一观察结果被"大爆炸"的宇宙学理论的倡导者视为其理论的重要证据。

电磁波的多普勒效应还为跟踪人造地球卫星提供了一种简便的方法。在图 21.35 中,卫星从位置 1 运动到位置 2 的过程中,向着跟踪站的速度分量减小,在从位置 2 到位置 3 的过程中,离开跟踪站的速度分量增加。因此,如果卫星不断发射恒定频率的无线电信号,则当卫星经过跟踪站上空时,地面接收到的信号频率是逐渐减小的。如果把接收到的信号与接收站另外产生的恒定信号合成拍,则拍频可以产生一个听得见的声音。卫星经过上空时,这种声音的音调降低。

上面讲过,当波源向着接收器运动时,接收器接收到的频率比波源的频率大,它的值由式(21.52)给出。但这一公式当波源的速度 v_S 超过波速时将失去意义,因为这时在任一时刻波源本身将超过它此前发出的波的波前,在波源前方不可能有任何波动产生。这种情况如图 21.36 所示。

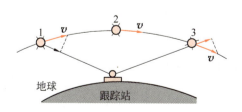

图 21.35 卫星—跟踪站连线方向上分速度的变化

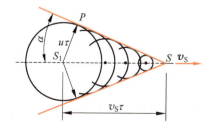

图 21.36 冲击波的产生

当波源经过 S_1 位置时发出的波在其后 τ 时刻的波阵面为半径等于 $u\tau$ 的球面,但此时刻波源已前进了 $v_S\tau$ 的距离到达 S 位置。在整个 τ 时间内,波源发出的波到达的前沿形成了一个圆锥面,这个圆锥面叫**马赫锥**,其半顶角 α 由下式决定:

$$\sin\alpha = \frac{u}{v_S} \tag{21.58}$$

当飞机、炮弹等以超音速飞行时,都会在空气中激起这种圆锥形的波。这种波称为**冲击波**。冲击波面到达的地方,空气压强突然增大。过强的冲击波掠过物体时甚至会造成损害(如使窗玻璃碎裂),这种现象称为**声爆**。

类似的现象在水波中也可以看到。当船速超过水面上的水波波速时,在船后就激起以船为顶端的 V 形波,这种波叫**艄波**(图 21.37)。

图 21.37 青龙峡湖面游艇激起的艄波弯曲优美
(新京报记者苏里)

当带电粒子在介质中运动,其速度超过该介质中的光速(这光速小于真空中的光速 c)时,会辐射锥形的电磁波,这种辐射称为**切连科夫辐射**。高能物理实验中利用这种现象来测定粒子的速度。

例 21.6

一警笛发射频率为 1500 Hz 的声波,并以 22 m/s 的速度向某方向运动,一人以 6 m/s 的速度跟踪其后,求他听到的警笛发出声音的频率以及在警笛后方空气中声波的波长。设没有风,空气中声速 $u=330$ m/s。

解 已知 $\nu_S=1500$ Hz,$v_S=22$ m/s,$v_R=6$ m/s,则此人听到的警笛发出的声音的频率为

$$\nu_R = \frac{u+v_R}{u+v_S}\nu_S = \frac{330+6}{330+22}\times 1500 = 1432 \text{ (Hz)}$$

警笛后方空气中声波的频率

$$\nu = \frac{u}{u+v_S}\nu_S = \frac{330}{330+22}\times 1500 = 1406 \text{ (Hz)}$$

相应的空气中声波波长为

$$\lambda = \frac{u}{\nu} = \frac{u+v_S}{\nu_S} = \frac{330+22}{1500} = 0.23 \text{ (m)}$$

应该注意,警笛后方空气中声波的频率并不等于警笛后方的人接收到的频率,这是因为人向着声源跑

去时,又多接收了一些完整波的缘故。

*21.12 行波的叠加和群速度

和振动的合成类似,几个频率相同、波速相同、振动方向相同的简谐波叠加后,合成波仍然是简谐波。但是,不同频率的简谐波叠加后,合成波就不再是简谐波了,一般比较复杂,故称为**复波**。介质中有复波产生时,各质元的运动不再是简谐运动,波形图也不再是余弦曲线。图 21.38 画出了两个复波的波形图(实曲线),它们都是频率比为 3∶1 的两列简谐波的合成,只是图 21.38(a)中两波的相差和图(b)中两波的相差不同。图 21.39 是振幅相等、频率相近的两列简谐波合成的复波的波形图,它实际上表示了振动合成中的拍现象。

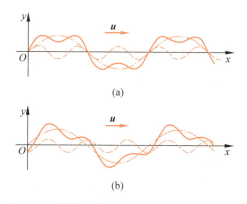

图 21.38　频率比为 3∶1 的两列简谐波的合成　　图 21.39　频率相近的两列余弦波的合成波

与几列简谐波可以合成为复波相反,一列任意的波,周期性的甚至非周期性的,如一个脉冲波,都可以分解为许多简谐波。这一分解所用的数学方法是傅里叶分析。

简谐波在介质中的传播速度,即相速度,和介质的种类有关。在有些介质中,不同频率的简谐波的相速度都一样。这种介质叫**无色散介质**。在有些介质中,相速度随频率的不同而改变。这种媒质叫**色散介质**。在无色散介质中,不同频率的简谐波具有相同的传播速度,因而合成的复波也以同样的速度传播,而且在传播过程中波形保持不变。在色散介质中,情况则不同。由于各成分波的相速度不同,因而合成的复波的传播呈现复杂的情况。下面就两列沿同一方向传播的,振幅相同、频率相近而且相速度差别不大的两列简谐波的合成作一说明。

设有两列沿 x 轴正向传播的简谐波,其波函数分别为

$$y_1 = A\cos(\omega_1 t - k_1 x)$$
$$y_2 = A\cos(\omega_2 t - k_2 x)$$

式中,$k_1 = \dfrac{\omega_1}{u_1}$,$k_2 = \dfrac{\omega_2}{u_2}$ 分别为两列波的波数;u_1 和 u_2 分别是两列波的相速度。这两列波的合成波为

$$y = y_1 + y_2$$
$$= 2A\cos\left(\frac{\omega_1 - \omega_2}{2}t - \frac{k_1 - k_2}{2}x\right)\cos\left(\frac{\omega_1 + \omega_2}{2}t - \frac{k_1 + k_2}{2}x\right) \qquad (21.59)$$

令

$$\bar{\omega} = \frac{\omega_1 + \omega_2}{2}, \quad \bar{k} = \frac{k_1 + k_2}{2}$$

$$\omega_g = \frac{\omega_1 - \omega_2}{2}, \quad k_g = \frac{k_1 - k_2}{2}$$

$$A_g = 2A\cos(\omega_g t - k_g x)$$

则式(21.59)可写为

$$y = 2A\cos(\omega_g t - k_g x)\cos(\bar{\omega} t - \bar{k} x)$$
$$= A_g \cos(\bar{\omega} t - \bar{k} x) \tag{21.60}$$

由于 ω_1 和 ω_2 很相近，所以 $\omega_g = \frac{\omega_1 - \omega_2}{2} \ll \omega_1$ 或 ω_2，而 $\bar{\omega} \approx \omega_1$ 或 ω_2。又由于相速度 u_1 和 u_2 差别不大，所以 $k_g = \frac{k_1 - k_2}{2} \ll k_1$ 或 k_2，而 $\bar{k} \approx k_1$ 或 k_2。这样，由式(21.60)所表示的合成波就可看成是振幅 A_g 以频率 ω_g 缓慢变化着而各质元以频率 $\bar{\omega}$ 迅速振动着的波。合成波的波形曲线也如图 21.39 所示，实线表示高频振动传播的波形，虚线表示振幅变化的波形。质元振动的相为 $(\bar{\omega} t - \bar{k} x)$，也就是合成波的相。认准某一确定的相，即令 $(\bar{\omega} t - \bar{k} x) =$ 常量，可求得复波的**相速度**为

$$u = \frac{dx}{dt} = \frac{\bar{\omega}}{\bar{k}} \tag{21.61}$$

如果忽略两成分波的相速度的差别，这一相速度也就等于成分波的相速度。

由于振幅的变化，合成波显现为一团一团振动向前传播。这样的一团叫一个**波群**或**波包**。波群的运动就由式(21.60)中的 A_g 表示。波群的运动速度叫**群速度**，它可以通过令 $(\omega_g t - k_g x) =$ 常量求得。以 u_g 表示群速度，则

$$u_g = \frac{dx}{dt} = \frac{\omega_g}{k_g} = \frac{\omega_1 - \omega_2}{k_1 - k_2} = \frac{\Delta\omega}{\Delta k}$$

在色散介质中 ω 随 k 连续变化而频差很小时，可用 $\frac{d\omega}{dk}$ 代替 $\frac{\Delta\omega}{\Delta k}$，于是

$$u_g = \frac{d\omega}{dk} \tag{21.62}$$

利用 $u = \omega/k = \nu\lambda$ 和 $k = 2\pi/\lambda$ 的关系，还可以把上式改写为

$$u_g = u - \lambda\frac{du}{d\lambda} \tag{21.63}$$

对于无色散介质，相速度 u 与频率无关，即为常量，ω 与 k 成正比，于是

$$u_g = \frac{d\omega}{dk} = u$$

即群速度等于相速度。对于色散介质，群速度和相速度可能有很大差别。

信号和能量随着复波传播，其传播的速度就是波包移动的速度，即群速度。理想的简谐波在无限长的时间内始终以同一振幅振动，并不传播信号和能量，和它相对应的相速度 u 只表示简谐波中各点相位之间的关系，并不是信号和能量的传播速度。

图 21.39 表示的由波包组成的复波，只是在无色散或色散不大的介质中传播的情形。这种情况下，波包具有稳定的形状。如果介质的色散（即 $du/d\lambda$）较大，则由于各成分波的相

速的显著差异,波包在传播过程中会逐渐摊平、拉开以致最终弥散消失。这种情况下,群速度的概念也就失去意义了。

例 21.7

根据 21.10 节关于水面波的波速公式计算各种水面波的群速度。

解 将所给相速度公式(21.48)代入式(21.63)中,即可得深海波浪的群速度为

$$u_{d,g} = u_d - \lambda \frac{du_d}{d\lambda} = u_d - \frac{1}{2}\sqrt{\frac{g\lambda}{8\pi}} = \frac{u_d}{2}$$

用式(21.47)得浅海波浪的群速度为

$$u_{s,g} = u_s - \lambda \frac{du_s}{d\lambda} = u_s$$

用式(21.46)得涟漪波的群速度为

$$u_{r,g} = u_r - \lambda \frac{du_r}{d\lambda} = u_r + \frac{1}{2}\sqrt{\frac{2\pi\sigma}{\rho\lambda}} = \frac{3}{2}u_r$$

*21.13 孤子

21.12 节讲了在色散介质中波的叠加会形成波包。在那里介质虽然是色散的(即相速度和频率或波长有关),但也是线性的(即相速度与振幅无关)。这种线性关系也是 21.12 节利用叠加原理的根据。21.12 节也指出了,在线性介质中形成波包,一般并不稳定,会在传播过程中逐渐弥散消失。如果介质是**非线性的**,则有可能形成一种不弥散的波包——**孤立波**。

早在 1834 年,英国的一位造船工程师 S. Russel 正骑马沿运河行进,发现河内一只船突然停止时,它的前方水面上形成了一个光滑而轮廓清晰的大鼓包沿运河向前推进。他一直跟踪观察,发现这一鼓包保持着约 30 ft(英尺,1 ft≈0.3 m)长和 1~1.5 ft 高的形状一直前进了约 1 mile(英里,1 mile≈1609.3 m)的距离才在运河的拐弯处消失了。这种形状保持不变的鼓包向前传播的现象现在称做孤立波。

1895 年两位德国科学家 Korteweg 和 de Vries 对孤立波的形成作出了合理的解释,认为它是介质的色散效应和非线性效应共同起作用的结果。他们设计了一个数学模型,取介质中的波动方程为

$$\frac{\partial y}{\partial t} - 6y\frac{\partial y}{\partial x} + \frac{\partial^3 y}{\partial x^3} = 0 \tag{21.64}$$

这一方程现在就叫 KdV 方程,它的一个特解是

$$y = -\frac{u}{2}\text{sech}^2\left[\frac{\sqrt{u}}{2}(x-ut)\right] \tag{21.65}$$

这个波的波形就是一个波包(图 21.40),它以恒定速度 u 向前传播,其振幅 $u/2$ 为定值(注意这里显示出了速度和振幅有关的非线性效应)。式(21.65)就是一种孤立波的数学表示式。

就物理原因来说,式(21.64)中的第三项表示介质的色散作用,因而叫做**色散项**。它使

波包弥散。式(21.64)中第二项叫**非线性项**。它的作用是使波包能量重新分配从而使频率扩展,空间坐标收缩,波包被压挤,如果这两种相反的效应相互抵消,就会形成形状不变的孤立波。由式(21.68)表示的"单孤子"就是这样形成的。

式(21.64)还有其他特解,其中的"双孤子解"说明孤立波的一个重要特征,即碰撞不变性:两个孤子在传播过程中相遇,碰撞后各自的波形和速度都不变。如图 21.41 所示,振幅一大一小的两个孤立波向右传播,振幅大的速度大,追赶振幅小的,$t=0$ 时在 $x \approx 0$ 处追上并发生碰撞,而后各自仍以原有的振幅和速度传播,不过振幅小的落在了后边。正是由于这种碰撞不变性表明孤立波的稳定性,类似于两粒子的碰撞,所以孤立波又称做**"孤立子"**或简称**"孤子"**。

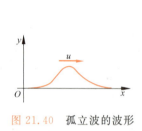

图 21.40 孤立波的波形　　图 21.41 两个孤子的碰撞

自 20 世纪 60 年代人们开始注意研究非线性条件下的孤子以来,已发现了其他类型的孤子。目前许多领域中都在用孤子理论开展研究。例如,等离子体中的电磁波和声波,晶体中位错的传播,蛋白质的能量的高效率传播,神经系统中信号的传播,高温超导的孤子理论解释,介子的非线性场论模型,等等。由于光纤中光学孤子可以进行压缩而且传输过程中光学孤子形状不变,利用光纤孤子进行通信就有容量大,误码率低,抗干扰能力强,传输距离长等优点。所以目前各国都在竞相研究光纤孤子通信,有的实验室已实现了距离为 10^6 km 的信号传输。

提　要

1. 行波:扰动的传播。机械波在介质中传播时,只是扰动在传播,介质并不随波迁移。

2. 简谐波:简谐运动的传播。波形成时,各质元都在振动,但步调不同;沿波的传播方向,各质元的相位依次落后。

简谐波波函数

$$y = A\cos\omega\left(t \mp \frac{x}{u}\right) = A\cos 2\pi\left(\frac{t}{T} \mp \frac{x}{\lambda}\right)$$
$$= A\cos(\omega t \mp kx)$$

负号用于沿 x 轴正向传播的波,正号用于沿 x 轴负向传播的波;式中周期 $T = \dfrac{2\pi}{\omega} = \dfrac{1}{\nu}$,波数 $k = \dfrac{2\pi}{\lambda}$,相速度 $u = \lambda\nu$,波长 λ 是沿波的传播方向两相邻的同相质元间的距离。

3. **弹性介质中的波速**

横波波速 $\quad u=\sqrt{G/\rho}$，G 为剪切模量，ρ 为密度；

纵波波速 $\quad u=\sqrt{E/\rho}$，E 为杨氏模量，ρ 为密度；

液体气体中纵波波速 $\quad u=\sqrt{K/\rho}$，K 为体弹模量，ρ 为密度；

拉紧的绳中的横波波速 $\quad u=\sqrt{F/\rho_l}$，F 为绳中张力，ρ_l 为线密度。

4. **简谐波的能量**：任一质元的动能和弹性势能同相地变化。

平均能量密度 $\quad \overline{w}=\dfrac{1}{2}\rho\omega^2 A^2$

波的强度 $\quad I=\overline{w}u=\dfrac{1}{2}\rho\omega^2 A^2 u$

5. **惠更斯原理**(作图法)：介质中波阵面上各点都可看做子波波源，其后任一时刻这些子波的包迹就是新的波阵面。用此作图法可说明波的反射定律，折射定律以及全反射现象。

6. **驻波**：两列频率、振动方向和振幅都相同而传播方向相反的简谐波叠加形成驻波，其表达式为

$$y = 2A\cos\dfrac{2\pi}{\lambda}x\cos\omega t$$

它实际上是稳定的分段振动，有波节和波腹。在有限的介质中（例如两端固定的弦线上）的驻波波长是量子化的。

7. **声波**

声级 $\quad L=10\lg\dfrac{I}{I_0}$ (dB)， $I_0=10^{-12}$ W/m²

空气中的声速

$$u=\sqrt{\dfrac{\gamma RT}{M}}$$

8. **地震波**：有 P 波（纵波）、S 波（横波）、表面波之别。里氏地震级 M 与该次地震释放的能量 E 的关系为

$$M=0.67\lg E - 2.9$$

9. **水波**：形成水波的恢复力是表面张力（涟漪波）和重力（深水）。水波中的水质元作圆周（或椭圆）运动。水越深，水质元运动范围越小。

10. **多普勒效应**：接收器接收到的频率与接收器(R)及波源(S)的运动有关。

波源静止 $\quad \nu_R=\dfrac{u+v_R}{u}\nu_S$，接收器向波源运动时 v_R 取正值；

接收器静止 $\quad \nu_R=\dfrac{u}{u-v_S}\nu_S$，波源向接收器运动时 v_S 取正值。

光学多普勒效应：决定于光源和接收器的相对运动。光源和接收器相对速度为 v 时，

$$\nu_R=\sqrt{\dfrac{c\pm v}{c\mp v}}\nu_S$$

波源速度超过它发出的波的速度时，产生冲击波。

| 马赫锥半顶角 α | $\sin\alpha = \dfrac{u}{v_s}$ |

*11. **群速度**：色散介质中，波包以群速度传播。

$$u_g = \frac{d\omega}{dk} = u - \lambda\frac{du}{d\lambda}$$

信号和能量以群速度传播。

思考题

21.1 设某时刻横波波形曲线如图 21.42 所示，试分别用箭头表示出图中 A,B,C,D,E,F,G,H,I 等质点在该时刻的运动方向，并画出经过 1/4 周期后的波形曲线。

21.2 沿简谐波的传播方向相隔 Δx 的两质点在同一时刻的相差是多少？分别以波长 λ 和波数 k 表示之。

21.3 在相同温度下氢气和氦气中的声速哪个大些？

21.4 拉紧的橡皮绳上传播横波时，在同一时刻，何处动能密度最大？何处弹性势能密度最大？何处总能量密度最大？何处这些能量密度最小？

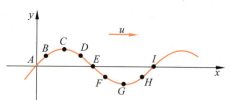

图 21.42 思考题 21.1 用图

21.5 驻波中各质元的相有什么关系？为什么说相没有传播？

21.6 在图 21.23 的驻波形成图中，在 $t = T/4$ 时，各质元的能量是什么能？大小分布如何？在 $t = T/2$ 时，各质元的能量是什么能？大小分布又如何？波节和波腹处的质元的能量各是如何变化的？

21.7 二胡调音时，要旋动上部的旋杆，演奏时手指压触弦线的不同部位，就能发出各种音调不同的声音。这都是什么缘故？

21.8 哨子和管乐器如风琴管、笛、箫等发声时，吹入的空气湍流使管内空气柱产生驻波振动。管口处是"自由端"形成纵波波腹。另一端如果封闭（图 21.43），则为"固定端"，形成纵波波节；如果开放，则也是自由端，形成波腹。图 21.43(a)还画出了闭管中空气柱的基频简正振动模式曲线，表示 $\lambda_1 = L/4$。你能画出下两个波长较短的谐频简正振动模式曲线吗？请在图 21.43(b)、(c)中画出。此闭管可能发出的声音的频率和管长应该有什么关系？

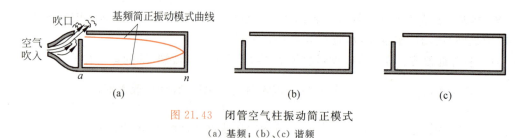

图 21.43 闭管空气柱振动简正模式
(a) 基频；(b)、(c) 谐频

21.9 利用拍现象可以根据标准音叉的频率测出另一待测音叉的频率。但拍频只给出二者的频率差，不能肯定哪个音叉的频率较高。如果给你一块橡皮泥，你能肯定地测出待测音叉的频率吗？

21.10 两个喇叭并排放置，由同一话筒驱动，以相同的功率向前发送声波。下述两种情况下，在它们前方较远处的 P 点的声强和单独一个喇叭发声时在该点的声强相比如何（用倍数或分数说明）？

(1) P 点到两个喇叭的距离相等；

(2) P 点到两个喇叭的距离差半个波长。

*21.11 如果地震发生时,你站在地面上。P 波怎样摇晃你? S 波怎样摇晃你? 你先感到哪种摇晃?

*21.12 曾经说过,波传播时,介质的质元并不随波迁移。但水面上有波形成时,可以看到漂在水面上的树叶沿水波前进的方向移动。这是为什么?

21.13 如果在你做健身操时,头顶有飞机飞过,你会发现你向下弯腰和向上直起时所听到的飞机声音音调不同。为什么? 何时听到的音调高些?

21.14 在有北风的情况下,站在南方的人听到在北方的警笛发出的声音和无风的情况下听到的有何不同? 你能导出一个相应的公式吗?

21.15 声源向接收器运动和接收器向声源运动,都会产生声波频率增高的效果。这两种情况有何区别? 如果两种情况下的运动速度相同,接收器接收的频率会有不同吗? 若声源换为光源接收器接收光的频率,结果又如何?

*21.16 2004 年圣诞节泰国避暑圣地普吉岛遭遇海啸袭击,损失惨重。报道称涌上岸的海浪高达 10 m 以上。这是从远洋传来的波浪靠近岸边时后浪推前浪拥塞堆集的结果。你能用浅海水面波速公式 $u_s = \sqrt{gh}$ 来解释这种海啸高浪头的形成过程吗?

*21.17 二硫化碳对钠黄光的折射率为 1.64,由此算得光在二硫化碳中的速度是 1.83×10^8 m/s,但用光信号的传播直接测出的二硫化碳中钠黄光的速度为 1.70×10^8 m/s。你能解释这个差别吗?

习题

21.1 太平洋上有一次形成的洋波速度为 740 km/h,波长为 300 km。这种洋波的频率是多少? 横渡太平洋 8000 km 的距离需要多长时间?

21.2 一简谐横波以 0.8 m/s 的速度沿一长弦线传播。在 $x = 0.1$ m 处,弦线质点的位移随时间的变化关系为 $y = 0.05 \sin(1.0 - 4.0t)$。试写出波函数。

21.3 一横波沿绳传播,其波函数为
$$y = 2 \times 10^{-2} \sin 2\pi(200t - 2.0x)$$
(1) 求此横波的波长、频率、波速和传播方向;
(2) 求绳上质元振动的最大速度并与波速比较。

21.4 据报道,1976 年唐山大地震时,当地某居民曾被猛地向上抛起 2 m 高。设地震横波为简谐波,且频率为 1 Hz,波速为 3 km/s,它的波长多大? 振幅多大?

21.5 一平面简谐波在 $t = 0$ 时的波形曲线如图 21.44 所示。

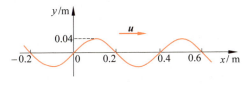

图 21.44 习题 21.5 用图

(1) 已知 $u = 0.08$ m/s,写出波函数;
(2) 画出 $t = T/8$ 时的波形曲线。

21.6 已知波的波函数为 $y = A\cos \pi(4t + 2x)$。
(1) 写出 $t = 4.2$ s 时各波峰位置的坐标表示式,并计算此时离原点最近一个波峰的位置,该波峰何时通过原点?

(2) 画出 $t=4.2$ s 时的波形曲线。

21.7 频率为 500 Hz 的简谐波，波速为 350 m/s。

(1) 沿波的传播方向，相差为 60° 的两点间相距多远？

(2) 在某点，时间间隔为 10^{-3} s 的两个振动状态，其相差多大？

21.8 在钢棒中声速为 5100 m/s，求钢的杨氏模量（钢的密度 $\rho = 7.8 \times 10^3$ kg/m³）。

21.9 证明固体或液体受到均匀压强 p 时的弹性势能密度为 $\frac{1}{2} K \left(\frac{\Delta V}{V} \right)^2$。注意，对固体和液体来说，$\Delta V \ll V$。

21.10 钢轨中声速为 5.1×10^3 m/s。今有一声波沿钢轨传播，在某处振幅为 1×10^{-9} m，频率为 1×10^3 Hz。钢的密度为 7.9×10^3 kg/m³，钢轨的截面积按 15 cm² 计。

(1) 试求该声波在该处的强度；

(2) 试求该声波在该处通过钢轨输送的功率。

*21.11 行波中能量的传播是后面介质对前面介质做功的结果。参照图 21.12，先求出棒的一段长度 Δx 的左端面 S 受后方介质的拉力的表示式，再写出此端面的振动速度表示式，然后求出此拉力的功率。此结果应与式(21.31)相同。

21.12 位于 A, B 两点的两个波源，振幅相等，频率都是 100 Hz，相差为 π，若 A, B 相距 30 m，波速为 400 m/s，求 AB 连线上二者之间叠加而静止的各点的位置。

21.13 一驻波波函数为

$$y = 0.02 \cos 20x \cos 750t$$

求：(1) 形成此驻波的两行波的振幅和波速各为多少？

(2) 相邻两波节间的距离多大？

(3) $t = 2.0 \times 10^{-3}$ s 时，$x = 5.0 \times 10^{-2}$ m 处质点振动的速度多大？

21.14 一平面简谐波沿 x 正向传播，如图 21.45 所示，振幅为 A，频率为 ν，传播速度为 u。

(1) $t=0$ 时，在原点 O 处的质元由平衡位置向 x 轴正方向运动，试写出此波的波函数；

(2) 若经分界面反射的波的振幅和入射波的振幅相等，试写出反射波的波函数，并求在 x 轴上因入射波和反射波叠加而静止的各点的位置。

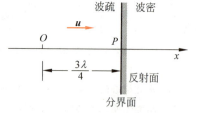

图 21.45 习题 21.14 用图

21.15 超声波源常用压电石英晶片的驻波振动。如图 21.46 在两面镀银的石英晶片上加上交变电压，晶片中就沿其厚度的方向上以交变电压的频率产生驻波，有电极的两表面是自由的而成为波腹。设晶片的厚度 d 为 2.00 mm，石英片中沿其厚度方向声速是 5.74×10^3 m/s 要想激起石英片发生基频振动，外加电压的频率应是多少？

21.16 一日本妇女的喊声曾创吉尼斯世界纪录，达到 115 dB。这喊声的声强多大？后来一中国女孩破了这个纪录，她的喊声达到 141 dB，这喊声的声强又是多大？

21.17 图 21.47 所示为一次智利地震时在美国华盛顿记录下来的地震波图，其中显示了 P 波和 S 波到达的相对时间。如果 P 波和 S 波的平均速度分别为 8 km/s 与 6 km/s，试估算此次地震震中到华盛顿的距离。

21.18 1976 年唐山大地震为里氏 9.2 级（图 21.48）。试根据地震能量公式(21.45)求那次地震所释放的总能量，这能量相当于几个百万吨级氢弹爆炸所释放的能量？("百万吨"是指相当的 TNT 炸药的质量，1 kg TNT 炸药爆炸时释放的能量为 4.6×10^6 J。)

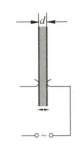

图 21.46　习题 21.15 用图

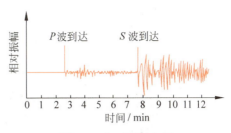

图 21.47　地震波记录

图 21.48　地震后的唐山（新华道两边的房子全部倒塌了）

21.19　在海岸抛锚的船因海浪传来而上下振荡,振荡周期为 4.0 s,振幅为 60 cm,传来的波浪每隔 25 m 有一波峰。

（1）求海波的速度；

*（2）求海面上水的质点作圆周运动的线速度,并和波速比较。由此可知波传播能量的速度可以比介质质元本身运动的速度大得多。

21.20　一摩托车驾驶者撞人后驾车逃逸,一警车发现后开警车鸣笛追赶。两者均沿同一直路开行。摩托车速率为 80 km/h,警车速率 120 km/h。如果警笛发声频率为 400 Hz,空气中声速为 330 m/s。摩托车驾驶者听到的警笛声的频率是多少？

21.21　海面上波浪的波长为 120 m,周期为 10 s。一艘快艇以 24 m/s 的速度迎浪开行。它撞击浪峰的频率是多大？多长时间撞击一次？如果它顺浪开行,它撞击浪峰的频率又是多大？多长时间撞击一次？

21.22　一驱逐舰停在海面上,它的水下声呐向一驶近的潜艇发射 1.8×10^4 Hz 的超声波。由该潜艇反射回来的超声波的频率和发射的相差 220 Hz,求该潜艇的速度。已知海水中声速为 1.54×10^3 m/s。

21.23　主动脉内血液的流速一般是 0.32 m/s。今沿血流方向发射 4.0 MHz 的超声波,被红血球反射回的波与原发射波将形成的拍频是多少？已知声波在人体内的传播速度为 1.54×10^3 m/s。

21.24　公路检查站上警察用雷达测速仪测来往汽车的速度,所用雷达波的频率为 5.0×10^{10} Hz。发出的雷达波被一迎面开来的汽车反射回来,与入射波形成了频率为 1.1×10^4 Hz 的拍频。此汽车是否已超过了限定车速 100 km/h。

21.25　物体超过声速的速度常用**马赫数**表示,马赫数定义为物体速度与介质中声速之比。一架超音速飞机以马赫数为 2.3 的速度在 5000 m 高空水平飞行,声速按 330 m/s 计。

（1）求空气中马赫锥的半顶角的大小。

（2）飞机从人头顶上飞过后要经过多长时间人才能听到飞机产生的冲击波声？

21.26　千岛湖水面上快艇以 60 km/h 的速率开行时,在其后留下的"艏波"的张角约为 10°

(图 21.49)。试估算湖面水波的静水波速。

图 21.49　习题 21.26 用图

21.27　有两列平面波,其波函数分别为
$$y_1 = A\sin(5x - 10t)$$
$$y_2 = A\sin(4x - 9t)$$

求:(1) 两波叠加后,合成波的波函数;
　　(2) 合成波的群速度;
　　(3) 一个波包的长度。

*21.28　沿固定细棒传播的弯曲波(棒的中心线像弦上横波那样运动,但各小段棒并不发生切变)的"色散关系"为
$$\omega = \alpha k^2$$
式中 α 为正的常量,由棒材的性质和截面尺寸决定。试求这种波的群速度和相速度的关系。

*21.29　大气上层电离层对于短波无线电波是色散介质,其色散关系为
$$\omega^2 = \omega_p^2 + c^2 k^2$$
其中,c 是光在真空中的速度;ω_p 为一常量。求在电离层中无线电波的相速度 u 和群速度 u_g,并证明 $uu_g = c^2$。

21.30　远方一星系来的光的波长经测量比地球上同类原子发的光的波长增大到 3/2 倍。求该星系离开地球的退行速度。

*21.31　证明在图 21.38 中复波的一个波包的长度为
$$\Delta x = \frac{\lambda^2}{\Delta \lambda}$$

并进而证明
$$\Delta x \Delta k = 2\pi \tag{21.66}$$

以 Δt 表示波包的延续时间,即它通过某一定点的时间,则 $\Delta t = \Delta x / u_g$,再证明
$$\Delta t \Delta \nu = 1 \tag{21.67}$$

这一关系式说明波包(或脉冲)延续时间越短,合成此波包的成分波的频率分布越宽。

式(21.66)和式(21.67)是波的通性,也用于微观粒子的波动性。在量子力学中这两式表示微观粒子的"不确定关系"。

*21.32　17 世纪费马曾提出:光从某一点到达另一点所经过的实际路径是那一条所需时间最短的路径。试根据这一"费马原理"证明光的反射定律($i' = i$)和折射定律式(21.36)。参考图 21.50,其中 Q_1 和 Q_2 为光线先后经过的两定点。

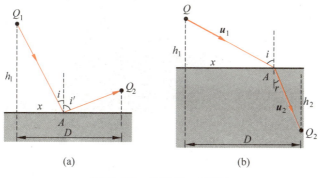

图 21.50　习题 21.32 用图

(a) 反射；(b) 折射

21.33　**超声电机**。超声电机是利用压电材料的电致伸缩效应制成的。因其中压电材料的工作频率在超声范围，所以称超声电机。一种超声电机的基本结构如图 21.51(a) 所示，在一片薄金属弹性体 M 的下表面黏附上复合压电陶瓷片 P_1 和 P_2（每一片的两半的电极化方向相反，如箭头所示），构成电机的"定子"。金属片 M 的上方压上金属滑块 R 作为电机的"转子"。当交流电信号加在压电陶瓷片上时，其电极化方向与信号中电场方向相同的半片略变厚，其电极化方向相反的半片略变薄。这将导致压电片上方的金属片局部发生弯曲振动。由于输入 P_1 和 P_2 的信号的相位不同，就有弯曲行波在金属片中产生。这种波的竖直和水平的两个分量的位移函数分别为

$$\xi_y = A_y \sin(\omega t - kx), \quad \xi_x = A_x \cos(\omega t - kx)$$

式中 ω 即信号的，也就是该信号引起的弹性金属片中波的，频率。这样，金属表面每一质元（x 一定）的合运动都将是两个相互垂直的振动的合成（图 21.51(b)），在其与上面金属滑块接触处的各质元（从左向右）都将依次向左运动。在这接触处涂有摩擦材料，借助于摩擦力，金属滑块将被推动向左运动，形成电机的基本动作。

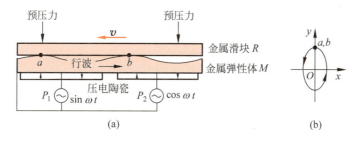

图 21.51　超声电机

(a) 一种超声电机结构图；(b) a, b 两点的运动

如果将薄金属弹性体做成扁环形体，在其下面沿环的方向黏附压电陶瓷片，在其上压上环形金属滑块，则在输入交流电信号时，滑块将被摩擦带动进行旋转，这将做成旋转的超声电机。

超声电机通常都造得很小，它和微型电磁电机相比具有体积小、转矩大、惯性小、无噪声等优点。现已被应用到精密设备，如照相机、扫描隧穿显微镜甚至航天设备中。图 21.52 是清华大学物理系声学研究室 2001 年研制成的直径 1 mm、长 5 mm、重 36 mg 的旋转超声电机，曾用于 OCT 内窥镜中驱动其中的扫描反射镜。

就图 21.51 所示的超声电机证明：

(1) 薄金属片中各质元的合运动轨迹都是正椭圆，其轨迹方程为

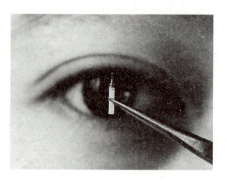

图 21.52 清华大学声学研究室研制成的直径 1 mm 的旋转超电声机(镊子夹住的)

$$\frac{\xi_x^2}{A_x^2}+\frac{\xi_y^2}{A_y^2}=1$$

(2) 薄金属片与金属滑块接触时的水平速率都是

$$v=-\omega A_x$$

负号表示此速度方向沿图 21.51 中 x 负方向,即向左。

第 22 章

光 的 干 涉

光是一种电磁波。通常意义上的光是指**可见光**,即能引起人的视觉的电磁波。它的频率在 $3.9\times10^{14}\sim 8.6\times10^{14}$ Hz 之间,相应地在真空中的波长在 $0.77~\mu m$ 到 $0.35~\mu m$ 之间。不同频率的可见光给人以不同颜色的感觉,频率从大到小给出从紫到红的各种颜色。

作为电磁波,光波也服从叠加原理。满足一定条件的两束光叠加时,在叠加区域光的强度或明暗有一稳定的分布。这种现象称做**光的干涉**,干涉现象是光波以及一般的波动的特征。

本章讲述光的干涉的规律,包括干涉的条件和明暗条纹分布的规律。这些规律对其他种类的波,例如机械波和物质波也都适用。

22.1 杨氏双缝干涉

托马斯·杨在 1801 年做成功了一个判定光的波动性质的关键性实验——光的干涉实验。他用图 22.1 来说明实验原理。S_1 和 S_2 是两个点光源,它们发出的光波在右方叠加。在叠加区域放一白屏,就能看到在白屏上有等距离的明暗相间的条纹出现。这种现象只能用光是一种波动来解释,杨还由此实验测出了光的波长。就这样,杨首次通过实验肯定了光的波动性。

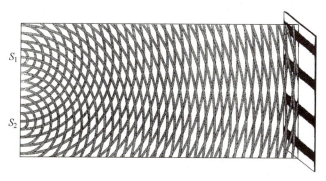

图 22.1　托马斯·杨的光的干涉图

现在的类似实验用双缝代替杨氏的两个点光源,因此叫杨氏双缝干涉实验。这实验如图 22.2 所示。S 是**一线光源**,其长度方向与纸面垂直。它发出的光为单色光,波长为 λ。它通常是用强的单色光照射的一条狭缝。G 是一个遮光屏,其上开有两条平行的细缝 S_1 和 S_2。图中画的 S_1 和 S_2 离光源 S 等远,S_1 和 S_2 之间的距离为 d。H 是一个与 G 平行的白屏,它与 G 的距离为 D。通常实验中总是使 $D \gg d$,例如 $D \approx 1$ m,而 $d \approx 10^{-4}$ m。

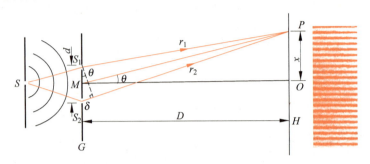

图 22.2 杨氏双缝干涉实验

在如图 22.2 的实验中,由光源 S 发出的光的波阵面同时到达 S_1 和 S_2。通过 S_1 和 S_2 的光将发生衍射现象而叠加在一起。由于 S_1 和 S_2 是由 S 发出的同一波阵面的两部分,所以这种产生光的干涉的方法叫做**分波阵面法**。

下面利用振动的叠加原理来分析双缝干涉实验中光的强度分布,这一分布是在屏 H 上以各处明暗不同的形式显示出来的。

考虑屏上离屏中心 O 点较近的任一点 P,从 S_1 和 S_2 到 P 的距离分别为 r_1 和 r_2。由于在图示装置中,从 S 到 S_1 和 S_2 等远,所以 S_1 和 S_2 是两个**同相**波源。因此在 P 处两列光波引起的振动的相(位)差就仅由从 S_1 和 S_2 到 P 点的**波程差**决定。由图可知,这一波程差为

$$\delta = r_2 - r_1 \approx d\sin\theta \tag{22.1}$$

式中,θ 是 P 点的角位置,即 $S_1 S_2$ 的中垂线 MO 与 MP 之间的夹角。通常这一夹角很小。

由于从 S_1 和 S_2 传向 P 的方向几乎相同,它们在 P 点引起的振动的方向就近似相同。根据**同方向**的振动叠加的规律,当从 S_1 和 S_2 到 P 点的波程差为波长的整数倍,即

$$\delta = d\sin\theta = \pm k\lambda, \quad k = 0, 1, 2, \cdots \tag{22.2}$$

亦即从 S_1 和 S_2 发出的光到达 P 点的相位差为

$$\Delta\varphi = 2\pi \frac{\delta}{\lambda} = \pm 2k\pi, \quad k = 0, 1, 2, \cdots \tag{22.3}$$

时,两束光在 P 点叠加的合振幅最大,因而光强最大,就形成明亮的条纹。这种合成振幅最大的叠加称做**相长干涉**。式(22.2)就给出明条纹中心的角位置 θ,其中 k 称为明条纹的**级次**。$k=0$ 的明条纹称为零级明纹或中央明纹,$k=1,2,\cdots$ 的分别称为第 1 级、第 2 级……明纹。

当从 S_1 和 S_2 到 P 点的波程差为波长的半整数倍,即

$$\delta = d\sin\theta = \pm(2k-1)\frac{\lambda}{2}, \quad k = 1, 2, 3, \cdots \tag{22.4}$$

亦即 P 点两束光的相差为

$$\Delta\varphi = 2\pi\frac{\delta}{\lambda} = \pm(2k-1)\pi, \quad k=1,2,3,\cdots \tag{22.5}$$

时,叠加后的合振幅最小,强度最小而形成暗纹。这种叠加称为**相消干涉**。式(22.4)即给出暗纹中心的角位置,而 k 即暗纹的级次。

波程差为其他值的各点,光强介于最明和最暗之间。

在实际的实验中,可以在屏 H 上看到稳定分布的明暗相间的条纹。这与上面给出的结果相符:中央为零级明纹,两侧对称地分布着较高级次的明暗相间的条纹。若以 x 表示 P 点在屏 H 上的位置,则由图 22.2 可得它与角位置的关系为

$$x = D\tan\theta$$

由于 θ 一般很小,所以有 $\tan\theta \approx \sin\theta$。再利用(22.2)式可得明纹中心的位置为

$$x = \pm k\frac{D}{d}\lambda, \quad k=0,1,2,\cdots \tag{22.6}$$

利用式(22.4)可得暗纹中心的位置为

$$x = \pm(2k-1)\frac{D}{2d}\lambda, \quad k=1,2,3,\cdots \tag{22.7}$$

相邻两明纹或暗纹间的距离都是

$$\Delta x = \frac{D}{d}\lambda \tag{22.8}$$

此式表明 Δx 与级次 k 无关,因而条纹是**等间距**地排列的。实验上常根据测得的 Δx 值和 D,d 的值求出光的波长。

若要更仔细地考虑屏 H 上的光强分布,则需利用振幅合成的规律。以 A 表示光振动在 P 点的合振幅,以 A_1 和 A_2 分别表示单独由 S_1 和 S_2 在 P 点引起的光振动的振幅,由于两振动方向相同,所以有

$$A^2 = A_1^2 + A_2^2 + 2A_1A_2\cos\Delta\varphi$$

其中 $\Delta\varphi$ 为两分振动的相差。由于**光的强度正比于振幅的平方**,所以在 P 点的光强应为

$$I = I_1 + I_2 + 2\sqrt{I_1 I_2}\cos\Delta\varphi \tag{22.9}$$

这里 I_1,I_2 分别为两相干光单独在 P 点处的光强。根据此式得出的双缝干涉的强度分布如图 22.3 所示。

为了表示条纹的明显程度,引入**衬比度**概念。以 V 表示衬比度,则定义

$$V = \frac{I_{\max} - I_{\min}}{I_{\max} + I_{\min}} \tag{22.10}$$

当 $I_1 = I_2$ 时,明纹最亮处的光强为 $I_{\max} = 4I_1$,暗纹最暗处的光强为 $I_{\min} = 0$。这种情况下,$V=1$,条纹明暗对比鲜明(图 22.3(a))。$I_1 \neq I_2$ 时,$I_{\min} \neq 0$,$V<1$,条纹明暗对比差(图 22.3(b))。因此,为了获得明暗对比鲜明的干涉条纹,以利于观测,应力求使两相干光在各处的光强相等。在通常的双缝干涉实验中,缝 S_1 和 S_2 的宽度相等,而且都比较窄,又只是在 θ 较小的范围观测干涉条纹,这一条件一般是能满足的。

以上讨论的是**单色光**的双缝干涉。式(22.8)表明相邻明纹(或暗纹)的间距和波长成正比。因此,如果用白光做实验,则除了 $k=0$ 的中央明纹的中部因各单色光重合而显示为白

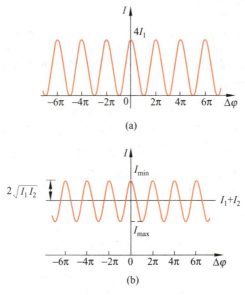

图 22.3 双缝干涉的光强分布曲线
(a) $I_1 = I_2$；(b) $I_1 \neq I_2$

色外，其他各级明纹将因不同色光的波长不同，它们的极大所出现的位置错开而变成彩色的，并且各种颜色级次稍高的条纹将发生重叠以致模糊一片分不清条纹了。白光干涉条纹的这一特点在干涉测量中可用来判断是否出现了零级条纹。

例 22.1

用白光作光源观察双缝干涉。设缝间距为 d，试求能观察到的清晰可见光谱的级次。

解 白光波长在 390～750 nm 范围。明纹条件为

$$d\sin\theta = \pm k\lambda$$

在 $\theta = 0$ 处，各种波长的光波程差均为零，所以各种波长的零级条纹在屏上 $x = 0$ 处重叠，形成中央白色明纹。

在中央明纹两侧，各种波长的同一级次的明纹，由于波长不同而角位置不同，因而彼此错开，并产生不同级次的条纹的重叠。在重叠的区域内，靠近中央明纹的两侧，观察到的是由各种色光形成的彩色条纹，再远处则各色光重叠的结果形成一片白色，看不到条纹。

最先发生重叠的是某一级次的红光(波长为 λ_r)和高一级次的紫光(波长为 λ_v)。因此，能观察到的从紫到红清晰的可见光谱的级次可由下式求得：

$$k\lambda_r = (k+1)\lambda_v$$

因而

$$k = \frac{\lambda_v}{\lambda_r - \lambda_v} = \frac{390}{750 - 390} = 1.08$$

由于 k 只能取整数，所以这一计算结果表明，从紫到红排列清晰的可见光谱只有正负各一级，如图 22.4 所示。

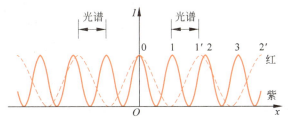

图 22.4　例 22.1 的白光干涉条纹强度分布

22.2　相干光

两列光波叠加时，既然能产生干涉现象，为什么室内用两个灯泡照明时，墙上不出现明暗条纹的稳定分布呢？不但如此，在实验室内，使两个单色光源，例如两只钠光灯（发黄光）发的光相叠加，甚至使同一只钠光灯上两个发光点发的光叠加，也还是观察不到明暗条纹**稳定分布**的干涉现象。这是为什么呢？

仔细分析一下双缝干涉现象，就可以发现并不是任何两列波相叠加都能发生干涉现象。要发生合振动强弱在空间**稳定分布**的干涉现象，这两列波必须**振动方向相同**，**频率相同**，**相位差恒定**。这些要求叫做波的**相干条件**。满足这些相干条件的波叫**相干波**。振动方向相同和频率相同保证叠加时的振幅由式(22.3)和式(22.5)决定，从而合振动有强弱之分。相位差恒定则是保证强弱分布稳定所不可或缺的条件。这些条件对机械波来说，比较容易满足。图 22.5 就是水波叠加产生的干涉图像，其中两水波波源是由同一簧片上的两个触点振动时不断撞击水面形成的，这样形成的两列水波自然是相干波。用普通光源要获得相干光波就复杂了，这和普通光源的发光机理有关。下面我们来说明这一点。

图 22.5　水波干涉实验

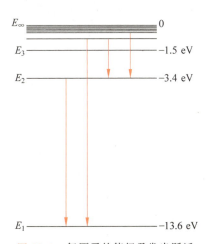

图 22.6　氢原子的能级及发光跃迁

光源的发光是其中大量的分子或原子进行的一种微观过程。现代物理学理论已完全肯定分子或原子的能量只能具有**离散的值**,这些值分别称做**能级**。例如氢原子的能级如图 22.6 所示。能量最低的状态叫**基态**,其他能量较高的状态都叫**激发态**。由于外界条件的激励,如通过碰撞,原子就可以处在激发态中。处于激发态的原子是不稳定的,它会自发地回到低激发态或基态。这一过程叫从高能级到低能级的**跃迁**。通过这种跃迁,原子的能量减小,也正是在这种跃迁过程中,原子向外发射电磁波,这电磁波就携带着原子所减少的能量。这一跃迁过程所经历的时间是很短的,约为10^{-8} s,这也就是一个原子一次发光所持续的时间。把光看成电磁波,一个原子每一次发光就只能发出一段**长度有限**、**频率一定**(实际上频率是在一个很小范围内)和**振动方向一定**(记住,电磁波是横波)的光波(图 22.7)。这一段光波叫做一个**波列**。

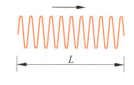

图 22.7 一个波列示意图

当然,一个原子经过一次发光跃迁后,还可以再次被激发到较高的能级,因而又可以再次发光。因此,原子的发光都是断续的。

在普通的光源内,有非常多的原子在发光,这些原子的发光远**不是同步的**。这是因为在这些光源内原子处于激发态时,它向低能级的跃迁完全是**自发的**,是按照一定的概率发生的。各原子的各次发光完全是**相互独立**、互不相关的。各次发出的波列的频率和振动方向可能不同,而且它们每次何时发光是完全不确定的(因而相位不确定)。在实验中我们所观察到的光是由光源中的许多原子所发出的、许许多多相互独立的波列组成的。尽管在有些条件下(如在单色光源内)可以使这些波列的频率基本相同,但是两个相同的光源或同一光源上的两部分发出的各个波列振动方向与相位不同。当它们叠加时,在任一点,这些波列引起的振动方向不可能都相同,特别是相差不可能保持恒定,因而合振幅**不可能**稳定,也就**不可能产生光的强弱在空间稳定分布**的干涉现象了。

实际上,利用普通光源获得相干光的方法的基本原理是,把由光源上同一点发的光设法分成两部分,然后再使这两部分叠加起来。由于这两部分光的相应部分实际上都来自同一**发光原子的同一次发光**,所以它们将满足相干条件而成为相干光。

把同一光源发的光分成两部分的方法有两种。一种就是上面杨氏双缝实验中利用的**分波阵面法**,另一种是**分振幅法**,下面要讲的薄膜干涉实验用的就是后一种方法。

利用分波阵面法产生相干光的实验还有菲涅耳双镜实验、劳埃德镜实验等。

菲涅耳双镜实验装置如图 22.8 所示。它是由两个交角很小的平面镜 M_1 和 M_2 构成

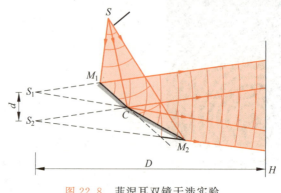

图 22.8 菲涅耳双镜干涉实验

的。S 为线光源，其长度方向与两镜面的交线平行。

由 S 发的光的波阵面到达镜面上时也分成两部分，它们分别由两个平面镜反射。两束反射光也是相干光，它们也有部分重叠，在屏 H 上的重叠区域也有明暗条纹出现。如果把两束相干光分别看做是由两个虚光源 S_1 和 S_2 发出的，则关于杨氏双缝实验的分析也完全适用于这种双镜实验。

劳埃德镜实验就用一个平面镜 M，如图 22.9 所示，图中 S 为线光源。

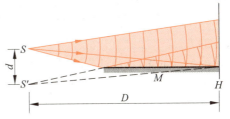

图 22.9　劳埃德镜干涉实验

S 发出的光的波阵面的一部分直接照到屏 H 上，另一部分经过平面镜反射后再射到屏 H 上。这两部分光也是相干光，在屏 H 上的重叠区域也能产生干涉条纹。如果把反射光看做是由虚光源 S′ 发出的，则关于双缝实验的分析也同样适用于劳埃德镜干涉实验。不过这时必须认为 S 和 S′ 两个光源是反相相干光源。这是因为玻璃与空气相比，玻璃是光密介质，而光线由光疏介质射向光密介质在界面上发生反射时有半波损失（或 π 的位相突变）的缘故。如果把屏 H 放到靠在平面镜的边上，则在接触处屏上出现的是暗条纹。一方面由于此处是未经反射的光和刚刚反射的光相叠加，它们的完全相消就说明光在平面镜上反射时有半波损失；另一方面，由于这一位置相当于双缝实验的中央条纹，它是暗纹就说明 S 和 S′ 是反相的。

以上说明的是利用"普通"光源产生相干光进行干涉实验的方法，现代的干涉实验已多用 **激光光源** 来做了。激光光源的发光面（即激光管的输出端面）上各点发出的光都是频率相同，振动方向相同而且同相的相干光波（基横模输出情况）。因此使一个激光光源的发光面的两部分发的光直接叠加起来，甚至使两个同频率的激光光源发的光叠加，也可以产生明显的干涉现象。现代精密技术中就有很多地方利用激光产生的干涉现象。

*22.3　光的非单色性对干涉条纹的影响

22.2 节已讲过原子发光是断续的，每次发光只延续很短一段时间 τ（约 10^{-8} s），因而每次发出的光波都只是长度有限的波列。一个长度有限的波列，实际是由许多不同频率的谐波组成的。因此，即使是所谓的"单色光源"，发的光也不是严格地只包含单一频率（或波长）的光，而是包含有一定频率范围，或波长范围的光，这种光称为 **准单色光**。波长为 λ 的准单色光的组成一般用如图 22.10 所画的 I-λ 曲线表示。在 λ 左右的其他波长成分的强度迅速减小。这就构成了一条 **谱线**。强度等于最大强度的一半的波长范围 Δλ 叫做 **谱线宽度**。Δλ 愈小，光的单色性愈好。普通单色光源，谱线宽度的数量级为千分之几纳米到几纳米。激光的谱线宽度大约只有 10^{-9} nm，甚至更小。

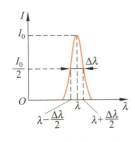

图 22.10　谱线及其宽度

有一定谱线宽度的单色光射入干涉装置后每一种波长成分都将产生自己的干涉条纹，如图 22.11 下部曲线所示。图中带撇的和不带撇的数字分别表示最大波长和最小波长的光形成的干涉条纹的明纹的级次。由于波长不同，所以除了零级条纹外，其他同级次的条纹将彼此错开,并发生不同级条纹的重叠。在重叠处总的光强为各种波长的条纹的光强的**非相干**相加。图中上面的曲线为干涉条纹的总光强。由图可见,随着 x 的增大,干涉条纹的明暗对比减小,当 x 增大到某一值以后,干涉条纹就消失了。对于谱线宽度为 $\Delta\lambda$ 的准单色光,干涉条纹消失的位置应是波长为 $\lambda+\Delta\lambda/2$ 的成分的 k 级明纹与波长为 $\lambda-\Delta\lambda/2$ 的成分的 $k+1$ 级明纹重合的位置。由于两成分在此位置上有同一光程差,根据光程差与明纹级次的关系可知,条纹消失时,最大光程差应满足

$$\delta_{\max} = \left(\lambda + \frac{\Delta\lambda}{2}\right)k = \left(\lambda - \frac{\Delta\lambda}{2}\right)(k+1)$$

由此式解得

$$k\Delta\lambda = \lambda - \frac{\Delta\lambda}{2}$$

由于 $\Delta\lambda \ll \lambda$,和 λ 项相比,可忽略 $\Delta\lambda$ 项。于是可得

$$k = \frac{\lambda}{\Delta\lambda} \tag{22.11}$$

而

$$\delta_{\max} = \lambda k = \frac{\lambda^2}{\Delta\lambda} \tag{22.12}$$

这两个公式给出了光的非单色性对干涉条纹的影响。$\Delta\lambda$ 愈大,即光的单色性愈差,能够观察到干涉条纹的级次 k 和最大允许的光程差 $\delta_{\max}$ 就愈小。只有在光程差小于 $\delta_{\max}$ 的条件下才能观察到干涉条纹。因此,$\delta_{\max}$ 称为**相干长度**。

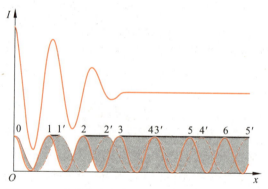

图 22.11 准单色光中各波长成分干涉条纹的重叠

例 22.2

在一双缝干涉实验中,光源用低压汞灯并使用它发的绿光作实验,此绿光波长 $\lambda = 546.1$ nm,谱线宽度 $\Delta\lambda = 0.044$ nm,试求能观察到干涉条纹的级次和最大允许的光程差。

解 利用式(22.11)和式(22.12)可求得

$$k = \frac{\lambda}{\Delta\lambda} = \frac{546.1}{0.044} = 1.241 \times 10^4$$

$$\delta_{\max} = \frac{\lambda^2}{\Delta\lambda} = \frac{546.1^2}{0.044} = 6.8 \times 10^{-3}\,(\mathrm{m}) = 6.8\,(\mathrm{mm})$$

这一结果表明,由于 k 很大,所以用普通的单色光源时,就光的非单色性影响来说,实验中总是能观察到相

当多的干涉条纹。此例中的绿光的相干长度为 6.8 mm，其他的普通的单色光源的光也大致如此。激光的相干长度要大得多，可以达几百千米。

如上所述，光的非单色性对干涉条纹的影响是由于原子发光的断续性引起的。相干长度的计算借助了干涉条纹的重叠。其实，根据波列的存在和叠加的概念，可以更直接地理解相干长度的意义。如图 22.12 所示，S 为一单色光源，它发的光通过 S_1，S_2 两狭缝后发生叠加。从 S 发出的各波列都分成两部分然后又在观察点相遇。以 a_1 和 a_2，b_1 和 b_2，c_1 和 c_2 分别表示同一波列分成的两部分，它们当然都分别是相干的。因此，只要光程差不大，使得在相遇处是 a_1 和 a_2，b_1 和 b_2 ⋯相遇(图 22.12(a))，则由于它们都是相干的，自然可以观察到干涉现象。但是，如果光程差太大，以致使 a_1 和 a_2，b_1 和 b_2 ⋯在相遇处彼此错开了(图 22.12(b))，相叠加的将都是互相独立、不相干的波列，那当然将导致干涉条纹的消失。由此不难得出，当从光源到观察点的光程差大于波列长度 L 时，干涉条纹将消失。由此得出的对光程差的限制应该就是上面的分析中得出的能观察到干涉条纹时对光程差的限制。因此

$$\delta_{\max} = L \tag{22.13}$$

这就是说，**相干长度就等于波列的长度**。

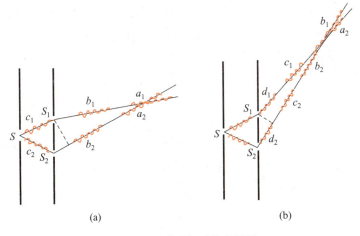

图 22.12 说明相干长度用图

光源在同一时刻发的光分为两束后又先后到达某一观察点，只有当这先后到达的**时差**小于某一值时才能在观察点产生干涉。这一时差决定了光的**时间相干性**。时间相干性的好坏，就用一个波列延续的时间 τ 或波列长度 L 来衡量。τ 又叫**相干时间**，L 就是相干长度。

*22.4 光源的大小对干涉条纹的影响

由于从普通光源的不同部位发出的光是不相干的，因而在分波阵面的干涉装置中，需要用点光源或线光源。实际的线光源(或被照亮的缝)总有一定宽度。实验表明，当光源的宽度逐渐增大时，干涉条纹的明暗对比将下降，而达到一定宽度时，干涉条纹将消失。下面就来讨论光源宽度对干涉条纹的影响。

如图 22.13 所示，设光源是宽度为 b 的普通带状光源，相对于双缝 S_1, S_2（间距为 d）对称放置，S_1, S_2 离光源的距离为 R。整个带状光源可以看成是由许多并排的线光源组成的，由于这些线光源是彼此独立地发光的，因而它们是**不相干的**。

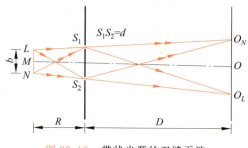

图 22.13　带状光源的双缝干涉

显然，每个线光源在屏上都要产生一套自己的干涉条纹。由波程差的分析可知，位于带光源中心 M 处的线光源产生的干涉条纹，其零级明纹在屏的中心 O 处。在 M 上方的线光源，其零级明纹在 O 的下方。而在 M 下方的线光源，它的零级明纹在 O 的上方。这些线光源产生的相邻明纹的间距都相等。因此，这些不相干的线光源产生的干涉条纹是彼此错开的。在这些干涉条纹的重叠处，总的光强应为各个条纹光强的**非相干相加**。图 22.14(a) 和 (b) 分别画出了两个宽度不同的光源所产生的干涉强度分布，每个图的下部是各成分线光源产生的干涉强度分布曲线，上部是它们相加而形成的总的干涉强度分布曲线。O_L, O_N 分别表示光源两边缘处的线光源产生的零级明纹中心所在处，其他线光源产生的零级明纹中心位置就分布在 O_L 和 O_N 之间。（这些线光源的干涉强度分布曲线紧密相邻形成图中阴影区域。）图 22.14(a) 中 O_L, O_N 彼此错开半个条纹间距，总的干涉条纹的明暗对比下降。图 22.14(b) 中 O_L, O_N 错开了一个条纹间距，总的光强均匀分布，干涉条纹消失。这后一种情况中两边缘线光源的间距就是带光源允许的宽度，小于这一宽度才能观察到干涉条纹。由这一要求可如下求出光源宽度应该满足的条件。

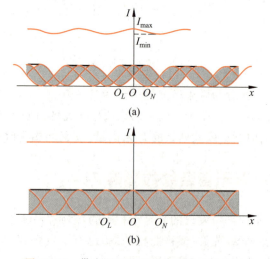

图 22.14　带光源双缝干涉的强度分布曲线

*22.4 光源的大小对干涉条纹的影响

如图 22.15 所示，设光源上边缘处线光源 L 产生的中央亮纹 O_L 与下边缘处线光源 N 产生的第一级亮纹 1_N 重合。由于 O_L 是中央亮纹中心，所以有

$$(LS_1 + r_1) - (LS_2 + r_2) = 0$$

由于 1_N 是第一级亮纹中心，所以有

$$(NS_1 + r_1) - (NS_2 + r_2) = \lambda$$

两式相减，可得

$$NS_1 - LS_1 + LS_2 - NS_2 = \lambda$$

由于 $LS_1 = NS_2$，$LS_2 = NS_1$，所以又可得

$$2(NS_1 - NS_2) = \lambda$$

在 NS_1 上截取线段 $NQ = NS_2$，则可得

$$2QS_1 = \lambda$$

由图可知，由于 $R \gg b$，$\angle S_1 S_2 Q = \angle NCM = \angle \beta$，因而有

$$QS_1 = d\beta = d\frac{b/2}{R} = \frac{db}{2R}$$

将此式代入上一式可得

$$bd = R\lambda \tag{22.14}$$

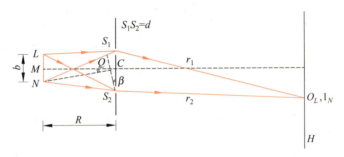

图 22.15 双缝干涉与光源宽度的关系分析

当 d 和 R 一定时，此式就给出在双缝情况下能产生干涉现象的普通光源的极限宽度。由于这一条件和双缝到屏的距离无关，所以当光源达到极限宽度时，在双缝后面任何距离处都不会出现干涉条纹。

式(22.14)也表明，在光源到缝的距离 R 一定的情况下，减小两缝间的距离 d 就可以用更宽的光源来获得干涉条纹。

由式(22.14)还可以看出，对于有一定宽度 b 的普通光源，要想在离它 R 处通过双缝产生干涉现象，则两缝之间的距离 d 必须小于某一值。一般地说，在有一定面积的光源的照明区域内，认定两点作为次波源，则只有这两个次波源之间的距离小于某一值时，它们才是相干的。这一间距的限制决定了光场的**空间相干性**。在光源的照明区域内各处可能相干的两个次波源的间距范围可用由它们形成的干涉条纹刚好消失时，它们之间的距离 d_0 来衡量。d_0 称为（横向）**相干间隔**[①]。据式(22.14)，有

$$d_0 = \frac{R}{b}\lambda \tag{22.15}$$

---

① 由于激光光源各处发出的光都是相干的，所以激光光源的光场不受相干间隔的限制。

此式说明，相干间隔和光源线度以及所涉及的地点到光源的距离有关。相干间隔也常用**相干孔径** θ_0 代替，它的定义是相干间隔对光源中心所张的角度，即

$$\theta_0 = \frac{d_0}{R} = \frac{\lambda}{b} \tag{22.16}$$

空间相干性原理被用来测量星体的直径，所用的仪器称为测星干涉仪。和图 22.15 对照，发光星体就是光源，其直径就相当于光源的宽度 b，而星体到地球的距离就是 R。从地面观察到的星体的角直径为 $\varphi = b/R$，由式(22.15)可得

$$\varphi = \frac{\lambda}{d_0} \tag{22.17}$$

由于实际上远处星体的角直径很小，所以要求干涉条纹消失时两缝间的距离 d_0 相当大，例如几米。迈克耳孙巧妙地用了四块平面反射镜来增大两"缝"之间的距离，他的测星干涉仪结构如图 22.16 所示。平面镜 M_1 和 M_3，M_2 和 M_4 分别平行，并都和望远镜的光轴成 $45°$ 角。远处的星光只有射到 M_1 和 M_2 上时才能进入 S_1 和 S_2，这两面镜子实际上相当于不透明屏上的双孔（或双缝）。M_1，M_2 可以对称地向两侧移动，从而改变它们之间的距离。通常在望远镜物镜的焦平面上可观察到星光的干涉条纹，当 M_1，M_2 之间的距离 d 满足式(22.17)的条件时，干涉条纹消失，从而测得恒星角直径。

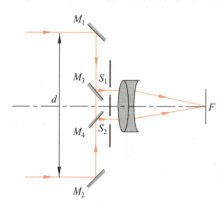

图 22.16 迈克耳孙测星干涉仪

参宿四（橙色的猎户座 α 星）是利用这个装置测量角直径的第一颗星，测量是在 1920 年 12 月的一个寒冷的夜晚进行的。当 M_1，M_2 之间的距离调节到 3.07 m 时，干涉条纹消失了。根据以上数据，取 $\lambda = 570\text{ nm}$ 代入式(22.17)，则得参宿四的角直径为

$$\varphi = \frac{\lambda}{d_0} = \frac{570 \times 10^{-9}}{3.07} \approx 2 \times 10^{-7} (\text{rad}) \approx 0.04\ ('')$$

22.5　光程

相差的计算在分析光的叠加现象时十分重要。为了方便地比较、计算光经过不同介质时引起的相差，引入了**光程**的概念。

光在介质中传播时，光振动的相位沿传播方向逐点落后。以 λ' 表示光在介质中的波长，则通过路程 r 时，光振动相位落后的值为

$$\Delta\varphi = \frac{2\pi}{\lambda'}r$$

同一束光在不同介质中传播时，频率不变而波长不同。以 λ 表示光在**真空中**的波长，以 $n(=c/v)$ 表示介质的折射率，则有

$$\lambda' = \frac{\lambda}{n} \tag{22.18}$$

将此关系代入上一式中，可得

$$\Delta\varphi = \frac{2\pi}{\lambda}nr$$

此式的右侧表示光在真空中传播路程 nr 时所引起的相位落后。由此可知,同一频率的光在折射率为 n 的介质中通过 r 的距离时引起的相位落后和在真空中通过 nr 的距离时引起的相位落后相同。这时 **nr 就叫做与路程 r 相应的光程**。它实际上是把光在介质中通过的路程按相位变化相同**折合到真空中**的路程。这样折合的好处是可以统一地用光在真空中的波长 λ 来计算光的相位变化。相差和光程差的关系是

$$相差 = \frac{2\pi}{\lambda} 光程差 \tag{22.19}$$

例如,在图 22.17 中有两种介质,折射率分别为 n 和 n'。由两光源发出的光到达 P 点所经过的光程分别是 $n'r_1$ 和 $n'(r_2-d)+nd$,它们的光程差为 $n'(r_2-d)+nd-n'r_1$。由此光程差引起的相差就是

$$\Delta\varphi = \frac{2\pi}{\lambda}[n'(r_2-d)+nd-n'r_1]$$

式中,λ 是光在真空中的波长。

在干涉和衍射装置中,经常要用到透镜。下面简单说明通过透镜的各光线的等光程性。

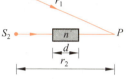

图 22.17 光程的计算

平行光通过透镜后,各光线要会聚在焦点,形成一亮点(图 22.18(a),(b))。这一事实说明,在焦点处各光线是同相的。由于平行光的同相面与光线垂直,所以从入射平行光内任一与光线垂直的平面算起,直到会聚点,各光线的光程都是相等的。例如在图 22.18(a)(或(b))中,从 a,b,c 到 F(或 F')或者从 A,B,C 到 F(或 F')的三条光线都是等光程的。

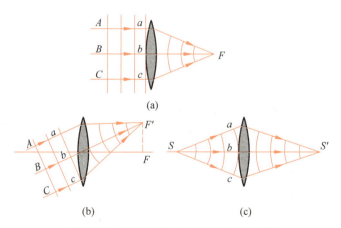

图 22.18 通过透镜的各光线的光程相等

这一等光程性可作如下解释。如图 22.18(a)(或(b))所示,A,B,C 为垂直于入射光束的同一平面上的三点,光线 AaF,CcF 在空气中传播的路径长,在透镜中传播的路径短;而光线 BbF 在空气中传播的路径短,在透镜中传播的路径长。由于透镜的折射率大于空气的折射率,所以折算成光程,各光线光程将相等。这就是说,透镜可以改变光线的传播方向,但不附加光程差。在图 22.18(c)中,物点 S 发的光经透镜成像为 S',说明物点和像点之间各光线也是等光程的。

22.6 薄膜干涉(一)——等厚条纹

本节开始讨论用分振幅法获得相干光产生干涉的实验,最典型的是薄膜干涉。平常看到的油膜或肥皂液膜在白光照射下产生的彩色花纹就是薄膜干涉的结果。

一种观察薄膜干涉的装置如图 22.19 所示。

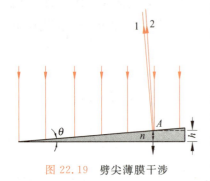

图 22.19 劈尖薄膜干涉

产生干涉的部件是一个放在空气中的劈尖形状的介质薄片或膜,简称**劈尖**。它的两个表面是平面,其间有一个很小的夹角 θ。实验时使平行单色光近于垂直地入射到劈面上。为了说明干涉的形成,我们分析在介质上表面 A 点入射的光线。此光线到达 A 点时,一部分就在 A 点反射,成为反射线 1,另一部分则折射入介质内部,成为光线 2,它到达介质下表面时又被反射,然后再通过上表面透射出来(实际上,由于 θ 角很小,入射线、透射线和反射线都几乎重合)。因为这两条光线是从同一条入射光线,或者说入射光的波阵面上的**同一部分**分出来的,所以它们一定是相干光。它们的能量也是从那同一条入射光线分出来的。由于波的能量和振幅有关,所以这种产生相干光的方法叫**分振幅法**。

从介质膜上、下表面反射的光就在膜的上表面附近相遇,而发生干涉。因此当观察介质表面时就会看到干涉条纹。以 h 表示在入射点 A 处膜的厚度,则两束相干的反射光在相遇时的光程差为

$$\delta = 2nh + \frac{\lambda}{2} \tag{22.20}$$

式中,前一项是由于光线 2 在介质膜中经过了 $2h$ 的几何路程引起的,后一项 $\lambda/2$ 则来自反射本身。如图 22.19 所示,由于介质膜相对于周围空气为**光密介质**,这样在上表面反射时有**半波损失**,在下表面反射时没有。这个反射时的差别就引起了附加的光程差 $\lambda/2$。

由于各处的膜的厚度 h 不同,所以光程差也不同,因而会产生相长干涉或相消干涉。相长干涉产生明纹的条件是

$$2nh + \frac{\lambda}{2} = k\lambda, \quad k = 1,2,3,\cdots \tag{22.21}$$

相消干涉产生暗纹的条件是

$$2nh + \frac{\lambda}{2} = (2k+1)\frac{\lambda}{2}, \quad k = 0,1,2,\cdots \tag{22.22}$$

这里 k 是干涉条纹的级次。以上两式表明,每级明或暗条纹都与一定的膜厚 h 相对应。因此在介质膜上表面的同一条等厚线上,就形成同一级次的一条干涉条纹。这样形成的干涉条纹因而称为**等厚条纹**。

由于劈尖的等厚线是一些平行于棱边的直线,所以等厚条纹是一些与棱边平行的明暗相间的**直条纹**,如图 22.20 所示。

在棱边处 $h=0$,只是由于有半波损失,两相干光相差为 π,因而形成暗纹。

以 L 表示相邻两条明纹或暗纹在表面上的距离,则由图 22.20 可求得

$$L = \frac{\Delta h}{\sin \theta} \quad (22.23)$$

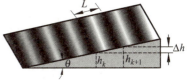

图 22.20 劈尖薄膜等厚干涉条纹

式中,θ 为劈尖顶角,Δh 为与相邻两条明纹或暗纹对应的厚度差。对相邻的两条明纹,由式(22.21)有

$$2nh_{k+1} + \frac{\lambda}{2} = (k+1)\lambda$$

与

$$2nh_k + \frac{\lambda}{2} = k\lambda$$

两式相减得

$$\Delta h = h_{k+1} - h_k = \frac{\lambda}{2n}$$

代入式(22.23)就可得

$$L = \frac{\lambda}{2n\sin\theta} \quad (22.24)$$

通常 θ 很小,所以 $\sin\theta \approx \theta$,上式又可改写为

$$L = \frac{\lambda}{2n\theta} \quad (22.25)$$

式(22.24)和式(22.25)表明,劈尖干涉形成的干涉条纹是**等间距**的,条纹间距与劈尖角 θ 有关。θ 越大,条纹间距越小,条纹越密。当 θ 大到一定程度后,条纹就密不可分了。所以干涉条纹只能在劈尖角度很小时才能观察到。

已知折射率 n 和波长 λ,又测出条纹间距 L,则利用式(22.25)可求得劈尖角 θ。在工程上,常利用这一原理测定细丝直径、薄片厚度等(见例22.5),还可利用等厚条纹特点检验工件的平整度,这种检验方法能检查出不超过 $\lambda/4$ 的凹凸缺陷(见例22.4)。

例 22.3

牛顿环干涉装置如图 22.21(a)所示,在一块平玻璃 B 上放一曲率半径 R 很大的平凸透镜 A,在 A,B 之间形成一薄的劈形空气层,当单色平行光垂直入射于平凸透镜时,可以观察到(为了使光源 S 发出的光能垂直射向空气层并观察反射光,在装置中加进了一个 $45°$ 放置的半反射半透射的平面镜 M)在透镜下表面出现一组干涉条纹,这些条纹是以接触点 O 为中心的同心圆环,称为**牛顿环**(图 22.21(b))。试分析干涉的起因并求出环半径 r 与 R 的关系。

解 当垂直入射的单色平行光透过平凸透镜后,在空气层的上、下表面发生反射形成两束向上的相干光。这两束相干光在平凸透镜下表面处相遇而发生干涉,这两束相干光的光程差为

$$\delta = 2h + \frac{\lambda}{2}$$

其中,h 是空气薄层的厚度,$\lambda/2$ 是光在空气层的下表面即平玻璃的分界面上反射时产生的半波损失。由

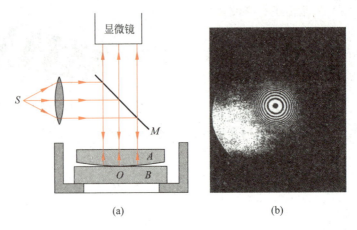

(a)　　　　　　　　　(b)

图 22.21　牛顿环实验

(a) 装置简图；(b) 牛顿环照相

于这一光程差由空气薄层的厚度决定，所以由干涉产生的牛顿环也是一种等厚条纹。又由于空气层的等厚线是以 O 为中心的同心圆，所以干涉条纹成为明暗相间的环。形成明环的条件为

$$2h + \frac{\lambda}{2} = k\lambda, \quad k = 1, 2, 3, \cdots \tag{22.26}$$

形成暗环的条件为

$$2h + \frac{\lambda}{2} = (2k+1)\frac{\lambda}{2}, \quad k = 0, 1, 2, \cdots \tag{22.27}$$

在中心处，$h=0$，由于有半波损失，两相干光光程差为 $\lambda/2$，所以形成一暗斑。

为了求环半径 r 与 R 的关系，参照图 22.22。在 r 和 R 为两边的直角三角形中，

$$r^2 = R^2 - (R-h)^2 = 2Rh - h^2$$

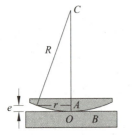

图 22.22　计算牛顿环半径用图

因为 $R \gg h$，此式中可略去 h^2，于是得

$$r^2 = 2Rh$$

由式(22.26)和式(22.27)求得 h，代入上式，可得明环半径为

$$r = \sqrt{\frac{(2k-1)R\lambda}{2}}, \quad k = 1, 2, 3, \cdots \tag{22.28}$$

暗环半径为

$$r = \sqrt{kR\lambda}, \quad k = 0, 1, 2, \cdots \tag{22.29}$$

由于半径 r 与环的级次的**平方根**成正比，所以正如图 22.21(b)所显示的那样，越向外环越密。

此外，也可观察到透射光的干涉条纹，它们和反射光干涉条纹明暗互补，即反射光为明环处，透射光为暗环。

例 22.4

利用等厚条纹可以检验精密加工工件表面的质量。在工件上放一平玻璃，使其间形成一空气劈尖（图 22.23(a)）。今观察到干涉条纹如图 22.23(b)所示。试根据纹路弯曲方向，判断工件表面上纹路是凹还是凸？并求纹路深度 H。

解　由于平玻璃下表面是"完全"平的，所以若工件表面也是平的，空气劈尖的等厚条纹应为平行于

棱边的直条纹。现在条纹有局部弯向棱边,说明在工件表面的相应位置处有一条垂直于棱边的不平的纹路。我们知道同一条等厚条纹应对应相同的膜厚度,所以在同一条纹上,弯向棱边的部分和直的部分所对应的膜厚度应该相等。本来越靠近棱边膜的厚度应越小,而现在在同一条纹上近棱边处和远棱边处厚度相等,这说明工件表面的纹路是凹下去的。

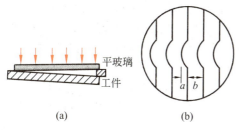

图 22.23 平玻璃表面检验示意图

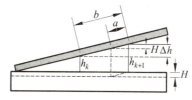

图 22.24 计算纹路深度用图

为了计算纹路深度,参考图 22.24,图中 b 是条纹间隔,a 是条纹弯曲深度,h_k 和 h_{k+1} 分别是和 k 级及 $k+1$ 级条纹对应的正常空气膜厚度,以 Δh 表示相邻两条纹对应的空气膜的厚度差,H 为纹路深度,则由相似三角形关系可得

$$\frac{H}{\Delta h} = \frac{a}{b}$$

由于对空气膜来说,$\Delta h = \lambda/2$,代入上式即可得

$$H = \frac{\lambda a}{2b}$$

例 22.5

把金属细丝夹在两块平玻璃之间,形成空气劈尖,如图 22.25 所示。金属丝和棱边间距离为 $D = 28.880$ mm。用波长 $\lambda = 589.3$ nm 的钠黄光垂直照射,测得 30 条明条纹之间的总距离为 4.295 mm,求金属丝的直径 d。

解 由图示的几何关系可得

$$d = D\tan\alpha$$

式中,α 为劈尖角。相邻两明条纹间距和劈尖角的关系为 $L = \frac{\lambda}{2\sin\alpha}$,因为

图 22.25 金属丝直径测定

α 很小,$\tan\alpha \approx \sin\alpha = \frac{\lambda}{2L}$,于是有

$$d = D\frac{\lambda}{2L} = 28.880 \times \frac{589.3 \times 10^{-9}}{2 \times \frac{4.295}{29}} = 5.746 \times 10^{-5} \text{(m)} = 5.746 \times 10^{-2} \text{(mm)}$$

例 22.6

在一折射率为 n 的玻璃基片上均匀镀一层折射率为 n_e 的透明介质膜。今使波长为 λ 的单色光由空气(折射率为 n_0)垂直射入到介质膜表面上(图 22.26)。如果要想使在介质膜上、下表面反射的光干涉相消,介质膜至少应多厚?设 $n_0 < n_e < n$。

解 以 h 表示介质膜厚度,要使两反射光 1 和 2 干涉相消的条件是(注意,在介质膜上下表面的反射均有半波损失)

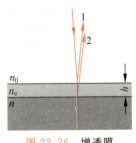

图 22.26 增透膜

$$2n_e h = (2k-1)\frac{\lambda}{2}, \quad k=1,2,3,\cdots$$

因而介质膜的最小厚度应为(使 $k=1$)

$$h = \frac{\lambda}{4n_e}$$

由于反射光相消,所以透射光加强。这样的膜就叫**增透膜**。为了减小反射光的损失,在光学仪器中常常应用增透膜。根据上式,一定的膜厚只对应于一种波长的光。在照相机和助视光学仪器中,往往使膜厚对应于人眼最敏感的波长 550 nm 的黄绿光。

上面的计算只考虑了反射光的相差对干涉的影响。实际上能否完全相消,还要看两反射光的振幅。如果再考虑到振幅,可以证明,当反射光完全消除时,介质的折射率应满足

$$n_e = \sqrt{nn_0} \tag{22.30}$$

以 $n_0=1, n=1.5$ 计,n_e 应为 1.22。目前还未找到折射率这样低的镀膜材料。常用的最好的近似材料是 $n_e=1.38$ 的氟化镁(MgF_2)。

可以想到,也可以利用适当厚度的介质膜来加强反射光,由于反射光一般较弱,所以实际上是利用多层介质膜来制成**高反射膜**。适应各种要求的**干涉滤光片**(只使某一种色光通过)也是根据类似的原理制成的。

22.7 薄膜干涉(二)——等倾条纹

如果使一条光线斜入射到厚度为 h 均匀的平膜上(图 22.26),它在入射点 A 处也分成反射和折射的两部分,折射的部分在下表面反射后又能从上表面射出。由于这样形成的两条相干光线 1 和 2 是平行的,所以它们只能在无穷远处相交而发生干涉。在实验室中为了在有限远处观察干涉条纹,就使这两束光线射到一个透镜 L 上,经过透镜的会聚,它们将相交于焦平面 FF' 上一点 P 而在此处发生干涉。现在让我们来计算到达 P 点时,1,2 两条光线的光程差。

从折射线 AB 反射后的射出点 C 作光线 1 的垂线 CD。由于从 C 和 D 到 P 点光线 1 和 2 的光程相等(透镜不附加光程差),所以它们的光程差就是 ABC 和 AD 两条光程的差。由图 22.27 可求得这一光程差为

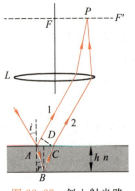

图 22.27 斜入射光路

$$\delta = n(AB+BC) - AD + \frac{\lambda}{2}$$

式中,$\lambda/2$ 是由于半波损失而附加的光程差。由于 $AB = BC = \dfrac{h}{\cos r}, AD = AC\sin i = 2h\tan r \sin i$,再利用折射定律 $\sin i = n\sin r$,可得

$$\delta = 2nAB - AD + \frac{\lambda}{2} = 2n\frac{h}{\cos r} - 2h\tan r \sin i + \frac{\lambda}{2}$$

$$= 2nh\cos r + \frac{\lambda}{2} \tag{22.31}$$

22.7 薄膜干涉(二)——等倾条纹

或

$$\delta = 2h\sqrt{n^2 - \sin^2 i} + \frac{\lambda}{2} \tag{22.32}$$

此式表明,**光程差决定于倾角**(指入射角 i),凡以**相同倾角 i 入射**到厚度均匀的平膜上的光线,经膜上、下表面反射后产生的相干光束有相等的光程差,因而它们干涉相长或相消的情况一样。因此,这样形成的干涉条纹称为**等倾条纹**。

实际上观察等倾条纹的实验装置如图 22.28(a)所示。S 为一面光源,M 为半反半透平面镜,L 为透镜,H 为置于透镜焦平面上的屏。先考虑发光面上一点发出的光线。这些光线中以相同倾角入射到膜表面上的应该在同一圆锥面上,它们的反射线经透镜会聚后应分别相交于焦平面上的同一个圆周上。因此,形成的等倾条纹是一组明暗相间的同心圆环。由式(22.32)可得,这些圆环中明环的条件是

$$\delta = 2h\sqrt{n^2 - \sin^2 i} + \frac{\lambda}{2} = k\lambda, \quad k=1,2,3,\cdots \tag{22.33}$$

暗环的条件是

$$\delta = 2h\sqrt{n^2 - \sin^2 i} + \frac{\lambda}{2} = (2k+1)\frac{\lambda}{2}, \quad k=0,1,2,\cdots \tag{22.34}$$

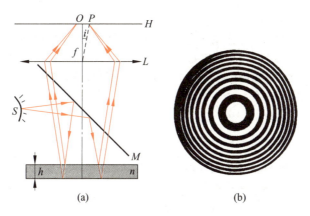

图 22.28 观察等倾条纹
(a) 装置和光路;(b) 等倾条纹照相

光源上每一点发出的光束都产生一组相应的干涉环。由于方向相同的平行光线将被透镜会聚到焦平面上同一点,而与光线从何处来无关,所以由光源上不同点发出的光线,凡有相同倾角的,它们形成的干涉环都将重叠在一起,总光强为各个干涉环光强的**非相干**相加,因而明暗对比更为鲜明,这也就是观察等倾条纹时使用面光源的道理。

等倾干涉环是一组内疏外密的圆环,如图 22.28(b)的照片所示。如果观察从薄膜透过的光线,也可以看到干涉环,它和图 22.28(b)所显示的反射干涉环是互补的,即反射光为明环处,透射光为暗环。

例 22.7

用波长为 λ 的单色光观察等倾条纹,看到视场中心为一亮斑,外面围以若干圆环,如图 22.28(b)所示。今若慢慢增大薄膜的厚度,则看到的干涉圆环会有什么变化?

解 用薄膜的折射率 n 和折射角 r 表示的等倾条纹明环的条件是(参考式(22.31))

$$2nh\cos r + \frac{\lambda}{2} = k\lambda$$

当薄膜厚度 h 一定时,愈靠近中心,入射角 i 愈小,折射角 r 也越小,$\cos r$ 越大,上式给出的 k 越大。这说明,越靠近中心,环纹的级次越高。在中心处,$r=0$,级次最高,且满足

$$2nh + \frac{\lambda}{2} = k_c\lambda \tag{22.35}$$

这里 k_c 是中心亮斑的级次。这时中心亮斑外面亮环的级次依次为 $k_c-1, k_c-2, \cdots$。

当慢慢增大薄膜的厚度 h 时,起初看到中心变暗,但逐渐又一次看到中心为亮斑,由式(22.35)可知,这一中心亮斑级次比原来的应该加 1,变为 k_c+1,其外面亮环的级次依次应为 $k_c, k_c-1, k_c-2, \cdots$。这意味着将看到在中心处又冒出了一个新的亮斑(级次为 k_c+1),而原来的中心亮斑(k_c)扩大成了第一圈亮纹,原来的第一圈(k_c-1)变成了第二圈……如果再增大薄膜厚度,中心还会变暗,继而又冒出一个亮斑,级次为(k_c+2),而周围的圆环又向外扩大一环。这就是说,当薄膜厚度慢慢增大时,将会看到中心的光强发生周期性的变化,不断冒出新的亮斑,而周围的亮环也不断地向外扩大。

由于在中心处,

$$2n\Delta h = \Delta k_c \lambda$$

所以每冒出一个亮斑($\Delta k_c = 1$),就意味着薄膜厚度增加了

$$\Delta h = \frac{\lambda}{2n} \tag{22.36}$$

与此相反,如果慢慢减小薄膜厚度,则会看到亮环一个一个向中心缩进,而在中心处亮斑一个一个地消失。薄膜厚度每缩小 $\lambda/2n$,中心就有一个亮斑消失。

由式(22.31)还可以求出相邻两环的间距。对式(22.31)两边求微分,可得

$$-2nh\sin r\Delta r = \Delta k\lambda$$

令 $\Delta k=1$,就可得相邻两环的角间距为

$$-\Delta r = r_k - r_{k+1} = \frac{\lambda}{2nh\sin r}$$

此式表明,当 h 增大时,等倾条纹的角间距变小,因而条纹越来越密,同一视场中看到的环数将越来越多。

22.8 迈克耳孙干涉仪

迈克耳孙干涉仪是 100 年前迈克耳孙设计制成的用分振幅法产生双光束干涉的仪器。迈克耳孙所用干涉仪简图和光路图如图 22.29 所示。图中 M_1 和 M_2 是两面精密磨光的平面反射镜,分别安装在相互垂直的两臂上。其中 M_2 固定,M_1 通过精密丝杠的带动,可以沿臂轴方向移动。在两臂相交处放一与两臂成 45°角的平行平面玻璃板 G_1。在 G_1 的后表面镀有一层半透明半反射的薄银膜,这银膜的作用是将入射光束分成振幅近于相等的透射光束 2 和反射光束 1。因此 G_1 称为**分光板**。

由面光源 S 发出的光,射向分光板 G_1,经分光后形成两部分,透射光束 2 通过另一块与 G_1 完全相同而且平行 G_1 放置的玻璃板 G_2(无银膜)射向 M_2,经 M_2 反射后又经过 G_2 到达 G_1,再经半反射膜反射到 E 处;反射光束 1 射向 M_1,经 M_1 反射后透过 G_1 也射向 E 处。两相干光束 11′ 和 22′ 干涉产生的干涉图样,在 E 处观察。

由光路图可看出,由于玻璃板 G_2 的插入,光束 1 和光束 2 一样都是三次通过玻璃板,这

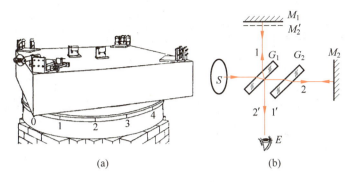

图 22.29 迈克耳孙干涉仪
(a) 结构简图;(b) 光路图

样光束 1 和光束 2 的光程差就和在玻璃板中的光程无关了。因此,玻璃板 G_2 称为**补偿板**。

分光板 G_1 后表面的半反射膜,在 E 处看来,使 M_2 在 M_1 附近形成一虚像 M_2',光束 $22'$ 如同从 M_2' 反射的一样。因而干涉所产生的图样就如同由 M_2' 和 M_1 之间的空气膜产生的一样。

当 M_1,M_2 相互严格垂直时,M_1,M_2' 之间形成平行平面空气膜,这时可以观察到等倾条纹;当 M_1,M_2 不严格垂直时,M_1,M_2' 之间形成空气劈尖,这时可观察到等厚条纹。当 M_1 移动时,空气层厚度改变,可以方便地观察条纹的变化(参考例 22.7)。

迈克耳孙干涉仪的主要特点是两相干光束在空间上是完全分开的,并且可用移动反射镜或在光路中加入另外介质的方法改变两光束的光程差,这就使干涉仪具有广泛的用途,如用于测长度,测折射率和检查光学元件的质量等。1881 年迈克耳孙曾用他的干涉仪做了著名的迈克耳孙-莫雷实验,它的否定结果是相对论的实验基础之一。

提 要

1. 相干光

相干条件:振动方向相同,频率相同,相位差恒定。

利用普通光源获得相干光的方法:分波阵面法和分振幅法。

2. 杨氏双缝干涉实验

用分波阵面法产生两个相干光源。干涉条纹是等间距的直条纹。

条纹间距: $\Delta x = \dfrac{D}{d}\lambda$

3. 光的相干性

根源于原子发光的断续机制与独立性。

时间相干性:相干长度(波列长度) $\delta_{\max} = \dfrac{\lambda^2}{\Delta\lambda}$,$\Delta\lambda$ 为谱线宽度

空间相干性:相干间隔 $d_0 = \dfrac{R}{b}\lambda$

相干孔径 $\theta_0 = \dfrac{d_0}{R} = \dfrac{\lambda}{b}$,$b$ 为光源宽度

4. 光程

和折射率为 n 的媒质中的几何路程 x 相应的光程为 nx。

$$相差 = 2\pi \frac{光程差}{\lambda}, \quad \lambda 为真空中波长$$

光由光疏媒质射向光密媒质而在界面上反射时，发生半波损失，这损失相当于 $\frac{\lambda}{2}$ 的光程。

透镜不引起附加光程差。

5. 薄膜干涉

入射光在薄膜上表面由于反射和折射而"分振幅"，在上、下表面反射的光为相干光。两束相干光的相差由光程差和反射时的半波损失情况共同决定。

(1) 等厚条纹：光线垂直入射，薄膜等厚处干涉情况一样。

透明介质劈尖在空气中时，干涉条纹是等间距直条纹。

对明纹：
$$2nh + \frac{\lambda}{2} = k\lambda$$

对暗纹：
$$2nh + \frac{\lambda}{2} = (2k+1)\frac{\lambda}{2}$$

(2) 等倾条纹：薄膜厚度均匀。以相同倾角 i 入射的光的干涉情况一样。干涉条纹是同心圆环。薄膜在空气中时，

对明环：
$$2h\sqrt{n^2 - \sin^2 i} + \frac{\lambda}{2} = k\lambda$$

对暗环：
$$2h\sqrt{n^2 - \sin^2 i} + \frac{\lambda}{2} = (2k+1)\frac{\lambda}{2}$$

6. 迈克耳孙干涉仪

利用分振幅法使两个相互垂直的平面镜形成一等效的空气薄膜。

思 考 题

22.1 用白色线光源做双缝干涉实验时，若在缝 S_1 后面放一红色滤光片，S_2 后面放一绿色滤光片，问能否观察到干涉条纹？为什么？

22.2 用图 22.30 所示装置做双缝干涉实验，是否都能观察到干涉条纹？为什么？

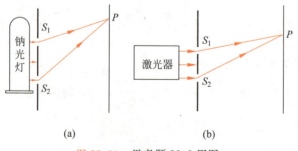

图 22.30 思考题 22.2 用图

22.3 在水波干涉图样(图 22.5)中,平静水面形成的曲线是双曲线。为什么?

22.4 把一对顶角很小的玻璃棱镜底边粘贴在一起(图 22.31)做成"双棱镜",就可以用来代替双缝做干涉实验(菲涅耳双棱镜实验)。试在图中画出两相干光源的位置和它们发出的波的叠加干涉区域。

22.5 如果两束光是相干的,在两束光重叠处总光强如何计算?如果两束光是不相干的,又怎样计算(分别以 I_1 和 I_2 表示两束光的光强)?

图 22.31 思考题 22.4 用图

22.6 在双缝干涉实验中

(1) 当缝间距 d 不断增大时,干涉条纹如何变化?为什么?

(2) 当缝光源 S 在垂直于轴线向下或向上移动时,干涉条纹如何变化?

*(3) 把光源缝 S 逐渐加宽时,干涉条纹如何变化?

22.7 用光通过一段路程的时间和周期也可以算出相差来。试比较光通过介质中一段路程的时间和通过相应的光程的时间来说明光程的物理意义。

22.8 观察正被吹大的肥皂泡时,先看到彩色分布在泡上,随着泡的扩大各处彩色会发生改变。当彩色消失呈现黑色时,肥皂泡破裂。为什么?

22.9 用两块平玻璃构成的劈尖(图 22.32)观察等厚条纹时,若把劈尖上表面向上缓慢地平移(图(a)),干涉条纹有什么变化?若把劈尖角逐渐增大(图(b)),干涉条纹又有什么变化?

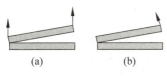

(a)　　(b)

图 22.32 思考题 22.9 用图

22.10 用普通单色光源照射一块两面不平行的玻璃板作劈尖干涉实验,板两表面的夹角很小,但板比较厚。这时观察不到干涉现象,为什么?

*22.11 利用两台相距很远(可达几千千米)而联合动作的无线电天文望远镜可以精确地测定大陆板块的漂移速度和地球的自转速度。试说明如何利用这两台望远镜监视一颗固定的无线电源星体时所得的记录来达到这些目的?

22.12 在双缝干涉实验中,如果在上方的缝后面贴一片薄的透明云母片,干涉条纹的间距有无变化?中央条纹的位置有无变化?

习题

22.1 钠黄光波长为 589.3 nm。试以一次发光延续时间 10^{-8} s 计,计算一个波列中的波数。

22.2 汞弧灯发出的光通过一滤光片后照射双缝干涉装置。已知缝间距 $d=0.60$ mm,观察屏与双缝相距 $D=2.5$ m,并测得相邻明纹间距离 $\Delta x=2.27$ mm。试计算入射光的波长,并指出属于什么颜色。

22.3 劳埃德镜干涉装置如图 22.33 所示,光源波长 $\lambda=7.2\times 10^{-7}$ m,试求镜的右边缘到第一条明纹的距离。

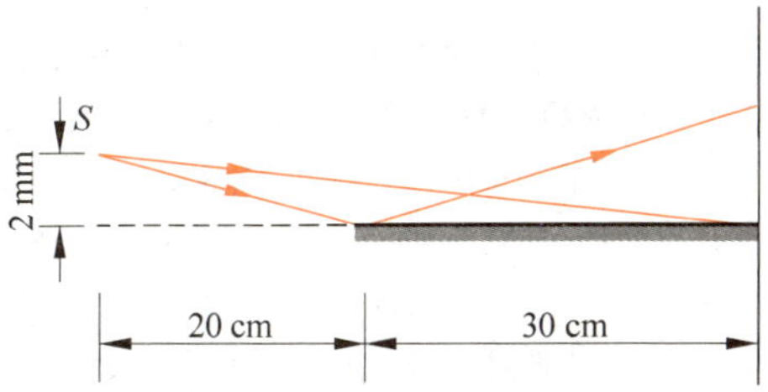

图 22.33 习题 22.3 用图

22.4 一双缝实验中两缝间距为 0.15 mm,在 1.0 m 远处测得第 1 级和第 10 级暗纹之间的距离为 36 mm。求所用单色光的波长。

22.5 沿南北方向相隔 3.0 km 有两座无线发射台,它们同时发出频率为 2.0×10^5 Hz 的无线电波。南台比北台的无线电波的相位落后 $\pi/2$。求在远处无线电波发生相长干涉的方位角(相对于东西方向)。

22.6 在一次水波干涉实验(图 22.5)中,两同相波源的间距是 12 cm,在两波源正前方 50 cm 处的水面上相邻的两平静区的中心相距 4.5 cm。如果水波的波速为 25 cm/s,求波源的振动频率。

22.7 一束激光斜入射到间距为 d 的双缝上,入射角为 φ。
(1) 证明双缝后出现明纹的角度 θ 由下式给出:
$$d\sin\theta - d\sin\varphi = \pm k\lambda, \quad k = 0,1,2,\cdots$$
(2) 证明在 θ 很小的区域,相邻明纹的角距离 $\Delta\theta$ 与 φ 无关。

22.8 澳大利亚天文学家通过观察太阳发出的无线电波,第一次把干涉现象用于天文观测。这无线电波一部分直接射向他们的天线,另一部分经海面反射到他们的天线(图 22.34)。设无线电的频率为 6.0×10^7 Hz,而无线电接收器高出海面 25 m。求观察到相消干涉时太阳光线的掠射角 θ 的最小值。

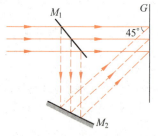

图 22.34 习题 22.8 用图

*22.9 证明双缝干涉图样中明纹的半角宽度为
$$\Delta\theta = \frac{\lambda}{2d}$$

半角宽度指一条明纹中强度等于中心强度的一半的两点在双缝处所张的角度。

22.10 如图 22.35 所示为利用激光做干涉实验。M_1 为一半镀银平面镜,M_2 为一反射平面镜。入射激光束一部分透过 M_1,直接垂直射到屏 G 上,另一部分经过 M_1 和 M_2 反射与前一部分叠加。在叠加区域两束光的夹角为 $45°$,振幅之比为 $A_1:A_2=2:1$。所用激光波长为 632.8 nm。求在屏上干涉条纹的间距和衬比度。

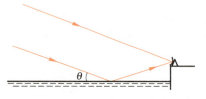

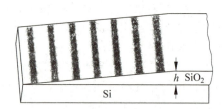

图 22.35 习题 22.10 用图   图 22.36 习题 22.14 用图

*22.11 某氦氖激光器所发红光波长为 $\lambda=632.8$ nm,其谱线宽度为(以频率计)$\Delta\nu=1.3\times10^9$ Hz。它的相干长度或波列长度是多少?相干时间是多长?

*22.12 太阳在地面上的视角为 10^{-2} rad,太阳光的波长按 550 nm 计。在地面上利用太阳光作双缝干涉实验时,双缝的间距应不超过多大?这就是地面上太阳光的空间相干间隔。

22.13 用很薄的玻璃片盖在双缝干涉装置的一条缝上,这时屏上零级条纹移到原来第 7 级明纹的位置上。如果入射光的波长 $\lambda=550$ nm,玻璃片的折射率 $n=1.58$,试求此玻璃片的厚度。

22.14 制造半导体元件时,常常要精确测定硅片上二氧化硅薄膜的厚度,这时可把二氧化硅薄膜的一部分腐蚀掉,使其形成劈尖,利用等厚条纹测出其厚度。已知 Si 的折射率为 3.42,SiO_2 的折射率为 1.5,入射光波长为 589.3 nm,观察到 7 条暗纹(如图 22.36 所示)。问 SiO_2 薄膜的厚度 e 是多少?

22.15 一薄玻璃片,厚度为 0.4 μm,折射率为 1.50,用白光垂直照射,问在可见光范围内,哪些波长的光在反射中加强?哪些波长的光在透射中加强?

22.16 在制作珠宝时,为了使人造水晶($n=1.5$)具有强反射本领,就在其表面上镀一层一氧化硅($n=2.0$)。要使波长为 560 nm 的光强烈反射,这镀层至少应多厚?

22.17 一片玻璃($n=1.5$)表面附有一层油膜($n=1.32$),今用一波长连续可调的单色光束垂直照射油面。当波长为 485 nm 时,反射光干涉相消。当波长增为 679 nm 时,反射光再次干涉相消。求油膜的厚度。

22.18 白光照射到折射率为 1.33 的肥皂膜上,若从 45°角方向观察薄膜呈现绿色(500 nm),试求薄膜最小厚度。若从垂直方向观察,肥皂膜正面呈现什么颜色?

22.19 在折射率 $n_1=1.52$ 的镜头表面涂有一层折射率 $n_2=1.38$ 的 MgF_2 增透膜,如果此膜适用于波长 $\lambda=550$ nm 的光,膜的厚度应是多少?

22.20 用单色光观察牛顿环,测得某一明环的直径为 3.00 mm,它外面第 5 个明环的直径为 4.60 mm,平凸透镜的半径为 1.03 m,求此单色光的波长。

22.21 折射率为 n,厚度为 h 的薄玻璃片放在迈克耳孙干涉仪的一臂上,问两光路光程差的改变量是多少?

22.22 用迈克耳孙干涉仪可以测量光的波长,某次测得可动反射镜移动距离 $\Delta L=0.3220$ mm 时,等倾条纹在中心处缩进 1204 条条纹,试求所用光的波长。

*22.23 一种干涉仪可以用来测定气体在各种温度和压力下的折射率,其光路如图 22.37 所示。图中 S 为光源,L 为凸透镜,G_1,G_2 为两块完全相同的玻璃板,彼此平行放置,T_1,T_2 为两个等长度的玻璃管,长度均为 d。测量时,先将两管抽空,然后将待测气体徐徐充入一管中,在 E 处观察干涉条纹的变化,即可测得该气体的折射率。某次测量时,将待测气体充入 T_2 管中,从开始进气到到达标准状态的过程中,在 E 处看到共移过 98 条干涉条纹。若光源波长 $\lambda=589.3$ nm,$d=20$ cm,试求该气体在标准状态下的折射率。

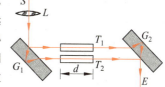

图 22.37 习题 22.23 用图

科学家介绍

托马斯·杨和菲涅耳

（Thomas Young，1773—1829 年）

（Augustin Fresnel，1788—1827 年）

托马斯·杨

《自然哲学与机械学讲义》一书的扉页

  光的波动理论的建立，经历了许多科学家的努力，其中特别需要纪念的是托马斯·杨和菲涅耳。

  在 17 世纪下半叶，实验上已经观察到了光的干涉、衍射、偏振等光的波动现象，理论上惠更斯提出的波动理论也取得了很大成功，然而由于惠更斯的波动理论没有建立起波动过程的周期性概念，同时又认为光是纵波，所以在解释光的干涉、衍射和偏振现象时遇到了困难。

  牛顿在光学方面的成就也是很大的，例如关于光的色散的研究、望远镜的制作等。在光的波动性方面，他发现了著名的"牛顿环"，他的精确的观测，本来是波动性的证明，但他当时没有能用波动说加以正确的解释。世人都说他主张微粒说，其实他并没有明确坚持光是微粒或光是波动的观点，而且有时还似乎用周期性来解释某些光的现象。不过，或许由于他这位权威未能明确倡导波动说，更可能是由于他的质点力学理论获得了极大的成功，在整个 18 世纪，光的波动说处于停滞状态，光的微粒说占据统治地位。

科学家介绍　托马斯·杨和菲涅耳

托马斯·杨的工作，使光的波动说重新兴起，并且第一次测量了光的波长，提出了波动光学的基本原理。

托马斯·杨是一位英国医生，曾获医学博士学位。他天资聪颖，有神童之称。他兴趣广泛，勤奋好学，是一位多才多艺的人。

他在英国著名的医学院学习生理光学专业，1793年发表了《对视觉过程的观察》。在哥廷根大学学习期间，受德国自然哲学学派的影响，开始怀疑微粒说，并钻研惠更斯的论著。学习结束后，他一边行医，一边从事光学研究，逐渐形成了他对光的本质的看法。

1801年他巧妙地进行了一次光的干涉实验，即著名的杨氏双孔干涉实验。在他发表的论文中，以干涉原理为基础，建立了新的波动理论，并成功地解释了牛顿环，精确地测定了波长。

1803年，杨把干涉原理用于解释衍射现象。1807年发表了《自然哲学与机械学讲义》(A Course of Lectures on Natural Philosophy and the Mechanical Arts)，书中综合论述了他在光的实验和理论方面的研究，描述了他的著名的双缝干涉实验。但是，他认为光是在以太媒质中传播的纵波。纵波概念和光的偏振现象相矛盾，然而，杨并未放弃光的波动说。

杨的理论，当时受到了一些人的攻击，而未能被科学界理解和承认。在将近20年后，当菲涅耳用他的干涉原理发展了惠更斯原理，并取得了重大成功后，杨的理论才获得应有的地位。

菲涅耳是法国物理学家和道路工程师，他从小身体虚弱多病，但读书非常用功，学习成绩一直很好，数学尤为突出。

菲涅耳从1814年开始研究光学，对光的衍射现象从实验和理论上进行了研究，并于1815年向科学院提交了关于光的衍射的第一篇研究报告。

1818年，巴黎科学院举行了一次以解释衍射现象为内容的科学竞赛。年轻的菲涅耳出乎意料地取得了优胜，他以光的干涉原理补充了惠更斯原理，提出了惠更斯-菲涅耳原理，完善了光的衍射理论。

菲涅耳

竞赛委员会的成员泊松(S. D. Poisson)是微粒说的拥护者，他运用菲涅耳的理论导出了一个奇怪的结论：光经过不透明的小圆盘衍射后，在圆盘后面的轴线上一定距离处，会出现一亮点。泊松认为这是十分荒谬的，并宣称他驳倒了波动理论。菲涅耳接受了这一挑战，立即用实验证实了这个理论预言。后来人们称这一亮点为泊松亮点。

但是波动说在解释光的偏振现象时还存在着很大困难。一直在为这一困难寻求解决办法的杨在1817年觉察到，如果光是横波或许问题能得到解决，他把这一想法写信告诉了阿拉果(D. F. Arago，1786—1853年)，阿拉果立即转告给了菲涅耳。菲涅耳当时已经独立地领悟到了这一思想，对杨的想法赞赏备至，并立即用这一假设解释了偏振光的干涉，证明了光的横波特性，使光的波动说进入了一个新时期。

利用光的横波特性，菲涅耳还得到了一系列重要结论。他发现了光的圆偏振和椭圆偏振现象，提出了光的偏振面旋转的唯象理论；他确立了反射和折射的定量关系，导出了著名的菲涅耳反射-折射公式，由此解释了反射时的偏振；他还建立了双折射理论，奠定了晶体光学的基础，等等。

菲涅耳具有高超的实验技巧和才干，他长年不懈地勤奋工作，获得了许多内容深刻和数据上正确的结果,菲涅耳双镜实验和双棱镜实验就是例子。

从 1819—1827 年,经过 8 年的艰苦努力,他设计出了一种特殊结构的透镜系统,大大改进了灯塔照明,为海运事业的发展做出了贡献。正当他在科学事业上硕果累累的时候,不幸因肺病医治无效而逝世,终年仅 39 岁。

由于他在科学事业上的重大成就,巴黎科学院授予他院士称号,英国皇家学会选他为会员,并授予他伦福德奖章,人们称他为"物理光学的缔造者"。

菲涅耳等人建立的波动理论是在弹性以太中传播的横波。直到 1865 年,麦克斯韦建立了光的电磁理论,才完成了光的波动理论的最后形式。

第23章

光 的 衍 射

在本书上册第1篇第7章波动中已介绍过,波的衍射是指波在其传播路径上如果遇到障碍物,它能绕过障碍物的边缘而进入几何阴影内传播的现象。作为电磁波,光也能产生衍射现象。本章讨论光的衍射现象的规律。所讲内容不只是说明光能绕过遮光屏边缘传播,而且根据叠加原理说明了在光的衍射现象中光的强度分布。为简单起见,本章只讨论远场衍射,即夫琅禾费衍射,包括单缝衍射、细丝衍射和光栅衍射。最后介绍有很多实际应用的 X 射线衍射。

23.1 光的衍射和惠更斯-菲涅耳原理

在实验室内可以很容易地看到光的衍射现象。例如,在图 23.1 所示的实验中,S 为一单色点光源,G 为一遮光屏,上面开了一个直径为十分之几毫米的小圆孔,H 为一白色观察屏。实验中可以发现,在观察屏上形成的光斑比圆孔大了许多,而且明显地由几个明暗相间的环组成。如果将遮光屏 G 拿去,换上一个与圆孔大小差不多的不透明的小圆板,则在屏上可看到在圆板阴影的中心是一个亮斑,周围也有一些圆环。如果用针或细丝替换小圆板,则在屏上可看到有明暗条纹出现。

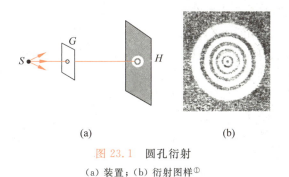

图 23.1 圆孔衍射
(a) 装置;(b) 衍射图样①

在图23.2所示的实验中,遮光屏G上开了一条宽度为十分之几毫米的狭缝,并在缝的

---

① 改变屏 H 到衍射孔的距离,衍射图样中心也可能出现亮点。

前后放两个透镜,单色线光源 S 和观察屏 H 分别置于这两个透镜的焦平面上。这样入射到狭缝的光就是平行光束,光透过它后又被透镜会聚到观察屏 H 上。实验中发现,屏 H 上的亮区也比狭缝宽了许多,而且是由明暗相间的许多平直条纹组成的。

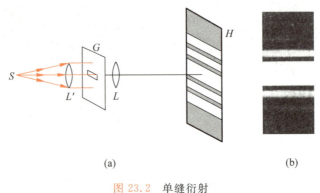

图 23.2 单缝衍射
(a) 装置;(b) 衍射图样

以上实验都说明了光能产生衍射现象,即光也能绕过障碍物的边缘传播,而且衍射后能形成具有**明暗相间的衍射图样**。

用肉眼也可以发现光的衍射现象。如果你眯缝着眼,使光通过一条缝进入眼内,当你看远处发光的灯泡时,就会看到它向上向下发出长的光芒。这就是光在视网膜上的衍射图像产生的感觉。五指并拢,使指缝与日光灯平行,透过指缝看发光的日光灯,也会看到如图 23.2(b) 所示的带有淡彩色的明暗条纹。

根据观察方式的不同,通常把衍射现象分为两类。一类如图 23.1 所示那样,光源和观察屏(或二者之一)离开衍射孔(或缝)的距离有限,这种衍射称为**菲涅耳衍射**,或近场衍射。另一类是光源和观察屏都在离衍射孔(或缝)无限远处,这种衍射称为**夫琅禾费衍射**,或远场衍射。夫琅禾费衍射实际上是菲涅耳衍射的极限情形。图 23.2 所示的衍射实验就是夫琅禾费衍射,因为两个透镜的应用,对衍射缝来讲,就相当于把光源和观察屏都推到无穷远去了。

对于衍射的理论分析,在第 1 篇第 7 章中曾提到过惠更斯原理。它的基本内容是把波阵面上各点都看成是子波波源,已经指出它只能定性地解决衍射现象中光的传播方向问题。为了说明光波衍射图样中的强度分布,菲涅耳又补充指出:**衍射时波场中各点的强度由各子波在该点的相干叠加决定**。利用相干叠加概念发展了的惠更斯原理叫**惠更斯-菲涅耳原理**。

具体地利用惠更斯-菲涅耳原理计算衍射图样中的光强分布时,需要考虑每个子波波源发出的子波的振幅和相位跟传播距离及传播方向的关系。这种计算对于菲涅耳衍射相当复杂,而对于夫琅禾费衍射则比较简单。为了比较简单地阐述衍射的规律,同时考虑到夫琅禾费衍射也有许多重要的实际应用,我们在本章主要讲述夫琅禾费衍射。

23.2 单缝的夫琅禾费衍射

图 23.2 所示就是单缝的夫琅禾费衍射实验,图 23.3 中又画出了这一实验的光路图,为了便于解说,在此图中大大扩大了缝的宽度 a(缝的长度是垂直于纸面的)。

根据惠更斯-菲涅耳原理,单缝后面空间任一点 P 的光振动是单缝处波阵面上所有子波波源发出的子波传到 P 点的振动的相干叠加。为了考虑在 P 点的振动的合成,我们想象在衍射角 θ 为某些特定值时能将单缝处宽度为 a 的波阵面 AB 分成许多等宽度的纵长条带,并使相邻两带上的对应点,例如每条带的最下点、中点或最上点,发出的光在 P 点的**光程差为半个波长**。这样的条带称为**半波带**,如图 23.4 所示。利用这样的半波带来分析衍射图样的方法叫**半波带法**。

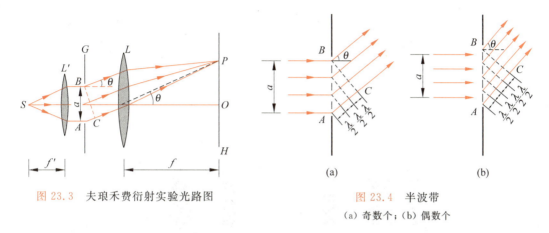

图 23.3　夫琅禾费衍射实验光路图

图 23.4　半波带
(a) 奇数个；(b) 偶数个

衍射角 θ 是衍射光线与单缝平面法线间的夹角。衍射角不同,则单缝处波阵面分出的半波带个数也不同。半波带的个数取决于单缝两边缘处衍射光线之间的光程差 AC(BC 和衍射光线垂直)。由图 23.3 可见

$$AC = a\sin\theta$$

当 AC 等于半波长的奇数倍时,单缝处波阵面可分为奇数个半波带(图 23.4(a));当 AC 是半波长的偶数倍时,单缝处波阵面可分为偶数个半波带(图 23.4(b))。

这样分出的各个半波带,由于它们到 P 点的距离近似相等,因而各个带发出的子波在 P 点的振幅近似相等,而相邻两带的对应点上发出的子波在 P 点的相差为 π。因此相邻两波带发出的振动在 P 点合成时将互相抵消。这样,如果单缝处波阵面被分成偶数个半波带,则由于一对对相邻的半波带发的光都分别在 P 点相互抵消,所以合振幅为零,P 点应是暗条纹的中心。如果单缝处波阵面被分为奇数个半波带,则一对对相邻的半波带发的光分别在 P 点相互抵消后,还剩一个半波带发的光到达 P 点合成。这时,P 点应近似为明条纹的中心,而且 θ 角越大,半波带面积越小,明纹光强越小。当 $\theta=0$ 时,各衍射光光程差为零,通过透镜后会聚在透镜焦平面上,这就是中央明纹(或零级明纹)中心的位置,该处光强最大。对于任意其他的衍射角 θ,AB 一般不能恰巧分成整数个半波带。此时,衍射光束形成介于最明和最暗之间的中间区域。

综上所述可知,当平行光垂直于单缝平面入射时,单缝衍射形成的明暗条纹的位置用衍射角 θ 表示,由以下公式决定:

暗条纹中心

$$a\sin\theta = \pm k\lambda, \quad k=1,2,3,\cdots \tag{23.1}$$

明条纹中心(近似)

$$a\sin\theta = \pm(2k+1)\frac{\lambda}{2}, \quad k=1,2,3,\cdots \tag{23.2}$$

中央条纹中心
$$\theta = 0$$

单缝衍射光强分布如图 23.5 所示。此图表明,单缝衍射图样中各极大处的光强是不相同的。中央明纹光强最大,其他明纹光强迅速下降(光强分布公式及其推导见本节末的[注])。

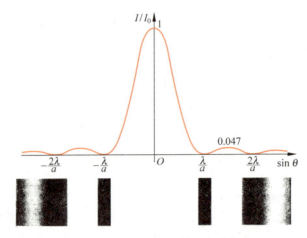

图 23.5 单缝的衍射图样和光强分布

两个第 1 级暗条纹中心间的距离即为中央明条纹的宽度,中央明条纹的宽度最宽,约为其他明条纹宽度的两倍。考虑到一般 θ 角较小,中央明条纹的**半角宽度**为

$$\theta \approx \sin\theta = \frac{\lambda}{a} \tag{23.3}$$

以 f 表示透镜 L 的焦距,则得观察屏上**中央明条纹的线宽度**为

$$\Delta x = 2f\tan\theta \approx 2f\sin\theta = 2f\frac{\lambda}{a} \tag{23.4}$$

上式表明,中央明条纹的宽度正比于波长 λ,反比于缝宽 a。这一关系又称为**衍射反比律**。缝越窄,衍射越显著;缝越宽,衍射越不明显。当缝宽 $a \gg \lambda$ 时,各级衍射条纹向中央靠拢,密集得以至无法分辨,只显出单一的明条纹。实际上这明条纹就是线光源 S 通过透镜所成的几何光学的像,这个像相应于从单缝射出的光是直线传播的平行光束。由此可见,光的直线传播现象,是光的波长较透光孔或缝(或障碍物)的线度小很多时,衍射现象不显著的情形(图 23.6)。由于几何光学是以光的直线传播为基础的理论,所以**几何光学是波动光学在 $\lambda/a \to 0$ 时的极限情形**。对于透镜成像讲,仅当衍射不显著时,才能形成物的几何像,如果衍射不能忽略,则透镜所成的像将不是物的几何像,而是一个衍射图样。

这里我们再说明一下衍射的概念。第 22 章讲双缝的干涉时,曾利用了波的叠加的规律。这一节我们分析单缝的衍射时,也用了波的叠加的规律。可见它们都是光波相干叠加的表现。那么,干涉和衍射有什么区别呢?从本质上讲,确实并无区别。习惯上说,干涉总是指那些分立的**有限多**的光束的相干叠加,而衍射总是指波阵面上连续分布的**无穷多子波波源**发出的光波的相干叠加。这样区别之后,二者常常出现于同一现象中。例如双缝干涉的图样实际上是两个缝发出的光束的干涉和每个缝自身发出的光的衍射的综合效果(参看例 23.4)。23.5 节讲的光栅衍射实际上是多光束干涉和单缝衍射的综合效果。

23.2 单缝的夫琅禾费衍射

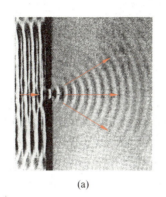 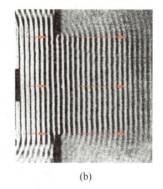

(a)   (b)

图 23.6 用水波盘演示衍射现象

(a) 阻挡墙的缺口宽度小于波长,衍射显著;(b) 墙的缺口宽度大于波长,衍射不显著

例 23.1

在一单缝夫琅禾费衍射实验中,缝宽 $a=5\lambda$,缝后透镜焦距 $f=40\text{ cm}$,试求中央条纹和第 1 级亮纹的宽度。

解 由公式(23.1)可得对第一级和第二级暗纹中心有
$$a\sin\theta_1 = \lambda, \quad a\sin\theta_2 = 2\lambda$$
因此第 1 级和第 2 级暗纹中心在屏上的位置分别为
$$x_1 = f\tan\theta_1 \approx f\sin\theta_1 = f\frac{\lambda}{a} = 40 \times \frac{\lambda}{5\lambda} = 8 \text{ (cm)}$$
$$x_2 = f\tan\theta_2 \approx f\sin\theta_2 = f\frac{2\lambda}{a} = 40 \times \frac{2\lambda}{5\lambda} = 16 \text{ (cm)}$$
由此得中央亮纹宽度为
$$\Delta x_0 = 2x_1 = 2 \times 8 = 16 \text{ (cm)}$$
第 1 级亮纹的宽度为
$$\Delta x_1 = x_2 - x_1 = 16 - 8 = 8 \text{ (cm)}$$
这只是中央亮纹宽度的一半。

[注]夫琅禾费单缝衍射的光强分布公式的推导

菲涅耳半波带法只能大致说明衍射图样的情况,要定量给出衍射图样的强度分布,需要对子波进行相干叠加。下面用相量图法导出夫琅禾费单缝衍射的强度公式。

为了用惠更斯-菲涅耳原理计算屏上各点光强,想象将单缝处的波阵面 AB 分成 N 条(N 很大)等宽度的波带,每条波带的宽度为 $ds=a/N$(图 23.7)。由于各波带发出的子波到 P 点的传播方向一样,距离也近似相等,所以在 P 点各子波的振幅也近似相等,今以 ΔA 表示此振幅。相邻两波带发出的子波传到 P 点时的光程差都是

$$\Delta L = \frac{AC}{N} = \frac{a\sin\theta}{N} \quad (23.5)$$

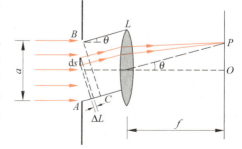

图 23.7 推导单缝衍射强度用图

相应的相差都是

$$\delta = \frac{2\pi}{\lambda} \frac{a\sin\theta}{N} \tag{23.6}$$

根据菲涅耳的叠加思想，P 点光振动的合振幅，就应等于这 N 个波带发出的子波在 P 点的振幅的矢量合成，也就等于 N 个同频率、等振幅（ΔA）、相差依次都是 δ 的振动的合成。这一合振幅可借助图 23.8 的相量图计算出来。图中 $\Delta A_1, \Delta A_2, \cdots, \Delta A_N$ 表示各分振幅矢量，相邻两个分振幅矢量的相差就是式(23.6)给出的 δ。各分振幅矢量首尾相接构成一正多边形的一部分，此正多边形有一外接圆。以 R 表示此外接圆的半径，则合振幅 A_θ 对应的圆心角就是 $N\delta$，而 A_θ 的值为

$$A_\theta = 2R\sin\frac{N\delta}{2}$$

在 $\triangle OCB$ 中 ΔA_1 之振幅即前述等振幅 ΔA，显见

$$\Delta A = 2R\sin\frac{\delta}{2}$$

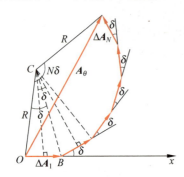

图 23.8 N 个等振幅、相邻振动相差为 δ 的振动的合成相量图

以上两式相除可得衍射角为 θ 的 P 处的合振幅应为

$$A_\theta = \Delta A \frac{\sin\frac{N\delta}{2}}{\sin\frac{\delta}{2}}$$

由于 N 非常大，所以 δ 非常小，$\sin\frac{\delta}{2} \approx \frac{\delta}{2}$，因而又可得

$$A_\theta = \Delta A \frac{\sin\frac{N\delta}{2}}{\frac{\delta}{2}} = N\Delta A \frac{\sin\frac{N\delta}{2}}{\frac{N\delta}{2}}$$

令

$$\beta = \frac{N\delta}{2} = \frac{\pi a \sin\theta}{\lambda} \tag{23.7}$$

则

$$A_\theta = N\Delta A \frac{\sin\beta}{\beta}$$

此式中，当 $\theta = 0$ 时，$\beta = 0$，而 $\frac{\sin\beta}{\beta} = 1$，$A_\theta = N\Delta A$。由此可知，$N\Delta A$ 为中央条纹中点 O 处的合振幅。以 A_0 表示此振幅，则 P 点的合振幅为

$$A_\theta = A_0 \frac{\sin\beta}{\beta} \tag{23.8}$$

两边平方可得 P 点的光强为

$$I = I_0 \left(\frac{\sin\beta}{\beta}\right)^2 \tag{23.9}$$

式中，I_0 为中央明纹中心处的光强。此式即单缝夫琅禾费衍射的光强公式。用相对光强表示，则有

$$\frac{I}{I_0} = \left(\frac{\sin\beta}{\beta}\right)^2 \tag{23.10}$$

图 23.5 中的相对光强分布曲线就是根据这一公式画出的。由式(23.9)或式(23.10)可求出光强极大和极小的条件及相应的角位置。

(1) 主极大

在 $\theta = 0$ 处，$\beta = 0$，$\sin\beta/\beta = 1$，$I = I_0$，光强最大，称为主极大，此即中央明纹中心的光强。

(2) 极小

$\beta = k\pi$，$k = \pm 1, \pm 2, \pm 3, \cdots$ 时，$\sin\beta = 0$，$I = 0$，光强最小。因为 $\beta = \frac{\pi a \sin\theta}{\lambda}$，于是得

$$a\sin\theta = k\lambda, \quad k = \pm 1, \pm 2, \pm 3, \cdots$$

此即暗纹中心的条件。这一结论与半波带法所得结果式(23.1)一致。

(3) 次极大

令 $\dfrac{d}{d\beta}\left(\dfrac{\sin\beta}{\beta}\right)^2 = 0$，可求得次极大的条件为

$$\tan\beta = \beta$$

用图解法可求得和各次极大相应的 β 值为

$$\beta = \pm 1.43\pi, \pm 2.46\pi, \pm 3.47\pi, \cdots$$

相应地有

$$a\sin\theta = \pm 1.43\lambda, \pm 2.46\lambda, \pm 3.47\lambda, \cdots$$

以上结果表明，次极大差不多在相邻两暗纹的中点，但朝主极大方向稍偏一点。将此结果和用半波带法所得出的明纹近似条件式(23.2)，$a\sin\theta = \pm\left(k+\dfrac{1}{2}\right)\lambda$ 相比，可知式(23.2)是一个相当好的近似结果。

把上述 β 值代入光强公式(23.10)，可求得各次极大的强度。计算结果表明，次极大的强度随着级次 k 值的增大**迅速减小**。第 1 级次极大的光强还不到主极大光强的 5%。

23.3　光学仪器的分辨本领

借助光学仪器观察细小物体时，不仅要有一定的放大倍数，还要有足够的分辨本领，才能把微小物体放大到清晰可见的程度。

从波动光学角度来看，即使没有任何像差的理想成像系统，它的分辨本领也要受到衍射的限制。光通过光学系统中的光阑、透镜等限制光波传播的光学元件时要发生衍射，因而一个点光源并不成点像，而是在点像处呈现一衍射图样(图 23.9)。例如眼睛的瞳孔、望远镜、显微镜、照相机等的物镜，在成像过程中都是一些衍射孔。两个点光源或同一物体上的两点发的光通过这些衍射孔成像时，由于衍射会形成两个衍射斑，它们的像就是这两个衍射斑的非相干叠加。如果两个衍射斑之间的距离过近，斑点过大，则两个点物或同一物体上的两点的像就不能分辨，像也就不清晰了(图 23.10(c))。

图 23.9　圆孔的夫琅禾费衍射图样

怎样才算能分辨？瑞利提出了一个标准，称做**瑞利判据**。它说的是，对于两个强度相等的**不相干**的点光源（物点），**一个点光源的衍射图样的主极大刚好和另一点光源衍射图样的第 1 个极小相重合时**，两个衍射图样的合成光强的谷、峰比约为 0.8。这时，就可以认为，两个点光源（或物点）恰为这一光学仪器所分辨(图 23.10(b))。两个点光源的衍射斑相距更远时，它们就能十分清晰地被分辨了(图 23.10(a))。

以透镜为例，恰能分辨时，两物点在透镜处的张角称为**最小分辨角**，用 $\delta\theta$ 表示，如图 23.11 所示。最小分辨角也叫**角分辨率**，它的倒数称为**分辨本领**（或**分辨率**）。

对**直径为 D 的圆孔**的夫琅禾费衍射来讲，中央衍射斑的角半径为衍射斑的中心到第 1 个极小的角距离。第 1 极小的角位置由下式给出（和式(23.3)略有差别）：

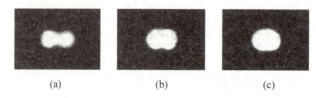

(a)   (b)   (c)

图 23.10 　瑞利判据说明：对于两个不相干的点光源
（a）分辨清晰；（b）刚能分辨；（c）不能分辨

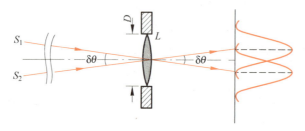

图 23.11 　透镜最小分辨角

$$\sin\theta = 1.22\frac{\lambda}{D} \tag{23.11}$$

θ 角很小时，

$$\theta \approx \sin\theta = 1.22\frac{\lambda}{D}$$

根据瑞利判据，当两个衍射斑中心的角距离等于衍射斑的角半径时，两个相应的物点恰能分辨，所以角分辨率应为

$$\delta\theta = 1.22\frac{\lambda}{D} \tag{23.12}$$

相应的分辨率为

$$R \equiv \frac{1}{\delta\theta} = \frac{D}{1.22\lambda} \tag{23.13}$$

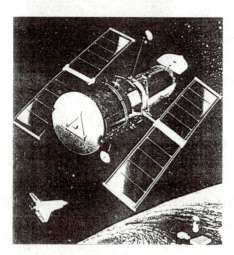

图 23.12 　哈勃太空望远镜

上式表明，分辨率的大小与仪器的孔径 D 和光波波长有关。因此，大口径的物镜对提高望远镜的分辨率有利。1990 年发射的哈勃太空望远镜的凹面物镜的直径为 2.4 m，角分辨率约为 0.1″（[角]秒），在大气层外 615 km 高空绕地球运行（图 23.12）。它采用计算机处理图像技术，把图像资料传回地球。它可观察 130 亿光年远的太空深处，发现了 500 亿个星系。这也并不满足科学家的期望。目前正在设计制造凹面物镜的直径为 8 m 的巨大太空望远镜，用以取代哈勃望远镜，期望能观察到"大爆炸"开端的宇宙实体。

对于显微镜，则采用极短波长的光对提高其分辨率有利。对光学显微镜，使用 $\lambda = 400$ nm 的紫光照射物体而进行显微观察,最小分辨距离约为 200 nm,最大放大倍数约为 2000。这已是光学显微镜的极限。电子具有波动性。当加速电压为几十万伏时,电子的波长只有约 10^{-3} nm,所以电子显微镜可获得很高的分辨率。这就为研究分子、原子的结构提供了有力工具。

例 23.2

在通常亮度下,人眼瞳孔直径约为 3 mm,问人眼的最小分辨角是多大?远处两根细丝之间的距离为 2.0 mm,问细丝离开多远时人眼恰能分辨?

解 视觉最敏感的黄绿光波长 $\lambda = 550$ nm,因此,由式(23.12)可得人眼的最小分辨角为

$$\delta\theta = 1.22 \frac{\lambda}{D} = 1.22 \times \frac{550 \times 10^{-9}}{3 \times 10^{-3}} = 2.24 \times 10^{-4} \,(\text{rad}) \approx 1'$$

设细丝间距离为 Δs,人与细丝相距 L,则两丝对人眼的张角 θ 为

$$\theta = \frac{\Delta s}{L}$$

恰能分辨时应有

$$\theta = \delta\theta$$

于是有

$$L = \frac{\Delta s}{\delta\theta} = \frac{2.0 \times 10^{-3}}{2.24 \times 10^{-4}} = 8.9 \,(\text{m})$$

超过上述距离,则人眼不能分辨。

23.4 细丝和细粒的衍射

不但光通过细缝和小孔时会产生衍射现象,可以观察到衍射条纹,当光射向不透明的细丝或细粒时,也会产生衍射现象,在细丝或细粒后面也会观察到衍射条纹。图 23.13 就是单色光越过一微小不透光圆片时产生的衍射图样,其中心的小亮点称做**泊松斑**①。实际上同样线度的细缝或小孔与细丝或细粒产生的衍射图样是一样的,下面用叠加原理来证明这一点。

如图 23.14(a)所示,使一束平行光垂直射向遮光板 G,在遮光板上有一个圆洞,直径为 a。图 23.14(b)为两个透光屏,直径也是 a,正好能嵌入遮光板 G 上的圆洞中。屏 A 上有十字透光缝,屏 B 上有一十字丝,正好能填满屏 A 上的十字缝。这样的两个屏称为互补屏。根据惠更斯-费涅耳原理可知,当屏 A 嵌入遮光板上的圆洞时,其后屏 H 上各

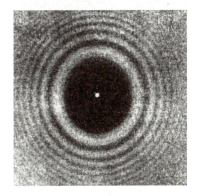

图 23.13 不透光小圆片产生的衍射图样

---

① 泊松于 1818 年首先根据费涅耳的波动论导出了不透光圆片对光的衍射会在其正后方产生一亮斑。他本人不相信波动说,认为这一理论结果是不可信的。他在学会上发表此结果是想为难费涅耳,否定波动说。没想到随后费涅耳就用实验演示了这一亮斑的存在,使波动说有了更强的说服力。

点的振幅应是十字缝上各子波波源所发的子波在各点的振幅之和。以 E_1 表示此振幅分布。同理,当屏 B 嵌入遮光板上的圆洞时,屏 H 上各点的振幅应是四象限透光平面(十字丝除外)上各子波波源在各点的振幅之和。以 E_2 表示此振幅分布。若将圆洞全部敞开,屏 H 上的振幅分布就相当于十字缝和透光四象限同时密合相接时二者所分别产生的振幅分布之和。以 E_0 表示圆洞全部敞开时屏 H 上的振幅分布,则应有

$$E_0 = E_1 + E_2 \tag{23.14}$$

此式表明,两个互补透光屏所产生的振幅分布之和等于全透屏所产生的振幅分布。这一结论叫**巴比涅原理**。

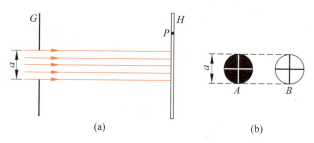

图 23.14 说明巴比涅原理用图
(a) 衍射装置;(b) 互补透光屏

回到图 23.13 的情况,在 $a \gg \lambda$(范围约在 $10^3 \sim 10\lambda$ 之间)时,屏 H 上的几何阴影部分(亦即衍射区)总光强为零,即 $E_0 = 0$,此时式(23.14)给出

$$E_1 = -E_2 \tag{23.15}$$

由于光强和振幅的平方成正比,所以又可得

$$I_1 = I_2 \tag{23.16}$$

即**两个互补的透光屏所产生的衍射光强分布相同,因而具有相同的衍射图样**。

细丝和细缝互补,细粒和小孔互补,它们自然就产生相同的衍射图样了。

图 23.15(a) 和(b)是一对互补的透光屏,图(a)有星形透光孔,图(b)有星形遮光花,图(c),(d)是和二者分别对应的衍射图样。看起来图(c),(d)是完全一样的,只是在图(d)的中心有较强的亮光。屏的绝大部分是透光的,图(d)中的中心亮区就是垂直通过此屏的广大透光区而几乎没有衍射的光形成的。

例 23.3

为了保证抽丝机所抽出的细丝粗细均匀,可以利用光的衍射原理。如图 23.16 所示,让一束激光照射抽动的细丝,在细丝另一侧 2.0 m 处设置一接收屏(其后接光电转换装置)接收激光衍射图样。当衍射的中央条纹宽度和预设宽度不合时,光电装置就将信息反馈给抽丝机以改变抽出丝的粗细使之符合要求。如果所用激光器为氦氖激光器,激光波长为 632.8 nm,而细丝直径要求为 20 μm,求接收屏上衍射图样中的中央亮纹宽度是多大?

解 根据巴比涅原理,细丝产生的衍射图样应和等宽的单缝相同,接收屏上中央亮纹的宽度应为

$$l = 2D\tan\theta_1 = 2D\sin\theta_1 = 2D\lambda/a$$

已知 $D = 2.0$ m,$\lambda = 632.8$ nm,$a = 20$ μm,代入上式可得

$$l = \frac{2 \times 2.0 \times 632.8 \times 10^{-9}}{20 \times 10^{-6}} = 0.13 \text{ (m)}$$

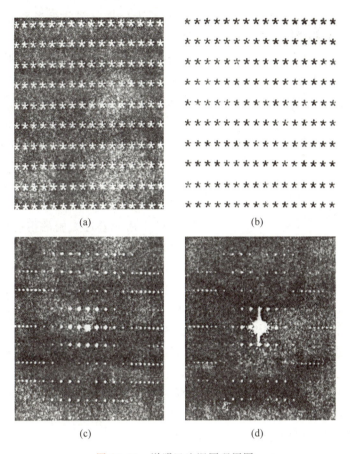

图 23.15 说明巴比涅原理用图

(取自 H.C.Ohanian. Physics, 2nd ed.. W.W. NorTon & Company. 1989, Fig. 40.19)

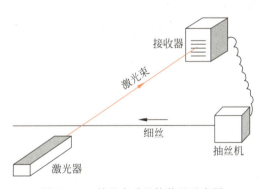

图 23.16 抽丝自动监控装置示意图

23.5 光栅衍射

许多等宽的狭缝等距离地排列起来形成的光学元件叫**光栅**。在一块很平的玻璃上用金刚石刀尖或电子束刻出一系列等宽等距的平行刻痕,刻痕处因漫反射而不大透光,相当于不

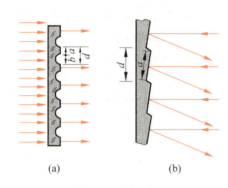

图 23.17　光栅（断面）
(a) 透射光栅；(b) 反射光栅

透光部分；未刻过的部分相当于透光的狭缝；这样就做成了透射光栅（图 23.17(a)）。在光洁度很高的金属表面刻出一系列等间距的平行细槽，就做成了反射光栅（图 23.17(b)）。简易的光栅可用照相的方法制造，印有一系列平行而且等间距的黑色条纹的照相底片就是透射光栅。

实用光栅，每毫米内有几十条，上千条甚至几万条刻痕。一块 100 mm×100 mm 的光栅上可能刻有 10^4 条到 10^6 条刻痕。这样的原刻光栅是非常贵重的。

实验中用光透过光栅的衍射现象产生明亮尖锐的亮纹，或在入射光是复色光的情况下，产生光谱以进行光谱分析。它是近代物理实验中用到的一种重要光学元件。本节讨论光栅衍射的基本规律。

如何分析光通过光栅后的强度分布呢？在第 22 章我们讲过双缝干涉的规律。光栅有许多缝，可以想到各个缝发出的光将发生干涉。在 23.2 节我们讲了单缝衍射的规律，可以想到每个缝发出的光本身会产生衍射，正是这各缝之间的干涉和每缝自身的衍射决定了光通过光栅后的光强分布。下面就根据这一思想进行分析（具体推导见本节末[注]）。

设图 23.17 中光栅的每一条透光部分宽度为 a，不透光部分宽度为 b（参看图 23.17(a)）。$a+b=d$ 叫做**光栅常量**，是光栅的空间周期性的表示。以 N 表示光栅的总缝数，并设平面单色光波垂直入射到光栅表面上。先考虑多缝干涉的影响，这时可以认为各缝共形成 N 个间距都是 d 的同相的子波波源，它们沿每一方向都发出频率相同、振幅相同的光波。这些光波的叠加就成了**多光束的干涉**。在衍射角为 θ 时，光栅上从上到下，相邻两缝发出的光到达屏 H 上 P 点时的光程差都是相等的。由图 23.18 可知，这一光程差等于 $d\sin\theta$。由振动的叠加规律可知，当 θ 满足

$$d\sin\theta = \pm k\lambda, \quad k=0,1,2,\cdots \quad (23.17)$$

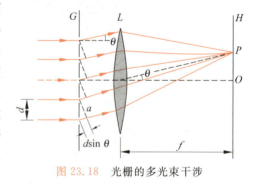

图 23.18　光栅的多光束干涉

时，所有的缝发的光到达 P 点时都将是同相的。它们将发生相长干涉从而在 θ 方向形成明条纹。值得注意的是，这时在 P 点的合振幅应是来自一条缝的光的振幅的 N 倍，而合光强将是来自一条缝的光强的 N^2 倍。这就是说，光栅的多光束干涉形成的明纹的亮度要比一条缝发的光的亮度大多了，而且 N 越大，条纹越亮。和这些明条纹相应的光强的极大值叫**主极大**，决定主极大位置的式(23.17)叫做**光栅方程**。

光栅的缝很多还有一个明显的效果：使主极大明条纹变得很窄。以中央明条纹为例，它出现在 $\theta=0$ 处。在稍稍偏过一点的 $\Delta\theta$ 方向，如果光栅的最上一条缝和最下一条缝发的光的光程差等于波长 λ，即

$$Nd\sin\Delta\theta = \lambda$$

时，则光栅上下两半宽度内相应的缝发的光到达屏上将都是反相的（想想分析单缝衍射的半波带法），它们都将相消干涉以致总光强为零。由于 N 一般很大，所以 $\sin\Delta\theta = \lambda/Nd$ 可以很小，因此可得 $\Delta\theta = \sin\theta = \lambda/Nd$。由它所限的中央明条纹的角宽度将是 $2\Delta\theta = 2\lambda/Nd$。由光栅方程(23.17)求得的中央明条纹到第 1 级明条纹的角距离为 $\theta_1 > \sin\theta_1 = \lambda/d$。$\theta_1$ 要比 $2\Delta\theta$ 的 $N/2$ 倍还大。由于 N 很大，所以中央明条纹宽度要比它和第 1 级明条纹的间距小得多。对其他级明条纹的分析结果也一样[①]：明条纹的宽度比它们的间距小得多。在两个主极大之间也还有总光强为零的位置（如使最上面的缝和最下面的缝发的光的光程差为 2λ，$3\lambda,\cdots,(N-1)\lambda$ 的方向）。在这些位置之间光强不为零。但由于在这些区域从各缝发来的光叠加时总有许多缝的光干涉相消，所以其总光强比主极大要小得多。这样，多光束干涉的结果就是：**在几乎黑暗的背景上出现了一系列又细又亮的明条纹，而且光栅总缝数 N 越大，所形成的明条纹也越细越亮**。这样的明条纹叫做**光谱线**。这一结果的光强分布曲线如图 23.19(a)所示。

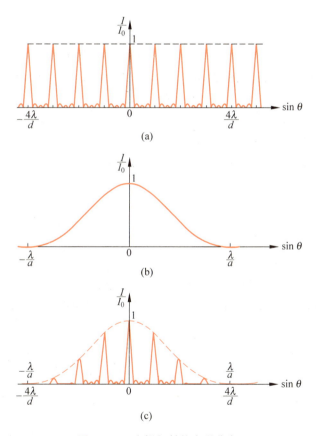

图 23.19　光栅衍射的光强分布

(a) 多光束干涉的光强分布；(b) 单缝衍射的光强分布；(c) 光栅衍射的总光强分布

图 23.19(a)中的光强分布曲线是假设各缝在各方向的衍射光的强度都一样而得出的。实际上，每条缝发的光，由于衍射，在不同的 θ 的方向的强度是不同的，其强度分布如

---

① 第 k 级主极大的半角宽应为 $\Delta\theta = \lambda/Nd\cos\theta$，$\theta$ 为第 k 级主极大的角位置。推导见 23.6 节。

图 23.19(b) 所示(它就是图 23.5 中的分布曲线)。不同 θ 方向的衍射光相干叠加形成的主极大也就要受衍射光强的影响,或者说,**各主极大要受单缝衍射的调制**:衍射光强大的方向的主极大的光强也大,衍射光强小的方向的主极大光强也小。多光束干涉和单缝衍射共同决定的光栅衍射的总光强分布如图 23.19(c) 所示。图 23.20 是两张光栅衍射图样的照片。虽然所用光栅的缝数还相当少,但其明条纹的特征已显示得相当明显了。

(a)   (b)

图 23.20   光栅衍射图样照片
(a) $N=5$;(b) $N=20$

还应指出的是,由于单缝衍射的光强分布在某些 θ 值时可能为零,所以,如果对应于这些 θ 值按多光束干涉出现某些级的主极大时,这些主极大将消失。这种衍射调制的特殊结果叫**缺级现象**,所缺的级次由光栅常数 d 与缝宽 a 的比值决定。因为主极大满足式(23.17)

$$d\sin\theta = \pm k\lambda$$

而衍射极小(为零)满足式(23.1)

$$a\sin\theta = \pm k'\lambda$$

如果某一 θ 角同时满足这两个方程,则 k 级主极大缺级。两式相除,可得

$$k = \pm \frac{d}{a}k', \quad k' = 1,2,3,\cdots \tag{23.18}$$

例如,当 $d/a=4$ 时,则缺 $k=\pm 4, \pm 8, \cdots$ 诸级主极大。图 23.19(c) 画的就是这种情形。

例 23.4

使单色平行光垂直入射到一个双缝上(可以把它看成是只有两条缝的光栅),其夫琅禾费衍射包线的中央极大宽度内恰好有 13 条干涉明条纹,试问两缝中心的间隔 d 与缝宽 a 应有何关系?

解 双缝衍射包线的中央极大应是单缝衍射的中央极大,此中央极大的宽度按式(23.4)求得为

$$\Delta X = 2f\tan\theta_1 \approx 2f\sin\theta_1 = \frac{2f\lambda}{a}$$

式中,f 为双缝后面所用透镜的焦距。此极大内的明条纹是两个缝发的光相互干涉的结果。据式(22.8),相邻两明条纹中心的间距为

$$\Delta x = \frac{f\lambda}{d}$$

由于在 ΔX 内共有 13 条明条纹,所以应该有

$$\frac{\Delta X}{\Delta x} = 13 + 1 = 14$$

将上面 ΔX 与 Δx 的值代入可得

$$d = 7a$$

本题也可由明纹第 7 级缺级的条件求得。

例 23.5

有一四缝光栅,如图 23.21 所示。缝宽为 a,光栅常量 $d=2a$。其中 1 缝总是开的,而 2,3,4 缝可以开也可以关闭。波长为 λ 的单色平行光垂直入射光栅。试画出下列条件下,夫琅禾费衍射的相对光强分布曲线 $\frac{I}{I_0}-\sin\theta$。

(1) 关闭 3,4 缝;

(2) 关闭 2,4 缝;

(3) 4 条缝全开。

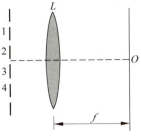

图 23.21 四缝光栅

解 (1) 关闭 3,4 缝时,四缝光栅变为双缝,且 $d/a=2$,所以在中央极大包线内共有 3 条谱线。

(2) 关闭 2,4 缝时,仍为双缝,但光栅常量 d 变为 $d'=4a$,即 $d'/a=4$,因而在中央极大包线内共有 7 条谱线。

(3) 4 条缝全开时,$d/a=2$,中央极大包线内共有 3 条谱线,与(1)不同的是主极大明纹的宽度和相邻两主极大之间的光强分布不同。

上述三种情况下光栅衍射的相对光强分布曲线分别如图 23.22 中(a),(b),(c)所示,注意三种情况下都有缺级现象。

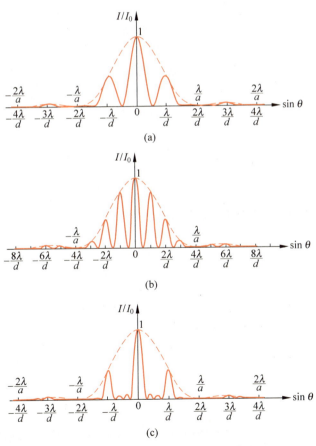

图 23.22 例 23.5 相对光强分布曲线

[注]光栅衍射的光强分布公式的推导

参考图 23.18。以 d 表示光栅常量,以 a 表示每条透光缝的宽度,以 N 表示总的缝数。仍设单色光(波长为 λ)垂直光栅面入射。每一条缝发出的光在衍射角为 θ 的方向的光振动的振幅,根据式(23.8),为

$$A_{1\theta} = A_{10} \frac{\sin\beta}{\beta} \tag{23.19}$$

其中

$$\beta = \frac{\pi a \sin\theta}{\lambda}$$

而 A_{10} 为每一条缝衍射的中央明纹的极大振幅。

所有 N 条缝发出的光在衍射角 θ 方向的总振幅应是式(23.19)的相干叠加。类似于得到式(23.8)的分析,可得这一总振幅为

$$A_\theta = A_{1\theta} \frac{\sin\frac{N\delta'}{2}}{\sin\frac{\delta'}{2}} \tag{23.20}$$

其中 δ' 是相邻两缝发的光在衍射角 θ 方向的相差,即

$$\delta' = \frac{2\pi}{\lambda} d\sin\theta$$

令

$$\gamma = \frac{\delta}{2} = \frac{\pi d \sin\theta}{\lambda}$$

则式(23.20)可写成

$$A_\theta = A_{1\theta} \frac{\sin N\gamma}{\sin\gamma}$$

将式(23.19)的 $A_{1\theta}$ 代入此式,可得在衍射角为 θ 的方向的总振幅为

$$A_\theta = A_{10} \frac{\sin\beta}{\beta} \frac{\sin N\gamma}{\sin\gamma} \tag{23.21}$$

将式(23.21)平方即得光栅衍射的强度分布公式

$$I_\theta = I_{10} \left(\frac{\sin\beta}{\beta}\right)^2 \left(\frac{\sin N\gamma}{\sin\gamma}\right)^2 \tag{23.22}$$

其中 I_{10} 是每一条缝衍射的中央明纹的极大强度。

式(23.22)中的 $(\sin N\gamma/\sin\gamma)^2$ 称为**多光束干涉因子**,它的极大值出现在

$$\gamma = \frac{\pi d\sin\theta}{\lambda} = k\pi$$

亦即

$$d\sin\theta = k\lambda, \quad k = 0, \pm 1, \pm 2, \cdots \tag{23.23}$$

这时,虽然 $\sin N\gamma = 0$ 而且 $\sin\gamma = 0$,但二者的比值为 N,而总光强就是单独一个缝产生的光强的 N^2 倍。这就是出现主极大的情况,而式(23.23)也就是光栅方程式(23.17)。

由 $\sin N\gamma = 0$ 而 $\sin\gamma \neq 0$ 时,总光强为零可知,在两个主极大之间还有暗纹。在中央主极大($k=0$)和正第 1 级主极大($k=1$)之间,$\sin N\gamma = 0$ 给出

$$N\gamma = k'\pi$$

或

$$\gamma = \frac{k'}{N}\pi \tag{23.24}$$

和式(23.23)对比,可知式(23.24)中 k' 值不能取 0 和 N,而只能取 $1, 2, 3, \cdots, N-1$。这说明在 $k=0$ 和 1 的两主极大之间会有 $N-1$ 个强度极小(零值)。在其他的相邻主极大之间也是这样。在两个极小之间也会有次极大出现,但次极大的光强比主极大的光强要小很多,所以两主极大之间实际上就形成了一段黑暗的背景。这干涉因子的影响正如图 23.19(a)所示。

式(23.22)中$(\sin\beta/\beta)^2$称为**单缝衍射因子**,它对光栅衍射的影响就如图 23.19(b)所示。

多光束干涉因子和单缝衍射因子共同起作用,光栅衍射强度分布公式式(23.22)就给出了图 23.19(c)那样的强度分布曲线和图 23.20 那样的明纹分布图像。

23.6 光栅光谱

23.5 节讲了单色光垂直入射到光栅上时形成谱线的规律。根据光栅方程(23.17)

$$d\sin\theta = \pm k\lambda$$

可知,如果是复色光入射,则由于各成分色光的 λ 不同,除中央零级条纹外,各成分色光的其他同级明条纹将在不同的衍射角出现。同级的不同颜色的明条纹将按波长顺序排列成**光栅光谱**,这就是光栅的分光作用。如果入射复色光中只包含若干个波长成分,则光栅光谱由若干条不同颜色的细亮谱线组成。图 23.23 是氢原子的可见光光栅光谱的第 1,2,4 级谱线(第 3 级缺级),H_α(红),H_β,H_γ,H_δ(紫)的波长分别是 656.3 nm,486.1 nm,434.1 nm,410.2 nm。中央主极大处各色都有,应是氢原子发出复合光,为淡粉色。

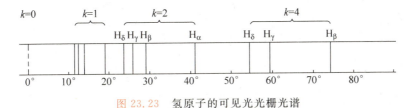

图 23.23　氢原子的可见光光栅光谱

物质的光谱可用于研究物质结构,原子、分子的光谱则是了解原子、分子结构及其运动规律的重要依据。光谱分析是现代物理学研究的重要手段,在工程技术中,也广泛地应用于分析、鉴定等方面。

光栅能把不同波长的光分开,那么波长很接近的两条谱线是否一定能在光栅光谱中分辨出来呢? 不一定,因为这还和谱线的宽度有关。根据**瑞利判据**,一条谱线的中心恰与另一条谱线的距谱线中心最近一个极小重合时,两条谱线刚能分辨。如图 23.24 所示,$\delta\theta$ 表示波长相近的两条谱线的角间隔(即两个主极大之间的角距离),$\Delta\theta$ 表示谱线本身的半角宽(即某一主极大的中心到相邻的一级极小的角距离),当 $\delta\theta = \Delta\theta$ 时,两条谱线刚能分辨。下面具体计算光栅的分辨本领和什么因素有关。

角间隔 $\delta\theta$ 取决于光栅把不同波长的光分开的本领。对光栅方程两边微分,得

$$d\cos\theta\, \delta\theta = k\delta\lambda$$

于是得波长差为 $\delta\lambda$ 的两条 k 级谱线的角间距为

$$\delta\theta = \frac{k\delta\lambda}{d\cos\theta} \tag{23.25}$$

半角宽 $\Delta\theta$ 可如下求得。对第 k 级主极大形成的谱线的中心,光栅方程给出

$$d\sin\theta = k\lambda \tag{23.26}$$

此式两边乘以光栅总缝数 N,可得

$$Nd\sin\theta = Nk\lambda \tag{23.27}$$

此式中 $Nd\sin\theta$ 是光栅上下两边缘的两条缝到 k 级主极大中心的光程差。如果 θ 增大一小

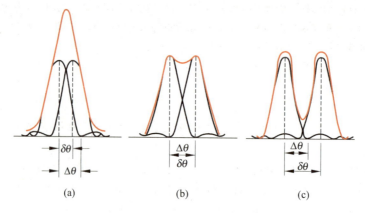

图 23.24　说明光栅分辨本领用图
(a) $\delta\theta<\Delta\theta$,不能分辨；(b) $\delta\theta=\Delta\theta$,恰能分辨；(c) $\delta\theta>\Delta\theta$,能分辨

量 $\Delta\theta$,使此光程差再增大 λ,则如分析单缝衍射一样,整个光栅上下两半对应的缝发出的光会聚到屏 H 上相应的点时都将是反相的,在 $\theta+\Delta\theta$ 方向的光强将为零,这一方向也就是和 k 级主极大紧相邻的暗纹中心的方向。因此,k 级主极大的半角宽就是 $\Delta\theta$,它满足

$$Nd\sin(\theta+\Delta\theta) = Nk\lambda + \lambda$$

或

$$d\sin(\theta+\Delta\theta) = k\lambda + \frac{\lambda}{N} \tag{23.28}$$

和式(23.26)相减,可得

$$d[\sin(\theta+\Delta\theta) - \sin\theta] = \frac{\lambda}{N}$$

或写为

$$\Delta(\sin\theta) = \cos\theta\,\Delta\theta = \frac{\lambda}{Nd}$$

由此可得 k 级谱线半角宽为

$$\Delta\theta = \frac{\lambda}{Nd\cos\theta} \tag{23.29}$$

刚能分辨时,$\delta\theta=\Delta\theta$,于是有

$$\frac{k\delta\lambda}{d\cos\theta} = \frac{\lambda}{Nd\cos\theta}$$

由此得

$$\frac{\lambda}{\delta\lambda} = kN \tag{23.30}$$

光栅的**分辨本领** R 定义为

$$R = \frac{\lambda}{\delta\lambda} \tag{23.31}$$

这一定义说明,一个光栅能分开的两个波长的波长差 $\delta\lambda$ 越小,该光栅的分辨本领越大。利用式(23.30)可得

$$R = kN \tag{23.32}$$

此式表明,光栅的分辨本领与级次成正比,特别是与光栅的总缝数成正比。当要求在某一级

次的谱线上提高光栅的分辨本领时,必须增大光栅的总缝数。这就是光栅所以要刻上万条甚至几十万条刻痕的原因。

例 23.6

用每毫米内有 500 条缝的光栅,观察钠光谱线。

(1) 光线以 $i=30°$ 角斜入射光栅时,谱线的最高级次是多少?并与垂直入射时比较。

(2) 若在第 3 级谱线处恰能分辨出钠双线,光栅必须有多少条缝(钠黄光的波长一般取 589.3 nm,它实际上由 589.0 nm 和 589.6 nm 两个波长的光组成,称为钠双线)?

解 (1) 斜入射时,相邻两缝的入射光束在入射前有光程差 AB,衍射后有光程差 CD,如图 23.25 所示。总光程差为 $CD-AB=d(\sin\theta-\sin i)$,因此斜入射的光栅方程为

$$d(\sin\theta-\sin i)=\pm k\lambda, \quad k=0,1,2,\cdots$$

谱线级次为

$$k=\pm\frac{d(\sin\theta-\sin i)}{\lambda}$$

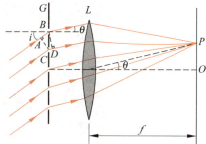

图 23.25　斜入射时光程差计算用图

此式表明,斜入射时,零级谱线不在屏中心,而移到 $\theta=i$ 的角位置处。可能的最高级次相应于 $\theta=-\frac{\pi}{2}$。由于 $d=\frac{1}{500}$ mm $=2\times10^{-6}$ m,代入上式得

$$k_{\max}=-\frac{2\times10^{-6}\left[\sin\left(-\frac{\pi}{2}\right)-\sin 30°\right]}{589.3\times10^{-9}}=5.1$$

级次取较小的整数,得最高级次为 5。

垂直入射时,$i=0$,最高级次相应于 $\theta=\pi/2$,于是有

$$k_{\max}=\frac{2\times10^{-6}\sin\frac{\pi}{2}}{589.3\times10^{-9}}=3.4$$

最高级次应为 3。可见斜入射比垂直入射可以观察到更高级次的谱线。

(2) 利用式(23.30)

$$\frac{\lambda}{\delta\lambda}=kN$$

可得

$$N=\frac{\lambda}{\delta\lambda}\frac{1}{k}=\frac{\lambda}{\lambda_2-\lambda_1}\frac{1}{k}$$

将 $\lambda_1=589.0$ nm,$\lambda_2=589.6$ nm 和 $k=3$ 代入,可得

$$N=\frac{589.3}{589.6-589.0}\times\frac{1}{3}=327$$

这个要求并不高。

23.7　光盘及其录音与放音

20 世纪 80 年代出现的致密光盘(CD)及其后衍生的各种光盘,在当今科技领域和日常生活中已经获得了非常普遍的而且是不可或缺的应用,它们的录入或读出都利用了激光的

干涉和衍射现象以及磁光效应(见 24.9 节)。下面简要介绍光盘录音和放音的工作原理。

CD 唱片(图 23.26)是在以透明塑料(聚碳酸酯,折射率约 1.55)为基片的圆盘上刻上螺旋形音轨再敷以硬树脂保护层而制成的,沿唱片径向的音轨密度约为 600 条/mm,总数共有约 2 万余条。音轨是由一系列长短不一的细坑槽纵向排列形成的(图 23.27),正是这些长短不一的坑槽记录了声音信号。这种信号是怎么记录下来的呢?

图 23.28(a)中曲线表示由声音转换成的电(压)信号。

图 23.26　CD 唱片

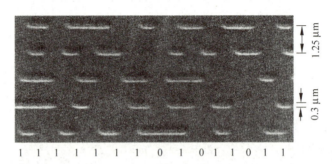

图 23.27　CD 上的坑槽音轨图像,其中 1,0 表示与最下一条音轨中坑槽位置对应的二进制数码

为了将它的变化录在 CD 上,首先按 44.1 Hz 的频率对这信号"取样",即取出曲线上一系列电压值,然后像图(b)中所示那样,将各个取样值"量化",即把各取样值化为最近的整数值。图(b)中电信号大小按 1,2,3,…整数分级(实际上分级数很多),而各取样值分别依次量化为 1,1,3,5,5,5,2,…整数。然后,将这些量化值按 16 位的二进制数码进行"编码",上述量化值分别编码如图(c)所示。最后用激光光刻的方法将这些数码用调制脉冲信号依次记录在塑料基片上形成音轨(记录时用电光转换装置使每遇到数码"1",就改变入射激光的断续;遇到数码"0"就保持激光的断续状态不变,这样就在基片上形成长短不一的窄条感光区,再经显影处理,感光部分溶解形成坑槽。这就是图 23.27 显示的由坑槽排列形成的音轨)。这样就制成了录有原声信号的光刻原版,再用这原版制成压模,就可以用压铸的方法大量制造市售 CD 唱片了。

放音时将 CD 唱片置入放音盒内,使有音轨的面向下。下面有半导体激光器(GaAlAs 二极管,发出激光波长为 780 nm)沿唱片径向向外移动,它发出的光束焦聚到音轨上,然后反射回激光器,再经光电转换装置转换成声音信号放出声音。反射激光束能拾取二进位数码 0 和 1 是靠光的干涉现象。如图 23.29 所示,当激光脉冲照射到音轨的平坦部分(不论在坑槽外或坑槽内)时(图 23.29(a))反射的激光脉冲弧度大,对应给出数码"0"。当激光脉冲照射到音轨的高低转换部分(即坑沿)时(图 23.29(b))入射激光束一部分在坑沿上反射,一部分在坑底反射。由于坑沿高度已制成为激光波长的 1/4 n,所以反射叠加后将发生相消干涉而反射光强度减小。这弱的反射光对应给出数码"1"。这样随着激光束沿音轨的等速移动,就得到了和录入二进制数码序列一样的数码序列,再经过光电转换、解码及电声转换等

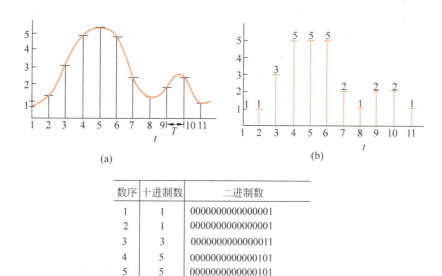

图 23.28　CD 的录音过程
(a) 取样；(b) 量化；(c) 编码

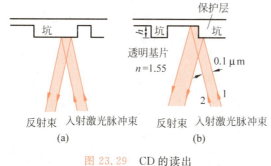

图 23.29　CD 的读出
(a) 反射束给出"0"；(b) 反射束给出"1"

过程就可以使原声重放了。

为了保证放音的不失真，放音机中的激光束必须精确地时时沿螺旋形音轨扫过。实际上两相邻音轨之间的距离只有约 1.25 μm，而由于放音过程中唱片的摇摆或偏心常会引起激光束偏离音轨，这将导致放音失真。为了保证激光束始终精确地沿音轨扫过，就在激光光路上装一块光栅(图 23.30)，该光栅使透过的激光束的中央主极大对准音轨，而其两侧的第一级主极大对准两条音轨间的平坦部分，它们的反射光分别进入各自的检测器。在中央主极大正好瞄准音轨照射而放音正常时，两侧的第一级主极大的反射光强度一样。一旦中央极大偏离音轨，其两侧的第一级主极大之一将落入音轨而使其反射光强度减弱。这一变化将回馈入伺服电路使之驱动相应机构把中央主极大再移回正确位置而避免放音失真。

CD 只能放音，不能录音，1992 年出现的 MD，即微型光盘，可放可录，其录放采用了磁光技术，因此叫 MO 盘。它的音轨是涂敷在聚碳酸酯塑料盘上的磁光膜窄条，此膜为具有高矫顽力的铁磁材料(如铽-铁氧体-钴，矫顽磁场强度约为 6400 A/m，居里温度约 180℃)。

录音时,在盘转动的过程中,功率约 4 mW 的激光束从下方向上焦聚到磁光膜上给膜加热(图 23.31),使被照射段的温度升高到其居里温度以上。这时这段膜将失去铁磁性而变为顺磁质,其内部磁畴将消失而退磁,膜也就失去了原来记录下来的任何信息,随着盘的转动,该段音轨将冷却下来,这时位于盘上方的录音磁头则通过其中信号电流的改变所产生的磁场方向的变化而使磁光膜沿竖直方向交替磁化,从而记下以数码 1 和 0 编码的信号序列。这样就完成了在磁光盘上抹去和重写的过程。

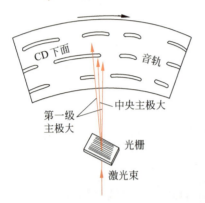

图 23.30　利用光栅使 CD 放音不失真

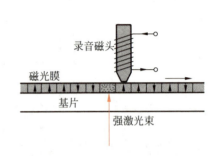

图 23.31　MO 盘录音示意图

在 MO 盘重放时,用功率较小(如 0.5 mW)的线偏振激光从下方照射载有信号(即已被逐段磁化)的磁光膜,由于法拉第磁光效应(参看 24.9 节旋光现象),激光束照射磁光膜而反射回来时,偏振光的振动面将被旋转一定角度(图 23.32)而且方向相反的磁场导致方向相反的转角。这反射光进入偏光分光镜后,由于折射和反射分为两束,分别由感光元件 A 和 B 接收。振动面旋转不同的入射偏振光,在 A 和 B 中产生的电流有 $I_A > I_B$ 或 $I_A < I_B$ 的不同。由 A 和 B 输出电流的差就可以读出数码 1 或 0,再经过解码、电声转换等过程就可以使原声重放了。

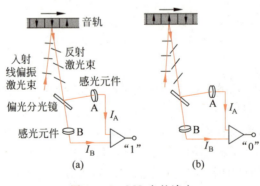

图 23.32　MO 盘的读出
(a) 读出数码"1"; (b) 读出数码"0"

由于磁光膜性能十分稳定,所以 MO 盘非常耐用,有的厂家宣称一张 MO 盘可以重录 1000 万次,使用时间可达 30 年。

23.8　X射线衍射

X射线是伦琴于1895年发现的,故又称伦琴射线。图23.33所示为X射线管的结构示意图。图中 G 是一抽成真空的玻璃泡,其中密封有电极 K 和 A。K 是发射电子的**热阴极**,A 是阳极,又称**对阴极**。两极间加数万伏高电压,阴极发射的电子,在强电场作用下加速,高速电子撞击阳极(靶)时,就从阳极发出 X 射线。

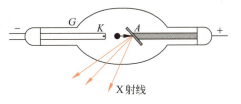

图 23.33　X 射线管结构示意图

这种射线人眼看不见,具有很强的穿透能力,在当时是前所未知的一种射线,故称为 X 射线。

后来认识到,X 射线是一种波长很短的电磁波,波长在 0.01 nm 到 10 nm 之间。既然 X 射线是一种电磁波,也应该有干涉和衍射现象。但是由于 X 射线波长太短,用普通光栅观察不到 X 射线的衍射现象,而且也无法用机械方法制造出适用于 X 射线的光栅。

1912 年德国物理学家劳厄想到,晶体由于其中粒子的规则排列应是一种适合于 X 射线的三维空间光栅。他进行了实验,第一次圆满地获得了 X 射线的衍射图样,从而证实了 X 射线的波动性。劳厄实验装置简图如图 23.34 所示。图 23.34(a)中 PP' 为铅板,上有一小孔,X 射线由小孔通过;C 为晶体,E 为照相底片。图 23.34(b)是 X 射线通过 NaCl 晶体后投射到底片上形成的衍射斑,称为劳厄斑。对劳厄斑的定量研究,涉及空间光栅的衍射原理,这里不作介绍。

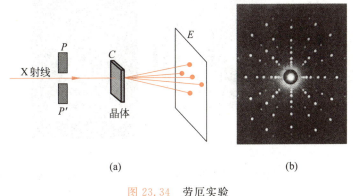

图 23.34　劳厄实验
(a) 装置简图;(b) 劳厄斑

下面介绍前苏联乌利夫和英国布拉格父子独立地提出的一种研究方法。这种方法研究 X 射线在晶体表面上反射时的干涉,原理比较简单。

X 射线照射晶体时,晶体中每一个微粒都是发射子波的衍射中心,向各个方向发射子波,这些子波相干叠加,就形成衍射图样。

晶体由一系列平行平面(晶面)组成,各晶面间距离称为晶面间距,用 d 表示,如图 23.35 所示。当一束 X 光以掠射角 φ 入射到晶面上时,在符合反射定律的方向上可以得

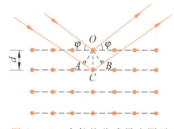

图 23.35 布拉格公式导出图示

到强度最大的射线。但由于各个晶面上衍射中心发出的子波的干涉,这一强度也随掠射角的改变而改变。由图 23.35 可知,相邻两个晶面反射的两条光线干涉加强的条件为

$$2d\sin\varphi = k\lambda, \quad k = 1,2,3,\cdots \quad (23.33)$$

此式称为**布拉格公式**。

应该指出,同一块晶体的空间点阵,从不同方向看去,可以看到粒子形成取向不相同,间距也各不相同的许多晶面族。当 X 射线入射到晶体表面上时,对于不同的晶面族,掠射角 φ 不同,晶面间距 d 也不同。凡是满足式(23.33)的,都能在相应的反射方向得到加强。一块完整的晶体就会形成图 23.34(b)那样的对称分布的衍射图样。

布拉格公式是 X 射线衍射的基本规律,它的应用是多方面的。若由别的方法测出了晶面间距 d,就可以根据 X 射线衍射实验由掠射角 φ 算出入射 X 射线的波长,从而研究 X 射线谱,进而研究原子结构。反之,若用已知波长的 X 射线投射到某种晶体的晶面上,由出现最大强度的掠射角 φ 可以算出相应的晶面间距 d 从而研究晶体结构,进而研究材料性能。这些研究在科学和工程技术上都是很重要的。例如对大生物分子 DNA 晶体的成千张的 X 射线衍射照片(图 23.36(a))的分析,显示出 DNA 分子的双螺旋结构(图 23.36(b))。

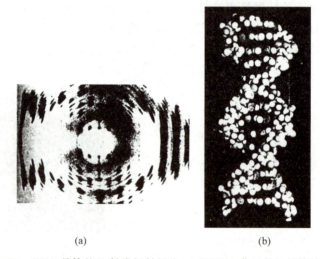

(a)　　　　　　　(b)

图 23.36　DNA 晶体的 X 射线衍射照片(a)和 DNA 分子的双螺旋结构(b)

提　要

1. 惠更斯-菲涅耳原理的基本概念:波阵面上各点都可以当成子波波源,其后波场中各点波的强度由各子波在各该点的相干叠加决定。

2. 夫琅禾费衍射

单缝衍射:可用半波带法分析。单色光垂直入射时,衍射暗条纹中心位置满足

$$a\sin\theta = \pm k\lambda, \quad a \text{ 为缝宽}$$

圆孔衍射：单色光垂直入射时，中央亮斑的角半径为 θ，且
$$D\sin\theta = 1.22\lambda, \quad D \text{ 为圆孔直径}$$

根据巴比涅原理，细丝（或细粒）和细缝（或小孔）按同样规律产生衍射图样。

3. 光学仪器的分辨本领：根据圆孔衍射规律和瑞利判据可得

最小分辨角（角分辨率） $\qquad \delta\theta = 1.22\dfrac{\lambda}{D}$

分辨率 $\qquad R = \dfrac{1}{\delta\theta} = \dfrac{D}{1.22\lambda}$

4. 光栅衍射：在黑暗的背景上显现窄细明亮的谱线。缝数越多，谱线越细越亮。
单色光垂直入射时，谱线（主极大）的位置满足
$$d\sin\theta = k\lambda, \quad d \text{ 为光栅常量}$$

谱线强度受单缝衍射调制，有时有缺级现象。

光栅的分辨本领
$$R = \dfrac{\lambda}{\delta\lambda} = kN, \quad N \text{ 为光栅总缝数}$$

5. X 射线衍射的布拉格公式
$$2d\sin\varphi = k\lambda$$

思考题

23.1 在日常经验中，为什么声波的衍射比光波的衍射更加显著？

23.2 在观察夫琅禾费衍射的装置中，透镜的作用是什么？

23.3 在单缝的夫琅禾费衍射中，若单缝处波阵面恰好分成 4 个半波带，如图 23.37 所示。此时光线 1 与 3 是同位相的，光线 2 与 4 也是同位相的，为什么 P 点光强不是极大而是极小？

23.4 在观察单缝夫琅禾费衍射时，
（1）如果单缝垂直于它后面的透镜的光轴向上或向下移动，屏上衍射图样是否改变？为什么？
（2）若将线光源 S 垂直于光轴向下或向上移动，屏上衍射图样是否改变？为什么？

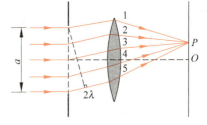

图 23.37 思考题 23.3 用图

23.5 在单缝的夫琅禾费衍射中，如果将单缝宽度逐渐加宽，衍射图样发生什么变化？

23.6 假如可见光波段不是在 400～700 nm，而是在毫米波段，而人眼睛瞳孔仍保持在 3 mm 左右，设想人们看到的外部世界将是什么景象？

23.7 如何说明不论多缝的缝数有多少，各主极大的角位置总是和有相同缝宽和缝间距的双缝干涉极大的角位置相同？

23.8 在杨氏双缝实验中，每一条缝自身（即把另一缝遮住）的衍射条纹光强分布各如何？双缝同时打开时条纹光强分布又如何？前两个光强分布图的简单相加能得到后一个光强分布图吗？大略地在同一张图中画出这三个光强分布曲线来。

23.9 一个"杂乱"光栅，每条缝的宽度是一样的，但缝间距离有大有小随机分布。单色光垂直入射这

种光栅时,其衍射图样会是什么样子的?

习题

23.1 有一单缝,缝宽 $a = 0.10$ mm,在缝后放一焦距为 50 cm 的会聚透镜,用波长 $\lambda = 546.1$ nm 的平行光垂直照射单缝,试求位于透镜焦平面处屏上中央明纹的宽度。

23.2 用波长 $\lambda = 632.8$ nm 的激光垂直照射单缝时,其夫琅禾费衍射图样的第 1 极小与单缝法线的夹角为 $5°$,试求该缝的缝宽。

23.3 一单色平行光垂直入射一单缝,其衍射第 3 级明纹位置恰与波长为 600 nm 的单色光垂直入射该缝时衍射的第 2 级明纹位置重合,试求该单色光波长。

23.4 波长为 20 m 的海面波垂直进入宽 50 m 的港口。在港内海面上衍射波的中央波束的角宽度是多少?

23.5 用肉眼观察星体时,星光通过瞳孔的衍射在视网膜上形成一个小亮斑。

(1) 瞳孔最大直径为 7.0 mm,入射光波长为 550 nm。星体在视网膜上的像的角宽度多大?

(2) 瞳孔到视网膜的距离为 23 mm。视网膜上星体的像的直径多大?

(3) 视网膜中央小凹(直径 0.25 mm)中的柱状感光细胞每平方毫米约 1.5×10^5 个。星体的像照亮了几个这样的细胞?

23.6 有一种利用太阳能的设想是在 3.5×10^4 km 的高空放置一块大的太阳能电池板,把它收集到的太阳能用微波形式传回地球。设所用微波波长为 10 cm,而发射微波的抛物天线的直径为 1.5 km。此天线发射的微波的中央波束的角宽度是多少?在地球表面它所覆盖的面积的直径多大?

23.7 解释为什么在有雾的夜晚可以看到月亮周围有一个光圈①,而且这光圈常是红色(图 23.38)。如果月亮周围的光圈的角直径是 $5°$,试估算大气中水珠的直径的大小。紫光波长按 450 nm 计。

图 23.38 2004 年 5 月 19 日上午 12 时长沙上空出现的日晕(它形成的原理和月晕相同)

23.8 在迎面驶来的汽车上,两盏前灯相距 120 cm。试问汽车离人多远的地方,眼睛恰能分辨这两盏前灯?设夜间人眼瞳孔直径为 5.0 mm,入射光波长为 550 nm,而且仅考虑人眼瞳孔的衍射效应。

23.9 据说间谍卫星上的照相机能清楚识别地面上汽车的牌照号码。

(1) 如果需要识别的牌照上的字划间的距离为 5 cm,在 160 km 高空的卫星上的照相机的角分辨率应多大?

(2) 此照相机的孔径需要多大?光的波长按 500 nm 计。

23.10 美国波多黎各阿里西玻谷地的无线电天文望远镜(图 23.39)的"物镜"镜面孔径为 300 m,曲率半径也是 300 m。它工作的最短波长是 4 cm。对于此波长,这望远镜的角分辨率是多少?

23.11 为了提高无线电天文望远镜的分辨率,使用相距很远(可达 10^4 km)的两台望远镜。这两台望远镜同时各自把无线电信号记录在磁带上,然后拿到一起用电子技术进行叠加分析。(这需要特别精确的

---

① 参看张三慧. 日晕是怎样形成的? 物理与工程,2004,6,5.

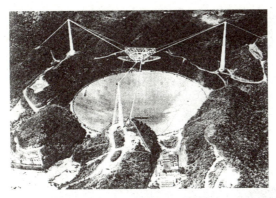

图 23.39 习题 23.10 用图

原子钟来标记记录信号的时刻。)设这样两台望远镜相距 10^4 km,而所用无线电波波长在厘米波段,这种"特长基线干涉法"所能达到的角分辨率多大?

23.12 大熊星座 ζ 星(图 23.40)实际上是一对双星。二星的角距离是 $14''$([角]秒)。试问望远镜物镜的直径至少要多大才能把这两颗星分辨开来?使用的光的波长按 550 nm 计。

图 23.40 大熊星座诸成员星

23.13 一双缝,缝间距 $d=0.10$ mm,缝宽 $a=0.02$ mm,用波长 $\lambda=480$ nm 的平行单色光垂直入射该双缝,双缝后放一焦距为 50 cm 的透镜,试求:
(1) 透镜焦平面处屏上干涉条纹的间距;
(2) 单缝衍射中央亮纹的宽度;
(3) 单缝衍射的中央包线内有多少条干涉的主极大。

23.14 一光栅,宽 2.0 cm,共有 6000 条缝。今用钠黄光垂直入射,问在哪些角位置出现主极大?

23.15 某单色光垂直入射到每厘米有 6000 条刻痕的光栅上,其第 1 级谱线的角位置为 $20°$,试求该单色光波长。它的第 2 级谱线在何处?

23.16 试根据图 23.23 所示光谱图,估算所用光栅的光栅常量和每条缝的宽度。

23.17 一光源发射的红双线在波长 $\lambda=656.3$ nm 处,两条谱线的波长差 $\Delta\lambda=0.18$ nm。今有一光栅可以在第 1 级中把这两条谱线分辨出来,试求该光栅所需的最小刻线总数。

23.18 北京天文台的米波综合孔径射电望远镜由设置在东西方向上的一列共 28 个抛物面组成(图 23.41)。这些天线用等长的电缆连到同一个接收器上(这样电缆对各天线接收的电磁波信号不会产生附加的相差),接收由空间射电源发射的 232 MHz 的电磁波。工作时各天线的作用等效于间距为 6 m,总数为 192 个天线的一维天线阵列。接收器接收到的从正天顶上的一颗射电源发来的电磁波将产生极大强度还是极小强度?在正天顶东方多大角度的射电源发来的电磁波将产生第一级极小强度?又在正天顶东方多大角度的射电源发来的电磁波将产生下一级极大强度?

23.19 在如图 23.30 所示的 CD 播放器内的伺服机构内,所用激光的波长是 780 μm,并要求其衍射光的第一级主极大在音轨两侧都偏离音轨中线 0.400 μm。如果所用光栅每毫米有 74 条缝,它应该安装在盘的下方多远处?

23.20 在图 23.35 中,若 $\varphi=45°$,入射的 X 射线包含有从 0.095~0.130 nm 这一波带中的各种波长。

图 23.41　习题 23.18 用图

已知晶格常数 $d=0.275$ nm，问是否会有干涉加强的衍射 X 射线产生？如果有，这种 X 射线的波长如何？

*23.21　1927 年戴维孙和革末用电子束射到镍晶体上的衍射（散射）实验证实了电子的波动性。实验中电子束垂直入射到晶面上。他们在 $\varphi=50°$ 的方向测得了衍射电子流的极大强度（图 23.42）。已知晶面上原子间距为 $d=0.215$ nm，求与入射电子束相应的电子波波长。

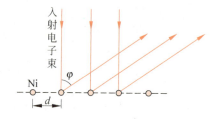

图 23.42　习题 23.21 用图

今日物理趣闻

全 息 照 相

全息照相（简称全息）原理是 1948 年伽伯（Dennis Gabor）为了提高电子显微镜的分辨本领而提出的。他曾用汞灯作光源拍摄了第一张全息照片。其后，这方面的工作进展相当缓慢。直到 1960 年激光出现以后，全息技术才获得了迅速发展，现在它已是一门应用广泛的重要新技术。

全息照相的"全息"是指物体发出的光波的全部信息：既包括振幅或强度，也包括相位。和普通照相比较，全息照相的基本原理、拍摄过程和观察方法都不相同。

K.1 全息照片的拍摄

照相技术是利用了光能引起感光乳胶发生化学变化这一原理。这化学变化的深度随入射光强度的增大而增大，因而冲洗过的底片上各处会有明暗之分。普通照相使用透镜成像原理，底片上各处乳剂化学反应的深度直接由物体各处的明暗决定，因而底片就记录了明暗，或者说，记录了入射光波的强度或振幅。全息照相不但记录了入射光波的强度，而且还能记录下入射光波的相位。之所以能如此，是因为全息照相利用了光的干涉现象。

全息照相没有利用透镜成像原理，拍摄全息照片的基本光路大致如图 K.1 所示。来自同一激光光源（波长为 λ）的光分成两部分：一部分直接照到照相底片上，叫**参考光**；另一部分用来照明被拍摄物体，物体表面上各处散射的光也射到照相底片上，这部分光叫**物光**。参考光和物光在底片上各处相遇时将发生干涉。所产生的干涉条纹既记录了来自物体各处的

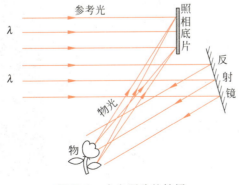

图 K.1 全息照片的拍摄

光波的强度,也记录了这些光波的相位。

干涉条纹记录光波的强度的原理是容易理解的。因为射到底片上的参考光的强度是各处一样的,但物光的强度则各处不同,其分布由物体上各处发来的光决定,这样参考光和物光叠加干涉时形成的干涉条纹在底片上各处的浓淡也不同。这浓淡就反映物体上各处发光的强度,这一点是与普通照相类似的。

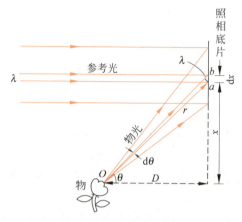

图 K.2　相位记录说明

干涉条纹是怎样记录相位的呢?请看图 K.2,设 O 为物体上某一发光点。它发的光和参考光在底片上形成干涉条纹。设 a, b 为某相邻两条暗纹(底片冲洗后变为透光缝)所在处,距 O 点的距离为 r。要形成暗纹,在 a, b 两处的物光和参考光必须都反相。由于参考光在 a, b 两处是相同的(如图设参考光平行垂直入射,但实际上也可以斜入射),所以到达 a, b 两处的物光的光程差必相差 λ。由图示几何关系可知

$$\lambda = \sin\theta \, dx$$

由此得

$$dx = \frac{\lambda}{\sin\theta} = \frac{\lambda r}{x} \tag{K.1}$$

这一公式说明,在底片上同一处,来自物体上不同发光点的光,由于它们的 θ 或 r 不同,与参考光形成的干涉条纹的间距就不同,因此底片上各处干涉条纹的间距(以及条纹的方向)就反映了物光光波相位的不同,这不同实际上反映了物体上各发光点的位置(前后、上下、左右)的不同。整个底片上形成的干涉条纹实际上是物体上各发光点发出的物光与参考光所形成的干涉条纹的叠加。这种把相位不同转化为干涉条纹间距(或方向)不同从而被感光底片记录下来的方法是普通照相方法中不曾有的。

由上述可知,用全息照相方法获得的底片并不直接显示物体的形象,而是一幅复杂的条纹图像,而这些条纹正记录了物体的光学全息。图 K.3 是一张全息照片的部分放大图。

由于全息照片的拍摄利用光的干涉现象,它要求参考光和物光是彼此相干的。实际上所用仪器设备以及被

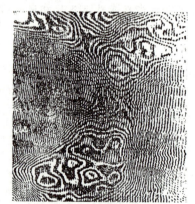

图 K.3　全息照片外观

拍摄物体的尺寸都比较大,这就要求光源有很强的时间相干性和空间相干性。激光,作为一种相干性很强的强光源正好满足了这些要求,而用普通光源则很难做到。这正是激光出现后全息技术才得到长足发展的原因。

K.2 全息图像的观察

观察一张全息照片所记录的物体的形象时,只需用拍摄该照片时所用的同一波长的照明光沿原参考光的方向照射照片即可,如图 K.4 所示。这时在照片的背面向照片看,就可看到在原位置处原物体的完整的立体形象,而照片就像一个窗口一样。之所以能有这样的效果,是因为光的衍射的缘故。仍考虑两相邻的条纹 a 和 b,这时它们是两条透光缝,照明光透过它们将发生衍射。沿原方向前进的光波不产生成像效果,只是其强度受到照片的调制而不再均匀。沿原来从物体上 O 点发来的物光的方向的那两束衍射光,其光程差一定也就是波长 λ。这两束光被人眼会聚将叠加形成 $+1$ 级极大,这一极大正对应于发光点 O。由发光点 O 原来在底片上各处造成的透光条纹透过的光的衍射的总效果就会使人眼感到在原来 O 所在处有一发光点 O'。发光体上所有发光点在照片上产生的透光条纹对入射照明光的衍射,就会使人眼看到一个在原来位置处的一个原物的完整的**立体虚像**。注意,这个立体虚像**真正是立体的**,其突出特征是:当人眼换一个位置时,可以看到物体的侧面像,原来被挡住的地方这时也显露出来了。普通的照片不可能做到这一点。人们看普通照片时也会有立体的感觉,那是因为人脑对视角的习惯感受,如远小近大等。在普通照片上无论如何也不能看到物体上原来被挡住的那一部分。

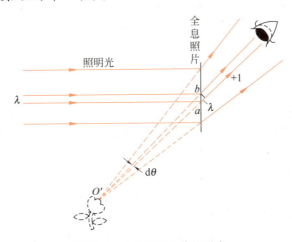

图 K.4 全息照片虚像的形成

全息照片还有一个重要特征是通过其一部分,例如一块残片,也可以看到整个物体的立体像。这是因为拍摄照片时,物体上任一发光点发出的物光在整个底片上各处都和参考光发生干涉,因而在底片上各处都有该发光点的记录。取照片的一部分用照明光照射时,这一部分上的记录就会显示出该发光点的像。对物体上所有发光点都是这样,所不同的只是观察的"窗口"小了一点。这种点-面对应记录的优点是用透镜拍摄普通照片时所不具有的。普通照片与物是点-点对应的,撕去一部分,这一部分就看不到了。

还需要指出的是,用照明光照射全息照片时,还可以得到一个原物的实像,如图 K.5 所示。从 a 和 b 两条透光缝衍射的,沿着和原来物光对称的方向的那两束光,其光程差也正好相差 λ。它们将在和 O' 点对于全息照片对称的位置上相交干涉加强形成—1 级极大。从照片上各处由 O 点发出的光形成的透光条纹所衍射的相应方向的光将会聚于 O'' 点而成为 O 点的实像。整个照片上的所有条纹对照明光的衍射的—1 级极大将形成原物的实像。但在此实像中,由于原物的"前边"变成了"后边","外边"翻到了"里边",和人对原物的观察不相符合而成为一种"幻视像",所以很少有实际用处。

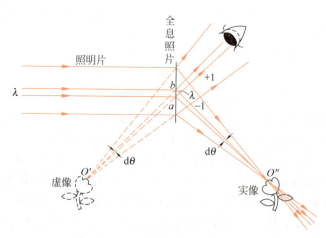

图 K.5 全息照片的实像

以上所述是**平面全息**的原理,在这里照相底片上乳胶层厚度比干涉条纹间距小得多,因而干涉条纹是两维的。如果乳胶层厚度比干涉条纹间距大,则物光和参考光有可能在乳胶层深处发生干涉而形成三维干涉图样。这种光信息记录是所谓**体全息**。

K.3 全息照相的应用

全息照相技术发展到现阶段,已发现它有大量的应用。如全息显微术、全息 X 射线显微镜、全息干涉计量术、全息存储、特征字符识别等。

除光学全息外,还发展了红外、微波、超声全息术,这些全息技术在军事侦察或监视上具有重要意义。如对可见光不透明的物体,往往对超声波"透明",因而超声全息可用于水下侦察和监视,也可用于医疗透视以及工业无损探伤等。

应该指出的是,由于全息照相具有一系列优点,当然引起人们很大的兴趣与注意,应用前途是很广泛的。但直到目前为止,上述应用还多处于实验阶段,到成熟的应用还有大量的工作要做。

今日物理趣闻

光学信息处理

光学信息处理技术是将一个图像所包含的信息加以处理从而获得人们所需要的图像或其他信息的技术。它是现代光学的重要应用之一。它涉及的物理原理有空间频率、夫琅禾费衍射和阿贝成像理论等。下面简述其概要。

L.1 空间频率与光学信息

大家已很熟悉"频率"这个概念了。例如,在简谐运动表达式

$$x = A\cos(2\pi\nu t + \varphi_0) \tag{L.1}$$

中,ν 就表示频率。它的意义是单位时间内振动的次数。与之相应的周期 $T=1/\nu$ 是振动位移相邻两次达到极大值所隔的时间。这里频率和周期都是周期性运动的**时间**特征的描述,应该明确称它们为**时间频率**或**时间周期**。我们还知道如式(L.1)的简谐运动是最简单的周期性运动,几个简谐运动可以合成一个比较复杂的周期性运动。反过来,一个周期性运动可以分解为若干个不同频率的简谐运动。已知一个周期性运动,求组成它的各个简谐运动频率及相应振幅的方法叫**傅里叶分析**,所得的频率和相应振幅的集合叫该周期性运动的(时间)频谱,周期性运动的频谱取一系列分立值。非周期性运动也可用傅里叶分析求其频谱,不过其频谱分布是连续的。

光学信息处理的对象是图像。一幅图像必然是各处明暗色彩不同,这是一种光的强度和颜色按空间的分布。这种空间分布的特征可以用**空间频率**来表明。例如,一张绘有等距离平行等宽窄条的图片(图 L.1),其明暗分布就具有**空间周期性**。相邻两条之间的空间距离 d 可以叫做**空间周期**,其倒数 $f=1/d$ 为单位长度内的条数,就叫空间频率。在图 L.1 中由于窄条垂直于 x 轴,只要用一个空间频率 f_x 就可以表示图像特征。如果直条是斜的,其特征(还包括其倾斜度)就需要用两个空间周期 d_x 和 d_y(图 L.2),或相应的两个空间频率 $f_x=1/d_x$ 和 $f_y=1/d_y$ 来表示了。

对比简谐运动,可以想象最简单的图片的明暗分布是简谐分布,其"明亮度"D 可以写成

$$D = D_0 + D_0\cos(2\pi f x + \varphi_0) \tag{L.2}$$

其中第二项和式(L.1)完全一样,只是把时间变量 t 换成了空间坐标变量 x,而取代时间频率 ν 的是空间频率 f。很明显,式(L.2)的空间周期是 $d=1/f$,因为 $D(x)=D(x+d)$。

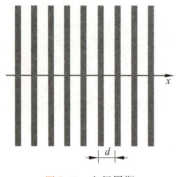
图 L.1 空间周期

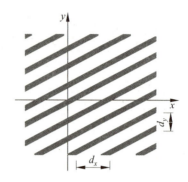
图 L.2 两个空间周期

对比简谐运动的合成，可以了解明暗分布有周期性的图像，如图 L.1 和图 L.2 那样的窄条，可以认为是由许多像式(L.2)所表示的那种简谐明暗分布组合成的。因此，一般地说，也可以用傅里叶分析的方法求出一幅图像的明暗所组成的各个空间频率及相应的"振幅"，也就是"**空间频谱**"。明暗具有空间周期性的图像的频谱中各空间频率（包括 f_x 和 f_y）具有分立的值，而非周期性图像的频谱中的频率值是连续的。频谱中相应于较大空间周期的成分是"低频"成分，相应于较小空间周期的成分是"高频"成分。图像的粗略结构具有较低的空间频率，细微结构具有较高的空间频率。一幅图像的特征就这样可以用它的频谱来表示，这频谱中所有的频率成分和相应的振幅就是这幅图像所包含的光学信息。（加上彩色，信息量还要增加很多。）

一只光栅用平行光照射时，各处光透过的强度（或透过率）就具有像图 L.1 那样的空间周期性，其空间频率就是 $f=1/d$，而 d 是光栅常量。这样的光栅就是通常的**黑白光栅**。如果光栅的透过率具有式(L.2)所表示的形式，这种光栅叫**正弦光栅**。应用傅里叶分析的概念，一幅图像（透明片或反射片）可以认为是由许多光栅常量和缝的取向不相同的正弦光栅叠加而成。这就是从波动光学的观点对一幅图像的结构的认识。图像是一个复杂的"**衍射屏**"。

L.2 空间频谱分析

在实验室内，可以用适当的方法找出一幅图片所包含的光学信息，即其频谱。这个方法就是夫琅禾费衍射。

我们知道，用如图 L.3 所示装置，当栅缝水平的光栅 AB 被由单色点光源 S 通过透镜 L_1 形成的平行光照射时，其衍射第 1 级亮纹出现在 $\pm\theta$ 的方向上，而

$$\sin\theta = \frac{\lambda}{d} = f\lambda \tag{L.3}$$

在像屏上显示的这一亮纹就是空间频率 f 的记录。栅缝的方位不同，像屏上亮纹的方位也不同。换一只光栅常量不同的光栅，亮纹出现的位置也不同：和较大光栅常量（低频）对应的亮纹靠近中央；光栅常量越小（高频），所对应的亮纹越靠边。一张透明照片相当于许多正弦光栅的叠加，各分光栅都在屏上相应的位置形成各自的亮纹。这样，就在屏上记录下来了一幅图像的空间频率。因此，可以说，一套夫琅禾费衍射装置就是一套图像傅里叶（空间）频谱

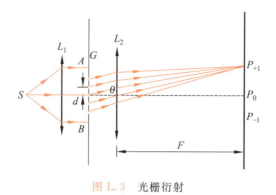

图 L.3 光栅衍射

分析器,而一个图像的夫琅禾费衍射图就是它的傅里叶(空间)频谱图。

图 L.4 给出了一个傅里叶频谱分析实例。衍射屏(即"物")是交叉的黑白光栅(即正交网格),其水平和竖直周期分别是 d_x 和 d_y。频谱图则是整齐排列的一系列光斑:竖直方向间距大,水平方向间距小。

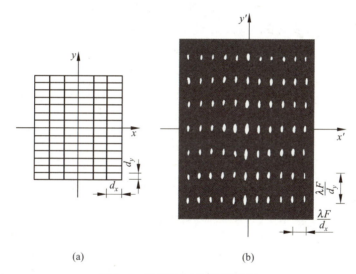

图 L.4 衍射屏(a)和频谱图(b)

L.3 阿贝成像原理和空间滤波

一个发光的物体或画片通过透镜产生实像,其原理是大家熟知的。如图 L.5 所示,物上各点(如 A,B,C)发出的光经凸透镜会聚,对应地形成各点的像(如 A',B',C'),这些点的集合就组成了整个物体的像。这是几何光学的"点-点对应"的观点。

1874 年德国人阿贝从波动光学的观点提出了另一种成像理论。他把物体或画片看做包含一系列空间频率的衍射屏,物体通过透镜成像的过程分两步。第一步是通过衍射屏的光发生夫琅禾费衍射,在透镜的后焦面 $\mathscr{F}$ 上形成其傅里叶频谱图,这后焦面就叫**傅氏面**或**变换面**。第二步是这频谱图上各发光点发出的球面次波在像平面上相干叠加而形成像。可

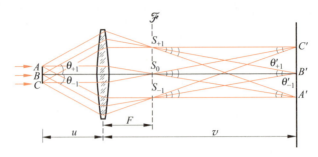

图 L.5　物像图中的变换面

以说,第一步是信息分解,第二步是信息合成。这种理论叫**阿贝(二步)成像原理**,这一成像原理是光学信息处理的理论基础。

利用阿贝成像原理设计的图像处理系统如图 L.6 所示。两个透镜 L_1 和 L_2 成共焦组合。L_1 的前焦面 O 为物平面,由点光源 S 通过透镜形成的平行光照射此平面上的照片(衍射屏)。L_1 的后焦面 T 为变换面,在此平面上形成照片的频谱。通过此频谱面的光通过透镜 L_2 后在其后焦面 I 上相干叠加生成像,因此 I 面即像平面。在此装置中,如果在变换面 T 处不加任何遮光屏,则展现在此面上的频谱将通过透镜 L_2 在像平面上叠加成和原物一样的像。(习惯于几何光学的读者可以用光路可逆来理解变换面两侧的光路和通过 T 面的光在 I 面上的成像。)

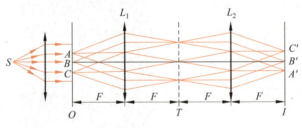

图 L.6　阿贝成像原理

重要的是在上述装置中可以在变换面上放置一个遮光屏,它只允许某些空间频率的光信号通过。这样所得到的像中就只含有和透过的空间频率相应的光信息,这就改变了像的质量从而可以取得原图像信息中那些人们特别感兴趣的光学信息。放在变换面上的遮光屏实际上起了**选频**的作用,因而叫做**空间滤波器**。例如,如果遮光屏只在中央有个圆洞,则它能允许低频信息通过。这种滤波器叫**低通滤波器**。如果遮光屏只是一个较小的不透光圆屏,则较高空间频率的光信号可从其周围通过,因而它叫**高通滤波器**。这种空间滤波是光学信息处理的一种基本方式。

具体的空间滤波作用可以用正交网格作为衍射屏来演示。用如图 L.4(a)所示的网格,它形成图 L.4(b)所示的频谱。这频谱点阵包含了水平和竖直两套光栅的空间频率 f_x 和 f_y。如果滤波器是只在中央留有一条缝的遮光屏,则只有中间一竖直列的光斑发的光可以通过,因而只保留了竖直方向空间频率。这样在像平面 I 上只出现原来水平光栅的像(图 L.7(a))。如果滤波器是中央开有一条水平缝的遮光屏,则保留的水平方向频率的光信号在像平面 I 上将形成原来竖直光栅的像(图 L.7(b))。有斜缝的滤波器则形成斜缝光栅的像(图 L.7(c))。如果图 L.4(a)的正交网格上有一些污点,为了明显地显示出污点,可以按图 L.4(b)的那种图样制成"负片",即频谱图上亮点均抹黑而其他处透明。把这样的滤波器放到变换面 T 上时,网格的所有信息将被阻挡而不能成像,而污点的频谱虽也遮掉一些,但绝大部分会保留下来而在像平面 I 上形成较清楚的污点的像(图 L.7(d))。与此相反,这时如果就用图 L.4(b)所示的图片作滤波器而置于 T 面上,则会得到不出现污点的比较干净的网格的像。

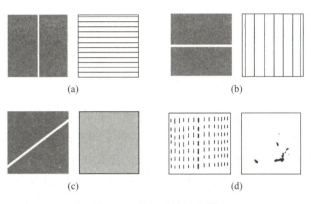

图 L.7 空间滤波示意图

L.4 θ 调制

θ 调制又称分光滤波,是一种有趣的信息处理方法,用它可以得到彩色的图像。为此要制备特别的衍射屏。把要着色的图片(如一盆花)分成几部分(如蓝盆、红花、绿叶),每一部分都用光栅剪成相应的图形,然后拼成原图。但各部分光栅的栅纹方向要互成一定角度(图 L.8(a)中三部分光栅互成 $120°$)。用白光照射此衍射屏时,在傅氏面上会出现不同方向的彩色光谱带(图 L.8(b)中水平带相应于盆,右上斜带相应于叶,右下斜带相应于花)。这时在傅氏面上放一遮光屏,把相应的光谱带中的相应颜色部分(如盆光谱的蓝色、叶光谱的绿色、花光谱的红色)捅破,形成窗口(图 L.8(c))。这样只有这些颜色的空间频率通过此滤波器,它们在像平面上相干叠加就形成原图像的彩色像(图 L.8(d))。由于这种彩色图像是对不同角度 θ 的光栅产生的光学信息选择的结果,所以这种方法叫 θ 调制。

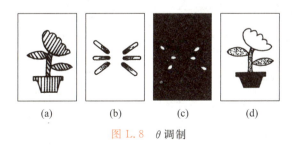

图 L.8 θ 调制

第24章

光 的 偏 振

光波是特定频率范围内的电磁波,在这种电磁波中起光作用(如引起视网膜受刺激的光化学作用)的主要是电场矢量。因此,电场矢量又叫**光矢量**。由于电磁波是横波,所以光波中**光矢量的振动方向总和光的传播方向垂直**。光波的这一基本特征就叫光的**偏振**。在垂直于光的传播方向的平面内,光矢量可能有不同的振动状态,各种振动状态通常称为光的**偏振态**。本章先介绍各种偏振态的区别,然后说明如何获得和检验线偏振光。由于晶体的双折射现象和光的偏振有直接的关系,本章接着介绍了单轴晶体双折射的规律和如何利用双折射现象产生和检测椭圆偏振光和圆偏振光以及偏振光的干涉现象。最后讨论了有广泛实际应用的旋光现象。

24.1 光的偏振状态

就其偏振状态加以区分,光可以分为三类:非偏振光、完全偏振光(简称偏振光)和部分偏振光。下面分别加以简要说明。

1. 非偏振光

非偏振光在垂直于其传播方向的平面内,沿各方向振动的光矢量都有,平均来讲,光矢量的分布各向均匀,而且各方向光振动的振幅都相同(图 24.1(a))。这种光又称**自然光**。自然光中各光矢量之间没有固定的相位关系。常用两个相互独立而且垂直的振幅相等的光振动来表示自然光,如图 24.1(b)所示。

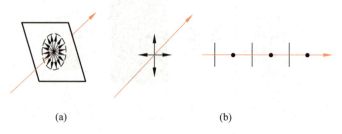

图 24.1 非偏振光示意图

普通光源发的光都是非偏振光。这是因为,在普通光源中有大量原子或分子在发光,各个原子或分子各次发出的光的波列不仅初相互不相关,而且光振动的方向也彼此互不相关而随机分布(参考 22.2 节)。这样,整个光源发出的光平均来讲就形成图 24.1 所示的非偏振光了。

2. 完全偏振光

如果在垂直于其传播方向的平面内,光矢量 E 只沿一个固定的方向振动,这种光就是一种**完全偏振光**,叫**线偏振光**。线偏振光的光矢量方向和光的传播方向构成的平面叫**振动面**(图 24.2(a))。图 24.2(b)是线偏振光的图示方法,其中短线表示光矢量在纸面内,点子表示光矢量与纸面垂直。

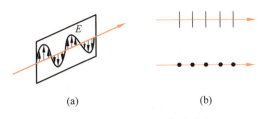

图 24.2　线偏振光及其图示法

还有一种完全偏振光叫椭圆偏振光(包括圆偏振光)。这种光的光矢量 E 在沿着光的传播方向前进的同时,还绕着传播方向均匀转动。如果光矢量的大小不断改变,使其端点描绘出一个椭圆,这种光就叫**椭圆偏振光**。如果光矢量的大小保持不变,这种光就成了**圆偏振光**。根据光矢量旋转的方向不同,这种偏振光有**左旋光**和**右旋光**的区别。图 24.3 画出了某一时刻的左旋偏振光在半波长的长度内光矢量沿传播方向(由 c 表示)改变的情形[①]。

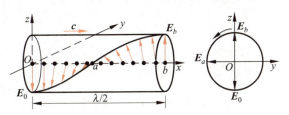

图 24.3　左旋偏振光中光矢量旋转示意图

根据相互垂直的振动合成的规律,椭圆偏振光可以看成是两个相互垂直而有一定相差的线偏振光的合成。例如,图 24.3 中的左旋圆偏振光就可以看成是分别沿 y 和 z 方向的振幅相等而 y 向振动的相位超前 z 向振动 $\pi/2$ 的两个同频率振动的合成。

完全偏振光在实验室内都是用特殊的方法获得的。本章以后各节将着重讲解各种偏振光的获得和检验方法以及它们的应用。

---

① 此处按光学的一般习惯规定:迎着光线看去,光矢量沿顺时针方向转动的称为右旋光,沿逆时针方向转动的称为左旋光。但也有相反地规定的,特别是在其他学科,如电磁学、量子物理等学科中,就规定光矢量绕转方向和光的传播方向符合右手螺旋定则的称做右旋光;反之称左旋光。

3. 部分偏振光

这是介于偏振光与自然光之间的情形，在这种光中含有自然光和偏振光两种成分。一般地，部分偏振光都可看成是自然光和线偏振光的混合（图 24.4）。

自然界中我们看到的许多光都是部分偏振光，仰头看到的"天光"和俯首看到的"湖光"就都是部分偏振光。

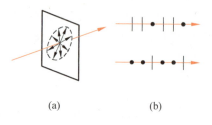

图 24.4　部分偏振光及其表示法

24.2　线偏振光的获得与检验

为了说明线偏振光的获得与检验方法，先介绍一种电磁波的偏振的检验方法。如图 24.5 所示，T 和 R 分别是一套微波装置的发射机和接收机。该微波发射机发出的无线电波波长约 3 cm，电矢量方向沿竖直方向。在发射机 T 和接收机 R 之间放了一个由平行的金属线（或金属条）做成的"线栅"，线的间隔约 1 cm。今转动线栅，当其中导线方向沿竖直方向时，接收机完全接收不到信号，而当线栅转到其中导线沿水平方向时，接收机接收到最强的信号。这是为什么呢？这是因为当导线方向为竖直方向时，它就和微波中电矢量的方向平行。这电矢量就在导线中激起电流，它的能量就转变为焦耳热，这时就没有微波通过线栅。当导线方向改为水平方向时，它和微波中的电矢量方向垂直。这时微波不能在导线中激起电流，因而就能无耗损地通过线栅而到达接收机了。

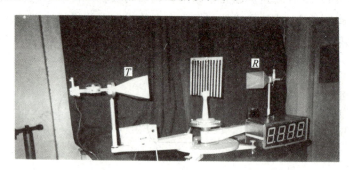

图 24.5　微波偏振检验实验

由于线栅的导线间距比光的波长大得多，用这种线栅不能检验光的偏振。实用的光学线栅称为"**偏振片**"，它是 1928 年一位 19 岁的美国大学生兰德（E. H. Land）发明的。起初是把一种针状粉末晶体（硫酸碘奎宁）有序地蒸镀在透明基片上做成的。1938 年则改为把聚乙烯醇薄膜加热，并沿一个方向拉长，使其中碳氢化合物分子沿拉伸方向形成链状。然后将此薄膜浸入富含碘的溶液中，使碘原子附着在长分子上形成一条条"碘链"。碘原子中的自由电子就可以沿碘链自由运动。这样的碘链就成了导线，而整个薄膜也就成了偏振片。沿碘链方向的光振动不能通过偏振片（即这个方向的光振动被偏振片**吸收**了），垂直于碘链方向的光振动就能通过偏振片。因此，垂直于碘链的方向就称做偏振片的**通光方向**或**偏振化方向**。这种偏振片制作容易，价格便宜。现在大量使用的就是这种偏振片。

图 24.6 中画出了两个平行放置的偏振片 P_1 和 P_2，它们的偏振化方向分别用它们上面

的虚平行线表示。当自然光垂直入射 P_1 时,由于只有平行于偏振化方向的光矢量才能透过,所以透过的光就变成了线偏振光。又由于自然光中光矢量对称均匀,所以将 P_1 绕光的传播方向慢慢转动时,透过 P_1 的光强不随 P_1 的转动而变化,但它只有入射光强的一半。偏振片这样用来产生偏振光时,它叫**起偏器**。再使透过 P_1 形成的线偏振光入射于偏振片 P_2,这时如果将 P_2 绕光的传播方向慢慢转动,则因为只有平行于 P_2 偏振化方向的光振动才允许通过,透过 P_2 的光强将随 P_2 的转动而变化。当 P_2 的偏振化方向平行于入射光的光矢量方向时,光强最强。当 P_2 的偏振化方向垂直于入射光的光矢量方向时,光强为零,称为**消光**。将 P_2 旋转一周时,透射光光强出现两次最强,两次消光。这种情况只有在入射到 P_2 上的光是线偏振光时才会发生,因而这也就成为识别线偏振光的依据。偏振片这样用来检验光的偏振状态时,它叫**检偏器**。

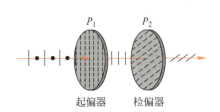

图 24.6 偏振片的应用

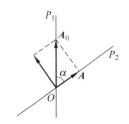

图 24.7 马吕斯定律用图

以 A_0 表示线偏振光的光矢量的振幅,当入射的线偏振光的光矢量振动方向与检偏器的偏振化方向成 α 角时(图 24.7),透过检偏器的光矢量振幅 A 只是 A_0 在偏振化方向的投影,即 $A=A_0\cos\alpha$。因此,以 I_0 表示入射线偏振光的光强,则透过检偏器后的光强 I 为

$$I = I_0\cos^2\alpha \tag{24.1}$$

这一公式称为**马吕斯定律**。由此式可见,当 $\alpha=0$ 或 $180°$ 时,$I=I_0$,光强最大。当 $\alpha=90°$ 或 $270°$ 时,$I=0$,没有光从检偏器射出,这就是两个消光位置。当 α 为其他值时,光强 I 介于 0 和 I_0 之间。

偏振片的应用很广。如汽车夜间行车时为了避免对方汽车灯光晃眼以保证安全行车,可以在所有汽车的车窗玻璃和车灯前装上与水平方向成 $45°$ 角,而且向同一方向倾斜的偏振片。这样,相向行驶的汽车可以都不必熄灯,各自前方的道路仍然照亮,同时也不会被对方车灯晃眼了。

偏振片也可用于制成太阳镜和照相机的滤光镜。有的太阳镜,特别是观看立体电影的眼镜的左右两个镜片就是用偏振片做的,它们的偏振化方向互相垂直(图 24.8)。

图 24.8 交叉的太阳镜片不透光

例 24.1

如图 24.9 所示,在两块正交偏振片(偏振化方向相互垂直)P_1,P_3 之间插入另一块偏振片 P_2,光强为 I_0 的自然光垂直入射于偏振片 P_1,求转动 P_2 时,透过 P_3 的光强 I 与转角的关系。

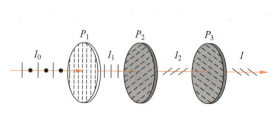

图 24.9 例 24.1 用图

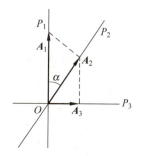

图 24.10 例 24.1 解用图

解 透过各偏振片的光振幅矢量如图 24.10 所示,其中 α 为 P_1 和 P_2 的偏振化方向间的夹角。由于各偏振片只允许和自己的偏振化方向相同的偏振光透过,所以透过各偏振片的光振幅的关系为

$$A_2 = A_1 \cos \alpha, \quad A_3 = A_2 \cos\left(\frac{\pi}{2} - \alpha\right)$$

因而

$$A_3 = A_1 \cos\alpha\cos\left(\frac{\pi}{2} - \alpha\right) = A_1 \cos\alpha\sin\alpha = \frac{1}{2} A_1 \sin 2\alpha$$

于是光强

$$I_3 = \frac{1}{4} I_1 \sin^2 2\alpha$$

又由于 $I_1 = \frac{1}{2} I_0$,所以最后得

$$I = \frac{1}{8} I_0 \sin^2 2\alpha$$

24.3 反射和折射时光的偏振

自然光在两种各向同性介电质的分界面上反射和折射时,不仅光的传播方向要改变,而且偏振状态也要发生变化。一般情况下,反射光和折射光不再是自然光,而是部分偏振光。在反射光中垂直于入射面的光振动多于平行振动,而在折射光中平行于入射面的光振动多于垂直振动(图 24.11)。"湖光山色"中的"湖光"所以是部分偏振光,就是因为光在湖面上经过反射的缘故。

理论和实验都证明,反射光的偏振化程度和入射角有关。当入射角等于某一特定值 i_b 时,**反射光是光振动垂直于入射面的线偏振光**(图 24.12)。这个特定的入射角 i_b 称为**起偏振角**,或称为**布儒斯特角**。

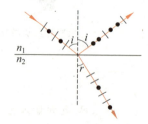

图 24.11 自然光反射和折射后产生部分偏振光

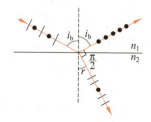

图 24.12 起偏振角

实验还发现,当光线以起偏振角入射时,反射光和折射光的传播方向相互垂直,即
$$i_b + r = 90°$$
根据折射定律,有
$$n_1 \sin i_b = n_2 \sin r = n_2 \cos i_b$$
即
$$\tan i_b = \frac{n_2}{n_1}$$
或
$$\tan i_b = n_{21} \tag{24.2}$$
式中,$n_{21} = n_2/n_1$,是媒质 2 对媒质 1 的相对折射率。式(24.2)称为**布儒斯特定律**,是为了纪念在 1812 年从实验上确定这一定律的布儒斯特而命名的。根据后来的麦克斯韦电磁场方程可以从理论上严格证明这一定律。

当自然光以起偏振角 i_b 入射时,由于反射光中只有垂直于入射面的光振动,所以入射光中平行于入射面的光振动全部被折射。又由于垂直于入射面的光振动也大部分被折射,而反射的仅是其中的一部分,所以,反射光虽然是完全偏振的,但光强较弱,而折射光是部分偏振的,光强却很强。例如,自然光从空气射向玻璃而反射时,$n_{21} = 1.50$,起偏振角 $i_b \approx 56°$。入射角是 i_b 的入射光中平行于入射面的光振动全部被折射,垂直于入射面的光振动的光强约有 85% 也被折射,反射的只占 15%。

为了增强反射光的强度和折射光的偏振化程度,把许多相互平行的玻璃片装在一起,构成一玻璃片堆(图 24.13)。自然光以布儒斯特角入射玻璃片堆时,光在各层玻璃面上反射和折射,这样就可以使反射光的光强得到加强,同时折射光中的垂直分量也因多次被反射而减小。当玻璃片足够多时,透射光就接近完全偏振光了,而且透射偏振光的振动面和反射偏振光的振动面相互垂直。

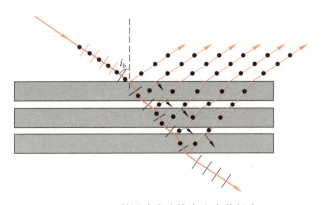

图 24.13 利用玻璃片堆产生全偏振光

24.4 由散射引起的光的偏振

拿一块偏振片放在眼前向天空望去,当你转动偏振片时,会发现透过它的"天光"有明暗的变化。这说明"天光"是部分偏振了的,这种部分偏振光是大气中的微粒或分子对太阳光散射的结果。

一束光射到一个微粒或分子上,就会使其中的电子在光束内的电场矢量的作用下振动。

这振动中的电子会向其周围四面八方发射同频率的电磁波,即光。这种现象叫**光的散射**。正是由于这种散射才使得从侧面能看到有灰尘的室内的太阳光束或大型晚会上的彩色激光射线。

分子中的一个电子振动时发出的光是偏振的,它的光振动的方向总垂直于光线的方向(横波),并和电子的振动方向在同一个平面内。但是,向各方向的光的强度不同:在垂直于电子振动的方向,强度最大;在沿电子振动的方向,强度为零[①]。图 24.14 表示了这种情形,O 处有一电子沿竖直方向振动,它发出的球面波向四外传播,各条光线上的短线表示该方向上光振动的方向,短线的长短大致地表示该方向上光振动的振幅。

如图 24.15 所示,设太阳光沿水平方向(x 方向)射来,它的水平方向(y 方向,垂直纸面向内)和竖直方向(z 方向)的光矢量激起位于 O 处的分子中的电子做同方向的振动而发生光的散射。结合图 24.14 所示的规律,沿竖直方向向上看去,就只有振动方向沿 y 方向的线偏振光了。实际上,由于你看到的"天光"是大气中许多微粒或分子从不同方向散射来的光,也可能是经过几次散射后射来的光,又由于微粒或分子的大小会影响其散射光的强度等原因,你看到的"天光"就是部分偏振的了。

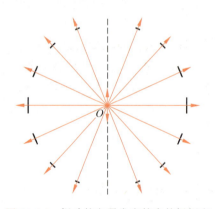

图 24.14 振动的电子发出的光的振幅和偏振方向示意图

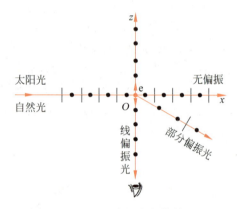

图 24.15 太阳光的散射

顺便说明一下,由于散射光的强度和光的频率的 4 次方成正比[②],所以太阳光中的蓝色光成分比红色光成分散射得更厉害些。因此,天空看起来是蓝色的。在早晨或傍晚,太阳光沿地平线射来,在大气层中传播的距离较长,其中的蓝色成分大都散射掉了,余下的进入人眼的光就主要是频率较低的红色光了,这就是朝阳或夕阳看起来发红的原因。

24.5 双折射现象

除了光在两种各向同性介质分界面上反射折射时产生光的偏振现象外,自然光通过晶体后,也可以观察到光的偏振现象。光通过晶体后的偏振现象是和晶体对光的双折射现象同时发生的。

---

① 参看第 2 篇式(16.4)。
② 参看第 2 篇式(16.22)。

把一块普通玻璃片放在有字的纸上,通过玻璃片看到的是一个字成一个像。这是通常的光的折射的结果。如果改用透明的方解石(化学成分是 $CaCO_3$)晶片放到纸上,看到的却是一个字呈现双像(图 24.16)。这说明光进入方解石后分成了两束。这种一束光射入各向异性介质时(除立方系晶体,如岩盐外),折射光分成两束的现象称为**双折射现象**(图 24.17)。当光垂直于晶体表面入射而产生双折射现象时,如果将晶体绕光的入射方向慢慢转动,则其中按原方向传播的那一束光方向不变,而另一束光随着晶体的转动绕前一束光旋转。根据折射定律,入射角 $i=0$ 时,折射光应沿着原方向传播,可见沿原方向传播的光束是遵守折射定律的,而另一束却不遵守。更一般的实验表明,改变入射角 i 时,两束折射光中的一束恒遵守折射定律,这束光称为**寻常光线**,通常用 o 表示,并简称 o 光。另一束光则不遵守折射定律,即当入射角 i 改变时,$\sin i/\sin r$ 的比值不是一个常数,该光束一般也不在入射面内。这束光称为**非常光线**,并用 e 表示,简称 e 光。

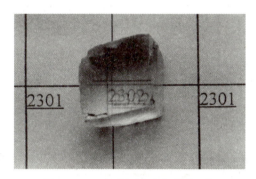

图 24.16 透过方解石看到了双像

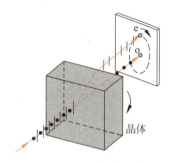

图 24.17 双折射现象

用检偏器检验的结果表明,o 光和 e 光都是线偏振光。

为了更方便地描述 o 光、e 光的偏振情况,下面简单介绍晶体的一些光学性质。

晶体多是各向异性的物质。双折射现象表明,非常光线在晶体内各个方向上的折射率(或 $\sin i/\sin r$ 的比值)不相等,而折射率和光线传播速度有关,因而非常光线在晶体内的传播速度是随方向的不同而改变的。寻常光线则不同,在晶体中各个方向上的折射率以及传播速度都是相同的。

研究发现,在晶体内部存在着某些特殊的方向,光沿着这些特殊方向传播时,寻常光线和非常光线的折射率相等,光的传播速度也相等,因而光沿这些方向传播时,不发生双折射。晶体内部的这个特殊的方向称为晶体的**光轴**。应该注意,光轴仅标志一定的方向,并不限于某一条特殊的直线。

只有一个光轴的晶体称为单轴晶体,有两个光轴的晶体称为双轴晶体。方解石、石英、红宝石等是单轴晶体,云母、硫磺、蓝宝石等是双轴晶体。本书仅限于讨论单轴晶体的情形。

天然方解石(又称冰洲石)晶体(图 24.18)是六面棱体,两棱之间的夹角或约 78°,或约 102°。从其三个钝角相会合的顶点引出一条直线,并使其与各邻边成等角,这一直线方向就是方解石晶体的光轴方向,如图中 AB 或 CD 直线的方向。

假想在晶体内有一子波源 O,由于晶体的各向异性性质,从子波源将发出两组惠更斯子波(图 24.19)。一组是**球面波**,表示各方向光速相等,相应于寻常光线,并称为 o 波面;另一组的波面是**旋转椭球面**,表示各方向光速不等,相应于非常光线,称为 e 波面。由于两种光线沿光轴方向的速度相等,所以两波面在光轴方向相切。在垂直于光轴的方向上,两光线传播速度相差最大。寻常光线的传播速度用 v_o 表示,折射率用 n_o 表示。非常光线在垂直于光轴方向上的传播速度用 v_e 表示,折射率用 n_e 表示。设真空中光速用 c 表示,则有 $n_o = c/v_o$,$n_e = c/v_e$。n_o 和 n_e 称为晶体的**主折射率**,它们是晶体的两个重要光学参量。表 24.1 列出了几种晶体的主折射率。

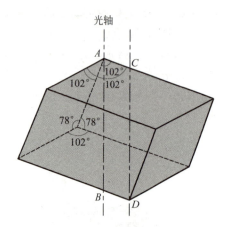

图 24.18　方解石晶体的光轴

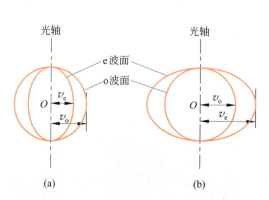

图 24.19　晶体中的子波波阵面
(a) 正晶体；(b) 负晶体

表 24.1　几种单轴晶体的主折射率(对 599.3 nm)

晶　体	n_o	n_e	晶　体	n_o	n_e
石英	1.5443	1.5534	方解石	1.6584	1.4864
冰	1.309	1.313	电气石	1.669	1.638
金红石(TiO_2)	2.616	2.903	白云石	1.6811	1.500

有些晶体 $v_o > v_e$,亦即 $n_o < n_e$,称为正晶体,如石英等。另外有些晶体,$v_o < v_e$,即 $n_o > n_e$,称为负晶体,如方解石等。

在晶体中,某光线的传播方向和光轴方向所组成的平面叫做该光线的**主平面**。寻常光线的光振动方向垂直于寻常光线的主平面,非常光线的光振动方向在其主平面内。

一般情况下,因为 e 光不一定在入射面内,所以 o 光、e 光的主平面并不重合。在特殊情况下,即当光轴在入射面内时,o 光、e 光的主平面以及入射面重合在一起。

应用惠更斯作图法可以确定单轴晶体中 o 光、e 光的传播方向,从而说明双折射现象。

自然光入射到晶体上时,波阵面上的每一点都可作为子波源,向晶体内发出球面子波和椭球面子波。作所有各点所发子波的包络面,即得晶体中 o 光波面和 e 光波面,从入射点引向相应子波波面与光波面的切点的连线方向就是所求晶体中 o 光、e 光的传播方向。图 24.20 所示为在实际工作中较常用的几种情形,晶体为负晶体。

图 24.20(a)所示为平行光垂直入射晶体,光轴在入射面内,并与晶面平行。这种情况入射波波阵面上各点同时到达晶体表面,波阵面 AB 上每一点同时向晶体内发出球面子波和椭球面子波(为了清楚起见,图中只画出 A,B 两点所发子波),两子波波面在光轴上相切,各点所发子波波面的包络面为平面,如图所示。从入射点向切点 O,O' 和 E,E' 的连线方向

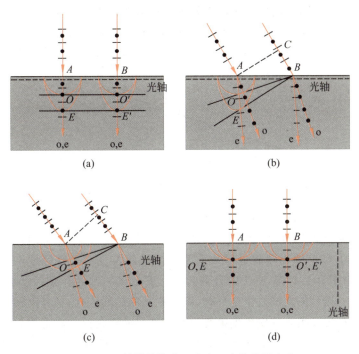

图 24.20 单轴晶体中 o 光和 e 光的传播方向

就是所求 o 光和 e 光的传播方向。这种情况下，入射角 $i=0$，o 光沿原方向传播，e 光也沿原方向传播，但是两者的传播速度不同，所以 o 波面和 e 波面不相重合，到达同一位置时，两者间有一定的相差。双折射的实质是 o 光、e 光的传播速度不同，折射率不同。对于这种情况，尽管 o 光、e 光传播方向一致，应该说还是有双折射的。

图 24.20(b) 中光轴也在入射面内，并平行于晶面，但是入射光是斜入射的。平行光斜入射时，入射波波阵面 AC 不能同时到达晶面。当波阵面上 C 点到达晶面 B 点时，AC 波阵面上除了 C 点以外的其他各点发出的子波，都已在晶体中传播了各自相应的一段距离，其中 A 点发出的子波波面如图所示。各点所发子波的包络面，都是与晶面斜交的平面，如图所示。从入射点 B 向由 A 发出的子波波面引切线，再由 A 点向相应切点 O, E 引直线，即得所求 o 光、e 光的传播方向。

图 24.20(c) 中光轴垂直于入射面，并平行于晶面。平行光斜入射时与图 (b) 的情形类似。所不同的是因为旋转椭球面的转轴就是光轴，所以旋转椭球与入射面的交线也是圆。在负晶体情况下，这个圆的半径为椭圆的半长轴并大于球面子波半径。两种子波波面的包络面也都是和晶面斜交的平面。从入射点 A 向相应切点 O, E 引直线，即得 o 光、e 光的传播方向。在这一特殊情况下，如果入射角为 i，o 光、e 光的折射角分别为 r_o 和 r_e，则有

$$\sin i/\sin r_o = n_o, \quad \sin i/\sin r_e = n_e,$$

式中，n_o, n_e 为晶体的主折射率。在这一特殊情况下，e 光在晶体中的传播方向，也可以用普通折射定律求得。

图 24.20(d) 中光轴在入射面内，并垂直于晶体表面。对于这种情况，当平行光垂直入射时，光在晶体内沿光轴方向传播，不发生双折射。

利用晶体的双折射，目前已经研制出许多精巧的复合棱镜，以获得平面偏振光。这里仅

介绍其中一种。这种**偏振棱镜**是由两块直角棱镜粘合而成的(图 24.21)。其中一块棱镜用玻璃制成,折射率为 1.655。另一块用方解石制成,主折射率 $n_o = 1.6584$, $n_e = 1.4864$, 光轴方向如图中虚线所示,胶合剂折射率为 1.655。这种棱镜称为格兰·汤姆逊棱镜。

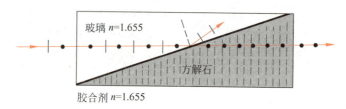

图 24.21 格兰·汤姆逊偏振棱镜

当自然光从左方射入棱镜并到达胶合剂和方解石的分界面时,其中的垂直分量(点子)在方解石中为寻常光线,平行分量(短线)在方解石中为非常光线。方解石的折射率 $n_o = 1.6584$ 非常接近 1.655,所以垂直分量几乎无偏折地射入方解石而后进入空气。方解石对于平行分量的折射率为 1.4864,小于胶合剂的折射率 1.655,因而存在一个临界角,当入射角大于临界角时,平行振动的光线发生全反射,偏离原来的传播方向,这样就能把两种偏振光分开,从而获得了偏振程度很高的平面偏振光。棱镜的尺寸正是这样精心设计的。这种偏振棱镜对于所有在水平线上下不超过 10°的入射光都是很适用的。

单轴晶体对寻常光线和非常光线的吸收性能一般是相同的。但也有一些晶体如电气石,吸收寻常光线的性能特别强,在 1 mm 厚的电气石晶体内,寻常光线几乎全部被吸收。晶体对互相垂直的两个光振动有选择吸收的这种性能,称为**二向色性**。

利用电气石的二向色性,可以产生线偏振光,如图 24.22 所示。

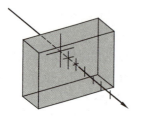

图 24.22 利用电气石的二向色性产生线偏振光

*24.6 椭圆偏振光和圆偏振光

利用振动方向互相垂直、频率相同的两个简谐运动能够合成椭圆或圆运动的原理,可以获得椭圆偏振光和圆偏振光,装置如图 24.23 所示。图中 P 为偏振片,C 为单轴晶片,与 P 平行放置,其厚度为 d,主折射率为 n_o 和 n_e,光轴(用平行的虚线表示)平行于晶面,并与 P 的偏振化方向成夹角 α。

产生椭圆偏振光的原理可用图 24.24 说明。单色自然光通过偏振片后,成为线偏振光,其振幅为 A,光振动方向与晶片光轴夹角为 α。此线偏振光射入晶片后,产生双折射,o 光振动垂直于光轴,振幅为 $A_o = A\sin\alpha$。e 光振动平行于光轴,振幅为 $A_e = A\cos\alpha$。这种情况下,o 光、e 光在晶体中沿同一方向传播(参看图 24.20(a)),但速度不同,利用不同的折射率计算光程,可得两束光通过晶片后的相差为

$$\Delta\varphi = \frac{2\pi}{\lambda}(n_o - n_e)d$$

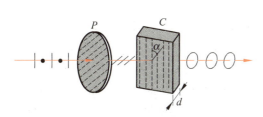 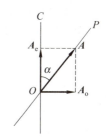

图 24.23 椭圆偏振光的产生　　　　图 24.24 线偏振光的分解

这样的两束振动方向相互垂直而相差一定的光互相叠加,就形成椭圆偏振光。选择适当的晶片厚度 d 使得相差

$$\Delta\varphi = \frac{2\pi}{\lambda}(n_\text{o} - n_\text{e})d = \frac{\pi}{2}$$

则通过晶片后的光为正椭圆偏振光,这时相应的光程差为

$$\delta = (n_\text{o} - n_\text{e})d = \frac{\lambda}{4}$$

而厚度

$$d = \frac{\lambda}{4(n_\text{o} - n_\text{e})} \tag{24.3}$$

此时,如果再使 $\alpha=\pi/4$,则 $A_\text{o}=A_\text{e}$,通过晶片后的光将为圆偏振光。

使 o 光和 e 光的光程差等于 $\lambda/4$ 的晶片,称为**四分之一波片**。很明显,四分之一波片是对特定波长而言的,对其他波长不适用。

当 o 光、e 光的相差为

$$\Delta\varphi = \frac{2\pi}{\lambda}(n_\text{o} - n_\text{e})d = \pi$$

时,相应的光程差为

$$\delta = (n_\text{o} - n_\text{e})d = \frac{\lambda}{2}$$

而晶片厚度为

$$d = \frac{\lambda}{2(n_\text{o} - n_\text{e})} \tag{24.4}$$

这样的晶片称为**二分之一波片**。线偏振光通过二分之一波片后仍为线偏振光,但其振动面转了 2α 角。$\alpha=\pi/4$ 时,可使线偏振光的振动面旋转 $\pi/2$。

前面曾讲到,用检偏器检验圆偏振光和椭圆偏振光时,因光强的变化规律与检验自然光和部分偏振光时的相同,因而无法将它们区分开来。由本节讨论可知,圆偏振光和自然光或者椭圆偏振光和部分偏振光之间的根本区别是相的关系不同。圆偏振光和椭圆偏振光是由两个有确定相差的互相垂直的光振动合成的。合成光矢量作有规律的旋转。而自然光和部分偏振光与上述情况不同,不同振动面上的光振动是彼此独立的,因而表示它们的两个互相垂直的振动之间没有恒定的相差。

根据这一区别可以将它们区分开来。通常的办法是在检偏器前加上一块四分之一波片。如果是圆偏振光,通过四分之一波片后就变成线偏振光,这样再转动检偏器时就可观察到光强有变化,并出现最大光强和消光。如果是自然光,它通过四分之一波片后仍为自然光,转动检偏器时光强仍然没有变化。

检验椭圆偏振光时,要求四分之一波片的光轴方向平行于椭圆偏振光的长轴或短轴,这样椭圆偏振光通过四分之一波片后也变为线偏振光。而部分偏振光通过四分之一波片后仍然是部分偏振光,因而也就可以将它们区分开了。

以上讨论,同时也说明了在图 24.23 的装置中偏振片 P 的作用。如果没有偏振片 P,自然光直接射入晶片,尽管也产生双折射,但是 o 光、e 光之间没有恒定的相位差,这样便不会获得椭圆偏振光和圆偏振光。

例 24.2
　　如图 24.25 所示,在两偏振片 P_1,P_2 之间插入四分之一波片 C,并使其光轴与 P_1 的偏振化方向间成 $45°$ 角。光强为 I_0 的单色自然光垂直入射于 P_1,转动 P_2,求透过 P_2 的光强 I。

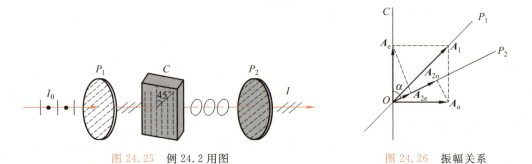

图 24.25　例 24.2 用图　　　　图 24.26　振幅关系

解　通过两偏振片和四分之一波片的光振动的振幅关系如图 24.26 所示。其中 P_1,P_2 分别表示两偏振片的偏振化方向,C 表示波片的光轴方向,α 角表示偏振片 P_2 和 C 之间的夹角。单色自然光通过 P_1 后成为线偏振光,其振幅为 A_1。此线偏振光通过四分之一波片后成为圆偏振光,它的两个互相垂直的分振动的振幅相等,且为

$$A_o = A_e = A_1 \cos 45° = \frac{\sqrt{2}}{2} A_1$$

这两个分振动透过 P_2 的振幅都只是它们沿图中 P_2 方向的投影,即

$$A_{2o} = A_o \cos(90° - \alpha) = A_o \sin \alpha$$
$$A_{2e} = A_e \cos \alpha$$

它们的相差为

$$\Delta \varphi = \frac{\pi}{2}$$

以 A 表示这两个具有恒定相差 $\pi/2$ 并沿同一方向振动的光矢量的合振幅,则有

$$A^2 = A_{2e}^2 + A_{2o}^2 + 2A_{2e}A_{2o} \cos \Delta \varphi = A_{2e}^2 + A_{2o}^2$$

将 A_{2o},A_{2e} 的值代入,则

$$A^2 = (A_e \cos \alpha)^2 + (A_o \sin \alpha)^2 = A_o^2 = A_e^2 = \frac{1}{2} A_1^2$$

此结果表明,通过 P_2 的光强 I 只有圆偏振光光强的一半,也是透过 P_1 的线偏振光光强 I_1 的一半,即

$$I = \frac{1}{2} I_1$$

由于 $I_1 = \frac{1}{2} I_0$,所以最后得

$$I = \frac{1}{4} I_0$$

此结果表明透射光的光强与 P_2 的转角无关。这就是用检偏器检验圆偏振光时观察到的现象,这个现象和检验自然光时观察到的现象相同。

---

*24.7 偏振光的干涉

在实验室中观察偏振光干涉的基本装置如图 24.27 所示。它和图 24.23 所示装置不同之处只是在晶片后面再加上一块偏振片 P_2,通常总是使 P_2 与 P_1 正交。

单色自然光垂直入射于偏振片 P_1,通过 P_1 后成为线偏振光,通过晶片后由于晶片的双折射,成为有一定相差但光振动相互垂直的两束光。这两束光射入 P_2 时,只有沿 P_2 的偏振化方向的光振动才能通过,于是就得到了两束相干的偏振光。

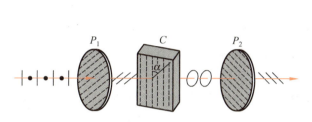

图 24.27 偏振光干涉实验

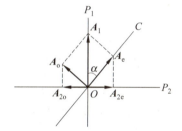

图 24.28 偏振光干涉的振幅矢量图

图 24.28 为通过 P_1,C 和 P_2 的光的振幅矢量图。这里 P_1,P_2 表示两正交偏振片的偏振化方向,C 表示晶片的光轴方向。A_1 为入射晶片的线偏振光的振幅,A_o 和 A_e 为通过晶片后两束光的振幅,A_{2o} 和 A_{2e} 为通过 P_2 后两束相干光的振幅。如果忽略吸收和其他损耗,由振幅矢量图可求得

$$A_o = A_1 \sin \alpha$$
$$A_e = A_1 \cos \alpha$$
$$A_{2o} = A_o \cos \alpha = A_1 \sin \alpha \cos \alpha$$
$$A_{2e} = A_e \sin \alpha = A_1 \sin \alpha \cos \alpha$$

可见在 P_1,P_2 正交时 $A_{2e} = A_{2o}$。

两相干偏振光总的相差为

$$\Delta \varphi = \frac{2\pi}{\lambda}(n_o - n_e)d + \pi \tag{24.5}$$

因为透过 P_1 的是线偏振光,所以进入晶片后形成的两束光的初相差为零。式(24.5)中第一项是通过晶片时产生的相差,第二项是通过 P_2 产生的附加相差。从振幅矢量图可见 A_{2o} 和 A_{2e} 的方向相反,因而附加相差 π。应该明确,这一附加相差和 P_1,P_2 的偏振化方向间的相对位置有关,在二者平行时没有附加相差。这一项应视具体情况而定。在 P_1 和 P_2 正交的情况下,当

$$\Delta \varphi = 2k\pi, \quad k = 1, 2, \cdots$$

或

$$(n_o - n_e)d = (2k-1)\frac{\lambda}{2}$$

时,干涉加强;当

$$\Delta\varphi = (2k+1)\pi, \quad k = 1, 2, \cdots$$

或

$$(n_o - n_e)d = k\lambda$$

时,干涉减弱。如果晶片厚度均匀,当用单色自然光入射,干涉加强时,P_2 后面的视场最明;干涉减弱时视场最暗,并无干涉条纹。当晶片厚度不均匀时,各处干涉情况不同,则视场中将出现干涉条纹。

当白光入射时,对各种波长的光来讲,由式(24.5)可知干涉加强和减弱的条件因波长的不同而各不相同。所以当晶片的厚度一定时,视场将出现一定的色彩,这种现象称为色偏振。如果这时晶片各处厚度不同,则视场中将出现彩色条纹。

*24.8 人工双折射

有些本来是各向同性的非晶体和有些液体,在人为条件下,可以变成各向异性,因而产生的双折射现象称为**人工双折射**。下面简单介绍两种人工双折射现象中偏振光的干涉和应用。

1. 应力双折射

塑料、玻璃等非晶体物质在机械力作用下产生变形时,就会获得各向异性的性质,和单轴晶体一样,可以产生双折射。

利用这种性质,在工程上可以制成各种机械零件的透明塑料模型,然后模拟零件的受力情况,观察、分析偏振光干涉的色彩和条纹分布,从而判断零件内部的应力分布。这种方法称为**光弹性方法**。图 24.29 所示为几个零件的塑料模型在受力时产生的偏振光干涉图样的照片。图中的条纹与应力有关,条纹的疏密分布反映应力分布的情况,条纹越密的地方,应力越集中。

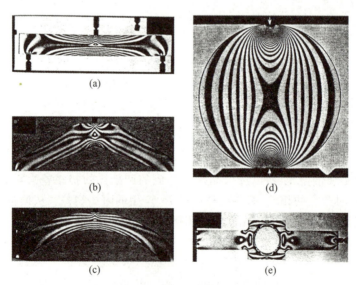

图 24.29　几个零件的塑料模型的光弹性照片

2. 克尔效应

这种人工双折射是非晶体或液体在强电场作用下产生的。电场使分子定向排列,从而获得类似于晶体的各向异性性质,这一现象是克尔(J. Kerr)于1875年首次发现的,所以称为**克尔效应**。

图24.30所示的实验装置中,P_1,P_2为正交偏振片。克尔盒中盛有液体(如硝基苯等)并装有长为l,间隔为d的平行板电极。加电场后,两极间液体获得单轴晶体的性质,其光轴方向沿电场方向。

实验表明,折射率的差值正比于电场强度的平方,因此这一效应又称为二次电光效应。折射率差为

$$n_\text{o} - n_\text{e} = kE^2 \tag{24.6}$$

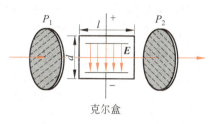

图 24.30　克尔效应

式中,k称为克尔常数,视液体的种类而定,E为电场强度。

线偏振光通过液体时产生双折射,通过液体后o,e光的光程差为

$$\delta = (n_\text{o} - n_\text{e})l = klE^2 \tag{24.7}$$

如果两极间所加电压为U,则式中E可用U/d代替,于是有

$$\delta = kl\frac{U^2}{d^2} \tag{24.8}$$

当电压U变化时,光程差δ随之变化,从而使透过P_2的光强也随之变化,因此可以用电压对偏振光的光强进行调制。克尔效应的产生和消失所需时间极短,约为10^{-9} s。因此可以做成几乎没有惯性的光断续器。这些断续器已广泛用于高速摄影、激光通信和电视等装置中。

另外,有些晶体,特别是压电晶体在加电场后也能改变其各向异性性质,其折射率的差值与所加电场强度成正比,所以称为**线性电光效应**,又称**泡克尔斯(Pockels)效应**。

*24.9　旋光现象

1811年,法国物理学家阿喇果(D. F. J. Arago)发现,线偏振光沿光轴方向通过石英晶体时,其偏振面会发生旋转。这种现象称为**旋光现象**。如图24.31所示,当线偏振光沿光轴方向通过石英晶体时,其偏振面会旋转一个角度θ。实验证明,角度θ和光线在晶体内通过的路程l成正比,即

$$\theta = \alpha l \tag{24.9}$$

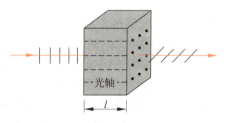

图 24.31　旋光现象

式中,α叫做石英的旋光率。不同晶体的旋光率不同,旋光率的数值还和光的波长有关。例如,石英对$\lambda = 589$ nm的黄光,$\alpha = 21.75°/$mm;对$\lambda = 408$ nm的紫光,$\alpha = 48.9°/$mm。

很多液体,如松节油、乳酸、糖的溶液也具有旋光性。线偏振光通过这些液体时,偏振面旋转的角度θ和光在液体中通过的路程l成正比,也和溶液的浓度C成正比,即

$$\theta = [\alpha]Cl \qquad (24.10)$$

式中，$[\alpha]$ 称为液体或溶液的**旋光率**。蔗糖水溶液在 20℃时，对 $\lambda = 589$ nm 的黄光，其旋光率为 $[\alpha] = 66.46°/[\text{dm} \cdot (\text{g/mm}^3)]$。糖溶液的这种性质被用来检测糖浆或糖尿中的糖分。

同一种旋光物质由于使光振面旋转的方向不同而分为左旋的和右旋的。迎着光线望去，光振动面沿顺时针方向旋转的称右旋物质，反之，称左旋物质。石英晶体的旋光性是由于其中的原子排列具有螺旋形结构，而左旋石英和右旋石英中螺旋绕行的方向不同。不论内部结构还是天然外形，左旋和右旋晶体均互为镜像（图 24.32）。溶液的左右旋光性则是其中分子本身特殊结构引起的。左右旋分子，如蔗糖分子，它们的原子组成一样，都是 $C_6H_{12}O_6$，但空间结构不同。这两种分子叫**同分异构体**，它们的结构也互为镜像（图 24.33）。令人不解的是人工合成的同分异构体，如左旋糖和右旋糖，总是左右旋分子各半，而来自生命物质的同分异构体，如由甘蔗或甜菜榨出来的蔗糖以及生物体内的葡萄糖则都是右旋的。生物总是选择右旋糖消化吸收，而对左旋糖不感兴趣。

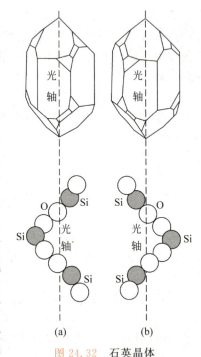

图 24.32　石英晶体
（下为原子排列情况，上为天然晶体外形）
(a) 右旋型；(b) 左旋型

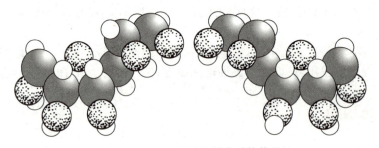

图 24.33　蔗糖分子两种同分异构体结构

1825 年菲涅耳对旋光现象作出了一个惟象的解释。他设想线偏振光是由角频率 ω 相同但旋向相反的两个圆偏振光组成的，而这两种圆偏振光在物质中的速度不同。如图 24.34 所示，设在晶体中右旋圆偏振光的速度 v_R 大于左旋圆偏振光的速度 v_L。进入旋光物质的线偏振光的振动面设为竖直面，进入时电矢量 E_0 向上，此时二圆偏振光的电矢量 E_R 和 E_L 也都向上（图 24.34(a)）。此时刻，在射出点处，由于相位落后，E_R 与 E_0 方向的夹角为 $\varphi_R = \omega l/v_R$，E_L 与 E_0 方向的夹角为 $\varphi_L = \omega l/v_L$（图 24.34(c)）。由 E_R 和 E_L 合成的线偏振光的振动方向如图 24.34(c)中 E 所示，它已从 E_0 向右旋转了角度 θ，而

$$\theta = \frac{\varphi_L - \varphi_R}{2} = \frac{\omega}{2}\left(\frac{l}{v_L} - \frac{l}{v_R}\right) = \frac{\pi l}{\lambda}\left(\frac{c}{v_L} - \frac{c}{v_R}\right) = \frac{\pi}{\lambda}(n_L - n_R)l \qquad (24.11)$$

式中，n_L 和 n_R 分别为旋光物质对左旋和右旋圆偏振光的折射率。式(24.11)说明，线偏振光的偏振面旋转的角度和光线在旋光物质中通过的路程成正比。

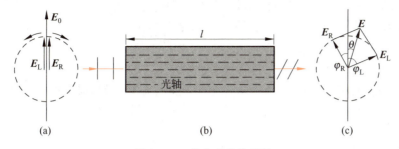

图 24.34 旋光现象的解释

为了验证自己的假设，菲涅耳曾用左旋(L)和右旋(R)石英棱镜交替胶合做成多级组合棱镜(图 24.35)。当一束线偏振光垂直入射时，在第一块晶体内两束圆偏振光不分离。当越过第一个交界面时，由于右旋光的速度由大变小，相对折射率 $n_R>1$，所以右旋光靠近法线折射；而左旋光的速度由小变大，相对折射率 $n_L<1$，所以左旋光将远离法线折射。这样，两束圆偏振光就分开了。以后的几个分界面都有使两束圆偏振光分开的角度放大的作用，最后射出棱镜时就形成了两束分开的圆偏振光。实验结果果真这样。

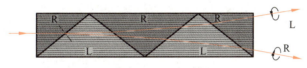

图 24.35 菲涅耳组合棱镜

利用人为方法也可以产生旋光性，其中最重要的是磁致旋光，它是法拉第于 1845 年首先发现的，现在就叫法拉第磁致旋光效应。可用图 24.36 所示的装置观察法拉第效应，在螺线管两端外垂直于其轴线安置两正交偏振片，管内充有某种透明介质，如玻璃、水或空气等。在螺线管未通电时，透过 P_1 的偏振光不能透过 P_2。如果在螺旋管中通以电流，则可发现有光透过 P_2，说明入射光经

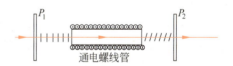

图 24.36 观察法拉第磁致旋光效应装置简图

过螺线管内的磁场时，其偏振面旋转了。实验证明，偏振面旋转的角度和光线通过介质的路径长度以及磁场的磁感应强度都成正比，而且因介质不同而不同。和一般晶体的旋光性质明显不同的是：光线顺着和逆着磁场方向传播时，其**旋光方向相反**，这被称为磁致旋光的不可逆性。因此，当偏振光通过一定介质层时，光振动方向如果右旋角度为 φ，则当光被反射通过同一介质层后，其光振动方向将共旋转 2φ 的角度。这种性质被用来制成光隔离器，控制光的传播。磁致旋光效应也被用在磁光盘中读出所记录的信息。

提要

1. 光的偏振：光是横波，电场矢量是光矢量。光矢量方向和光的传播方向构成振动面。

三类偏振态：非偏振光（无偏振），偏振光（线偏振、椭圆偏振、圆偏振），部分偏振光。

2. 线偏振光：可用偏振片产生和检验。偏振片是利用了它对不同方向的光振动选择吸收制成的。

马吕斯定律：$I = I_0 \cos^2 \alpha$

3. 反射光和折射光的偏振：入射角为布儒斯特角 i_b 时，反射光为线偏振光，且

$$\tan i_b = \frac{n_2}{n_1} = n_{21}$$

4. 散射引起的偏振：散射光是偏振的。

5. 双折射现象：自然光射入晶体后分作 o 光和 e 光两束，二者均为线偏振光。利用四分之一波片可从线偏振光得到椭圆或圆偏振光。

6. 偏振光的干涉：利用晶片（或人工双折射材料）和检偏器可以使偏振光分成两束相干光而发生干涉。

7. 旋光现象：线偏振光通过物质时振动面旋转的现象。

线偏振光通过磁场时也会发生振动面的旋转，被称为法拉第磁光效应。

思考题

24.1 既然根据振动分解的概念可以把自然光看成是两个相互垂直振动的合成，而一个振动的两个分振动又是同相的，那么，为什么说自然光分解成的两个相互垂直的振动之间没有确定的相位关系呢？

24.2 某束光可能是：(1)线偏振光；(2)部分偏振光；(3)自然光。你如何用实验决定这束光究竟是哪一种光？

24.3 通常偏振片的偏振化方向是没有标明的，你有什么简易的方法将它确定下来？

24.4 一束光入射到两种透明介质的分界面上时，发现只有透射光而无反射光，试说明这束光是怎样入射的？其偏振状态如何？

24.5 自然光入射到两个偏振片上，这两个偏振片的取向使得光不能透过。如果在这两个偏振片之间插入第三块偏振片后，有光透过，那么这第三块偏振片是怎样放置的？如果仍然无光透过，又是怎样放置的？试用图表示出来。

24.6 1906 年巴克拉（C. G. Barkla, 1917 年诺贝尔物理奖获得者）曾做过下述"双散射"实验。如图 24.37 所示，先让一束从 X 射线管射出的 X 射线沿水平方向射入一碳块而被向各方向散射。在与入射线垂直的水平方向上放置另一碳块，接收沿水平方向射来的散射 X 射线。在这第二个碳块的上下方向就没有再观察到 X 射线的散射光。他由此证实了 X 射线是一种电磁波的想法。他是如何论证的？

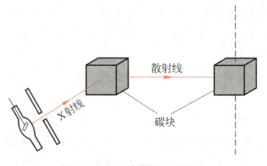

图 24.37 思考题 24.6 用图

24.7 当单轴晶体的光轴方向与晶体表面成一定角度时,一束与光轴方向平行的光入射到该晶体表面,这束光射入晶体后,是否会发生双折射?

24.8 某束光可能是:(1)线偏振光;(2)圆偏振光;(3)自然光。你如何用实验决定这束光究竟是哪一种光?

*24.9 一块四分之一波片和两块偏振片混在一起不能识别,试用实验方法将它们区别开来。

*24.10 在偏振光的干涉装置(图24.27)中,如果去掉偏振片 P_1 或偏振片 P_2,能否产生干涉效应? 为什么?

*24.11 在图24.28中,如果 P_1 方向在 C 和 P_2 之间,式(24.5)中还有 π 吗? P_1 和 P_2 平行时,干涉情况又如何?

习题

24.1 自然光通过两个偏振化方向间成 60° 的偏振片,透射光强为 I_1。今在这两个偏振片之间再插入另一偏振片,它的偏振化方向与前两个偏振片均成 30° 角,则透射光强为多少?

24.2 自然光入射到两个互相重叠的偏振片上。如果透射光强为(1)透射光最大强度的三分之一,或(2)入射光强度的三分之一,则这两个偏振片的偏振化方向间的夹角是多少?

*24.3 两个偏振片 P_1 和 P_2 平行放置(图24.38)。令一束强度为 I_0 的自然光垂直射向 P_1,然后将 P_2 绕入射线为轴转一角度 θ,再绕竖直轴转一角度 φ。这时透过 P_2 的光强是多大?

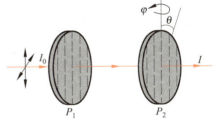

图 24.38 习题 24.3 用图

24.4 在图24.39所示的各种情况中,以非偏振光和偏振光入射于两种介质的分界面,图中 i_b 为起偏振角,$i \neq i_b$,试画出折射光线和反射光线并用点和短线表示出它们的偏振状态。

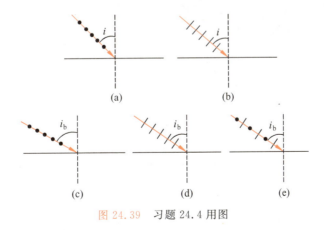

图 24.39 习题 24.4 用图

24.5 水的折射率为1.33,玻璃的折射率为1.50,当光由水中射向玻璃而反射时,起偏振角为多少? 当光由玻璃中射向水而反射时,起偏振角又为多少? 这两个起偏振角的数值间是什么关系?

24.6 光在某两种介质界面上的临界角是 45°,它在界面同一侧的起偏振角是多少?

24.7 根据布儒斯特定律可以测定不透明介质的折射率。今测得釉质的起偏振角 $i_b = 58°$,试求它的折射率。

24.8　已知从一池静水的表面反射出来的太阳光是线偏振光,此时,太阳在地平线上多大仰角处?

24.9　用方解石切割成一个正三角形棱镜。光轴垂直于棱镜的正三角形截面,如图 24.40 所示。自然光以入射角 i 入射时,e 光在棱镜内的折射线与棱镜底边平行,求入射角 i,并画出 o 光的传播方向和光矢量振动方向。

24.10　棱镜 ABCD 由两个 45°的方解石棱镜组成(如图 24.41 所示),棱镜 ABD 的光轴平行于 AB,棱镜 BCD 的光轴垂直于图面。当自然光垂直于 AB 入射时,试在图中画出 o 光和 e 光的传播方向及光矢量振动方向。

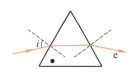

图 24.40　习题 24.9 用图

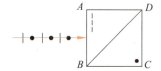

图 24.41　习题 24.10 用图

*24.11　在图 24.42 所示的装置中,P_1,P_2 为两个正交偏振片。C 为四分之一波片,其光轴与 P_1 的偏振化方向间夹角为 60°。光强为 I_i 的单色自然光垂直入射于 P_1。

(1) 试说明①,②,③各区光的偏振状态并在图上大致画出;
(2) 计算各区光强。

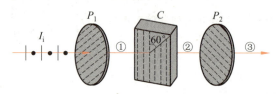

图 24.42　习题 24.11 用图

*24.12　某晶体对波长 632.8 nm 的主折射率 $n_o=1.66$,$n_e=1.49$。将它制成适用于该波长的四分之一波片,晶片至少要多厚? 该四分之一波片的光轴方向如何?

*24.13　假设石英的主折射率 n_o 和 n_e 与波长无关。某块石英晶片,对 800 nm 波长的光是四分之一波片。当波长为 400 nm 的线偏振光入射到该晶片上,且其光矢量振动方向与晶片光轴成 45°角时,透射光的偏振状态是怎样的?

24.14　1823 年尼科耳发明了一种用方解石做成的棱镜以获得线偏振光。这种"尼科耳棱镜"由两块直角棱镜用加拿大胶(折射率为 1.55)粘合而成,其几何结构如图 24.43 所示。试用计算证明当一束自然光沿平行于底面的方向入射后将分成两束,一束将在胶合面处发生全反射而被涂黑的底面吸收,另一束将透过加拿大胶而经过另一块棱镜射出。这两束光的偏振状态各如何(参考表 24.1 的折射率数据)?

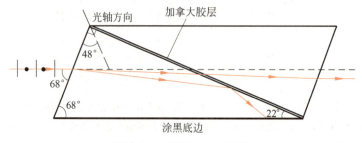

图 24.43　习题 24.14 用图

*24.15 石英对波长为 396.8 nm 的光的右旋圆偏振光的折射率为 $n_R=1.55810$,左旋圆偏振光的折射率为 $n_L=1.55821$。求石英对此波长的光的旋光率。

24.16 在激光冷却技术中,用到一种"偏振梯度效应"。它是使强度和频率都相同但偏振方向相互垂直的两束激光相向传播,从而能在叠加区域周期性地产生各种不同偏振态的光。设两束光分别沿 $+x$ 和 $-x$ 方向传播,光振动方向分别沿 y 方向和 z 方向。已知在 $x=0$ 处的合成偏振态为线偏振态,光振动方向与 y 轴成 $45°$。试说明沿 $+x$ 方向每经过 $\lambda/8$ 的距离处的偏振态,并画简图表示之。

今日物理趣闻

液　　晶

M.1　液晶的结构

液晶是介于液态与结晶态之间的一种物质状态。它除了兼有液体和晶体的某些性质(如流动性、各向异性等)外,还有其独特的性质。对液晶的研究现已发展成为一个引人注目的学科。

液晶材料主要是脂肪族、芳香族、硬脂酸等有机物。液晶也存在于生物结构中,日常适当浓度的肥皂水溶液就是一种液晶。目前,由有机物合成的液晶材料已有几千种之多。由于生成的环境条件不同,液晶可分为两大类:只存在于某一温度范围内的液晶相称为**热致液晶**;某些化合物溶解于水或有机溶剂后而呈现的液晶相称为**溶致液晶**。溶致液晶和生物组织有关,研究液晶和活细胞的关系,是现今生物物理研究的内容之一。

液晶的分子有盘状、碗状等形状,但多为细长棒状。根据分子排列的方式,液晶可以分为近晶相、向列相和胆甾相三种,其中向列相和胆甾相应用最多。

1. 近晶相液晶

近晶相液晶分子分层排列,根据层内分子排列的不同,又可细分为近晶相 A、近晶相 B 等多种,图 M.1 所示为近晶相液晶的一种。由图可见,层内分子长轴互相平行,而且垂直于层面。分子质心在层内的位置无一定规律。这种排列称为取向有序,位置无序。

近晶相液晶分子间的侧向相互作用强于层间相互作用,所以分子只能在本层内活动,而各层之间可以相互滑动。

2. 胆甾相液晶

胆甾相液晶是一种乳白色黏稠状液体,是最早发现的一种液晶,其分子也是分层排列,逐层叠合。每层中分子长轴彼此平行,而且与层面平行。不同层中分子长轴方向不同,分子的长轴方向逐层依次向右或向左旋转过一个角度。从整体看,分子取向形成螺旋状,其螺距用 p 表示,约为 $0.3~\mu m$,如图 M.2 所示。

3. 向列相液晶

向列相液晶中,分子长轴互相平行,但不分层,而且分子质

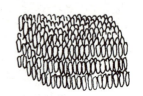

图 M.1　近晶相液晶分子排列示意图

心位置是无规则的,如图 M.3 所示。

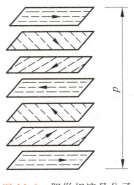

图 M.2　胆甾相液晶分子排列示意图

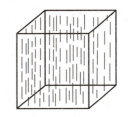

图 M.3　向列相液晶分子排列示意图

M.2　液晶的光学特性

1. 液晶的双折射现象

一束光射入液晶后,分裂成两束光的现象称为双折射现象,如图 M.4 所示。

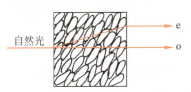

图 M.4　液晶的双折射

双折射现象实质上表示液晶中各个方向上的介电常数以及折射率是不同的。通常用符号 $\varepsilon_{//}$ 和 $\varepsilon_\perp$ 分别表示沿液晶分子长轴方向和垂直于长轴方向上的介电常数,并且把 $\varepsilon_{//} > \varepsilon_\perp$ 的液晶称为正性液晶,或 P 型液晶;而把 $\varepsilon_{//} < \varepsilon_\perp$ 的液晶称为负性液晶,或 N 型液晶。

多数液晶只有一个光轴方向,在液晶中光沿光轴方向传播时,不发生双折射。一般液晶的光轴沿分子长轴方向,胆甾相液晶的光轴垂直于层面。由于其螺旋状结构,胆甾相液晶具有强烈的旋光性,其旋光率可达 40 000°/mm。

2. 胆甾相液晶的选择反射

胆甾相液晶在白光照射下,呈现美丽的色彩,这是它选择反射某些波长的光的结果。反射哪种波长的光取决于液晶的种类和它的温度以及光线的入射角。实验表明,这种选择反射可用晶体的衍射(图 M.5)加以解释。反射光的波长可以用布拉格公式表示为

$$\lambda = 2np\sin\varphi$$

式中,λ 为反射光的波长,p 为胆甾相液晶的螺距,n 为平均折射率,φ 为入射光与液晶表面间的夹角。此式表明,沿不同角度可以观察到不同的色光。当温度变化时,胆甾相液晶的螺距发生敏锐的变化,因而反射光的颜色也随之发生变化。一般说来,温度低时反射光为红色,温度高时反射光为蓝色,但也有与此相反的情况。

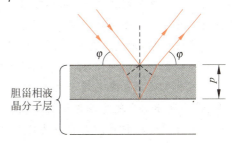

图 M.5　胆甾相液晶的选择反射

胆甾相液晶的这一特性被广泛用于液晶温

度计和各种测量温度变化的显示装置上。

实验表明,胆甾相液晶的反射光和透射光都是圆偏振光。

3. 液晶的电光效应

在电场作用下,液晶的光学特性发生变化,称为电光效应。下面介绍两种电光效应。

(1) 电控双折射效应

因为液晶具有流动性,通常把它注入玻璃盒中,称为液晶盒。当液晶盒很薄时,其分子的排列可以通过对玻璃表面进行适当处理如摩擦、化学清洗等加以控制。当液晶分子长轴方向垂直于表面时,称为垂面排列;平行于表面时,称为沿面排列。在玻璃表面涂上二氧化锡等透明导电薄膜时,则玻璃片同时又成为透明电极。

今把 N 型向列相垂直排列的液晶盒放在两正交偏振片之间,如图 M.6 所示。

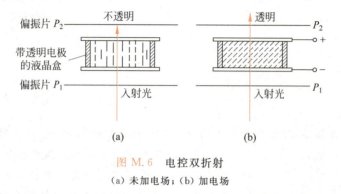

图 M.6 电控双折射
(a) 未加电场;(b) 加电场

未加电场时,通过偏振片 P_1 的光在液晶内沿光轴方向传播,不发生双折射,由于两偏振片正交,所以装置不透明。

加电场并超过某一数值(阈值)时,电场使液晶分子轴方向倾斜,此时光在液晶中传播时,发生双折射,装置由不透明变为透明。

光轴的倾斜随电场的变化而变化,因而两双折射光束间的相位差也随之变化,当入射光为复色光时,出射光的颜色也随之变化。

电控双折射现象用 P 型沿面排列的向列相液晶同样能观察到。

(2) 动态散射

把向列相液晶注入带有透明电极的液晶盒内,未加电场时,液晶盒透明。施加电场并超过某一数值(阈值)时,液晶盒由透明变为不透明,这种现象称为动态散射。这是因为盒内离子和液晶分子在电场作用下,互相碰撞,使液晶分子产生紊乱运动,使折射率随时发生变化,因而使光发生强烈散射的结果。

去掉电场后,则恢复透明状态。但是如果在向列相液晶中混以适当的胆甾相液晶,则散射现象可以保存一些时间,这种情况称为有存储的动态散射。

动态散射现象在液晶显示技术中有广泛应用。目前用于数字显示的多为向列相液晶。图 M.7(a)所示为 7 段液晶显示数码板。数码字的笔画由互相分离的 7 段透明电极组成,并且都与一公共电极相对。当其中某几段电极加上电压时,这几段就显示出来,组成某一数码字(图 M.7(b))。

M.2 液晶的光学特性

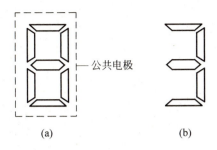

(a)　　　　　　　　(b)

图 M.7　液晶数字显示

(a) 7 段数码板；(b) 显示数码"3"

今日物理趣闻

非线性光学

N.1 非线性光学与激光

非线性光学亦称**强光光学**,是研究**强激光**与物质相互作用下,出现的新的现象、规律和应用的一门新兴学科。因此把激光出现之前的光学称为**线性光学**或弱光光学或普通光学。

这里强光与弱光的区别是就光场的电场强度大小 E 与组成物质的分子或原子内部的平均电场强度大小 E' 比较而言的。普通光源发的光,$E/E' \ll 1$,光场与物质的作用表现为线性关系,属于线性光学。对于强激光,E 与 E' 可以相比拟,此时光场与物质作用的非线性关系明显地表现出来,出现了在普通光源条件下观察不到的一系列新现象和规律,此即属强光光学研究范围。有关计算表明,$E' \approx 10^{11}$ V/m,普通光源发出的光,相应的电场强度要比 E' 低好几个数量级,而 Q 开关红宝石激光器发出的 200 MW 的光脉冲集中在直径约 25 μm 的圆面上,其光场可达 $E \approx 10^{10}$ V/m。用现代技术甚至可获得光场 $E \approx 10^{12}$ V/m 的强光。

这样的强激光与物质相互作用将出现许多非线性光学效应。如光学倍频和混频,光学参量放大与振荡,自聚焦,光学相位共轭,光的受激散射,光致透明,多光子吸收等。这些效应不但在学术内容上有重要价值,而且在科学技术上有重要的应用潜力。

按照参与作用的光波场和光学介质之间的能量、动量的交换情况,非线性光学效应可以分为两类:一类是参与作用的光波场和光学介质之间没有能量和动量的交换,能量守恒与动量守恒只表现在作用光波之间;光学介质的作用如同化学反应中的催化剂。这类相互作用有倍频和混频等。另一类是作用光波场和光学介质之间有能量和动量交换,能量守恒与动量守恒表现在作用光场和介质组成的总体系中。这类相互作用有受激散射等。下面简单介绍几种典型的非线性光学效应。

N.2 倍频与混频

处在外电场中的电介质,在外电场作用下会产生极化,其极化程度用极化强度描述。同理,光在介质中传播时,光场 E 也能引起光学介质的极化,使组成介质的分子、原子成为振荡偶极子,并成为辐射次级电磁波的辐射源。

对于各向同性介质,极化强度 P 与场强 E 的方向相同。当介质为各向异性时,P 与 E

的方向不再相同，而且在强激光作用下，P 与 E 之间不再呈现线性关系。为简单起见，我们不考虑 P 与 E 的矢量特征，并把 P 与 E 的关系写成下式：

$$P = \chi^{(1)} E + \chi^{(2)} E^2 + \chi^{(3)} E^3 + \cdots \tag{N.1}$$

式中 $\chi^{(1)}, \chi^{(2)}, \chi^{(3)}, \cdots$ 为表示介质特征的常量，分别称为介质的**线性**电极化率（在电磁学中，$\chi^{(1)} = \varepsilon_0 \chi_e$，其中 χ_e 为介质的电极化率）、**二次非线性**电极化率和**三次非线性**电极化率等。实际上，在考虑 P 和 E 的矢量特性及介质的各向异性时，它们分别是二阶、三阶和四阶张量。可以证明，式(N.1)中的后项与前项的比值在数量级上粗略为

$$\frac{\chi^{(2)} E^2}{\chi^{(1)} E} \approx \frac{\chi^{(3)} E^3}{\chi^{(2)} E^2} \approx \frac{E}{E'} \tag{N.2}$$

普通弱光入射时，$E/E' \ll 1$，电极化强度的非线性项可以忽略；在强激光入射时，因为 E 与 E' 可相比，非线性项不能忽略，此即一系列强光光学效应的物理根源。下面说明与二次非线性电极化效应有关的**光学倍频**。

设入射光频电场为

$$E = E_0 \cos \omega t$$

忽略介质的三次以上非线性极化项，则有

$$\begin{aligned} P &= \chi^{(1)} E_0 \cos \omega t + \chi^{(2)} E_0^2 \cos^2 \omega t \\ &= \chi^{(1)} E_0 \cos \omega t + \frac{1}{2} \chi^{(2)} E_0^2 + \frac{1}{2} \chi^{(2)} E_0^2 \cos 2\omega t \end{aligned} \tag{N.3}$$

等式右边第一项是频率等于入射光频的电极化强度分量，是**基频项**。这表明介质中存在与入射光频相同的偶极振荡，它将辐射与入射光同频率的光波。第二项是不随时间变化的电极化强度分量，为**直流项**。这一项的存在使介质的两相对表面分别出现正的与负的极化面电荷，相应产生一恒定电场。这种从一个交变电场得到一个恒定电场的现象称为**光学整流**。第三项相应于介质中存在频率为入射光频率两倍的振荡偶极子。它将辐射其频率为入射光频率两倍的光，这就是**光学倍频**。

光学倍频的实验观察是在激光问世后一年由费兰肯(P. A. Franken)等人完成的。他们将红宝石激光器发出的 $\lambda = 694.3$ nm 的光脉冲聚焦在石英晶体上，对出射光进行摄谱，结果在紫外端观察到 $\lambda = 349.15$ nm 的倍频光谱线。不过当时入射光能量转换为倍频光能量的转换效率极低。若考虑到作用光波之间满足能量守恒和动量守恒所要求的位相匹配条件，转换效率可以提高。目前转换效率已提高到接近 100% 的水平。

当两种不同频率的强激光

$$E_1 = E_{10} \cos \omega_1 t$$
$$E_2 = E_{20} \cos \omega_2 t$$

同时入射时，不考虑介质的三次以上非线性极化项，则有

$$\begin{aligned} P &= \chi^{(1)} [E_{10} \cos \omega_1 t + E_{20} \cos \omega_2 t] \\ &\quad + \chi^{(2)} [E_{10} \cos \omega_1 t + E_{20} \cos \omega_2 t]^2 \\ &= \chi^{(1)} E_{10} \cos \omega_1 t + \chi^{(1)} E_{20} \cos \omega_2 t \\ &\quad + \frac{1}{2} \chi^{(2)} E_{10}^2 (1 + \cos 2\omega_1 t) + \frac{1}{2} \chi^{(2)} E_{20}^2 (1 + \cos 2\omega_2 t) \\ &\quad + \chi^{(2)} E_{10} E_{20} [\cos(\omega_1 + \omega_2) + \cos(\omega_1 - \omega_2)] \end{aligned} \tag{N.4}$$

式中除了有直流项、基频项、倍频项外,还出现了**和频**($\omega_1+\omega_2$)和**差频**($\omega_1-\omega_2$)项,相应频率的振荡偶极子将辐射其频率为和频与差频的光,这就是**光学混频**。

光学频率能够混合是强光光学现象。同时入射的不同频率的弱光在介质中是独立传播的,不能混合。

光学倍频和混频扩展了强相干辐射的范围,是光频转换较成熟的方法,有广泛的应用。常用的非线性光学晶体有 KDP(磷酸二氢钾)、ADP(磷酸二氢铵)、$LiNbO_3$(铌酸锂)、$LiIO_3$(碘酸锂)等。

不难想到,若考虑介质的电极化强度的高次非线性极化分量,则在强光照射下,还可以得到更高倍频率或和频、差频的光。

N.3 自聚焦

由电磁理论可知,光学介质的折射率 n 决定于介质的相对介电常数 ε_r,而且 $n=\sqrt{\varepsilon_r}$。以 D 表示在光场为 $\boldsymbol{E}$ 的入射光照射下介质中电位移的大小,则由关系式 $D=\varepsilon_0\varepsilon_r E$(此处为简单起见,我们也不考虑 $\boldsymbol{D}$ 和 $\boldsymbol{E}$ 的矢量特征)可得

$$\varepsilon_r = \frac{D}{\varepsilon_0 E} \tag{N.5}$$

再由 D 的定义,并利用式(N.1),可得

$$D = \varepsilon_0 E + P = \varepsilon_0 E + \chi^{(1)} E + \chi^{(2)} E^2 + \chi^{(3)} E^3 + \cdots$$
$$= \left[\left(1+\frac{\chi^{(1)}}{\varepsilon_0}\right) + \frac{\chi^{(2)}}{\varepsilon_0}E + \frac{\chi^{(3)}}{\varepsilon_0}E^2 + \cdots\right]\varepsilon_0 E$$

由此可得

$$\varepsilon_r = (1+\chi_e) + \frac{\chi^{(2)}}{\varepsilon_0}E + \frac{\chi^{(3)}}{\varepsilon_0}E^2 + \cdots \tag{N.6}$$

根据式(N.6)可知,当入射光场 E 很小时,式(N.6)中和 E 有关的项与常数项$(1+\chi_e)$相比可以忽略,因而 ε_r 为常数,折射率也为常数。这时折射率与入射光强无关,介质表现为线性的。这是普通光学中遇到的情况。

当用强激光照射介质时,式(N.6)给出介质的 ε_r,因而折射率 n 就与入射光强有关了,而且随入射光强增加而增大。如果入射光束截面上光强分布不均匀,则在该截面上各处介质的折射率的分布也将是不均匀的。

激光光束的强度呈高斯分布,轴线上光强最大,因而轴线上折射率高于边缘部分。这就在介质内形成一类似凸透镜的结构,使光束向轴上会聚,最后形成一束极细的光丝,这一现象称为**自聚焦**。

自聚焦形成极高的能量密度。现在人们已经清楚,在很多实验条件下,首先是产生自聚焦,然后才进一步导致其他非线性光学效应。当然,自聚焦也有可能导致介质本身的光学破坏,一般应该避免。

N.4 受激拉曼散射

一束光通过光学介质时,大部分沿原方向透过,还有一部分偏离原来的方向传播,后者称为光的散射。通常散射光频率与入射光频率相同,这种散射称为**瑞利散射**。

1928 年拉曼(C. V. Raman)发现,单色光通过某些介质时,散射光中除了有与入射光频率 ν_0 相同的成分外,还有频率为 $\nu_0 \pm \Delta\nu$ 的成分。特别值得注意的是,$\Delta\nu$ 的大小与入射光频率 ν_0 无关,而是由介质性质决定。后来的研究指出,$\Delta\nu$ 的大小决定于介质的分子结构及其运动(转动和振动等)。这种散射称为**拉曼散射**。后来又发现拉曼散射光中还有其他的频率成分,这些成分间的频率差也和入射光的频率无关,而由介质的性质决定。

拉曼散射的光强是非常微弱的(只有入射光强的 10^{-7} 倍)。因此,在普通光学中观察拉曼散射非常困难。激光出现后,拉曼散射在分子结构的研究中得到了普遍的应用。

弱的拉曼散射光是自发辐射的结果,无相干性。当用强激光观察拉曼散射时,出现了新现象,即散射过程具有受激辐射的性质,故称**受激拉曼散射**。

受激拉曼散射光具有激光的一切特征。散射光具有很高的相干性,其强度增益是雪崩式的。

受激拉曼散射为深入了解散射介质分子的能级结构、运动状态、跃迁性质等提供了有效途径,它也是产生强相干光的一种方法。

第 25 章

几何光学

前面几章已比较详细地介绍过,经典电磁理论和实验都证明了光是一种电磁波,其传播过程需要用波动来说明。波的传播方向可以用"波线"表示(见 7.2 节)。在各向同性的均匀介质中(本章下面将只讨论这种情况),波线处处与波阵面垂直。对于光来说,波线就被称为**光线**.光波在传播过程中遇到障碍物(或通过孔洞)时,会有衍射现象发生。但如果障碍物的线度比光的波长大得多时,衍射现象就不显著,光线就可以被认为仍按原来方向沿直线传播(见 23.2 节)而在障碍物的后面留下一片几何阴影。在通常的实用情况下,障碍物(或孔洞)的大小都比光的波长大得多(例如,高倍光学显微镜的物镜直径和人眼瞳孔的线度都小到毫米级,但比光的波长还要大到上千倍)。所以,如果我们只关注(或主要关注)光的传播方向,就可以以光线的行为加以说明,而且在实验上可以借助一根很细的光束(通过介质的散射)来显示光的传播路径。用光线来说明光的传播规律的理论称为**光线光原**或**几何光学**。关于几何光学的基础知识在中学物理课程中已有所介绍。这里我们将首先复习光的反射和折射定律。然后说明平面镜、球面镜及薄透镜的成像规律,最后要简要说明照相机、投影仪、显微镜、望远镜的光学原理。

25.1 光线

一个点光源 S 的发光,用波动的概念来讲,是它向周围发出球面电磁波;用光线的概念来讲,就是它向四周均匀地发出光线(图 25.1)。人眼所以能看到这一光源,用波动的概念来讲是由于其发出的光的波阵面的一小部分进入了瞳孔;用光线的概念来讲,是点光源发出的一束构成锥形的光线进入了瞳孔。

光线表示光的传播方向,它是描述光的传播的一个抽象的概念。我们常说的"一条光线",更正确地说是**一束**光线,其实际的物理意义是一条光能量的通路。一条光线,只有当我们迎着它使它射入我们的瞳孔时我们才能感知它,从一条光线的侧面是看不见该光线的(注意,在我们的周围到处都存在着电磁波,也就是到处都存在着向各方向传播的光线)。通常在生活中和实验室内真实地看到的光线,例如射入室内的太阳光线,大型室外庆典或实验室内的激光光线(图 25.2),都是在光的传播路径上的透明介质的分子对光**散射**的结果。原来,光线通过透明介质(如空气或玻璃)时,光波中的电磁振动会激起介质分子中的电子振动,这振动着的电子随即向四外发射电磁波形成散射光。如果透明介质的密度足够大(如空气中的尘粒或雾气足够浓)时,散射光就可能足够强。这散射光射入我们的瞳孔才使我们看到了"光线",实际上这时看到的"光线"不过是被光照亮了的一条介质中的通道。

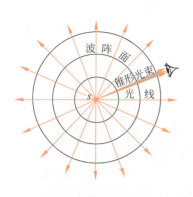

图 25.1　点光源向外发射光线

图 25.2　激光光束在玻璃块表面改变方向
(P. A. Tipler. Physics, 4th ed. W. H. Freeman and Company, 1999, 1070)

我们能看到各色各样的不透明物体,包括艳丽的花朵,拍岸的巨浪,白纸上的黑字,疾驰的汽车等,无一不是由于这些物体表面的分子对入射光散射的结果。在来自各方向的光线的照射下,不透明物体的表面上的各点就都成了散射光的发射源(也有一部分入射光能被物质吸收)。和自行发光的光源相似,这些点光源所发的光线射入我们的瞳孔就使我们看到了整个物体的图像。

25.2　光的反射

光线在均匀介质中是沿直线传播的,遇到两种不同介质的分界面时,光线的方向会发生改变。一部分光返回原介质中传播,称为反射;另一部分进入另一媒质传播,称为折射(图 25.3)。

在 7.6 节曾用惠更斯作图法证明了波的反射规律,它也适用于光波。此规律很容易用显示光线的实验验证,它就是:反射线 OR 在入射线 IO 和入射点 O 的法线 ON 决定的平面内,与入射线分居法线两侧;反射角 θ_r 等于入射角 θ_i。这就是光的反射定律。

由反射定律可知,如果光线逆着反射线入射,则它被反射后必逆着原入射线进行。这一现象叫做**光路的可逆性**。

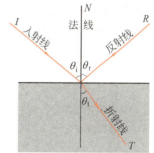

图 25.3　光线在两介质分界面上的反射和折射

用反射定律可以说明平面镜(光洁平滑的反射面)的成像规律。如图 25.4 所示,M 是一平面镜片,其右表面是反射面,镜前放一水杯,水杯表面上各点由于光的散射都成了发光点。很容易根据光的反射定律和几何学定理证明:由杯上 A 点发出的一条光线的反射线的反向延长线与通过 A 点的镜面法线相交于镜后 A 点的相对于镜面的对称点 A'。同理,任一条由 A 发出的光线经镜面反射后其反向延长线都相交于 A' 点。这样,进入人眼的锥形光

束就好像是从 A' 点发出的一样,人眼是看不见光线在镜面上的曲折的,只能凭射入眼睛的光线的方向追溯发光点的位置,于是就认为 A' 点是所看到的发光点了,A' 点就成了 A 点的像。由于 A' 点并不是光线的实际出发点,所以 A' 点叫 A 点的**虚像**。

同理,我们可以说明杯子上其他点在平面镜内成的像也都是相对于镜面对称的虚像,总的结果是,**物体在平面镜内形成相对于镜面对称的虚像**(图 25.5)。

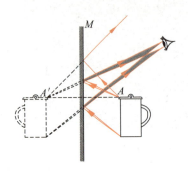

图 25.4　平面镜成像说明图

图 25.5　新疆喀纳斯神仙湾水泊倒影

例 25.1

直角反射镜。两个相互正交的平面镜构成一个直角反射镜(图 25.6)。试证明:入射光线经过此反射镜两次反射,总是逆着原来入射的方向返回。

证　由反射定律,$\theta_{i1} = \theta_{r1}$。由于都是角 φ_1 的余角,所以 $\varphi_2 = \theta_{r1}$。再由反射定律,$\theta_{i2} = \theta_{r2}$,因而有 $\varphi_2 = \varphi_3$。最后得

$$\theta_{i1} + \theta_{r1} + \theta_{i2} + \theta_{r2} = \varphi_2 + \varphi_3 + \theta_{i2} + \theta_{r2} = 180°$$

所以反射线 O_2R 反平行于入射线 IO_1。

自行车后面的无光源"尾灯"就利用了直角反射镜这种性能。它里面是用红色塑料制成的一排排尖尖的小突起,这些突起之间形成直角小坑(图 25.7),每个小坑都有三个面,像墙角由三个相互垂直的面构成的一样。这样,每个小坑就成了一个立体的直角反射镜,总能把后方射来的光线逆着反射回去,使后方的车辆驾驶员发现其前方有自行车,从而能避免相撞。

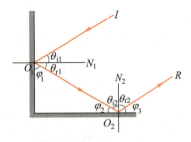

图 25.6　直角反射镜使入射光返回

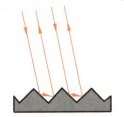

图 25.7　自行车的无光源尾灯

同样的装置应用在激光测距仪中。在目标处对着激光发射器安装一组直角反射镜,测出激光束一来一回所用的时间就可以算出到目标的距离了。曾用此方法测量到月球表面的距离,精度达到几个厘米。

25.3 球面反射镜

光的反射定律,除了应用于平面镜外,也应用于球面镜。球面镜的反射面为球面的一部分:反射面为球面的内表面的,称为**凹镜**;反射面为球面的外表面的称为**凸镜**。

凹镜的重要特性是对入射的平行光束有会聚的作用而使光路在会聚点大大增加。如图 25.8 所示,M 为一凹镜,C 为球面的球心,V 为其顶点(即球表面的中心点),直线 CV 称为凹镜的**光轴**。对于平行于光轴的入射线 I_1O_1 来说,入射点 O_1 的镜面法线就是半径 CO_1。由反射定律决定的反射线与主轴相交于 F 点。以 l_1 表示从 O_1 到 V 的弧线长度,则 $\theta_1 = l_1/r$,其中 r 为球面的半径。**假定 O_1 离 V 足够近**,则可以近似地有 $\alpha_1 = l_1/f$,其中 f 为交点 F 到顶点 V 的距离。由于 α_1 是 $\triangle CO_1F$ 的一个外角,所以有 $\alpha_1 = 2\theta_1$。由此可得

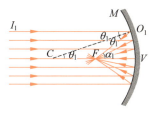

图 25.8 凹镜会聚平行光束

$$f = \frac{r}{2} \tag{25.1}$$

同理,对于任一条入射点离顶点足够近的平行于光轴的入射线,都将于光轴相交于 F 点。F 点称为凹镜的**焦点**。取在该点光线可达到烧焦物体之意。距离 $FV = f$ 就称为凹镜的**焦距**。

要注意"O_1 离 V 足够近"这一假定,满足这一假定条件的光线称为"傍轴光线"。只有对这类光线,才有 $\alpha_1 = l_1/f$ 的近似,它们才能在被反射后被认为交于一点而且式(25.1)成立。以下关于反射镜(以及透镜)成像的讨论都只限于傍轴光线[①]。

由光路的可逆性可知,如果在焦点 F 处放一点光源,它发出的经过镜面反射的光线一定是平行于光轴的光束,如图 25.9 所示。夜晚发出长条光带的探照灯和定向的雷达装置就利用了凹镜的这一性质。

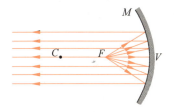

图 25.9 凹镜发射平行光束

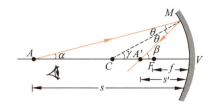

图 25.10 光轴上发光点 A 经凹镜成像分析用图

利用凹镜也可以形成物体的像。下面先考虑位于光轴上球心 C 外侧的一个发光点 A 由于凹镜对其所发光线的反射而成的像。如图 25.10 所示,以 A' 表示由 A 发出的一条傍轴光线经凹镜反射后与光轴相交的点,以 s 和 s' 分别表示 A 和 A' 到凹镜顶点 V 的距离,则根

---

① 对于入射点离球面反射镜顶点较远的入射线,它们的反射线与光轴并不交于一点,因而所生成的像变得模糊不清,这种现象叫"球面像差"。抛物面有严格的焦点,所以在要求高的情况下,反射面要做成抛物面,雷达的天线就常做成抛物面。对光学仪器来说,抛物面的加工较球面的加工困难得多,所以反射面还都是做成球面的。

据傍轴光线的假设,有

$$\alpha = \frac{l}{s}, \quad \beta = \frac{l}{s'}, \quad \gamma = \frac{l}{r}$$

根据三角形外角和内角的几何关系,有

$$\beta = \alpha + 2\theta, \quad \gamma = \alpha + \theta$$

此二式中消去 θ,可得

$$\alpha + \beta = 2\gamma$$

将上面的 α, β, γ 值代入此式,可得

$$\frac{1}{s} + \frac{1}{s'} = \frac{2}{r}$$

再利用式(25.1)得出的球面半径和焦距的关系,可得

$$\frac{1}{s} + \frac{1}{s'} = \frac{1}{f} \tag{25.2}$$

由于图 25.10 中的傍轴光线是任意的,所以所有的傍轴光线反射后都将相交于 A' 点。这时如果迎着反射光线看去,人眼将认为这些光线是由 A' 发出的,但 A' 不是原来的发光点 A 而成了 A 的像。这个像和图 25.4 中平面镜中的像不同,是实际光线的交点,所以这样的像称为**实像**。式(25.2)中的 s 和 s' 分别称为物距和像距,这一公式就被称为**球面镜公式**。

现在考虑物体经过凹镜成的像。设想在镜前光轴上一物体,物体表面各发光点经凹镜形成的像的总体就构成该物体的像。物体表面各发光点许多并不在光轴上,但若只考虑傍轴光线,则靠近光轴的发光点成的像仍然遵守式(25.2),其中物距和像距都是沿光轴方向的距离。

显示凹镜成像的一个方便而直观的方法是几何作图——光路图法。由于一个发光点的像是它所发出的经凹镜反射的**所有光线**的交点,所以只要能求出这些光线中**任意两条**的交点就可以确定像的位置了。有三条特殊的很容易作出的**主光线**供我们选择:

(1) 通过球心的光线反射后原路返回(因为入射角等于0,反射角也是0);

(2) 平行于光轴入射的光线反射后通过焦点(图 25.8);

(3) 通过焦点的光线反射后平行于光轴返回(图 25.9)。

这三条线中用任意两条即可确定像的位置,余下的一条可以用来检验作图结果的正确性。

例 25.2

一凹镜的反射球面半径为 20 cm,在镜前光轴上离镜顶点 30 cm 处放一物体,求像的位置及其高度对物体高度的放大倍数。

解 由式(25.1)可知凹镜的焦距 $f = r/2 = 10$ cm,而 $s = 30$ cm,于是式(25.2)给出

$$s' = \frac{sf}{s-f} = \frac{30 \times 10}{30 - 10} = 15 \text{ (cm)}$$

此凹镜成像的光路图如图 25.11 所示,物体用箭头 AB 表示,像为 $A'B'$,二者长度比例和上一计算结果相符。

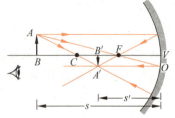

图 25.11 凹镜成像光路图(物体在球心以外)

由图可根据几何图形 $\triangle ABF \sim \triangle OVF$ 得出所求放大倍数为

$$m = \frac{A'B'}{AB} = \frac{s'}{s} = \frac{15}{30} = 0.5$$

实际上像的高度缩小到了物体高度的一半。由于高度是垂直于光轴量度的,所以此放大倍数称为像的**横向放大率**。注意,像是**实像**而且是**倒立**的。

例 25.3

如果将物体 AB 置于上例凹镜光轴上离镜顶点 5 cm 处,则成像结果又如何?

解 将 $f=10$ cm, $s=5$ cm,代入式(25.2)中,可得像距为

$$s' = \frac{sf}{s-f} = \frac{5 \times 10}{5-10} = -10 \text{ (cm)}$$

这种情况下的光路图如图 25.12 所示。当迎着反射光线向镜内看时,将看到镜内有一放大的正立虚像。这一结果具有较普遍的意义,即将物体放在凹镜焦点以内($s<f$)时,式(25.2)总是给出像距为负值,而且 $|s'|>s$。这一结果对应于物体的像在镜后生成,而且是正立的、放大的虚像,像的横向放大率仍由像距和物距的数值决定,为

$$m = \frac{|s'|}{s} = \frac{10}{5} = 2$$

即像的高度放大到物体的高度的两倍。

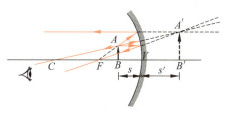

图 25.12 凸镜成像光路图(物体在焦点以内)

下面简述凸镜的特性和成像的特点。凸镜对入射的平行光线有发散的作用。如图 25.13 所示,平行光束沿光轴入射时,其反射的光线的反向延长线会聚于镜后光轴上一点,这一点称为凸镜的**虚焦点**。它离凸镜顶点的距离为焦距 f,而且也等于反射球面半径的一半,即 $f=r/2$。镜前物体成像时,式(25.2)也适用,只是其中 f 应取负值。由于物体离镜顶点的距离 s 总取正值,所以式(25.2)给出的 s' 总是负值而且其数值 $|s'|<s$。这说明凸镜总是在镜后生成镜前物体的正立的缩小了的虚像(如图 25.14 所示),其横向放大率也适用公式 $m=|s'|/s$。

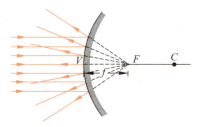

图 25.13 凸镜发散平行光束

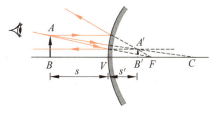

图 25.14 凸镜成像光路图

25.4 光的折射

一束光线射到两种不同介质的界面上时,其一部分要进入第二种介质中传播,这就是光的折射(图 25.15)。在 7.6 节曾用惠更斯作图法证明了波的折射规律,这规律同样适用于光波。用光线的概念,光线折射的规律可表述为:折射线 $O'T$ 在入射线 $I'O$ 和入射点 O' 的界面法线 $O'N$ 所决定的平面内,与入射线分居法线两侧;折射角 θ_2 的正弦和入射角 θ_1 的正弦之比等于光在两种介质中速率 v_1 和 v_2 之比,即

$$\frac{\sin\theta_1}{\sin\theta_2} = \frac{v_1}{v_2} \tag{25.3}$$

这就是光的折射定律。

对于给定的两种介质,v_1 和 v_2 均为定数,所以 v_1/v_2 为定值。以 n_{21} 表示此比值,并称为第二种介质对第一种介质的**相对折射率**,则有

$$\frac{\sin\theta_1}{\sin\theta_2} = n_{21} \tag{25.4}$$

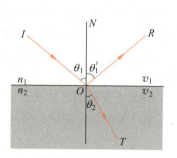

图 25.15　光的折射

一种介质对真空的相对折射率,就叫这种介质的**折射率**。以 n 表示折射率,则介质 1 和介质 2 的折射率分别为

$$n_1 = \frac{c}{v_1}, \quad n_2 = \frac{c}{v_2}$$

将此二式代入式(25.3)可得

$$\frac{\sin\theta_1}{\sin\theta_2} = \frac{n_2}{n_1}$$

此式还可以写成

$$n_1 \sin\theta_1 = n_2 \sin\theta_2 \tag{25.5}$$

这也是折射定律常用的表示式。

由折射定律表示式,式(25.3)或式(25.5)可以明显地得出:如果光线逆着折射线射到两介质的界面上,则折射线必将逆着原来入射线前进。这是在折射现象中显示出的光路可逆性。

光线在两种介质的分界面上反射和折射时,光能量的分配决定于入射角、光线内电场矢量的方向以及两种介质的折射率。在光线垂直界面入射的特殊情况下,反射光的强度 I' 与入射光的强度 I_0 有如下的关系:

$$I' = \left(\frac{n_1 - n_2}{n_1 + n_2}\right)^2 I_0 \tag{25.6}$$

其中 n_1 和 n_2 分别为界面两侧的介质的折射率。进入第二种介质的光距为 $I = I_0 - I'$。

例 25.4

一块平板玻璃片,厚度为 5 mm,折射率为 1.58。一条光线以入射角 60°射到玻璃片表面上,它透过玻璃片射出时的方向和位置如何?

解　玻璃片两边是空气,折射率 $n_1 = 1.00$,如图 25.16,由于玻璃片两面平行,光线进入一面时的折射角 θ_2 等于它由另一面射出时的入射角。根据光路的可逆性,其射出时折射角应等于射入时的入射角,因而其射出时的方向平行于入射线的方向,亦即透过玻璃片时,光线的方向不变。

但是,射出线相对于入射线有一侧移 δ。参照图 25.16,由几何学可知,

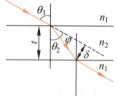

图 25.16　例 25.4 用图

$$\delta = \frac{t}{\cos\theta_2} \cdot \sin\varphi = \frac{t\sin(\theta_1 - \theta_2)}{\cos\theta_2}$$

将 $t = 5$ mm,$\theta_1 = 60°$,$\theta_2 = \arcsin\left(\frac{n_1}{n_2}\sin\theta_1\right) = \arcsin\left(\frac{1}{1.58}\sin 60°\right) = 33.2°$代入,可得

$$\delta = \frac{5\sin(60-33.2)}{\cos 33.2} = 2.7 \text{(mm)}$$

例 25.5

游泳池畔平台上标有"水深 1.80 m"的字样。水面平静时，在此处垂直向下看，水的视深度是多少？

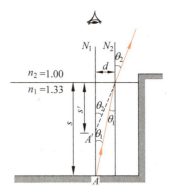

图 25.17 例 25.5 用图

解 如图 25.17 所示，从水底一点 A 射出的进入人眼的光线都近似垂直于水面。选其中一条光线，忽略小角度与其正弦的差别（图中角度大大扩大了），有

$$\theta_1 = \frac{d}{s}, \quad \theta_2 = \frac{d}{s'}$$

由折射定律式 (25.5)，有 $n_1\theta_1 = n_2\theta_2$。将上面 θ_1 和 θ_2 代入，可得

$$s' = \frac{n_2}{n_1}s = \frac{1.00}{1.33} \times 1.80 = 1.35 \text{(m)}$$

进入眼睛的各条光线的反向延长线都满足此式而相交于 A' 点，而 s' 也就是人眼看到的池水的视深度。

25.5 薄透镜的焦距

利用折射现象的最常用的光学元件是透镜，它是用透明材料（如玻璃）制成的两面是球面的薄片：中间厚而边缘薄的叫**凸透镜**，中间薄而边缘厚的叫**凹透镜**。下面将只讨论**薄透镜**，即厚度足够小的透镜（图 25.18）。

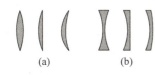

图 25.18 透镜
(a) 凸透镜；(b) 凹透镜

凸透镜的重要特性是对入射的平行光束有会聚作用。如图 25.19(a) 所示，L 为一薄凸透镜，C_1 和 C_2 分别为两球形表面的球心，而 C_1C_2 直线就是凸透镜的**光轴**。凸透镜内光轴的中点 O 称为薄透镜的**光心**。平行光束从左侧沿光轴方向射向透镜。实验上可以发现光线透过透镜后将会聚到光轴上一点（图 25.19(a)），该点称为透镜的**焦点**。焦点到透镜光心的距离 f 称为**焦距**。很明显，凸透镜有两个焦点，分别位于其两侧。在两侧介质相同的情况下，凸透镜两侧的焦距是相等的。我们下面将只讨论这种情况，而且认定透镜的两侧都是空气，其折射率为 1.00。

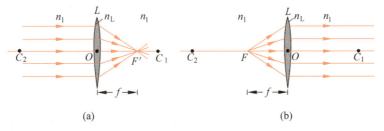

图 25.19 薄凸透镜的焦点与焦距

使用一个凸透镜时,在认定平行光束由哪一侧入射的情况下,对侧的焦点称为**像方焦点**或**第二焦点**,用 F' 记之。这时,在光线入射侧的那个焦点称为**物方焦点**或**第一焦点**,用 F 记之。F' 与 F 均见图 25.19。根据光路的可逆性,放在第一焦点上的点光源发的光,经透镜折射后在另一侧将形成平行于光轴的光束(图 25.19(b))。

如果入射平行光束不和光轴垂直,则通过凸透镜后将会聚到通过第二焦点而与光轴垂直的平面上的点,该点是通过光心的光线与该平面的交点(图 25.20)。通过焦点与光轴垂直的平面叫焦平面,一个透镜有两个焦平面。

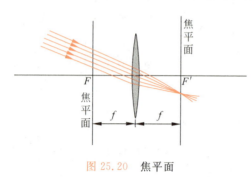

图 25.20　焦平面

薄凸透镜对平行光的会聚作用可证明如下。如图 25.21(a)所示,一条傍轴光线 IP 平行于光轴入射到凸透镜的表面上 P 点,该表面的球半径为 r_1。设想该表面右侧为透镜介质(折射率为 n_L)所充满,则折射线为 PQ。由于法线为半径 C_1P,所以入射角为 θ_1,折射角为 θ_2。由图知 $\theta_1=\beta$,而 $\beta=\theta_2+\gamma$。对傍轴光线,由折射定律,$n_1\theta_1=n_L\theta_2$,于是可得 $\beta=\dfrac{n_1}{n_L}\theta_1+\gamma=\dfrac{n_1}{n_L}\beta+\gamma$,即

$$(n_L-n_1)\beta=n_L\gamma$$

对傍轴光线,又可得

$$\beta=\frac{l}{r_1},\quad \gamma=\frac{l}{s_1}$$

代入上式得

$$\frac{n_L-n_1}{r_1}=\frac{n_L}{s_1} \tag{25.7}$$

再来看光线 PQ 被第二个球面折射的情况。如图 25.21(b)所示,光线 PQ 实际上并不

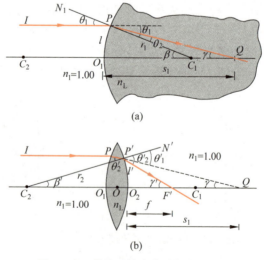

图 25.21　薄凸透镜会聚平行光的证明

在透镜介质中,而是在点 P' 就折射入空气。在此处法线为球面半径 r_2,入射角为 θ_1',折射角为 θ_2',折射线与光轴相交于 F' 点。由图可知,$\beta' = \theta_2' - \gamma = \frac{n_L}{n_1}\theta_1' - \gamma$ 以及 $\beta' = \theta_1' - \gamma$,消去 θ_1',可得

$$(n_1 - n_L)\beta' = n_L\gamma - n_1\gamma'$$

对于傍轴光线,$\beta' = l'/r_2$,$\gamma = l'/s_1$,$\gamma' = l'/f$,代入上式可得

$$\frac{n_1 - n_L}{r_2} = \frac{n_L}{s_1} - \frac{n_1}{f} \tag{25.8}$$

由于透镜是薄透镜,所以可看作 O_1 和 O_2 点重合为光心 O,而图 25.21(a) 和 (b) 中的 s_1 可看作同一段距离。这样在式 (25.7) 和式 (25.8) 中消去 n_L/s_1 项可得

$$\frac{n_1}{f} = (n_L - n_1)\left(\frac{1}{r_1} + \frac{1}{r_2}\right)$$

将 $n_1 = 1$ 代入,可得

$$\frac{1}{f} = (n_L - 1)\left(\frac{1}{r_1} + \frac{1}{r_2}\right) \tag{25.9}$$

在上述推导过程中,由于入射线 IP 是任意选取的,所以所有平行于光轴的傍轴光线,都应满足式 (25.9)。这就是说,所有平行于光轴的傍轴光线,经凸透镜折射后,在凸透镜另一侧都和主轴上的点 F' 相交。点 F' 也就成了凸透镜的第二焦点,而焦距 f 也就可以用式 (25.9) 求得。式 (25.9) 叫做**磨镜者公式**,它适用于图 25.18 中各种薄透镜。不过要注意,应用式 (25.9) 时,对着入射光方向,透镜的凸起的表面的半径取正值,凹进的表面的半径取负值,平的表面的半径应取无穷大。

例 25.6

一个横截面为弯月形的凸透镜的两表面的半径分别是 15 cm 和 20 cm,所用玻璃的折射率是 1.58,求此凸透镜的焦距。

解 如图 25.22 所示,应有 $r_1 = 15$ cm,$r_2 = -20$ cm,代入式 (25.9) 可得此凸透镜的焦距为

$$f = 1\bigg/\left[(n_L - 1)\left(\frac{1}{r_1} + \frac{1}{r_2}\right)\right] = 1\bigg/\left[(1.58 - 1)\left(\frac{1}{15} + \frac{1}{-20}\right)\right] = 60 \text{ (cm)}$$

对于薄凹透镜,上面的分析方法都适用,但其结果是:薄凹透镜发散入射的平行于光轴的光束,因而其第二焦点 F' 在入射的平行光这一侧面为**虚焦点**(图 25.23)而且焦距 f 为负值,磨镜者公式 (25.9) 对薄凹透镜也适用,只是根据 r_1 和 r_2 的正负号规定,可知计算结果 f 值也总是负的。

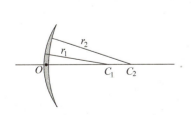

图 25.22 例 25.6 用图

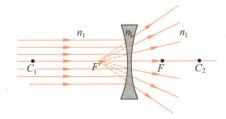

图 25.23 薄凹透镜发散平行光

25.6 薄透镜成像

为了研究薄透镜成像,我们先看位于薄凸透镜光轴上焦点外的一个发光点 A 通过薄凸透镜成像的情况。如图 25.24(a)所示,任选一条由 A 发出的傍轴光线 AP 入射到凸透镜表面上 P 点,此处的法线是半径 C_1P,光线的入射角为 θ_1,折射角为 θ_2。设想该表面右侧为透镜介质(折射率为 n_L)所充满,则折射线为 PA_1。由图知 $\beta = \theta_2 + \gamma = \dfrac{n_1}{n_L}\theta_1 + \gamma$,又 $\theta_1 = \alpha + \beta$,此二式中消去 θ_1,可得

$$(n_L - n_1)\beta = n_1\alpha + n_L\gamma$$

对傍轴光线,有 $\beta = l/r_1$,$\alpha = l/s$,$\gamma = l/s_1$,代入上式可得

$$\frac{n_L - n_1}{r_1} = \frac{n_1}{s} + \frac{n_L}{s_1} \tag{25.10}$$

再来看光线 PA_1 被第二个球面折射的情况。对图 25.24(b)进行类似于对图 25.21(b)的分析,可得

$$\frac{n_1 - n_L}{r_2} = \frac{n_L}{s_1} - \frac{n_1}{s'} \tag{25.11}$$

对于薄透镜,可认为 O_1 和 O_2 点重合为光心 O,而图 25.24(a)和(b)的 s_1 可看作是同一段距离。这样,在式(25.10)和式(25.11)中消去 n_L/s_1 项,可得

$$n_1\left(\frac{1}{s} + \frac{1}{s'}\right) = (n_L - n_1)\left(\frac{1}{r_1} + \frac{1}{r_2}\right)$$

由于 $n_1 = 1$,所以又有

$$\frac{1}{s} + \frac{1}{s'} = (n_L - 1)\left(\frac{1}{r_1} + \frac{1}{r_2}\right)$$

再利用磨镜者公式(25.9),又可得

$$\frac{1}{s} + \frac{1}{s'} = \frac{1}{f} \tag{25.12}$$

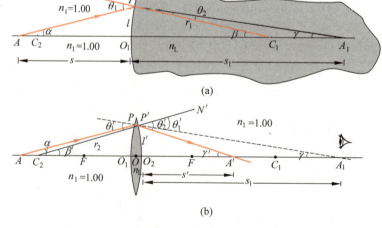

图 25.24 光轴上发光点 A 经凸透镜成像分析用图

在上述推导过程中,光线 AP 是任意选取的,所以所有由发光点 A 发出的傍轴光线都应该满足式(25.12)。这就是说,A 点发出的所有傍轴光线经过凸透镜后将相交于 A' 点而形成 A 的像,s 和 s' 分别是物距和像距。式(25.12)称为**薄透镜公式**。

在物体不是一个发光点的情况下,它上面的各发光点发出的各条傍轴光线也都满足式(25.12)。因此,可以利用式(25.12)求物体的像的位置,式中 s 和 s' 都是沿光轴方向的距离。

显示凸透镜成像的一个方便而直观的方法是几何作图——光路图法,它利用三条特殊的很容易作出的**主光线**。

(1) 通过光心的光线经过透镜后按原方向前进(因为在光心处透镜的两表面相互平行,由例 25.4 可知入射光线透过后方向不变;又因为是薄透镜,忽略此处透镜的厚度,则光线的侧移可以不计)。

(2) 平行于光轴的光线,经过透镜后通过第二焦点(图 25.19(a))。

(3) 通过第一焦点的光线,经过透镜后平行于光轴前进(图 25.19(b))。

例 25.7

一个薄凸透镜的焦距为 20 cm。今在其一侧光轴上放一物体,物体离透镜光心 80 cm,求该物体经过透镜成的像的位置及其高度的放大倍数。

解 将 $s=80$ cm,$f=20$ cm 代入薄透镜公式(25.12),可得像距为

$$s' = \frac{sf}{s-f} = \frac{80 \times 20}{80-20} = 27 \text{ (cm)}$$

利用特殊三条线作的光路图为图 25.25,图中显示像 $A'B'$ 与物体 AB 分居透镜的两侧,像距透镜 27 cm。由于 $A'B'$ 是穿过透镜的光线的实际的交点,眼睛迎着光线看去,它也是实际的光线的发出点,所以 $A'B'$ 是 AB 的**实像**,而且是**倒立**的。这一结果和像距 $s' > 0$ 对应。

利用图 25.25 中 $\triangle ABO$ 和 $\triangle A'B'O$ 的相似,可求得像的高度放大倍数,也就是像的横向放大率为

$$m = \frac{A'B'}{AB} = \frac{s'}{s} = \frac{27}{80} \approx \frac{1}{3}$$

即像的高度缩小到物体高度的 1/3。

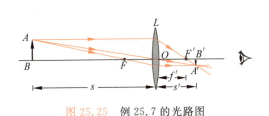

图 25.25 例 25.7 的光路图

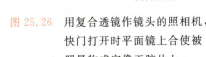

图 25.26 用复合透镜作镜头的照相机,快门打开时平面镜上合使被照景物成实像于胶片上

例 25.7 所述情况即**照相机**的基本光学原理,照相机的"镜头"即起这里的凸透镜的作用。不过,为了

消除几何光学引起的各种误差,照相机的镜头都是"复合透镜头",即由几个共轴的不同的透镜组成(图 25.26)。照相机内的后部装有感光板(普通照相机的胶片或数字相机的光电屏),照相机前方物体的像就呈现在感光板上。这像必须是实像才能引起感光板的反应而被记录下来。一般的照相机的镜头到感光板的距离是可调的,("傻瓜"相机除外),所谓"调焦"就是要使被照物体的像正好形成在感光板上,以得到更清楚的相片。"调焦"有的是调节镜头到感光板的距离,有的则是调节复合镜头中各镜片的相对距离以改变镜头的焦距。

例 25.8

例 25.7 中如果物体放在凸透镜焦点以内离透镜 15 cm 处,成像结果又如何?

解 将 $f=20$ cm, $s=15$ cm 代入薄透镜公式(25.12)中,可得像距为

$$s' = \frac{sf}{s-f} = \frac{15 \times 20}{15-20} = -60 \text{ (cm)}$$

本例的光路图为图 25.27 所示(其中下面两条光线是两条特殊光线,画出后已可确定像的位置,最上面一条光线是确定 A' 之后画出的经过透镜边缘的一条光线)。由图可知,当物距 $s<f$ 时,其上的各发光点发出的光线穿过透镜后不可能会聚而是发散的,但它们的反向延长线在物体所在的透镜的同一侧相交于一点。因此,当眼睛迎着透射光观察时,将看到光线好像是从 $A'B'$ 发出的。然而 $A'B'$ 并不是实际的光线的交点,因而成了**虚像**。虚像在物体所在的透镜的同一侧形成而且是正立的,这一结果和像距 $s'<0$ 对应。

利用图 25.27 中 $\triangle ABO$ 和 $\triangle A'B'O$ 的相似,可得像的横向放大率为

$$m = \frac{A'B'}{AB} = \frac{|s'|}{s} = \frac{60}{15} = 4$$

即像的高度被放大到了物体高度的 4 倍。

可以用式(25.12)一般地证明,当物体放在凸透镜一侧的焦点以内($s<f$)时,总可得 $s'<0$ 而且 $|s'|>s$。这时光路图总给出,在透镜的物体所在的同一侧形成了物体的正立且放大了的虚像。这就是凸透镜用做**放大镜**的原理。

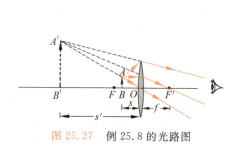

图 25.27 例 25.8 的光路图

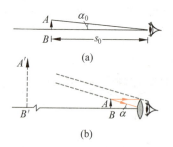

图 25.28 放大镜的放大作用

一个物体的边缘在眼睛处所张的角度叫该物体的**视角**。同一物体离眼睛越近,其视角越大,看得也越清楚。能看清物体时物体离眼睛的最近点称为**近点**,其距离称为**明视距离**。一般正常眼睛的明视距离就取 25 cm。如图 25.28(a)所示,一个小物体放在明视距离 s_0 处,它对眼睛的视角为 $\alpha_0 = \frac{AB}{s_0}$。要想看得更清楚些,就在眼前放一个放大镜,通过它看到的是物体的放大了的虚像(图 25.27)。物体放在放大镜的焦点以内,离焦点越近,虚像离镜越远,而虚像的视角也越大。把物体放在放大镜的焦点上,则在无限远处成像,视角最大,看得最清楚,这时人眼放松,也最舒服。通常就以这种情况计算放大镜的放大功能。这时虚像的视角为 $\alpha = \frac{AB}{f}$(图 25.28(b)),放大镜的**角放大率**就定义为

$$m_\theta = \frac{\alpha}{\alpha_0} = \frac{s_0}{f} = \frac{25}{f} \tag{25.13}$$

式中，f 以 cm 为单位。

薄凹透镜成像的物距、像距和焦距的关系也适用薄透镜公式(25.12)，不过，其焦距 f 应取负值。这样，对一个实际物体来说，物距 s 为正值，而像距 s' 总为负值。薄凹透镜也可以根据三条特殊的光线画出(图 25.29)，由图可知，对应于 f 和 s' 的负值，像总是正立的虚像，横向放大率也用公式 $m=|s'|/s$ 计算，其结果总是缩小的像。总之，实际物体经过薄凹透镜成的像总是正立的、缩小的虚像，与物体位于薄凹透镜的同一侧。

以上讨论的都是实际物体经过透镜（或反射镜）成像的情况。这种情况下，透镜（或反射镜）接受的光是发散的，薄透镜公式中物距都取正值。但也有情况下，透镜（或反射镜）接受的光线是会聚的，会聚点与入射光线分居透镜两侧。这时，我们称入射光线原来（即无透镜时）的会聚点是"虚物体"，并将它离开透镜的距离，即物距 s 以负值代入薄透镜公式(25.12)进行计算。

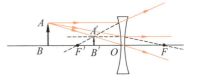

图 25.29　薄凹透镜的成像光路图

例 25.9

在球面半径为 20 cm 的凹镜前方 12 cm 处放一物体，30 cm 处放一焦距为 20 cm 的凸透镜，使其光轴与凹镜的重合。物体近旁有一小遮光板挡住物体发的光不能直接照到透镜上。求物体发的光经凹镜反射后由透镜成的像的位置、正倒、虚实和大小。

解　作光路图如图 25.30。先画 A 在凹镜（球心为 C，焦点为 F_M）中成像的光路图得到像 A_1（为得到 A 的像 A_1，作图时可认为遮光板不存在），再引垂直于光轴的直线 A_1B_1 而得 AB 在凹镜中成的像。由于凸透镜的拦截，像 A_1B_1 没能出现，形成 A_1B_1 的由凹镜反射的光被透镜折射而会聚到 A_2B_2 处成了一个真正的实像。对应于这个实像的物体就是"虚物体"A_1B_1，它是由向透镜会聚的光形成的，它经过凸透镜成的像也可用作光路图法画出来。图中就用了两条特殊的入射光线，一条通过透镜的焦点 F_L，另一条平行于光轴。

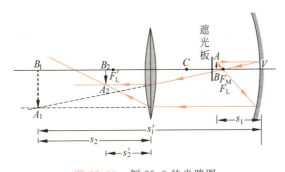

图 25.30　例 25.9 的光路图

现在利用球面镜成像公式(25.2)和薄透镜公式(25.12)进行计算。对凹镜成像，$f_1=\dfrac{r}{2}=\dfrac{20}{2}=10$ cm，$s_1=12$ cm，式(25.2)给出

$$s'_1=\frac{s_1 f_1}{s_1-f_1}=\frac{12\times 10}{12-10}=60\ \text{(cm)}$$

对凸透镜成像，$s_2=-(s'_1-l)=-(60-30)=-30$(cm)，$f_2=20$ cm，而

$$s'_2=\frac{s_2 f_2}{s_2-f_2}=\frac{(-30)\times 20}{(-30)-20}=12\ \text{(cm)}$$

A_2B_2 的横向放大率可以由两次放大率的乘积求得，即

$$M = m_1 m_2 = \frac{s_1'}{s_1} \times \frac{s_2'}{|s_2|} = \frac{60 \times 12}{12 \times |-30|} = 2$$

总的结果是物体发的光经凹镜反射和凸透镜折射,在透镜外侧 12 cm 处得到了放大两倍的、相对于物体倒立的实像。

25.7 人眼

人眼的最重要部分是眼球(图 25.31),它的最基本的光学单元水晶体就是一个透镜,其前后方充满了透明液体。外界光线通过角膜进入瞳孔,经水晶体折射后,在眼球后方的视网膜上生成实像。视网膜由感光细胞构成,这些细胞分两类。一类是圆锥细胞,大约有 700 万个,大都分布在视网膜上正对瞳孔的中央部分;另一类是圆柱细胞,大约有 1 亿个,一直分布到视网膜的边缘部位。圆柱细胞只能分辨明暗黑白,但对光的敏感性要比圆锥细胞大得多,昏暗情况下,主要靠它们来看见物体。这些感光细胞个个都有视神经通往大脑。视网膜上成像时,不同的感光细胞受到不同的光刺激,这些刺激经视神经传向大脑,使人产生视觉。

在视网膜上神经纤维进入眼球的那一点没有感光细胞,光线照在上面不能产生视觉。这一点叫盲点,两眼各有一个盲点,盲点的存在可用下述方法证实。闭上你的右眼,只用左眼来注视图 25.32 中的黑斑,然后前后变动书页到你的眼的距离。你会发现书页距离眼 20 cm 左右时,完全看不见黑叉了。如果你闭上左眼用右眼注视图 25.32 中的黑叉,也可以发现书页在相同距离时,黑斑消失了。黑叉或黑斑的消失就是因为它们的像分别成在左眼和右眼的盲点上了。

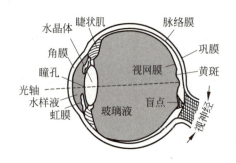

图 25.31 人眼的结构(从头顶向下看的右眼的截面图)

图 25.32 证实盲点存在的用图

人生下来眼球的结构就基本定型了,从水晶体到视网膜的距离(像距)就固定了。那么,人怎么远处和近处(物距不同)的物体都能看清楚呢?这是因为水晶体并非坚固硬块,而是由多层极薄的密度不同的角质体组成的,透明而富有弹性。它的表面曲率可以由于周围环绕的睫状肌的伸缩而改变。当睫状肌紧缩时,水晶体周边受到压缩,其前后两面更为凸起,曲率增大,水晶体的焦距变短。当睫状肌放松时,水晶体前后两面变得更平坦些,曲率减小,水晶体的焦距变长。所以水晶体实际上是由睫状肌控制其焦距的变焦透镜,这样,远近物体都能在视网膜上成像也就不足为奇了。

很多学生由于不注意爱护眼睛,老是把书放在离眼太近处阅读,或者常在光线不足的地方读书,这样,睫状肌长期处于紧缩状态,水晶体长期受到挤压而"疲劳",以致只能保持较大凸起的形状而不能恢复正常的扁平状态,其"远点",即能看清楚的最远距离,比正常人的近了,这些同学就成了**近视眼**。近视眼的水晶体的焦距过短,远处物体成像在视网膜前因而看不清楚(图 25.33(a))。矫正这种眼睛的缺陷就用凹透镜做眼镜,使入射光线发散一些以抵消水晶体过高的屈光本领。这样,远处物体也能成像在视网膜上了(图 25.33(b))。

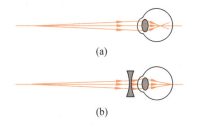

图 25.33 眼睛的缺陷及其矫正(一)
(a) 近视眼; (b) 用凹透镜矫正近视

老年人体力衰减,肌肉包括睫状肌都变得松弛了。由于睫状肌不能收缩得足够紧,水晶体凸起不够,焦距不能变得足够短,近处物体就会成像在视网膜后因而看不清楚(图 25.34(a)),就成了远视眼。矫正这种眼睛的缺陷就用凸透镜做眼镜,使入射光线先会聚一些以补充水晶体过低的屈光本领,这样,近处物体也能成像在视网膜上了(图 25.34(b))。

散光眼也是水晶体的形状出了毛病,它已不是对称的球状突起,而是有的地方呈圆柱状或其他形状,这样的眼睛就会在某个方向看不清物体了。请你闭上一只眼,用另一只眼注视图 25.35 中各条辐射线靠中心的那一端。如果你看到有些线不太清楚而且颜色比其他线浅,就说明你的这只眼有散光的缺陷了。矫正散光比矫正近视或远视当然要困难得多。

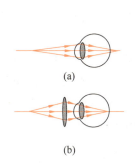

图 25.34 眼睛的缺陷及其矫正(二)
(a) 远视眼; (b) 用凸透镜矫正远视

图 25.35 检验散光用图

25.8 助视仪器

用肉眼看物体,其清晰程度是有限度的,远处物体常看不清楚,近处物体,特别其细微结构也看不清楚,于是人们就发明了各种仪器来帮助改善人们的视觉。25.6 节中所讲的放大镜就是一种助视仪器,它可以产生物体的放大了的因而更清楚的像,但只有一个凸透镜的放大镜的放大倍数有限(一般也就几倍),放大倍数要求更大时就用显微镜,要更清晰地观察远处物体时要用望远镜。下面用薄透镜的组合来简要说明显微镜和望远镜的原理。

显微镜有两个凸透镜(实际上是两组复合透镜),分别装在一个镜筒的两端,靠近物体的那个透镜叫**物镜**,靠近观察者眼睛的那个透镜叫**目镜**(图 25.36)。细微的待观察物体 AB 放在物镜下面第一焦点之外近处,它发的光经过物镜形成物体的放大的实像 A_1B_1。镜筒的长度恰使此实像成在目镜的第一焦点上,此目镜就起放大镜的作用,人眼靠近目镜观察时可以看到物体的已被最大限度地放大了的虚像。

由图 25.36 可看出物镜的横向放大率为

$$m = \frac{A_1B_1}{AB} = \frac{l}{f_1}$$

式(25.13)给出目镜的角放大率为

$$m_\theta = \frac{25}{f_2}$$

显微镜点的放大率 M 应为 m 和 m_θ 的乘积,即

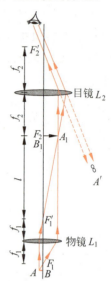

图 25.36 显微镜结构及光路示意图

$$M = mm_\theta = \frac{25l}{f_1 f_2} \tag{25.14}$$

实际上,由于 f_1 和 f_2 都比显微镜筒长小得多,式中 l 就常取为显微镜筒的长度(即物镜到目镜的距离),式(25.14)各量以厘米计。

在 23.3 节中已指出,由于光的波动性,光学显微镜(即利用可见光照亮物体的显微镜)的放大倍数受到限制。由于最小分辨角和照明波长成正比(式(23.12)),利用紫光照明的显微镜,有效放大率大约不超过 2000,放大倍数再大也不可能使被观察物体的细微结构更清楚了,于是,有电子显微镜、扫描隧道显微镜等的出现。

望远镜用来观察远处的物体,利用光的折射的天文望远镜也由两个凸透镜构成(图 25.37)。物镜直径较大,焦距较长,目镜就是一个放大镜,二者之间的距离使得物镜的第二焦点和目镜的第一焦点重合。远处星体发出的光形成平行光束射来,经过物镜在焦点 F_1' 上生成实像,再经目镜在无穷远处形成虚像。远处星体对肉眼的视角为 α,经过望远镜后形成的虚像的视角为 α'。由图可知,望远镜的角放大率为

$$M_\theta = \frac{\alpha'}{\alpha} = \frac{A_1B_1}{f_2} \Big/ \frac{A_1B_1}{f_1} = f_1/f_2 \tag{25.15}$$

此式说明用较长焦距的物镜和较短焦距的目镜可以得到较大的角放大率。

除了放大率外,天文望远镜更关心它能接收多少光能。为了接收更多的光能,物镜常做得比较大,例如直径可达 1 m。这样,不仅物镜的焦距可以长了,从而使望远镜的放大倍数大了,而且由于接收的光能多了,像的亮度可以增大。同时,由于由光的衍射所决定的最小分辨角和望远镜的入射孔径成反比,所以,增大物镜的直径还有助于减小最小分辨角而使星体的表面结构可以看得更清楚。由于制造均匀的大块玻璃和支架又重又大的透镜比较困难,所以就用大的反射镜来作为物镜(图 25.38(a))。哈勃空间望远镜的物镜就是直径为 5.0 m 的凹反射镜,更大的物镜反射镜是用很多小的反射镜拼起来做成的(图 25.38(b))。

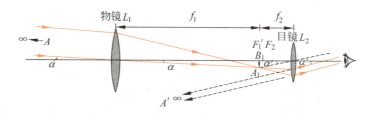

图 25.37　折射望远镜结构和光路示意图

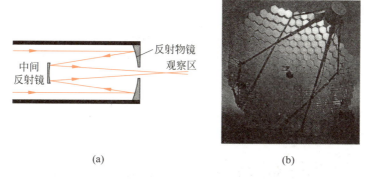

图 25.38　反射望远镜
（a）用反射镜做物镜的望远镜示意图；（b）美国 Wipple 天文台的 10 m 光学反射器

应该注意的是，用天文望远镜看到的像相对于物体都是倒立的。这对于天文观察无关紧要，但对地面观察，如在战场上或大剧院内，则很不相宜，因为这时人们需要看到和实际物体指向相符的正立的像。为了达到这一目的，一个方法是把望远镜的目镜换成凹透镜。这种类型的望远镜称为伽利略望远镜，以纪念他首先用望远镜观察了月面上的山、太阳黑子、土星环和木星的 4 个卫星，伽利略望远镜的光路图如图 25.39 所示。

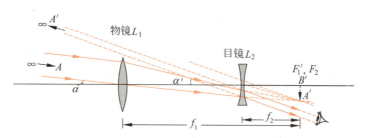

图 25.39　伽利略望远镜的结构和光路示意图

地面上使用的双筒望远镜则是利用了另一种方法。一种用玻璃制成的直角棱镜如图 25.40(a)所示，两束垂直于底面的入射光线经形成直角的两个面全反射后，射出时会交换位置，上面的到下面，下面的到上面。在双筒望远镜内装有两个相同的等腰直角棱镜，它们的底面的一半相对，而底边长棱相互垂直（图 25.40(b)）。这样，光线通过物镜射入后，经过第一棱镜被上下交换位置，再经过第二棱镜后被左右交换位置，再经过目镜生成的虚像就是上下左右并无倒置而和原物的指向完全一致了。

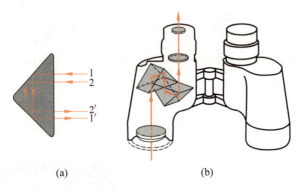

图 25.40　双筒望远镜
(a) 结构与光路示意图；(b) 等腰直角棱镜能交换入射光线的位置

提　要

1. 光线：在衍射可以忽略的情况下，光在均匀介质中沿直线传播。表示光的传播方向的直线称为光线。锥形光线束进入人眼，人才产生视觉。在透明介质中从旁看到的"光线"，是介质分子对光散射的结果。

2. 光的反射定律：入射线在两种介质的分界面上反射回原介质时，反射线在入射线和入射点的法线决定的平面内，反射角等于入射角。反射时光路是可逆的。

由于光的反射，物体发的光在平面镜内生成虚像，此虚像与物体对镜面完全对称。

3. 球面镜：对于傍轴光线，凹面镜能会聚入射的平行光，会聚点为焦点，焦点到镜中心的距离为焦距。凹面镜的焦距为其反射球面半径的一半。

球面镜成像公式：

$$\frac{1}{s}+\frac{1}{s'}=\frac{1}{f}$$

利用三条特殊的容易作出的光线可以用光路图法求解球面镜成像的问题。

凸面镜发散入射的平行光，其焦点为虚的，焦距为负值，它只能生成物体的缩小的正立的虚像。

4. 光的折射定律：入射线在两种介质的表面上折射进入第二种介质时，折射线在入射线和入射点的法线所决定的平面内，折射角 θ_2 的正弦和入射角 θ_1 的正弦之比等于光在两种介质中的速率 v_1 和 v_2 之比，即

$$\frac{\sin\theta_1}{\sin\theta_2}=\frac{v_1}{v_2}$$

引入介质的折射率

$$n=\frac{c}{v}$$

则上述折射公式可写成

$$n_1\sin\theta_1=n_2\sin\theta_2$$

折射现象中光路也是可逆的。

5. 薄透镜的焦距：对于傍轴光线，薄凸透镜能会聚平行光，会聚点为焦点。一个凸透镜的两侧各有一个焦点，平行光会聚的那个焦点称第二焦点，另一侧的焦点称为第一焦点。点光源置于第一焦点上，它发的光经过透镜折射后，在另一侧变为平行光。透镜两侧的介质相同时，它两侧的焦距相等。

透镜材料折射率为 n_L，两侧皆为空气时，透镜的焦距 f 由下述磨镜者公式决定：

$$\frac{1}{f} = (n_L - 1)\left(\frac{1}{r_1} + \frac{1}{r_2}\right)$$

式中 r_1 和 r_2 为透镜两表面的半径，凸起的表面 r 取正值，凹进的表面 r 取负值，平面的表面 r 取 ∞。凸透镜的焦距为正值，凹透镜的焦距为负值。凹透镜只能发散入射的平行光。

6. 薄透镜成像公式

$$\frac{1}{s} + \frac{1}{s'} = \frac{1}{f}$$

利用三条特殊的容易作出的光线，可以用光路图法求解薄透镜成像的问题。

凹透镜只能生成物体的缩小的正立虚像。

透镜的横向放大率

$$m = \frac{|s'|}{s}$$

一个凸透镜可用来作放大镜，其视角放大率为

$$m_\theta = \frac{25}{f}$$

7. 人眼

人眼的主要光学元件是水晶体，它可以使外界物体的实像成在视网膜上，由视神经将光刺激信息送入大脑，形成人的视觉。

水晶体的焦距可以由睫状肌控制，因而是一个变焦透镜。

近视眼的水晶体过于凸起，焦距过小，用凹透镜做的眼镜矫正。

远视眼的水晶体过于平坦，焦距过大，用凸透镜做的眼镜矫正。

8. 助视仪器

显微镜的物镜焦距较短，目镜为一放大镜，总的放大率为

$$M = \frac{25l}{f_1 f_2}$$

式中的 l 可取镜筒的长度。光学显微镜的放大率受到照明光的波长限制。

望远镜的物镜较大，焦距较长，目镜也是一放大镜，总的角放大率为

$$M_\theta = f_1/f_2$$

目镜较大，可以接收更多光能，也可以增大望远镜的分辨率。

地面上使用的望远镜要求产生物体的正立的虚像，为此可以用凹透镜作为目镜，或者用直角棱镜来改变像对于物体的指向。

思考题

25.1 在什么条件下，可以忽略光的波动性，认为光是沿直线传播的？

25.2 烈日当空，浓密树荫下的亮斑是圆形的大小一样。在日偏食时，这些亮斑都是月牙形的大小也

一样。这些亮斑都是阳光透过树叶的孔隙洒到地面上形成的,其形状与这孔隙的形状和大小无关。为什么?

25.3　要在墙上的穿衣镜内看到自己的全身像,镜本身的上下长度应是多少?应挂在多高的地方(相对于人的高度)?这长度与高度与你离镜的远近有关系吗?

25.4　汽车司机座位外面的后视镜和山区公路急转弯处外侧立的较大的观察镜都是凸面镜。用这种球面镜比用平面镜有什么好处?在后视镜中看到的后面的车到你的车的距离比实际距离是大还是小?

25.5　驱车开行在新疆草原上笔直的新修的柏油公路上,有时会看到前方四五百米远的路面上出现一片发亮的水泊水波荡漾(图 25.41),但车开到该处时并未发现任何水迹,那么为什么原来会看到水泊呢(这种幻像叫海市蜃楼现象,在烟台蓬莱阁上有时可看到的海上仙岛也是类似原因形成的)?

25.6　白光(如日光)是由从红到紫的许多单色光组成的,一束白光(例如太阳光)通过三棱镜后各成分色光就分开了,这种现象叫**色散**。白光通过三棱镜后的色散如图 25.42 所示。由图你能判断出红光和紫光哪种光在玻璃中的速度更大些吗?

图 25.41　车的前方出现了水泊

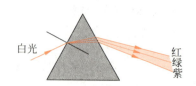

图 25.42　白光通过三棱镜的色散

25.7　什么是**全反射**现象?什么条件下会发生这种现象?发生全反射的最小的入射角和界面两侧的介质的折射率有什么关系(复习 7.6 节)?

25.8　用塑料薄膜做一个铁饼式密封袋,其中充满空气。把这样一个"空气透镜"放入水中时,它对平行于光轴的入射光线是会聚还是发散?如果此透镜两表面的曲率半径都是 30 cm,它的焦距是多大?已知水的折射率 $n=1.33$。

25.9　填写下面关于薄透镜成像的小结表。你能对球面镜作出一个类似的表吗?

焦 点		物		像		
	焦距 f	物距 s(范围)	像距 s'(范围)	正立或倒置	实或虚	放大或缩小
磨镜者公式 $\frac{1}{f}=$ _____ 其中的 r _____ 时,为正;_____ 时,为负	凸透镜 f _____ 0	$s>2f$ $s=2f$ $2f>s>f$ $s=f$ $s<f$				
	凹透镜 f _____ 0	$s>0$				

25.10　实际物体用一个凸透镜在什么范围不可能成像?用一个凹透镜在什么范围不可能成像?

25.11　用球面镜和透镜成像做实验观察时,如何区别实像和虚像?

25.12　要能看到物体的像,眼睛应该放在什么范围内?分别画出图 25.43(a)、(b)的成像光路图及观察像时眼睛应该放在的范围。

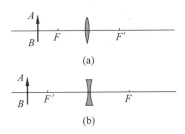

图 25.43 思考题 25.12 用图

习题

25.1 一路灯的高度为 8.0 m，一身高 1.70 m 的人在其下水平道路上以 1.5 m/s 的速率离开它走去。求人的头顶在地面上的影子的移动速率。

25.2 一人游泳时，不慎将眼镜掉入水中。他立在岸边用右手食指和拇指围成一小洞，通过小洞可以看到水下的眼镜。如果此时小洞离他的前胸 30 cm，他的眼睛高出小洞也是 30 cm，高出水面 1.6 m，而游泳池水深 2.0 m，那么水中的眼镜离游泳池的竖直壁多远？水的折射率取 1.33。

25.3 在空气中波长为 580 nm 的黄光以 45°的入射角入射金刚石后的折射角为 17.0°，求金刚石对此黄光的折射率和此黄光在金刚石中的频率、波长和速率。

25.4 可以用作图方法求出折射线。如图 25.44 所示，先画出射入界面上 A 点的入射线，以入射线上任一点为圆心画出半径与折射率 n_1 和 n_2 成比例的两个圆弧。半径为 n_1 的圆弧通过入射点 A，半径为 n_2 的圆弧与法线相交于点 P。连接线段 OP，通过入射点 A 作 OP 的平行线 AB，AB 即折射线。

证明：图 25.44 中的 θ_1 和 θ_2 满足折射定律，即 $n_1 \sin\theta_1 = n_2 \sin\theta_2$。

25.5 一种玻璃对红光（$\lambda = 633$ nm）的折射率为 1.52，这种玻璃在空气中对此红光发生全反射的临界角多大（复习 21.6 节）？在水中发生全反射的临界角多大？

25.6 在空气中对折射率为 1.52 的玻璃块的表面垂直入射的光线，其反射线的光强占入射光强的百分之几？

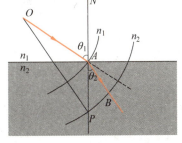

图 25.44 用作图法求折射线

25.7 入射到玻璃三棱镜一侧面的光线对称地从另一侧面射出（图 25.45）。如果此时的射出光线对入射光线的偏向角为 δ，而棱镜的顶角为 A，证明：此玻璃的折射率为

$$n = \frac{\sin\dfrac{A+\delta}{2}}{\sin\dfrac{A}{2}}$$

（可以证明，对不同的入射方向，此时的偏向角 θ 最小。实验上常利用此式由测得的最小偏向角 $\delta_{\min}$ 来求出玻璃的折射率。）

25.8 在球面半径为 30 cm 的凹镜前面（1）25 cm 和（2）10 cm 处放一物体，分别求其像的位置、正倒、虚实和横向放大率，并画出成像光路图。

25.9 牙医的小反射镜在被放到离牙 2.0 cm 处时能看到牙的线度放大到 5.0 倍的正立的像，此反射镜是凸镜还是凹镜？它的反射面的曲率半径是多大？

25.10 如图 25.46 所示，在高 40 cm 宽 20 cm 的暗箱底部装一曲率半径为 40 cm 的凹镜，箱顶部为一与水平成 45°的平面镜。今在凹镜的竖直光轴上距凹镜顶点 30 cm 处用细线水平地拉住一高 3 cm 的小玉佛。此小玉佛用灯照亮后,其像成在何处(画光路图)? 是实是虚? 大小、正倒如何? 眼睛在何处观察?

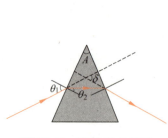

图 25.45 习题 25.7 用图

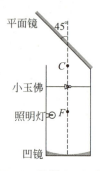

图 25.46 习题 25.10 用图

25.11 人眼的一种简单模型是水晶体和其前后的透明液体的折射率都是 1.4,而所有进入眼睛的光线都只在角膜处发生折射,且角膜顶点离视网膜的距离为 2.60 cm。(1)要使入射平行光会聚到视网膜上,(2)要使角膜前 25.0 cm 处物体成像在视网膜上,角膜的曲率半径分别应是多大?

25.12 一球形鱼缸的直径为 40 cm,水中一条小鱼停在鱼缸的水平半径的中点处。从外面看来,小鱼的像在何处? 是实是虚? 相对于小鱼,像放大到了几倍?

25.13 由于透镜材料对不同色光的折射率不同,因而透镜对不同色光的焦点不在一点上,透镜成的像也会由于这种色差而变得模糊,色差也就成了单个透镜的一种主要缺陷。

重火石玻璃对紫光($\lambda=410$ nm)的折射率为 1.698,对红光($\lambda=660$ nm)的折射率为 1.662。用这种玻璃做成的一个双凸透镜,两面的曲率半径都是 20 cm,这个双凸透镜的红光焦点和紫光焦点,哪个离透镜更近些? 这两个焦点相距多远?

25.14 虹是小水珠对阳光色散的结果。如图 25.47(a)是一条单色光线通过水珠被一次反射的光路图。

(1) 由图中光路的对称性证明:当入射角为 θ_1,折射角为 θ_2 时,出射光线与入射光线的夹角为 $\alpha=4\theta_2-2\theta_1$。

(2) 当在某一小范围 $d\theta_1$ 内(即在水珠表面某一小面积上)入射的光线的出射光的折返角度 α 相同,即 θ_1 满足 $d\alpha/d\theta_1=0$ 时,对应于该 α 将出现该色光的出射最大强度,而我们将看到在天空中该颜色的光的亮带。证明:由 $d\alpha/d\theta_1=0$ 决定的角度 θ_{1c} 由下式给出:

$$\cos^2\theta_{1c} = \frac{1}{3}(n_w^2 - 1)$$

式中,n_w 为水对该色光的折射率。

(3) 水的红光和紫光的折射率分别是 $n_{w,r}=1.333$ 和 $n_{w,v}=1.342$,分别求红光和紫光的 θ_{1c} 和 α。

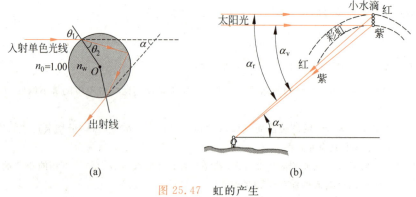

图 25.47 虹的产生
(a) 小水珠对光线的折射;(b) 弧状的彩虹

由于 $\alpha_r > \alpha_v$,我们背着太阳将会看到空中形成的半圆形彩虹,红色在外,紫色在内(图 25.47(b))。(此题取自 H. C. Ohanian. Physics, 2n ed. W. W. Norton & Company, 1989, 919-920.)

25.15 一个平凸透镜的球面的半径是 24 cm,透镜材料的折射率是 1.60。求物体放在一侧离透镜(1)120 cm,(2)80 cm,(3)60 cm,(4)20 cm 时,像的位置、正倒、虚实和大小,并作(3)、(4)两种情况的成像光路图。

25.16 在距一支蜡烛为 L 处放一白屏,当将焦距为 f 的凸透镜放到烛屏之间某处时,屏上出现蜡烛的清楚的像。当把透镜在烛屏之间移动到另一位置时,屏上又出现蜡烛的清楚的像。如果这次移动透镜的距离是 d,(1)证明:所用凸透镜的焦距为

$$f = \frac{L^2 - d^2}{4L}$$

(2)两次成的像有什么区别?(3)证明:要想利用此实验测得透镜的焦距,必须有 $L > 4f$。

25.17 用一透镜投影仪放幻灯片,所用凸透镜的焦距为 20.0 m。如果屏幕离透镜 5.00 m,幻灯片应放在何处?是正放还是倒放?像的面积是幻灯片面积的几倍?

25.18 两个焦距分别是 10 cm 和 8 cm 的凸透镜,沿水平方向共轴地相隔 10 cm 放置,今在它们之外距离较近的镜 15 cm 处的光轴上放一高 1.5 cm 的小玉佛。求经过两个透镜的折射,小玉佛的像成在何处?虚实、正倒、大小如何?并作成像光路图。

25.19 两个焦距分别为 f_1 和 f_2 的薄透镜共轴地靠在一起。证明这一组合透镜的焦距 f 满足

$$\frac{1}{f} = \frac{1}{f_1} + \frac{1}{f_2}$$

25.20 美国芝加哥大学 Yerkes 天文台的折射望远镜的物镜透镜的直径为 1.02 m,焦距为 19.5 m,目镜的焦距为 10 cm,加州 Palomar 山天文台的反射望远镜的物镜凹镜的直径为 5.1 m,焦距为 16.8 m,目镜的焦距为 1.25 cm。这两台望远镜的角放大率各是多少?它们的最小分辨角多大?

25.21 一望远镜的物镜凹镜 M_1 的直径为 10 m,焦距 $f_1 = 20$ m,镜前 14 m 处迎面放一球面镜 M_2。要想使远处星体成像在 M_1 后面 4 m 处,M_2 的焦距 f_2 应多大?它是凹镜还是凸镜?目镜为焦距 $f_3 = 20$ cm 的凸透镜,此目镜应放在何处进行观察?此望远镜的角放大率多大?星体发的光的波长按黄光 $\lambda = 590$ nm 计,此望远镜的最小分辨角多大?

第 5 篇 量子物理

量子概念是 1900 年普朗克首先提出的,到今天已经过去了一百余年。这期间,经过爱因斯坦、玻尔、德布罗意、玻恩、海森伯、薛定谔、狄拉克等许多物理大师的创新努力,到 20 世纪 30 年代,就已经建成了一套完整的量子力学理论。这一理论是关于微观世界的理论。和相对论一起,它们已成为现代物理学的理论基础。量子力学已在现代科学和技术中获得了很大的成功,尽管它的哲学意义还在科学家中间争论不休。应用到宏观领域时,量子力学就转化为经典力学,正像在低速领域相对论转化为经典理论一样。

量子力学是一门奇妙的理论。它的许多基本概念、规律与方法都和经典物理的基本概念、规律和方法截然不同。本篇将介绍有关量子力学的基础知识。第 26 章先介绍量子概念的引入——微观粒子的二象性,由此而引起的描述微观粒子状态的特殊方法——波函数,以及微观粒子不同于经典粒子的基本特征——不确定关系。然后在第 27 章介绍微观粒子的基本运动方程(非相对论形式)——薛定谔方程。对于此方程,首先把它应用于势阱中的粒子,得出微观粒子在束缚态中的基本特征——能量量子化、势垒穿透等。

第 28 章用量子概念介绍了电子在原子中运动的规律,包括能量、角动量的量子化,自旋的概念,泡利不相容原理,原子中电子的排布,X 光和激光的原理。最后介绍了分子结构和能级。

第 29 章介绍固体中的电子的量子特征,包括自由电子的能量分布以及导电机理,能带理论及对导体、绝缘体、半导体性能的解释。纳米科技也在《今日物理趣闻》栏目内作了简单介绍。由于固体中的电子的讨论已涉及大量微观粒子的运动,所以简要地介绍了量子统计概念。

第30章介绍原子核的基础知识，包括核的一般性质、结合能、核模型、核衰变及核反应等。关于基本粒子的知识和当今关于宇宙及其发展的知识也都属于量子物理的范围，其基本内容在本书上册"今日物理趣闻 A 基本粒子"和"今日物理趣闻 E 大爆炸和宇宙膨胀"中已分别有所介绍，在本篇中不再重复。

第26章

波粒二象性

量子物理理论起源于对波粒二象性的认识。本章着重说明波粒二象性的发现过程、定量表述和它们的深刻含义。先介绍普朗克在研究热辐射时提出的能量子概念,再介绍爱因斯坦引入的光子概念以及用光子概念对康普顿效应的解释,然后说明德布罗意引入的物质波概念。最后讲解概率波、概率幅和不确定关系的意义。这些基本概念都是对经典物理的突破,对了解量子物理具有基础性的意义,它们的形成过程也是很发人深思的。

26.1 黑体辐射

当加热铁块时,开始看不出它发光。随着温度的不断升高,它变得暗红、赤红、橙色而最后成为黄白色。其他物体加热时发的光的颜色也有类似的随温度而改变的现象。这似乎说明在不同温度下物体能发出频率不同的电磁波。事实上,仔细的实验证明,在任何温度下,物体都向外发射各种频率的电磁波。只是在不同温度下所发出的各种电磁波的能量按频率有不同的分布,所以才表现为不同的颜色。这种能量按频率的分布随温度而不同的电磁辐射叫做**热辐射**。

为了定量地表明物体热辐射的规律,引入**光谱辐射出射度**的概念。频率为 ν 的光谱辐射出射度是指单位时间内从物体单位表面积发出的频率在 ν 附近单位频率区间的电磁波的能量。光谱辐射出射度(按频率分布)用 M_ν 表示,它的 SI 单位为 $\mathrm{W/(m^2 \cdot Hz)}$。实验测得的 100 W 白炽灯钨丝表面在 2 750 K 时以及太阳表面的 M_ν 和 ν 的关系如图 26.1 所示(注意图中钨丝和太阳的 M_ν 的标度不同,太阳的吸收谱线在图中都忽略了)。从图中可以看出,钨丝发的光的绝大部分能量在红外区域,而太阳发的光中,可见光占相当大的成分。

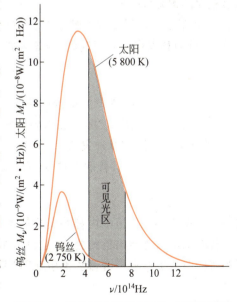

图 26.1 钨丝和太阳的 M_ν 和 ν 的关系曲线

物体在辐射电磁波的同时,还吸收照射到它表面的电磁波。如果在同一时间内从物体表面辐射的电磁波的能量和它吸收的电磁波的能量相等,物体和辐射就处于温度一定的热平衡状态。这时的热辐射称为**平衡热辐射**。下面只讨论平衡热辐射。

在温度为 T 时,物体表面吸收的频率在 ν 到 $\nu+d\nu$ 区间的辐射能量占全部入射的该区间的辐射能量的份额,称做物体的**光谱吸收比**,以 $a(\nu)$ 表示。实验表明,辐射能力越强的物体,其吸收能力也越强。理论上可以证明,尽管各种材料的 M_ν 和 $a(\nu)$ 可以有很大的不同,但在同一温度下二者的比 $(M_\nu/a(\nu))$ 却与材料种类无关,而是一个确定的值。能完全吸收照射到它上面的各种频率的光的物体称做**黑体**。对于黑体,$a(\nu)=1$。它的光谱辐射出射度应是各种材料中最大的,而且只与频率和温度有关。因此研究黑体辐射的规律就具有更基本的意义。

煤烟是很黑的,但也只能吸收 99% 的入射光能,还不是理想黑体。不管用什么材料制

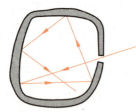

图 26.2　黑体模型

成一个空腔,如果在腔壁上开一个小洞(图 26.2),则射入小洞的光就很难有机会再从小洞出来了。这样一个小洞实际上就能完全吸收各种波长的入射电磁波而成了一个黑体。加热这个空腔到不同温度,小洞就成了不同温度下的黑体。用分光技术测出由它发出的电磁波的能量按频率的分布,就可以研究**黑体辐射**的规律。

19 世纪末,在德国钢铁工业大发展的背景下,许多德国的实验和理论物理学家都很关注黑体辐射的研究。有人用精巧的实验测出了黑体的 M_ν 和 ν 的关系曲线,有人就试图从理论上给以解释。1896 年,维恩(W. Wien)从经典的热力学和麦克斯韦分布律出发,导出了一个公式,即**维恩公式**

$$M_\nu = \alpha\nu^3 e^{-\beta\nu/T} \tag{26.1}$$

式中 α 和 β 为常量。这一公式给出的结果,在高频范围和实验结果符合得很好,但在低频范围有较大的偏差(图 26.3)。

1900 年 6 月瑞利发表了他根据经典电磁学和能量均分定理导出的公式(后来由金斯(J. H. Jeans)稍加修正),即**瑞利-金斯公式**

$$M_\nu = \frac{2\pi\nu^2}{c^2}kT \tag{26.2}$$

这一公式给出的结果,在低频范围内还能符合实验结果;在高频范围就和实验值相差甚远,甚至趋向无限大值(图 26.3)。在黑体辐射研究中出现的这一经典物理的失效,曾在当时被有的物理学家惊呼为"紫外灾难"。

1900 年 12 月 14 日普朗克(Max Planck)发表了他导出的黑体辐射公式,即**普朗克公式**

$$M_\nu = \frac{2\pi h}{c^2} \frac{\nu^3}{e^{h\nu/kT}-1} \tag{26.3}$$

这一公式在全部频率范围内都和实验值相符(图 26.3)!

普朗克所以能导出他的公式,是由于在热力学分析的基础上,他"幸运地猜到",同时为了和实验曲线更好地拟合,他"绝望地","不惜任何代价地"(普朗克语)提出了**能量量子化**的

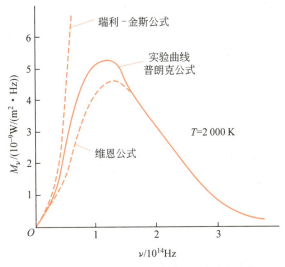

图 26.3 黑体辐射的理论和实验结果的比较

假设[①]。对空腔黑体的热平衡状态,他认为是组成腔壁的带电谐振子和腔内辐射交换能量而达到热平衡的结果。他大胆地假定谐振子可能具有的能量不是连续的,而是只能取一些离散的值。以 E 表示一个频率为 ν 的谐振子的能量,普朗克假定

$$E = nh\nu, \quad n = 0, 1, 2, \cdots \tag{26.4}$$

式中 h 是一常量,后来就叫**普朗克常量**。它的现代最优值为

$$h = 6.626\,075\,5 \times 10^{-34}\,\text{J}\cdot\text{s}$$

普朗克把式(26.4)给出的每一个能量值称做"**能量子**",这是物理学史上第一次提出量子的概念。由于这一概念的革命性和重要意义,普朗克获得了 1918 年诺贝尔物理学奖。

至于普朗克本人,在提出量子概念后,还长期尝试用经典物理理论来解释它的由来,但都失败了。直到 1911 年,他才真正认识到量子化的全新的、基础性的意义。它是根本不能由经典物理导出的。

读者可以证明,在高频范围内,普朗克公式就转化为维恩公式;在低频范围内,普朗克公式则转化为瑞利-金斯公式。

从普朗克公式还可以导出当时已被证实的两条实验定律。一条是关于黑体的全部**辐射出射度**的**斯特藩-玻耳兹曼定律**:

$$M = \int_0^\infty M_\nu \mathrm{d}\nu = \sigma T^4 \tag{26.5}$$

式中 σ 称做**斯特藩-玻耳兹曼常量**,其值为

$$\sigma = 5.670\,51 \times 10^{-8}\,\text{W/(m}^2\cdot\text{K}^4)$$

另一条是**维恩位移律**。它说明,在温度为 T 的黑体辐射中,光谱辐射出射度最大的光的频率 ν_m 由下式决定:

$$\nu_\mathrm{m} = C_\nu T \tag{26.6}$$

---

① 参看张三慧. 普朗克和爱因斯坦对量子婴儿的不同态度. 大学物理,1990,11,31-36.

式中 C_ν 为一常量,其值为

$$C_\nu = 5.880 \times 10^{10} \text{ Hz/K}$$

此式说明,当温度升高时,ν_m 向高频方向"位移"(图 26.4)。

26.2 光电效应

19 世纪末,人们已发现,当光照射到金属表面上时,电子会从金属表面逸出。这种现象称为光电效应。

图 26.5 所示为光电效应的实验装置简图,图中 GD 为光电管(管内为真空)。当光通过石英窗口照射阴极 K 时,就有电子从阴极表面逸出,这电子叫**光电子**。光电子在电场加速下向阳极 A 运动,就形成**光电流**。

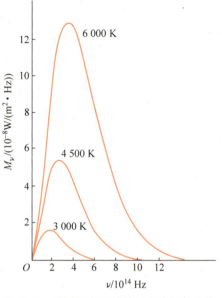

图 26.4 不同温度下的普朗克热辐射曲线

实验发现,当入射光频率一定且光强一定时,光电流 i 和两极间电压 U 的关系如图 26.6 中的曲线所示。它表明,光强一定时,光电流随加速电压的增加而增加,当加速电压增加到一定值时,光电流不再增加,而达到一**饱和值** i_m。饱和现象说明这时单位时间内从阴极逸出的光电子已全部被阳极接收了。实验还表明饱和电流的值 i_m 和光强 I 成正比。这又说明单位时间内从阴极逸出的光电子数和光强成正比。

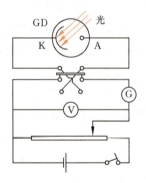

图 26.5 光电效应实验装置简图

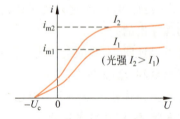

图 26.6 光电流和电压的关系曲线

图 26.6 的实验曲线还表示,当加速电压减小到零并改为负值时,光电流并不为零。仅当反向电压等于 U_c 时,光电流才等于零。这一电压值 U_c 称为**截止电压**。截止电压的存在说明此时从阴极逸出的最快的光电子,由于受到电场的阻碍,也不能到达阳极了。根据能量分析可得光电子逸出时的最大初动能和截止电压 U_c 的关系应为

$$\frac{1}{2}mv_m^2 = eU_c \tag{26.7}$$

其中 m 和 e 分别是电子的质量和电量,v_m 是光电子逸出金属表面时的最大速度。

实验表明,截止电压 U_c 和入射光的频率 ν 有关,它们的关系由图 26.7 的实验曲线表

示,不同的曲线是对不同的阴极金属做的。这一关系为线性关系,可用数学式表示为

$$U_c = K\nu - U_0 \tag{26.8}$$

式中 K 是直线的斜率,是与金属种类无关的一个普适常量。将式(26.8)代入式(26.7),可得

$$\frac{1}{2}mv_m^2 = eK\nu - eU_0 \tag{26.9}$$

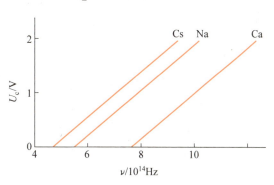

图 26.7 截止电压与入射光频率的关系

图 26.7 中直线与横轴的交点用 ν_0 表示。它具有这样的物理意义:当入射光的频率等于大于 ν_0 时,$U_c \geqslant 0$,据式(26.7),电子能逸出金属表面,形成光电流;当入射光的频率小于 ν_0 时,电子将不具有足够的速度以逸出金属表面,因而就不会产生光电效应。由图 26.7 可知,对于不同的金属有不同的 ν_0。要使某种金属产生光电效应,必须使入射光的频率大于其相应的频率 ν_0 才行。因此,这一频率叫光电效应的**红限频率**,相应的波长就叫**红限波长**。由式(26.8)可知,红限频率 ν_0 应为

$$\nu_0 = \frac{U_0}{K} \tag{26.10}$$

几种金属的红限频率如表 26.1 所列。

表 26.1 几种金属的逸出功和红限频率

金 属	钨	锌	钙	钠	钾	铷	铯
红限频率 $\nu_0/10^{14}$ Hz	10.95	8.065	7.73	5.53	5.44	5.15	4.69
逸出功 A/eV	4.54	3.34	3.20	2.29	2.25	2.13	1.94

此外,实验还发现,光电子的逸出,几乎是在光照到金属表面上的同时发生的,其延迟时间在 10^{-9} s 以下。

19 世纪末叶所发现的上述光电效应和入射光频率的关系以及延迟时间甚小的事实,是当时大家已完全认可的光的波动说——麦克斯韦电磁理论——完全不能解释的。这是因为,光的波动说认为光的强度和光振动的振幅有关,而且光的能量是连续地分布在光场中的。

26.3 光的二象性 光子

当普朗克还在寻找他的能量子的经典根源时,爱因斯坦在能量子概念的发展上前进了一大步。普朗克当时认为只有振子的能量是量子化的,而辐射本身,作为广布于空间的电磁波,它的能量还是连续分布的。爱因斯坦在他于 1905 年发表的"关于光的产生和转换的一个有启发性的观点"[①]的文章中,论及光电效应等的实验结果时,这样写道:"尽管光的波动理论永远不会被别的理论所取代,……,但仍可以设想,用连续的空间函数表述的光的理论在应用到光的发射和转换的现象时可能引发矛盾。"于是他接着假定:"从一个点光源发出的光线的能量并不是连续地分布在逐渐扩大的空间范围内的,而是由有限个数的能量子组成的。这些能量子个个都只占据空间的一些点,运动时不分裂,只能以完整的单元产生或被吸收。"在这里首次提出的光的能量子单元在 1926 年被刘易斯(G. N. Lewis)定名为"**光子**"。

关于光子的能量,爱因斯坦假定,不同颜色的光,其光子的能量不同。频率为 ν 的光的一个光子的能量为

$$E = h\nu \tag{26.11}$$

其中 h 为普朗克常量。

为了解释光电效应,爱因斯坦在 1905 年那篇文章中写道:"最简单的方法是设想一个光子将它的全部能量给予一个电子。"[②]电子获得此能量后动能就增加了,从而有可能逸出金属表面。以 A 表示电子从金属表面逸出时克服阻力需要做的功(这功叫**逸出功**),则由能量守恒可得一个电子逸出金属表面后的最大动能应为

$$\frac{1}{2}mv_m^2 = h\nu - A \tag{26.12}$$

将此式与式(26.9)相比,可知它可以完全解释光电效应的红限频率和截止电压的存在。式(26.12)就叫**光电效应方程**。对比式(26.12)和式(26.9)可得

$$h = eK \tag{26.13}$$

1916 年密立根(R. A. Milikan)曾对光电效应进行了精确的测量,他利用 U_c-ν 图像(图 26.7)中的正比直线的斜率 K 计算出的普朗克常数值为

$$h = 6.56 \times 10^{-34} \text{ J} \cdot \text{s}$$

这和当时用其他方法测得的值符合得很好。

对比式(26.12)和式(26.9)还可以得到

$$A = eU_0$$

再由式(26.10)可得

$$\nu_0 = \frac{A}{eK} = \frac{A}{h} \tag{26.14}$$

这说明红限频率与逸出功有一简单的数量关系。因此,可以由红限频率计算金属的逸出功。

[①] 此文的英译文见 A. Einstein. Concerning an Heuristic Point of View Toward the Emission and Transformation of Light. Am. J. of Phys, 1965,33(5),367-374.
[②] 现在利用激光可以使几个光子一次被一个电子吸收。见本书"今日物理趣闻 P.1 多光子吸收"。

不同金属的逸出功也列在表 26.1 中。

饱和电流和光强的关系可作如下简单解释：入射光强度大表示单位时间内入射的光子数多，因而产生的光电子也多，这就导致饱和电流的增大。

光电效应的延迟时间短是由于光子被电子一次吸收而增大能量的过程需时很短，这也是容易理解的。

就这样，光子概念被证明是正确的。[①]

在 19 世纪，通过光的干涉、衍射等实验，人们已认识到光是一种波动——电磁波，并建立了光的电磁理论——麦克斯韦理论。进入 20 世纪，从爱因斯坦起，人们又认识到光是粒子流——光子流。综合起来，关于光的本性的全面认识就是：**光既具有波动性，又具有粒子性**，相辅相成。在有些情况下，光突出地显示出其波动性，而在另一些情况下，则突出地显示出其粒子性。光的这种本性被称做**波粒二象性**。光既不是经典意义上的"单纯的"波，也不是经典意义上的"单纯的"粒子。

光的波动性用光波的波长 λ 和频率 ν 描述，光的粒子性用光子的质量、能量和动量描述。由式(26.11)，一个光子的能量为

$$E = h\nu$$

根据相对论的质能关系

$$E = mc^2 \tag{26.15}$$

一个光子的质量为

$$m = \frac{h\nu}{c^2} = \frac{h}{c\lambda} \tag{26.16}$$

我们知道，粒子质量和运动速度的关系为

$$m = \frac{m_0}{\sqrt{1-\left(\frac{v}{c}\right)^2}}$$

对于光子，$v=c$，而 m 是有限的，所以只能是 $m_0=0$，即光子是**静止质量为零**的一种粒子。但是，由于光速不变，光子对于任何参考系都不会静止，所以在任何参考系中光子的质量实际上都不会是零。

根据相对论的能量-动量关系

$$E^2 = p^2 c^2 + m_0^2 c^4$$

对于光子，$m_0=0$，所以光子的动量为

$$p = \frac{E}{c} = \frac{h\nu}{c} \tag{26.17}$$

或

$$p = \frac{h}{\lambda} \tag{26.18}$$

[①] 现代物理教材中大都是这样介绍光子概念的，但光子概念并不是这样简单的。光子概念(即光子粒子性)对光电效应以及下一节要讲的康普顿效应的解释只是"充分的"，而不是"必要的"。它们也可以用波动说解释，不过不像用光子说的解释那样"简捷"。有兴趣的读者可参看张三慧. 光子概念的困惑与教学. 物理通报，1993，2，p5；3，p9.

式(26.11)和式(26.18)是描述光的性质的基本关系式,式中左侧的量描述光的粒子性,右侧的量描述光的波动性。注意,光的这两种性质在数量上是通过普朗克常量联系在一起的。

例 26.1

在某次光电效应实验中,测得某金属的截止电压 U_c 和入射光频率的对应数据如下:

U_c/V	0.541	0.637	0.714	0.80	0.878
$\nu/10^{14}$ Hz	5.644	5.888	6.098	6.303	6.501

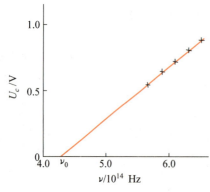

图 26.8 例 26.1 的 U_c 和 ν 的关系曲线

试用作图法求:
(1) 该金属光电效应的红限频率;
(2) 普朗克常量。

解 以频率 ν 为横轴,以截止电压 U_c 为纵轴,选取适当的比例画出曲线如图 26.8 所示。

(1) 曲线与横轴的交点即该金属的红限频率,由图上读出红限频率

$$\nu_0 = 4.27 \times 10^{14} \text{ Hz}$$

(2) 由图求得直线的斜率为

$$K = 3.91 \times 10^{-15} \text{ V} \cdot \text{s}$$

根据式(26.13)得

$$h = eK = 6.26 \times 10^{-34} \text{ J} \cdot \text{s}$$

例 26.2

求下述几种辐射的光子的能量、动量和质量:(1) $\lambda = 700$ nm 的红光;(2) $\lambda = 7.1 \times 10^{-2}$ nm 的 X 射线;(3) $\lambda = 1.24 \times 10^{-3}$ nm 的 γ 射线;并与经 $U = 100$ V 电压加速后的电子的动能、动量和质量相比较。

解 光子的能量、动量和质量可分别由式(26.11)、式(26.18)、式(26.16)求得。至于电子的动能、动量等的计算,由于经 100 V 电压加速后,电子的速度不大,所以可以不考虑相对论效应。这样可得电子的动能为

$$E_e = eU = 100 \text{ eV}$$

电子的质量近似于其静止质量,为

$$m_e = 9.11 \times 10^{-31} \text{ kg}$$

电子的动量为

$$p_e = m_e v = \sqrt{2 m_e E_e} = \sqrt{2 \times 9.11 \times 10^{-31} \times 100 \times 1.6 \times 10^{-19}} = 5.40 \times 10^{-24} \text{ kg} \cdot \text{m} \cdot \text{s}^{-1}$$

经过计算可得本题结果如下:

(1) 对 $\lambda = 700$ nm 的光子

$$E = 1.78 \text{ eV}, \qquad \frac{E}{E_e} = \frac{1.78}{100} \approx 2\%$$

$$p = 9.47 \times 10^{-28} \text{ kg} \cdot \text{m} \cdot \text{s}^{-1}, \qquad \frac{p}{p_e} = \frac{9.47 \times 10^{-28}}{5.40 \times 10^{-24}} \approx 2 \times 10^{-4}$$

$$m = 3.16 \times 10^{-36} \text{ kg}, \qquad \frac{m}{m_e} = \frac{3.16 \times 10^{-36}}{9.11 \times 10^{-31}} \approx 3 \times 10^{-6}$$

（2）对 $\lambda = 7.1 \times 10^{-2}$ nm 的光子

$$E = 1.75 \times 10^4 \text{ eV}, \qquad \frac{E}{E_e} = \frac{1.75 \times 10^4}{100} = 175$$

$$p = 9.34 \times 10^{-24} \text{ kg} \cdot \text{m} \cdot \text{s}^{-1}, \qquad \frac{p}{p_e} = \frac{9.34 \times 10^{-24}}{5.40 \times 10^{-24}} \approx 2$$

$$m = 3.11 \times 10^{-32} \text{ kg}, \qquad \frac{m}{m_e} = \frac{3.11 \times 10^{-32}}{9.11 \times 10^{-31}} \approx 3\%$$

（3）对 $\lambda = 1.24 \times 10^{-3}$ nm 的光子

$$E = 1.00 \times 10^6 \text{ eV}, \qquad \frac{E}{E_e} = \frac{1.00 \times 10^6}{100} = 10^4$$

$$p = 5.35 \times 10^{-22} \text{ kg} \cdot \text{m} \cdot \text{s}^{-1}, \qquad \frac{p}{p_e} = \frac{5.35 \times 10^{-22}}{5.40 \times 10^{-24}} = 99$$

$$m = 1.78 \times 10^{-30} \text{ kg}, \qquad \frac{m}{m_e} = \frac{1.78 \times 11^{-30}}{9.11 \times 10^{-31}} \approx 2$$

以上计算给出了关于光的粒子性质的一些数量概念。

26.4 康普顿散射

1923 年康普顿(A. H. Compton)及其后不久吴有训研究了 X 射线通过物质时向各方向散射的现象。他们在实验中发现，在散射的 X 射线中，除了有波长与原射线相同的成分外，还有波长较长的成分。这种有波长改变的散射称为**康普顿散射**(或称康普顿效应)，这种散射也可以用光子理论加以圆满的解释。

根据光子理论，X 射线的散射是单个光子和单个电子发生弹性碰撞的结果。对于这种碰撞的分析计算如下。

在固体如各种金属中，有许多和原子核联系较弱的电子可以看做自由电子。由于这些电子的热运动平均动能(约百分之几电子伏特)和入射的 X 射线光子的能量($10^4 \sim 10^5$ eV)比起来，可以略去不计，因而这些电子在碰撞前，可以看做是**静止的**。一个电子的静止能量为 $m_0 c^2$，动量为零。设入射光的频率为 ν_0，它的一个光子就具有能量 $h\nu_0$，动量 $\frac{h\nu_0}{c} \boldsymbol{e}_0$。再设弹性碰撞后，电子的能量变为 mc^2，动量变为 $m\boldsymbol{v}$；散射光子的能量为 $h\nu$，动量为 $\frac{h\nu}{c} \boldsymbol{e}$，散射角为 φ。这里 $\boldsymbol{e}_0$ 和 $\boldsymbol{e}$ 分别为在碰撞前和碰撞后的光子运动方向上的单位矢量（图 26.9）。按照能量和动量

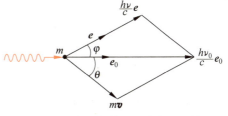

图 26.9　光子与静止的自由电子的碰撞分析矢量图

守恒定律,应该分别有

$$h\nu_0 + m_0 c^2 = h\nu + mc^2 \tag{26.19}$$

和

$$\frac{h\nu_0}{c}\boldsymbol{e}_0 = \frac{h\nu}{c}\boldsymbol{e} + m\boldsymbol{v} \tag{26.20}$$

考虑到反冲电子的速度可能很大,式中 $m = m_0 \Big/ \sqrt{1 - \dfrac{v^2}{c^2}}$。由上述两个式子可解得[①]

$$\Delta\lambda = \lambda - \lambda_0 = \frac{h}{m_0 c}(1 - \cos\varphi) \tag{26.21}$$

式中 λ 和 λ_0 分别表示散射光和入射光的波长。此式称为**康普顿散射公式**。式中 $\dfrac{h}{m_0 c}$ 具有波长的量纲,称为电子的**康普顿波长**,以 λ_C 表示。将 h, c, m_0 的值代入可算出

$$\lambda_C = 2.43 \times 10^{-3} \text{ nm}$$

它与短波 X 射线的波长相当。

从上述分析可知,入射光子和电子碰撞时,把一部分能量传给了电子。因而光子能量减少,频率降低,波长变长。波长偏移 $\Delta\lambda$ 和散射角 φ 的关系式(26.21)也与实验结果定量地符合(图 26.10)。式(26.21)还表明,波长的偏移 $\Delta\lambda$ 与散射物质以及入射 X 射线的波长 λ_0 无关,而只与散射角 φ 有关。这一规律也已为实验证实。

此外,在散射线中还观察到有与原波长相同的射线。这可解释如下:散射物质中还有许多被原子核束缚得很紧的电子,光子与它们的碰撞应看做是光子和整个原子的碰撞。由于原子的质量远大于光子的质量,所以在弹性碰撞中光子的能量几乎没有改变,因而散射光子的能量仍为 $h\nu_0$,它的波长也就和入射线的波长相同。这种波长不变的散射叫**瑞利散射**,它可以用经典电磁理论解释。

康普顿散射的理论和实验的完全相符,曾在量子论的发展中起过重要的作用。它不仅有力地证明了光具有二象性,而且还证明了光子和微观粒子的相互作用过程也是严格地遵守动量守恒定律和能量守恒定律的。

应该指出,康普顿散射只有在入射波的波长与电子的康普顿波长可以相比拟时,才是显

---

① 康普顿散射公式(26.21)的推导:
将式(26.20)改写为

$$m\boldsymbol{v} = \frac{h\nu_0}{c}\boldsymbol{e}_0 - \frac{h\nu}{c}\boldsymbol{e}$$

两边平方得

$$m^2 v^2 = \left(\frac{h\nu_0}{c}\right)^2 + \left(\frac{h\nu}{c}\right)^2 - 2\frac{h^2 \nu_0 \nu}{c^2}\boldsymbol{e}_0 \cdot \boldsymbol{e}$$

由于 $\boldsymbol{e}_0 \cdot \boldsymbol{e} = \cos\varphi$,所以由上式可得

$$m^2 v^2 c^2 = h^2 \nu_0^2 + h^2 \nu^2 - 2h^2 \nu_0 \nu \cos\varphi \tag{26.22}$$

将式(26.19)改写为

$$mc^2 = h(\nu_0 - \nu) + m_0 c^2$$

将此式平方,再减去式(26.22),并将 m^2 换写成 $m_0^2/(1-v^2/c^2)$,化简后即可得

$$\frac{c}{\nu} - \frac{c}{\nu_0} = \frac{h}{m_0 c}(1 - \cos\varphi)$$

将 ν 换用波长 λ 表示,即得式(26.21)。

著的。例如入射波波长 $\lambda_0 = 400$ nm 时，在 $\varphi = \pi$ 的方向上，散射波波长偏移 $\Delta\lambda = 4.8 \times 10^{-3}$ nm，$\Delta\lambda/\lambda_0 = 10^{-5}$。这种情况下，很难观察到康普顿散射。当入射波波长 $\lambda_0 = 0.05$ nm，$\varphi = \pi$ 时，虽然波长的偏移仍是 $\Delta\lambda = 4.8 \times 10^{-3}$ nm，但 $\Delta\lambda/\lambda \approx 10\%$，这时就能比较明显地观察到康普顿散射了。这也就是选用 X 射线观察康普顿散射的原因。

在光电效应中，入射光是可见光或紫外线，所以康普顿效应不显著。

现在说明一个理论问题。上面指出，光子和自由电子碰撞时，"把一部分能量传给了电子"。这就意味着在碰撞过程中，光子分裂了。这是否和爱因斯坦提出的光子"运动中不分裂"相矛盾呢？不是的。上面的分析是就光子和电子碰撞的全过程说的。量子力学的分析指出：康普顿散射是一个"**二步过程**"，而且这二步又可以采取两种可能的方式。一种方式是自由电子先整体吸收入射光子，然后再放出一个散射光子（先吸后放）；另一种方式是自由电子先放出一个散射光子，然后再吸收入射光子（先放后吸）。每一步中光子都是"以完整的单元产生或被吸收的"。无论哪一种方式，所经历的时间都是非常短的。这样的二步过程可以用"费恩曼图"表示（图 26.11）。值得注意的是，两步中的每一步都遵守动量守恒定律，全过程自然也满足动量守恒定律。但是每一步并不遵守能量守恒定律，只是全过程总地满足能量守恒定律。这种对能量守恒定律的违反，在量子力学理论中是允许的（见 26.7 节"不确定关系"）。

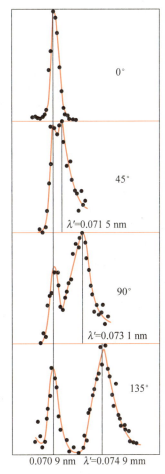

图 26.10 康普顿做的 X 射线散射结果

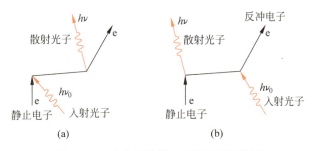

图 26.11 康普顿散射二步过程费恩曼图
(a) 先吸后放；(b) 先放后吸

例 26.3

波长 $\lambda_0 = 0.01$ nm 的 X 射线与静止的自由电子碰撞。在与入射方向成 $90°$ 角的方向上观察时，散射 X 射线的波长多大？反冲电子的动能和动量各如何？

解 将 $\varphi=90°$ 代入式(26.21)可得

$$\Delta\lambda=\lambda-\lambda_0=\lambda_C(1-\cos\varphi)=\lambda_C(1-\cos 90°)=\lambda_C$$

由此得康普顿散射波长为

$$\lambda=\lambda_0+\lambda_C=0.01+0.0024=0.0124\,(\text{nm})$$

当然,在这一散射方向上还有波长不变的散射线。

至于反冲电子,根据能量守恒,它所获得的动能 E_k 就等于入射光子损失的能量,即

$$E_k=h\nu_0-h\nu=hc\left(\frac{1}{\lambda_0}-\frac{1}{\lambda}\right)=\frac{hc\Delta\lambda}{\lambda_0\lambda}=\frac{6.63\times10^{-34}\times3\times10^8\times0.0024\times10^{-9}}{0.01\times10^{-9}\times0.0124\times10^{-9}}$$

$$=3.8\times10^{-15}\,(\text{J})=2.4\times10^4\,(\text{eV})$$

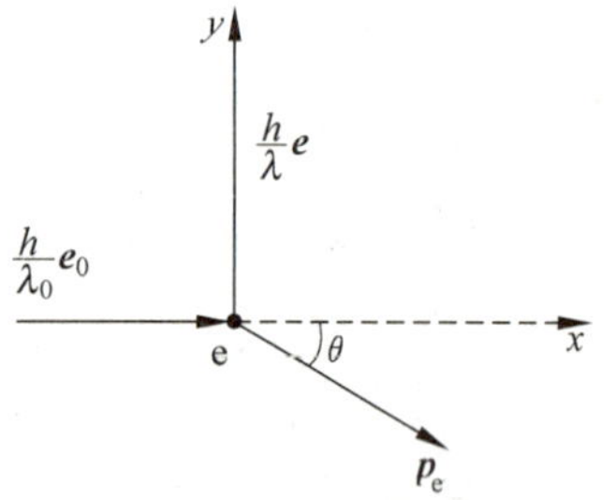

计算电子的动量,可参看图 26.12,其中 p_e 为电子碰撞后的动量。根据动量守恒,有

$$p_e\cos\theta=\frac{h}{\lambda_0},\quad p_e\sin\theta=\frac{h}{\lambda}$$

两式平方相加并开方,得

$$p_e=\frac{(\lambda_0^2+\lambda^2)^{\frac{1}{2}}}{\lambda_0\lambda}h$$

$$=\frac{[(0.01\times10^{-9})^2+(0.0124\times10^{-9})^2]^{1/2}}{0.01\times10^{-9}\times0.0124\times10^{-9}}\times6.63\times10^{-34}$$

$$=8.5\times10^{-23}\,(\text{kg}\cdot\text{m/s})$$

$$\cos\theta=\frac{h}{p_e\lambda_0}=\frac{6.63\times10^{-34}}{0.01\times10^{-9}\times8.5\times10^{-23}}=0.78$$

图 26.12 例 26.3 用图

由此得

$$\theta=38°44'$$

26.5 粒子的波动性

1924 年,法国博士研究生德布罗意在光的二象性的启发下想到:自然界在许多方面都是明显地对称的,如果光具有波粒二象性,则实物粒子,如电子,也应该具有波粒二象性。他提出了这样的问题:"整个世纪以来,在辐射理论上,比起波动的研究方法来,是过于忽略了粒子的研究方法;在实物理论上,是否发生了相反的错误呢?是不是我们关于'粒子'的图像想得太多,而过分地忽略了波的图像呢?"于是,他大胆地在他的博士论文中提出假设:**实物粒子也具有波动性**。他并且把光子的能量-频率和动量-波长的关系式(26.11)和式(26.18)借来,认为一个粒子的能量 E 和动量 p 跟和它相联系的波的频率 ν 和波长 λ 的定量关系与光子的一样,即有

$$\nu=\frac{E}{h}=\frac{mc^2}{h} \tag{26.23}$$

$$\lambda=\frac{h}{p}=\frac{h}{mv} \tag{26.24}$$

应用于粒子的这些公式称为**德布罗意公式**或德布罗意假设。和粒子相联系的波称为物质波或德布罗意波,式(26.24)给出了相应的**德布罗意波长**。

德布罗意是采用类比方法提出他的假设的,当时并没有任何直接的证据。但是,爱因斯

坦慧眼有识。当他被告知德布罗意提出的假设后就评论说:"我相信这一假设的意义远远超出了单纯的类比。"事实上,德布罗意的假设不久就得到了实验证实,而且引发了一门新理论——量子力学——的建立。

1927 年,戴维孙(C. J. Davisson)和革末(L. A. Germer)在爱尔萨塞(Elsasser)的启发下,做了电子束在晶体表面上散射的实验,观察到了和 X 射线衍射类似的电子衍射现象,首先证实了电子的波动性。他们用的实验装置简图如图 26.13(a)所示,使一束电子射到镍晶体的特选晶面上,同时用探测器测量沿不同方向散射的电子束的强度。实验中发现,当入射电子的能量为 54 eV 时,在 $\varphi=50°$ 的方向上散射电子束强度最大(图 26.13(b))。按类似于 X 射线在晶体表面衍射的分析,由图 26.13(c)可知,散射电子束极大的方向应满足下列条件:

$$d\sin\varphi = \lambda \tag{26.25}$$

已知镍晶面上原子间距为 $d = 2.15 \times 10^{-10}$ m,式(26.25)给出"电子波"的波长应为

$$\lambda = d\sin\varphi = 2.15 \times 10^{-10} \times \sin 50° = 1.65 \times 10^{-10} \text{(m)}$$

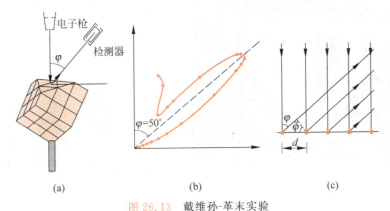

图 26.13　戴维孙-革末实验
(a)装置简图;(b)散射电子束强度分布;(c)衍射分析

按德布罗意假设式(26.24),该"电子波"的波长应为

$$\lambda = \frac{h}{m_e v} = \frac{h}{\sqrt{2m_e E_k}} = \frac{6.63 \times 10^{-34}}{\sqrt{2 \times 0.91 \times 10^{-31} \times 54 \times 1.6 \times 10^{-19}}}$$
$$= 1.67 \times 10^{-10} \text{(m)}$$

这一结果和上面的实验结果符合得很好。

同年,汤姆孙(G. P. Thomson)做了电子束穿过多晶薄膜的衍射实验(图 26.14(a)),成功地得到了和 X 射线通过多晶薄膜后产生的衍射图样极为相似的衍射图样(图 26.14(b))。

图 26.15 是一幅波长相同的 X 射线和电子衍射图样对比图。后来,1961 年约恩孙(C. Jönsson)做了电子的单缝、双缝、三缝等衍射实验,得出的明暗条纹(图 26.16)更加直接地说明了电子具有波动性。

除了电子外,以后还陆续用实验证实了中子、质子以及原子甚至分子等都具有波动性,德布罗意公式对这些粒子同样正确。这就说明,一切微观粒子都具有波粒二象性,德布罗意公式就是描述微观粒子波粒二象性的基本公式。

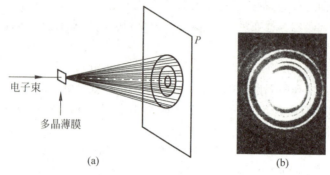

图 26.14 汤姆孙电子衍射实验

(a) 实验简图；(b) 衍射图样

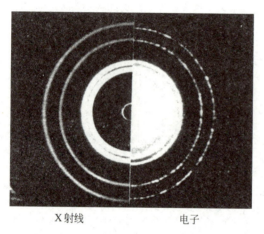

图 26.15 电子和 X 射线衍射图样对比图

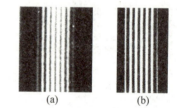

图 26.16 约恩孙电子衍射图样

(a) 双缝；(b) 四缝

粒子的波动性已有很多的重要应用。例如，由于低能电子波穿透深度较 X 光小，所以低能电子衍射被广泛地用于固体表面性质的研究。由于中子易被氢原子散射，所以中子衍射就被用来研究含氢的晶体。电子显微镜利用了电子的波动性更是大家熟知的。由于电子的波长可以很短，电子显微镜的分辨能力可以达到 0.1 nm。

例 26.4

计算电子经过 $U_1 = 100$ V 和 $U_2 = 10\,000$ V 的电压加速后的德布罗意波长 λ_1 和 λ_2 分别是多少？

解 经过电压 U 加速后，电子的动能为

$$\frac{1}{2}mv^2 = eU$$

由此得

$$v = \sqrt{\frac{2eU}{m}}$$

根据德布罗意公式，此时电子波的波长为

$$\lambda = \frac{h}{mv} = \frac{h}{\sqrt{2em}} \frac{1}{\sqrt{U}}$$

将已知数据代入计算可得
$$\lambda_1 = 0.123 \text{ nm}, \quad \lambda_2 = 0.0123 \text{ nm}①$$

这都和 X 射线的波长相当。可见一般实验中电子波的波长是很短的,正是因为这个缘故,观察电子衍射时就需要利用晶体。

例 26.5

计算质量 $m = 0.01$ kg,速率 $v = 300$ m/s 的子弹的德布罗意波长。

解 根据德布罗意公式可得
$$\lambda = \frac{h}{mv} = \frac{6.63 \times 10^{-34}}{0.01 \times 300} = 2.21 \times 10^{-34} \text{ (m)}$$

可以看出,因为普朗克常量是个极微小的量,所以宏观物体的波长小到实验难以测量的程度,因而宏观物体仅表现出粒子性。

例 26.6

证明物质波的相速度 u 与相应粒子运动速度 v 之间的关系为
$$u = \frac{c^2}{v}$$

证 波的相速度为 $u = \nu\lambda$,根据德布罗意公式,可得
$$\lambda = \frac{h}{mv}, \quad \nu = \frac{mc^2}{h}$$

两式相乘即可得
$$u = \lambda\nu = \frac{c^2}{v}$$

此式表明物质波的相速度并不等于相应粒子的运动速度②。

26.6 概率波与概率幅

德布罗意提出的波的物理意义是什么呢?他本人曾认为那种与粒子相联系的波是引导粒子运动的"导波",并由此预言了电子的双缝干涉的实验结果。这种波以相速度 $u = c^2/v$ 传播而其群速度就正好是粒子运动的速度 v。对这种波的本质是什么,他并没有给出明确的回答,只是说它是虚拟的和非物质的。

量子力学的创始人之一薛定谔在 1926 年曾说过,电子的德布罗意波描述了电量在空间的连续分布。为了解释电子是粒子的事实,他认为电子是许多波合成的波包。这种说法很快就被否定了。因为,第一,波包总是要发散而解体的,这和电子的稳定性相矛盾;第二,电子在原子散射过程中仍保持稳定也很难用波包来说明。

当前得到公认的关于德布罗意波的实质的解释是玻恩(M. Born)在 1926 年提出的。在

---

① 由于此时电子速度已大到 $0.2c$,故需考虑相对论效应,根据相对论计算出的 $\lambda_2 = 0.0122$ nm,上面结果误差约为 1%。
② 由于 $v < c$,所以 $u > c$,即相速度大于光速。这并不和相对论矛盾。因为对一个粒子,其能量或质量是以群速度传播的。德布罗意曾证明,和粒子相联系的物质波的群速度等于粒子的运动速度。

玻恩之前,爱因斯坦谈及他本人论述的光子和电磁波的关系时曾提出电磁场是一种"鬼场"。这种场引导光子的运动,而各处电磁波振幅的平方决定在各处的单位体积内一个光子存在的概率。玻恩发展了爱因斯坦的思想。他保留了粒子的微粒性,而认为物质波描述了粒子在各处被发现的概率。这就是说,**德布罗意波是概率波**。

玻恩的概率波概念可以用电子双缝衍射的实验结果来说明[①]。图 26.16(a)的电子双缝衍射图样和光的双缝衍射图样完全一样,显示不出粒子性,更没有什么概率那样的不确定特征。但那是用大量的电子(或光子)做出的实验结果。如果减弱入射电子束的强度以致使一个一个电子依次通过双缝,则随着电子数的积累,衍射"图样"将依次如图 26.17 中各图所示。图(a)是只有一个电子穿过双缝所形成的图像,图(b)是几个电子穿过后形成的图像,图(c)是几十个电子穿过后形成的图像。这几幅图像说明电子确是粒子,因为图像是由点组成的。它们同时也说明,电子的去向是完全不确定的,一个电子到达何处完全是概率事件。随着入射电子总数的增多,衍射图样依次如(d),(e),(f)诸图所示,电子的堆积情况逐渐显示出了条纹,最后就呈现明晰的衍射条纹,这条纹和大量电子短时间内通过双缝后形成的条纹(图 26.16(a))一样。这些条纹把单个电子的概率行为完全淹没了。这又说明,尽管单个电子的去向是概率性的,但其概率在一定条件(如双缝)下还是有确定的规律的。这些就是玻恩概率波概念的核心。

图 26.17 表示的实验结果明确地说明了物质波并不是经典的波。经典的波是一种运动形式。在双缝实验中,不管入射波强度如何小,经典的波在缝后的屏上都"应该"显示出强弱连续分布的衍射条纹,只是亮度微弱而已。但图 26.17 明确地显示物质波的主体仍是粒子,而且该种粒子的运动并不具有经典的振动形式。

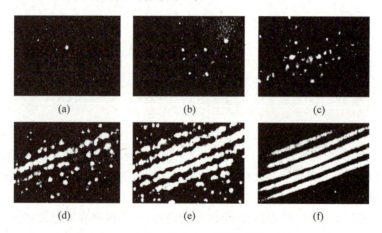

图 26.17 电子逐个穿过双缝的衍射实验结果

图 26.17 表示的实验结果也说明微观粒子并不是经典的粒子。在双缝实验中,大量电子形成的衍射图样是若干条强度大致相同的较窄的条纹,如图 26.18(a)所示。如果只开一条缝,另一条缝闭合,则会形成单缝衍射条纹,其特征是几乎只有强度较大的较宽的中央明纹(图 26.18(b)中的 P_1 和 P_2)。如果先开缝 1,同时关闭缝 2,经过一段时间后改开缝 2,同

[①] 关于光的双缝衍射实验,也做出了完全相似的结果。

时关闭缝1,这样做实验的结果所形成的总的衍射图样 P_{12} 将是两次单缝衍射图样的叠加,其强度分布和同时打开两缝时的双缝衍射图样是截然不同的。

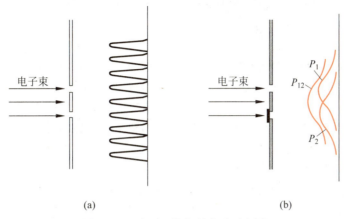

图 26.18 电子双缝衍射实验示意图
(a) 两缝同时打开;(b) 依次打开一个缝

如果是经典的粒子,它们通过双缝时,都各自有确定的轨道,不是通过缝 1 就是通过缝 2。通过缝 1 的那些粒子,如果也能衍射的话,将形成单缝衍射图样。通过缝 2 的那些粒子,将形成另一幅单缝衍射图样。不管是两缝同时开,还是依次只开一个缝,最后形成的衍射条纹都应该是图 26.18(b)那样的两个单缝衍射图样的叠加。实验结果显示实际的微观粒子的表现并不是这样。这就说明,微观粒子并不是经典的粒子。在只开一条缝时,实际粒子形成单缝衍射图样。在两缝同时打开时,实际粒子的运动就有两种可能:或是通过缝 1 或是通过缝 2。如果还按经典粒子设想,为了解释双缝衍射图样,就必须认为通过这个缝时,它好像"知道"另一个缝也在开着,于是就按双缝条件下的概率来行动了。这种说法只是一种"拟人"的想象,实际上不可能从实验上测知某个微观粒子"到底"是通过了哪个缝,我们**只能说**它通过双缝时有两种可能。微观粒子由于其波动性而表现得如此不可思议地奇特!但客观事实的确就是这样!

为了定量地描述微观粒子的状态,量子力学中引入了**波函数**,并用 Ψ 表示。一般来讲,波函数是空间和时间的函数,并且是复函数,即 $\Psi = \Psi(x,y,z,t)$。将爱因斯坦的"鬼场"和光子存在的概率之间的关系加以推广,玻恩假定 $|\Psi|^2 = \Psi\Psi^*$ 就是粒子的**概率密度**,即在时刻 t,在点 (x,y,z) 附近单位体积内发现粒子的概率。波函数 Ψ 因此就称为**概率幅**。对双缝实验来说,以 Ψ_1 表示单开缝 1 时粒子在底板附近的概率幅分布,则 $|\Psi_1|^2 = P_1$ 即粒子在底板上的概率分布,它对应于单缝衍射图样 P_1(图 26.18(b))。以 Ψ_2 表示单开缝 2 时的概率幅,则 $|\Psi_2|^2 = P_2$ 表示粒子此时在底板上的概率分布,它对应于单缝衍射图样 P_2。如果两缝同时打开,经典概率理论给出,这时底板上粒子的概率分布应为

$$P_{12} = P_1 + P_2 = |\Psi_1|^2 + |\Psi_2|^2$$

但事实不是这样!两缝同开时,入射的每个粒子的去向有两种可能,它们可以"任意"通过其中的一条缝。这时不是概率相叠加,而是**概率幅叠加**,即

$$\Psi_{12} = \Psi_1 + \Psi_2 \tag{26.26}$$

相应的概率分布为

$$P_{12} = |\Psi_{12}|^2 = |\Psi_1 + \Psi_2|^2 \tag{26.27}$$

这里最后的结果就会出现 Ψ_1 和 Ψ_2 的交叉项。正是这交叉项给出了两缝之间的干涉效果，使双缝同开和两缝依次单开的两种条件下的衍射图样不同。

概率幅叠加这样的奇特规律，被费恩曼(R. P. Feynman)在他的著名的《物理学讲义》中称为"量子力学的第一原理"。他这样写道："如果一个事件可能以几种方式实现，则该事件的概率幅就是各种方式单独实现时的概率幅之和。于是出现了干涉。"[①]

在物理理论中引入概率概念在哲学上有重要的意义。它意味着：在已知给定条件下，不可能精确地预知结果，只能预言某些可能的结果的概率。这也就是说，不能给出唯一的肯定结果，只能用统计方法给出结论。这一理论是和经典物理的严格因果律[②]直接矛盾的。玻恩在 1926 年曾说过："粒子的运动遵守概率定律，但概率本身还是受因果律支配的。"这句话虽然以某种方式使因果律保持有效，但概率概念的引入在人们了解自然的过程中还是一个非常大的转变。因此，尽管所有物理学家都承认，由于量子力学预言的结果和实验异常精确地相符，所以它是一个很成功的理论，但是关于量子力学的哲学基础仍然有很大的争论。哥本哈根学派，包括玻恩、海森伯(W. Heisenberg)等量子力学大师，坚持波函数的概率或统计解释，认为它就表明了自然界的最终实质。费恩曼也写过(1965 年)："现时我们限于计算概率。我们说'现时'，但是我们强烈地期望将永远是这样——解除这一困惑是不可能的——自然界就是按这样的方式行事的。"[③]

另一些人不同意这样的结论，最主要的反对者是爱因斯坦。他在 1927 年就说过："上帝并不是跟宇宙玩掷骰子游戏。"德布罗意的话(1957 年)更发人深思。他认为：不确定性是物理实质，这样的主张"并不是完全站得住的。将来对物理实在的认识达到一个更深的层次时，我们可能对概率定律和量子力学作出新的解释，即它们是目前我们尚未发现的那些变量的完全确定的数值演变的结果。我们现在开始用来击碎原子核并产生新粒子的强有力的方法可能有一天向我们揭示关于这一更深层次的目前我们还不知道的知识。阻止对量子力学目前的观点作进一步探索的尝试对科学发展来说是非常危险的，而且它也背离了我们从科学史中得到的教训。实际上，科学史告诉我们，已获得的知识常常是暂时的，在这些知识之外，肯定有更广阔的新领域有待探索。"[④]最后，还可以引述一段量子力学大师狄拉克(P. A. M. Dirac)在 1972 年的一段话："在我看来，我们还没有量子力学的基本定律。目前还在使用的定律需要作重要的修改，……。当我们作出这样剧烈的修改后，当然，我们用统计计算对理论作出物理解释的观念可能会被彻底地改变。"

26.7 不确定关系

26.6 节讲过，波动性使得实际粒子和牛顿力学所设想的"经典粒子"根本不同。根据牛顿力学理论(或者说是牛顿力学的一个基本假设)，质点的运动都沿着一定的轨道，在轨道上

[①] 关于概率幅及其叠加，费恩曼有极其清楚而精彩的讲解. 见 The Feynman Lectures on Physics. Addison-Wesley Co., 1965. Vol. 111, p1-1～1-11.
[②] 参看《大学物理学》(第三版)的《力学、电磁学》分册中"今日物理趣闻 B 混沌——决定论的混乱".
[③] 见 The Feynman Lectures on Physics. 1965. Vol. 111, p1-11.
[④] 转引自 R. Eisberg, R. Resnick. Quantum of Physics of Atoms, Molecules, Solids, Nucler and Partides. 2nd ed. John Wiley&Sons, 1985, p79.

任意时刻质点都有确定的位置和动量[①]。在牛顿力学中也正是用位置和动量来描述一个质点在任一时刻的运动状态的。对于实际的粒子则不然,由于其粒子性,可以谈论它的位置和动量,但由于其波动性,它的空间位置需要用概率波来描述,而概率波只能给出粒子在各处出现的概率,所以在任一时刻粒子都不具有确定的位置,与此相联系,粒子在各时刻也不具有确定的动量。这也可以说,由于二象性,在任意时刻粒子的位置和动量都有一个不确定量。量子力学理论证明,在某一方向,例如 x 方向上,粒子的位置不确定量 Δx 和在该方向上的动量的不确定量 Δp_x 有一个简单的关系,这一关系叫做**不确定[性]关系**(也曾叫做测不准关系)。下面我们借助于电子单缝衍射实验来粗略地推导这一关系。

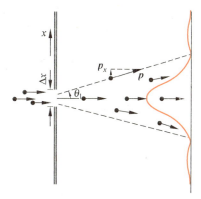

如图 26.19 所示,一束动量为 p 的电子通过宽为 Δx 的单缝后发生衍射而在屏上形成衍射条纹。让我们考虑一个电子通过缝时的位置和动量。对一个电子来说,我们不能确定地说它是从缝中哪一点通过的,而只能说它是从宽为 Δx 的缝中通过的,因此它在 x 方向上的位置不确定量就是 Δx。它沿 x 方向的动量 p_x 是多

图 26.19 电子单缝衍射说明

大呢? 如果说它在缝前的 p_x 等于零,在过缝时,p_x 就不再是零了。因为如果还是零,电子就要沿原方向前进而不会发生衍射现象了。屏上电子落点沿 x 方向展开,说明电子通过缝时已有了不为零的 p_x 值。忽略次级极大,可以认为电子都落在中央亮纹内,因而电子在通过缝时,运动方向可以有大到 θ_1 角的偏转。根据动量矢量的合成,可知一个电子在通过缝时在 x 方向动量的分量 p_x 的大小为下列不等式所限:

$$0 \leqslant p_x \leqslant p\sin\theta_1$$

这表明,一个电子通过缝时在 x 方向上的动量不确定量为

$$\Delta p_x = p\sin\theta_1$$

考虑到衍射条纹的次级极大,可得

$$\Delta p_x \geqslant p\sin\theta_1 \tag{26.28}$$

由单缝衍射公式,第一级暗纹中心的角位置 θ_1 由下式决定:

$$\Delta x \sin\theta_1 = \lambda$$

此式中 λ 为电子波的波长,根据德布罗意公式

$$\lambda = \frac{h}{p}$$

所以有

$$\sin\theta_1 = \frac{h}{p\Delta x}$$

将此式代入式(26.28)可得

$$\Delta p_x \geqslant \frac{h}{\Delta x}$$

或

$$\Delta x \Delta p_x \geqslant h \tag{26.29}$$

更一般的理论给出

[①] P. A. M. Dirac. The Development of Quantum Mechanics. Acc. Naz. Lincei, Roma(1974),56.

$$\Delta x \Delta p_x \geqslant \frac{h}{4\pi}$$

对于其他的分量，类似地有

$$\Delta y \Delta p_y \geqslant \frac{h}{4\pi}$$

$$\Delta z \Delta p_z \geqslant \frac{h}{4\pi}$$

引入另一个常用的量

$$\hbar = \frac{h}{2\pi} = 1.0545887 \times 10^{-34} \text{ J} \cdot \text{s} \tag{26.30}$$

也叫普朗克常量，上面三个公式就可写成①

$$\Delta x \Delta p_x \geqslant \frac{\hbar}{2} \tag{26.31}$$

$$\Delta y \Delta p_y \geqslant \frac{\hbar}{2} \tag{26.32}$$

$$\Delta z \Delta p_z \geqslant \frac{\hbar}{2} \tag{26.33}$$

这三个公式就是位置坐标和动量的不确定关系。它们说明粒子的位置坐标不确定量越小，则同方向上的动量不确定量越大。同样，某方向上动量不确定量越小，则此方向上粒子位置的不确定量越大。总之，这个不确定关系告诉我们，在表明或测量粒子的位置和动量时，它们的精度存在着一个终极的不可逾越的限制。

不确定关系是海森伯于 1927 年给出的，因此常被称为海森伯不确定关系或不确定原理。它的根源是波粒二象性。费恩曼曾把它称做"自然界的根本属性"，并且还说"现在我们用来描述原子以及，实际上，所有物质的量子力学的全部理论都有赖于不确定原理的正确性。"②

除了坐标和动量的不确定关系外，对粒子的行为说明还常用到能量和时间的不确定关系。考虑一个粒子在一段时间 Δt 内的动量为 p，能量为 E。根据相对论，有

$$p^2 c^2 = E^2 - m_0^2 c^4$$

而其动量的不确定量为

$$\Delta p = \Delta \left(\frac{1}{c} \sqrt{E^2 - m_0^2 c^4} \right) = \frac{E}{c^2 p} \Delta E$$

在 Δt 时间内，粒子可能发生的位移为 $v\Delta t = \frac{p}{m}\Delta t$。这位移也就是在这段时间内粒子的位置坐标不确定度，即

$$\Delta x = \frac{p}{m} \Delta t$$

将上两式相乘，得

$$\Delta x \Delta p = \frac{E}{mc^2} \Delta E \Delta t$$

---

① 在作数量级的估算时，常用 $\hbar$ 代替 $\hbar/2$。
② 见 The Feynman Lectures on Physics, Vol. Ⅲ, p1-9.

由于 $E=mc^2$，再根据不确定关系式(26.31)，就可得

$$\Delta E \Delta t \geqslant \frac{\hbar}{2} \tag{26.34}$$

这就是关于能量和时间的不确定关系。

例 26.7

设子弹的质量为 0.01 kg，枪口的直径为 0.5 cm，试用不确定性关系计算子弹射出枪口时的横向速度。

解 枪口直径可以当做子弹射出枪口时的位置不确定量 Δx，由于 $\Delta p_x = m\Delta v_x$，所以由式(26.31)可得

$$\Delta x \cdot m\Delta v_x \geqslant \hbar/2$$

取等号计算，

$$\Delta v_x = \frac{\hbar}{2m\Delta x} = \frac{1.05 \times 10^{-34}}{2 \times 0.01 \times 0.5 \times 10^{-2}} = 1.1 \times 10^{-30} \, (\text{m/s})$$

这也就是子弹的横向速度。和子弹飞行速度每秒几百米相比，这一速度引起的运动方向的偏转是微不足道的。因此对于子弹这种宏观粒子，它的波动性不会对它的"经典式"运动以及射击时的瞄准带来任何实际的影响。

例 26.8

现代测量重力加速度的实验中，距离的测量精度可达 10^{-9} m。设所用下落物体的质量是 0.05 kg，则它下落经过某点时的速度测量值的不确定度是多少？

解 距离测量的精度可以认为是物体(中某一点，例如质心)下落经过某一位置时的坐标不确定度，即 $\Delta x = 10^{-9}$ m。由不确定关系可得速度的不确定度为

$$\Delta v = \frac{\hbar}{m\Delta x} = \frac{1.05 \times 10^{-34}}{0.05 \times 10^{-9}} = 2 \times 10^{-24} \, (\text{m/s})$$

这一不确定度对实验来说可以认为是零，因而速度的测定值(m/s 数量级)就是"完全"准确的。由此可知，对宏观运动，不确定关系实际上不起作用，因而可以精确地应用牛顿力学处理。

例 26.9

原子的线度为 10^{-10} m，求原子中电子速度的不确定量。

解 说"电子在原子中"就意味着电子的位置不确定量为 $\Delta x = 10^{-10}$ m，由不确定关系可得

$$\Delta v_x = \frac{\hbar}{m\Delta x} = \frac{1.05 \times 10^{-34}}{9.11 \times 10^{-31} \times 10^{-10}} = 1.2 \times 10^6 \, (\text{m/s})$$

按照牛顿力学计算，氢原子中电子的轨道运动速度约为 10^6 m/s，它与上面的速度不确定量有相同的数量级。可见对原子范围内的电子，谈论其速度是没有什么实际意义的。这时电子的波动性十分显著，描述它的运动时必须抛弃轨道概念而代之以说明电子在空间的概率分布的电子云图像。

例 26.10

氦氖激光器所发红光波长为 $\lambda = 632.8$ nm，谱线宽度 $\Delta\lambda = 10^{-9}$ nm，求当这种光子沿 x 方向传播时，它的 x 坐标的不确定量多大？

解 光子具有二象性，所以也应满足不确定关系。由于 $p_x = h/\lambda$，所以数值上

$$\Delta p_x = \frac{h}{\lambda^2}\Delta\lambda$$

将此式代入式(26.31),可得

$$\Delta x = \frac{\hbar}{2\Delta p_x} = \frac{\lambda^2}{4\pi\Delta\lambda} \approx \frac{\lambda^2}{\Delta\lambda}$$

由于 $\lambda^2/\Delta\lambda$ 等于相干长度,也就是波列长度(见本书第 4 篇 22.3 节)。上式说明,光子的位置不确定量也就是波列的长度。根据原子在一次能级跃迁过程中发射一个光子(粒子性)或者说发出一个波列(波动性)的观点来看,这一结论是很容易理解的。将 λ 和 $\Delta\lambda$ 的值代入上式,可得

$$\Delta x \approx \frac{\lambda^2}{\Delta\lambda} = \frac{(632.8 \times 10^{-9})^2}{10^{-18}} = 4 \times 10^5 \,(\text{m}) = 400 \,(\text{km})$$

例 26.11

求线性谐振子的最小可能能量(又叫零点能)。

解 线性谐振子沿直线在平衡位置附近振动,坐标和动量都有一定限制。因此可以用坐标-动量不确定关系来计算其最小可能能量。

已知沿 x 方向的线性谐振子能量为

$$E = \frac{1}{2}mv^2 + \frac{1}{2}kx^2 = \frac{p^2}{2m} + \frac{1}{2}m\omega^2 x^2$$

由于振子在平衡位置附近振动,所以可取

$$\Delta x \approx x, \quad \Delta p \approx p$$

这样,

$$E = \frac{(\Delta p)^2}{2m} + \frac{1}{2}m\omega^2(\Delta x)^2$$

利用式(26.31),取等号,可得

$$E = \frac{\hbar^2}{8m(\Delta x)^2} + \frac{1}{2}m\omega^2(\Delta x)^2 \tag{26.35}$$

为求 E 的最小值,先计算

$$\frac{\mathrm{d}E}{\mathrm{d}(\Delta x)} = -\frac{\hbar^2}{4m(\Delta x)^3} + m\omega^2(\Delta x)$$

令 $\mathrm{d}E/\mathrm{d}(\Delta x) = 0$,可得 $(\Delta x)^2 = \frac{\hbar}{2m\omega}$。将此值代入式(26.35)可得最小可能能量为

$$E_{\min} = \frac{1}{2}\hbar\omega = \frac{1}{2}h\nu$$

例 26.12

(1) J/ψ 粒子的静能为 3 100 MeV,寿命为 5.2×10^{-21} s。它的能量不确定度是多大?占静能的几分之几? (2) ρ 介子的静能是 765 MeV,寿命是 2.2×10^{-24} s。它的能量不确定度多大?又占其静能的几分之几?

解 (1) 由式(26.34),取等号可得 $\Delta E = \hbar/2\Delta t$,此处 Δt 即粒子的寿命。对 J/ψ 粒子,

$$\Delta E = \frac{\hbar}{2\Delta t} = \frac{1.05 \times 10^{-34}}{2 \times 5.2 \times 10^{-21} \times 1.6 \times 10^{-13}} = 0.063 \,(\text{MeV})$$

与静能相比有

$$\frac{\Delta E}{E} = \frac{0.063}{3\,100} = 2.0 \times 10^{-5}$$

(2) 对 ρ 介子

$$\Delta E = \frac{\hbar}{2\Delta t} = \frac{1.05 \times 10^{-34}}{2 \times 2.2 \times 10^{-24} \times 1.6 \times 10^{-13}} = 150 \text{ (MeV)}$$

与静能相比有

$$\frac{\Delta E}{E} = \frac{150}{765} = 0.20$$

提 要

1. 黑体辐射：能量按频率的分布随温度改变的电磁辐射。

普朗克量子化假设：谐振子能量为

$$E = nh\nu, \quad n = 1, 2, 3, \cdots$$

普朗克热辐射公式：黑体的光谱辐射出射度

$$M_\nu = \frac{2\pi h}{c^2} \frac{\nu^3}{e^{h\nu/kT} - 1}$$

斯特藩-玻耳兹曼定律：黑体的总辐射出射度

$$M = \sigma T^4$$

其中 $\sigma = 5.670\ 3 \times 10^{-8}\ \text{W/(m}^2 \cdot \text{K}^4)$

维恩位移律：光谱辐射出射度最大的光的频率为

$$\nu_m = C_\nu T$$

其中 $C_\nu = 5.880 \times 10^{10}\ \text{Hz/K}$

2. 光电效应：光射到物质表面上有电子从表面释出的现象。

光子：光（电磁波）是由光子组成的。

每个光子的能量 $E = h\nu$

每个光子的动量 $p = \dfrac{E}{c} = \dfrac{h}{\lambda}$

光电效应方程 $\dfrac{1}{2}mv_{\max}^2 = h\nu - A$

光电效应的红限频率 $\nu_0 = A/h$

3. 康普顿散射：X 射线被散射后出现波长较入射 X 射线的波长大的成分。这现象可用光子和静止的电子的碰撞解释。

散射公式： $\Delta \lambda = \lambda - \lambda_0 = \dfrac{h}{m_0 c}(1 - \cos \varphi)$

康普顿波长（电子）： $\lambda_C = 2.426\ 3 \times 10^{-3}\ \text{nm}$

4. 粒子的波动性

德布罗意假设：粒子的波长

$$\lambda = h/p = h/mv$$

5. 概率波与概率幅

德布罗意波是概率波，它描述粒子在各处被发现的概率。

用波函数 Ψ 描述微观粒子的状态。Ψ 叫概率幅，$|\Psi|^2$ 为概率密度。概率幅具有叠加性。同一粒子的同时的几个概率幅的叠加出现干涉现象。

6. 不确定关系：它是粒子二象性的反映。

位置动量不确定关系： $$\Delta x \Delta p_x \geq \frac{\hbar}{2}$$

能量时间不确定关系： $$\Delta E \Delta t \geq \frac{\hbar}{2}$$

思 考 题

26.1 霓虹灯发的光是热辐射吗？熔炉中的铁水发的光是热辐射吗？

26.2 人体也向外发出热辐射，为什么在黑暗中人眼却看不见人呢？

26.3 刚粉刷完的房间从房外远处看，即使在白天，它的开着的窗口也是黑的。为什么？

26.4 把一块表面的一半涂了煤烟的白瓷砖放到火炉内烧，高温下瓷砖的哪一半显得更亮些？

26.5 在洛阳王城公园内，为什么黑牡丹要在室内培养？

26.6 如果普朗克常量大到 10^{34} 倍，弹簧振子将会表现出什么奇特的现象？

26.7 在光电效应实验中，如果(1)入射光强度增加一倍；(2)入射光频率增加一倍，各对实验结果(即光电子的发射)会有什么影响？

26.8 用一定波长的光照射金属表面产生光电效应时，为什么逸出金属表面的光电子的速度大小不同？

26.9 用可见光能产生康普顿效应吗？能观察到吗？

26.10 为什么对光电效应只考虑光子的能量的转化，而对康普顿效应则还要考虑光子的动量的转化？

26.11 若一个电子和一个质子具有同样的动能，哪个粒子的德布罗意波长较大？

26.12 如果普朗克常量 $h \to 0$，对波粒二象性会有什么影响？如果光在真空中的速率 $c \to \infty$，对时间空间的相对性会有什么影响？

26.13 根据不确定关系，一个分子即使在 0 K，它能完全静止吗？

习 题

26.1 夜间地面降温主要是由于地面的热辐射。如果晴天夜里地面温度为 $-5\ ℃$，按黑体辐射计算，$1\ m^2$ 地面失去热量的速率多大？

26.2 太阳的光谱辐射出射度 M_ν 的极大值出现在 $\nu_m = 3.4 \times 10^{14}$ Hz 处。(1)求太阳表面的温度 T；(2)求太阳表面的辐射出射度 M。

26.3 在地球表面，太阳光的强度是 $1.0 \times 10^3\ W/m^2$。一太阳能水箱的涂黑面直对阳光，按黑体辐射计，热平衡时水箱内的水温可达几摄氏度？忽略水箱其他表面的热辐射。

26.4 太阳的总辐射功率为 $P_s = 3.9 \times 10^{26}$ W。

(1) 以 r 表示行星绕太阳运行的轨道半径。试根据热平衡的要求证明：行星表面的温度 T 由下式给出：

$$T^4 = \frac{P_S}{16\pi\sigma r^2}$$

其中 σ 为斯特藩-玻耳兹曼常量。(行星辐射按黑体计。)

(2) 用上式计算地球和冥王星的表面温度,已知地球 $r_E = 1.5 \times 10^{11}$ m,冥王星 $r_P = 5.9 \times 10^{12}$ m。

26.5 Procyon B 星距地球 11 l.y.,它发的光到达地球表面的强度为 1.7×10^{-12} W/m²,该星的表面温度为 6 600 K,求该星的线度。

26.6 宇宙大爆炸遗留在宇宙空间的均匀各向同性的背景热辐射相当于 3 K 黑体辐射。
(1) 此辐射的光谱辐射出射度 M_ν 在何频率处有极大值?
(2) 地球表面接收此辐射的功率是多大?

26.7 试由黑体辐射的光谱辐射出射度按频率分布的形式(式(26.3)),导出其按波长分布的形式

$$M_\lambda = \frac{2\pi hc^2}{\lambda^5} \frac{1}{e^{hc/\lambda kT} - 1}$$

*26.8 以 w_ν 表示空腔内电磁波的光谱辐射能密度。试证明 w_ν 和由空腔小口辐射出的电磁波的黑体光谱辐射出射度 M_ν 有下述关系:

$$M_\nu = \frac{c}{4} w_\nu$$

式中 c 为光在真空中的速率。

*26.9 试对式(26.3)求导,证明维恩位移律

$$\nu_m = C_\nu T$$

(提示:求导后说明 ν_m/T 为常量即可,不要求求 C_ν 的值。)

*26.10 试根据式(26.5)将式(26.3)积分,证明斯特藩-玻耳兹曼定律

$$M = \sigma T^4$$

(提示:由定积分说明 M/T^4 为常量即可,不要求求 σ 的值。)

26.11 铝的逸出功是 4.2 eV,今用波长为 200 nm 的光照射铝表面,求:
(1) 光电子的最大动能;
(2) 截止电压;
(3) 铝的红限波长。

26.12 银河系间宇宙空间内星光的能量密度为 10^{-15} J/m³,相应的光子数密度多大?假定光子平均波长为 500 nm。

26.13 在距功率为 1.0 W 的灯泡 1.0 m 远的地方垂直于光线放一块钾片(逸出功为 2.25 eV)。钾片中一个电子要从光波中收集到足够的能量以便逸出,需要多长时间?假设一个电子能收集入射到半径为 1.3×10^{-10} m(钾原子半径)的圆面积上的光能量。(注意,实际的光电效应的延迟时间不超过 10^{-9} s!)

*26.14 在实验室参考系中一光子能量为 5 eV,一质子以 $c/2$ 的速度和此光子沿同一方向运动。求在此质子参考系中,此光子的能量多大?

26.15 入射的 X 射线光子的能量为 0.60 MeV,被自由电子散射后波长变化了 20%。求反冲电子的动能。

26.16 一个静止电子与一能量为 4.0×10^3 eV 的光子碰撞后,它能获得的最大动能是多少?

*26.17 用动量守恒定律和能量守恒定律证明:一个自由电子不能一次完全吸收一个光子。

*26.18 一能量为 5.0×10^4 eV 的光子与一动能为 2.0×10^4 eV 的电子发生正碰,碰后光子向后折回。求碰后光子和电子的能量各是多少?

26.19 电子和光子各具有波长 0.20 nm,它们的动量和总能量各是多少?

26.20 室温(300 K)下的中子称为热中子。求热中子的德布罗意波长。

26.21 一电子显微镜的加速电压为 40 keV,经过这一电压加速的电子的德布罗意波长是多少?

*26.22 试重复德布罗意的运算。将式(26.23)和式(26.24)中的质量用相对论质量 $\left(m=m_0\big/\sqrt{1-\dfrac{v^2}{c^2}}\right)$ 代入，然后利用公式 $v_g = \dfrac{d\omega}{dk} = \dfrac{d\nu}{d(1/\lambda)}$ 证明：德布罗意波的群速度 v_g 等于粒子的运动速度 v。

26.23 德布罗意关于玻尔角动量量子化的解释。以 r 表示氢原子中电子绕核运行的轨道半径，以 λ 表示电子波的波长。氢原子的稳定性要求电子在轨道上运行时电子波应沿整个轨道形成整数波长(图26.20)。试由此并结合德布罗意公式式(26.24)导出电子轨道运动的角动量应为

$$L = m_e r v = n\hbar, \quad n=1,2,\cdots$$

这正是当时已被玻尔提出的电子轨道角动量量子化的假设。

26.24 一质量为 10^{-15} kg 的尘粒被封闭在一边长均为 $1\,\mu\text{m}$ 的方盒内(这在宏观上可以说是"精确地"确定其位置了)。根据不确定关系，估算它在此盒内的最大可能速率及它由此壁到对壁单程最少要多长时间。可以从宏观上认为它是静止的吗？

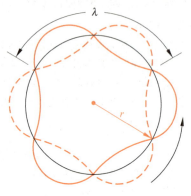

图 26.20 习题 26.23 用图

26.25 电视机显像管中电子的加速电压为 9 kV，电子枪枪口直径取 0.50 mm，枪口离荧光屏距离为 0.30 m。求荧光屏上一个电子形成的亮斑直径。这样大小的亮斑影响电视图像的清晰度吗？

26.26 卢瑟福的 α 散射实验所用 α 粒子的能量为 7.7 MeV。α 粒子的质量为 6.7×10^{-27} kg，所用 α 粒子的波长是多少？对原子的线度 10^{-10} m 来说，这种 α 粒子能像卢瑟福做的那样按经典力学处理吗？

26.27 为了探测质子和中子的内部结构，曾在斯坦福直线加速器中用能量为 22 GeV 的电子做探测粒子轰击质子。这样的电子的德布罗意波长是多少？已知质子的线度为 10^{-15} m，这样的电子能用来探测质子内部的情况吗？

26.28 证明：做戴维孙-革末那样的电子衍射实验时，电子的能量至少应为 $h^2/8m_e d^2$。如果所用镍晶体的散射平面间距 $d = 0.091$ nm，则所用电子的最小能量是多少？

26.29 铀核的线度为 7.2×10^{-15} m。
(1) 核中的 α 粒子($m_\alpha = 6.7 \times 10^{-27}$ kg)的动量值和动能值各约是多大？
(2) 一个电子在核中的动能的最小值约是多少 MeV？(电子的动能要用相对论能量动量关系计算，结果为 13.2 MeV，此值比核的 β 衰变放出的电子的动能(约 1 MeV)大得多。这说明在核中不可能存在单个的电子。β 衰变放出的电子是核内的中子衰变为质子时"临时制造"出来的。)

26.30 证明：一个质量为 m 的粒子在边长为 a 的正立方盒子内运动时，它的最小可能能量(零点能)为

$$E_{\min} = \frac{3\hbar^2}{8ma^2}$$

科学家介绍

德布罗意

(Prince Louis Victor de Broglie,1892—1987 年)

Louis de Broglie

The wave nature of the electron

Nobel Lecture, December 12, 1929

When in 1920 I resumed my studies of theoretical physics which had long been interrupted by circumstances beyond my control, I was far from the idea that my studies would bring me several years later to receive such a high and envied prize as that awarded by the Swedish Academy of Sciences each year to a scientist: the Nobel Prize for Physics. What at that time drew me towards theoretical physics was not the hope that such a high distinction would ever crown my work; I was attracted to theoretical physics by the mystery enshrouding the structure of matter and the structure of radiations, a mystery which deepened as the strange quantum concept introduced by Planck in 1900 in his research on black-body radiation continued to encroach on the whole domain of physics.

To assist you to understand how my studies developed, I must first depict for you the crisis which physics had then been passing through for some twenty years.

For a long time physicists had been wondering whether light was composed of small, rapidly moving corpuscles. This idea was put forward by the philosophers of antiquity and upheld by Newton in the 18th century. After Thomas Young's discovery of interference phenomena and following the admirable work of Augustin Fresnel, the hypothesis of a granular structure of light was entirely abandoned and the wave theory unanimously adopted. Thus the physicists of last century spurned absolutely the idea of an atomic structure of light. Although rejected by optics, the atomic theories began making great headway not only in chemistry, where they provided a simple interpretation of the laws of definite proportions, but also in the physics of matter where they made possible an interpretation of a large number of properties of solids, liquids, and gases. In particular they were instrumental in the elaboration of that admirable kinetic theory of gases which, generalized under the name of statistical mechanics, enables a clear meaning to be given to the abstract concepts of thermodynamics. Experiment also yielded decisive proof in favour of an atomic constitution of electricity; the concept of the

获诺贝尔物理奖仪式上演讲稿的首页

  法国理论物理学家德布罗意 1892 年 8 月 15 日出生于法国迪埃普的一个贵族家庭。少年时期酷爱历史和文学,在巴黎大学学习法制史,大学毕业时获历史学士学位。

  他的哥哥是法国著名的物理学家,是第一届索尔威国际物理学会议的参加者,是第二和第三届索尔威国际物理学会议的秘书。当德布罗意在哥哥处了解到现代物理学最迫近的课题后,决定从文史转到自然科学上来,用自己全部精力弄清量子的本质。

  第一次世界大战期间,德布罗意中断了物理学的研究,在法国工兵中服役,他的主要精力用在巴黎埃菲尔铁塔的无线电台上。

  1920 年开始在他哥哥的私人实验室研究 X 射线,并逐渐产生了波和粒子相结合的想法。1922 年发表了他研究绝对黑体辐射的量子理论的初步成果。1923 年关于微观世界中波粒二象性的想法已趋成熟,发表了题为《波和量子》、《光的量子,衍射和干涉》、《量子,气体动力学理论和费马原理》等三篇论文。

1924年德布罗意顺利地通过了博士论文,题目是《量子理论的研究》。文章中德布罗意把光的二象性推广到实物粒子,特别是电子上去,用

$$\lambda = \frac{h}{mv}$$

表示物质波的波长,并指出可以用晶体对电子的衍射实验加以证明。

德布罗意关于物质波的思想,几乎没有引起物理学家们的注意。但是,他的导师把他的论文寄给了爱因斯坦,立即引起了这位伟大的物理学家的重视,爱因斯坦认为他的工作"揭开了巨大帷幕的一角",他的文章是"非常值得注意的文章"。两年后奥地利物理学家薛定谔在此基础上加以数学论证,提出了著名的薛定谔方程,建立了现代物理学的基础——量子力学。

3年后,也就是1927年,美国物理学家戴维孙和革末以及英国物理学家G. P. 汤姆孙分别在实验中发现了电子衍射,证明了物质波的存在。后来德国物理学家施特恩在实验中发现了原子、分子也具有波动性,进一步证明了德布罗意物质波假设的正确性。

1929年德布罗意因对实物的波动性的发现而获得诺贝尔物理奖。在法国他享有崇高的威望。

德布罗意发表过许多著作,如《波和粒子》、《新物理学和量子》、《物质和光》、《连续和不连续》、《关于核理论的波动力学》、《知识和发现》、《波动力学和分子生物学》等。至死他仍然关心着各种最新的科学问题:基本粒子理论,原子能,控制论等。

德布罗意自己讲,他对普遍性和哲学性概念极为爱好,关于物质波的概念是他在不断探索可以把波动观点和微粒观点结合起来的一般综合概念的过程中产生的。

许多科学史专家认为,德布罗意能够作出这项发现的关键在于对动力学和光学的发展做了历史学的和方法论的分析。

从20世纪50年代开始,德布罗意对薛定谔等人在量子力学中引入概率持批评态度,他在不断寻求着波动力学的因果性解释,他认为统计理论在各个我们的实验技术不能测量的量的背后隐藏着一种完全确定的、可查明的真实性。

第27章

薛定谔方程

薛定谔方程是量子力学的基本动力学方程。本章先列出了该方程,包括不含时和含时的形式,并简要地介绍了薛定谔"建立"他的方程的思路。然后将不含时的薛定谔方程应用于无限深方势阱中的粒子、遇有势垒的粒子以及谐振子等情况。着重说明根据对波函数的单值、有限和连续的要求,由薛定谔方程可自然地得出能量量子化的结果。接着说明了隧道效应这种量子粒子不同于经典粒子的重要特征。本章最后介绍了关于谐振子的波函数和能量量子化的结论。

27.1 薛定谔得出的波动方程

德布罗意引入了和粒子相联系的波。粒子的运动用波函数 $\Psi=\Psi(x,y,z,t)$ 来描述,而粒子在时刻 t 在各处的概率密度为 $|\Psi|^2$。但是,怎样确定在给定条件(一般是给定一势场)下的波函数呢?

1925 年在瑞士,德拜(P. J. W. Debye)让他的学生薛定谔作一个关于德布罗意波的学术报告。报告后,德拜提醒薛定谔:"对于波,应该有一个波动方程。"薛定谔此前就曾注意到爱因斯坦对德布罗意假设的评论,此时又受到了德拜的鼓励,于是就努力钻研。几个月后,他就向世人拿出了一个波动方程,这就是现在大家称谓的薛定谔方程。

薛定谔方程在量子力学中的地位和作用相当于牛顿方程在经典力学中的地位和作用。用薛定谔方程可以求出在给定势场中的波函数,从而了解粒子的运动情况。作为一个基本方程,薛定谔方程不可能由其他更基本的方程推导出来。它只能通过某种方式建立起来,然后主要看所得的结论应用于微观粒子时是否与实验结果相符。薛定谔当初就是"猜"加"凑"出来的(他建立方程的步骤见本节[注])。以他的名字命名的方程[①]为(一维情形)

$$-\frac{\hbar^2}{2m}\frac{\partial^2 \Psi}{\partial x^2}+U(x,t)\Psi=\mathrm{i}\hbar\frac{\partial \Psi}{\partial t} \tag{27.1}$$

式中 $\Psi=\Psi(x,t)$ 是粒子(质量为 m)在势场 $U=U(x,t)$ 中运动的波函数。我们没有可能全面讨论式(27.1)那样的**含时薛定谔方程**(那是量子力学课程的任务),下面只着重讨论粒子

[①] 薛定谔是 1926 年发表他的方程的,该方程是**非相对论形式**的。1928 年狄拉克(P. A. M. Dirac)把该方程发展为相对论形式,可以讨论磁性、粒子的湮灭和产生等更为广泛的问题。

在恒定势场 $U=U(x)$（包括 $U(x)=$ 常量，因而粒子不受力的势场）中运动的情形。在这种情形下，式(27.1)可用分离变量法求解。作为"波"函数，应包含时间的周期函数，而此时波函数应有下述形式：

$$\Psi(x,t) = \psi(x) e^{-iEt/\hbar} \qquad (27.2)$$

式中 E 是粒子的能量。将此式代入式(27.1)，可知波函数 Ψ 的空间部分 $\psi=\psi(x)$ 应该满足的方程为

$$-\frac{\hbar^2}{2m}\frac{\partial^2 \psi}{\partial x^2} + U\psi = E\psi \qquad (27.3)$$

此方程称为**定态薛定谔方程**。本章的后几节将利用此方程说明一些粒子运动的基本特征。函数 $\psi=\psi(x)$ 叫粒子的**定态波函数**，它描写的粒子的状态叫**定态**。

关于薛定谔方程式(27.1)和式(27.3)需要说明两点。第一，它们都是**线性微分方程**。这就意味着作为它们的解的波函数或概率幅 ψ 和 Ψ 都满足叠加原理，这正是 26.6 节中提到的"量子力学第一原理"所要求的。

第二，从数学上来说，对于任何能量 E 的值，方程式(27.3)都有解，但并非对所有 E 值的解都能满足物理上的要求。这些要求最一般的是，作为有物理意义的波函数，这些解必须是**单值的**，**有限的**和**连续的**。这些条件叫做波函数的**标准条件**。令人惊奇的是，根据这些条件，由薛定谔方程"自然地"、"顺理成章地"就能得出微观粒子的重要特征——量子化条件。这些量子化条件在普朗克和玻尔那里都是"强加"给微观系统的。作为量子力学基本方程的薛定谔方程当然还给出了微观系统的许多其他奇异的性质。

对于微观粒子的三维运动，定态薛定谔方程式(27.3)的直角坐标形式为

$$-\frac{\hbar^2}{2m}\left(\frac{\partial^2 \psi}{\partial x^2} + \frac{\partial^2 \psi}{\partial y^2} + \frac{\partial^2 \psi}{\partial z^2}\right) + U\psi = E\psi \qquad (27.4)$$

相应的球坐标(图 27.1)形式为

$$-\frac{\hbar^2}{2m}\left[\frac{\partial^2 \psi}{\partial r^2} + \frac{2}{r}\frac{\partial \psi}{\partial r} + \frac{1}{r^2\sin\theta}\frac{\partial}{\partial \theta}\left(\sin\theta\frac{\partial \psi}{\partial \theta}\right) + \frac{1}{r^2\sin^2\theta}\frac{\partial^2 \psi}{\partial \varphi^2}\right] + U\psi = E\psi \qquad (27.5)$$

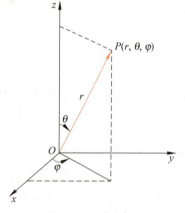

图 27.1 球坐标

其中 r 为粒子的径矢的大小，θ 为极角，φ 为方位角。

例 27.1

一质量为 m 的粒子在自由空间绕一定点做圆周运动，圆半径为 r。求粒子的波函数并确定其可能的能量值和角动量值。

解 取定点为坐标原点，圆周所在平面为 xy 平面。由于 r 和 $\theta(\theta=\pi/2)$ 都是常量，所以 ψ 只是方位角 φ 的函数。令 $\psi=\Phi(\varphi)$ 表示此波函数。又因为 $U=0$，所以粒子的薛定谔方程式(27.5)变为

$$-\frac{\hbar^2}{2mr^2}\frac{d^2\Phi}{d\varphi^2} = E\Phi$$

或

27.1 薛定谔得出的波动方程

$$\frac{d^2\Phi}{d\varphi^2} + \frac{2mr^2 E}{\hbar^2}\Phi = 0$$

这一方程类似于简谐运动的运动方程,其解为

$$\Phi = A e^{im_l \varphi} \tag{27.6}$$

其中

$$m_l = \pm \sqrt{\frac{2mr^2 E}{\hbar^2}} \tag{27.7}$$

式(27.6)是 φ 的**有限连续**函数。要使 Φ 再满足在任一给定 φ 值时为**单值**,就需要

$$\Phi(\varphi) = \Phi(\varphi + 2\pi)$$

或

$$e^{im_l \varphi} = e^{im_l(\varphi + 2\pi)}$$

由此得

$$e^{im_l 2\pi} = 1 \tag{27.8}$$

式(27.8)给出 m_l 必须是整数①,即

$$m_l = \pm 1, \pm 2, \cdots \tag{27.9}$$

为了求出式(27.6)中 A 的值,我们注意到粒子在所有 φ 值范围内的总概率为1——归一化条件,由此得

$$1 = \int_0^{2\pi} |\Phi|^2 d\varphi = \int_0^{2\pi} A^2 d\varphi = 2\pi A^2$$

于是有

$$A = \frac{1}{\sqrt{2\pi}}$$

将此值代入式(27.6),得和 m_l 相对应的定态波函数为

$$\Phi_{m_l} = \frac{1}{\sqrt{2\pi}} e^{im_l \varphi} \tag{27.10}$$

最后可得粒子的波函数为

$$\Psi_{m_l} = \Phi_{m_l} e^{i 2\pi \frac{E}{h} t} = \frac{1}{\sqrt{2\pi}} e^{i(m_l \varphi + 2\pi Et/h)} \tag{27.11}$$

由式(27.7)可得

$$E = \frac{\hbar^2}{2mr^2} m_l^2 \tag{27.12}$$

此式说明,由于 m_l 是整数,所以粒子的能量只能取离散的值。这就是说,这个做圆周运动的粒子的能量"量子化"了。在这里,能量量子化这一微观粒子的重要特征很自然地从薛定谔方程和波函数的标准条件得出了。m_l 叫做**量子数**。

根据能量和动量关系有 $p = \sqrt{2mE_k}$,而此处 $E_k = E$,再由式(27.12)可得这个做圆周运动的粒子的角动量(此角动量矢量沿 z 轴方向)为

$$L = rp = m_l \hbar \tag{27.13}$$

即角动量也量子化了,而且等于 $\hbar$ 的整数倍。

[注] 薛定谔建立他的方程的大致过程②

薛定谔注意到德布罗意波的相速与群速的区别以及德布罗意波的相速度(非相对论情形)为

$$u = \lambda \nu = \frac{E}{p} = \frac{E}{\sqrt{2mE_k}} = \frac{E}{\sqrt{2m(E-U)}} \tag{27.14}$$

---

① 由欧拉公式 $e^{im_l 2\pi} = \cos(m_l 2\pi) + i\sin(m_l 2\pi) = 1$,由此得 $\cos(m_l \cdot 2\pi) = 1$,于是 $m_l =$ 整数。
② 参看赵凯华.创立量子力学的睿智才思.大学物理,2006,25(11),5-8.

其中 m 为粒子的质量，E 为粒子的总能量，$U=U(x,y,z)$ 为粒子在给定的保守场中的势能。$\sqrt{2m(E-U)}$，于是就有式(27.14)。对于一个波，薛定谔假设其波函数 $\Psi(x,y,z,t)$ 通过一个振动因子

$$\exp[-\mathrm{i}\omega t] = \exp[-2\pi\mathrm{i}\nu t] = \exp\left[-2\pi\mathrm{i}\frac{E}{h}t\right] = \exp[-\mathrm{i}Et/\hbar]$$

和时间 t 有关，式中 $\mathrm{i}=\sqrt{-1}$ 为虚数单位。于是有

$$\Psi(x,y,z,t) = \psi(x,y,z)\exp\left[-\mathrm{i}\frac{E}{\hbar}t\right]$$

其中 $\psi(x,y,z)$ 可以是空间坐标的复函数。下面先就一维的情况进行讨论，即 Ψ 取式(27.2)那样的形式

$$\Psi(x,t) = \psi(x)\exp\left[-\mathrm{i}\frac{E}{\hbar}t\right] \tag{27.15}$$

将式(27.15)和式(27.14)代入波动方程的一般形式

$$\frac{\partial^2 \Psi}{\partial x^2} = \frac{1}{u^2}\frac{\partial^2 \Psi}{\partial t^2}$$

稍加整理，即可得

$$-\frac{\hbar}{2m}\frac{\partial^2 \psi}{\partial x^2} + U\psi = E\psi \tag{27.16}$$

式中 $\hbar = h/2\pi$。由式(27.15)可得粒子的概率密度为

$$|\Psi|^2 = \Psi\Psi^* = \psi(x)\exp\left[-\mathrm{i}\frac{E}{\hbar}t\right]\psi(x)\exp\left[\mathrm{i}\frac{E}{\hbar}t\right] = |\psi(x)|^2$$

由于此概率密度与时间无关，所以式(27.15)中的 $\psi=\psi(x)$ 称为粒子的定态波函数，而决定这一波函数的微分方程式(27.16)就是定态薛定谔方程式(27.3)。这一方程是研究原子系统的定态的基本方程。

原子系统可以从一个定态转变到另一个定态，例如氢原子的发光过程。在这一过程中，原子系统的能量 E 将发生变化。注意到这种随时间变化的情况，薛定谔认为这时 E 不应该出现在他的波动方程中。他于是用式(27.15)来消去式(27.16)中的 E。式(27.15)可换写为

$$\psi(x) = \Psi\exp\left[\mathrm{i}\frac{E}{\hbar}t\right]$$

将此式回代入式(27.16)可以得到

$$-\frac{\hbar^2}{2m}\frac{\partial^2 \Psi}{\partial x^2} + U\Psi = E\Psi \tag{27.17}$$

由式(27.15)可得

$$E\Psi = \mathrm{i}\hbar\frac{\partial \Psi}{\partial t}$$

所以由式(27.17)又可得

$$-\frac{\hbar^2}{2m}\frac{\partial^2 \Psi}{\partial x^2} + U\Psi = \mathrm{i}\hbar\frac{\partial \Psi}{\partial t}$$

式中的 U 可以推广为也是时间 t 的函数。此式就是式(27.1)。这是关于粒子运动的普遍的运动方程，是非相对论量子力学的基本方程。

从以上介绍可知，薛定谔建立他的方程时，虽然也有些"根据"，但并不是什么严格的推理过程。实际上，可以说，式(27.1)和式(27.3)都是"凑"出来的。这种根据少量的事实，半猜半推理的思维方式常常萌发出全新的概念或理论。这是一种创造性的思维方式。这种思维得出的结论的正确性主要不是靠它的"来源"，而是靠它的预言和大量事实或实验结果相符来证明的。物理学发展史上这样的例子是很多的。普朗克的量子概念，爱因斯坦的相对论，德布罗意的物质波大致都是这样。薛定谔得出他的方程后，就把它应用于氢原子中的电子，所得结论和已知的实验结果相符，而且比当时用于解释氢原子的玻尔理论更为合理和"顺畅"。这一尝试曾大大增强了他的自信，也使得当时的学者们对他的方程倍加关注，经过

玻恩、海森伯、狄拉克等诸多物理学家的努力,几年的时间内就建成了一套完整的和经典理论迥然不同的量子力学理论。

27.2 无限深方势阱中的粒子

本节讨论粒子在一种简单的外力场中做一维运动的情形,分析薛定谔方程会给出什么结果。粒子在这种外力场中的势能函数为

$$U = \begin{cases} 0, & 0 \leqslant x \leqslant a \\ \infty, & x < 0, x > a \end{cases} \quad (27.18)$$

这种势能函数的势能曲线如图 27.2 所示。由于图形像井,所以这种势能分布叫**势阱**。图 27.2 中的井深无限,所以叫**无限深方势阱**。在阱内,由于势能是常量,所以粒子不受力而做自由运动,在边界 $x=0$ 和 a 处,势能突然增至无限大,所以粒子会受到无限大的指向阱内的力。因此,粒子的位置就被限制在阱内,粒子这时的状态称为**束缚态**。

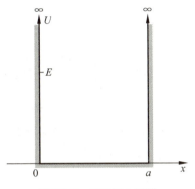

图 27.2 无限深方势阱

势阱是一种简单的理论模型。自由电子在金属块内部可以自由运动,但很难逸出金属表面。这种情况下,自由电子就可以认为是处于以金属块表面为边界的无限深势阱中。在粗略地分析自由电子的运动(不考虑点阵离子的电场)时,就可以利用无限深方势阱这一模型。

为研究粒子的运动,利用薛定谔方程式(27.3)

$$-\frac{\hbar^2}{2m}\frac{\partial^2 \psi}{\partial x^2} + U\psi = E\psi$$

在势阱外,即 $x<0$ 和 $x>a$ 的区域,由于 $U=\infty$,所以必须有

$$\psi = 0, \quad x < 0 \text{ 和 } x > a \quad (27.19)$$

否则式(27.3)将给不出任何有意义的解。$\psi=0$ 说明粒子不可能到达这些区域,这是和经典概念相符的。

在势阱内,即 $0 \leqslant x \leqslant a$ 的区域,由于 $U=0$,式(27.3)可写成

$$\frac{\partial^2 \psi}{\partial x^2} = -\frac{2mE}{\hbar^2}\psi = -k^2\psi \quad (27.20)$$

式中

$$k = \sqrt{2mE}/\hbar \quad (27.21)$$

式(27.20)和简谐运动的微分方程式(16.11)形式上一样,其解应为

$$\psi = A\sin(kx + \varphi), \quad 0 \leqslant x \leqslant a \quad (27.22)$$

由式(27.19)和式(27.22)分别表示的在各区域的解在各区域内显然是单值而有限且连续的,但整个波函数还被要求在 $x=0$ 和 $x=a$ 处是连续的,即在 $x=0$ 处应有

$$A\sin\varphi = 0 \quad (27.23)$$

而在 $x=a$ 处应有

$$A\sin(ka+\varphi)=0 \tag{27.24}$$

式(27.23)给出 $\varphi=0$，于是式(27.24)又给出

$$ka=n\pi, \quad n=1,2,3,\cdots \tag{27.25}$$

将此结果代入式(27.22)，可得

$$\psi=A\sin\frac{n\pi}{a}x, \quad n=1,2,3,\cdots \tag{27.26}$$

振幅 A 的值，可以根据**归一化条件**，即粒子在空间各处的概率的总和应该等于1，来求得。利用概率和波函数的关系分区积分可得

$$1=\int_{-\infty}^{+\infty}|\psi|^2\mathrm{d}x=\int_{-\infty}^{0}|\psi|^2\mathrm{d}x+\int_{0}^{a}|\psi|^2\mathrm{d}x+\int_{a}^{+\infty}|\psi|^2\mathrm{d}x$$

$$=\int_{0}^{a}A^2\sin^2\frac{n\pi}{a}x=\frac{a}{2}A^2$$

由此得

$$A=\sqrt{2/a} \tag{27.27}$$

于是，最后得粒子在无限深方势阱中的波函数为

$$\psi_n=\sqrt{\frac{2}{a}}\sin\frac{n\pi}{a}x, \quad n=1,2,3,\cdots \tag{27.28}$$

n 等于某个整数，ψ_n 表示粒子的相应的定态波函数，相应的粒子的能量可以由式(27.21)代入式(27.25)求出，即有

$$E_n=\frac{\pi^2\hbar^2}{2ma^2}n^2, \quad n=1,2,3,\cdots \tag{27.29}$$

式中 n 只能取整数值。这样，根据标准条件的要求由薛定谔方程就自然地得出：束缚在势阱内的粒子的能量只能取**离散**的值，即**能量是量子化**的。每一个能量值对应于一个**能级**。这些能量值称为**能量本征值**，而 n 称为**量子数**。

将式(27.28)代入式(27.2)，即可得全部波函数为

$$\Psi_n=\psi_n\exp(-2\pi\mathrm{i}E_n t/h) \tag{27.30}$$

这些波函数叫做**能量本征波函数**。由每个本征波函数所描述的粒子的状态称为粒子的**能量本征态**，其中能量最低的态称为**基态**，其上的能量较大的系统称为**激发态**。

式(27.26)所表示的波函数和坐标的关系如图27.3中的实线所示。图中虚线表示相应的 $|\psi_n|^2$-x 关系，即概率密度与坐标的关系。注意，这里由粒子的波动性给出的概率密度的周期性分布和经典粒子的完全不同。按经典理论，粒子在阱内来来回回自由运动，在各处的概率密度应该是相等的，而且与粒子的能量无关。

和经典粒子不同的另一点是，由式(27.29)知，量子粒子的最小能量，即基态能量为 $E_1=\pi^2\hbar^2/(2ma^2)$，不等于零。这是符合不确定关系的，因为量子粒子在有限空间内运动，其速度不可能为零，而经典粒子可能处于静止的能量为零的最低能态。

由式(27.29)可以得到粒子在势阱中运动的动量为

$$p_n=\pm\sqrt{2mE_n}=\pm n\frac{\pi\hbar}{a}=\pm k\hbar \tag{27.31}$$

相应地，粒子的德布罗意波长为

$$\lambda_n=\frac{h}{p_n}=\frac{2a}{n}=\frac{2\pi}{k} \tag{27.32}$$

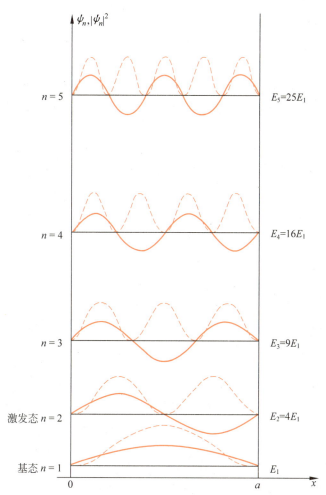

图 27.3 无限深方势阱中粒子的能量本征函数 ψ_n（实线）及概率密度 $|\psi_n|^2$（虚线）与坐标的关系

此波长也量子化了，它只能是势阱宽度两倍的整数分之一。这使我们回想起两端固定的弦中产生驻波的情况。图 27.3 和图 21.25 是一样的，而式(27.32)和式(21.39)相同。因此可以说，**无限深方势阱中粒子的每一个能量本征态对应于德布罗意波的一个特定波长的驻波。**

例 27.2

在核内的质子和中子可粗略地当成是处于无限深势阱中而不能逸出，它们在核中的运动也可以认为是自由的。按一维无限深方势阱估算，质子从第 1 激发态($n=2$)到基态($n=1$)转变时，放出的能量是多少 MeV？核的线度按 1.0×10^{-14} m 计。

解 由式(27.29)，质子的基态能量为

$$E_1 = \frac{\pi^2 \hbar^2}{2m_p a^2} = \frac{\pi^2 \times (1.05 \times 10^{-34})^2}{2 \times 1.67 \times 10^{-27} \times (1.0 \times 10^{-14})^2}$$
$$= 3.3 \times 10^{-13} \text{(J)}$$

第 1 激发态的能量为

$$E_2 = 4E_1 = 13.2 \times 10^{-13} \text{(J)}$$

从第 1 激发态转变到基态所放出的能量为

$$E_2 - E_1 = 13.2 \times 10^{-13} - 3.3 \times 10^{-13}$$
$$= 9.9 \times 10^{-13} \text{(J)} = 6.2 \text{(MeV)}$$

实验中观察到的核的两定态之间的能量差一般就是几 MeV,上述估算和此事实大致相符。

例 27.3

根据叠加原理,几个波函数的叠加仍是一个波函数。假设在无限深方势阱中的粒子的一个叠加态是由基态和第 1 激发态叠加而成,前者的波函数为其概率幅的 $1/2$,后者的波函数为其概率幅的 $\sqrt{3}/2$(这意味着基态概率是 $1/4$,第 1 激发态的概率为 $3/4$)。试求这一叠加态的概率分布。

解 由于基态和第 1 激发态的波函数分别是

$$\Psi_1 = \Psi_{e1} = \sqrt{\frac{2}{a}} \cos\left(\frac{\pi}{a}x\right) e^{-iE_1 t/\hbar}$$

$$\Psi_2 = \Psi_{o2} = \sqrt{\frac{2}{a}} \sin\left(\frac{2\pi}{a}x\right) e^{-iE_2 t/\hbar}$$

所以题设叠加态的波函数为

$$\Psi_{12} = \frac{1}{2}\Psi_1 + \frac{\sqrt{3}}{2}\Psi_2 = \frac{1}{2}\sqrt{\frac{2}{a}} \cos\left(\frac{\pi}{a}x\right) e^{-iE_1 t/\hbar} + \frac{\sqrt{3}}{2}\sqrt{\frac{2}{a}} \sin\left(\frac{2\pi}{a}x\right) e^{-iE_2 t/\hbar}$$

这一叠加态的概率分布为

$$P_{12} = |\Psi_{12}|^2$$
$$= \left[\frac{1}{2}\sqrt{\frac{2}{a}} \cos\left(\frac{\pi}{a}x\right) e^{-iE_1 t/\hbar} + \frac{\sqrt{3}}{2}\sqrt{\frac{2}{a}} \sin\left(\frac{2\pi}{a}x\right) e^{-iE_2 t/\hbar}\right]$$
$$\times \left[\frac{1}{2}\sqrt{\frac{2}{a}} \cos\left(\frac{\pi}{a}x\right) e^{iE_1 t/\hbar} + \frac{\sqrt{3}}{2}\sqrt{\frac{2}{a}} \sin\left(\frac{2\pi}{a}x\right) e^{iE_2 t/\hbar}\right]$$
$$= \frac{1}{2a}\cos^2\left(\frac{\pi}{a}x\right) + \frac{3}{2a}\sin^2\left(\frac{2\pi}{a}x\right) + \frac{\sqrt{3}}{2a}\cos\left(\frac{\pi}{a}x\right)\sin\left(\frac{2\pi}{a}x\right)\left[e^{i(E_2-E_1)t/\hbar} + e^{-i(E_2-E_1)t/\hbar}\right]$$
$$= \frac{1}{2a}\cos^2\left(\frac{\pi}{a}x\right) + \frac{3}{2a}\sin^2\left(\frac{2\pi}{a}x\right) + \frac{\sqrt{3}}{a}\cos\left(\frac{\pi}{a}x\right)\sin\left(\frac{2\pi}{a}x\right)\cos\left[(E_2-E_1)t/\hbar\right]$$

注意,这一结果的前两项与时间无关,而第三项则是一个频率为 $\omega = (E_2 - E_1)/\hbar$ 的振动项。因此,这一叠加态**不是**定态。概率分布的这一振动项(出自两定态波函数相乘的交叉项)给出量子力学对电磁波发射的解释。两个定态的叠加表示粒子从一个态过渡或跃迁到另一个态。如果粒子是带电的,上述结果中的振动项就表示一个振动的电荷分布,相当于一个振动电偶极子。这个振动电偶极子将向外发射电磁波或光子。此电磁波的频率就是 $\omega = (E_2 - E_1)/\hbar$,而相应光子的能量 $\varepsilon = h\nu = \hbar\omega = E_2 - E_1$。这正是玻尔当初提出的原子发光的频率条件。在玻尔那里,这条件是一个"假设",在量子力学中它却是理论的一个逻辑推论。不仅如此,量子力学还可以给出粒子在两定态之间的跃迁概率,从而对所发出的电磁波的强度做出定量的解释。

27.3 势垒穿透

让我们考虑"半无限深方势阱"中的粒子。这势阱的势能函数为

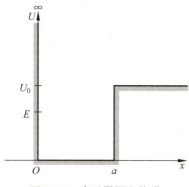

图 27.4 半无限深方势阱

$$U = \begin{cases} \infty, & x < 0 \\ 0, & 0 \leqslant x \leqslant a \\ U_0, & x > a \end{cases} \quad (27.33)$$

势能曲线如图 27.4 所示。

在 $x<0$ 而 $U=\infty$ 的区域,粒子的波函数 $\psi=0$。

在阱内部,即 $0 \leqslant x \leqslant a$ 的区域,粒子具有小于 U_0 的能量 E。薛定谔方程和式(27.20)一样,为

$$\frac{\partial^2 \psi}{\partial x^2} = -\frac{2mE}{\hbar^2}\psi = -k^2\psi \quad (27.34)$$

式中 $k = \sqrt{2mE}/\hbar$。此式的解仍具有式(27.22)的形式,即

$$\psi = A\sin(kx + \varphi) \quad (27.35)$$

在 $x>a$ 的区域,薛定谔方程式(27.3)可写成

$$\frac{\partial^2 \psi}{\partial x^2} = \frac{2m}{\hbar^2}(U_0 - E)\psi = k'^2\psi \quad (27.36)$$

其中

$$k' = \sqrt{2m(U_0 - E)}/\hbar \quad (27.37)$$

式(27.36)的解一般应为

$$\psi = Ce^{-k'x} + De^{k'x}$$

其中 C,D 为常数。为了满足 $x \to \infty$ 时,波函数有限的条件,必须 $D=0$。于是得

$$\psi = Ce^{-k'x} \quad (27.38)$$

为了满足此波函数在 $x=a$ 处连续,由式(27.35)和式(27.38)得出

$$A\sin(ka + \varphi) = Ce^{-k'a} \quad (27.39)$$

此外,$d\psi/dx$ 在 $x=a$ 处也应连续(否则 $d^2\psi/dx^2$ 将变为无限大而与式(27.34)和式(27.36)表明的 $d^2\psi/dx^2$ 有限相矛盾),因而又有

$$kA\cos(ka + \varphi) = -k'Ce^{-k'a} \quad (27.40)$$

式(27.39)和式(27.40)将给出:对于束缚在阱内的粒子(即 $E<U_0$),**其能量也是量子化的**,不过其能量的本征值不再能用式(27.29)表示。由于数学过程较为复杂,我们不再讨论其能量本征值的具体数值。这里只想着重指出,式(27.38)说明,在 $x>a$ 而势能有限的区域,粒子出现的概率**不为零**,即粒子在运动中可能到达这一区域,不过到达的概率随 x 的增大而按指数规律减小。粒子处于可能的基态和第 1,2 激发态(U_0 太小时,粒子不能被束缚在阱内)的波函数如图 27.5 中的实线所示,虚线表示粒子的概率密度分布。

在这里我们又一次看到量子力学给出的结

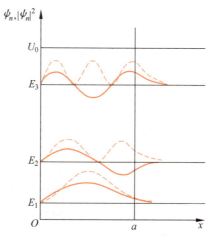

图 27.5 半无限深方势阱中粒子的波函数 ψ_n（实线）与概率密度 $|\psi_n|^2$（虚线）分布

果与经典力学给出的不同。不但处于束缚态的粒子的能量量子化了,而且还需注意的是,在 $E<U_0$ 的情况下,按经典力学,粒子只能在阱内(即 $0<x<a$)运动,不可进入其能量小于势能的 $x>a$ 的区域,因为在这一区域粒子的动能 $E_k(E_k=E-U_0)$ 将为负值。这在经典力学中是不可能的。但是,量子力学理论给出,在其势能大于其总能量的区域内,如图 27.5 所示,粒子仍有一定的概率密度,即粒子可以进入这一区域,虽然这概率密度是按指数规律随进入该区域的深度而很快减小的。

怎样理解量子力学给出的这一结果呢?为什么粒子的动能可能有负值呢?这要归之于不确定关系。根据式(27.38),粒子在 $E<U_0$ 的区域的概率密度为 $|\psi|^2 = C^2 e^{-2k'x}$。$x=1/2k'$ 可以看做粒子进入该区域的典型深度,在此处发现粒子的概率已降为 $1/e$。这一距离可以认为是在此区域内发现粒子的位置不确定度,即

$$\Delta x = \frac{1}{2k'} = \frac{\hbar}{2\sqrt{2m(U_0-E)}} \tag{27.41}$$

根据不确定关系,粒子在这段距离内的动量不确定度为

$$\Delta p \geqslant \frac{\hbar}{\Delta x} = \sqrt{2m(U_0-E)} \tag{27.42}$$

粒子进入的速度可认为是

$$v = \Delta v = \frac{\Delta p}{m} \geqslant \sqrt{\frac{2(U_0-E)}{m}} \tag{27.43}$$

于是粒子进入的时间不确定度为

$$\Delta t = \frac{\Delta x}{v} \leqslant \frac{\hbar}{4(U_0-E)} \tag{27.44}$$

由此,按能量-时间的不确定关系式,粒子能量的不确定度为

$$\Delta E \geqslant \frac{\hbar}{2\Delta t} \geqslant 2(U_0-E) \tag{27.45}$$

这时,粒子的总能量将为 $E+\Delta E$,而其动能的不确定度为

$$\Delta E_k = E + \Delta E - U_0 \geqslant U_0 - E \tag{27.46}$$

这就是说,粒子在到达的区域内,其动能的不确定度大于其名义上的负动能的值。因此,负动能被不确定关系"掩盖"了,它只是一种观察不到的"虚"动能。这和实验中能观察到的能量守恒并不矛盾。(上述关于式(27.46)的计算有些巧合,它实质上是说明薛定谔方程给出的粒子的行为是符合量子力学不确定关系的要求的。)

由于粒子可以进入 $U_0>E$ 的区域,如果这一高势能区域是有限的,即粒子在运动中为一**势垒**所阻(如图 27.6 所示),则粒子就有可能穿过势垒而到达势垒的另一侧。这一量子力学现象叫做**势垒穿透**或**隧道效应**。

隧道效应的一个例子是 α 粒子从放射性核中逸出,即 α 衰变。如图 27.7 所示,核半径为 R,α 粒子在核内由于核力的作用其势能是很低的。在核边界上有一个因库仑力而产生的势垒。对 ^{238}U 核,这一库仑势垒可高达 35 MeV,而这种核在 α 衰变过程中放出的 α 粒子的能量 $E_α$ 不过 4.2 MeV。理论计算表明,这些 α 粒子就是通过隧道效应穿透库仑势垒而跑出的。

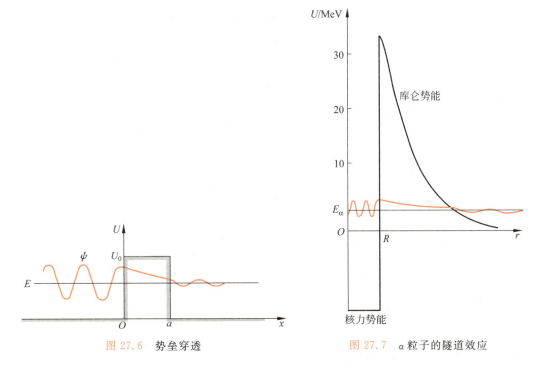

图 27.6　势垒穿透　　　　　图 27.7　α粒子的隧道效应

黑洞的边界是一个物质(包括光)只能进不能出的"单向壁"。这单向壁对黑洞内的物质来说就是一个绝高的势垒。理论物理学家霍金(S. W. Hawking)认为黑洞并不是绝对黑的。黑洞内部的物质能通过量子力学隧道效应而逸出。但他估计,这种过程很慢。一个质量等于太阳质量的黑洞温度约为 10^{-6} K,约需 10^{67} a 才能完全"蒸发"消失。不过据信有一些微型黑洞(质量大约是太阳质量的 10^{-20} 倍)产生于宇宙大爆炸初期,经过 2×10^{10} a 到现在已经蒸发完了。

热核反应所释放的核能是两个带正电的核,如 ^{2}H 和 ^{3}H,聚合时产生的。这两个带正电的核靠近时将为库仑斥力所阻,这斥力的作用相当于一个高势垒。^{2}H 和 ^{3}H 就是通过隧道效应而聚合到一起的。这些核的能量越大,它们要穿过的势垒厚度越小,聚合的概率就越大。这就是为什么热核反应需要高达 10^8 K 的高温的原因。

隧道效应的一个重要的实际应用是扫描隧穿显微镜,用它可以观测固体表面原子排列的状况,其详细原理可参看"物理学与现代技术 I 扫描隧穿显微镜"。

在《聊斋志异》中,蒲松龄讲述了一个故事,说的是一个崂山道士能够穿墙而过(图 27.8)。这虽然是虚妄之谈,但从量子力学的观点来看,也还不能说是完全没有道理吧!只不过是概率"小"了一些。

势垒穿透现象目前的一个重要应用是**扫描隧穿显微镜**,简称 STM。它的设备和原理示意图如图 27.9 所示。

在样品的表面有一表面势垒阻止内部的电子向外运动。但正如量子力学所指出的那样,表面内的电子能够穿过这表面势垒,到达表面外形成一层电子云。这层电子云的密度随着与表面的距离的增大而按指数规律迅速减小。这层电子云的纵向和横向分布由样品表面的微观结构决定,STM 就是通过显示这层电子云的分布而考察样品表面的微观结构的。

使用 STM 时,先将探针推向样品,直至二者的电子云略有重叠为止。这时在探针和样

图 27.8　崂山道士穿墙而过

品间加上电压,电子便会通过电子云形成隧穿电流。由于电子云密度随距离迅速变化,所以隧穿电流对针尖与表面间的距离极其敏感。例如,距离改变一个原子的直径,隧穿电流会变化 1000 倍。当探针在样品表面上方全面横向扫描时,根据隧穿电流的变化利用一反馈装置控制针尖与表面间保持一恒定的距离。把探针尖扫描和起伏运动的数据送入计算机进行处理,就可以在荧光屏或绘图机上显示出样品表面的三维图像,和实际尺寸相比,这一图像可放大到 1 亿倍。

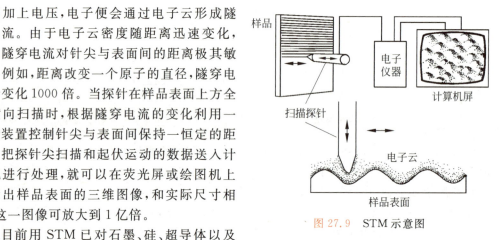

图 27.9　STM 示意图

目前用 STM 已对石墨、硅、超导体以及纳米材料等的表面状况进行了观察,取得了很好的结果。图 27.10 是 STM 的石墨表面碳原子排列的计算机照片。

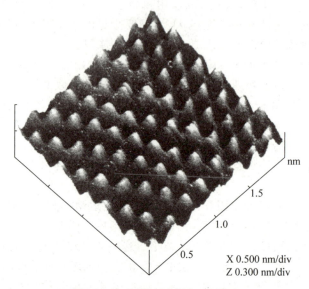

图 27.10　石墨表面的 STM 照片

STM 不但可以当作"眼"来观察材料表面的细微结构，而且可以用作"手"来摆弄单个原子。可以用它的探针尖吸住一个孤立原子，然后把该原子放到另一个位置。这就迈出了人类用单个原子这样的"砖块"来建造"大厦"即各种理想材料的第一步。图 27.11 是 IBM 公司的科学家精心制作的"量子围栏"的计算机照片。他们在 4 K 的温度下用 STM 的针尖一个个地把 48 个铁原子"栽"到了一块精制的铜表面上，围成一个圆圈，圈内就形成了一个势阱，把在该处铜表面运动的电子圈了起来。图中圈内的圆形波纹就是这些电子的波动图景，它的大小及图形和量子力学的预言符合得非常好。

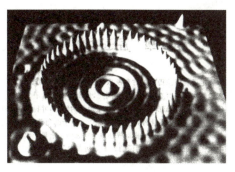

图 27.11　量子围栏照片

27.4　谐振子

本节讨论粒子在略为复杂的势场中做一维运动的情形，即谐振子的运动。这也是一个很有用的模型，固体中原子的振动就可以用这种模型加以近似地研究。

一维谐振子的势能函数为

$$U = \frac{1}{2}kx^2 = \frac{1}{2}m\omega^2 x^2 \tag{27.47}$$

其中 $\omega = \sqrt{k/m}$ 是振子的固有角频率，m 是振子的质量，k 是振子的等效劲度系数。将此式代入式(27.3)，可得一维谐振子的薛定谔方程为

$$\frac{d^2\psi}{dx^2} + \frac{2m}{\hbar^2}\left(E - \frac{1}{2}m\omega^2 x^2\right)\psi = 0 \tag{27.48}$$

这是一个变系数的常微分方程，求解较为复杂(最简单的情况参看习题 27.10)。因此我们将不再给出波函数的解析式，只是着重指出：为了使波函数 ψ 满足单值、有限和连续的标准条件，谐振子的能量只能是

$$E_n = \left(n + \frac{1}{2}\right)\hbar\omega = \left(n + \frac{1}{2}\right)h\nu, \quad n = 0, 1, 2, \cdots \tag{27.49}$$

这说明，谐振子的能量也只能取离散的值，即也是量子化的，n 就是相应的量子数。和无限深方势阱中粒子的能级不同的是，谐振子的能级是等间距的。

谐振子的能量量子化概念是普朗克首先提出的(见式(26.4))。但在普朗克那里，这种能量量子化是一个大胆的有创造性的假设。在这里，它成了量子力学理论的一个自然推论。从量上说，式(26.4)和式(27.49)还有不同。式(26.4)给出的谐振子的最低能量为零，这符合经典概念，即认为粒子的最低能态为静止状态。但式(27.49)给出的最低能量为 $\frac{1}{2}h\nu$，这意味着微观粒子不可能完全静止。这是波粒二象性的表现，它满足不确定关系的要求(参看例 26.11)。这一谐振子的最低能量叫**零点能**。

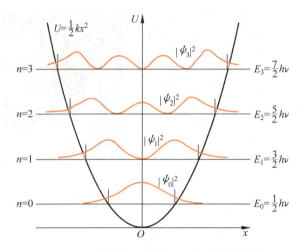

图 27.12　一维谐振子的能级和概率密度分布图

图 27.12 中画出了谐振子的势能曲线、能级以及概率密度与 x 的关系曲线。由图中可以看出,在任一能级上,在势能曲线 $U=U(x)$ 以外,概率密度并不为零。这也表示了微观粒子运动的这一特点:它在运动中有可能进入势能大于其总能量的区域,这在经典理论看来是不可能出现的。

例 27.4

设想一质量为 $m=1$ g 的小珠子悬挂在一个小轻弹簧下面做振幅为 $A=1$ mm 的谐振动。弹簧的劲度系数为 $k=0.1$ N/m。按量子理论计算,此弹簧振子的能级间隔多大?和它现有的振动能量对应的量子数 n 是多少?

解　弹簧振子的角频率是

$$\omega = \sqrt{\frac{k}{m}} = \sqrt{\frac{0.1}{10^{-3}}} = 10 \text{ (s}^{-1})$$

据式(27.49),能级间隔为

$$\Delta E = \hbar\omega = 1.05 \times 10^{-34} \times 10 = 1.05 \times 10^{-33} \text{ (J)}$$

振子现有的能量为

$$E = \frac{1}{2}kA^2 = \frac{1}{2} \times 0.1 \times (10^{-3})^2 = 5 \times 10^{-8} \text{ (J)}$$

再由式(27.49)可知相应的量子数

$$n = \frac{E}{\hbar\omega} - \frac{1}{2} = 4.7 \times 10^{25}$$

这说明,用量子的概念,宏观谐振子是处于能量非常高的状态的。相对于这种状态的能量,两个相邻能级的间隔 ΔE 是完全可以忽略的。因此,当宏观谐振子的振幅发生变化时,它的能量将连续地变化。这就是经典力学关于谐振子能量的结论。

提要

1. 薛定谔方程（一维）

$$-\frac{\hbar^2}{2m}\frac{\partial^2 \Psi}{\partial x^2}+U\Psi = i\hbar\frac{\partial \Psi}{\partial t}, \quad \Psi=\Psi(x,t)$$

定态薛定谔方程

$$-\frac{\hbar^2}{2m}\frac{\partial^2 \psi}{\partial x^2}+U\psi = E\psi$$

波函数 $\Psi=\psi(x)\mathrm{e}^{-iEt/\hbar}$，其中 $\psi(x)$ 为定态波函数。

以上微分方程的线性表明波函数 $\Psi=\Psi(x,t)$ 和定态波函数 $\psi=\psi(x)$ 都服从叠加原理。

波函数必须满足的标准物理条件：单值，有限，连续。

2. 一维无限深方势阱中的粒子

能量量子化：

$$E=\frac{\pi^2 \hbar^2}{2ma^2}n^2, \quad n=1,2,3,\cdots$$

概率密度分布不均匀。

德布罗意波长量子化：

$$\lambda_n = 2a/n = \frac{2\pi}{k}$$

此式类似于经典的两端固定的弦驻波。

3. 势垒穿透

微观粒子可以进入其势能（有限的）大于其总能量的区域，这是由不确定关系决定的。

在势垒有限的情况下，粒子可以穿过势垒到达另一侧，这种现象又称隧道效应。

4. 谐振子

能量量子化：

$$E=\left(n+\frac{1}{2}\right)h\nu, \quad n=0,1,2,3,\cdots$$

零点能：

$$E_0 = \frac{1}{2}h\nu$$

思考题

27.1 薛定谔方程是通过严格的推理过程导出的吗？

27.2 薛定谔方程怎样保证波函数服从叠加原理？

27.3 什么是波函数必须满足的标准条件？

27.4 波函数归一化是什么意思？

27.5 从图 27.3、图 27.5 和图 27.12 分析,粒子在势阱中处于基态时,除边界外,它的概率密度为零的点有几处?在激发态中,概率密度为零的点又有几处?这种点的数目和量子数 n 有什么关系?

27.6 在势能曲线如图 27.13 所示的一维阶梯式势阱中能量为 $E_5(n=5)$ 的粒子,就 O—a 和 $-a$—O 两个区域比较,它的波长在哪个区域内较大?它的波函数的振幅又在哪个区域内较大?

27.7 本章讨论的势阱中的粒子(包括谐振子)处于激发态时的能量都是完全确定的——没有不确定量。这意味着粒子处于这些激发态的寿命将为多长?它们自己能从一个态跃迁到另一态吗?

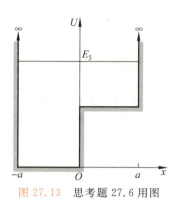

图 27.13 思考题 27.6 用图

习 题

27.1 一个细胞的线度为 10^{-5} m,其中一粒子质量为 10^{-14} g。按一维无限深方势阱计算,这个粒子的 $n_1=100$ 和 $n_2=101$ 的能级和它们的差各是多大?

27.2 一个氧分子被封闭在一个盒子内。按一维无限深方势阱计算,并设势阱宽度为 10 cm。

(1) 该氧分子的基态能量是多大?

(2) 设该分子的能量等于 $T=300$ K 时的平均热运动能量 $\frac{3}{2}kT$,相应的量子数 n 的值是多少?这第 n 激发态和第 $n+1$ 激发态的能量差是多少?

*__27.3__ 在如图 27.14 所示的无限深斜底势阱中有一粒子。试画出它处于 $n=5$ 的激发态时的波函数曲线。

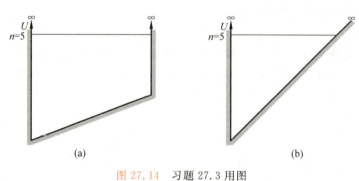

图 27.14 习题 27.3 用图

27.4 一粒子在一维无限深方势阱中运动而处于基态。从阱宽的一端到离此端 1/4 阱宽的距离内它出现的概率多大?

*__27.5__ 一粒子在一维无限深方势阱中运动,波函数如式(27.28)表示。求 x 和 x^2 的平均值。

*__27.6__ 证明:如果 $\Psi_m(x,t)$ 和 $\Psi_n(x,t)$ 为一维无限深方势阱中粒子的两个不同能态的波函数,则

$$\int_0^a \Psi_m^*(x,t)\Psi_n(x,t)\mathrm{d}x = 0$$

此结果称为波函数的**正交性**。它对任何量子力学系统的任何两个能量本征波函数都是成立的。

27.7 在一维盒子(图 27.2)中的粒子,在能量本征值为 E_n 的状态中,对盒子的壁的作用力多大?

27.8 一维无限深方势阱中的粒子的波函数在边界处为零。这种定态物质波相当于两端固定的弦中的驻波,因而势阱宽度 a 必须等于德布罗意波的半波长的整数倍。试由此求出粒子能量的本征值为

$$E_n = \frac{\pi^2 \hbar^2}{2ma^2} n^2$$

27.9 一粒子处于一正立方盒子中，盒子边长为 a。试利用驻波概念导出粒子的能量为

$$E = \frac{\pi^2 \hbar^2}{2ma^2}(n_x^2 + n_y^2 + n_z^2)$$

其中 n_x, n_y, n_z 为相互独立的正整数。

27.10 谐振子的基态波函数为 $\psi = Ae^{-ax^2}$，其中 A, a 为常量。将此式代入式(27.48)，试根据所得出的式子在 x 为任何值时均成立的条件导出谐振子的零点能为

$$E_0 = \frac{1}{2} h\nu$$

27.11 H_2 分子中原子的振动相当于一个谐振子，其等效劲度系数为 $k = 1.13 \times 10^3$ N/m，质量为 $m = 1.67 \times 10^{-27}$ kg。此分子的能量本征值（以 eV 为单位）为何？当此谐振子由某一激发态跃迁到相邻的下一激发态时，所放出的光子的能量和波长各是多少？

科学家介绍

薛 定 谔
（E. Schrödinger，1887—1961 年）

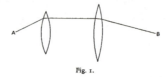

获诺贝尔物理奖演讲稿的首页

　　奥地利物理学家薛定谔1887年8月12日出生于奥地利首都维也纳。父亲是漆布厂企业主，幼年时受到很好的培养和教育。由于他聪明过人，基础好，上学后在班上始终名列前茅。

　　薛定谔23岁时获哲学博士。后来担任实验物理方面的工作，受到很好的实际锻炼。

　　第一次世界大战期间，薛定谔参军服役，担任炮兵军官。在此期间，他仍用零星时间阅读专业文献，1916年在广义相对论刚刚发表后，他就以极大的兴趣阅读了这篇论文。

　　战后，先在维也纳物理研究所工作，后到耶鲁大学任讲师，并做实验物理学家M.玻恩的助手。

　　1921年任苏黎世大学教授。1924年受德布罗意物质波理论的影响，着手把物质波概念用于束缚电子，以改进玻尔的原子模型。起初，薛定谔把相对论力学用于电子的运动，但因未考虑电子的自旋，结果与实验不符。1926年薛定谔发表了他的非相对论形式的研究结果,提出了著名的薛定谔方程,建立了新型的量子理论。

1927年受聘去柏林大学接替普朗克的职务,任理论物理学教授。在此,他经常和普朗克、爱因斯坦等探讨理论物理中的重大疑难问题。

英国理论物理学家狄拉克,考虑了电子的自旋和氢原子能级的精细结构,于1928年提出了相对论性的运动方程——狄拉克方程,对量子论的发展作出了突出的贡献。

1933年,薛定谔和狄拉克分享了该年度的诺贝尔物理奖。

1938年,薛定谔受爱尔兰首相瓦列拉的邀请去爱尔兰,建立了一个高级研究所。在这里,他专心致志从事科学研究工作达17年之久。在这期间,他进一步发展了波动力学,同时还研究宇宙论和统一场论。

1956年,在他70岁高龄时返回维也纳。维也纳大学的物理研究所为他提供了一个特设研究室,他继续进行研究,直到逝世。

薛定谔除了在量子力学方面的重大贡献和相对论以及统一场论等方面的工作外,他还把量子力学理论应用到生命现象中,发展了生物物理这一边缘学科,撰写了《生命是什么》一书。

此外,他对哲学也很感兴趣,还很注意普及科学知识,酷爱文学。他撰写的文章有《精神和物质》、《我的世界观》、《自然科学和人道主义》、《自然规律是什么?》等。此外,还发表过诗集。

第28章

原子中的电子

薛定谔利用他得到的方程(非相对论情况)所取得的第一个突出成就是,它更合理地解决了当时有关氢原子的问题,从而开始了量子力学理论的建立。本章先介绍薛定谔方程关于氢原子的结论,并提及多电子原子。除了能量量子化外,还要说明原子内电子的角动量(包括自旋角动量)的量子化。然后根据描述电子状态的 4 个量子数讲解原子中电子排布的规律,从而说明元素周期表中各元素的排序以及 X 光的发射机制。其后介绍激光产生的原理及其应用,最后介绍分子的能级以及分子光谱的特征。

28.1 氢原子

氢原子是一个三维系统,其电子在质子的库仑场内运动,处于束缚状态。它的势能为

$$U(r) = -\frac{e^2}{4\pi\varepsilon_0 r} \tag{28.1}$$

其中 r 为电子到质子的距离。由于此势能具有球对称性,为方便求解,就利用定态薛定谔方程式(27.5),即

$$-\frac{\hbar^2}{2m}\left[\frac{\partial^2 \psi}{\partial r^2} + \frac{2}{r}\frac{\partial \psi}{\partial r} + \frac{1}{r^2 \sin\theta}\frac{\partial}{\partial \theta}\left(\sin\theta \frac{\partial \psi}{\partial \theta}\right) + \frac{1}{r^2 \sin^2\theta}\frac{\partial^2 \psi}{\partial \varphi^2}\right] - \frac{e^2}{4\pi\varepsilon_0 r}\psi = E\psi \tag{28.2}$$

其中波函数应为 r,θ 和 φ 的函数,即 $\psi = \psi(r,\theta,\varphi)$。

式(28.2)可以用分离变量法求解,即有

$$\psi(r,\theta,\varphi) = R(r)\Theta(\theta)\Phi(\varphi)$$

由于求解的过程和 ψ 的具体形式比较复杂,下面只给出关于波函数 ψ 的一些结论。

根据处于束缚态的粒子的波函数必须满足的标准条件,求解式(28.2)时就自然地(即不是作为假设条件提出的)得出了量子化的结果,即氢原子中电子的状态由 3 个量子数 n, l, m_l 决定,它们的名称和可能取值如表 28.1 所示。

主量子数 n 和波函数的径向部分($R(r)$)有关,它决定电子的(也就是整个氢原子在其

表 28.1　氢原子的量子数

名　　称	符　号	可 能 取 值
主量子数	n	$1,2,3,4,5,\cdots$
轨道量子数	l	$0,1,2,3,4,\cdots,n-1$
轨道磁量子数	m_l	$-l,-(l-1),\cdots,0,1,2,\cdots,l$

质心坐标系中的)能量。这一能量的表示式为①

$$E_n = -\frac{m_e e^4}{2(4\pi\varepsilon_0)^2 \hbar^2} \frac{1}{n^2} \tag{28.3}$$

其中 m_e 是电子的质量。此式表示氢原子的能量只能取离散的值,这就是**能量的量子化**。式(28.3)也可以写成

$$E_n = -\frac{e^2}{2(4\pi\varepsilon_0)a_0} \frac{1}{n^2} \tag{28.4}$$

式中

$$a_0 = \frac{4\pi\varepsilon_0 \hbar^2}{m_e e^2} \tag{28.5}$$

具有长度的量纲,叫**玻尔半径**。将各常量值代入可得其值为

$$a_0 = 0.529 \times 10^{-10} \text{ m} = 0.0529 \text{ nm}$$

$n=1$ 的状态叫氢原子的**基态**。代入各常量后,可得氢原子的基态能量为

$$E_1 = -\frac{m_e e^4}{2(4\pi\varepsilon_0)^2 \hbar^2} = -13.6 \text{ eV}$$

式(28.3)给出的每一个能量的可能取值叫做一个能级。氢原子的能级可以用图 28.1 所示的能级图表示。$E>0$ 的情况表示电子已脱离原子核的吸引,即氢原子已电离。这时的电子成为自由电子,其能量可以具有大于零的连续值。

使氢原子电离所必需的最小能量叫**电离能**,它的值就等于 $|E_1|$。

$n>1$ 的状态统称为**激发态**。在通常情况下,氢原子就处在能量最低的基态。但当外界供给能量时,氢原子也可以跃迁到某一激发态。常见的激发方式之一是氢原子吸收一个光子而得到能量 $h\nu$。处于激发态的原子是不稳定的,经过或长或短的时间(典型的为 10^{-8} s),它会跃迁到能量较低的状态而以光子或其他方式放出能量。不论向上或向下跃迁,氢原子所吸收或放出的能量都必须等于相应的能级差。就吸收或放出光子来说,必须有

$$h\nu = E_h - E_l \tag{28.6}$$

其中 E_h 和 E_l 分别表示氢原子的高能级和低能级。式(28.6)叫**玻尔频率条件**②。

在氢气放电管放电发光的过程中,氢原子可以被激发到各个高能级中。从这些高能级

---

① 对于**类氢离子**,即一个电子围绕一个具有 Z 个质子的核运动的情况,式(28.1)的势能函数应为 $U(r)=-Ze^2/4\pi\varepsilon_0 r$,而式(28.3)的能量表示式相应地为

$$E_n = -\frac{m_e Z^2 e^4}{2(4\pi\varepsilon_0)^2 \hbar^2} \frac{1}{n^2}$$

② 根据不确定关系式(26.34),氢原子的各能级的能量值不可能"精确地"由式(28.3)决定,而是各有一定的不确定量 ΔE,因而氢原子在各能级上存在的时间也就有一个不确定量 Δt(基态除外)。这样,处于激发态的原子就会经历或长或短($\sim 10^{-8}$ s)的时间后,自发地跃迁到较低能态而发射出光子。由于能级的宽度模糊,也使得所发出的光子的频率不"单纯"而具有一定的"自然宽度"。

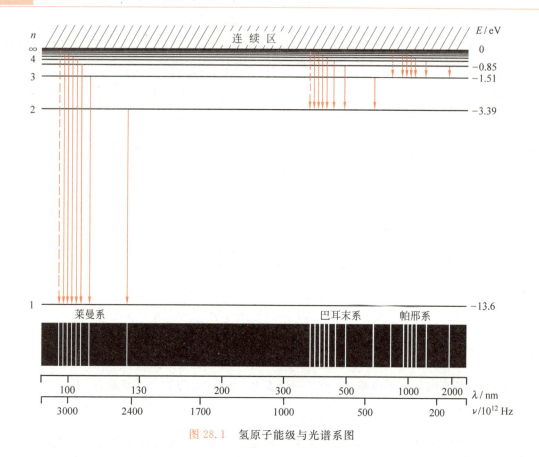

图 28.1　氢原子能级与光谱系图

向不同的较低能级跃迁时,就会发出各种相应的频率的光。经过分光镜后,每种频率的光会形成一条**谱线**。氢原子发出的光组成一组组的**谱线系**,如图 28.1 所示。从较高能级回到基态的跃迁形成**莱曼系**,这些光在紫外区。从较高能级回到 $n=2$ 的能级的跃迁发出的光形成**巴耳末系**,处于可见光区。从较高能级回到 $n=3$ 的能级的跃迁发出的光形成**帕邢系**,在红外区,等等。

例 28.1

求巴耳末系光谱的最大和最小波长。

解　由 $h\nu = E_h - E_l$ 和 $\lambda\nu = c$ 可得最大波长为

$$\lambda_{\max} = \frac{ch}{E_3 - E_2} = \frac{3\times 10^8 \times 6.63\times 10^{-34}}{[-13.6/3^2 - (-13.6/2^2)]\times 1.6\times 10^{-19}} = 6.58\times 10^{-7}(\text{m}) = 658(\text{nm})$$

这一波长的光为红光。最小波长为

$$\lambda_{\min} = \frac{ch}{E_\infty - E_2} = \frac{3\times 10^8 \times 6.63\times 10^{-34}}{0-(-13.6/2^2)\times 1.6\times 10^{-19}} = 3.66\times 10^{-7}(\text{m}) = 366(\text{nm})$$

这一波长的光在近紫外区,此波长叫巴耳末系的**极限波长**。$E>0$ 的自由电子跃迁到 $n=2$ 的能级所发的光在此极限波长之外形成连续谱。

表 28.1 中的**轨道量子数** l 和波函数的 $\Theta(\theta)$ 部分有关,它决定了电子的轨道角动量的大小 L。电子在核周围运动的角动量的可能取值为

$$L = \sqrt{l(l+1)}\,\hbar \tag{28.7}$$

这说明轨道角动量的数值也是量子化的。

波函数 ψ 中的 $\Phi(\varphi)$ 部分可证明就是例 27.1 求出的式(27.10)，即 $\Phi_{m_l} = \dfrac{1}{\sqrt{2\pi}}\mathrm{e}^{\mathrm{i}m_l\varphi}$，其中 m_l 就是**轨道磁量子数**。m_l 决定了电子轨道角动量 $\boldsymbol{L}$ 在空间某一方向(如 z 方向)的投影。在通常情况下，自由空间是各向同性的，z 轴可以取任意方向，这一量子数没有什么实际意义。如果把原子放到磁场中，则磁场方向就是一个特定的方向，取磁场方向为 z 方向，m_l 就决定了轨道角动量在 z 方向的投影(这也就是 m_l 所以叫做**磁**量子数的原因)。这一投影也是量子化的，据式(27.13)其可能取值为

$$L_z = m_l\,\hbar \tag{28.8}$$

此投影值的量子化意味着电子的轨道角动量的指向是量子化的。因此这一现象叫**空间量子化**。

空间量子化的含义可用一经典的矢量模型来形象化地说明。图 28.2 中的 z 轴方向为外磁场方向。在 $l=2$ 时，$m_l=-2,-1,0,1,2$，$L=\sqrt{2(2+1)}\,\hbar=\sqrt{6}\,\hbar$，而 L_z 的可能取值为 $\pm 2\hbar, \pm\hbar, 0$。

对于确定的 m_l 值，L_z 是确定的，但是 L_x 和 L_y 就完全不能确定了。这是海森伯不确定关系给出的结果。和 L_z 对应的空间变量是方位角 φ，因此海森伯不确定关系给出，沿 z 方向

$$\Delta L_z \Delta \varphi \geqslant \hbar/2 \tag{28.9}$$

L_z 的确定意味着 $\Delta L_z = 0$，而 $\Delta\varphi$ 变为无限大，即 φ 就完全不确定了，因此 L_x, L_y 也就完全不确定了。这可以用图 28.3 所示的矢量模型说明。L_z 的保持恒定可视为 $\boldsymbol{L}$ 矢量绕 z 轴高速进动，方位角 φ 不断变化就使得 L_x 和 L_y 都不能有确定的值。由图也可知 L_x 和 L_y 的时间平均值为零。由于 L_x, L_y 不确定，所以它们不可能测定。能测定的就是具有恒定值的轨道角动量的大小 L 及其分量 L_z。

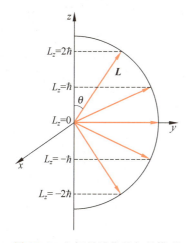 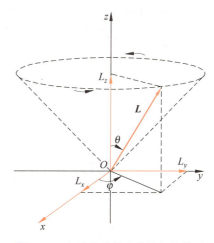

图 28.2 空间量子化的矢量模型 　　图 28.3 电子角动量变化的矢量模型

有确定量子数 n, l, m_l 的电子状态的波函数记作 $\psi_{n,l,m_l} = R_{n,l}(r)\Theta_{l,m_l}(\theta)\Phi_{m_l}(\varphi)$。对于基态，$n=1, l=0, m_l=0$，其波函数为

$$\psi_{1,0,0} = \frac{1}{\sqrt{\pi}a_0^{3/2}} e^{-r/a_0} \tag{28.10}$$

此状态下的电子概率密度分布为

$$|\psi_{1,0,0}|^2 = \frac{1}{\pi a_0^3} e^{-2r/a_0} \tag{28.11}$$

这是一个球对称分布。以点的密度表示概率密度的大小,则基态下氢原子中电子的概率密度分布可以形象化地用图 28.4 表示。这种图常被说成是"**电子云**"图。注意,量子力学对电子绕原子核**运动**的图像(或意义)只是给出这个疏密分布,即只能说出电子在空间某处小体积内出现的概率多大,而没有经典的位移随时间变化的概念,因而也就没有轨道的概念。早期量子论,如玻尔最先提出的原子模型,认为电子是绕原子核在确定的轨道上运动的,这种概念今天看来是过于简单了。上面提到角动量时所加的"轨道"二字只是沿用的词,不能认为是电子沿某封闭轨道运动时的角动量。现在可以理解为"和位置变动相联系的"角动量,以区别于在 28.2 节将要讨论的"自旋角动量"。

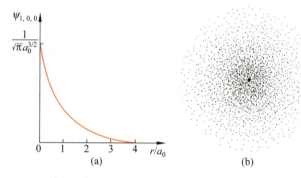

图 28.4 氢原子基态的(a)波函数曲线和(b)电子云图

对于 $n=2$ 的状态,l 可取 0 和 1 两个值。$l=0$ 时,$m_l=0$;$l=1$ 时,$m_l=-1,0$ 或 $+1$。这几个状态下氢原子电子云图如图 28.5 所示。$l=0,m_l=0$ 的电子云分布具有球对称性。$l=1,m_l=\pm 1$ 这两个状态的电子云分布是完全一样的。它们和 $l=1,m_l=0$ 的状态的电子云分布都具有对 z 轴的轴对称性。对孤立的氢原子来说,空间没有确定的方向,可以认为电子平均地往返于这三种状态之间。如果把这三种状态的概率密度加在一起,就发现总和也

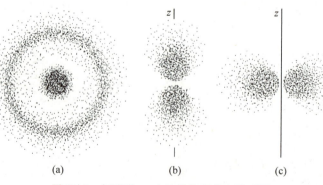

图 28.5 氢原子 $n=2$ 的各状态的电子云图
(a) $l=0,m_l=0$;(b) $l=1,m_l=0$;(c) $l=1,m_l=\pm 1$

是球对称的。由此我们可以把 $l=1$ 的三个相互独立的波函数归为一组。一般地说，l 相同的波函数都可归为一组，这样的一组叫一个**次壳层**，其中电子概率密度分布的总和具有球对称性。$l=0,1,2,3,4,\cdots$ 的次壳层分别依次命名为 $s,p,d,f,g,\cdots$ 次壳层。

由式(28.3)可以看到氢原子的能量只和主量子数 n 有关[①]，n 相同而 l 和 m_l 不同的各状态的能量是相同的。这种情形叫能级**简并**。具有同一能级的各状态称为**简并态**。具有同一主量子数的各状态可以认为组成一组，这样的一组叫做一个**壳层**。$n=1,2,3,4,\cdots$ 的壳层分别依次命名为 $K,L,M,N,\cdots$ 壳层。联系到上面提到的次壳层的意义及其可能取值可知，主量子数为 n 的壳层内共有 n 个次壳层。

对于概率密度分布，考虑到势能的球对称性，我们更感兴趣的是**径向概率密度** $P(r)$。它的定义是：在半径为 r 和 $r+\mathrm{d}r$ 的两球面间的体积内电子出现的概率为 $P(r)\mathrm{d}r$。对于氢原子基态，由于式(28.11)表示的概率密度分布是球对称的，因此可以有

$$P_{1,0,0}(r)\mathrm{d}r = |\psi_{1,0,0}|^2 \cdot 4\pi r^2 \mathrm{d}r$$

由此可得

$$P_{1,0,0}(r) = |\psi_{1,0,0}|^2 \cdot 4\pi r^2$$
$$= \frac{4}{a_0^3}r^2 \mathrm{e}^{-2r/a_0} \quad (28.12)$$

此式所表示的关系如图 28.6 所示。由式(28.12)可求得 $P_{1,0,0}(r)$ 的极大值出现在 $r=a_0$ 处，即从离原子核远近来说，电子出现在 $r=a_0$ 附近的概率最大。在量子论早期，玻尔用半经典理论求出的氢原子中电子绕核运动的最小($n=1$)的可能圆轨道的半径就是这个 a_0 值，这也是把 a_0 叫做玻尔半径的原因。

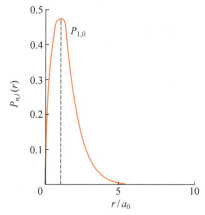

图 28.6　氢原子基态的电子径向概率密度分布曲线

$n=2,l=0$ 的径向概率密度分布如图 28.7(a)中的 $P_{2,0}$ 曲线（图(b)为(a)的局部放大图）所示，它对应于图 28.5(a)的电子云分布。$n=2,l=1$ 的径向概率密度分布如图 28.7(a)中的 $P_{2,1}$ 曲线所示，它对应于图 28.5(b),(c)叠加后的电子云分布。$P_{2,1}$ 曲线的极大值出现

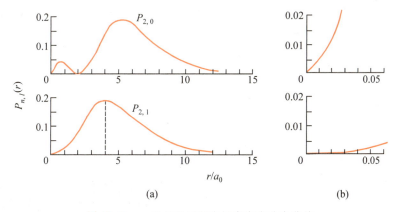

图 28.7　$n=2$ 的电子径向概率密度分布曲线

[①] 实际上还和电子的自旋状态有关，见 28.2 节。

在 $r=4a_0$ 的地方(这也就是玻尔理论中 $n=2$ 的轨道半径)。

$n=3,l=0,1,2$ 的电子径向概率密度分布如图 28.8 所示,$P_{3,2}$ 曲线的最大值出现在 $r=9a_0$ 的地方(这也就是玻尔理论中 $n=3$ 的轨道半径)。

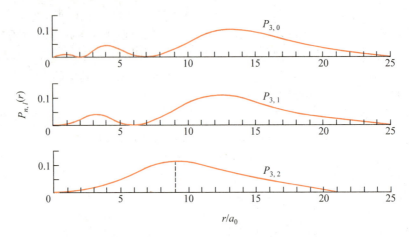

图 28.8　$n=3$ 的电子径向概率密度分布曲线

例 28.2

求氢原子处于基态时,电子处于半径为玻尔半径的球面内的概率。

解　由式(28.12)可得所求概率为

$$P_{\text{int}} = \int_0^{a_0} P_{1,0,0}(r)\,dr = \int_0^{a_0} \frac{4}{a_0^3} r^2 e^{-2r/a_0}\,dr = \left[1 - e^{-2r/a_0}\left(1 + \frac{2r}{a_0} + \frac{2r^2}{a_0^2}\right)\right]_{r=a_0}$$

$$= 1 - 5e^{-2} = 0.32$$

概率流密度　电子云的转动

上面讲了由定态薛定谔方程导出的氢原子的定态波函数 ψ_{n,l,m_l} 的特征,此波函数的平方,即 $|\psi|^2 = \psi\psi^*$,给出电子的概率密度分布。此概率密度分布是和时间无关的。若用电子云来描述,则如图 28.4 和图 28.5 中的电子云图形总是保持静止的,这就是"定态"的含义。这些电子云真是完全静止的吗?不!它们都是绕 z 轴转动的。下面用波函数的性质说明这一点。

一般说来,电子在一定状态时,其概率密度 $|\Psi(r,t)|^2$ 是随时间改变的,但全空间的总概率

$$\int |\Psi(r,t)|^2 dV$$

是不改变的。$\Psi(r,t)$ 归一化后,上述总概率应等于 1,这一结果是粒子数守恒的反映。一个粒子,无论怎样运动,无论过了多长时间,在各处出现的概率可以变化,但永远是一个粒子,粒子数目不会增加,也不会减少。

由于全空间的概率密度总和是恒定的,所以某处的概率密度减少时,在另外某处的概率密度一定同时要增加,好像概率密度由一处流向另一处一样。概率密度的这种变化在量子力学中用**概率流密度**来描述。某点的概率流密度 j 是一个矢量,大小等于该点附近单位时间内流过与 j 垂直的单位面积的概率密度。量子力学给出[1]

---

[1] 见曾谨言. 量子力学. 第 3 版. 科学出版社,2001,63.

28.1 氢原子

$$j = \frac{i\hbar}{2m_e}(\Psi\nabla\Psi^* - \Psi^*\nabla\Psi) \tag{28.13}$$

式中 ∇ 是梯度算符。在球坐标中

$$\nabla = e_r\frac{\partial}{\partial r} + e_\theta\frac{1}{r}\frac{\partial}{\partial \theta} + e_\varphi\frac{1}{r\sin\theta}\frac{\partial}{\partial \varphi} \tag{28.14}$$

对氢原子的量子数为 n, l, m_l 的定态，其波函数为

$$\Psi = \Psi_{n,l,m_l} = R_{n,l}(r)\Theta_{l,m_l}(\theta)\Phi_{m_l}(\varphi)e^{-iEt/\hbar}$$

其中, $R_{n,l}(r)$ 和 $\Theta_{l,m_l}(\theta)$ 两部分都是实函数,而 $\Phi_{m_l}(\varphi) = e^{im_l\varphi}/\sqrt{2\pi}$。由于决定 j 的公式(28.13)中括号内为一减号,所以由式(28.14)的算符给出的在 e_r 和 e_θ 方向 j 的分量是零。由 $\Phi_{m_l}(\varphi) = e^{im_l\varphi}/\sqrt{2\pi}$ 可得

$$\frac{\partial}{\partial \varphi}\Psi = im_l\Psi, \quad \frac{\partial}{\partial \varphi}\Psi^* = -im_l\Psi^*$$

将此结果代入式(28.13)可得

$$j = \frac{i\hbar}{2m_e}\left[0 + 0 + \frac{e_\varphi}{r\sin\theta}\left(\Psi\frac{\partial}{\partial\varphi}\Psi^* - \Psi^*\frac{\partial}{\partial\varphi}\Psi\right)\right] = \frac{i\hbar(-im_l)}{2m_e r\sin\theta}[\Psi\Psi^* + \Psi^*\Psi]e_\varphi$$

$$= \frac{\hbar m_l}{m_e r\sin\theta}|\Psi|^2 e_\varphi$$

由于 $|\Psi|^2 = |\psi|^2$,所以可得

$$j = \frac{\hbar m_l}{m_e r\sin\theta}\psi^2 e_\varphi \tag{28.15}$$

这一结果说明,在氢原子内,各处的概率流密度都沿 e_φ 方向,即绕 z 轴的正方向,大小与 $|\psi|^2$ 成正比,与矩 z 轴的距离 $r\sin\theta$ 成反比。由于氢原子所有的状态的电子云分布都是对 z 轴对称的(参看图 28.4 和图 28.5,这是因为 $|\psi|^2$ 和 φ 无关),所以尽管电子云各部分都在绕 z 轴转动,但概率密度分布,亦即电子云的形状,却能保持不随时间改变。这就是定态电子云的真实情况。

概率密度表示电子在各处出现的概率。由于电子具有质量 m_e 和电荷 $-e$,所以概率密度乘以 m_e,即 $m_e|\psi|^2$,就是氢原子内各处的电子云的质量密度;概率密度乘以 $-e$,即 $-e|\psi|^2$,就是电荷密度;而概率流密度分别乘以 m_e 和 $-e$,即 $m_e j$ 和 $-ej$,就分别是质量流密度和电流密度。由于电子云是绕 z 轴转动的,所形成的环形质量流必然产生沿 z 轴的角动量,而环形的电流必然产生沿 z 轴的磁矩。下面就用这样的量子力学观点来计算氢原子的角动量和磁矩沿 z 轴方向的分量。

如图 28.9 所示,以球坐标的原点 O 为氢原子的中心,选一垂直于 z 轴的细圆环,其半径为 $r\sin\theta$,截面积为 $dS = rd\theta dr$,以 v 表示 dS 处的质量流的速度,则 dt 时间内流过 dS 的质量为

$$dm_e = m_e j dS dt = m_e|\psi|^2 dS v dt$$

由此得

$$v = j/|\psi|^2$$

将式(28.15)中 j 的大小代入,可得

$$v = \frac{\hbar m_l}{m_e r\sin\theta}$$

dm_e 对 z 轴的角动量为

$$dL_z = dm_e r\sin\theta v = \frac{\hbar m_l}{m_e}dm_e$$

此式对电子云的所有部分积分,可得电子云对 z 轴的总角动量为

$$L_z = \int dL_z = \int_{m_e}\frac{\hbar m_l}{m_e}dm_e = \hbar m_l \tag{28.16}$$

这正是角动量在 z 方向的分量的量子化公式(28.8)。

下面再求电子云的总磁矩沿 z 方向的分量。仍参照图 28.9,截面积 $dS = rd\theta dr$ 的细环形电流为 $di = -ej dS$,细环围绕的面积为 $A = \pi r^2 \sin^2\theta$。此环形电流沿 z 方向的磁矩的大小为

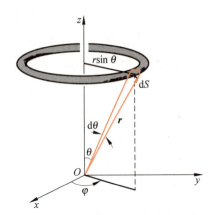

图 28.9 氢原子中电子概率流密度分析

$$\mathrm{d}\mu_z = A\mathrm{d}i = -ej\pi r^2 \sin^2\theta \mathrm{d}S$$

将式(28.15) j 的大小代入可得

$$\mathrm{d}\mu_z = -\frac{e\hbar m_l}{2m_e}|\psi|^2 \cdot 2\pi r\sin\theta r\mathrm{d}\theta\mathrm{d}r$$

此式对全空间进行积分,可得总磁矩沿 z 方向的分量为

$$\mu_z = \int\mathrm{d}\mu_z = -\frac{e\hbar m_l}{2m_e}\int_0^{2\pi}\int_0^\pi\int_0^\infty|\psi|^2 r^2\sin\theta\mathrm{d}r\mathrm{d}\theta\mathrm{d}\varphi$$

考虑到 $r^2\sin\theta\mathrm{d}r\mathrm{d}\theta\mathrm{d}\varphi$ 就是球坐标中的体积元,上式中的积分即为 $|\psi|^2$ 对全空间的积分。由于 $|\psi|^2$ 的归一化,此积分应等于 1,于是得

$$\mu_z = -\frac{e\hbar}{2m_e}m_l = -\mu_\mathrm{B}m_l \qquad (28.17)$$

这就是电子轨道运动的磁矩沿 z 方向的量子化公式,其中 $\mu_\mathrm{B}=e\hbar/2m_e$ 叫做玻尔磁子(见式(28.26))。

单价原子的能级

单价原子,如锂、钠等碱金属元素的原子中有多个电子围绕着带正电的原子核运动,最外层只有一个电子,叫做**价电子**。和氢原子相比,这一价电子所围绕的不是一个质子而是一个原子核和许多电子组成的实体,叫**原子实**。价电子就在这原子实的库仑场中运动。如果原子核中有 Z 个质子,则原子实内将有 $Z-1$ 个电子。原子核对价电子的作用将被这些电子所减弱或屏蔽。如果价电子完全在原子实之外运动,则它受原子实的作用就和在一个质子的库仑场中所受的作用一样。它的能级分布将和氢原子的一样,只是由于离核较远,因而基态处于 $n>1$ 的状态而能量较高。实际上,价电子在运动中还可以到达原子实内,这可以从图 28.7 和图 28.8 所显示的电子出现的概率在离核很近(即 r 值很小的区域)处还有一定的值看出来。图中还显示,l 越小,电子出现在核周围的概率越大。价电子进入原子实时,所受库仑力将增大,因而所具有的能量减小,能级变低,而且 l 越小,能级越低。这样,孤立原子中价电子的能量,亦即原子的能量将不再具有氢原子那样的能量简并情况,而是由 n 和 l 值共同决定了。图 28.10 画出了钠原子的能级图。钠原子的基态的主量子数 $n=3$,对应的 $l=0,1,2$,即分别为 $3s,3p,3d$ 态(数字表示 n 值,字母表示 l 值)。这三个态的能量不同,而以 $3s$ 态的能量最低。类似的 $n=4$ 的 $4s,4p,4d,4f$ 各态的能量也不相同。由于这种能级的分裂,当原子的状态由高能态跃迁到低能态时所发出的光形成的谱线系就比氢原子更为复杂了。钠原子发的光形成的较为明显的谱线系有主线系、锐线系和漫线系,如图 28.9 标出的那样,其中由 $3p$ 态到 $3s$ 态跃迁时发出的光就是著名的钠黄光,波长为 589 nm。

还应指出,原子并非在任意两个能级之间都能跃迁。跃迁要遵守一定的**选择定则**。对图 28.9 所标出的跃迁来说,必须遵守的选择定则为,跃迁前后轨道量子数的变化为

$$\Delta l = \pm 1 \qquad (28.18)$$

这一选择定则是角动量守恒所要求的。由于光子具有角动量,所以原子发出一个光子时,原子本身的轨道角动量也要发生变化,其变化的值可以由量子力学导出,即由式(28.18)决定。

28.2 电子的自旋与自旋轨道耦合

原子中的电子不但具有轨道角动量,而且具有**自旋角动量**。这一事实的经典模型是太阳系中地球的运动。地球不但绕太阳运动具有轨道角动量,而且由于围绕自己的轴旋转而具有自旋角动量。但是,正像不能用轨道概念来描述电子在原子核周围的运动一样,也不能把经典的小球的自旋图像硬套在电子的自旋上。电子的自旋和电子的电量及质量一样,是

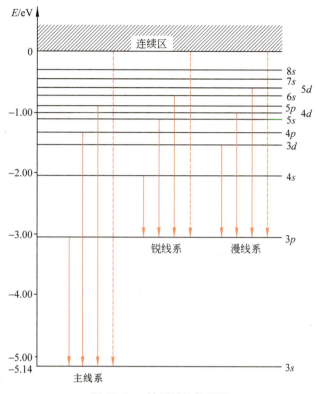

图 28.10　钠原子的能级图

一种"内禀的",即本身固有的性质。由于这种性质具有角动量的一切特征(例如参与角动量守恒),所以称为自旋角动量,也简称**自旋**。

电子的自旋也是量子化的。对应的**自旋量子数**用 s 表示。和轨道量子数 l 不同,s 只能取 $1/2$ 这一个值。电子自旋的大小为

$$S = \sqrt{s(s+1)}\,\hbar = \sqrt{\frac{3}{4}}\,\hbar \tag{28.19}$$

电子自旋在空间某一方向的投影为

$$S_z = m_s \hbar \tag{28.20}$$

其中 m_s 叫电子的**自旋磁量子数**,它只取 $\frac{1}{2}$ 和 $-\frac{1}{2}$ 两个值,即

$$m_s = -\frac{1}{2}, \frac{1}{2} \tag{28.21}$$

和轨道角动量一样,自旋角动量 S 是不能测定的,只有 S_z 可以测定(图 28.11)。

一个电子绕核运动时,既有轨道角动量 L,又有自旋角动量 S。这时电子的状态和总的角动量 J 有关,总角动量为前二者的和,即

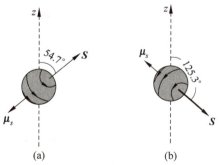

图 28.11　电子自旋的经典矢量模型
(a) $m_s = 1/2$; (b) $m_s = -1/2$

$$J = L + S \tag{28.22}$$

这一角动量的合成叫**自旋轨道耦合**。由量子力学可知,J 也是量子化的。相应的总角动量量子数用 j 表示,则总角动量的值为

$$J = \sqrt{j(j+1)}\,\hbar \tag{28.23}$$

j 的取值取决于 l 和 s。在 $l=0$ 时,$J=S$,$j=s=1/2$。在 $l\neq 0$ 时,$j=l+s=l+1/2$ 或 $j=l-s=l-1/2$。$j=l+1/2$ 的情况称为自旋和轨道角动量平行;$j=l-1/2$ 的情况称为自旋和轨道角动量反平行。图 28.12 画出 $l=1$ 时这两种情况下角动量合成的经典矢量模型图,其中 $S=\sqrt{3}\hbar/2$,$L=\sqrt{2}\hbar$,$J=\sqrt{15}\hbar/2$ 或 $\sqrt{3}\hbar/2$。

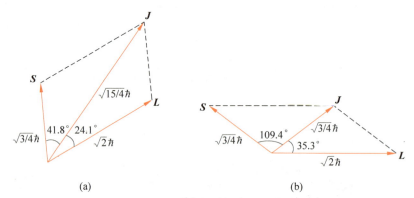

图 28.12　自旋轨道耦合矢量模型

(a) $j=\dfrac{3}{2}$;(b) $j=\dfrac{1}{2}$

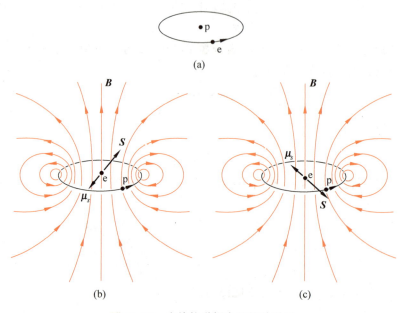

图 28.13　自旋轨道耦合的简单说明

在实际的氢原子中,自旋轨道耦合可以用图 28.13 所示的玻尔模型图来定性地说明。在原子核参考系中(图 28.13(a)),原子核 p 静止,电子 e 围绕它做圆周运动。在电子参考

系中(图 28.13(b),(c))电子是静止的,而原子核绕电子做相同转向的圆周运动,因而在电子所在处产生向上的磁场 **B**。以 **B** 的方向为 z 方向,则电子的角动量相对于此方向,只可能有平行与反平行两个方向。图 28.13(b),(c)分别画出了这两种情况。

自旋轨道耦合使得电子在 l 为某一值($l=0$ 除外)时,其能量由单一的 $E_{n,l}$ 值分裂为两个值,即同一个 l 能级分裂为 $j=l+1/2$ 和 $j=l-1/2$ 两个能级。这是因为和电子的自旋相联系,电子具有内禀**自旋磁矩** $\boldsymbol{\mu}_s$。量子理论给出,电子的自旋磁矩与自旋角动量 $\boldsymbol{S}$ 有以下关系:

$$\boldsymbol{\mu}_s = -\frac{e}{m_e}\boldsymbol{S} \tag{28.24}$$

它在 z 方向的投影为

$$\mu_{s,z} = \frac{e}{m_e}S_z = \frac{e}{m_e}\hbar m_s$$

由于 m_s 只能取 $1/2$ 和 $-1/2$ 两个值,所以 $\mu_{s,z}$ 也只能取两个值,即

$$\mu_{s,z} = \pm\frac{e\hbar}{2m_e} \tag{28.25}$$

此式所表示的磁矩值叫做**玻尔磁子**,用 μ_B 表示,即

$$\mu_B = \frac{e\hbar}{2m_e} = 9.27\times 10^{-24} \text{ J/T} \tag{28.26}$$

因此,式(28.25)又可写成①

$$\mu_{s,z} = \pm\mu_B \tag{28.27}$$

在电磁学中学过,磁矩 $\boldsymbol{\mu}_s$ 在磁场中是具有能量的,其能量为

$$E_s = -\boldsymbol{\mu}_s \cdot \boldsymbol{B} = -\mu_{s,z}B \tag{28.28}$$

将式(28.27)代入,可知由于自旋轨道耦合,电子所具有的能量为

$$E_s = \mp\mu_B B \tag{28.29}$$

其中 B 是电子在原子中所感受到的磁场。

对孤立的原子来说,电子在某一主量子数 n 和轨道量子数 l 所决定的状态内,还可能有自旋向上($m_s=1/2$)和自旋向下($m_s=-1/2$)两个状态,其能量应为轨道能量 $E_{n,l}$ 和自旋轨道耦合能 E_s 之和,即

$$E_{n,l,s} = E_{n,l} + E_s = E_{n,l} \pm \mu_B B \tag{28.30}$$

这样,$E_{n,l}$ 这一个能级就分裂成了两个能级($l=0$ 除外),自旋向上(如图 28.13(b))的能级较高,自旋向下(如图 28.13(c))的能级较低。

考虑到自旋轨道耦合,常将原子的状态用 n 的数值、l 的代号和总角动量量子数 j 的数值(作为下标)表示。如 $l=0$ 的状态记作 $nS_{1/2}$;$l=1$ 的两个可能状态分别记作 $nP_{3/2}$,$nP_{1/2}$;$l=2$ 的两个可能状态分别记作 $nD_{5/2}$,$nD_{3/2}$;等等。图 28.14 中钠原子的基态能级 $3S_{1/2}$ 不分裂,$3P$ 能级分裂为 $3P_{3/2}$,$3P_{1/2}$ 两个能级,分别比不考虑自旋轨道耦合时的能级($3P$)大 $\mu_B B$ 和小 $\mu_B B$。这样,原来认为钠黄光(D 线)只有一个频率或波长,现在可以看到它实际上

---

① 在高等量子理论,即量子电动力学中,$\mu_{s,z}$ 的值不是正好等于式(28.26)的 μ_B,而是等于它的 1.001 159 652 38 倍。这一结果已被实验在实验精度范围内确认了。理论和实验在这么多的有效数字范围内相符合,被认为是物理学的惊人的突出成就之一。

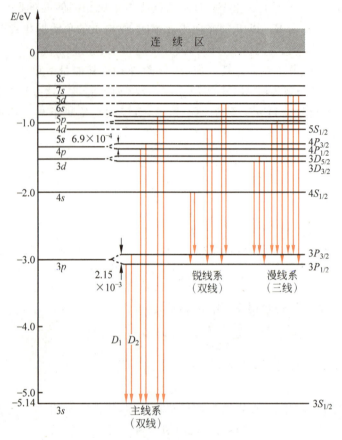

图 28.14 钠原子能级的分裂和光谱线的精细结构

是由两种频率很接近的光(D_1 线和 D_2 线)组成的。由于自旋轨道耦合引起的能量差很小(典型值 10^{-5} eV),所以 D_1 和 D_2 的频率或波长差也是很小的,但用较精密的光谱仪还是很容易观察到的。这样形成的光谱线组合叫光谱的**精细结构**,组成钠黄线的两条谱线的波长分别为 $\lambda_{D_1}=589.592$ nm 和 $\lambda_{D_2}=588.995$ nm。

例 28.3

试根据钠黄线双线的波长求钠原子 $3P_{1/2}$ 态和 $3P_{3/2}$ 态的能级差,并估算在该能级时价电子所感受到的磁场。

解 由于

$$h\nu_{D_1}=\frac{hc}{\lambda_{D_1}}=E_{3P_{1/2}}-E_{3S_{1/2}}$$

$$h\nu_{D_2}=\frac{hc}{\lambda_{D_2}}=E_{3P_{3/2}}-E_{3S_{1/2}}$$

所以有

$$\Delta E = E_{3P_{3/2}}-E_{3P_{1/2}}=hc\left(\frac{1}{\lambda_{D_2}}-\frac{1}{\lambda_{D_1}}\right)=6.63\times10^{-34}\times3\times10^8\times\left(\frac{1}{588.995}-\frac{1}{589.592}\right)\times\frac{1}{10^{-9}}$$

$$=3.44\times10^{-22}(\text{J})=2.15\times10^{-3}(\text{eV})$$

又由于 $\Delta E = 2\mu_B B$，所以有

$$B = \frac{\Delta E}{2\mu_B} = \frac{3.44 \times 10^{-22}}{2 \times 9.27 \times 10^{-24}} = 18.6(\text{T})$$

这是一个相当强的磁场。

施特恩-格拉赫实验

1924 年泡利(W. Pauli)在解释氢原子光谱的精细结构时就引入了量子数 1/2，但是未能给予物理解释。1925 年乌伦贝克(G. E. Uhlenbeck)和哥德斯密特(S. A. Goudsmit)提出电子自旋的概念，并给出式(28.19)，指出自旋量子数为 1/2。1928 年狄拉克(P. A. M. Dirac)用相对论波动方程自然地得出了电子具有自旋的结论。但在实验上，1922 年施特恩(O. Stern)和格拉赫(W. Gerlach)已得出了角动量空间量子化的结果。这一结果只能用电子自旋的存在来解释。

施特恩和格拉赫所用实验装置如图 28.15 所示，在高温炉中，银被加热成蒸气，飞出的银原子经过准直屏后形成银原子束。这一束原子经过异形磁铁产生的不均匀磁场后打到玻璃板上淀积下来。实验结果是在玻璃板上出现了对称的两条银迹。这一结果说明银原子束在不均匀磁场作用下分成了两束，而这又只能用银原子的磁矩在磁场中只有两个取向来说明。由于原子的磁矩和角动量的方向相同(或相反)，所以此结果就说明了角动量的空间量子化。实验者当时就是这样下结论的。

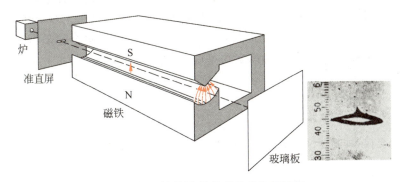

图 28.15　旋特恩-格拉赫实验装置简图

后来知道银原子的轨道角动量为零，其总角动量就是其价电子的自旋角动量。银原子在不均匀磁场中分为两束就证明原子的自旋角动量的空间量子化，而且这一角动量沿磁场方向的分量只可能有两个值。这一实验结果的定量分析如下。

电子磁矩在磁场中的能量由式(28.29)给出。在不均匀磁场中，电子磁矩会受到磁场力 F_m 的作用，而

$$F_m = -\frac{\partial E_s}{\partial z} = -\frac{d}{dz}(\mp \mu_B B) = \pm \mu_B \frac{dB}{dz} \tag{28.31}$$

此力与磁场增强的方向相同或相反，视磁矩的方向而定，如图 28.16 所示。在此力作用下，银原子束将向相反方向偏折。以 m 表示银原子的质量，则银原子受力而产生的垂直于初速方向的加速度为

$$a = \frac{F_m}{m} = \pm \frac{\mu_B}{m} \frac{dB}{dz}$$

以 d 表示磁铁极隙的长度，以 v 表示银原子的速度，则可得出两束银原子飞出磁场时的间隔为

$$\Delta z = 2 \times \frac{1}{2}|a|\left(\frac{d}{v}\right)^2 = \frac{\mu_B}{m}\frac{dB}{dz}\left(\frac{d}{v}\right)^2$$

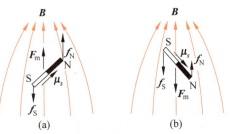

图 28.16　磁矩在不均匀磁场中受的力
(a) 自旋向下；(b) 自旋向上

银原子的速度可由炉的温度 T 根据 $v=\sqrt{3kT/m}$ 求得。所以最后可得

$$\Delta z = \frac{\mu_B d^2}{3kT} \frac{dB}{dz} \tag{28.32}$$

实验中求得的 μ_B 值和式(28.26)相符,证明电子自旋概念是正确的。

*28.3 微观粒子的不可分辨性和泡利不相容原理

每一种微观粒子,如电子、质子、中子、氘核、α 粒子等,各个个体的质量、电荷、自旋等固有性质都是完全相同的,因而是不能区分的。在这一点上经典理论和量子理论的认识是一样的。但二者还有很大的差别。经典理论认为同种粒子虽然不能区分,但是它们在运动中可以识别。这是由于经典粒子在运动中各有一定的确定的轨道,我们可以沿轨道追踪所选定的粒子。例如,粒子 1 和粒子 2 碰撞前后,各有清晰的轨道可寻,因而在碰撞后我们还能认出哪个是碰前的粒子 1,哪个是碰前的粒子 2。量子理论则不同,由于粒子的波动性,它们并没有确定的轨道,两个粒子的"碰撞"必须用波函数的叠加来描述。由于这种"混合",碰撞后哪个是碰前的粒子 1,哪个是碰前的粒子 2,再也不能识别了。可以说,量子物理对同类微观粒子不能区分的认识,更要"彻底"一些。量子物理把这种不能区分称做**不可分辨性**。

量子理论对微观粒子的不可分辨性的这种认识产生重要的结果。对于有几个粒子组成的系统的波函数必须考虑这种不可分辨性。以在一维势阱中的两个粒子为例。以 x 和 x' 分别表示二者的坐标,它们的空间波函数应是两个坐标的函数,即

$$\psi = \psi(x, x') \tag{28.33}$$

粒子 1 出现在 dx 区间和粒子 2 出现在 dx' 区间的概率为

$$P_{x,x'} = |\psi(x,x')|^2 dx dx' \tag{28.34}$$

如果将两粒子交换,即粒子 1 出现在 dx' 区间,粒子 2 出现在 dx 区间,则其概率为

$$P_{x',x} = |\psi(x',x)|^2 dx' dx \tag{28.35}$$

由于两个粒子无法分辨,不能识别哪个是粒子 1,哪个是粒子 2,所以式(28.34)和式(28.35)表示的概率必须相等,即

$$|\psi(x,x')|^2 = |\psi(x',x)|^2 \tag{28.36}$$

于是,两个粒子的波函数必须满足下列条件之一,即

$$\psi(x,x') = \psi(x',x) \tag{28.37}$$

或是

$$\psi(x,x') = -\psi(x',x) \tag{28.38}$$

满足式(28.37)的波函数称为**对称的**,波函数为对称的粒子叫做**玻色子**。满足式(28.38)的波函数称为**反对称的**,波函数是反对称的粒子称为**费米子**。实验证明,自旋量子数为半整数(1/2,3/2,5/2 等)的粒子,如电子、质子、中子等是费米子;自旋量子数是 0 或正整数的粒子,如氘核、氢原子、α 粒子以及光子等是玻色子。

在应用式(28.34)和式(28.35)时还需注意,要完整地描述粒子的状态,其波函数除了包含空间波函数外,还需要包括自旋波函数 X。因此在交换坐标 x,x' 时,还需要交换自旋 m_s 和 m_s'。以电子为例,由于 m_s 和 m_s' 都只能取值 1/2 或 $-1/2$,我们将以"＋"号和"－"号分别标记"自旋上"和"自旋下"的自旋波函数 X_+ 和 X_-。这样包含自旋的波函数的反对称性

(式(28.38))可进一步表示为

$$\psi(x,x')X_+ +X'_- = -\psi(x',x)X_-X'_+ \tag{28.39}$$

为了进一步说明这一反对称性的影响,我们假设在一维势阱中的两电子的相互影响可以忽略不计,它们的状态只由势阱的势函数决定。在两个电子都处于同一轨道状态时,它们每个的轨道的波函数相同,用 $\psi_1(x)$ 表示。每个电子的整个波函数(包括自旋)可表示为

$$\psi_1(x)X_+ \quad \text{或} \quad \psi_1(x)X_-.$$

由于两个电子分别出现在 x 和 x' 处的概率为二者概率之积,这个两电子系统的整个波函数可写做

$$\psi(x,x',m_s,m'_s) = \psi_1(x)X_\pm\psi_1(x')X'_\pm$$

或几个这样的积的叠加。考虑到反对称要求的式(28.38),唯一可能的叠加式是

$$\psi(x,x',m_s,m'_s) = \psi_1(x)\psi_1(x')X_+ X'_- - \psi_1(x')\psi_1(x)m_s-X_- X'_+ \tag{28.40}$$

注意,此式中两个粒子的自旋是**相反**的。这就是说,在轨道波函数相同(或说描述轨道运动的量子数都相同)的情况下,电子的自旋必须是相反的,即一个向上($m_s=1/2$),另一个向下($m_s=-1/2$)。于是我们得到一个重要结论:**对一个电子系统,如果描述状态的量子数包括自旋磁量子数,则该系统的任何一个确定的状态内不可能有多于一个的电子存在。**

上面的论证可用于任何**费米子系统**的任何状态,所得的上述结论叫**不相容原理**,它是泡利于 1925 年研究原子中电子的排布时在理论上提出的。

28.4 各种原子核外电子的组态

对于多电子原子,薛定谔方程不能完全精确地求解,但可以利用近似方法求得足够精确的解。其结果是在原子中每个电子的状态仍可以用 n,l,m_l 和 m_s 四个量子数来确定。主量子数 n 和电子的概率密度分布的径向部分有关,n 越大,电子离核越远。电子的能量主要由 n,较小程度上由 l,所决定。一般地,n 越大,l 越大,则电子能量越大。轨道磁量子数 m_l 决定电子的轨道角动量在 z 方向的分量。自旋磁量子数 m_s 决定自旋方向是"向上"还是"向下",它对电子的能量也稍有影响。由各量子数可能取值的范围可以求出电子以四个量子数为标志的可能状态数分布如下:

n,l,m_l 相同,但 m_s 不同的可能状态有 2 个。

n,l 相同,但 m_l,m_s 不同的可能状态有 $2(2l+1)$ 个,这些状态组成一个次壳层。

n 相同,但 l,m_l 和 m_s 不同的可能状态有 $2n^2$ 个,这些状态组成一个壳层。

原子处于基态时,其中各电子各处于一定的状态。这时各电子**实际上**处于哪个状态,由两条规律决定:

其一是能量最低原理,即电子总处于可能最低的能级;

其二是泡利不相容原理,即同一状态不可能有多于一个电子存在。

元素周期表中各元素是按原子序数 Z 由小到大依次排列的。原子序数就是各元素原子的核中的质子数,也就是正常情况下各元素原子中的核外电子数。各元素的原子在基态时核外电子的排布情况如表 28.2 所示。这种电子的排布叫原子的**电子组态**。下面举几个典型例子说明电子排布的规律性。

氢(H,$Z=1$) 它的一个电子就在 K 壳层($n=1$)内,$m_s=1/2$ 或 $-1/2$。

氦(He，Z=2)　它的两个电子都在 K 壳层内，m_s 分别是 1/2 和 −1/2。K 壳层已被填满了。

表 28.2　各元素原子在基态时电子的组态

元素	Z	K	L		M			N				O			P			Q	电离能 /eV
		1s	2s	2p	3s	3p	3d	4s	4p	4d	4f	5s	5p	5d	5f	6s	6p	6d	7s	
H	1	1																		13.5981
He	2	2																		24.5868
Li	3	2	1																	5.3916
Be	4	2	2																	9.322
B	5	2	2	1																8.298
C	6	2	2	2																11.260
N	7	2	2	3																14.534
O	8	2	2	4																13.618
F	9	2	2	5																17.422
Ne	10	2	2	6																21.564
Na	11	2	2	6	1															5.139
Mg	12	2	2	6	2															7.646
Al	13	2	2	6	2	1														5.986
Si	14	2	2	6	2	2														8.151
P	15	2	2	6	2	3														10.486
S	16	2	2	6	2	4														10.360
Cl	17	2	2	6	2	5														12.967
Ar	18	2	2	6	2	6														15.759
K	19	2	2	6	2	6		1												4.341
Ca	20	2	2	6	2	6		2												6.113
Sc	21	2	2	6	2	6	1	2												6.54
Ti	22	2	2	6	2	6	2	2												6.82
V	23	2	2	6	2	6	3	2												6.74
Cr	24	2	2	6	2	6	5	1												6.765
Mn	25	2	2	6	2	6	5	2												7.432
Fe	26	2	2	6	2	6	6	2												7.870
Co	27	2	2	6	2	6	7	2												7.86
Ni	28	2	2	6	2	6	8	2												7.635
Cu	29	2	2	6	2	6	10	1												7.726
Zn	30	2	2	6	2	6	10	2												9.394
Ga	31	2	2	6	2	6	10	2	1											5.999
Ge	32	2	2	6	2	6	10	2	2											7.899
As	33	2	2	6	2	6	10	2	3											9.81
Se	34	2	2	6	2	6	10	2	4											9.752

续表

元素	Z	K	L		M			N				O				P			Q	电离能 /eV
		1s	2s	2p	3s	3p	3d	4s	4p	4d	4f	5s	5p	5d	5f	6s	6p	6d	7s	
Br	35	2	2	6	2	6	10	2	5											11.814
Kr	36	2	2	6	2	6	10	2	6											13.999
Rb	37	2	2	6	2	6	10	2	6			1								4.177
Sr	38	2	2	6	2	6	10	2	6			2								5.693
Y	39	2	2	6	2	6	10	2	6	1		2								6.38
Zr	40	2	2	6	2	6	10	2	6	2		2								6.84
Nb	41	2	2	6	2	6	10	2	6	4		1								6.88
Mo	42	2	2	6	2	6	10	2	6	5		1								7.10
Tc	43	2	2	6	2	6	10	2	6	5		2								7.28
Ru	44	2	2	6	2	6	10	2	6	7		1								7.366
Rh	45	2	2	6	2	6	10	2	6	8		1								7.46
Pd	46	2	2	6	2	6	10	2	6	10										8.33
Ag	47	2	2	6	2	6	10	2	6	10		1								7.576
Cd	48	2	2	6	2	6	10	2	6	10		2								8.993
In	49	2	2	6	2	6	10	2	6	10		2	1							5.786
Sn	50	2	2	6	2	6	10	2	6	10		2	2							7.344
Sb	51	2	2	6	2	6	10	2	6	10		2	3							8.641
Te	52	2	2	6	2	6	10	2	6	10		2	4							9.01
I	53	2	2	6	2	6	10	2	6	10		2	5							10.457
Xe	54	2	2	6	2	6	10	2	6	10		2	6							12.130
Cs	55	2	2	6	2	6	10	2	6	10		2	6			1				3.894
Ba	56	2	2	6	2	6	10	2	6	10		2	6			2				5.211
La	57	2	2	6	2	6	10	2	6	10		2	6	1		2				5.5770
Ce	58	2	2	6	2	6	10	2	6	10	1	2	6	1		2				5.466
Pr	59	2	2	6	2	6	10	2	6	10	3	2	6			2				5.422
Nd	60	2	2	6	2	6	10	2	6	10	4	2	6			2				5.489
Pm	61	2	2	6	2	6	10	2	6	10	5	2	6			2				5.554
Sm	62	2	2	6	2	6	10	2	6	10	6	2	6			2				5.631
Eu	63	2	2	6	2	6	10	2	6	10	7	2	6			2				5.666
Gd	64	2	2	6	2	6	10	2	6	10	7	2	6	1		2				6.141
Tb	65	2	2	6	2	6	10	2	6	10	(8)	2	6	(1)		(2)				5.852
Dy	66	2	2	6	2	6	10	2	6	10	10	2	6			2				5.927
Ho	67	2	2	6	2	6	10	2	6	10	11	2	6			2				6.018
Er	68	2	2	6	2	6	10	2	6	10	12	2	6			2				6.101
Tm	69	2	2	6	2	6	10	2	6	10	13	2	6			2				6.184
Yb	70	2	2	6	2	6	10	2	6	10	14	2	6			2				6.254
Lu	71	2	2	6	2	6	10	2	6	10	14	2	6	1		2				5.426

续表

元素	Z	K	L		M			N				O				P			Q	电离能/eV
		1s	2s	2p	3s	3p	3d	4s	4p	4d	4f	5s	5p	5d	5f	6s	6p	6d	7s	
Hf	72	2	2	6	2	6	10	2	6	10	14	2	6	2		2				6.865
Ta	73	2	2	6	2	6	10	2	6	10	14	2	6	3		2				7.88
W	74	2	2	6	2	6	10	2	6	10	14	2	6	4		2				7.98
Re	75	2	2	6	2	6	10	2	6	10	14	2	6	5		2				7.87
Os	76	2	2	6	2	6	10	2	6	10	14	2	6	6		2				8.5
Ir	77	2	2	6	2	6	10	2	6	10	14	2	6	7		2				9.1
Pt	78	2	2	6	2	6	10	2	6	10	14	2	6	9		1				9.0
Au	79	2	2	6	2	6	10	2	6	10	14	2	6	10		1				9.22
Hg	80	2	2	6	2	6	10	2	6	10	14	2	6	10		2				10.43
Tl	81	2	2	6	2	6	10	2	6	10	14	2	6	10		2	1			6.108
Pb	82	2	2	6	2	6	10	2	6	10	14	2	6	10		2	2			7.417
Bi	83	2	2	6	2	6	10	2	6	10	14	2	6	10		2	3			7.289
Po	84	2	2	6	2	6	10	2	6	10	14	2	6	10		2	4			8.43
At	85	2	2	6	2	6	10	2	6	10	14	2	6	10		2	5			8.8
Rn	86	2	2	6	2	6	10	2	6	10	14	2	6	10		2	6			10.749
Fr	87	2	2	6	2	6	10	2	6	10	14	2	6	10		2	6		(1)	3.8
Ra	88	2	2	6	2	6	10	2	6	10	14	2	6	10		2	6		2	5.278
Ac	89	2	2	6	2	6	10	2	6	10	14	2	6	10		2	6	1		5.17
Th	90	2	2	6	2	6	10	2	6	10	14	2	6	10		2	6	2		6.08
Pa	91	2	2	6	2	6	10	2	6	10	14	2	6	10	2	2	6	1		5.89
U	92	2	2	6	2	6	10	2	6	10	14	2	6	10	3	2	6	1	2	6.05
Np	93	2	2	6	2	6	10	2	6	10	14	2	6	10	4	2	6	1		6.19
Pu	94	2	2	6	2	6	10	2	6	10	14	2	6	10	6	2	6			6.06
Am	95	2	2	6	2	6	10	2	6	10	14	2	6	10	7	2	6			5.993
Cm	96	2	2	6	2	6	10	2	6	10	14	2	6	10	7	2	6	1		6.02
Bk	97	2	2	6	2	6	10	2	6	10	14	2	6	10	(9)	2	6	(0)	(2)	6.23
Cf	98	2	2	6	2	6	10	2	6	10	14	2	6	10	(10)	2	6	(0)	(2)	6.30
Es	99	2	2	6	2	6	10	2	6	10	14	2	6	10	(11)	2	6	(0)	(2)	6.42
Fm	100	2	2	6	2	6	10	2	6	10	14	2	6	10	(12)	2	6	(0)	(2)	6.50
Md	101	2	2	6	2	6	10	2	6	10	14	2	6	10	(13)	2	6	(0)	(2)	6.58
No	102	2	2	6	2	6	10	2	6	10	14	2	6	10	(14)	2	6	(0)	(2)	6.65
Lw	103	2	2	6	2	6	10	2	6	10	14	2	6	10	(14)	2	6	(1)	(2)	8.6

*括号内的数字尚有疑问。

锂(Li, $Z=3$)　它的两个电子填满 K 壳层,第三个电子只能进入能量较高的 L 壳层($n=2$)的 s 次壳层($l=0$)内。这种排布记作 $1s^2 2s^1$,其中,数字表示壳层的 n 值,其后的字母

是 n 壳层中次壳层的符号,指数表示在该次壳层中的电子数。

氖(Ne,$Z=10$)　电子组态为 $1s^2 2s^2 2p^6$。由于各次壳层的电子都已成对,所以总自旋角动量为零。又由于 p 次壳层都已填满,所以这一次壳层中电子的轨道角动量在各可能的方向都有(参看图 28.2 和图 28.3)。这些各可能方向的轨道角动量矢量叠加的结果,使得这一次壳层中电子的总轨道角动量也等于零。这一情况叫做次壳层的**闭合**。由于这一闭合,使得氖原子不容易和其他原子结合而成为"惰性"原子。

钠(Na,$Z=11$)　电子组态为 $1s^2 2s^2 2p^6 3s^1$。由于 3 个内壳层都是闭合的,而最外的一个电子离核又较远因而受核的束缚较弱,所以钠原子很容易失去这个电子而与其他原子结合,例如与氯原子结合。这就是钠原子化学活性很强的原因。

氯(Cl,$Z=17$)　电子组态为 $1s^2 2s^2 2p^6 3s^2 3p^5$。$3p$ 次壳层可以容纳 6 个电子而闭合,这里已有了 5 个电子,所以还有一个电子的"空位"。这使得氯原子很容易夺取其他原子的电子来填补这一空位而形成闭合次壳层,从而和其他原子形成稳定的分子。这使得氯原子也成为化学活性大的原子。

铁(Fe,$Z=26$)　电子组态是 $1s^2 2s^2 2p^6 3s^2 3p^6 3d^6 4s^2$,直到 $3p^6$ 的 18 个电子的组态是"正常"的。d 次壳层可以容纳 10 个电子,但 $3d$ 壳层还未填满,最后两个电子就进入了 $4s$ 次壳层。这是由于 $3d^6 4s^2$ 的组态的能量比 $3d^8$ 排布的能量还要低的缘故。这种组态的"反常"对电子较多的原子是常有的现象。可以附带指出,铁的铁磁性就和这两个 $4s$ 电子有关。

银(Ag,$Z=47$)　电子组态是 $1s^2 2s^2 2p^6 3s^2 3p^6 3d^{10} 4s^2 4p^6 4d^{10} 5s^1$。这一组态中,除了 $4f$($l=3$)次壳层似乎"应该"填入而没有填入,而最后一个电子就填入了 $5s$ 次壳层这种"反常"现象外,可以注意到已填入电子的各次壳层都已闭合,因而它们的总角动量为零,而银原子的总角动量就是这个 $5s$ 电子的自旋角动量。在施特恩-格拉赫实验中,银原子束的分裂能说明电子自旋的量子化就是这个缘故。

*28.5　X 射线

　　X 射线的波长可以用衍射的方法测出。图 28.17 是 X 射线谱的两个实例,图(a)是在同样电压(35 kV)下不同靶材料(钨、钼、铬)发出的 X 射线谱,图(b)是同一种靶材料(钨)在不同电压下发射的 X 射线谱。从图中可看出,X 射线谱一般分为两部分:**连续谱**和**线状谱**。不同电压下的连续谱都有一个**截止波长**(或频率),电压越高,截止波长越短,而且在同一电压下不同材料发出的 X 射线的截止波长一样。线状谱有明显的强度峰——谱线,不同材料的谱线的位置(即波长)不同,这谱线就叫各种材料的**特征谱线**(钨和铬的特征谱线波长在图 28.17(a)所示的波长范围以外)。

　　X 射线连续谱是电子和靶原子非弹性碰撞的结果,这种产生 X 射线的方式叫**轫致辐射**。入射电子经历每一次碰撞都会损失一部分能量,这能量就以光子的形式发射出去。由于每个电子可能经历多次碰撞,每一次碰撞损失的能量又可能大小不同,所以就辐射出各种能量不同的光子而形成连续谱。由于电子所损失的能量的最大值就是电子本身从加速电场获得的能量,所以发出的光子的最大能量也就是这个能量。因此在一定的电压下发出的 X 射线的频率有一极大值。相应地,波长有一极小值,这就是截止波长。以 E_k 表示射入靶的电子的动能,则有 $h\nu_{\max} = E_k$。由此可得截止波长为

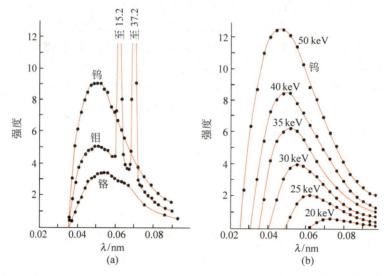

图 28.17 X 射线谱

$$\lambda_{cut} = \frac{c}{\nu_{max}} = \frac{hc}{E_k} \tag{28.41}$$

例如,当 $E_k = 35$ keV 时,上式给出 $\lambda_{cut} = 0.036$ nm,和图 28.17 所给的相符。

X 射线特征谱线只能和可见光谱一样,是原子能级跃迁的结果。但是由于 X 射线光子能量比可见光光子能量大得多,所以不可能是原子中外层电子能级跃迁的结果,但可以用内层电子在不同壳层间的跃迁来说明。然而在正常情况下,原子的内壳层都已为电子填满,由泡利不相容原理可知,电子不可能再跃入。在这里,加速电子的碰撞起了关键的作用。加速电子的碰撞有可能将内壳层(如 K 壳层)的电子击出原子,这样便在内壳层留下一个空穴。这时,较外壳层的电子就有可能跃迁入这一空穴而发射出能量较大的光子。以 K 壳层为例,填满时有两个电子。其中一个电子所感受到的核的库仑场,由于另一电子的屏蔽作用,就约相当于 $Z-1$ 个质子的库仑场。仿类氢离子的能量公式,此壳层上一个电子的能量应为

$$E_1 = -\frac{m_e(Z-1)^2 e^4}{2(4\pi\varepsilon_0)^2 \hbar^2} \frac{1}{n^2} = -13.6(Z-1)^2 \text{ eV} \tag{28.42}$$

同理,在 L 壳层内一个电子的能量为

$$E_2 = -\frac{13.6(Z-1)^2}{4} \text{ eV}$$

因此,当 K 壳层出现一空穴而 L 层一个电子跃迁进入时,所发出的光子的频率为

$$\nu = \frac{E_2 - E_1}{h} = \frac{3 \times 13.6(Z-1)^2}{4h} = 2.46 \times 10^{15}(Z-1)^2$$

或者

$$\sqrt{\nu} = 4.96 \times 10^7 (Z-1) \tag{28.43}$$

这一公式称为**莫塞莱公式**。

频率由式(28.43)给出的谱线称为 K_α 线。由于多电子原子的内层电子结构基本上是一样的,所以各种序数较大的元素的原子的 K_α 线都可由式(28.43)给出。这一公式说明,

不同元素原子的 K_α 线的频率的平方根和元素的原子序数成线性关系。这一线性关系已为实验所证实,如图 28.18 所示。

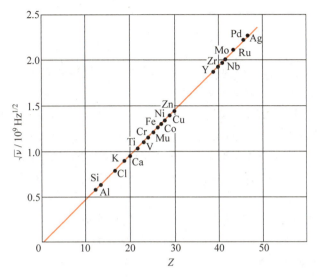

图 28.18　K_α 线的频率和原子序数的关系

由 M 壳层($n=3$)电子跃入 K 壳层空穴形成的 X 射线叫 K_β 线。K_α,K_β 和更外的壳层跃入 K 壳层空穴形成的诸谱线组成 X 射线的 K 系,由较外壳层跃入 L 壳层的空穴形成的谱线组成 L 系。类似地还有 M 系、N 系等。实际上,由于各壳层(K 壳层除外)的能级分裂,各系的每条谱线都还有较精细的结构。图 28.19 给出了铀(U)的 X 射线能级及跃迁图。

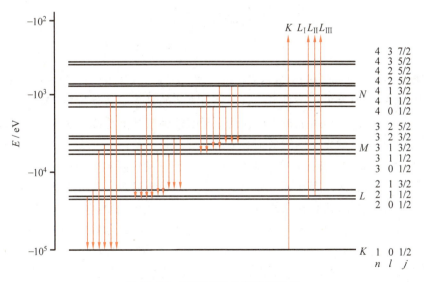

图 28.19　U 原子的 X 射线能级图

1913 年莫塞莱(H. G. J. Moseley)仔细地用晶体测定了近 40 种元素的原子的 X 射线的 K 线和 L 线,首次得出了式(28.43)。当年玻尔发表了他的氢原子模型理论。这使得莫塞莱可以得出下述结论:"我们已证实原子有一个基本量,它从一个元素到下一个元素有规律地递增。这个量只能是原子核的电量。"当年由他准确测定的 Z 值曾校验了当时周期表中各元素的排序。至今超铀元素的认定也靠足够量的这些元素的 X 射线谱。

28.6 激光

激光现今已得到了极为广泛的应用。从光缆的信息传输到光盘的读写,从视网膜的修复到大地的测量,从工件的焊接到热核反应的引发等等都利用了激光。"激光"是"受激辐射的光放大"的简称①。第一台激光器是 1960 年休斯飞机公司实验室的梅曼(T. H. Maiman)首先制成的,在此之前的 1954 年哥伦比亚大学的唐斯(C. H. Townes)已制成了受激辐射的微波放大装置。但是,它的基本原理早在 1916 年已由爱因斯坦提出了。

激光是怎么产生的?它有哪些特点?为什么有这些特点呢?下面通过氦氖激光器加以说明。

氦氖激光器的主要结构如图 28.20 所示,玻璃管内充有氦气(压强为 1 mmHg②)和氖气(压强为 0.1 mmHg)。所发激光是氖原子发出的,波长为 632.8 nm 的红光,它是氖原子由 $5s$ 能级跃迁到 $3p$ 能级的结果。

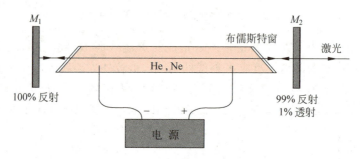

图 28.20　氦氖激光器结构简图

处于激发态的原子(或分子)是不稳定的。经过或长或短的时间(例如 10^{-8} s)会自发地跃迁到低能级上,同时发出一个光子。这种辐射光子的过程叫**自发辐射**(图 28.21(a))。相反的过程,光子射入原子内可能被吸收而使原子跃迁到较高的能级上去(图 28.21(b))。不论发射和吸收,所涉及的光子的能量都必须满足玻尔频率条件 $h\nu = E_h - E_l$。爱因斯坦在研究黑体辐射时,发现辐射场和原子交换能量时,只有自发辐射和吸收是不可能达到热平衡的。要达到热平衡,还必须存在另一种辐射方式——**受激辐射**。它指的是,如果入射光子的能量等于相应的能级差,而且在高能级上有原子存在,入射光子的电磁场就会引发原子从高能级跃迁到低能级上,同时放出一个与入射光子的频率、相位、偏振方向和传播方向都完全相同的光子(图 28.21(c))。在一种材料中,如果有一个光子引发了一次受激辐射,就会产生两个相同的光子。这两个光子如果都再遇到类似的情况,就能够产生 4 个相同的光子。由此可以产生 8 个、16 个……为数不断倍增的光子,这就可以形成"光放大"。看来,只要有一个适当的光子入射到给定的材料内就可以很容易地得到光放大了,其实不然。

---

① 激光的英文为 laser,它是 light amplification by stimulated emission of radiation 一词的首字母缩略词。
② 1 mmHg=133 Pa。

28.6 激光

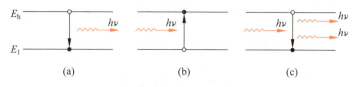

图 28.21 自发辐射(a)、吸收(b)和受激辐射(c)

这里还有原子数的问题。在正常情况下,在高能级 E_h 上的原子数 N_h 总比在低能级 E_l 上的原子数 N_l 小得多。它们的比值由玻耳兹曼关系决定,即

$$\frac{N_h}{N_l} = e^{-(E_h-E_l)/kT} \tag{28.44}$$

以氦氖激光器为例,在室温热平衡的条件下,相应于激光波长 632.8 nm 的两能级上氖原子数的比为

$$\frac{N_h}{N_l} = e^{-(E_h-E_l)/kT} = \exp\left(-\frac{hc}{\lambda kT}\right)$$
$$= \exp\left(-\frac{6.63\times10^{-34}\times3\times10^8}{632.8\times10^{-9}\times1.38\times10^{-23}\times300}\right) = e^{-76} = 10^{-33}$$

这一极小的数值说明 $N_h \ll N_l$。爱因斯坦理论指出原子受激辐射的概率和吸收的概率是相同的。因此,合适的光子入射到处于正常状态的材料中,主要的还是被吸收而不可能发生光放大现象。

如上所述,要想实现光放大,必须使材料处于一种"反常"状态,即 $N_h > N_l$。这种状态叫**粒子数布居反转**[①]。要想使处于正常状态的材料转化为这种状态,必须激发低能态的原子使之跃迁到高能态,而且在高能态有较长的"寿命"。激发的方式有光激发、碰撞激发等方式。氦氖激光器的激发方式是碰撞激发。氦原子和氖原子的有关能级如图 28.22 所示。氦原子的 $2s$ 能级(20.61 eV)和氖原子的 $5s$ 能级(20.66 eV)非常接近。当激光管加上电压后,管内产生电子流,运动的电子和氦原子的碰撞可使之升到 $2s$ 能级上。处于此激发态的氦原子和处于基态($2p$)的氖原子相碰时,就能将能量传给氖原子使之达到 $5s$ 态。氦原子的 $2s$ 态和氖原子的 $5s$ 态的寿命相对地较长(这种状态叫亚稳态),而氖原子的 $3p$ 态的寿命很短。这一方面保证了氖原子有充分的激发能源,同时由于处于 $3p$ 态的氖原子很快地由于自发辐射而减少,所以就实现了氖原子在 $5s$ 态和 $3p$ 态之间的粒子数布居反转,从而

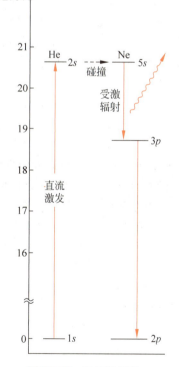

图 28.22 氦氖能级图

---

① 由式(28.44)可知,在 $N_h > N_l$ 的情况下,$T<0$。这是一个可以用负热力学温度描述状态的一个例子。

为光放大提供了必要条件①。一旦有一个光子由于氖原子从 $5s$ 态到 $3p$ 态的自发辐射而产生,这种光将由于不断的受激辐射而成倍地急剧增加。在激光器两端的平面镜(或凹面镜) M_1 和 M_2(见图 28.20)的反射下,光子来回穿行于激光管内,这更增大了加倍的机会从而产生很强的光。这光的一部分从稍微透射的镜 M_2 射出就成了实际应用的激光束。

由于受激辐射产生的光子频率与偏振方向都相同,所以经放大后的激光束,不管光束截面多大,都是完全相干的。普通光源发的光是不相干的,所发光的强度是各原子发的光的非相干叠加,因而和原子数成正比。激光发射时,由于各原子发的光是相干的,其强度是各原子发的光的相干叠加,因而和原子数的平方成正比。由于光源内原子数很大,因而和普通光源发的光相比,激光光强可以大得惊人。例如经过会聚的激光强度可达 10^{17} W/cm^2,而氧炔焰的强度不过 10^3 W/cm^2。针头大的半导体激光器的功率可达 200 mW(现已制造出纳米级的半导体激光器),连续功率达 1 kW 的激光器已经制成,而用于热核反应实验的激光器的脉冲平均功率已达 10^{14} W(这大约是目前全世界所有电站总功率的 100 倍),可以产生 10^8 K 的高温以引发氘-氚燃料微粒发生聚变。

在图 28.20 中,激光是在两面反射镜 M_1 和 M_2 之间来回反射的。作为电磁波,激光将在 M_1,M_2 之间形成驻波,驻波的波长和 M_1,M_2 之间的距离是有确定关系的。在实际的激光器中 M_1,M_2 之间的距离都已调至和所发出激光波长严格地相对应,其他波长的光不能形成驻波因而不能加强。在激光器稳定工作时,激光由于来回反射过程中的受激辐射而得到的加强,即能量增益,和各种能量损耗正好相等,因而使激光振幅保持不变。这相当于无限长的波列,因而所发出的激光束就可能是高度单色性的。普通氖红光的单色性($\Delta\nu/\nu$)不过 10^{-6},而激光则可达到 10^{-15}。这种单色性有重要的应用,例如可以准确地选择原子而用在单原子探测中。

图 28.20 中的两个反射镜都是与激光管的轴严格垂直的,因此只有那些传播方向与管轴严格平行的激光才能来回反射得到加强,其他方向的光线经过几次反射就要逸出管外。因此由 M_2 透出的激光束将是高度"准直"的,即具有高度的方向性,其发散角一般在 $1'$([角]分)以下。这种高度的方向性被用来作精密长度测量。例如曾利用月亮上的反射镜对激光的反射来测量地月之间的距离,其精度达到几个厘米。

现在利用反馈可使激光的频率保持非常稳定,例如稳定到 2×10^{-12} 甚至 10^{-14}(这相当于每年变化 10^{-7} s!)这种稳定激光器可以用来极精密地测量光速,以致在 1983 年国际计量大会上利用光速值来规定"米"的定义:1 m 就是在 $(1/299\ 792\ 458)$ s 内光在真空中传播的距离。

除了固定波长的激光器外,还有可调激光器。它们通常用化学染料做工作物质,所以又叫染料激光器。它们可以在一定范围内调节输出激光的频率。这种激光器也有多方面的应用,其中一个应用是制成**消多普勒饱和分光仪**,可消除多普勒效应对光谱线的影响,从而研究光谱的超精细结构。

消多普勒饱和分光仪

光源内发光原子的无规则运动对原子所发光子的频率会发生多普勒效应,从而使频率的不确定度增

---

① 现在有人正在研究不用粒子数布居反转就能产生激光的机制。一种非受激辐射的自由电子激光已经制成,见本书"今日物理趣闻 O 自由电子激光。"

大,相应的光谱线会展宽。谱线的展宽会掩盖光谱的精细结构而妨碍对原子结构更精细的研究。为了消除多普勒效应的影响,设计了一种消多普勒饱和分光仪,其结构简图如图 28.23 所示。图中 L 是一可调激光器,它发出的光经过分束器 M(半镀银玻璃板)分为两束。一束叫探测束 P,可射入探测器 D;另一束叫致饱束 S。这两束分别经过 M_1 和 M_2 反射后沿相反方向通过吸收盒 A,盒内装有谱线待测的样品。致饱束经过斩波器 C 被周期性地遮断。当致饱束被遮断时,探测束频率如果和样品某光谱线频率相同,则被共振吸收,探测器将收不到信号。当致饱束被斩波器放过,再被反射通过样品时,它将被共振吸收从而导致样品的相应低能级上的原子都跃迁到高级上去而低能级被腾空,探测束射过来就不能再被吸收。这时接收器将接收到最大强度的光强。但要注意,能够这样对方向相反的两束光都共振吸收的原子只能是那些沿光束方向速度为零的原子。对沿光束方向速度不为零的原子,相反方向射来的同样频率的激光,将因多普勒效应而具有不同的频率,因此不能同时发生共振,而接收器接收的光强也就不会有明显的变化。这样两束方向相反的激光就选出了那些速度为零的原子,它们的共振吸收不再受多普勒效应的影响,而相应的谱线变得非常细,以致频率差很小的两条谱线也能区别开来。调节入射激光的频率,就可在探测器的光强记录上相应的极大处得到样品的线状谱。

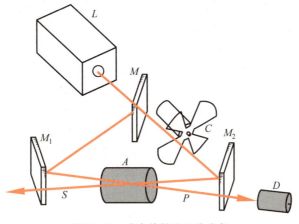

图 28.23 消多普勒饱和分光仪

利用消多普勒饱和分光仪第一次清楚地观察到了氢原子光谱的精细结构和超精细结构。如图 28.24 所示,图(a)的曲线表示氢原子巴耳末系 $H_α$(由 $n=3$ 态跃迁到 $n=2$ 态发出)线的光强分布,它只能大致地显示精细结构。这精细结构是电子自旋轨道耦合的结果。量子电动力学给出,由于核自旋、相对论效应以及量子涨落效应,$H_α$ 谱线还应包含由图中其他竖线表示的光谱线。在一般的分光计中这些谱线就被淹没到精细结构的谱线宽度以内而分辨不出来了。利用消多普勒饱和分光仪得出的氢原子光谱 $H_α$ 线附近的强度分布如图(b)所示。它清楚地显示了量子电动力学的理论结果。图(a)中 b,c 两谱线的频率差是有名的兰姆移位,其频率差为 $1.05×10^9$ Hz,而波长差仅为 1.5 pm。

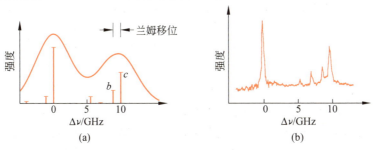

图 28.24 氢原子 $H_α$ 线的精细结构与超精细结构

*28.7 分子结构

到此为止,我们在量子论的基础上讨论了原子的结构与能态。在自然界中,除惰性气体外,由单个原子为基本单元而存在的元素是很少见的。一般情况下,原子都结合成分子。一个分子中可以包含两个或多个原子,如 N_2,O_2,CO_2,……有机物分子可以包含几十个甚至更多的原子。一个载有遗传信息的 DNA 分子则包含多达 10 亿个原子。这些原子是怎么结合在一起形成一个稳定的分子的呢?说到底它们是靠原子中的电子和原子核之间的静电力而被束缚在一起的。这种束缚作用称做**化学键**。比较重要的化学键是离子键和共价键。下面分别加以简要介绍。

离子键 最典型的由离子键结合成的分子是由一个碱金属原子和一个卤素原子结合成的分子,如 NaCl,KF,KCl 等。碱金属原子的最外的壳层中的那个电子受核的引力较弱,很容易失去,而卤素原子的最外的壳层有一个电子"空位"因而很容易吸收外来的一个电子而形成一个闭合的壳层。这样,当它们相遇时,前者就会失去一个电子而补入后者的电子"空位"中,使二者分别变成了稳定的正负离子,这两个离子由于库仑引力就牢固地结合在一起而形成一个独立的分子。这种离子间的库仑引力作用就称做**离子键**。

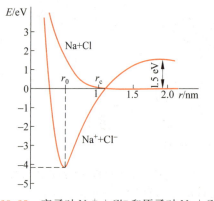

图 28.25 离子对 $Na^+ + Cl^-$ 和原子对 $Na+Cl$ 的势能曲线

离子键的形成过程可用势能曲线说明如下。如图 28.25 所示,当一个 Na 原子和一个 Cl 原子相距较远时,相互作用微弱,二者势能为零。当它们的核靠近到某一临界距离 r_c(约 1 nm)时,由于离子 Na^+ 和 Cl^- 之间的势能小于原子 Na 和 Cl 之间的势能,所以电子将由 Na 和 Cl 之间的势能,所以电子将由 Na 原子转移到 Cl 原子而形成 Na^+ 离子和 Cl^- 离子。随着两个核的继续靠近,由于正负离子间的库仑引力决定的势能逐渐减小,但同时由于两核的接近,其间的斥力势能会使总势能增大。这样,当两核间距到达某一距离 r_0 时,势能达到一最小值。这一距离是两离子结合的**平衡间距**,也称为离子键的**键长**。两离子的核的间距更小时,势能会继续增大。这是因为,一方面,二者间距的减小会使核之间的斥力增大。另一方面,当两离子的内壳层重叠时,泡利不相容原理将迫使有些电子进入更高的能级从而使分子的能量增大。

由离子键结合的分子的一个重要特征,是它们都有一定的电矩。对 NaCl 分子来说,由于其中两个核的平衡间距离为 $r_0 = 0.24$ nm,所以其分子电矩可估算为

$$p \approx er_0 = 1.6 \times 10^{-19} \times 0.24 \times 10^{-9} = 3.8 \times 10^{-29} \text{ C·m}$$

这一结果和实测结果 3.00×10^{-29} C·m 基本相符,表明了 NaCl 分子的离子键的真实性。

共价键 像 H_2,O_2,N_2 这样的分子也都是由两个原子组成的。但每个分子中的两个原子是一样的,不可能一个向另一个转移电子,因而不可能形成离子键。它们是怎样结合成分子的呢?这是因为它们中的每一个都会贡献出一个或几个电子作为**共有**的电子。这一对或几对共有电子处于两个原子的核的中间,受到两个核的库仑引力作用把两个核紧紧地束

缚在一起,从而形成了稳定的分子。这种由共用电子对和核之间的引力形成的对原子的束缚作用称为**共价键**。下面用量子论对共价键的形成作一简要说明。

先考虑分子型离子 H_2^+ 的基态的形成。这种离子由两个氢原子组成但失去了一个电子。以两核即质子 p_1 和 p_2 的连线为 x 轴,以二者之间的中点为原点 O。为简单起见,也由于明显的轴对称性,我们讨论沿 x 轴的波函数 $\psi(x)$ 分布。由于尚未涉及电子的自旋,这一波函数又称为轨道波函数,简称**轨函**。当两个核相离较远时,这一两个质子和一个电子的系统的状态有两种可能。一种是电子被束缚在质子 p_1 的 $1s$ 态上而不受另一质子 p_2 的影响,其轨函用 ψ_1 表示。另一种是电子被束缚在质子 p_2 的 $1s$ 态上而不受质子 p_1 的影响,其轨函用 ψ_2 表示。这两个可能的状态分别用图 28.26 中的(a)、(b)表示,波函数曲线可参看图 28.4(a)。整个系统即 H_2^+ 的基态应该用 ψ_1 和 ψ_2 的叠加描述。由于这两种状态的出现概率是一样的,所以我们注意到二者的对称叠加(图 28.27(a)),即

$$\psi_+ = \psi_1 + \psi_2 \tag{28.45}$$

因为 $\psi_+(x) = \psi_+(-x)$

所以 ψ_+ 为一偶函数。还有反对称叠加(图 28.27(b)),即

$$\psi_- = \psi_1 - \psi_2 \tag{28.46}$$

因为 $\psi_-(x) = -\psi_-(-x)$

所以 ψ_- 为一奇函数。

图 28.26 两个核相距较远时 H_2^+ 的可能状态

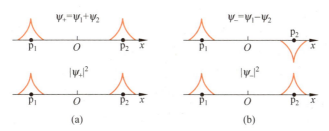

图 28.27 两个核相距较远时,H_2^+ 的两个叠加态的轨函及概率密度分布
(a)对称轨函;(b)反对称轨函

很明显,如图 28.27(a)和(b)所示,两种叠加的轨函的概率密度分布 $|\psi_+|^2$ 和 $|\psi_-|^2$ 是一样的。这是两质子相距较远的情形。

当两个质子移近到一定程度时,它们对电子的运动都会有影响而 H_2^+ 的轨函将和图 28.27 所示的有所变化。但仍可以用图 28.26 所示的 ψ_1 和 ψ_2 的两种叠加 ψ_+ 和 ψ_- 加以近似地说明。ψ_1 和 ψ_2 的近距离叠加轨函 ψ_+ 和 ψ_- 及相应的概率密度 $|\psi_+|^2$ 和 $|\psi_-|^2$ 分别如图 28.28(a)和(b)所示。这时二者的概率密度就有显著的不同了。

图 28.28 显示,两个质子靠近到一两个玻尔半径时,$|\psi_+|^2$ 在两质子间不为零。这说明电子在该处有较大的概率密度。$|\psi_-|^2$ 在两个质子的正中间为零,说明电子在两质子中间

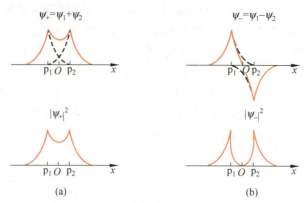

图 28.28 两个核相距较近时，H_2^+ 的两个叠加态的轨函及概率密度分布
(a) 对称轨函；(b) 反对称轨函

的概率密度甚小。这种概率密度分布的不同就导致了两种情况下 H_2^+ 的势能曲线的不同。如图 28.29 所示，由于在 ψ_+ 状态中，电子的分布集中在两质子之间，在这里它受到两个质子的强力吸引，使得 H_2^+ 的势能 $E_+(r)$ 随 r 的减小而降低（相对于图 28.27 电子分布时的能量）。随着 r 的进一步减小，两质子间的库仑斥力势能将增大而逐渐抵消这能量的减小。其结果在某一 $r=r_0$ 处势能 $E_+(r)$ 出现一极小值。相应于此 $E_+(r)$ 极小值，H_2^+ 就成了一个稳定的系统而 ψ_+ 就称为**成键轨函**。与此相反，在 ψ_- 状态中，电子在两质子之间的分布很少，使得当 r 减小时，H_2^+ 的能量 $E_-(r)$ 不断升高而不出现极小，这就说明两质子不可能被束缚在一起形成稳定系统，而 ψ_- 也就称为**反键轨函**。

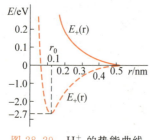

图 28.29 H_2^+ 的势能曲线

现在考虑中性氢分子 H_2 基态的形成。此分子有两个电子。忽略两电子间的相互作用，可以设想两电子均具有 H_2^+ 的成键轨函 ψ_+ 而在两质子间的概率密度较大。这使得 H_2 分子的势能谷更深（为图 28.29 所示的 2 倍，实测结果为 4.5 eV）而两原子结合得更紧。注意，由于两电子的轨函 ψ_+ 相同，泡利不相容原理要求这两个电子必须是自旋**反平行**的（而且不能再有第 3 个电子进入此轨函）。这样，两原子核间由每个原子贡献一个电子形成的反平行的电子对，就产生了使两原子稳定地结合在一起的束缚力。这种束缚力就是共价键。

上述对于基态氢分子 H_2 的成键说明同样适用于多电子原子。这是因为原子的结合主要是原子的外壳层电子，或称价电子，起作用。例如 Li 原子的最外壳层也只有一个电子（其电子组态为 $1s^2 2s^1$）。这个电子就可以贡献出来形成共价键。事实上也的确有 LiH，Li_2 这种共价键分子存在。

对于 O 原子，其电子组态为 $1s^2 2s^2 2p^4$。其中两个 p 电子反平行地位于一个 p 次壳层中形成电子对，另外两个电子分别位于另两个 p 次壳层中未配成对。这两个电子就可以贡献出来形成共价键而构成双共价键分子如 O_2，H_2O（图 28.30）等。

对于 N 原子，其电子组态为 $1s^2 2s^2 2p^3$。它的 3 个 p 电子分别位于 3 个 p 次壳层中而未配成对，就可以贡献出来形成共价键而构成三共价键分子如 N_2，NH_3（图 28.31）等。

*28.7 分子结构

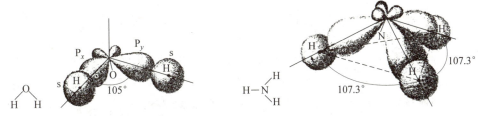

图 28.30　H_2O 分子的结构式与电子云图

图 28.31　NH_3 分子的结构式与电子云图

C 原子值得特别注意,其电子组态为 $1s^2 2s^2 2p^2$。但由于 $2s$ 和 $2p$ 能级差别很小,所以 $2s$ 次壳层中的一个电子很容易跃入 $2p$ 次壳层而形成 $1s^2 2s^1 2p^3$ 的电子组态。这样在 L 壳层中就有 4 个未配对的电子可以贡献出来形成共价键。甲烷分子 CH_4,乙烯分子 C_2H_4,苯分子 C_6H_6(图 28.32)等品种繁多的有机分子就是这样形成的。

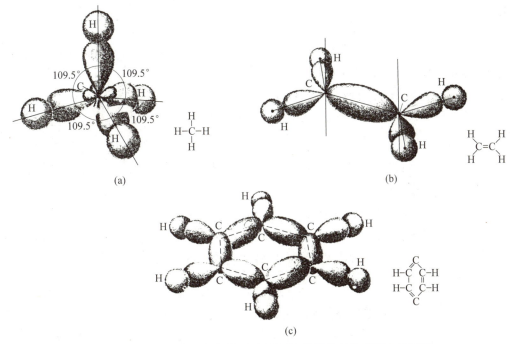

图 28.32　(a)CH_4、(b)C_2H_4 和(c)C_6H_6 分子的结构式和电子云图

(以上电子云图均采自 M. Alonso & E. J. Finn, Physics. Addison-Wesley Publishing Company, 1992, Chap. 38.)

最后应该指出,虽然有像 H_2,O_2 这样的纯共价键分子,但是没有 100% 的离子键分子。大多数分子都是由离子键和共价键混合构成的。这就是说各成分原子间只有电子的部分转移和部分共有。这可以从有关分子的小于纯离子键的电矩显示出来。

也还需指出,除了离子键和共价键外,还有其他形式的化学键。如**氢键**,它是由质子作为"中介"而使原子结合在一起的化学键。DNA 的双螺旋结构的两支链条就是靠氢键并靠在一起的。**范德瓦尔斯键**是靠原子的电偶极子间的微弱吸引力而形成的化学键,在水中的水分子之间惰性气体冷冻成的固体的分子间就存在着这种键。大块金属中的原子是靠**金属键**牢固地结合在一起的。这种键是各金属原子贡献出的所有价电子被所有遗留的金属离子共有的结果。我们将在第 29 章较详细地讨论这种情况。

*28.8 分子的转动和振动能级

由两个或更多的原子组成的分子,其能量不仅决定于每个原子中电子的状态,而且和整个分子的转动与振动状态有关。作为粗略模型,分子可以想象为用弹簧联系在一起的许多小球,这些小球就是一个个原子核(或原子实),而弹簧就是电子,这些电子的存在和运动就产生了分子中原子之间的相互作用力。每个原子的电子状态一定时,"弹簧"的劲度系数就有一定的值。这时分子的能量除了由电子的状态决定的能量外,还有分子转动和分子内原子的振动所决定的能量。

分子的转动能量可计算如下。以 I 表示分子绕通过自己的质心的轴的转动惯量,而以 $J=I\omega$ 表示其角动量,则转动能量为

$$E_{\text{rot}} = \frac{1}{2}I\omega^2 = \frac{J^2}{2I}$$

分子的角动量也遵守量子化规律,即

$$J = \sqrt{j(j+1)}\,\hbar, \quad j = 0,1,2,\cdots$$

式中 j 是转动量子数。将此 J 值代入上式,可得分子的转动能级为

$$E_{\text{rot}} = \frac{1}{2I}j(j+1)\hbar^2, \quad j = 0,1,2,\cdots \quad (28.47)$$

和此式对应的能级图如图 28.33 所示。

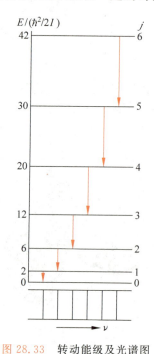

图 28.33 转动能级及光谱图

转动能量的大小可粗略地估计如下。以双原子分子为例。如图 28.34 所示,以 M 表示每个原子的质量,它们到其质心的距离粗略地按玻尔半径 a_0 计,则 $I = 2Ma_0^2$,而转动能量约为

图 28.34 双原子分子的转动

$$E_{\text{rot}} \approx \frac{j(j+1)}{4Ma_0^2}\hbar^2$$

对低转动能级来说,

$$E_{\text{rot}} \approx \frac{\hbar^2}{Ma_0^2}$$

对于基态的氢原子,由式(28.3)和式(28.5)可得

$$|E_{\text{H},1}| = \frac{\hbar^2}{2m_e a_0^2}$$

由此可得

$$E_{\text{rot}} \approx \frac{m_e}{M}|E_{\text{H},1}| \qquad (28.48)$$

对大多数原子来说 m_e/M 约为 10^{-4} 或 10^{-5},因此,转动能量的典型值约是 $|E_{\text{H},1}|$ 的 10^{-4} 或 10^{-5},即约 $10^{-3} \sim 10^{-4}$ eV。

分子转动能级的改变需遵守选择定则

$$\Delta j = \pm 1 \qquad (28.49)$$

于是，由于分子转动能级的改变，所能发出的光子的频率为

$$\nu_{rot} = \frac{E_{j+1} - E_j}{h} = \frac{\hbar}{2\pi I}(j+1), \quad j = 0, 1, 2, \cdots \tag{28.50}$$

由式(28.48)所表示的数量级的关系，可知转动光谱的典型频率较电子能量改变而产生的光谱的典型频率小到 10^{-4}，或波长大到 10^4 倍，因而转动光谱在远红外甚至延伸到微波范围。从图 28.33 中还可以看出转动光谱中各谱线以频率表示时都是等间距的。

例 28.4

求 NO 分子的转动光谱的最大波长。设 NO 分子中两原子的间距为 $r_0 = 0.11$ nm。

解 如图 28.33 所示，NO 分子的转动光谱的最大波长应是分子从 $j=1$ 跃迁到 $j=0$ 状态时所发出的光子的波长，所以

$$\lambda_{max} = \frac{ch}{E_{rot,1} - E_{rot,0}} = \frac{ch}{\hbar^2/I} = \frac{2\pi c}{\hbar} I = \frac{2\pi c}{\hbar}(mr_0^2)$$

式中 $I = mr_0^2$，而 m 应为 NO 两原子的约化质量，即 $m = m_N m_O/(m_N + m_O)$，因而

$$\begin{aligned}\lambda_{max} &= \frac{2\pi c m_N m_O}{\hbar(m_N + m_O)} r_0^2 \\ &= \frac{2\pi \times 3 \times 10^8 \times 14 \times 16 \times (1.66 \times 10^{-27})^2}{1.05 \times 10^{-34}(14+16) \times 1.66 \times 10^{-27}} \times (0.11 \times 10^{-9})^2 \\ &= 2.7 \times 10^{-3}(m) = 2.7(mm)\end{aligned}$$

此波长在微波范围。

分子的振动光谱，以双原子分子(图 28.35)为例，其振动能量是

$$E_{vib} = \left(v + \frac{1}{2}\right)\hbar\omega_0, \quad v = 0, 1, 2, \cdots \tag{28.51}$$

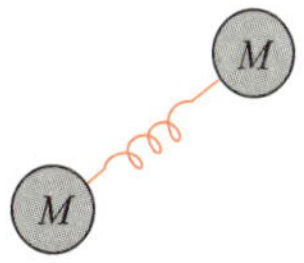

其中 ω_0 是振动角频率，v 是振动量子数。此式给出的能级图是等间距的，如图 28.36 所示。（对应于较大的 v 值，分子间的势能函数不再是抛物线形，能级的间距将随 v 的增大而减小。）

图 28.35 双原子分子模型

可如下粗略地估计分子的振动能量。对图 28.35 的双原子分子的振动来说，由弹簧振子的能量公式，有

$$E_{vib} = \frac{1}{2}M\omega_0^2 A^2 \times 2 = M\omega_0^2 A^2$$

式中 M 为一个原子的质量，A 为原子的振幅，此处就粗略地认为 $A = a_0$，所以有

$$E_{vib} = M\omega_0^2 a_0^2$$

由于振动能量等于最大势能，而这最大势能就取分别带有 $+e$ 和 $-e$ 的两个原子相距为 a_0 时的静电势能，于是有

$$M\omega_0^2 a_0^2 \approx \frac{e^2}{8\pi\varepsilon_0 a_0} = |E_{H,1}| = \frac{\hbar^2}{2m_e a_0^2}$$

由此可导出

$$\hbar^2\omega_0^2 = \frac{m_e \hbar^4}{2m_e^2 a_0^4 M} \approx m_e E_{H,1}^2/M$$

因而

$$\hbar\omega_0 \approx \sqrt{\frac{m_e}{M}}|E_{H,1}| \tag{28.52}$$

由于 $m_e/M \approx 10^{-4}$ 或 10^{-5}，所以

$$\hbar\omega_0 \approx 10^{-2}|E_{H,1}|$$
$$\approx 10^{-1} \text{ eV 或 } 10^{-2} \text{ eV}$$

由于振动能级之间的跃迁需遵守选择定则

$$\Delta v = \pm 1 \tag{28.53}$$

所以振动光谱谱线只有一条，其频率可由式(28.52)大致估算，在红外范围。

实际上，分子既有转动，又有振动，其总机械能为

$$E_{mech} = E_{rot} + E_{vib} \tag{28.54}$$

由于 $E_{vib} \gg E_{rot}$，每一振动状态总会包含许多转动状态，其总的能级图如图 28.37 所示，其中也画出了分子的可能跃迁以及所产生的谱线系。图 28.38 是 HCl 的吸收光谱（HCl 分子也只吸收那些它能发出的频率的光子）。

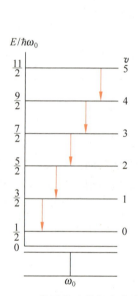

图 28.36 分子振动能级和光谱图

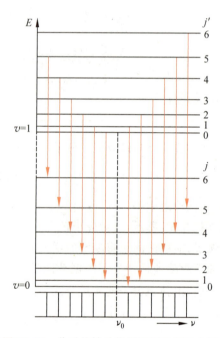

图 28.37 分子的转动能级和振动能级总图
（转动能级已被大大放大了）

对分子来说，由于 $\Delta E_{rot} \ll \Delta E_{vib}$，所以在同一振动能级跃迁所产生的光谱实际上是由很多密集的由转动能级跃迁所产生的谱线组成的。分辨率不大的分光镜不能分辨这些谱线而会形成连续的谱带。有这种谱带出现的转动和振动合成的光谱就叫**带状谱**，图 28.39 就是 N_2 的带状光谱的例子。

分子光谱是分子内部结构的反映，因此，研究分子光谱可以获得关于分子内部情况的信息，帮助人们了解分子的结构。分子光谱是研究分子结构，特别是有机分子的结构的非常重要的手段。

如果将分子内的电子能级 E_{elec} 一并考虑，则分子的总能量为

*28.8 分子的转动和振动能级

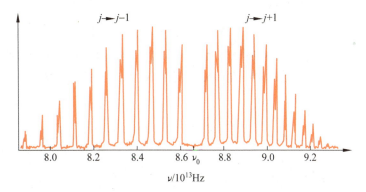

图 28.38　HCl 的吸收光谱（高峰由于 $H^{35}Cl$，低峰由于 $H^{37}Cl$）

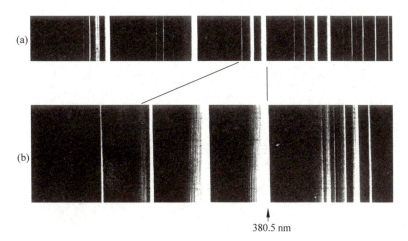

图 28.39　N_2 的带状谱(a)及其局部放大(b)

$$E = E_{elec} + E_{vib} + E_{rot} \tag{28.55}$$

等号右边三项的大小不同，如图 28.40 所示。如果电子能级也发生变化，则分子发生的光的

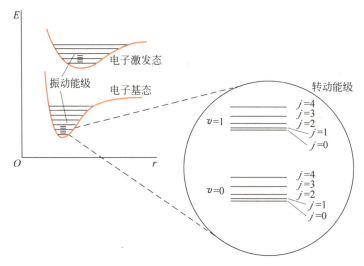

图 28.40　分子的总能级图

频率为
$$\nu = \nu_{\text{elec}} + \nu_{\text{vib}} + \nu_{\text{rot}} \tag{28.56}$$

由于和 ν_{elec} 相比，ν_{vib} 和 ν_{rot} 都很小，所以当观察到由第一项所显示的谱线系时，后两项实际上就分辨不出了。这时，观察到的光谱在可见光范围，称为分子的**光学光谱**。

提 要

1. 氢原子：由薛定谔方程得到 3 个量子数：

主量子数　　$n=1,2,3,4,\cdots$

轨道量子数　　$l=0,1,2,\cdots,n-1$

轨道磁量子数　　$m_l=-l,-(l-1),\cdots,0,1,\cdots,l$

氢原子能级：
$$E_n = -\frac{m_e e^4}{2(4\pi\varepsilon_0)^2 \hbar^2} \frac{1}{n^2} = -\frac{e^2}{2(4\pi\varepsilon_0) a_0} \frac{1}{n^2} = -13.6 \times \frac{1}{n^2}$$

玻尔频率条件：$h\nu = E_h - E_l$

轨道角动量：$L = \sqrt{l(l+1)}\,\hbar$

轨道角动量沿某特定方向（如磁场方向）的分量：
$$L_z = m_l \hbar$$

原子内电子的运动不能用轨道描述，只能用波函数给出的概率密度描述，形象化地用电子云图来描绘。

简并态：能量相同的各个状态。

径向概率密度 $P(r)$：在半径为 r 和 $r+\mathrm{d}r$ 的两球面间的体积内电子出现的概率为 $P(r)\mathrm{d}r$。

* 单价原子中核外电子的能量也和 l 有关。

2. 电子的自旋与自旋轨道耦合

电子自旋角动量是电子的内禀性质。它的大小是
$$S = \sqrt{s(s+1)}\,\hbar = \sqrt{\frac{3}{4}}\,\hbar$$

s 是电子的自旋量子数，只有一个值，即 $1/2$。

电子自旋在空间某一方向的投影为
$$S_z = m_s \hbar$$

m_s 只有 $1/2$（向上）和 $-1/2$（向下）两个值，叫自旋磁量子数。

轨道角动量和自旋角动量合成的角动量 $\boldsymbol{J}$ 的大小为
$$J = |\boldsymbol{L} + \boldsymbol{S}| = \sqrt{j(j+1)}\,\hbar$$

j 为总角动量量子数，可取值为 $j = l + \frac{1}{2}$ 和 $j = l - \frac{1}{2}$。

玻尔磁子：$\mu_B = \dfrac{e\hbar}{2m_e} = 9.27 \times 10^{-24}$ J/T

电子自旋磁矩在磁场中的能量：$E_s = \mp \mu_B B$

自旋轨道耦合使能级分裂,产生光谱的精细结构。

*3. 微观粒子的不可分辨性:在同种粒子组成的系统中,在各状态间交换粒子并不产生新的状态。由此可知粒子分为两类:玻色子(波函数是对称的,自旋量子数为 0 或整数)和费米子(波函数是反对称的,自旋量子数为半整数)。电子是费米子。

4. 多电子原子的电子组态

电子的状态用 4 个量子数 n, l, m_l, m_s 确定。n 相同的状态组成一壳层,可容纳 $2n^2$ 个电子;l 相同的状态组成一次壳层,可容纳 $2(2l+1)$ 个电子。

基态原子的电子组态遵循两个规律:

(1) 能量最低原理,即电子总处于可能最低的能级。一般地说,n 越大,l 越大,能量就越高。

(2) 泡利不相容原理,即同一状态(四个量子数 n, l, m_l, m_s 都已确定)不可能有多于一个电子存在。

*5. X 射线:X 射线谱有连续谱和线状谱之分。

连续谱是入射高能电子与靶原子发生非弹性碰撞时发出——轫致辐射。截止波长由入射电子的能量 E_k 决定,即

$$\lambda_{cut} = hc/E_k$$

线状谱为靶元素的特征谱线,它是由靶原子中的电子在内壳层间跃迁时发出的光子形成的。这需要入射电子将内层电子击出而产生空穴。以 Z 表示元素的原子序数,则这种元素的 X 射线的 K_α 谱线的频率 ν 由下式给出:

$$\sqrt{\nu} = 4.96 \times 10^7 (Z-1)$$

6. 激光:激光由原子的受激辐射产生,这需要在发光材料中造成粒子数布居反转状态。

激光是完全相干的,光强和原子数的平方成正比,所以光强可以非常大。

激光器两端反射镜之间的距离控制其间驻波的波长,因而激光有极高的单色性。

激光器两端反射镜严格与管轴垂直,使得激光具有高度的指向性。

*7. 分子的转动和振动能级

分子的转动能级:

$$E_{rot} = \frac{1}{2I} j(j+1) \hbar^2, \quad j = 0, 1, 2, \cdots$$

大小约为 10^{-3} eV 或 10^{-4} eV,转动光谱在远红外甚至微波范围。

分子的振动能级

$$E_{vib} = \left(v + \frac{1}{2}\right)\hbar\omega_0, \quad v = 0, 1, 2, \cdots$$

大小约为 10^{-1} eV 或 10^{-2} eV,振动光谱在红外区。

振动和转动能级同时发生跃迁时产生的分子光谱为带状谱。

思考题

28.1 为什么说原子内电子的运动状态用轨道来描述是错误的?

28.2 什么是能级的简并?若不考虑电子自旋,氢原子的能级由什么量子数决定?

*28.3 钾原子的价电子的能级由什么量子数决定？为什么？

28.4 1996 年用加速器"制成"了**反氢原子**，它是由一个反质子和围绕它运动的正电子组成。你认为它的光谱和氢原子的光谱会完全相同吗？

28.5 $n=3$ 的壳层内有几个次壳层，各次壳层都可容纳多少个电子？

28.6 证明按经典模型，电子绕质子沿半径为 r 的圆轨道上运动时能量应为 $E_{\text{class}}=-e^2/2(4\pi\varepsilon_0)r$。将此式和式(28.4)对比，说明可能的轨道半径和 n^2 成正比。

*28.7 施特恩-格拉赫实验中，如果银原子的角动量不是量子化的，会得到什么样的银迹？又为什么两条银迹不能用轨道角动量量子化来解释？

28.8 处于基态的 He 原子的两个电子的各量子数各是什么值？

*28.9 在保持 X 射线管的电压不变的情况下，将银靶换为铜靶，所产生的 X 射线的截止波长和 K_α 线的波长将各有何变化？

*28.10 光子是费米子还是玻色子？它遵守泡利不相容原理吗？

28.11 什么是粒子数布居反转？为什么说这种状态是负热力学温度的状态？

28.12 为了得到线偏振光，就在激光管两端安装一个玻璃制的"布儒斯特窗"（见图 28.20），使其法线与管轴的夹角为布儒斯特角。为什么这样射出的光就是线偏振的？光振动沿哪个方向？

*28.13 分子的电子能级、振动能级和转动能级在数量级上有何差别？带光谱是怎么产生的？

*28.14 为什么在常温下，分子的转动状态可以通过加热而改变，因而分子转动和气体比热有关？为什么振动状态却是"冻结"着而不能改变，因而对气体比热无贡献？电子能级也是"冻结"着吗？

习题

28.1 求氢原子光谱莱曼系的最小波长和最大波长。

28.2 一个被冷却到几乎静止的氢原子从 $n=5$ 的状态跃迁到基态时发出的光子的波长多大？氢原子反冲的速率多大？

28.3 证明：氢原子的能级公式也可以写成

$$E_n=-\frac{\hbar^2}{2m_e a_0^2}\frac{1}{n^2}$$

或

$$E_n=-\frac{e^2}{8\pi\varepsilon_0 a_0}\frac{1}{n^2}$$

28.4 证明 $n=1$ 时，式(28.4)所给出的能量等于经典图像中电子围绕质子做半径为 a_0 的圆周运动时的总能量。

28.5 1884 年瑞士的一所女子中学的教师巴耳末仔细研究氢原子光谱的各可见光谱线的"波数" $\tilde{\nu}$（即 $1/\lambda$）时，发现它们可以用下式表示：

$$\tilde{\nu}=R\left(\frac{1}{4}-\frac{1}{n^2}\right),\quad n=3,4,5,\cdots$$

其中 R 为一常量，叫**里德伯常量**。试由氢原子的能级公式求里德伯常量的表示式并求其值(现代光谱学给出的数值是 $R=1.097\,373\,153\,4\times 10^7\ \text{m}^{-1}$)。

28.6 **电子偶素**的原子是由一个电子和一个正电子围绕它们的共同质心转动形成的。设想这一系统的总角动量是量子化的，即 $L_n=n\hbar$，用经典理论计算这一原子的最小可能圆形轨道的半径多大？当此原子从 $n=2$ 的轨道跃迁到 $n=1$ 的轨道上时，所发出的光子的频率多大？

28.7 原则上讲，玻尔理论也适用于太阳系：太阳相当于核，万有引力相当于库仑电力，而行星相当于电子，其角动量是量子化的，即 $L_n = n\hbar$，而且其运动服从经典理论。

(1) 求地球绕太阳运动的可能轨道的半径的公式；

(2) 地球运行轨道的半径实际上是 1.50×10^{11} m，和此半径对应的量子数 n 是多少？

(3) 地球实际运行轨道和它的下一个较大的可能轨道的半径相差多少？

28.8 天文学家观察远处星系的光谱时，发现绝大多数星系的原子光谱谱线的波长都比观察到的地球上的同种原子的光谱谱线的波长长。这个现象就是**红移**，它可以用多普勒效应解释。在室女座外面一星系射来的光的光谱中发现有波长为 411.7 nm 和 435.7 nm 的两条谱线。

(1) 假设这两条谱线的波长可以由氢原子的两条谱线的波长乘以同一因子得出，它们相当于氢原子谱线的哪两条谱线？相乘因子多大？

(2) 按多普勒效应计算，该星系离开地球的退行速度多大？

28.9 处于激发态的原子是不稳定的，经过或长或短的时间 Δt（Δt 的典型值为 1×10^{-8} s）就要自发地跃迁到较低能级上而发出相应的光子。由海森伯不确定关系式(26.34)可知，在激发态的原子的能级 E 就有一个相应的不确定值 ΔE，又使得所发出的光子的频率有一不确定值 $\Delta \nu$ 而使相应的光谱线变宽。此 $\Delta \nu$ 值叫做光谱线的**自然宽度**。试求电子由激发态跃迁回基态时所发出的光形成的光谱线的自然宽度。

*28.10 由于多普勒效应，氢放电管中发出的各种单色光都不是"纯"（单一频率）的单色光，而是具有一定的频率范围，因而使光谱线有一定的宽度。如果放电管的温度为 300 K，试估算所测得的 H_α 谱线（频率为 4.56×10^{14} Hz）的频率范围多大？

28.11 证明：就氢原子基态来说，电子的径向概率密度（式(28.12)）对 r 从 0 到 ∞ 的积分等于 1。这一结果具有什么物理意义？

*28.12 求氢原子处于基态时，电子离原子核的平均距离 $\bar{r}$。

*28.13 求氢原子处于基态时，电子的库仑势能的平均值，并由此计算电子动能的平均值。若按经典力学计算，电子的方均根速率多大？

*28.14 氢原子的 $n=2, l=1$ 和 $m_l = 0, +1, -1$ 三个状态的电子的波函数分别是

$$\psi_{2,1,0}(r,\theta,\varphi) = (1/4\sqrt{2\pi})(a_0^{-3/2})(r/a_0)e^{-r/2a_0}\cos\theta$$

$$\psi_{2,1,1}(r,\theta,\varphi) = (1/8\sqrt{\pi})(a_0^{-3/2})(r/a_0)e^{-r/2a_0}\sin\theta e^{i\varphi}$$

$$\psi_{2,1,-1}(r,\theta,\varphi) = (1/8\sqrt{\pi})(a_0^{-3/2})(r/a_0)e^{-r/2a_0}\sin\theta e^{-i\varphi}$$

(1) 求每一状态的概率密度分布 $P_{2,1,0}, P_{2,1,1}$ 和 $P_{2,1,-1}$ 并和图 28.5(b)，(c)对比验证。

(2) 说明这三状态的概率密度之和是球对称的。

(3) 证明 $P_{2,1,0}$ 对全空间积分等于 1，即

$$P = \int P_{2,1,0} = \int_0^{2\pi}\int_0^\pi\int_0^\infty |\psi_{2,1,0}|^2 r^2 \sin\theta \, dr\, d\theta\, d\varphi = 1$$

并说明其物理意义。

28.15 求在 $l=1$ 的状态下，电子自旋角动量与轨道角动量之间的夹角。

28.16 由于自旋轨道耦合效应，氢原子的 $2P_{3/2}$ 和 $2P_{1/2}$ 的能级差为 4.5×10^{-5} eV。

(1) 求莱曼系的最小频率的两条精细结构谱线的频率差和波长差。

(2) 氢原子处于 $n=2, l=1$ 的状态时，其中电子感受到的磁场多大？

28.17 求银原子在外磁场中时，它的角动量和外磁场方向的夹角以及磁场能。设外磁场 $B=1.2$ T。

*28.18 在施特恩-格拉赫实验中，磁极长度为 4.0 cm，其间垂直方向的磁场梯度为 1.5 T/mm。如果银炉温度为 2500 K，求：

(1) 银原子在磁场中受的力；

(2) 玻璃板上沉积的两条银迹的间距。

28.19 在 1.60 T 的磁场中悬挂一小瓶水，今加以交变电磁场通过共振吸收可使水中质子的自旋反转。已知质子的自旋磁矩沿磁场方向的分量的大小为 1.41×10^{-26} J/T，设分子内本身产生的局部磁场和

外加磁场相比可以忽略,求所需的交变电磁场的频率多大?波长多长?

28.20 证明:在原子内,

(1) n,l 相同的状态最多可容纳 $2(2l+1)$ 个电子;

(2) n 相同的状态最多可容纳 $2n^2$ 个电子。

28.21 写出硼(B,$Z=5$),氩(Ar,$Z=18$),铜(Cu,$Z=29$),溴(Br,$Z=35$)等原子在基态时的电子组态式。

*28.22 用能量为 30 keV 的电子产生的 X 射线的截止波长为 0.041 nm,试由此计算普朗克常量值。

*28.23 要产生 0.100 nm 的 X 射线,X 光管所要加的电压最小应多大?

*28.24 40 keV 的电子射入靶后经过 4 次碰撞而停止。设经过前 3 次碰撞每次能量都减少一半,则所能发出的 X 射线的波长各是多大?

*28.25 某元素的 X 射线的 K_α 线的波长为 3.16 nm。

(1) 该元素原子的 L 壳层和 K 壳层的能量差是多少?

(2) 该元素是什么元素?

*28.26 铜的 K 壳层和 L 壳层的电离能分别是 8.979 keV 和 0.951 keV。铜靶发射的 X 射线入射到 NaCl 晶体表面在掠射角为 74.1° 时得到第一级衍射极大,这衍射是由于钠离子散射的结果。求平行于晶体表面的钠离子平面的间距是多大?

28.27 CO_2 激光器发出的激光波长为 10.6 μm。

(1) 和此波长相应的 CO_2 的能级差是多少?

(2) 温度为 300 K 时,处于热平衡的 CO_2 气体中在相应的高能级上的分子数是低能级上的分子数的百分之几?

(3) 如果此激光器工作时其中 CO_2 分子在高能级上的分子数比低能级上的分子数多 1%,则和此粒子数布居反转对应的热力学温度是多少?

28.28 现今激光器可以产生的一个光脉冲的延续时间只有 10 fs(1 fs=10^{-15} s)。这样一个光脉冲中有几个波长?设光波波长为 500 nm。

28.29 一脉冲激光器发出的光波长为 694.4 nm 的脉冲延续时间为 12 ps,能量为 0.150 J。求:(1)该脉冲的长度;(2)该脉冲的功率;(3)一个脉冲中的光子数。

28.30 GaAlAs 半导体激光器的体积可小到 200 μm³(即 2×10^{-7} mm³),但仍能以 5.0 mW 的功率连续发射波长为 0.80 μm 的激光。这一小激光器每秒发射多少光子?

28.31 一氩离子激光器发射的激光束截面直径为 3.00 mm,功率为 5.00 W,波长为 515 nm。使此束激光沿主轴方向射向一焦距为 3.50 cm 的凸透镜,透过后在一毛玻璃上焦聚,形成一衍射中心亮斑。(1)求入射光束的平均强度多大?(2)求衍射中心亮斑的半径多大?(3)衍射中心亮斑占有全部功率的 84%,此中心亮斑的强度多大?

*28.32 氧分子的转动光谱相邻两谱线的频率差为 8.6×10^{10} Hz,试由此求氧分子中两原子的间距。已知氧原子的质量为 2.66×10^{-26} kg。

*28.33 将氢原子看做球形电子云裹着质子的球,球半径为玻尔半径。试估计氢分子绕通过两原子中心的轴转动的第一激发态的转动能量,这一转动能量对氢气的比热有无贡献?

*28.34 CO 分子的振动频率为 6.42×10^{13} Hz。求它的两原子间相互作用力的等效劲度系数。

科学家介绍

玻　　尔

(Niels Bohr,1885—1962 年)

"三部曲"的首页

丹麦理论物理学家尼尔斯·玻尔,1885 年 10 月 7 日出生于哥本哈根。父亲是位有才华的生理学教授,幼年时的玻尔受到了良好的家庭教育和熏陶。

在哥本哈根大学学习期间,玻尔参加了丹麦皇家学会组织的优秀论文竞赛,题目是测定液体的表面张力,他提交的论文获丹麦科学院金质奖章。玻尔作为一名才华出众的物理系学生和一名著名的足球运动员而蜚声全校。

1911 年玻尔获哥本哈根大学哲学博士学位,论文是有关金属电子论的。由于玻尔别具一格的认真,此时他已开始领悟到了经典电动力学在描述原子现象时所遇到的困难。

获得博士学位后,玻尔到了剑桥大学,希望在电子的发现者汤姆孙的指导下,继续他的电子论研究,然而汤姆孙已对这个课题不感兴趣。不久他转到曼彻斯特卢瑟福实验室工作。

在这里，他和卢瑟福之间建立了终身不渝的友谊，并且奠定了他在物理学上取得伟大成就的基础。

1913年，玻尔回到哥本哈根，开始研究原子辐射问题。在受到巴耳末公式的启发后，他把作用量子引入原子系统，写成了长篇论文《论原子和分子结构》，并由卢瑟福推荐分三部分发表在伦敦皇家学会的《哲学杂志》上。后来人们称玻尔的这三部分论文为"三部曲"。论文的第一部分着重阐述有关辐射的发射和吸收，以及氢原子光谱的规律。大家熟悉的原子的稳定态，发射和吸收时的频率条件及角动量量子化条件就是在这一部分提出来的。第二和第三部分的标题分别是单原子核系统和多原子核系统，这两部分着重阐述原子和分子的结构。玻尔在论文中对比氢原子重的原子得出了正确的结论，提出了原子结构和元素性质相对应的论断。对于放射现象，玻尔认为，如果承认卢瑟福的原子模型，就只能得出一个结论，即 α 射线和 β 粒子都来自原子核，并给出了每放射一个 α 粒子或 β 粒子时原子结构的相应的变化规律。玻尔在论文最后做总述时，归纳了自己的假设，这就是著名的玻尔假设。当时以及后来的实验都证明了玻尔关于原子、分子的理论是正确的。

论文发表后，引起了物理学界的注意。1916年，玻尔在进一步研究的基础上，提出了"对应原理"，指出经典行为和量子的关系。

1920年，丹麦理论物理研究所（现名玻尔研究所）建成，在玻尔领导下，研究所成了吸引年轻物理学家研究原子和微观世界的中心。海森伯、泡利、狄拉克、朗道等许多杰出的科学家都先后在这里工作过。

玻尔不断完善自己的原子论，他的开创性工作，加上1925年泡利提出的不相容原理，从根本上揭示了元素周期表的奥秘。

此后，德布罗意、海森伯、玻恩、约旦、狄拉克、薛定谔等人成功地创立了量子力学，海森伯提出了不确定性关系，玻尔提出了"并协原理"，物理学取得了巨大进展。同时也引起了一场争论，特别是爱因斯坦和玻尔之间的争论持续了将近30年之久，争论的焦点是关于不确定性关系。爱因斯坦对于带有不确定性的任何理论，都是反对的，他说："……从根本上说，量子理论的统计表现是由于这一理论所描述的物理体系还不完备。"他认为，玻尔还没有研究到根本上，反而把不完备的答案当成了根本性的东西。他相信，只要掌握了所有的定律，一切活动都是可以预言的。争论中，他提出不同的"假想实验"以实现对微观粒子的位置和动量或时间和能量进行准确的测量，结果都被玻尔理论所否定。然而爱因斯坦还是不喜欢玻尔提出的理论。在争论的基础上，玻尔写成了两部著作：《原子理论和对自然的描述》、《原子物理学和人类的知识》，分别在1931年和1958年出版。

在20世纪30年代中期，量子物理转向研究核物理，1936年玻尔发表了《中子的俘获及原子核的构成》一文，提出了原子核液滴模型。1939年和惠勒共同发表了关于原子核裂变力学机制的论文。在发现链式反应后，玻尔继续完善他的原子核分裂的理论。

二次世界大战期间，玻尔参加了制造原子弹的曼哈顿计划，但他坚决反对使用原子弹。

1952年欧洲核子研究中心成立，玻尔任主席。

玻尔一生中获得了许多荣誉、奖励和头衔，享有崇高的威望。1922年由于他对原子结构和原子放射性的研究获诺贝尔物理奖。

今日物理趣闻

自由电子激光

自由电子激光是利用自由电子为工作媒质产生的强相干辐射,它的产生机理不同于原子内束缚电子的受激辐射。自由电子激光的概念是梅第(J. Maday)于 1971 年在他的博士论文中首次提出的,并在 1976 年和他的同事们在斯坦福大学实现了远红外自由电子激光,观察到了 10.6 μm 波长的光放大。自那以后,许多国家都开展了关于自由电子激光的理论和实验研究。目前已做到 ps(皮秒)级自由电子激光脉冲,平均功率密度可达 10^7 W/m²,峰值功率可达 GW 数量级。

自由电子激光的基本原理是通过自由电子和辐射的相互作用,电子将能量转送给辐射而使辐射强度增大。下面较具体地介绍一种利用**扭摆磁铁**(又叫波荡器)产生自由电子激光的原理。

如图 O.1 所示,一组扭摆磁铁可以沿 z 方向产生周期性变化的磁场,磁场方向沿 y 方向。由加速器提供的高速电子束(流速接近光速)经偏转磁铁导引进入这一扭摆磁场。电子受此磁场的作用,将在 xz 平面内摇摆前进。这一摇摆运动是有加速度的(如沿 x 方向的振荡电偶极子),所以电子将发射电磁波。这样的辐射称为**自发辐射**。自发辐射的电磁波主要集中在轴向的前方,振动方向沿 x 方向,其中心波长为

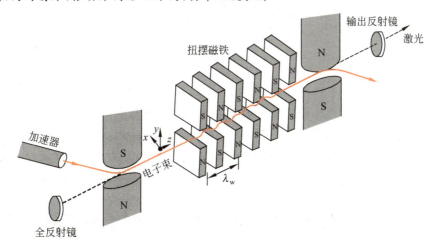

图 O.1　自由电子激光原理图

$$\lambda_s = \lambda_w / 2\gamma^2 \tag{O.1}$$

其中 λ_w 是扭摆磁场的空间周期长度,$\gamma = 1/\sqrt{1-v^2/c^2} = E/E_0 = mc^2/m_0c^2$ 是电子的能量因子。由于电子束中各电子的自发辐射是随机的,所以不能相干叠加,也就不能增强放大。

今设有一束光沿 z 方向射入电子通道内,在一定条件下可以从摇摆前进的电子取得能量而增强。如图 O.2 所示,设入射光的电场振动方向沿 x 方向,在某时刻其极大值正好在电子通过 z 轴的地方 a 点并指向 x 正向。这时电子所受电场力方向与其运动方向成钝角,故要克服此电场力做功。电子的动能将减小而将能量转送给辐射,此后辐射和电子都沿 z 方向前进。如果当电子前进半个 λ_w 到达 b 点的同时,辐射多走了半个 λ_s 的距离,则此时电子仍要克服电场力做功,将能量转给辐射。这样继续下去,电子不断地将能量转给辐射而使辐射强度不断增大。符合这一"同步条件"的辐射的波长应满足下式①:

$$\frac{\lambda_w}{v} = \frac{\lambda_w + \lambda_s}{c}$$

由此可得

$$\lambda_s = \lambda_w \frac{c}{v}\left(1 - \frac{v}{c}\right)$$

由于 $v \approx c$,此式可化为

$$\lambda_s = \lambda_w \left(1 - \frac{v^2}{c^2}\right) \Big/ 2 = \lambda_w / 2\gamma^2 \tag{O.2}$$

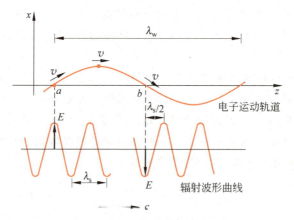

图 O.2 电子向辐射转送能量

注意,式(O.2)和式(O.1)是相同的,由此可知,送入扭摆磁场的辐射的频率如果和该扭摆磁场中运动的电子的自发辐射的频率相同,则该辐射就能从电子持续地获得能量而加强,这时电子的能量称为**共振能量**。这是用经典电磁场图像对辐射能量加强的说明。改用量子的语言,可以理解为在辐射和电子能量共振(同步)的条件下,自由电子可以被外来辐射光子所激发而发出频率和振动方向相同的光子从而增大了原来辐射的强度。这就是自由电子"受激辐射"的过程。

以上是指单电子受激辐射的过程。由于进入扭摆磁场的电子束是宏[观]脉冲,其脉冲

---

① 此处忽略 v 和 v_z 的区别,式(O.1)中也有这一忽略。

长度为 μs 量级,一个脉冲延续长度可达百米,连续覆盖许多辐射光的波长。但并不是每个电子都能像图 O.2 那样向辐射场转送能量,因此这种脉冲还不能形成光放大。所幸的是,进入扭摆磁场的电子束由于磁场和辐射的联合作用,会使电子发生"群聚"现象。其结果是宏脉冲会被分成一个个越来越密集的微[观]脉冲——微束团,其长度为 ps 量级。这些微束团的间距就是辐射的波长 λ_s。这样,各微束团内的电子将发射同相的辐射,而不同微束团所发射的辐射相差也几乎都等于 2π 的整数倍,自然就能相干叠加而增强了。激光器两端的反射镜使此相干辐射多次在扭摆磁场中沿电子运动的方向加强(相反方向无效果),最后就能得到很强的自由电子激光了。

从式(O.2)可以看出自由电子激光的频率随入射电子能量的增大而增大,因而是连续可调的。目前扭摆磁场的周期长度为 2~3 cm,电子束的能量可达 10^6~10^9 eV,自由电子激光的频谱可以从远红外跨越到硬 X 射线。

自由电子激光具有一系列已有的普通激光光源无法代替的优点。例如,频率连续可调,频谱范围广,峰值功率和平均功率大,且可调(美国原"星球大战"计划曾打算用自由电子激光作定向能武器),相干性好,偏振强,具有 ps 量级脉冲的时间结构,且时间结构可控,等等。因此它在科学、军事、国民经济各方面都有重要的应用前景。中国科学院高能所已于 1993 年制成了我国第一台红外自由电子激光装置。

今日物理趣闻

激光应用二例

P.1 多光子吸收

频率为 ν 的单色光照射金属时,能产生光电效应。根据能量守恒,可以得出如下的光电效应方程:

$$h\nu = \frac{1}{2}mv^2 + A$$

式中 A 为金属的逸出功。由此式可知,产生光电效应的光子的最低频率为

$$\nu_0 = \frac{A}{h}$$

以前我们讨论的都是单光子效应。当光子能量低于 $h\nu_0$ 时,金属中的自由电子能否从入射光中吸收多个光子而产生光电效应呢?如果这种多光子效应是可能的,则光电效应方程应为

$$nh\nu = \frac{1}{2}mv^2 + A$$

式中 n 是一个光电子吸收的光子数。

在量子论建立的初期,认为一个电子一次只能吸收一个频率大于 ν_0 的光子,而且实验结果和此设想相符合。激光出现后,实验上发现了新的吸收过程。1962年发现了铯原子的双光子激发过程,1964年发现了氙原子的七光子电离过程,1978年又做了铯原子的四光子激发,以后又取得了关于多光子吸收过程的很多进展,特别是对双光子吸收的研究,在实验和理论上都取得了许多成果。

按照量子力学理论,无论是金属中的单个自由电子,或是原子、分子中处于束缚态的单个电子,在强光照射下,使光电子逸出金属表面的多光子光电效应,或使原子从低能态跃迁到高能态的多光子激发甚至多光子电离,在原则上都是容许的。但在实验上观察到多光子光电效应存在着一定困难。以双光子吸收来看,自由电子在吸收一个光子后,如果此光子频率小于红限频率,电子并不能逸出金属表面。这时如果它能紧接着吸收第二个光子,其能量积累有可能使它逸出金属产生双光子光电效应;如果不能紧接着吸收第二个光子,则通过和晶格的碰撞,电子会很快地失去原来吸收的光子的能量,双光子光电效应就不能发生。能否发生双光子吸收,一方面取决于电子和金属晶格的碰撞概率,同时又取决于入射光子数的多

P.1 多光子吸收

少(即光强的大小)。如果入射光足够强,电子吸收的机会就多,就能在发生能量损失之前,紧接着吸收第二个光子而产生双光子光电效应。

多光子吸收,从理论上可做如下简单说明:

用频率为 ν 的光照射某种原子,单光子激发需要满足频率条件

$$E_2 - E_1 = h\nu$$

如果一个光子的能量不足以使原子从 E_1 态跃迁到 E_2 态,就需要多个光子,这时的频率条件应为

$$E_2 - E_1 = nh\nu$$

如果原子只吸收了一个光子,则所处的状态并不和原子有任何稳定状态对应,如图 P.1 所示。图中 E_1 和 E_2 表示实际的能级,单向箭头表示每吸收一个光子后所发生的跃迁。这种跃迁因为不符合频率条件所以称为虚跃迁,而所达到的能量状态称为虚能级(图中水平虚线),虚跃迁和虚能级在量子力学中是允许的。按照能量-时间的不确定性关系,即

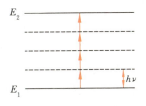

图 P.1 多光子激发示意图

$$\Delta E \cdot \Delta t \approx \hbar$$

其中 Δt 为原子能量处在 ΔE 区间内的时间。ΔE 愈小则 Δt 愈大,即原子的能量处在 ΔE 区间的状态的时间愈长。在原子吸收一个光子后,其能量和 E_2 之差

$$\Delta E_2 = E_2 - E_1 - h\nu$$

根据上述不确定性关系,在

$$\Delta t \approx \frac{\hbar}{E_2 - E_1 - h\nu}$$

的时间内,电子是能够处于 E_2 态(或 $E_1 + h\nu$ 的虚状态)的。如果电子连续吸收了 n 个光子的能量而且总能量等于 $E_2 - E_1$,原子将由 E_1 态跃迁到稳定的 E_2 态,它在 E_2 状态的时间由此状态的平均寿命 τ 决定。

对于双光子跃迁的简单情况,

$$E_2 - E_1 = 2h\nu$$

由此可得

$$\Delta t \approx 1/\nu$$

对于可见光,$\Delta t \approx 10^{-15}$ s,同激发态的平均寿命 $\tau \approx 10^{-8}$ s 相比,Δt 是很小的,这一 Δt 也就是产生双光子吸收时两个光子到达所隔时间的最大容许值。这一时间越短,多光子吸收的概率就越小。实验和理论指出,单位时间内,n 光子吸收的概率 $W^{(n)}$ 与入射光强 I(以单位时间通过单位面积的光子数表示)的 n 次方成正比,即

$$W^{(n)} = \sigma_n I^n$$

其中 σ_n 为一常数,它随 n 的增大而迅速减小。对于原子体系的单光子吸收,$\sigma_1 \approx 10^{-17}$ cm^2,而双光子吸收的 $\sigma_2 \approx 10^{-50}$ cm$^4 \cdot$ s。由此可见,要产生双光子吸收,入射光强度要大大增加才行。这也就是为什么只是在激光器这种单色强光源出现后多光子吸收才被有效地进行研究的原因。

然而,强激光能引起金属表面的蒸发和熔化,这给多光子光电效应的观察带来困难,因此多光子吸收的实验,通常是在低气压稀薄气体中进行,而观察到的常常是原子的多光子

电离。

多光子过程的研究,已经在科学技术上取得了一些应用,如应用双光子吸收光谱,可以研究分子、原子能级的超精细结构。利用这种光谱技术已经测定了氢原子从 $2s$ 态跃迁到 $1s$ 态产生的光谱的超精细结构。利用多光子吸收光谱,可以大大扩展激光器的有效频率范围,如利用可见的或红外激光可研究属于紫外波段的光谱结构,研究高激发态的能级结构。这就解决了紫外光谱研究中光源缺乏的问题。目前正在发展中的分子红外激光多光子光谱学对于单原子的探测、高分子的离解和合成、同位素的分离以及激光核聚变等领域都有重要的应用。

一种单原子探测装置如图 P.2 所示。在原子化器内用电热法将样品(含有极少量待测原子)蒸发成原子束,然后用三束频率不同的激光同时照射此原子束。待测原子,例如金原子,它的外围电子的能级有一确定的分布。调节染料激光器的输出频率使它们的光子分别与三个能级差对应。这样金原子就能一次吸收三个不同的光子而变为正离子(图 P.3),然后再由离子探测器加以确认。这种多光子吸收的选择性是非常高的,因为不同元素的原子的能级结构是不同的。这种探测方法的灵敏度也很高。清华大学单原子分子测控实验室对地质样品中黄金微量含量的直接测量的灵敏度(2000 年)达到 10^{-12},即在 10^{12} 个其他原子中检测出一个金原子。

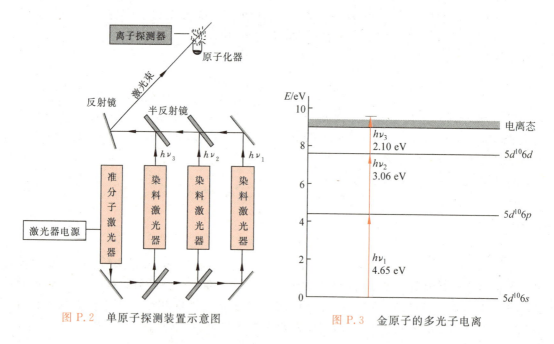

图 P.2　单原子探测装置示意图　　图 P.3　金原子的多光子电离

P.2　激光冷却与捕陷原子

获得低温是长期以来科学家所刻意追求的一种技术。它不但给人类带来实惠,例如超导的发现与研究,而且为研究物质的结构与性质创造了独特的条件。例如在低温下,分子、原子热运动的影响可以大大减弱,原子更容易暴露出它们的"本性"。以往低温多在固体或液体系统中实现,这些系统都包含着有较强的相互作用的大量粒子。20 世纪 80 年代,借助于激光技术获得了中性气体分子的极低温(例如,10^{-10} K)状态,这种获得低温的方法就叫**激光冷却**。

图 P.4　原子吸收光子动量减小

激光冷却中性原子的方法是汉斯(T. W. Hänsch)和肖洛(A. L. Schawlow)于1975年提出的,80年代初就实现了中性原子的有效减速冷却。这种激光冷却的基本思想是:运动着的原子在共振吸收迎面射来的光子(图 P.4)后,从基态过渡到激发态,其动量就减小,速度也就减小了。速度减小的值为

$$-\Delta v = \frac{h\nu}{Mc} \tag{P.1}$$

处于激发态的原子会自发辐射出光子而回到初态,由于反冲会得到动量。此后,它会吸收光子,又自发辐射出光子。但应注意的是,它吸收的光子来自同一束激光,方向相同,都将使原子动量减小。但自发辐射出的光子的方向是随机的,多次自发辐射平均下来并不增加原子的动量。这样,经过多次吸收和自发辐射之后,原子的速度就会明显地减小,而温度也就降低了。实际上一般原子一秒钟可以吸收发射上千万个光子,因而可以被有效地减速。对冷却钠原子的波长为 589 nm 的共振光而言,这种减速效果相当于 10 万倍的重力加速度!由于这种减速实现时,必须考虑入射光子对运动原子的多普勒效应,所以这种减速就叫**多普勒冷却**。

由于原子速度可正可负,就用两束方向相反的共振激光束照射原子(图 P.5)。这时原子将**优先**吸收迎面射来的光子而达到多普勒冷却的结果。

实际上,原子的运动是三维的。1985年贝尔实验室的朱棣文小组就用三对方向相反的激光束分别沿 x, y, z 三个方向照射钠原子(图 P.6),在 6 束激光交汇处的钠原子团就被冷却下来,温度达到了 240 μK。

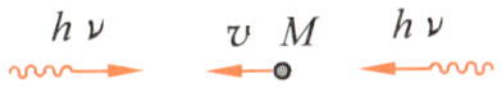

图 P.5　用方向相反的两束激光照射原子 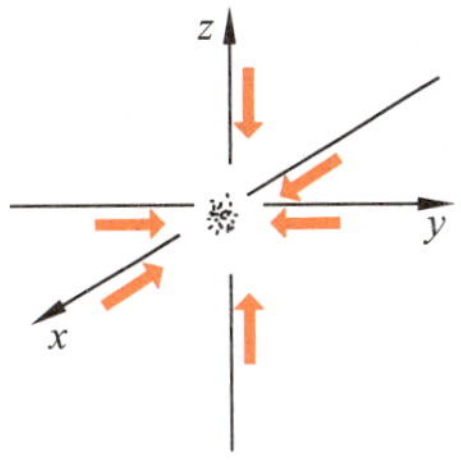　　　图 P.6　三维激光冷却示意图

理论指出,多普勒冷却有一定限度(原因是入射光的谱线有一定的自然宽度),例如,利用波长为 589 nm 的黄光冷却钠原子的极限为 240 μK,利用波长为 852 nm 的红外光冷却铯原子的极限为 124 μK。但研究者们进一步采取了其他方法使原子达到更低的温度。1995年达诺基小组把铯原子冷却到了 2.8 nK 的低温,朱棣文等利用钠原子喷泉方法曾捕集到温度仅为 24 pK 的一群钠原子。

在朱棣文的三维激光冷却实验装置中,在三束激光交汇处,由于原子不断吸收和随机发射光子,这样发射的光子又可能被邻近的其他原子吸收,原子和光子互相交换动量而形成了一种原子光子相互纠缠在一起的实体,低速的原子在其中无规则移动而无法逃脱。朱棣文把这种实体称做"光学粘团",这是一种捕获原子使之集聚的方法。更有效的方法是利用"原

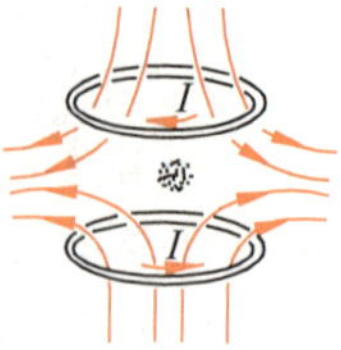

图 P.7　磁阱

子阱",这是利用电磁场形成的一种"势能坑",原子可以被收集在坑内存起来。一种原子阱叫"磁阱",它利用两个平行的电流方向相反的线圈构成(图 P.7)。这种阱中心的磁场为零,向四周磁场不断增强。陷在阱中的原子具有磁矩,在中心时势能最低。偏离中心时就会受到不均匀磁场的作用力而返回。这种阱曾捕获 10^{12} 个原子,捕陷时间长达 12 min。除了磁阱外,还有利用对射激光束形成的"光阱"和把磁阱、光阱结合起来的磁-光阱。

激光冷却和原子捕陷的研究在科学上有很重要的意义。例如,由于原子的热运动几乎已消除,所以得到宽度近乎极限的光谱线,从而大大提高了光谱分析的精度,也可以大大提高原子钟的精度。最使物理学家感兴趣的是它使人们观察到了"真正的"玻色-爱因斯坦凝聚。这种凝聚是玻色和爱因斯坦分别于 1924 年预言的,但长期未被观察到。这是一种宏观量子现象,指的是宏观数目的粒子(玻色子)处于同一个量子基态。它实现的条件是粒子的德布罗意波长大于粒子的间距。在被激光冷却的极低温度下,原子的动量很小,因而德布罗意波长较大。同时,在原子阱内又可捕获足够多的原子,它们的相互作用很弱而间距较小,因而可能达到凝聚的条件。1995 年果真观察到了 2000 个铷原子在 170 nK 温度下和 5×10^5 个钠原子在 2 μK 温度下的玻色-爱因斯坦凝聚。

朱棣文(S. Chu)、达诺基(C. C. Tannoudji)和菲利浦斯(W. D. Phillips)因在激光冷却和捕陷原子研究中的出色贡献而获得了 1997 年诺贝尔物理奖,其中朱棣文是第五位获得诺贝尔奖的华人科学家。

第29章

固体中的电子

固体,严格地说指晶体,是物质的一种常见的凝聚态,在现代技术中有很多的应用。它的许多性质,特别是导电性,和其中电子的行为有关。本章先用量子论介绍金属中自由电子的分布规律,较详细地解释了金属的导电机制。然后用能带理论说明了绝缘体、半导体等的特性。最后介绍了关于半导体器件的简单知识。

29.1 自由电子按能量的分布

通常我们把金属中的电子称做**自由电子**,是认为它们不受力的作用而可以自由运动。实际并不是这样。在金属中那些"公共的"电子都要受晶格上正离子的库仑力的作用。这些正离子对电子形成一个周期性的库仑势场,其空间周期就是离子的间距 d(图 29.1)。不过,在一定条件下,这种势场的作用可以忽略不计。这是因为从量子观点看来,电子具有波动性。对于波动,线度比波长小得多的障碍物对波的传播是没有什么影响的。在金属中的电子只要它们的德布罗意波长比周期性势场的空间周期大得多,它们的运动也就不会受到这种势场的明显影响。在这种势场中,波长较长的电子感受到的是一种平均的均匀的势场,因而不受力的作用。只是在这个意义上,金属中那些公共的电子才可被认为是自由电子,而其集体才能称为是**自由电子气**。

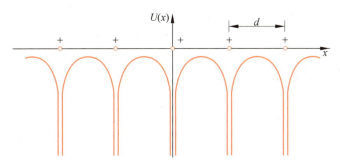

图 29.1 一维正离子形成的库仑势场

对于铜块,其中铜离子的间距可估算如下。铜的密度取 10×10^3 kg/m³,则离子间距为

$$d = \left[1 \bigg/ \left(\frac{10 \times 10^3}{64 \times 10^{-3}} \times 6.02 \times 10^{23}\right)\right]^{1/2} \approx 2 \times 10^{-10} \text{ (m)}$$

在室温($T=300$ K),电子的方均根速率为 $v=\sqrt{3kT/m_e}$,相应的德布罗意波长为

$$\lambda = \frac{h}{m_e v} = \frac{h}{\sqrt{3m_e kT}} = \frac{6.63 \times 10^{-34}}{\sqrt{3 \times 9.1 \times 10^{-31} \times 1.38 \times 10^{-23} \times 300}}$$

$$= 6 \times 10^{-9} \text{ (m)}$$

此波长比离子间距大得多,所以铜块中的电子可以看成是自由电子。

由于在通常温度或更低温度下,电子很难逸出表面,所以可以认为金属表面对电子有一个很高的势垒。这样,作为一级近似,可以认为金属块中的自由电子处于一个三维的无限深方势阱中。如图 29.2,设金属块为一边长为 a 的正立方体,沿三个棱的方向分别取作 x,y 和 z 轴。在 27.2 节中曾说明一维无限深方势阱中粒子的每一个能量本征态对应于德布罗意波的一个特定波长的驻波。三维情况下的驻波要求每个方向都为驻波的形式,因而应有

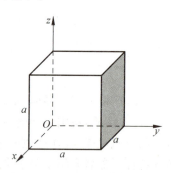

图 29.2 金属正立方体

$$\lambda_x = \frac{2a}{n_x}, \quad \lambda_y = \frac{2a}{n_y}, \quad \lambda_z = \frac{2a}{n_z} \quad (29.1)$$

其中量子数 n_x, n_y 和 n_z 都可以独立地分别任意取 $1,2,3,\cdots$ 整数值。

对应于式(29.1)的波长,电子在各方向的动量分量为

$$p_x = \frac{\pi \hbar}{a} n_x, \quad p_y = \frac{\pi \hbar}{a} n_y, \quad p_z = \frac{\pi \hbar}{a} n_z \quad (29.2)$$

由此可进一步求得电子的能量(按非相对论情况考虑)为

$$E = \frac{p^2}{2m_e} = \frac{1}{2m_e}(p_x^2 + p_y^2 + p_z^2) = \frac{\pi^2 \hbar^2}{2m_e a^2}(n_x^2 + n_y^2 + n_z^2) \quad (29.3)$$

此式说明,对于任一个由 n_x, n_y, n_z 各取一给定值所确定的空间或轨道状态,电子具有一定的能量。但应注意,由于同一($n_x^2+n_y^2+n_z^2$)值可以由许多 n_x, n_y, n_z 值组合而得,所以电子的一个能级可以包含许多轨道状态。也就是说,电子的能级是简并的。为了求得金属块中自由电子数随能量的分布,必须先求出状态数随能量的分布。为此我们先求能量小于某一值 E 的所有能级所包含的状态数。

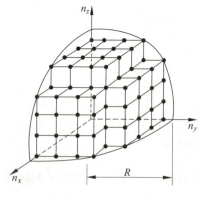

图 29.3 量子数空间

设想一量子数空间,它的三个相互垂直的轴分别表示 n_x, n_y 和 n_z(图 29.3)。在各量子数均为正值的 1/8 空间内,任一具有整数坐标值的点都给出一组量子数,因而代表电子的一个可能的状态。以原点为心,半径为 R 的球面上各点具有相同的($n_x^2+n_y^2+n_z^2$)值,因而这些点的对应状态具有相同的能量。和能量 E 对应的半径为

$$R = \sqrt{n_x^2+n_y^2+n_z^2} = \sqrt{\frac{2m_e a^2}{\pi^2 \hbar^2}E}$$

能量小于 E 的状态数就是在此球内的所有状态数。由于一个整数坐标点和一个单位体积相对应,所以当

R 足够大时,球内 1/8 体积内的状态数就等于球内相应的体积。再考虑到每一个轨道状态都包含两个自旋状态,所以该金属块具有的能量小于 E 的电子的可能状态总数为

$$N_s = 2 \times \frac{1}{8} \times \frac{4}{3}\pi R^3 = \frac{1}{3}(2m_e)^{3/2} \frac{a^3}{\pi^2 \hbar^3} E^{3/2} \tag{29.4}$$

由于金属块的体积为 $V=a^3$,所以单位体积内自由电子能量小于 E 的可能状态总数为

$$n_s = \frac{N_s}{V} = \frac{1}{3}(2m_e)^{3/2} \frac{E^{3/2}}{\pi^2 \hbar^3} \tag{29.5}$$

现在考虑 $T=0$ 的金属块。由能量最低原理和泡利不相容原理可知,电子将从能量最低($E=0$)的状态开始一个个地逐一向上占据能量较高的状态。以 n 表示金属中单位体积内的自由电子数,即自由电子数密度,则当 $n_s=n$ 时,式(29.5)将给出电子可能占据的最高能级。这一能级叫**费米能级**,相应的能量叫**费米能量**,用 E_F 表示。由式(29.5)可得

$$E_F = (3\pi^2)^{2/3} \frac{\hbar^2}{2m_e} n^{2/3} \tag{29.6}$$

此式说明,此费米能量仅决定于金属的自由电子数密度。一些金属在 $T=0$ 时的费米能量见表 29.1。

表 29.1 $T=0$ 时一些金属的费米参量

金 属	电子数密度 n/m^{-3}	费米能量 E_F/eV	费米速度 $v_F/(\text{m/s})$	费米温度 T_F/K
Li	4.70×10^{28}	4.76	1.29×10^6	5.52×10^4
Na	2.65×10^{28}	3.24	1.07×10^6	3.76×10^4
Al	18.1×10^{28}	11.7	2.02×10^6	13.6×10^4
K	1.40×10^{28}	2.12	0.86×10^6	2.46×10^4
Fe	17.0×10^{28}	11.2	1.98×10^6	13.0×10^4
Cu	8.49×10^{28}	7.05	1.57×10^6	8.18×10^4
Ag	5.85×10^{28}	5.50	1.39×10^6	6.38×10^4
Au	5.90×10^{28}	5.53	1.39×10^6	6.41×10^4

和费米能量对应,可以认为自由电子具有一定的最大速度,叫**费米速度**。它的值可以按 $v_F=\sqrt{2E_F/m_e}$ 算出,也列在表中。费米速度可达 10^6 m/s! 注意,这是在 $T=0$ 的情况下。这个结果和经典理论是完全不同的。因为,按经典理论,在 $T=0$ 时,任何粒子的动能应是零而速度也是零。

为了从另一角度表示量子理论和经典理论在电子能量状态上的差别,还引入**费米温度**的概念。费米温度 T_F 是指按经典理论电子具有费米能量时的温度。它可由下式求出:

$$T_F = E_F/k \tag{29.7}$$

式中,k 是玻耳兹曼常量。各金属的费米温度均高于 10^4 K,而实际上金属是在 0 K!

由式(29.5)可以求出单位体积内的**态密度**,即单位能量区间的量子态数。以 $g(E)$ 表示态密度,就有

$$g(E) = \frac{dn_s}{dE} = \frac{(2m_e)^{3/2}}{2\pi^2 \hbar^3} E^{1/2} \tag{29.8}$$

$g(E)$ 随 E 变化的曲线如图 29.4 所示。以 E_F 为界的那些密集的较低能级都被电子在 0 K

时占满了，因此 Oab 曲线就是 0 K 时电子的能量分布曲线，即 $dn(E)/dE$-E 曲线（$dn(E)$ 为在 E 到 $E+dE$ 能量区间的电子数）。

现在考虑温度升高时的电子能量分布。由于温度的升高，电子会由于和晶格离子的无规则碰撞而获得能量。但是，泡利不相容原理对电子的状态改变加了严格的限制。在温度为 T 时，晶格离子的能量为 kT 量级。在常温下，$kT \approx 0.03$ eV，电子从和离子的碰撞中最多可能得到这么多的能量。由于此能量较 E_F 小得多，所以绝大多数电子不可能借助这一能量而跃迁到 E_F 以上的空能级上去。特别是由于低于 E_F 的能级都已被电子填满，电子又不可能通过**无规则的**碰撞过程吸收这点能量而跃迁到较高能级上去。这就是说，在常温下，绝大部分电子的能量被限死了而不能改变。只有在费米能级以下紧邻的能量在约 0.03 eV 的能量薄层内的电子才能吸收热运动能量而跃迁到上面邻近的空能级上去。

因此，在常温下，金属中自由电子的能量分布（图 29.5）和 $T=0$ K 时的分布没有多大差别。甚至到熔点时，其中电子的能量分布和 0 K 时也差别不大（10^3 K 的热运动能量也不过 0.1 eV）。这种情况可以形象化地用深海中的水比喻：海面上薄层内可以波浪滔天，但海面下深处的水基本上是静止不动的。

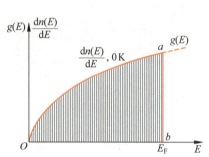

图 29.4 电子态密度分布曲线和 0 K 时电子能量分布

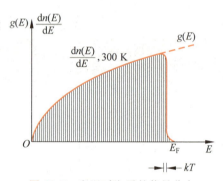

图 29.5 室温时电子的能量分布

由自由电子的能量分布可以说明金属摩尔热容的实验结果。19 世纪就曾测得金属的摩尔热容都约为 25 J/(mol·K)，例如，铝的是 24.8 J/(mol·K)，铜的是 24.7 J/(mol·K)，银的是 25.2 J/(mol·K)，等等。经典理论的解释归因于离子的振动的 6 个自由度。按能量均分定理就可求出摩尔热容为 $6 \times R/2 = 3R = 24.9$ J/(mol·K)。可是，后来知道金属中有大量自由电子，其数目和离子数同量级。电子的自由运动应有 3 个自由度，对热容就应该有 $3 \times R/2 = 12.5$ J/(mol·K) 的贡献（这差不多是实验值的一半），实际上却没有，这是为什么呢？

这个问题用上述自由电子的量子理论很好解决，这是泡利不相容原理的结果。绝大多数自由电子的状态都被固定死了，它们不可能吸收热运动能量，因而对金属热容不会有贡献。只是能量在 E_F 附近 kT 能量薄层内的电子能吸收热能，这些电子的数目占总数的比例约为 kT/E_F。按经典理论计算这些电子才能对热容有贡献，但贡献也不过 $3 \times (R/2) \times (kT/E_F)$（准确理论结果为 $\pi^2 \times (R/2) \times (kT/E_F)$）。由于 E_F 的典型值为几 eV，而室温时 kT 不过 0.03 eV，这一贡献也不过经典预计值的 1%，所以实验中就不会有明显的显示了。

29.2 金属导电的量子论解释

用 29.1 节介绍的自由电子的量子理论可以对金属导电做出圆满的解释。首先注意到,尽管绝大多数电子状态已固定,但泡利不相容原理并不能阻止电子的加速。在热运动中,电子只能通过无规则碰撞从离子获得能量,一个电子碰撞时,另一比它能量稍高的电子可能并未碰撞,因而保持在原来的量子态上而拒绝其他电子进入。导电情况不同。加上电场后,金属内所有电子都将同时从电场获得能量和动量,因而每个电子都在不停地离开自己的能级高升或下降,同时为下一能级的电子腾出位置。整个电子的能级分布就这样松动了。这时电子不靠碰撞从离子获得能量,或者说不会发生碰撞。只有一种碰撞是例外,就是那些速度被电场加速到费米速度的电子。它们经过碰撞后速度变为反向的而大小略减的速度,然后在电场的作用下重新加速。这种碰撞过程叫做**倒逆**碰撞,即速度反转的意思。

上述电子导电的过程,可以生动地借助于速度空间来说明。在如图 29.6 所示的速度空间内,在没有电场时,自由电子可能向各方向以任意小于 v_F 的速度运动,所有电子的速度可以用球心在原点,半径为 v_F 的球体内的点表示(图 29.6(a))。这个球叫做**费米球**(图中画出了 0 K 的情况,球面是清晰分明的。高于 0 K 时,球大致还是那样,不过球面变得模糊了)。当加上沿 $-v_y$ 方向的电场后,所有电子将同时沿 v_y 方向以同一加速度加速,而费米球也就沿 v_y 方向加速前进。量子力学给出纯净完美的结晶点阵是没有电阻的(根本原因是电子的波动性),但实际上,由于杂质原子和晶体缺陷(如位错、空位等)的存在以及离子的无规则的热振动,电子会被碰撞而发生"倒逆"过程。在图 29.6(b)中是那些在球最前方的电子经过和晶体缺陷或离子的碰撞而突然改变方向到达球的后表面。经过倒逆,这些电子的动能稍有减小而动量则反向了。此后这些电子在电场作用下,又沿 v_y 方向加速(实际上在未到达 $v_y=0$ 之前是减速的)。由于这种倒逆碰撞,费米球不再向前移了。所有电子加速到球前面时就折回到球后面,再向前加速到球前面,如此周而复始地进行实际的导电过程。在电场作用下,费米球对于没有电场时的位移,就是所有电子都具有的"漂移速度" v_d。

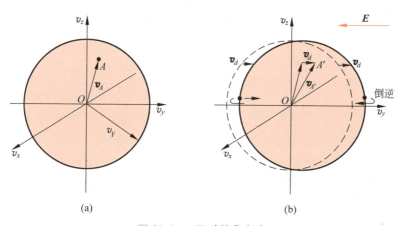

图 29.6 0 K 时的费米球
(a) 无电场时;(b) 有电场时

在第 3 篇电磁学中,曾用经典理论和图像导出了金属电导率公式,(式(16.34))

$\sigma = ne^2\tau/m_e$，其中 τ 为自由电子的自由飞行时间。以平均自由程 $\bar{\lambda}$ 和平均速率 $\bar{v}$ 表示 τ，即 $\tau = \bar{\lambda}/\bar{v}$，电导率又可写做

$$\sigma = \frac{ne^2\bar{\lambda}}{m_e\bar{v}} \tag{29.9}$$

根据上面讲的量子论图像，只有那些速度达到 v_F 的电子才发生碰撞，所以可以把上式中的 $\bar{v}$ 换成 v_F 而得到量子论的电导率公式，即

$$\sigma = \frac{ne^2\bar{\lambda}}{m_e v_F} \tag{29.10}$$

由于 $v_F \gg \bar{v}$，似乎这一结果将与实验不符。但量子力学给出的 $\bar{\lambda}$ 值也要比经典结果大得多，例如可以大到上千倍。这样，量子力学给出的理论结果也就能和实验相符了。

*29.3 量子统计

量子统计指量子理论中关于微观粒子的统计分布规律。在 28.3 节中已讨论过，由于微观粒子的量子不可分辨性，微观粒子分为两类。一类是费米子，它服从泡利不相容原理，一个量子态最多容纳一个费米子。另一类是玻色子，不受泡利不相容原理的约束，一个量子态内可容纳的粒子数不限。根据这两类粒子的不同特点，量子论导出了两种统计分布规律：用于费米子的叫**费米-狄拉克分布**，常记作 **FD 分布**；用于玻色子的统计分布规律叫**玻色-爱因斯坦分布**，常记作 **BE 分布**。下面对它们加以简单介绍。

费米-狄拉克分布指出：由费米子组成的系统，在热平衡状态下，一个能量为 E 的量子态上存在的粒子数平均为

$$n_{FD,1}(E) = \frac{1}{e^{(E-E_F)/kT} + 1} \tag{29.11}$$

其中 T 是系统的热力学温度，E_F 叫做系统的化学势。

由式(29.11)可知，在 $T=0$ 时，如果 $E > E_F$，则 $e^{(E-E_F)/kT} = \infty$，因而 $n_{FD,1} = 0$。如果 $E < E_F$，则 $e^{(E-E_F)/kT} = 0$，因而 $n_{FD,1} = 1$。这就是说，对费米子，在 $T=0$ 时，能量大于 E_F 的能级上没有粒子分布，而在小于 E_F 的能级上，每个量子态上都有一个粒子，即各量子态都被填满了。这正是 29.2 节介绍的作为费米子的电子所具有的分布特点。和 29.2 节对比还可以看出，此处的化学势就是费米子在 0 K 时的费米能量。

温度不为 0 K 时，如果温度在室温附近，$n_{FD,1}(E)$ 和 0 K 时的没有太大差别，温度越高差别越大。图 29.7 画出了不同温度下的 $n_{FD,1}(E)$ 曲线。由式(29.11)可以看出，在不同温度下，当 $E = E_F$ 时，$n_{FD,1} = 1/2$，因此可以一般地把平均粒子数等于 1/2 的量子态的能量定义为费米能级（0 K 时除外），费米能级是温度的函数。

至于费米子按能级的分布，由于能级的简并，就需要对式(29.11)再乘以简并度。在能级十分密集的情况下，在单位体积内能量在 E 到 $E + dE$ 区间的粒子数将为

$$dn_{FD}(E) = \frac{g(E)}{e^{(E-E_F)/kT} + 1} dE \tag{29.12}$$

式中 $g(E)$ 即式(29.8)给出的能量为 E 处的态密度。温度为 0 K 和室温附近的费米子能量分布曲线已分别在图 29.4 和图 29.5 中画出了。

玻色-爱因斯坦分布指出：由玻色子组成的系统，在热平衡状态下，一个能量为 E 的量

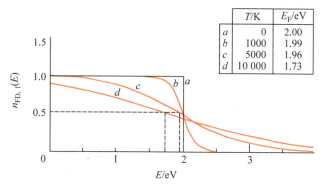

图 29.7　不同温度下的 $n_{FD,1}$ 分布曲线

子态上存在的粒子数平均为

$$n_{BE,1}(E) = \frac{1}{e^{(E-\mu)/kT} - 1} \tag{29.13}$$

式中 μ 为化学势。

由式(29.13)可以看出，在某些温度和某些能量的量子态上，粒子数是可能大于 1 的。这就说明玻色子不受泡利不相容原理的约束。特别是，粒子数随 E 的减小而增大，以致可能在一定的低温下，所有玻色子都聚集在最低的能级，即基态能级上，而形成"**玻色-爱因斯坦**"**凝聚**状态。由于是宏观量的粒子聚集在同一个基态能级上，所以这是一种宏观量子现象。实验上曾观察到液态氦在 $T=2.18$ K 时会出现一个 HeⅡ相。它具有一些特殊的物理性质，如超流动性，就是这种玻色-爱因斯坦凝聚的结果。1995 年更进一步观察到了气体的玻色-爱因斯坦凝聚体，如 0.17 μK 温度下的 2000 个铷原子的凝聚体，2 μK 温度下的 5×10^5 个钠原子的凝聚体等。

玻色子的一个常见例子是光子。光子的自旋是 $\hbar$，而且也有 $+\hbar$ 和 $-\hbar$ 两个自旋态。现在考虑一个空腔内的平衡热辐射。由于热辐射的能量密度按光子能量的分布与空腔的形状和腔壁材料无关，所以我们设想腔壁为金属，边长为 a 正立方空腔。作为电磁波，在热平衡条件下，在边界(即金属内表面)上，电场应为零，而在空腔内形成驻波。作为光子，其量子态就可以像 29.1 节所讨论的金属块中自由电子的量子态那样加以描述。一个量子态对应于一组量子数 (n_x, n_y, n_z) 的值。由于对光子，$p = h/\lambda$ 也成立，所以一个量子态的光子的动量分量为

$$p_x = \frac{\pi \hbar}{a} n_x, \quad p_y = \frac{\pi \hbar}{a} n_y, \quad p_z = \frac{\pi \hbar}{a} n_z \tag{29.14}$$

由于光子的能量 $E = pc$，所以各量子态的能量为

$$E = \frac{c \pi \hbar}{a} \sqrt{n_x^2 + n_y^2 + n_z^2} \tag{29.15}$$

由此可以像在 29.1 节中那样求出空腔内能量小于 E 的量子态的数目

$$N_s = 2 \times \frac{1}{8} \times \frac{4}{3} \pi \frac{a^3}{c^3 \pi^3 \hbar^3} = \frac{a^3}{3 \pi^2 c^3 \hbar^3} E^3 \tag{29.16}$$

由此可得单位体积内在能量 E 附近的光子的态密度为

$$g(E) = \frac{dN_s}{dE} = \frac{E^2}{\pi^2 c^3 \hbar^3} \tag{29.17}$$

对于光子,由于不断地被空腔壁吸收和发射(这是空腔热辐射处于热平衡状态的保证),所以腔内光子总数是不固定的。因此,可以证明式(29.13)中的 $\mu=0$。所以对光子,玻色-爱因斯坦分布为

$$n_{\text{BE},1}(E) = \frac{1}{\mathrm{e}^{E/kT}-1} \tag{29.18}$$

在能量 E 到 $E+\mathrm{d}E$ 区间的单位体积内的光子数为

$$\mathrm{d}n = n_{\text{BE},1}(E)\, g(E)\mathrm{d}E \tag{29.19}$$

而单位体积内能量在 E 到 $E+\mathrm{d}E$ 能量区间的光子的总能量为

$$\mathrm{d}W_E = E\mathrm{d}n = n_{\text{BE},1}(E)\, g(E)E\mathrm{d}E \tag{29.20}$$

由于一个光子的能量 $E=h\nu$,所以上式可用 ν 表示为

$$\mathrm{d}W_\nu = \frac{1}{\mathrm{e}^{h\nu/kT}-1}\,\frac{h^2\nu^2}{\pi^2 c^3 \hbar^3}h\nu h\,\mathrm{d}\nu = \frac{8\pi h\nu^3}{c^3(\mathrm{e}^{h\nu/kT}-1)}\mathrm{d}\nu$$

此式为单位体积内频率在 ν 到 $\nu+\mathrm{d}\nu$ 区间的光子的总能量。在 ν 附近单位频率区间的热辐射的能量为

$$w_\nu = \frac{\mathrm{d}W_\nu}{\mathrm{d}\nu} = \frac{8\pi h\nu^3}{c^3(\mathrm{e}^{h\nu/kT}-1)} \tag{29.21}$$

此 w_ν 叫热辐射的**光谱辐射能密度**。

由于光谱辐射出射度 M_ν 和腔内热辐射的光谱辐射能密度有以下关系(见习题 26.8):

$$M_\nu = \frac{c}{4}w_\nu$$

所以还可以得出热辐射的光谱辐射出射度以 ν 表示的形式,即

$$M_\nu = \frac{2\pi h\nu^3}{c^2(\mathrm{e}^{h\nu/kT}-1)} \tag{29.22}$$

这就是在第 26 章中介绍的普朗克热辐射公式(26.3)。

在第 2 篇热学中曾讲过麦克斯韦-玻耳兹曼分布(记作 MB 分布),它给出经典粒子的能量分布,即能量为 E 的粒子数与 $\mathrm{e}^{-E/kT}$ 成正比,亦即

$$n_{\text{MB}}(E) = C\mathrm{e}^{-E/kT} = C/\mathrm{e}^{E/kT} \tag{29.23}$$

式中 C 为一归一化常数。比较式(29.12)、式(29.13)和这里的式(29.23)三个统计分布函数,可以看到当 E 充分大时,FD 分布和 BE 分布都转化为 MB 分布。图 29.8 在同一坐标图中画出了这三种分布在 5000 K 时的分布曲线,也显示了在 E 大的区域三条线趋于一条线。其所以如此,是因为在 E 足够大时,粒子数相对于可能的量子态数目来说,已经非常小了,泡利不相容原理也就没有什么实际意义,粒子的费米子和玻色子的区分,甚至量子粒子和经典粒子的区分也就没有什么实际意义了。

最后我们给出一个量子统计适用的一个大致的范围。作为量子粒子,它的基本性质是具有波动性。由此可以想到,当粒子的德布罗意波长 λ 和系统中粒子的平均间距 d 可比或 λ 更大时,各粒子的波函数将相互严重地重叠,因而量子效应将突出地显示出来。

因此,可以说在 $\lambda \geqslant d$ 时,对粒子系统必须用量子统计。由于 $\lambda = h/p = h/\sqrt{2mE}$(非相对论情况),而在温度为 T 时,粒子的能量可以按 $E=3kT/2$ 计算,所以有

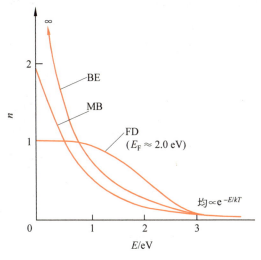

图 29.8 三种分布曲线的比较($T=5000$ K)

$$\lambda = \frac{h}{\sqrt{3mkT}} \tag{29.24}$$

以 n 表示粒子的数密度,则粒子的平均间距 $d \approx n^{-1/3}$。由此量子统计适用的条件 $\lambda \geq d$ 可以进一步表示为

$$\frac{hn^{1/3}}{\sqrt{3mkT}} \geq 1 \tag{29.25}$$

例如,对于液氦,在 $T=2.18$ K 时,$n=2.2\times10^{28}$ m^{-3},而 $m=6.64\times10^{-27}$ kg。代入上式可得

$$\frac{hn^{1/3}}{\sqrt{3mkT}} = \frac{6.63\times10^{-34}\times(2.2\times10^{28})^{1/3}}{\sqrt{3\times6.64\times10^{-27}\times1.38\times10^{-23}\times2.18}} = 2.4$$

由于所求值大于 1,由式(29.25)知对此状态下的液氦应该用 BE 量子统计。

29.4 能带 导体和绝缘体

在 29.1 节中介绍了自由电子的能量分布。金属中自由电子的行为是忽略了晶体中正离子产生的周期性势场对电子运动的影响的结果。更进一步考虑晶体中电子的行为应该顾及这种周期势场的作用或原子集聚时对电子能级的影响,其结果是在固体中存在着对电子来说的能带。能带被电子填充的情况决定着固体的电学性质,是导体,半导体,还是绝缘体。下面来仔细地说明这一点。

为了说明能带的形成,让我们考虑一个个独立的原子集聚形成晶体时其能级怎么变化。当两个原子相隔很远时,二者的相互影响可以忽略。各原子中电子的能级就如 28.4 节中所说的那样根据泡利不相容原理分壳层和次壳层分布着。当两个原子逐渐靠近时,它们的电子的波函数将逐渐重叠。这时,作为一个系统,泡利原理不允许一个量子态上有两个电子存在。于是原来孤立状态下的每个能级将分裂为 2,这对应于两个孤立原子的波函数的线性叠加形成的两个独立的波函数。这种能级分裂的宽度决定于两个原子中原来能级分布状况以及二者波函数的重叠程度,亦即两个原子中心的间距。图 29.9(a)表示两个钠原子的 $3s$ 能级的分裂随两原子中心间距离 r 变化的情况,图中 r_0 为原子平衡间距。

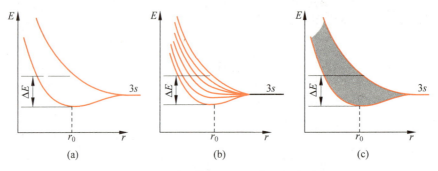

图 29.9　钠晶体中原子 $3s$ 能级的分裂

更多的原子集聚在一起时,类似的能级分裂现象也发生。图 29.9(b)表示 6 个原子相聚时,原来孤立原子的 1 个能级要分裂成 6 个能级,分别对应于孤立原子波函数的 6 个不同的线性叠加。如果 N 个原子集聚形成晶体,则孤立原子的 1 个能级将分裂为 N 个能级。由于能级分裂的总宽度 ΔE 决定于原子的间距,而晶体中原子的间距是一定的,所以 ΔE 与原子数 N 无关。实际晶体中原子数 N 是非常大的(10^{23} 量级),所以一个能级分裂成的 N 个能级的间距就非常小,以至于可以认为这 N 个能级形成一个能量连续的区域,这样的一个能量区域就叫一个**能带**。图 29.9(c)表示钠晶体的 $3s$ 能带随晶格间距变化的情况,阴影就表示能级密集的区域。图 29.10(b)画出了钠晶体内其他能级分裂的程度随原子间距变化的情况(注意能量轴的折接)。图(a)表示在平衡间距 r_0(0.367 nm)处的能带分布,上面几个能带重叠起来了;图(c)表示在间距为 r_1(8 nm)处的能带分布。

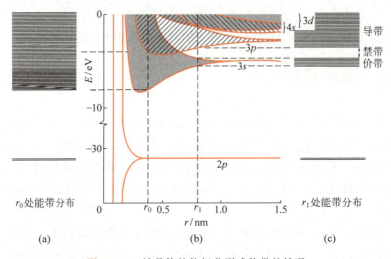

图 29.10　钠晶体的能级分裂成能带的情况

现在注意看图 29.10(c)原子间距为 $r_1=8$ nm 时的能级分布。孤立钠原子的 $2p$ 能级中共有 6 个可能量子态,而各量子态各被一个电子占据。钠晶体中此 $2p$ 能级分裂为一能带,

此能带中有 $6N$ 个可能量子态,但也正好有 $6N$ 个原来的 $2p$ 电子,它们各占一量子态,这一 $2p$ 能带就被电子填满了。孤立钠原子的 $3s$ 能级上有 2 个可能量子态,钠原子的一个价电子在其中的一个量子态上。在钠晶体中,$3s$ 能带中共有 $2N$ 个可能量子态,但总共只有 N 个价电子在这一能带中,所以这一能带电子只填了一半,没有填满。和 $3p$ 能级相对应的 $3p$ 能带以及以上的能带在钠晶体中并没有电子分布,都是空着的。

晶体的能带中最上面的有电子存在的能带叫**价带**,如图 29.10(c) 中的 $3s$ 能带。价带上面相邻的那个空着的能带叫**导带**,如图 29.10(c) 中 $3p$ 能带。在能带之间没有可能量子态的能量区域叫**禁带**,在这个能量区域不可能有电子存在。

现在可以讨论导体和绝缘体的区别了。对导体,如钠,在实际的晶体中,原子的平衡间距为 r_0,其价带中有电子存在,但未被填满(在 0 K 时只填满费米能级以下的能级)。因此,在外电场作用下,这些电子就可以被加速而形成电流。这就是 29.2 节描述的电子导电的情况。这种物质就是导体。铜、金、银、铝等金属都有相似的未填满的价带结构。

有些物质,以金刚石为例,其晶体的能带结构特征是:价带已被电子填满而其上的导带则完全空着(0 K),价带和导带之间的禁带宽度约为 6 eV。在常温下,价带中电子几乎完全不可能跃入导带。加外电场时,在一般电压下,价电子也不可能获得足够能量跃入而被加速,这使得金刚石成为绝缘体了。一般绝缘体都有相似的禁带较宽的能带结构。

图 29.11 就导体(铜)、绝缘体(金刚石)以及半导体(硅)的能带结构作了对比。

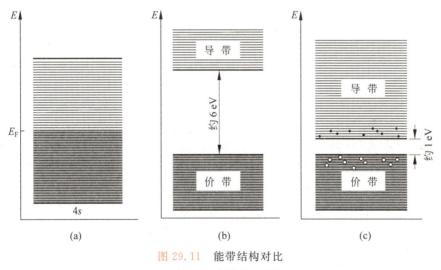

图 29.11 能带结构对比
(a) 铜;(b) 金刚石;(c) 硅

例 29.1

估算:(1) 使金刚石变成导体需要加热到多高温度?(2) 金刚石的电击穿强度多大?金刚石的禁带宽度 E_g 按 6 eV 计,其中电子运动的平均自由程按 $0.2\ \mu m$ 计。

解 (1) 设温度为 T 时金刚石变为导体,则应有 $kT \approx E_g$,因而

$$T \approx \frac{E_g}{k} = \frac{6 \times 1.6 \times 10^{-19}}{1.3 \times 10^{-23}} \approx 7 \times 10^4 \text{(K)}$$

而金刚石的熔点约 4×10^3 K!

(2) 以 E_b 表示击穿场强,要击穿,则需 $E_b e\lambda = E_g$,由此得

$$E_b = \frac{E_g}{e\lambda} = \frac{6 \times 1.6 \times 10^{-19}}{1.6 \times 10^{-19} \times 0.2 \times 10^{-6}} = 3 \times 10^7 \,(\text{V/m})$$
$$= 30 \,(\text{kV/mm})$$

空气的击穿场强为 3 kV/mm,为上述结果的 1/10。

29.5 半导体

常用的半导体材料有硅和锗,它们的能带结构和绝缘体类似,但是价带到导带的禁带宽度 E_g 较小(图 29.11(c)),如硅为 1.14 eV,锗为 0.67 eV(均在 300 K)。因此在通常情况下就有一定数量的电子在导带中(在 300 K 时电子数密度在 10^{16} m^{-3} 量级,而金属为 10^{28} m^{-3} 量级)。这些电子在电场作用下可以加速而形成电流,但其电导介于导体和绝缘体之间,所以这样的材料称做**半导体**。在温度升高时,价带中电子能吸收晶格离子热运动能量,大量跃入导带而使自由电子数密度大大增加,其对电导的影响远比晶格离子热振动的加强对电导的负影响为大。因此半导体的电导率随温度的升高而明显地增大,这一点和金属导体的电导率随温度的升高而减小是不同的。利用这种性质可用半导体做成**热敏电阻**。有的半导体,如硒,对光很灵敏,在光照射下自由电子数密度也能大量增加。利用这种性质可做成**光敏电阻**。

半导体导电和金属导电的另一个重要区别是在导电机制方面。在半导体内除了导带内的电子作为载流子外,还有另一种载流子——**空穴**。这是由于半导体的价带中的一个电子跃入导带后必然在价带中留下一个没有电子的量子态。这种空的量子态就叫空穴。空穴的存在使得价带中的电子也松动了。当加上外电场后,这些电子可以跃入临近的空穴而同时留下一个空穴,它邻近的电子又可以跃入这留下的空穴。如此下去,在电子逆电场方向逐次替补进入一个个空穴的同时,空穴也就沿电场方向逐步移位。这正像剧场中一排座位除最左端的空着,其余都坐满了人,当从最左边开始各人都依次向左移一个座位时,那空着的座位就逐渐地向右移去一样。理论证明,电子在半导体中这种逐个依次填补空穴的移位和带正电的粒子沿反方向移动产生的导电效果相同,因而可以把这种形式的导电用带正电的载流子的运动加以说明和计算。这种导电机制就叫**空穴导电**。半导体的导电是导带中的电子导电和价带中的空穴导电共同起作用的结果。

像纯硅和纯锗这种具有相同数量的自由电子和空穴的半导体(图 29.11(c)),叫做**本征半导体**。

实用的半导体一般都是适量掺入了其他种原子的半导体,这种半导体叫**杂质半导体**。硅和锗都是 4 价元素,一种杂质半导体是在硅或锗中掺了 5 价元素(如磷、砷)的原子。一个这种 5 价原子取代一个硅原子后,它的 4 个价电子使磷原子排入硅原子的结晶点阵中,剩下那一个电子由于受磷原子的束缚较弱而能在晶格原子之间游动成为自由电子。从能态上说,这一个电子原来在晶体中的能级处于禁带中导带下很近处,叫**杂质能级**。它和导带底的能量差 E_D 比禁带宽度 E_g 小得多(图 29.12(a)),如磷的 E_D 在硅晶体中只有 0.045 eV。这一杂质能级上的电子很容易被激发而跃入导带,少量的杂质原子(一般掺入 10^{13} ~

10^{19} cm^{-3})就能成百万成千万倍地增加导带中的自由电子数,而使自由电子数大大超过价带中的空穴数。这种半导体叫 **N 型半导体**或电子型半导体。所掺杂质由于能给出电子而被称为**施主**,相应的杂质能级称为施主能级。在 N 型半导体中,电子称为多[数载流]子,空穴称为少[数载流]子。(杂质能级上的空穴是被冻结了的,因为价带中的电子很难有能量跃入此一能级而使一个空穴留在价带中,因此掺杂后价带中的空穴数基本不变。)

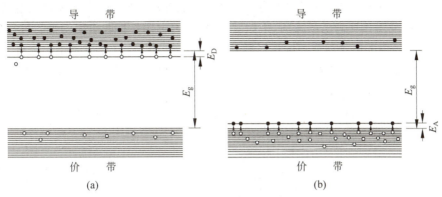

图 29.12 杂质半导体能带示意图
(a) N 型;(b) P 型

如果在硅和锗中掺入 3 价元素如铝、铟,由于这种杂质原子只有 3 个价电子,所以一个这种原子取代一个硅原子后,就在硅的正常晶格内缺了一个电子,即杂质原子带来了一个空穴。从能态上说,这种杂质中电子的能级原来在价带上很近处,它和价带顶的能级差 E_A 比禁带宽度也小得多(图 29.12(b)),如铝的 E_A 在硅晶体中只有 0.067 eV。价带中的电子很容易跃入杂质能级而在价带中产生大量的空穴。(进入杂质能级的电子由于 E_g 较大而很难进入导带,所以导带中的电子数基本不变。)这样,在这种杂质半导体中,空穴成了多子,而电子成了少子。这种半导体称做 **P 型半导体**或空穴型半导体,而掺入的 3 价元素由于接受了电子而被称为**受主**。

29.6 PN 结

现代技术,甚至可以说,现代文明,都是和半导体的应用分不开的,而半导体的各种应用的最基本的结构或者说核心结构是所谓 PN 结。它是在一块本征半导体的两部分分别掺以 3 价和 5 价杂质而制成的。在 N 型和 P 型半导体的接界处就形成 PN 结。下面为了简单起见,我们假设在 PN 结处两型半导体有一个清晰明确的分界面。

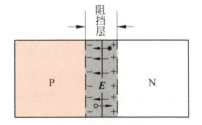

图 29.13 平衡时 PN 结处的阻挡层和层内的电场

如图 29.13 所示,在两种类型的半导体的接界处,N 型区的自由电子将向 P 型区扩散,同时 P 型区的空穴将向 N 型区扩散,在界面附近二者中和(或叫湮灭)。这将导致 N 型侧缺少电子而带正电,P 型侧缺少空穴而带负电。这种空间电荷分布将在界面处产生由 N 侧指向 P 侧的电场 E。这一电场有阻碍电子和空穴继续向对方扩散的作用,最后会达到一定平衡状态。此时在 PN 交界面邻近形成一个没有电子和空穴的"真空地带"薄层,其中有从 N 指向 P 的"结电场"E,它和电子、空穴的扩散作用相平衡。这一"真空地带"叫**阻挡层**,其厚度约 1 μm,其中电场强度可达 10^4 V/cm 到 10^6 V/cm。

PN 结的重要的独特性能是它只允许单向电流通过。如图 29.14(a)那样,将 PN 结的 P 区连电源正极,N 区连电源负极(这种连接叫做**正向偏置**)时,电源加于 PN 结的电场与结内电场方向相反,使阻挡层内电场减弱,阻挡层变薄,层内电场与扩散作用的平衡被打破,P 区内的空穴和 N 区内的电子就能不断通过阻挡层向对方扩散,这就形成了正向电流。这电流随正向电压的增大而迅速增大,如图 29.14(c)中伏安特性曲线在 $U>0$ 的区域所示。

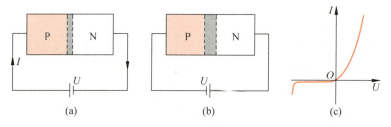

图 29.14 PN 结的正向偏置(a)和反向偏置(b)以及伏安特性曲线(c)

如果像图 29.14(b)那样,将 PN 结的 P 区与电源负极相连,N 区与电源正极相连(这种连接叫**反向偏置**)时,电源加于 PN 结的电场与结内电场方向相同,使阻挡层内电场增大,阻挡层变厚。这使得 P 区内空穴和 N 区内电子更难于向对方扩散,两区中的多子就不可能形成电流,两区内的少子(即 P 区的电子和 N 区的空穴)会沿电场方向产生微弱的反向电流。这微弱电流随着反向电压的增大而很快达到饱和,如图 29.14(c)中 $U<0$ 的区域所示。反向电压过大,则 PN 结将被击穿破坏。

PN 结只有在正向偏置时才有电流通过,这就是 PN 结的单向导电性。这种特性使 PN 结能在交变电压的作用下提供单一方向的电流——直流。这就是 PN 结(实际的元件叫半导体二极管)可以用来整流的道理。

29.7 半导体器件

利用 PN 结可以做成很多有独特功能的器件,下面举几个例子。

1. 发光二极管(LED)

正向电流通过 PN 结时,在结处电子和空穴的湮没在能级图上是导带下部的电子越过禁带与价带内空穴中和的过程,这一过程中电子的能量减少因而有能量放出。很多情况下,这能量转化为晶格离子的热振动能量。但是在有些半导体,如砷化镓中,这种能量转化为光子能量放出(图 29.15),这就是发光二极管发光的基本原理。要发出足够强的光需要有足够多的电子和空穴配对,一般的本征半导体或只是 P 型或 N 型的半导体是达不到这一要求的。因为它们不是电子和空穴较少,就是空穴数大大超过电子数,或是电子数大大超过空穴数。但是用 PN 结就可以达到目的,因 P 区有大量空穴而 N 区有大量电子,它们成对湮灭时就能发出足够强的光。商品发光二极管就是在镓中大量掺入砷、磷而做成的,在适当大的电流通过时发出红光。

应注意的是，在发光二极管的 PN 结内的大量电子是处于导带内而能量较高。这是一种粒子数布居反转状态，因而有可能产生递增的受激辐射，半导体激光器正是利用这个原理制成的。当然，为了产生激光，PN 结晶体的两端必须磨平而且严格平行，以便形成谐振腔。现在这种激光器已得到广泛的应用。光盘播放机中就有这种半导体激光器，它发的光在光盘的音轨上反射后被收集再转换成声音。这种激光器还大量应用在光纤通信系统中。

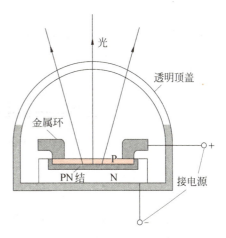

图 29.15　发光二极管简图

2. 光电池

原则上讲，发光二极管反向运行，就成了一个光电池。也就是说，使光照射到 PN 结上时，会在结处产生电子空穴对。在结内电场作用下，电子移向 N 区，空穴移向 P 区而集聚，其结果是 P 区电势高于 N 区。当 P 区和 N 区分别与负载相连时，就有电流通过负载了，这时的 PN 结就成了电源。目前用硅做的光电池电压约为 0.6 V，光能转换为电能的效率不超过 15%。

3. 半导体三极管

半导体三极管由一薄层杂质半导体夹在相反类型的杂质半导体间构成，这三部分半导

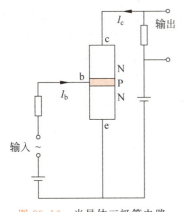

图 29.16　半导体三极管电路

体分别称做收集极（c）、基极（b）和发射极（e）。图 29.16 表示一个 NPN 型半导体三极管。工作时，发射极和基极间取正向偏置而收集极和基极间取反向偏置。这样就有大量电子从发射极拥入基极。由于基极很薄，所以拥入的电子在此处只能和少数空穴湮灭，大部分电子都游走到收集极和基极间的 PN 结处。此处结内电场方向由 N 区指向 P 区，游来的电子将被电场拉入收集极而形成收集极电流 I_c，另有少量电子从基极流出形成电流 I_b。I_b 和 I_c 决定于半导体三极管的几何结构和各半导体的性质。对于给定的三极管，

$$\frac{I_c}{I_b} = 常数$$

此常数一般可做到 20 到 200。当电流 I_b 有微小变化时，I_c 可以发生较大的变化，因此这种晶体被用做放大器。

4. 金属氧化物场效应管（MOSFET）

这是一种数字逻辑电路中广泛使用的半导体器件。它能迅速地进行数字 1（通）和 0（断）之间的转换，实现二进位制数码的快速运算，其结构如图 29.17 所示。在轻度掺杂的 P 型基底上，用 N 型杂质"过量掺杂"形成两个 N 型"岛"，一个叫"源"（S），一个叫"漏"（D），各通过一金属电极和外部相连。在源和漏之间用一 N 型薄层相连形成一个 N 型通道，N 型通道上方则敷以绝缘的氧化物薄层，其上再盖以金属薄层，这层金属薄层叫"栅"（G）。

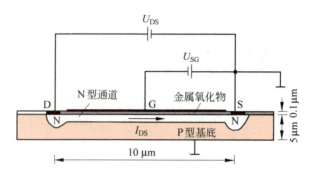

图 29.17　金属氧化物场效应管结构图

先考虑 P 型基底和源接地而栅和电源未相接的情况。这时如果漏和源之间加以电压 $U_{DS}>0$，则电子将从源流向漏形成由漏到源的电流 I_{DS}，如图 29.17 所示。

现在在栅和源之间加一电压 U_{SG}，使栅电势低于源电势，这将使 N 型通道内形成一指向栅的电场。这一电场将使通道中的电子移向基底从而加宽通道和基底交界处的阻拦层而使通道变窄，同时还由于通道内电子数减少而使通道电阻增大，这都将使通道电流 I_{DS} 减小。适当增大 U_{SG}，则 I_{DS} 可以完全被阻断。这样，通过改变 U_{SG}，就可以控制 I_{DS} 的通断从而给出数字 1 或 0 的信号。

5. 集成电路

现代计算机和各种电子设备使用成千上万的半导体器件和电阻、电容等元件。这么多的元件并不是一个一个地单独元件连接在一起的，而是极其精巧地制备在一小片半导体基底上形成一个集成电路或集成块。集成电路的元件数从上千、上万不断增加，以至目前的超大规模集成电路在 1 cm² 基片上可以包含有几十万、上百万个元件，布线的间距已接近纳米量级，而且还在向更多元件更小间距发展。各种各样的集成块具有各种各样的功能，它们的组合更是创造了当今信息时代很多难以想象的奇迹。这不能不使人惊叹人类的智慧和科学的威力！

提　要

1. 自由电子按能量分布

0 K 时的费米能量：$E_F = (3\pi^2)^{2/3} \dfrac{\hbar^2}{2m_e} n^{2/3}$

费米温度：$T_F = E_F/k$

自由电子按能量分布的单位体积内的态密度：

$$g(E) = \frac{(2m_e)^{3/2}}{2\pi^2 \hbar^3} E^{1/2}$$

在 0 K，自由电子占满 E_F 以下的所有量子态。常温下，自由电子分布和 0 K 时基本相同。泡利不相容原理使自由电子对金属比热贡献甚微。

2. 自由电子导电机制

泡利不相容原理不阻碍自由电子的导电。

电子导电可用费米(速度)球说明。倒逆碰撞使费米球只逆电场方向平移一定速度,此速度即电子的漂移速度。

*3. 量子统计

费米子服从费米-狄拉克分布(FD 分布),即一个能量为 E 的量子态上存在的粒子数平均为

$$n_{\text{FD},1}(E) = \frac{1}{\mathrm{e}^{(E-E_\text{F})/kT} + 1}$$

自由电子分布即 FD 分布,可说明自由电子的分布规律。

玻色子服从玻色-爱因斯坦分布(BE 分布),即一个能量为 E 的量子态上存在的粒子数平均为

$$n_{\text{BE},1}(E) = \frac{1}{\mathrm{e}^{(E-\mu)/kT} - 1}$$

光子分布即 BE 分布,可说明普朗克热辐射公式。

经典粒子服从麦克斯韦-玻耳兹曼分布(MB 分布)。$n_{\text{MB}}(E) = C\mathrm{e}^{-E/kT}$。粒子能量足够大时,FD 分布和 BE 分布都转化为 MB 分布。

量子统计适用条件:$\dfrac{hn^{1/3}}{\sqrt{3mkT}} \geqslant 1$

4. 能带、导体和绝缘体

N 个原子集聚成晶体时,孤立原子的每一能态都分裂成 N 个能态,分裂的程度随原子间距的缩小而增大。在一定间距处同一能级分裂成的 N 个能级的间距很小,这 N 个能级就共同构成一能带。

晶体的最上面而且其中有电子存在的能带叫价带,其上相邻的那个空着的能带叫导带,能带间没有可能量子态的区域叫禁带。

价带未填满的晶体为导体。价带为电子填满而且它和导带间的禁带宽度甚大的晶体为绝缘体。

5. 半导体

半导体在 0 K 时,价带为电子填满,导带空着,但价带和导带间的禁带宽度较小。在常温下有电子从价带跃入导带,可以导电。电导率随温度升高而明显增大。除电子导电外,半导体还同时有空穴导电。纯硅纯锗电子和空穴数目相同,为本征半导体。

杂质半导体:纯硅或纯锗(4 价)掺入 5 价原子成为 N 型半导体,其中电子是多子,空穴是少子;纯硅或纯锗掺入 3 价原子成为 P 型半导体,其中电子是少子,空穴是多子。

6. PN 结

P 型半导体和 N 型半导体相接处的薄层内由于电子和空穴向对方扩散而形成一阻挡层,层内存在由 N 侧指向 P 侧的电场。这一薄层即 PN 结。

PN 结具有单向导电作用。

7. 半导体器件

利用 PN 结做成了各种器件,如发光二极管、光电池、三极管、金属氧化物场效应管等。集成块包含有大量的元件,在现代科学技术中有广泛的应用。

思考题

29.1 金属中的自由电子在什么条件下可以看成是"自由"的?

29.2 金属中的自由电子为什么对比热贡献甚微而却能很好地导电?

*29.3 量子统计的适用条件是根据什么原则给出的?

29.4 什么是能带、禁带、导带、价带?

29.5 导体、绝缘体和半导体的能带结构有何不同?

29.6 硅晶体掺入磷原子后变成什么型的半导体?这种半导体是电子多了,还是空穴多了?这种半导体是带正电、带负电,还是不带电?

29.7 将铟掺入锗晶体后,空穴数增加了,是否自由电子数也增加了?如果空穴数增加而自由电子数没有增加,锗晶体是否会带上正电荷?

29.8 本征半导体、单一的杂质半导体都和 PN 结一样具有单向导电性吗?

29.9 根据霍尔效应测磁场时,用杂质半导体片比用金属片更为灵敏,为什么?

29.10 水平地放置一片矩形 N 型半导体片,使其长边沿东西方向,再自西向东通入电流。当在片上加以竖直向上的磁场时,片内霍尔电场的方向如何?如果换用 P 型半导体片,而电流和磁场方向不变,片内霍尔电场的方向又如何?

29.11 用本征半导体片能测到霍尔电压吗?

29.12 在 MOSFET(图 29.17)中,增大 U_{SG} 直至 N 型通道被阻断而使 I_{DS} 降至 0。通道被阻断是先从源一端开始,还是先从漏一端开始,或是全通道同时阻断?

29.13 电视机的遥控是通过红外线实现的,在遥控器和电视机内部为此使用了半导体元件。在遥控器内是何种元件?在电视机内又是何种元件?

习题

29.1 已知金的密度为 $19.3\ \mathrm{g/cm^3}$,试计算金的费米能量、费米速度和费米温度。具有此费米能量的电子的德布罗意波长是多少?

29.2 求 0 K 时单位体积内自由电子的总能量和每个电子的平均能量。

*29.3 求 0 K 时费米电子气的电子的平均速率和方均根速率,以 v_F 表示之。

29.4 中子星由费米中子气组成。典型的中子星密度为 $5\times 10^{16}\ \mathrm{kg/m^3}$,试求中子星内中子的费米能量和费米速率。

*29.5 在什么温度下,费米电子气的比热占经典气体比热的 10%?设费米能量为 5 eV。

*29.6 在足够低的温度下,由晶格粒子的振动决定的"点阵"比热和 T^3 成正比。由于"电子"比热和 T 成正比,所以在极低温度下,"电子"比热将占主要地位。在这样的温度下,钾的摩尔热容表示为

$$C_m = (2.08\times 10^{-3}T + 2.57\times 10^{-3}T^3)\ \mathrm{J/(mol\cdot K)}$$

(1) 求钾的费米能量;

(2) 在什么温度下电子和点阵粒子对比热的贡献相等?

29.7 银的密度为 $10.5\times 10^3\ \mathrm{kg/m^3}$,电阻率为 $1.6\times 10^{-8}\ \Omega\cdot\mathrm{m}$(在室温下)。

(1) 求其中自由电子的自由飞行时间;

(2) 求自由电子的经典平均自由程;

(3) 用费米速率求平均自由程;

(4) 估算点阵离子间距并和(2),(3)求出的平均自由程对比。

*29.8 在 1 000 K 时,在能量比费米能量高 0.1 eV 的那个量子态内的平均费米子数目是多少? 比费米能量低 0.10 eV 的那个量子态内呢?

29.9 金刚石的禁带宽度按 5.5 eV 计算。

(1) 禁带顶和底的能级上的电子数的比值是多少? 设温度为 300 K。

(2) 使电子越过禁带上升到导带需要的光子的最大波长是多少?

29.10 纯硅晶体中自由电子数密度 n_0 约为 10^{16} m^{-3}。如果要用掺磷的方法使其自由电子数密度增大 10^6 倍,试求:

(1) 多大比例的硅原子应被磷原子取代? 已知硅的密度为 2.33 g/cm^3。

(2) 1.0 g 硅这样掺磷需要多少磷?

29.11 硅晶体的禁带宽度为 1.2 eV。适量掺入磷后,施主能级和硅的导带底的能级差为 $\Delta E_D = 0.045$ eV。试计算此掺杂半导体能吸收的光子的最大波长。

29.12 已知 CdS 和 PbS 的禁带宽度分别是 2.42 eV 和 0.30 eV。它们的光电导的吸收限波长各多大? 各在什么波段?

29.13 Ga-As-P 半导体发光二极管的禁带宽度是 1.9 eV,它能发出的光的最大波长是多少?

29.14 KCl 晶体在已填满的价带之上有一个 7.6 eV 的禁带。对波长为 140 nm 的光来说,此晶体是透明的还是不透明的?

今日物理趣闻

新奇的纳米科技

Q.1 什么是纳米科技

"纳米"(nm)是一个长度单位,1 nm = 10^{-9} m,约为一个原子直径的几十倍。纳米科技通常指的是 1 nm 到 100 nm 的尺度范围内的科技。20 世纪 80 年代以前,物理学在宏观(日常观测的)尺度和微观(原子或更小的)尺度范围内已取得了辉煌的理论成就并得到了广泛的实际应用。但在纳米尺度,也被称作"介观"尺度范围内,虽然物理学的基本定律不会失效,但鲜有具体的理论成就与应用开发。只是在 20 余年前,这一范围的科学技术问题才又引起人们的注意,而且目前正在兴起一股研究和开发的热潮。

纳米尺度内的物质表现出许多与宏观和微观体系不同的奇特性质。下面举两个例子。

一是纳米体系的材料,其表面的原子数相对地大大增加。例如,边长为 10 μm 的正立方体中共有 $1.25×10^{14}$ 个原子(原子的线度按 0.2 nm 计),其表面共有约 $1.5×10^{10}$ 个原子。表面原子占原子总数的 0.012%。若边长减小到 2 nm,则方块内总原子数和表面上的原子数将分别为 1000 和 488 个,表面原子数占总原子数的 48.8%,即几乎一半的原子在方块的表面。有些物理的或化学的过程,如吸附和催化,都是在物体表面进行的,表面原子数的增大自然会改变材料的性质了。

另一个例子是材料的导电机制。由于宏观的金属导体的线度比其中自由电子热运动的平均自由程大得多,形成电流的自由电子在定向运动中会不断地与正离子发生无规则碰撞,正是这种碰撞导致了金属的电阻产生。但在纳米尺度的金属块内,由于块的线度小于电子运动的平均自由程,入射电子可以直接穿过块体(图 Q.1)。这将不可避免地使纳米体系的电学性质表现异常。

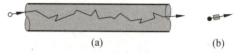

图 Q.1 电子通过宏观导体(a)和纳米块(b)的不同过程示意图

总之,纳米体系由于其尺寸介于宏观和微观之间,其结构以及其各种物理的和化学的性质都会与常规材料不同而表现出许多新奇的特性。这些新奇的特性及其应用的前景就是目前纳米科技研究和开发的课题。

Q.2 纳米材料

纳米材料是至少在一维方向上小于 100 nm 的材料,分别称为纳米薄膜、纳米线和纳米颗粒(或量子点)。

纳米颗粒有很多目前已研制成功甚至已被大量使用。例如,纳米硅基氧化物(SiO_{2-x})、纳米二氧化钛(TiO_2)、氧化铝(Al_2O_3)以及 Fe_3O_4 等纳米颗粒和树脂复合制成的各种纳米涂料具有净化空气、清污消毒(通过光催化)、耐磨和抗擦伤、静电和紫外光屏蔽、高介电绝缘、磁性等特性,已广泛应用于墙壁粉刷、汽车面漆、电子电工技术。纳米镍粉用于镍氢电池。纳米碳酸钙与聚氯乙烯等无机/有机复合材料的韧性和强度都大大增加,已在塑料、橡胶、纤维等产品中得到迅速推广使用。纳米磷灰石类骨晶体/聚酰胺高分子生物活性材料(图 Q.2)已用来进行人体各种硬组织的修复。纳米晶(晶粒尺寸约 10 nm)软磁合金已广泛应用于电力、电子和电子信息领域……

图 Q.2 纳米磷灰石类骨晶体与聚酰胺复合材料(脊柱修复体)

现在纳米科技也伸向了医学领域。一方面有用纳米线早期诊断癌症和用纳米颗粒追踪病毒的实验研究;另一方面也在研究纳米粒子可能产生的毒性,例如通过动物实验已发现直径为 35 nm 的碳纳米粒子可能经呼吸系统伤害大脑,C_{60} 球会对鱼脑产生大范围破坏等。

自 1991 年 Iijima 发现碳纳米管以来,对它的研究已成为纳米科技的热点之一。碳纳米管是碳原子构成的单层壁或多层壁的管,直径为零点几纳米到几十纳米(图 Q.3),这种管状结构有许多特殊的物理性能。例如,根据理论计算,这种管有最高的强度和最大的韧性,其强度可达钢的 100 倍,而密度只有钢的 1/6。这种管根据碳原子排列的不同,还会具有导体和半导体的性能。早期用电弧放电法制取的碳纳米管很短而且无序,后来发展了脉冲激光蒸发法和化学沉积法。1996 年,中国科学院首先合成出了垂直于基底生长的碳纳米管阵列(或称"碳纳米管森林")。1999 年清华大学进一步实现了碳纳米管生长位置和生长方向的控制并对其生长机理进行了实验研究。2002 年,他们又发展了一种新方法,从已制取的超

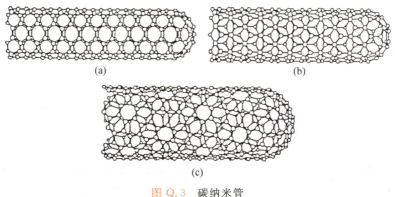

图 Q.3 碳纳米管
(a) 单壁;(b) 锯齿形;(c) 手性形

顺排碳纳米管阵列中抽出碳纳米管长线的方法。这就为碳纳米管的应用准备了更好的基础。图 Q.4 是他们这种"抽丝"手段的简要说明。

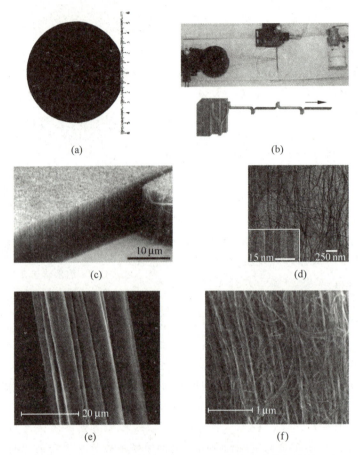

图 Q.4　清华-富士康纳米科技研究中心的碳纳米管长线的生产

(a) 表示在敷有催化剂的硅基底上垂直生长成的超顺排碳纳米管阵列圆饼,厚约 10 μm,直径约 10 cm;(b) 表示抽丝成线。从碳纳米管阵列抽出的碳纳米管束经酒精液滴浸润处理后合成一根紧凑的碳纳米管线,随后绕在线轴上;(c) 是碳纳米管阵列的电子显微镜照相,显示一束束碳纳米管的整齐排列;(d) 是碳纳米管束的照相,显示其中碳纳米管的排布其中的小图显示一根根碳纳米管;(e) 是一根碳纳米管线的电子显微镜照相;(f) 是碳纳米管线中的碳纳米管照相。(感谢姜开利提供图片)

Q.3　纳米器件

随着各种纳米材料不断研制成功,研究者们也在各方面利用这些材料研制纳米器件,以使纳米科技进入实用阶段。例如,中国科学院研制了半导体量子点激光器(0.7～2.0 μm),在有机单体薄膜 NBPDA 上做出点阵,点径小于 0.6 nm,信息点直径较国外研究结果小一个数量级,是目前光盘信息存储密度的近百万倍。清华大学已研制出 100 nm 级 MOS 器件及一系列硅微集成传感器、硅微麦克风、硅微马达集成微型泵等器件,还用碳纳米管线制成了白炽灯和紫外光偏振片等。美国科学家利用碳纳米管制成的天线可以接受光波。哈佛大学用碳纳米导线制成能实时探测单个病毒的传感器。IBM 公司制成的能探测单电子自旋的"显微镜",能打开生物分子和材料原子结构的三维成像之门。

纳米器件的特点是小型化,最终目标是以原子分子为"砖块"设计制成具有特殊功能的产品。其制作工艺路线可分为"自上而下"和"自下而上"两种方式。"自上而下"是指通过微加工或固态技术,不断在尺寸上将产品微型化。现代电子线路的微型化,如集成块的制作就是沿着这条路发展的。目前集成线路线宽已小到 $0.1\ \mu m$,已达到这一制作方法的极限,再小的线宽就寄希望于纳米技术了。

"自下而上"的制作方式是指以分子、原子为基本单元,根据人们的意愿进行设计和组装,从而构成具有特殊功能的产品。这一制作方式是美国科学家费恩曼在 1959 年首先提出的。如果能够在原子/分子尺度上来加工材料,制备装置,我们将有许多激动人心的新发现。这在当时还只是一种梦想,现在已看到了真正实现它的明亮的曙光。1981 年出现了纳米科技研究的重要手段——扫描隧穿显微镜。它提供了一种纳米级甚至原子级的表面加工工具。IBM 公司的研究人员首先用它将原子摆成了 IBM 三个字母,展示了利用它构建分子器件的前景。这一制作方式还要利用化学和生物学技术,实现分子器件的自我组装。图 Q.5 是 2006 年发表的美国赖斯大学制成的超微型纳米车的图片。整辆车的对角线的长度只有 $3\sim 4\ nm$(而一根头发的直径约为 $80\ \mu m$)。此车虽小,但也有底盘、车轴和车轮。车轮是富勒烯 C_{60} 圆球,车体 95% 是碳原子,其他是一些氢原子和氧原子。车被放在甲苯气体中,置于金片表面上。常温下车的轮子和金片表面紧密结合,车静止不动。当把金片加热到 200℃后,车才能在金片表面运动。通过施加磁场,还能改变车的运动方向。科学家期望能用这种纳米车载着药物分子顺着血管到达人体内的患处,释放药物予以治疗,也期望用这种"交通工具"在纳米工厂和工地之间搬运分子原子随心所欲地构建新材料。

多么新奇的纳米科技!

图 Q.5 超微型纳米车

第30章

核 物 理

自1911年卢瑟福通过α粒子散射实验发现原子的核式结构以来,已获得了很多关于核的知识,包括核的结构、能量以及核的转化等。有很多知识,如核能、放射性同位素等,已得到了广泛的应用。本章先概述核的一般性质,包括核的组成、大小、自旋等,然后讲解使核保持稳定的核力和结合能。核的模型只着重介绍了液滴模型,以便计算核裂变或聚变时所释放的能量。再然后讲解放射性衰变的规律以及α衰变和β衰变的特征,对γ射线特别介绍了穆斯堡尔效应及其一些应用。最后介绍了有关核反应的基本知识。

30.1 核的一般性质

1. 核的组成

卢瑟福的实验结果说明,虽然核的体积只有原子体积的 10^{15} 分之一,但核中却集中了原子的全部正电荷和几乎全部质量。由于核的正电荷是氢核正电荷的整数倍,所以一般就认为氢核是各种核的组分之一而被称为**质子**。由于核的质量总是大于由其正电荷所显示的质子的总质量,所以人们又设想核是质子和电子的复合体,多于电子的质子的总电荷就是核的电荷。但通过计算知道核内不可能存在单独的电子(参看习题 26.29)。1932 年查德威克通过实验发现了核内存在一种质量和质子相近但不带电的粒子,以后被称为**中子**。此后人们就公认核是由质子和中子组成的,质子和中子也因此统称为**核子**。

质子和中子的质量大约是电子质量的 1840 倍。质子所带电量和电子的相等,但符号相反。质子和中子的自旋量子数和电子的一样,都是 1/2,因此它们都是费米子。表 30.1 列出了质子、中子和电子各种内禀性质的比较,其中质量的单位"u"叫**原子质量单位**,它是 ^{12}C 原子的质量的 1/12。原子质量单位和其他单位的换算关系为

$$1\text{ u} = 1.660\ 540\ 2 \times 10^{-27}\text{ kg} = 931.494\ 3\text{ MeV}/c^2$$

不同元素的原子核中的中子数和质子数不同。质子数 Z 叫核的**原子序数**。中子数 N 和质子数 Z 的和用 A 表示,即

$$A = Z + N \tag{30.1}$$

A 叫核的**质量数**,因为核的质量几乎就等于 A 乘以一个核子的质量。原子核通常用 $^{A}_{Z}\text{X}$ 表示,其中 X 表示该核所属化学元素的符号。由于各元素的原子序数 Z 是一定的,所以也常不写 Z 值,如写成 ^{16}O,^{107}Ag,^{238}U 等。

表 30.1 质子、中子和电子的内禀性质比较

内禀性质	质子	中子	电子
质量/u	1.007 276 466 0	1.008 664 923 5	5.485 799 03×10^{-4}
质量/kg	1.672 623 1×10^{-27}	1.674 928 6×10^{-27}	9.109 389 7×10^{-31}
质量/MeV·c^{-2}	938.272 31	939.565 63	0.5110
电荷/e	+1	0	−1
自旋量子数	1/2	1/2	1/2
磁矩①/J·T^{-1}	1.410 607 61×10^{-26}	−0.966 236 69×10^{-26}	−9.284 770 1×10^{-24}

① 所列磁矩的值都是各该磁矩在 z 方向的投影,只有这投影是实际上能测出的。

同一元素的原子的核中的质子数是相同的,但中子数可能不同。质子数相同而中子数不同的核叫**同位素**,取在周期表中位置相同之意。如碳的同位素有 ^{8}C, ^{9}C, ⋯, ^{12}C, ^{13}C, ^{14}C, ⋯, ^{20}C 等。天然存在的各元素中各同位素的多少是不一样的,各种同位素所占比例叫各该同位素的**天然丰度**。例如在碳的同位素中,^{12}C 的天然丰度为 98.90%, ^{13}C 的为 1.10%,而 ^{14}C 的只是 1.3×10^{-10}%。许多同位素是不稳定的,经过或长或短的时间要衰变成其他的核。因此,许多同位素,包括 $Z>92$ 的各种核都是天然不存在的,只能在实验室中通过核反应人工地制造出来。

2. 核的大小

卢瑟福根据他们的实验结果计算出来的核的线度为 10^{-15} m 量级。其他实验(包括高能电子散射实验)给出,如果把核看做球形,则核的半径 R 和 $A^{1/3}$ 成正比,即

$$R = r_0 A^{1/3} \tag{30.2}$$

其中

$$r_0 = 1.2 \text{ fm} = 1.2 \times 10^{-15} \text{ m}$$

由式(30.2)可算得 ^{56}Fe 核的半径为 4.6 fm, ^{238}U 的核半径为 7.4 fm。当然,由于粒子的波动性,核不可能有清晰的表面。有的实验还证明,有的核的形状明显地不是球形而是椭球形或梨形。

由于球的体积和半径的 3 次方成正比,所以原子核的体积和质量数 A 成正比。这表示核好像是 A 个不可压缩的小球紧挤在一起形成的。由此也可知各种核的密度都是一样的,其大小为

$$\rho = \frac{m}{V} = \frac{1.67 \times 10^{-27} A}{\frac{4}{3}\pi \times (1.2 \times 10^{-15})^3 A} = 2.3 \times 10^{17} (\text{kg/m}^3)$$

这一数值比地球的平均密度大到 10^{14} 倍!

3. 核的自旋和磁矩

核子在核内运动的轨道角动量和自旋角动量之和称为核的自旋角动量,简称**核自旋**。核自旋量子数用 I 表示。按一般的量子规则,核自旋角动量的大小为 $\sqrt{I(I+1)}\hbar$。核自旋在 z 方向的投影为

$$I_z = m_I \hbar, \quad m_I = \pm I, \pm(I-1), \cdots, \pm\frac{1}{2} \text{ 或 } 0 \tag{30.3}$$

I 的值可以是半整数或整数。实验结果指出,偶偶核(Z, N 都是偶数)的自旋都是零,如

^{4}He, ^{12}C, ^{238}U 等就是。奇奇核(Z,N 都是奇数)的自旋都是整数,如 ^{34}Cl 的是 0, ^{10}B 的是 3, ^{26}Al 的是 5 等。这些核都是玻色子。奇偶核(Z,N 中一个是奇数,一个是偶数)的自旋都是半整数,如 ^{15}N 的是 1/2, ^{29}Na 的是 3/2, ^{25}Mg 的是 5/2, ^{83}Kr 的是 9/2 等。这些核都是费米子。

和角动量相联系,核有磁矩。质子由于其轨道角动量而有轨道磁矩 $\boldsymbol{\mu}_L = \dfrac{e}{2m_p}\boldsymbol{L}$。此磁矩在 z 方向的投影为

$$\mu_{L,z} = \frac{e}{2m_p}L_z = \frac{e\hbar}{2m_p}m_l = \mu_N m_l \tag{30.4}$$

式中常量

$$\mu_N = \frac{e\hbar}{2m_p} = 5.057\,866\times 10^{-27}\ \text{J/T} \tag{30.5}$$

叫做**核磁子**。它小到电子的玻尔磁子的 5×10^{-4}。中子由于不带电,所以没有轨道磁矩。

质子和中子都由于自旋而有自旋磁矩

$$\boldsymbol{\mu}_s = g_s\left(\frac{e}{2m_p}\right)\boldsymbol{S} \tag{30.6}$$

它在 z 方向的投影为

$$\mu_{s,z} = g_s\left(\frac{e\hbar}{2m_p}\right)m_s = g_s\mu_N m_s, \quad m_s = \pm\frac{1}{2} \tag{30.7}$$

式中,g_s 叫 **g 因子**。质子的 g 因子 $g_{s,p} = 5.5857$,中子的 g 因子 $g_{s,n} = -3.8261$。由于 $m_s = \pm\dfrac{1}{2}$,所以质子的自旋磁矩在 z 方向的投影为

$$\mu_{p,z} = 2.7928\mu_N = 1.4106\times 10^{-26}\ \text{J/T}$$

中子的自旋磁矩在 z 方向的投影为

$$\mu_{n,z} = -1.9131\mu_N = -0.9662\times 10^{-26}\ \text{J/T}$$

中子的磁矩为负值表示其磁矩方向和自旋方向相反。中子不带电为什么有自旋磁矩呢?这是因为中子只是整体上不带电。电子散射实验证明,中子由带正电的内核和带负电的外壳构成。按经典模型处理,自旋着的中子就有磁矩而且其磁矩的方向和自旋的方向相反。

整个核的自旋角动量用 $\boldsymbol{I}$ 表示,其磁矩为 $\boldsymbol{\mu} = g\dfrac{e}{2m_p}\boldsymbol{I}$。核磁矩在 z 方向的分量为

$$\mu_z = g\frac{e}{2m_p}I_z = g\frac{e\hbar}{2m_p}m_I = g\mu_N m_I。$$

核磁共振

核磁共振是一种利用核在磁场中的能量变化来获得关于核的信息的技术。

核磁矩在外磁场 $\boldsymbol{B}$ 中的能量为

$$E = -\boldsymbol{\mu}\cdot\boldsymbol{B} = -\mu_z B = -g\mu_N m_I B$$

对氢核,$m_I = \pm\dfrac{1}{2}$,此式给出两个能级(图 30.1)。此两能级之差为 $\Delta E = g\mu_N B$。当氢核在外磁场中受到电磁波的照射时,就只能吸收如下频率的电磁波:

$$\nu = \frac{\Delta E}{h} = \frac{g\mu_N B}{h}$$

这种在外磁场中的核吸收特定频率的电磁波的现象就叫**核磁共振**(NMR)。

实验和实际应用中常利用氢核的核磁共振。氢核即质子,它的 $g_p=5.5857$,代入上式可得在 $B=1$ T 时,相应的电磁波的共振频率为 $\nu=42.69$ MHz。这一频率在射频范围,波长为 7 m。

实现核磁共振,既可以保持磁场不变而调节入射电磁波的频率,也可以使用固定频率的电磁波照射,而调节样品所受的外磁场。一种在实验室中观察核磁共振的装置的主要部分如图 30.2 所示。这一装置通过调节频率来达到核磁共振,样品(如水)装在小瓶中置于磁铁两极之间,瓶外绕以线圈,由射频振荡器向它通入射频电流。这电流就向样品发射同频率的电磁波。这频率大致和磁场 B 对应的频率相等。为了精确地测定共振频率,就用一个调频振荡器使射频电磁波的频率在共振频率附近连续变化。当电磁波频率正好等于共振频率时,射频振荡器的输出就出现一个吸收峰,它可以从示波器上看出,同时可由频率计读出此共振频率。

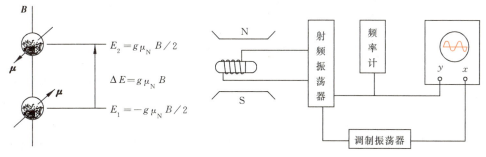

图 30.1　氢核在外磁场中的能量　　　图 30.2　核磁共振实验装置示意图

核磁共振现象应用广泛,特别是在化学中应用它来研究分子的结构。由于氢核的核磁共振信号最强,所以核磁共振在研究有机化合物的分子结构时特别有用。这种研究根据的原理是:分子中各个氢核实际上还受到核外电子或其他原子的磁场的作用,因而对应于一定频率的入射电磁波,发生共振时的外加磁场和用上面式子计算出的磁场有些许偏离。在不同分子或同一分子内的不同集团中,氢核的环境不同,它受的分子内部的磁场也不同,因而发生核磁共振时磁场偏离的大小也不同。在化学研究中,正是利用这种不同的偏离和已知的标准结构的偏离之对比来判定所研究物质的分子结构的。

由于磁场,包括交变电磁场可以穿入人体,而人体的大部分(75%)是水(一个水分子有两个氢核),而且这些水以及其他富含氢的分子的分布可因种种疾病而发生变化,所以可以利用氢核的核磁共振来进行医疗诊断。核磁共振成像就是这样的一种新的医疗技术。

图 30.3 为人体核磁共振成像仪的方框图,病人躺在一个空间不均匀的磁场中,磁场在人体内各处的分布已知。激发单元用来产生射频电磁波,以激发人体内各处的氢核发生核磁共振。接收单元接收核磁共振信号,由于人体内各处的磁场不同,与之相应的共振电磁波的频率也就不同,改变电磁波的频率就可以得出人体内各处的核磁共振信号。这些信号经过计算机处理就可以三维立体图像或二维断面像的形式由显示单元显示出来。将病态的图像和正常态的组织图像加以对比,就可以做出医疗判断。

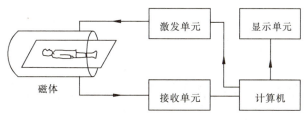

图 30.3　核磁共振成像方框图

核磁共振成像的优点是:射频电磁波对人体无害;可以获得内脏器官的功能状态、生理状态以及病变状态的情况等。

30.2 核力

由于核中质子间的距离非常小,因而它们之间的斥力很大。核的稳定性说明核子之间一定存在着另一种和库仑斥力相抗衡的吸引力,这种力叫核力或强力(核子是"强子")。在核的线度内,核力可能比库仑力大得多。例如,中心相距 2 fm 的两个质子,其间库仑力约为 60 N,而相互吸引的核力可达 2×10^3 N。

核力虽然比电磁力大得多,但力程非常短,它不像电磁力那样是长程力。当两核子中心相距大于核子本身线度时,核力几乎已完全消失。因此,在核内,一个核子只受到和它"紧靠"的其他核子的核力作用,而一个质子却要受到核内所有其他质子的电磁力。

实验证明,核力与电荷无关。质子和质子,质子和中子,中子和中子之间的作用力是一样的。质子-质子和中子-质子的散射实验证明了这一点,一个质子和一个中子的平均结合能相同也支持了这一结论。

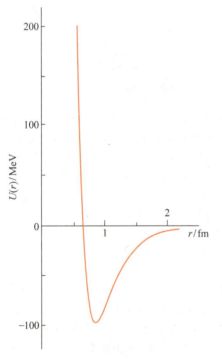

图 30.4 核力势能曲线

实验证明,核力和核子自旋的相对取向有关。两个核子自旋平行时的相互作用力大于它们自旋反平行时的相互作用力。氘核的稳定基态是两个核子的自旋平行状态就说明了这一点。氘的自旋磁矩为 $0.8574\ \mu_N$,这与质子和中子的磁矩之和 $0.8797\ \mu_N$ 是十分相近的。

强力不像库仑力那样是有心力。更奇特的是,强力是一种**多体力**,即两个核子的相互作用力和其他相邻的核子的位置有关。因此,强力不遵守叠加原理,强力的这种性质给核子系统的理论计算带来巨大的困难。

由于核力的复杂性,它还没有精确的表达式。通常就用一个势能函数(薛定谔方程就要用这个函数)或势能曲线表示两个核子之间的相互作用。图 30.4 就是两个自旋反平行而轨道角动量为零的两个核子之间的势能曲线。它的形状和两个中性分子或原子之间的势能曲线[①]相似,只是横轴的距离标度小很多(小到 10^{-15} m)而竖轴的能量标度又大很多(大到分子间势能的 10^8 倍)。这种相似不是偶然的。两个中性原子之间的作用力本质上是电磁力。由于每个原子都是中性的,所以它们之间的电磁力是两个带电系统的正负电荷相互作用的电磁力抵消之后的**残余电磁力**。对核子来说,现已确认核子是由夸克组成。每个夸克都有"**色荷**"作为其内禀性质。色荷有三种:"红"、"绿"、"蓝"。三"色"俱

[①] 参看《大学物理学》(第三版)《力学、电磁学》中图 4.17。

全,则色荷为零。色荷具有相互作用力,叫**色力**。每个核子都由三个色荷不同的夸克构成,总色荷为零。两个核子之间的作用力就是组成它们的夸克之间的相互作用力抵消之后的**残余色力**的表现,图 30.4 就是这种残余色力的势能曲线。可以说,和原子之间的力相比较,同为残余力,所以具有形状相似的势能曲线。由图 30.4 可以看出,在两核子相距超过 2 fm 时,核力基本上消失了。距离稍近一些,核力是吸引力;相距约小于 1 fm 时,核力为斥力,而且随距离的减小而迅速增大。这可以说明核子有一定"半径"。这种斥力实际上是两个夸克的波函数相互重叠时泡利不相容原理起作用的结果(夸克都是费米子)。

例 30.1

估算其势能曲线如图 30.4 所示的那两个核子相距 1.0 fm 时的相互作用核力并与电磁力相比较。

解 在图中作 $r = 1.0$ fm 处的曲线的切线,其斜率约为 $(100/0.7)$ MeV/fm,于是相互作用核力为

$$F_N = -\frac{\Delta U}{\Delta r} = -\frac{100 \times 10^6 \times 1.6 \times 10^{-19}}{0.7 \times 10^{-15}} = -2.3 \times 10^4 \text{(N)}$$

负号表示在 $r = 1.0$ fm 时两核子相互吸引。在该距离时两质子的相互库仑斥力为

$$F_e = \frac{e^2}{4\pi\epsilon_0 r^2} = \frac{9 \times 10^9 \times (1.6 \times 10^{-19})^2}{(1.0 \times 10^{-15})^2} = 2.3 \times 10^2 \text{(N)}$$

此力较核力小到 10^{-2}。

30.3 核的结合能

由于核力将核子聚集在一起,所以要把一个核分解成单个的中子或质子时必须反对核力做功,为此所需的能量叫做**核的结合能**。它也就是单个核子结合成一个核时所能释放的能量。

一个核的结合能 E_b 可以由爱因斯坦质能关系求出。以 m_N 表示核的质量,则能量守恒给出

$$(Zm_p + Nm_n)c^2 = m_N c^2 + E_b$$

由此得

$$E_b = (Zm_p + Nm_n - m_N)c^2 = \Delta m c^2 \tag{30.8}$$

式中 $\Delta m = Zm_p + Nm_n - m_N$ 叫核的**质量亏损**,它是单独的核子结合成核后其总的静质量的减少。由于数据表一般多给出原子的质量,所以利用质量亏损求结合能时多用氢原子的质量 m_H 代替式(30.8)中的 m_p,而用原子质量 m_a 代替其中的核质量 m_N 而写成

$$E_b = (Zm_H + Nm_n - m_a)c^2 \tag{30.9}$$

可以看出在此式中所涉及的电子的质量是消去了的,结果和式(30.8)一样。

例 30.2

计算 ^{5}Li 核和 ^{6}Li 核的结合能,给定 ^{5}Li 原子的质量为 $m_5 = 5.012\ 539$ u,^{6}Li 原子的质量为 $m_6 = 6.015\ 121$ u,氢原子的质量为 $m_H = 1.007\ 825$ u。比较 ^{5}Li 核的质量与质子及 α 粒子

的质量和（$m_{He}=4.002\,603\,u$）。

解 由式(30.9)可得 ^{5}Li 核和 ^{6}Li 核的结合能分别为

$$E_{b,5}=(3\times1.007\,825+2\times1.008\,665-5.012\,539)\times931.5=26.3\,(\text{MeV})$$

$$E_{b,6}=(3\times1.007\,825+3\times1.008\,665-6.015\,121)\times931.5=32.0\,(\text{MeV})$$

由于
$$m_5=5.012\,539\,u>m_H+m_{He}=5.010\,428\,u$$

可知 ^{5}Li 核的质量大于质子和 α 粒子的质量和。因此 ^{5}Li 核不稳定，它会分裂成一个质子和一个 α 粒子并放出一定的能量，这能量可计算为

$$(5.012\,539-5.010\,428)\times931.5=2.0\,\text{MeV}$$

不同的核的结合能不相同，更令人注意的是**平均结合能**，即就一个核平均来讲，一个核子的结合能。图 30.5 画出了稳定核的平均结合能 $E_{b,1}$ 和质量数 A 的关系。开始时，$E_{b,1}$ 很快随 A 的增大而增大，而在 $A=4(\text{He})$，$12(\text{C})$，$16(\text{O})$，$20(\text{Ne})$ 和 $24(\text{Mg})$ 时具有极大值，说明这些核比与其相邻的核更稳定。在 $A>20$ 时 $E_{b,1}$ 差不多与 A 无关，都大约为 8 MeV。这说明核力的一种"饱和性"，这种饱和性是核力的短程性的直接后果。由于一个核子只和与它紧靠的其他核子有相互作用，而在 $A>20$ 时在核内和一个核紧靠的粒子数也基本不变了，因此，核子的平均结合能也就基本上不随 A 的增加而改变了。

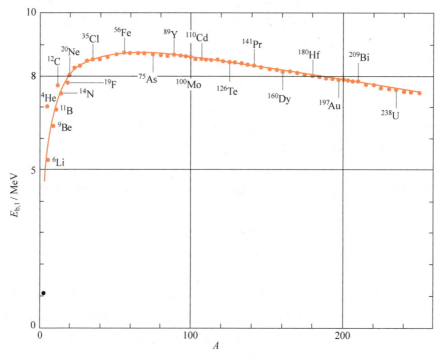

图 30.5 平均结合能和质量数的关系图

核内质子之间有库仑斥力作用。这力和核力不同，为长程力。因此，一个质子要受到核内所有其他质子的作用。当质子数增大时，库仑力的效果渐趋显著。这斥力有减小结合能的作用，这就是图 30.5 中 $A>60$ 时 $E_{b,1}$ 逐渐减小的原因。结合能的减少将削弱核的稳定性。中子不带电，不受库仑斥力的作用。因此，在核内增加质子数的同时，多增加一些中子

将会使核更趋稳定。图 30.6 中标出了稳定核的中子数和质子数的关系，在质量数大时，中子数超过质子数就是由于这种原因。质子数很大时，稳定性将不复存在。实际上，正如图 30.6 所示，在 $Z>81$ 的绝大多数同位素核都是不稳定的，它们都会通过放射现象而衰变。

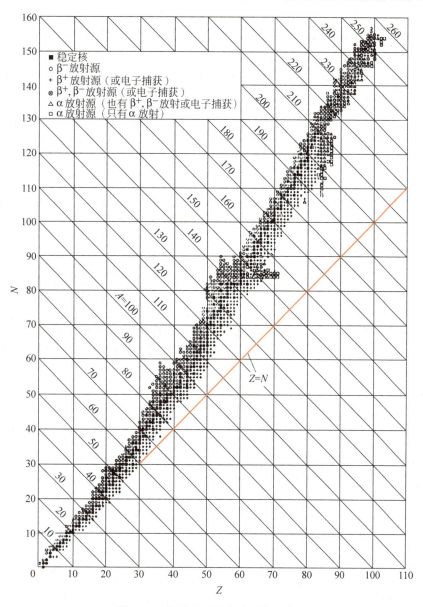

图 30.6 核的中子数和质子数的关系

从图 30.5 的核子平均结合能曲线还可看出，重核分裂为轻核时是会放出能量的（因为两个轻核的结合能大于分裂前那个重核的结合能）。这种释放能量的方式叫**裂变**。裂变除了应用于爆炸——原子弹，目前已被广泛地应用于发电或供暖，这种原子能发电站的"锅炉"，即释放核能的部位叫**反应堆**。图 30.5 还说明，两个轻核聚合在一起形成一个新核时也会放出能量（因为原来两个轻核的结合能小于聚合成的新核的结合能）。这种释放能量的方式叫**聚变**。目前已应用于爆炸——氢弹，而人工控制的聚变还正在积极研究中。

*30.4 核的液滴模型

到目前为止,核的结构还不能有精确全面的理论描述,因此,只能利用模型来近似。已提出了许多模型,每种模型能解释某一方面的问题。作为例子,下面介绍核的液滴模型,它曾在裂变能量的计算中给出过重要的结果。

液滴模型最初是由玻尔根据核力和液体的分子力的相似而提出的。此模型设想核是一滴"核液",核力在核子间距很小时变为巨大的斥力使核液具有"不可压缩性",核子间距较大时,核力又表现为引力。斥力和引力的平衡使得核子之间保持一定的平衡间距而使核液有一恒定的密度。像普通的液滴由于表面张力而聚成球形那样,也可以设想核液滴也有表面张力而使核紧缩成球形。在这种相似的基础上,核的液滴模型提出了一个核的结合能的计算公式,该公式包括以下几项。

(1) **体积项** 这是由核力的近程性决定的能量。由于一个核子只和它紧邻的核子有相互作用,整个核内的核子间的核力相互作用能就和总核子数 A 成正比(当 A 比较大时)。因此由于核力产生的结合能应为

$$a_1 A$$

此处 a_1 是一正的比例常量。由于核子之间的相互作用是核力占优势,所以在结合能表示式中,这一项也是最主要的一项。

(2) **表面项** 由于表面的核子的紧邻核子数比内部核子的紧邻核子数少,所以以上项应加以一负值的修正。由于表面核子数和表面积成正比,而表面积和核半径 R 的平方,也就是 $A^{2/3}$ 成正比,所以这一修正项应为

$$-a_2 A^{2/3}$$

此处 a_2 是另一个比例常量。

(3) **电力项** 质子间的库仑斥力有减少结合能的效果,所以应再加以库仑势能的修正项。按电荷均匀分布的球体计算,库仑势能与 Q^2/R 成正比。由于 $Q \propto Z, R \propto A^{1/3}$,所以这一电力项应为

$$-a_3 \frac{Z^2}{A^{1/3}}$$

(4) **不对称项** 这是一个量子力学修正项。量子理论认为核子在核内都处于一定的能级上。由于是费米子,当质量数逐渐增加时,核子将从最低能级开始向上填充。这种填充以中子数和质子数相同时比较稳定(图 30.7(a))。在 A 相同并且 $N=Z$ 时如果将一个质子改换成一个中子,该中子势必要进入更高的能级(图 30.7(b)),这将增大核的能量从而使结合能减少。$N \neq Z$ 就叫做不对称。$|Z-N|$ 越大,则核的能量越大,结合能越小。可以设想由不对称引起的能量增加和 $|Z-N|=|A-2Z|$ 或 $(A-2Z)^2$ 成正比。另外,A 越大,核子要填充的能级越高而能级差越小。所以,又可以认为这一项修正和 A 成反比。于是不对称项就应为

$$-a_4 (A-2Z)^2 / A$$

(5) **对项** 这是一项实验结果的引入,对结合能的影响是:偶偶核为正,奇奇核为负,而奇偶核为 0。此项的形式为

*30.4 核的液滴模型

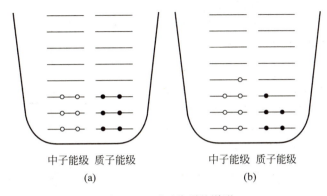

图 30.7 不对称项的说明

$$a_5 A^{-1/2}$$

将以上 5 项合并,可得整个关于结合能的公式为

$$E_b = a_1 A - a_2 A^{2/3} - a_3 Z^2/A^{1/3} - a_4(A-2Z)^2/A + a_5 A^{-1/2} \tag{30.10}$$

式中的 5 个常量要通过用最小二乘法去和实验结果拟合来求得。下面的一组数据使式(30.10)和实验结果非常相近(特别是对于 $A>20$ 的核):

$$a_1 = 15.753 \text{ MeV}$$
$$a_2 = 17.804 \text{ MeV}$$
$$a_3 = 0.7103 \text{ MeV}$$
$$a_4 = 23.69 \text{ MeV}$$
$$a_5 = \pm 11.18 \text{ MeV 或 } 0$$

式(30.10)最早是由韦塞克(C. F. von Weisäker)1935 年提出的,现在就叫核结合能的**韦塞克半经验公式**。

利用韦塞克半经验公式曾成功地计算过重核的裂变能。考虑 ^{236}U 核(^{235}U 核吸收一个中子生成)裂变为两个相等的裂片:

$$^{236}_{92}\text{U} \rightarrow {}^{118}_{46}\text{Pd} + {}^{118}_{46}\text{Pd}$$

此反应中,质量数为 A,质子数为 Z 的一个核变成了两个质量数为 $A/2$,质子数为 $Z/2$ 的核。由韦塞克公式可得原来的重核的结合能为(忽略最后一项)

$$E_{b,A,Z} = \left[15.753A - 17.804A^{2/3} - 0.7103\frac{Z^2}{A^{1/3}} - 23.69\frac{(A-2Z)^2}{A}\right]\text{MeV}$$

裂变后每个核的结合能为

$$E_{b,A/2,Z/2} = \left[15.753\frac{A}{2} - 17.804\left(\frac{A}{2}\right)^{2/3} - 0.7103\frac{(Z/2)^2}{(A/2)^{1/3}} - 23.69\frac{(A/2-2Z/2)^2}{A/2}\right]\text{MeV}$$

此裂变释放出的能量为

$$2E_{b,A/2,Z/2} - E_{b,A,Z}$$
$$= \left(-4.6A^{2/3} + 0.26\frac{Z^2}{A^{1/3}}\right)\text{MeV} \tag{30.11}$$

此结果的第一项是裂变后核的表面积增大而由核"表面张力"做的功,这是核力做的功。式(30.11)右侧第二项是重核裂开时两裂片的质子间的斥力做的功。将 $A=236, Z=92$ 代入式(30.11)可得

$$\left(-4.6 \times 236^{2/3} + \frac{0.26 \times 92^2}{236^{1/3}}\right) \text{MeV}$$
$$= (-180 + 360) \text{MeV}$$
$$= 180 \text{MeV} \tag{30.12}$$

此式表明,核力做了 -180 MeV 的功,即重核裂开时,裂片反抗相互吸引的核力做了功,同时库仑斥力使裂片分开做了 360 MeV 的功。两项抵消后裂片共获得动能 180 MeV,这就是裂变所释放的核能或原子能。其实,这核能的真实能源并不是核力,而是静电斥力。

核的壳模型

液滴模型不能说明核的能量和角动量的量子化,也不能说明平均结合能的极大值。迈耶(M. G. Mayer)和金森(H. D. Jenson)提出了类似于原子能级那样的壳模型,该模型给出的核子的能级如图 30.8 所示。图中符号和原子能级的符号意义相同。和原子能级不同的是:能级差变大(MeV 量级),特别是由于自旋轨道耦合甚强而引起的轨道能级的分裂间隔很大(由于核力场不是有心力场,所以 $l < n$ 的限制不再有效)。由图可知,对于 Z 或 N 为 8,20,28,50,82,126 的核,有核子的最高能级到其上没有核子的能级的差都比较大。这说明这些核都特别稳定,和原子中的惰性元素原子类似。核的稳定性的这一现象在此前已从实验结果中得知了,壳模型对它作出了较圆满的解释。

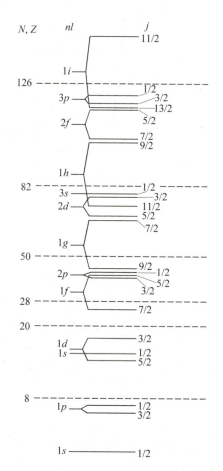

图 30.8 核的壳模型给出的单核子的能级图

30.5 放射性和衰变定律

放射性是不稳定核自发地发射出一些射线而本身变为新核的现象,这种核的转变也称做**放射性衰变**(或蜕变)。放射性是 1896 年贝可勒尔(H. Becquerel)发现的,他当时观察到铀盐发射出的射线能透过不透明的纸使其中的照相底片感光。其后卢瑟福和他的合作者把已发现的射线分成 α,β 和 γ 三种。再后人们就发现 α 射线是 α 粒子,即氦核(^{4}He)流,β 射线是电子流,γ 射线是光子流。下面列出几个放射性衰变的例子:

$$^{226}\text{Ra} \longrightarrow {}^{222}\text{Rn} + \alpha$$
$$^{238}\text{Ra} \longrightarrow {}^{234}\text{Th} + \alpha$$
$$^{131}\text{I} \longrightarrow {}^{131}\text{Xe} + \beta + \bar{\nu}_e$$
$$^{60}\text{Co} \longrightarrow {}^{60}\text{Ni} + \beta + \bar{\nu}_e$$

式中,$\bar{\nu}_e$ 是反电子中微子的符号。以上衰变例子中原来的核称**母核**,生成的新核叫**子核**。

天然的放射性元素的原子序数 Z 都大于 81,它们都分属三个**放射系**。这三个放射系的起始元素分别为 ^{238}U,^{235}U 和 ^{232}Th,常根据各系的核的质量数而分别地命名为 $4n+2$,$4n+3$

和 4n 系,各系的最终核分别是同位素 ^{206}Pb, ^{207}Pb 和 ^{208}Pb。图 30.9 给出了钍系的衰变顺序图。还有一个系,即 4n+1 系,由于系中各核的半衰期较短,它们在自然界已不存在。此系的起始元素是镎的同位素 ^{237}Np,而其最终核应为 ^{209}Pb。

所有放射性核的衰变速率都跟它们的化学和物理环境无关,所有衰变都遵守同样的统计规律:在时间 dt 内衰变的核的数目 $-dN$ 和 dt 开始时放射性核的数目 N 以及 dt 成正比。因此可以得到

$$-dN = \lambda N dt \qquad (30.13)$$

式中常量 λ 叫**衰变常量**。衰变常量也就是一个放射性核单位时间内衰变的概率。

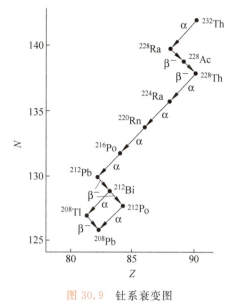

图 30.9 钍系衰变图

式(30.13)积分之后,就可得到

$$N(t) = N_0 e^{-\lambda t} \qquad (30.14)$$

式中 N_0 是在 $t=0$ 时放射性核的数目。

由式(30.13)可知,从 $t=0$ 开始,$-dN$ 个放射性核的生存时间为 t,所以所有放射性核的**平均寿命**为

$$\tau = \frac{1}{N_0}\int_0^\infty t(-dN) = \frac{1}{N_0}\int_0^\infty t\lambda N dt = \int_0^\infty t\lambda e^{-\lambda t} dt$$

积分结果是

$$\tau = \frac{1}{\lambda} \qquad (30.15)$$

实际上讨论衰变速率时常不用 λ 和 τ,而用**半衰期**。一种放射性核的半衰期是它的给定样品中的核衰变一半所用去的时间,半衰期用 $t_{1/2}$ 表示。由此定义,根据式(30.14)可知

$$N_0/2 = N_0 e^{-t_{1/2}/\tau}$$

于是有

$$t_{1/2} = (\ln 2)\tau = 0.693\tau = 0.693/\lambda \qquad (30.16)$$

不同的放射性核的半衰期不同,而且差别可以很大,从微秒(甚至更小)到万亿年(甚至更长)都有。表 30.2 列出了一些半衰期的实例。

表 30.2 半衰期实例

核	$t_{1/2}$	核	$t_{1/2}$	核	$t_{1/2}$
^{216}Ra	0.18 μs	^{131}I	8.04 d	^{237}Np	2.14×10^6 a
^{207}Ra	1.3 s	^{60}Co	5.272 a	^{235}U	7.04×10^8 a
自由中子	12 min	^{226}Ra	1600 a	^{238}U	4.46×10^9 a
^{191}Au	3.18 h	^{14}C	5730 a	^{232}Th	1.4×10^{10} a

在使用放射性同位素时,常用到**活度**这个量,一个放射性样品的活度是指它每秒钟衰变的次数。以 $A(t)$ 表示活度,再利用式(30.14)可得

$$A(t) = -\frac{dN}{dt} = \lambda N_0 e^{-\lambda t} = \lambda N = A_0 e^{-\lambda t} \tag{30.17}$$

式中 $A_0 = \lambda N_0$ 是起始活度。由此式可知,活度与衰变常量以及当时的放射性核的数目成正比。因此,活度和放射性核数以相同的指数速率减小。对于给定的 N_0,半衰期越短,则起始活度越大而活度减小得越快。

活度的国际单位是贝可[勒尔],符号是 Bq。$1\ \text{Bq} = 1\ \text{s}^{-1}$。

活度的常用单位是**居里**,符号为 Ci。其分数单位有毫居(mCi)和微居(μCi)。它最初是用 1 g 的镭的活度定义的,该定义为

$$1\ \text{Ci} = 3.70 \times 10^{10}\ \text{Bq} \tag{30.18}$$

例 30.3

^{226}Ra 的半衰期为 1600 a,1 g 纯 ^{226}Ra 的活度是多少?这一样品经过 400 a 和 6000 a 时的活度又分别是多少?

解 样品中最初的核数为

$$N_0 = \frac{1 \times 6.023 \times 10^{23}}{226} = 2.66 \times 10^{21}$$

衰变常量为

$$\lambda = 0.693/t_{1/2} = \frac{0.693}{1600 \times 3.156 \times 10^7} = 1.37 \times 10^{-11}\ (\text{s}^{-1})$$

起始活度为

$$A_0 = \lambda N_0 = 1.37 \times 10^{-11} \times 2.66 \times 10^{21} = 3.65 \times 10^{10}\ (\text{Bq})$$

差不多等于 1Ci,和式(30.18)定义相符合。由式(30.17)可得

$$A_{400} = A_0 e^{-\lambda t} = A_0 \times 2^{-t/t_{1/2}} = 3.65 \times 10^{10} \times 2^{-400/1600} = 3.07 \times 10^{10}\ (\text{Bq}) = 0.83\ (\text{Ci})$$

$$A_{6000} = 3.65 \times 10^{10} \times 2^{-6000/1600} = 2.71 \times 10^9\ (\text{Bq}) = 0.073\ (\text{Ci})$$

上面说过,一个母核生成的子核还可能是放射性的。假定开始时是纯母核 P 的样品,由于它的放射,子核 D 的数目开始时要增大,但是不久此子核的数目就会由于母核数的减少和此子核本身的衰变而逐渐减小。子核数 N_D 随时间变化的微分方程为

$$\frac{dN_D}{dt} = \lambda_P N_P - \lambda_D N_D = \lambda_P N_{0P} e^{-\lambda_P t} - \lambda_D N_D$$

此方程的解为

$$N_D(t) = \frac{N_{0P} \lambda_P}{\lambda_D - \lambda_P}(e^{-\lambda_P t} - e^{-\lambda_D t}) \tag{30.19}$$

常常遇到母核的半衰期比子核的半衰期大很多的情况。这种情况下,在时间 t 满足 $t_{1/2,P} \gg t \gg t_{1/2,D}$ 的时期内,式(30.19)给出

$$N_D = \frac{\lambda_P}{\lambda_D} N_P = \frac{t_{1/2,D}}{t_{1/2,P}} N_P \approx \frac{t_{1/2,D}}{t_{1/2,P}} N_{0P} \tag{30.20}$$

这就是说,在这一时期内放射性核 D 由于 P 的衰变而产生的速率和 D 核本身衰变的速率相等,因此 D 的数目保持不变。例如,^{238}U 是一种 α 放射源,半衰期为 4.46×10^9 a。它的衰变产物 ^{234}Th 是 β 放射源,半衰期仅为 24.1 d。如果开始的样品中是纯 ^{238}U,它的 α 活度随时

间不会有明显的变化。当 ^{234}Th 的产生速率和它由于发射 β 射线而衰变的速率相平衡时，^{234}Th 核的数目将基本不变。这种长期平衡状态实际上经过约 5 个 ^{234}Th 的半衰期就达到了。此后样品将以基本上不变的速率放射 α 粒子和 β 粒子。贝可勒尔当初观察到的 β 射线就是这些 ^{234}Th 核发生的（也还有 ^{235}U 核的子核 ^{231}Th 核发出的，这两种核的半衰期分别是 7.04×10^8 a 和 25.2 h）。

放射性的一个重要应用是鉴定古物年龄，这种方法叫**放射性鉴年法**。例如，测定岩石中铀和铅的含量可以确定该岩石的地质年龄（见习题 30.14）。下面介绍一种对于生物遗物的 ^{14}C 放射性鉴年法。

^{14}C 放射性鉴年法是利用 ^{14}C 的天然放射性来鉴定有生命物体的遗物（如骨骼、皮革、木头、纸等）的年龄的方法。它是 20 世纪 50 年代里贝（W. F. Libby）发明的，并因此获得 1960 年诺贝尔化学奖。各种生物都要吸收空气中的 CO_2 用来合成有机分子。这些天然碳中绝大部分是 ^{12}C，只有很小一部分是 ^{14}C。这些 ^{14}C 是来自太空深处的宇宙射线中的中子和地球大气中的 ^{14}N 核发生下述核反应产生的：

$$n + {}^{14}N \longrightarrow {}^{14}C + p$$

这 ^{14}C 核接着以 (5730 ± 30) a 的半衰期进行下述衰变：

$$^{14}C \longrightarrow {}^{14}N + \beta + \bar{\nu}_e$$

由于产生的速率不变，同时又进行衰变，经过上万年后空气中的 ^{14}C 已达到了恒定的自然丰度，约 1.3×10^{-10} %。植物活着的时候，它不断地吸收空气中的 CO_2 来制造新的组织代替旧的组织。动物一般要吃植物，所以它们也要不断地吸收碳进行新陈代谢。生物组织不能区别 ^{12}C 和 ^{14}C，所以它们身体组织中的 ^{14}C 的丰度和大气中的一样。但是，一旦它们死了，就再不吸收 CO_2 了。在它们的遗体中，^{12}C 的含量不会改变，但 ^{14}C 由于衰变而不断减少，于是由此衰变产生的活度也将不断减小，测量一定量遗体的活度就能判定该遗体的存在时间，或说年龄。请看下面例题。

例 30.4

河北省磁山遗迹中发现有古时的粟。一些这种粟的样品中含有 1 g 碳，它的活度经测定为 2.8×10^{-12} Ci。求这些粟的年龄。

解 1 g 新鲜碳中的 ^{14}C 核数为

$$N_0 = 6.023\times10^{23}\times1.3\times10^{-12}/12 = 6.5\times10^{10}$$

这些粟的样品活着的时候，活度应为

$$A_0 = \lambda N_0 = (\ln 2)N_0/t_{1/2} = 0.693\times6.5\times10^{10}/(5730\times3.156\times10^7)$$
$$= 0.25(\text{Bq}) = 6.8\times10^{-12}(\text{Ci})$$

由于 $A_t = 2.8\times10^{-12}$ Ci，按 $A_t = A_0 e^{-0.693t/t_{1/2}}$ 计算可得

$$t = \frac{t_{1/2}}{0.693}\ln\frac{A_0}{A_t} = \frac{5730}{0.693}\ln\frac{6.8\times10^{-12}}{2.8\times10^{-12}} = 7300(\text{a})$$

据考证这些粟是世界上发现得最早的粟，比在印度和埃及发现得都要早。

30.6 α 衰变

α 衰变是 ^{4}He 核从核内逃逸的现象。由于 ^{4}He 的结合能特别大,所以在核内两个质子和两个中子就极有可能形成一个单独的单位——α 粒子。核对 α 粒子形成一势阱,因而 α 粒子从中逃出是一个势垒穿透过程。α 粒子逃出时所要穿过的势垒是 α 粒子和子核的相互作用形成的。图 30.10 画出 ^{232}Th 的 α 粒子势能和离核中心的距离的关系。在核外($r>R$,R 为核半径),势能为 α 粒子和子核之间的库仑势能

$$U(r) = \frac{2Ze^2}{4\pi\varepsilon_0 r} \qquad (30.21)$$

式中 Z 为子核的电荷数。在核内,势能基本上是常量,深度为几十 MeV。逃出核的 α 粒子的能量 E_α 一般比势垒高峰低得多。

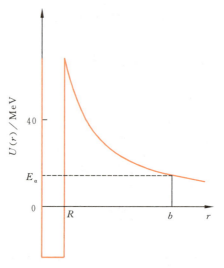

图 30.10 核内外 α 粒子的势能曲线

例 30.5

求 ^{238}U 核中 α 粒子的库仑势垒的峰值。

解 因为 $r=R=r_0 A^{1/3}$,由式(30.21)可得

$$U(R) = \frac{2Ze^2}{4\pi\varepsilon_0 r_0 A^{1/3}}$$

此式中 Z 和 A 应分别用子核 ^{234}Th 的值 90 和 234,于是

$$U(R) = \frac{9\times 10^9 \times 2 \times 90 \times (1.6\times 10^{-19})^2}{1.2\times 10^{-15}\times 234^{1/3}} = 5.6\times 10^{-12}\,(\text{J}) = 35\,(\text{MeV})$$

这比由 ^{238}U 核放射出的 α 粒子的能量(4.2 MeV)大得多。

同一 α 放射源可以放射出不同能量的 α 粒子。由图 30.10 可知,逸出的 α 粒子的能量越大,它要穿过的势垒的厚度就越小,因而这种 α 粒子穿过势垒的概率就越大,相应的 α 衰变的半衰期就会越短。量子理论给出 α 半衰期 $t_{1/2}$ 和 α 粒子能量 E_α 有下述关系:

$$\ln t_{1/2} = AE_\alpha^{-1/2} + B \qquad (30.22)$$

式中 A 和 B 对一种核基本上是常量。由于上式中 $t_{1/2}$ 和 E_α 是对数关系,所以差别不大的 E_α 所对应的 $t_{1/2}$ 可以有非常大的差别。这可由图 30.11 中的实验数据看出来(图中所示 Th 核的各同位素的库仑势垒峰值基本相同)。

α 衰变的同时常常有 γ 射线发出——γ 衰变,这意味着由衰变产生的子核是处于激发态。一种 α 放射源所发射的 α 射线几乎无例外地按能量明显地分成若干组,图 30.12 所示的 ^{227}Th 衰变为 ^{223}Ra 时所发射的 α 粒子的能谱就说明了这一点。由于可以假定母核在衰变前都处于基态,此 α 能谱说明子核可能(至少在短时间内)处于一定的激发态。于是,当子核从这些激发态衰变回其基态时,就会发射出一系列能量不同的 γ 射线,实验证明了这一

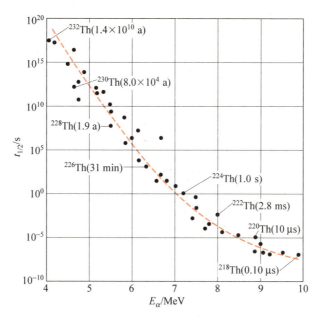

图 30.11 α 衰变半衰期和 α 粒子能量的关系

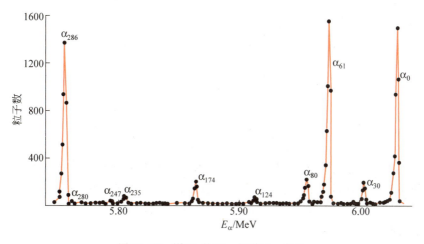

图 30.12 ^{227}Th 核的 α 能谱的一部分

点。图 30.13 画出了 ^{227}Th 核 α 衰变伴随的 γ 射线的能量与 α 能谱（图 30.12）中峰的能量差的关系。这种关系也给出了一种用 α 能谱确定核的能级的方法。

*30.7 穆斯堡尔效应

在研究原子系统时，常常做共振实验。这种实验是使一组原子发光，照射另一组同样的原子，观察前者发的光被后者吸收的情况。根据玻尔频率条件

$$h\nu = E_h - E_l \tag{30.23}$$

原子发出的光子的能量和能被该原子吸收的能量相等，因此，总能发生**共振吸收**。但仔细分

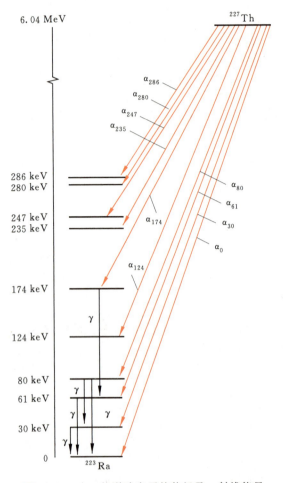

图 30.13　由 α 能谱确定子核能级及 γ 射线能量

析起来，式(30.23)只是近似式。因为该式只考虑了能量关系而没有考虑动量。实际上，原子发光过程还要遵守动量守恒定律。原子发出能量为 $h\nu$ 的光子的同时，由于光子带走了 $h\nu/c$ 的动量，根据动量守恒，原子本身就获得了反冲动量 $p_\text{rec}=h\nu/c$（设原子原来静止），因此也就获得了反冲能量

$$E_\text{rec} = \frac{p_\text{rec}^2}{2m} = \frac{(h\nu)^2}{2mc^2} \tag{30.24}$$

式中 m 为原子的质量。这样，原子发出的光子的能量应为

$$h\nu_\text{emi} = E_\text{h} - E_\text{l} - E_\text{rec} \tag{30.25}$$

同样，由于反冲，能被该原子吸收的光子的能量应为

$$h\nu_\text{abs} = E_\text{h} - E_\text{l} + E_\text{rec} \tag{30.26}$$

同一种原子所能吸收的光子的能量和该种原子所发射的光子的能量（在同样的原子能级改变的情形下）不同，差为 $2E_\text{rec}$。因此，共振吸收似乎是不可能的了，但实际上并非如此。

我们知道，原子所发的光子的能量并不是只有单一确定的值，而是有一定的谱线自然宽度。这自然宽度 ΔE_N 决定于有关激发态能级的寿命 Δt。根据不确定关系

$$\Delta E_\text{N} = \frac{\hbar}{2\Delta t} \tag{30.27}$$

而原子激发态能级的寿命的典型值为 10^{-8} s，因此所发光子的能量自然宽度为 $\Delta E_N = 1.05\times 10^{-34}/(2\times 10^{-8}) = 5\times 10^{-27}$ (J) $= 3\times 10^{-8}$ (eV)。由于原子发出光子的能量为 1 eV 量级，取 $m = 10$ u $= 9350$ MeV/c^2，由式(30.24)可得

$$E_{rec} = \frac{(h\nu)^2}{2mc^2} = \frac{1^2}{2\times 9350\times 10^6} \approx 5\times 10^{-11} \text{(eV)}$$

由于 $\Delta E_N \gg 2E_{rec}$，所以和同一能级改变相对应的发射光子和能被吸收的光子的能量分布就差不多完全重合在一起了，如图 30.14 所示(图中 ΔE_N 和 $2E_{rec}$ 相比，不成比例地缩小了很多倍)。这样，一种原子发射的光子就能基本上完全被同种原子吸收了，这就是一般很容易观察到光学共振吸收的原因。

对于高能量的光子，如 γ 光子，共振吸收又如何呢？

γ 光子是原子核能级发生变化时发出的。原子核激发态能级寿命的典型值为 10^{-10} s。由式(30.27)可得 γ 光子的能量自然宽度为 10^{-6} eV。γ 光子的能量以 0.1 MeV 计，核的质量以 100 u $= 9.35\times 10^4$ MeV 计，则可由式(30.24)求得 $E_{rec} \approx 0.1$ eV。这种情况下，$\Delta E_N \ll 2E_{rec}$，能量分布曲线如图 30.15 所示(图中 $2E_{rec}$ 和 ΔE_N 相比，缩小了很多倍)。共振吸收成为不可能的了。1958 年以前曾用加热 γ 源的方法借助多普勒效应展宽 γ 光子的谱线宽度以达到共振吸收的目的，但效果并不明显。

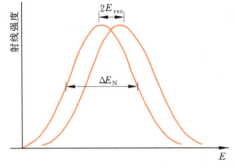

图 30.14　原子发光和吸收的共振能谱　　图 30.15　γ 光子的发射和吸收能量分布

1958 年研究生穆斯堡尔(R. Mossbauer)发明了一种 γ 共振吸收的方法(因此获得 1961 年诺贝尔物理奖)。他用的 γ 源是 ^{191}Ir。他使这种核嵌在晶体中作为 γ 源和吸收体。这样，接受反冲的就不是一个单独的核而是整个晶体了。式(30.24)中的 m 一下子增大了 10^{22} 倍，从而 E_{rec} 可以完全忽略而认为**没有反冲**。这种情况下，发射的 γ 光子的能量分布和能被吸收的 γ 光子的能量分布就完全重叠起来，而共振吸收就能很容易地观察到了。当时穆斯堡尔还降低了样品的温度(低温下晶体能量量子化更为明显)以增大共振吸收的概率。这种无反冲的共振吸收就叫**穆斯堡尔效应**。

利用穆斯堡尔效应可以精确地测量 γ 射线的谱线宽度，为此需要源或吸收体发生运动以产生多普勒效应来调节 γ 光子的频率。如图 30.16 所示，把源放置在一个振动器上。当源以一定速度 v 向接收器运动时，它发生的 γ 光子的频率将由 ν 变为

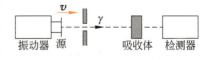

图 30.16　穆斯堡尔实验装置

$$\nu' = \left(1 + \frac{v}{c}\right)\nu \tag{30.28}$$

由于光子能量为 $h\nu = E$，所以 γ 光子的能量也由 E_γ 变为

$$E'_\gamma = \left(1 + \frac{v}{c}\right)E_\gamma \tag{30.29}$$

当速度 $v=0$ 时，$E'_a = E_a$，发生准确的共振吸收，检测器测到的射线强度最小。从大到小改变 v 值（包括反向 v 值），则 ν' 将扫过整个谱线宽度 ΔE_N，而

$$\Delta E_N = E'_\gamma - E_\gamma = \frac{v}{c} E_\gamma \tag{30.30}$$

而探测器接收到的吸收能谱将如图 30.17 所示。由于源和吸收体都有一能级宽度 ΔE_N，所以这一吸收谱线的宽度 δ 将是 ΔE_N 的两倍。测出 δ，就能得出谱线宽度 ΔE_N 的值了。

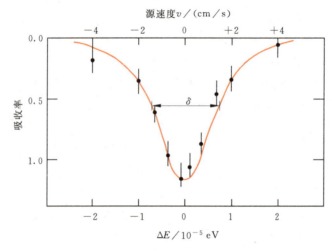

图 30.17　^{191}Ir 的穆斯堡尔 γ 吸收谱

对常用的 ^{57}Feγ 源来说，$\Delta t = 1.41 \times 10^{-7}$ s，由式(30.27)可求得 $\Delta E_N = 2.3 \times 10^{-9}$ eV。由于 ^{57}Fe 发射的 γ 光子能量为 $E_\gamma = 14.4$ keV，所以可得相对线宽为

$$\frac{\Delta E_N}{E_\gamma} = \frac{2.3 \times 10^{-9}}{14.4 \times 10^3} = 1.6 \times 10^{-13} \tag{30.31}$$

这样的精确度是十分惊人的。再加以谱线宽度可以精确测量到 10^{-2}，因而利用穆斯堡尔效应可以将 γ 射线能量（或频率）变化测量到 10^{-15} 量级。这相当于把地球月球之间的距离（10^8 m）精确测量到 10^{-7} m 量级，这一量级和光的波长相当了！

穆斯堡尔仪器并不太复杂，而且源的移动速度要求也不高。对 ^{57}Fe 来说，由式(30.30)和式(30.31)可得

$$v = \frac{\Delta E_N}{E_\gamma} \times c = 1.6 \times 10^{-13} \times 3 \times 10^8 = 5 \times 10^{-5} \text{(m/s)} = 0.05 \text{(mm/s)}$$

这个速度是相当小的。

γ 光子的能量反映核的能级的分布。尽管核的能级受其外的环境影响甚小，但由于穆斯堡尔实验的精确度很高，还是可以测出这种影响的。在图 30.16 的实验中，如果源和吸收体的有关核（如 ^{57}Fe）所处环境不同，则其穆斯堡尔吸收能谱不可能在 $v=0$ 处出现极小值，而是稍有位移。特别是在有的环境（如加外磁场）中核的原有一个能级分裂为几个能级时，

得到的**穆斯堡尔谱**就可能出现若干个极值。借助于这种能谱就可以对核的超精细结构加以研究。现在穆斯堡尔谱仪已是研究原子核结构,原子的化学键、价态等常用的工具了。由于铁元素是红血球的重要组成元素之一,所以穆斯堡尔效应也被应用到生物科学的研究中了。图 30.18 是在对西藏高原红细胞增多症患者的血红蛋白特异性研究中,用 ^{57}Co 源(^{57}Co 捕获电子后成为 ^{57}Fe γ 源)在 80 K 温度下对红细胞所做的穆斯堡尔谱。

爱因斯坦广义相对论曾预言,光受引力的作用会发生红移。由于地球的引力较弱,引起的**引力红移**就非常小,因此在地球上观察引力红移十分困难。但人们总想这样来验证广义相对论,所以当 1958 年穆斯堡尔实验结果一发表,世界上就有几个小组立即利用它极高的精确度来做引力红移实验。1960 年庞德(R. V. Pound)和瑞布卡(G. A. Rebka)果然取得了成功。他们在哈佛大学的塔楼内高差为 22.6 m 的上下两层内分别安置了振动的源和固定的吸收体(图 30.19)。上面的源是 ^{57}Co(它吸收电子后变为 ^{57}Fe 的 γ 射线源),下面的吸收体为含有 ^{57}Fe 的铍膜,该膜紧贴在 NaI 和光电管组成的探测器上面。上下连通的直管内通以 He 气以减弱空气对 γ 射线的吸收。实验原理如下。

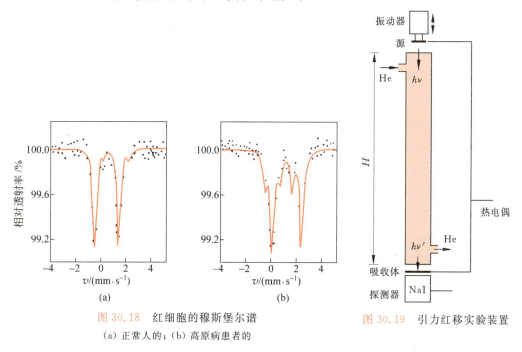

图 30.18　红细胞的穆斯堡尔谱
(a) 正常人的;(b) 高原病患者的

图 30.19　引力红移实验装置

以 m_γ 表示光子质量,则 $m_\gamma = h\nu/c^2$。光子下落高度 H 时,能量守恒给出

$$h\nu + m_\gamma g h = h\nu + \frac{h\nu}{c^2} gH = h\nu'$$

由此得

$$\Delta\nu = \nu' - \nu = \frac{gH}{c^2}\nu$$

而

$$\frac{\Delta\nu}{\nu} = \frac{gH}{c^2} = 1.09 \times 10^{-16} H$$

对 ^{57}Fe,$\dfrac{\Delta\nu}{\nu} = \dfrac{\Delta E}{E_\gamma} = 1.6 \times 10^{-13}$,和上式相比较,就要求

$$H = \frac{1.6 \times 10^{-13}}{1.09 \times 10^{-16}} = 1.5 \times 10^3 \text{(m)}$$

实际上谱线宽度测定可精确到 10^{-2}，因此 H 有 15 m 就应该能够观察到确定的引力红移量了。实验中的高度 H 是 22.6 m，满足了这个要求。他们得到的结果 $(\Delta\nu)_{\text{exp}}$ 和理论结果 $(\Delta\nu)_{\text{th}}$ 的比是

$$\frac{(\Delta\nu)_{\text{exp}}}{(\Delta\nu)_{\text{th}}} = 1.05 \pm 0.10$$

这就很好地证实了广义相对论关于引力红移的结论。

可以附带指出的是，温度对 $\Delta\nu$ 也有影响，源和吸收体的温度差略大一些就可能淹没掉引力红移效应。庞德和瑞布卡能把源和吸收体的温差控制在 0.03 K 内，这也是他们先于其他小组实验成功的原因之一。

30.8 β 衰变

早先 β 衰变只是指核放出电子（β^-）的衰变，现在把所有涉及电子和正电子（β^+）的核转变过程都叫做 β 衰变。实际的例子有

$$^{60}\text{Co} \longrightarrow {}^{60}\text{Ni} + \beta^- + \bar{\nu}_e \tag{30.32a}$$

$$^{22}\text{Na} \longrightarrow {}^{22}\text{Ne} + \beta^+ + \nu_e \tag{30.32b}$$

$$^{22}\text{Na} + \beta^- \longrightarrow {}^{22}\text{Ne} + \nu_e \tag{30.32c}$$

由于核中并没有单个的电子或正电子，所以上述衰变实际上是核中的中子和质子相互变换的结果。上面三个衰变分别对应于下述变换：

$$\text{n} \longrightarrow \text{p} + \beta^- + \bar{\nu}_e \tag{30.33a}$$

$$\text{p} \longrightarrow \text{n} + \beta^+ + \nu_e \tag{30.33b}$$

$$\text{p} + \beta^- \longrightarrow \text{n} + \nu_e \tag{30.33c}$$

式(30.33a)是不稳定核中的中子衰变，不同的核的中子衰变的半衰期不同。自由中子也发生这种形式的衰变，半衰期约为 12 min。式(30.33b)是质子的衰变。由于 $m_p < m_n$，所以自由质子从能量上说不可能发生衰变。但是，在不稳定核内，质子可以获得能量进行这种 β^+ 衰变[①]。

式(30.33c)的反应称做**电子捕获**（EC）。在这种反应中，核捕获一个核外电子（常是 K 壳层的电子）。所以能被核捕获，是因为这电子在核内也有一定的（虽然是很小的）概率出现。核捕获一电子后，壳层内就出现了一个空穴。因此 EC 经常伴随有 X 光发射。一般来讲，能发生 β^+ 衰变的核也可能发生 EC 衰变。这种核进行两种衰变的概率不同。例如，^{107}Cd 样品，0.31% 为 β^+ 衰变，99.69% 为 EC 衰变。

一个核能进行 β^- 衰变，也可能发生 EC 衰变，如图 30.20 所示的 ^{226}Ac 的衰变。

另一种涉及电子的过程叫**内转换**。在这种过程中，一个处于激发态的核跃迁到低能态时把能量传给了一个核外电子。这个核外电子接受此较大的能量后即时从原子中高速飞

[①] 目前关于粒子的"大统一理论"预言质子也能进行 β^+ 衰变，但其半衰期约为 $10^{30} \sim 10^{33}$ a（目前宇宙学关于宇宙从诞生到现在的年龄不过 10^{10} a），实验上确定的质子的半衰期的下限是 10^{31} a。现在还在有的废弃深矿井中用成千吨水做着质子衰变的实验。

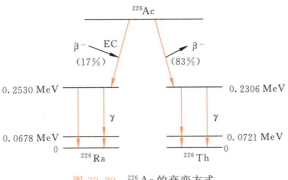

图 30.20　^{226}Ac 的衰变方式

出,好像是 β^- 射线一样。

例 30.6

　　核衰变时放出的能量称为该过程的 Q 值。用衰变前质量和衰变后质量表示一个核的 β^+ 衰变和 EC 过程的 Q 值。

　　解　m_X 和 m_Y 分别表示反应前后的原子的质量,二者的原子序数分别为 Z 和 $Z-1$,则 β^+ 衰变可表示为

$$^A_Z X \longrightarrow ^A_{Z-1} X + \beta^+ + \nu_e$$

由于 ν_e 的质量可忽略,所以此衰变的 Q 值为

$$Q_{\beta^+} = (m_X - Zm_e)c^2 - [m_Y - (Z-1)m_e]c^2 - m_e c^2 = m_X c^2 - m_Y c^2 - 2m_e c^2$$

由此结果可知,从能量上看,只有当起始原子的质量比后来原子的质量多两倍电子的质量时,β^+ 衰变才可能发生。

　　EC 衰变可表示为

$$^A_Z X + \beta^- \longrightarrow ^A_{Z-1} Y + \nu_e$$

而 Q 值为

$$Q = m_e c^2 + (m_X - Zm_e)c^2 - [m_Y - (Z-1)m_e]c^2 = m_X c^2 - m_Y c^2$$

由此结果可知,只要起始原子的质量比后来原子的质量大,就能够发生 EC 衰变。与上一 β^+ 衰变比较可知,有些可能发生 EC 衰变的核并不能发生 β^+ 衰变。

　　引起 β 衰变的核内相互作用是"弱"相互作用。在形成原子或核时,强相互作用和电磁相互作用扮演着主要的角色,弱相互作用不参与这种过程。弱相互作用的媒介粒子是 $W^\pm$ 和 Z^0 粒子,只在像式(30.32)、式(30.33)那样的过程中起作用,而且经常放出或吸收中微子。

　　β 衰变所放出的电子的能谱是连续曲线(图 30.21),不像 α 能谱那样(图 30.12)是线状谱。但 β 能谱有一最大能量,在图 30.21 中这一最大能量是 1.16 MeV。

　　β 能谱的连续性在历史上曾导致中微子概念的提出。β 衰变引起的质量亏损是确定的,所放出的能量就是一定的。如果这能量只在放出的电子和子核之间分配,则由于子核质量比电子质量大得多而几乎得不到能量,衰变能量就应该全归电子而为一确定值。但实际上 β 衰变发出的电子能量却能在最大值以内取连续值。这一能量不守恒现象曾在 20 世纪 20

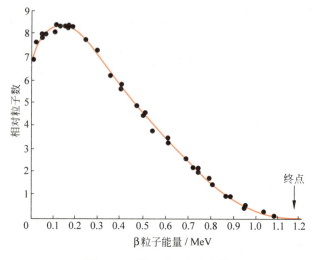

图 30.21　^{210}Bi 的 β 射线能谱

年代给理论物理学家很大的困惑,以致有人因而怀疑能量守恒定律的普遍性。1931 年泡利(即提出不相容原理的那位科学家)提出一种解释:β 衰变时发出了另一种未检测到的粒子带走了那"被消灭"的能量(后来费米把这种粒子定名为**中微子**)。当时并无任何其他证据证明此种粒子的存在,泡利的解释完全出自他对守恒定律的坚信不疑。直接的证据终于在 1953 年出现了。当年瑞恩斯(F. Reines)和考安(C. L. Cowan)把含有大量氢的靶放入一反应堆内预计很强的反中微子流中,以期观察到下述反应的发生:

$$\bar{\nu}_e + p \longrightarrow n + \beta^+ \tag{30.34}$$

他们果然检测到了与此反应相符的中子和正电子。

中微子有三种:ν_e, ν_μ 和 ν_τ,各有它们的反粒子,分别和电子、μ 子和 τ 子同时出现。所有中微子都不带电而具有自旋 1/2,它们的质量原来说是零。但根据后来的有些实验显示它们的质量可能不是零,但很小,如大约 20 eV/c^2。由于中微子的质量和宇宙中暗物质的质量有密切关系,所以目前中微子的质量仍是世界上许多实验室所十分关心的课题。

应该提及的是,吴健雄利用在 0.01 K 的温度下 ^{60}Co 在强磁场中的 β 衰变验证了李政道和杨振宁提出的弱相互作用宇称不守恒的规律。在此实验之前,泡利听到李、杨的提议后,也曾本着他对守恒定律的信念加以反驳。只是在见到吴健雄的实验报告后才承认了错误,而且庆幸自己不曾为此打赌。信念是可贵的,但毕竟,实践是检验真理的唯一标准。

最后,关于 β 衰变还应该指出的是,它和 α 衰变一样,也常伴随着 γ 射线的产生。这种情况同样说明子核往往处在激发态,图 30.20 的 ^{226}Ac 的衰变就是一个例子,下面再举一个例子。

例 30.7

考虑图 30.22 所示的 ^{14}O 的 β^+ 衰变。它可能经过两步,伴随有 γ 射线,如

$$^{14}O \longrightarrow {^{14}N^*} + \beta^+ + \nu$$

和

$$^{14}N^* \longrightarrow {^{14}N} + \gamma$$

也可能只经过一步

$$^{14}\text{O} \longrightarrow {}^{14}\text{N} + \beta^+ + \nu$$

而不发射 γ 射线。第一种方式的 β^+ 粒子的最大能量是 1.84 MeV，γ 光子的能量是 2.30 MeV。第二种方式的 β^+ 粒子的最大能量是 4.1 MeV。这三个能量值有何关系？它们和此 β^+ 衰变的质量亏损有何关系？给定原子质量 $m_\text{O} = 14.008\,595$ u，$m_\text{N} = 14.003\,074$ u。

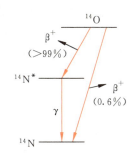

图 30.22　^{14}O 的 β^+ 衰变

解　第一种方式从 ^{14}O 到 $^{14}\text{N}^*$ 再到 ^{14}N 基态所放出的总能量为 $1.84 + 2.30 = 4.14\,(\text{MeV})$。由于第二种方式和第一种方式的反应物的初末态都一样，所以也应该释放这么多能量。实验值 4.1 MeV 和这个论断是相符的。

至于此 β^+ 衰变的质量亏损，由例 30.6 可知
$$\Delta m = m_\text{O} - m_\text{N} - Zm_e = (14.008\,595 - 14.003\,074) \times 935 - 2 \times 0.511$$
$$= 4.16\,(\text{MeV}/c^2)$$

这一结果也和释放能量的实验值 4.14 MeV 相符。以上计算都忽略了核的反冲效应，也没有计入中微子的质量。

30.9　核反应

核反应指的是核的改变，衰变就是一种核反应。但它更多地是指一个入射的高能粒子轰击一靶核时引起的变化，下面举几个例子。

1919 年卢瑟福第一次用 α 粒子轰击氮核实现的人工核嬗变
$$^4\text{He} + {}^{14}\text{N} \longrightarrow {}^{17}\text{O} + \text{p} - 1.19\,\text{MeV}$$
此反应式也常简写成 $^{14}\text{N}(\alpha,\text{p})^{17}\text{O}$。

1932 年查德威克发现中子的核反应
$$^4\text{He} + {}^9\text{Be} \longrightarrow {}^{12}\text{C} + \text{n} + 5.7\,\text{MeV}$$
此反应式也常简写成 $^9\text{Be}(\alpha,\text{n})^{12}\text{C}$。

第一次用加速粒子引发的核反应
$$\text{p} + {}^7\text{Li} \longrightarrow {}^8\text{B} \longrightarrow 2\,{}^4\text{He} + 8.03\,\text{MeV}$$

一种可能的铀核裂变反应
$$^{235}\text{U} + \text{n} \longrightarrow {}^{144}\text{Ba} + {}^{89}\text{Kr} + 2\text{n} + 200\,\text{MeV}$$

氢弹爆炸的热核反应
$$^2\text{H} + {}^3\text{H} \longrightarrow {}^4\text{He} + \text{n} + 17.6\,\text{MeV}$$

太阳中进行的热核反应（**质子-质子链**）
$$^1\text{H} + {}^1\text{H} \longrightarrow {}^2\text{H} + \text{e}^+ + \nu_e + 1.44\,\text{MeV}$$
$$^1\text{H} + {}^2\text{He} \longrightarrow {}^3\text{He} + \gamma + 5.49\,\text{MeV}$$
$$^3\text{He} + {}^3\text{He} \longrightarrow {}^4\text{He} + 2\,{}^1\text{H} + 12.85\,\text{MeV}$$

其总效果是
$$4\,{}^1\text{H} \longrightarrow {}^4\text{He} + 2\text{e}^+ + 2\nu_e + 2\gamma + 26.71\,\text{MeV}$$

在核反应中，粒子的转变和产生都要遵守一些守恒定律，如质能守恒、电荷守恒、角动量

守恒、重子数守恒、轻子数守恒、宇称守恒等。[①]

在表示核反应的概率时,常用到**反应截面**这一概念。一种核反应的反应截面 σ 是单位时间内一个靶粒子的反应次数和入射粒子流强 I(单位时间内通过单位面积的入射粒子数)的比值,即

$$\sigma = \frac{R}{NI} \tag{30.35}$$

式中 R 是反应速率,即单位时间内的反应次数,N 是入射粒子流中的靶核数。由于 R 和 I 的量纲分别是 T^{-1} 和 $L^{-2}T^{-1}$ 而 N 无量纲,所以 σ 的量纲就是面积的量纲 L^2。由于反应截面是反应发生的概率的表示,所以如果入射粒子是经典粒子,而且每个粒子飞向一个核的瞄准距离小于该核的半径,就一定会发生碰撞而引发反应。这种情况下,该反应的反应截面就应当等于该核的几何截面面积。因此,为了方便,就定义了一个反应截面的单位**靶恩**,符号为 b,

$$1\ b = 10^{-28}\ m^2$$

由于入射粒子实际上是量子粒子,它的波函数覆盖面积较大,因而即使经典瞄准距离大于核半径也能引发反应,但每次引发的概率可能小于100%,所以实际的反应截面可能大于也可能小于核的几何截面面积。例如 ^{113}Cd 捕获慢中子的反应截面约为 55 000 b,差不多是 ^{113}Cd 核的几何截面的 10^4 倍。正是由于这样大的反应截面,镉就成了控制反应堆反应速率的上好材料。把镉做的控制棒插入反应堆内,堆内中子流量和裂变速率就会减小。

例 30.8

下述反应

$$^{60}\text{Ni}(\alpha, n)^{63}\text{Zn}$$

对于能量为 18 MeV 的 α 粒子的反应截面是 0.7 b。此反应在回旋加速器中进行,靶为厚 2.5 μm 的 Ni 箔。Ni 的密度是 8.8 g/cm³,其中 ^{60}Ni 的天然丰度为26.2%,入射束电流是 8 μA。求反应速率。

解 入射 α 粒子流强为

$$I = \frac{8 \times 10^{-6}}{2 \times 1.6 \times 10^{-19} S} = \frac{2.5 \times 10^{13}}{S}\ (m^2 \cdot s)^{-1}$$

式中 $S(m^2)$ 为入射束流的横截面积。在该束流内的 Ni 原子的数目为

$$N' = 6.02 \times 10^{23} \times \frac{2.5 \times 10^{-6} \times S \times 8.8 \times 10^3}{58.7 \times 10^3} = 2.26 \times 10^{23} S$$

在束流中 ^{60}Ni 核的数目为

$$N = 0.262 N' = 5.92 \times 10^{22} S$$

式(30.35)给出反应速率为

$$R = \sigma N I = 0.7 \times 10^{-28} \times 5.92 \times 10^{22} S \times 2.5 \times 10^{13} = 1.04 \times 10^8 (s^{-1})$$

对于各种核反应,除关注核的种类的变化外,还要特别注意能量的转化情况。核反应的

[①] 在这些守恒定律中,有些是"绝对的",适用于任意物理过程如质能守恒;有些则是"近似的",只在某些过程中成立,如宇称守恒。

Q 值,即核反应释放的能量也可通过质量亏损算出。对于如下的典型核反应
$$X(x,y)Y \tag{30.36}$$
它的 Q 值为
$$Q = (m_X + m_x - m_y - m_Y)c^2 \tag{30.37}$$
对不同的核反应,Q 可正可负。$Q>0$ 的称做**放能反应**,$Q<0$ 的称做**吸能反应**。

下面考虑一下吸能反应。设想入射粒子的动能为 $E_{k,x}$,靶粒子 X 在实验室中静止。应注意的是要引发一吸能反应,入射粒子的动能等于该反应的 Q 值(绝对值)是不够的。这是因为入射粒子和静止的靶粒子的质心动能在反应时是不会改变因而不能被利用于核转变的。引发核反应的资用能必须大于 $|Q|$。一般来讲,上述核反应总要经过入射粒子和靶粒子结合为一体的中间阶段,然后再分解成后来的粒子。分析从最初到两者结合为一体这一过程可以求得入射粒子和靶粒子在它们的质心系中的动能之和为

$$E_{av} = \frac{m_X}{m_x + m_X} E_{k,x}$$

这也就是该吸热反应所可能利用的资用能,此资用能大于 $|Q|$ 时才能引发该吸热反应。因此入射粒子的动能至少应等于

$$E_{th} = \frac{m_x + m_X}{m_X} |Q| = \left(1 + \frac{m_x}{m_X}\right)|Q| \tag{30.38}$$

这一引发吸能核反应所需的入射粒子的最小能量叫该反应的**阈能**。

例 30.9

计算下述核反应的阈能:
$$^{13}C(n,\alpha)^{10}Be$$
给定原子质量 $m_C = 13.003\ 355$ u,$m_{Be} = 10.013\ 534$ u。

解 由质量亏损计算 Q 值为
$$Q = (13.003\ 355 + 1.008\ 665 - 4.002\ 603 - 10.013\ 534)$$
$$\times 931.5 = -3.835 (\text{MeV})$$
负号表示该反应为吸能反应。由式(30.38)可得在实验室中此核反应的阈能为
$$E_{th} = \left(1 + \frac{m_n}{m_C}\right)|Q| = \left(1 + \frac{1}{13}\right) \times 3.835 = 4.13 (\text{MeV})$$

以上是在 $|Q|$ 值相对较小的情况下用经典力学计算的结果,近代高能加速器给出的入射粒子的能量可达 GeV 甚至 TeV 量级。这样入射粒子和靶核的质心动能就很大,因而资用能只占入射粒子能量的很小一部分。用相对论动量能量关系可求得式(30.36)的核反应的资用能为[①]

$$E_{av} = \sqrt{2m_X c^2 E_{k,x} + [(m_x + m_X)c^2]^2}$$

正是由于用高能粒子去轰击静止的靶核时能量利用率很低,所以现代高能加速器都采用了对撞机的结构。在这种加速器中质量相同的高能粒子对撞时的全部能量都可用来引发核反应。

---

① 请参看《大学物理学》(第三版)《力学、电磁学》分册第 6 章例 6.13 和习题 6.20,习题 6.21。

提要

1. 核的一般性质

核由中子和质子组成。中子数 N、质子数 Z 和质量数 A 的关系为 $A=Z+N$。

核的半径：$R=r_0 A^{1/3}$，$r_0=1.2$ fm

核的自旋：自旋量子数 I。核自旋角动量在 z 方向的投影 $I_z = m_I \hbar$，$m_I = \pm I$，$\pm(I-1)$，$\cdots$，$\pm\frac{1}{2}$ 或 0。

核的磁矩在 z 方向的投影为

$$\mu_z = g\mu_N m_I$$

核磁子：$\mu_N = \dfrac{e\hbar}{2m_p} = 5.06\times10^{-27}$ J/T

质子、中子都有磁矩，$\mu_z = g\mu_N m_I$，$m_I = \pm 1/2$。

2. 核力：大而短程，与电荷无关，和核子的自旋取向有关，是一种多体力，不服从叠加原理。核力实际上是核子内部的夸克之间的色相互作用的残余力。

3. 核的结合能：等于使一个核的各核子完全分开所需要做的功。可由中子和质子组成核时的质量亏损乘以 c^2 算出。大多数核的核子的平均结合能约为 8 MeV/c^2。

4. 核的液滴模型：韦塞克关于结合能的半经验公式为

$$E_b = a_1 A - a_2 A^{2/3} - \frac{a_3 Z^2}{A^{1/3}} - a_4 \frac{(A-2Z)^2}{A} + a_5 A^{-1/2}$$

5. 放射性和衰变规律

$$N(t) = N_0 e^{-\lambda t} = N_0 e^{-t/\tau}$$

其中，λ 为衰变常量，τ 为平均寿命。

半衰期：$t_{1/2} = 0.693\tau$

活度：$A(t) = -dN/dt = \lambda N_0 e^{-\lambda t} = \lambda N = A_0 e^{-\lambda t}$

活度常用单位：1 Ci $=3.70\times 10^{10}$ Bq

6. α衰变：α衰变是α粒子势垒穿透过程。逸出的α粒子能量越大，半衰期越短。

α衰变常伴随γ射线的发射。

*7. 穆斯堡尔效应：是无反冲γ射线共振效应。γ源运动时，吸收体对所发γ射线的共振吸收谱叫穆斯堡尔谱。该谱能给出与源同种的核的环境信息从而在许多方面得到应用。

8. β衰变：包括正、负电子衰变和电子捕获，都是核内质子和中子的相互变换的结果。

β衰变也常伴随γ射线的发射。

9. 核反应：常指入射粒子进入靶核引起变化的过程。

反应截面：单位时间内一个靶粒子的反应次数和入射粒子流强的比值，即

$$\sigma = R/NI$$

量纲是面积量纲，常用单位：1 b $=10^{-28}$ m^2。

Q 值：核反应释放的能量。$Q>0$ 的是放能反应，$Q<0$ 的是吸能反应。

能引发吸能反应的入射粒子的最小能量称为该反应的阈能 E_{th}，$E_{th}>|Q|$。

思考题

30.1　为什么说核好像是 A 个小硬球挤在一起形成的？

30.2　为什么各种核的密度都大致相等？

30.3　为什么核子由强相互作用决定的结合能和核子数成正比？

30.4　怎么理解核力是一种残余力？

30.5　假定质子的正电荷均匀分布在核内，试根据带电球体的静电能公式校核韦塞克半经验公式的电力项并求出系数 a_2 的值。

30.6　完成下列核衰变方程：

$$^{238}U \longrightarrow {}^{234}Th + ?$$
$$^{90}Sr \longrightarrow {}^{90}Y + ?$$
$$^{29}Cu \longrightarrow {}^{29}Ni + ?$$
$$^{29}Cu + ? \longrightarrow {}^{29}Zn$$

30.7　放射性 ^{235}U 系的起始放射核是 ^{235}U，最终核为 ^{207}Pb。从 ^{235}U 到 ^{207}Pb 共经过了几次 α 衰变？几次 β 衰变（所有 β 衰变都是 $β^-$ 衰变）？

*30.8　为什么单核 γ 源不可能进行 γ 射线共振吸收？穆斯堡尔怎么做到 γ 射线共振吸收的？

30.9　为什么粒子束引起核反应的反应截面可能大于或小于靶核的几何截面面积？

30.10　为什么实现吸能核反应的阈能大于该反应的 Q 值的大小？利用对撞机为什么能大大提高引发核反应的能量利用率？

习题

30.1　一个能量为 6 MeV 的 α 粒子和静止的金核（^{197}Au）发生正碰，它能到达离金核的最近距离是多少？如果是氮核（^{14}N）呢？都可以忽略靶核的反冲吗？此 α 粒子可以到达氮核的核力范围之内吗？

30.2　^{16}N，^{16}O 和 ^{16}F 原子的质量分别是 16.006 099 u，15.994 915 u 和 16.011 465 u。试计算这些原子的核的结合能。

30.3　将核中质子当费米气体处理，试求原子序数为 Z 和质量数为 A 的核内的质子的费米能量和每个质子的平均能量。对 ^{56}Fe 核和 ^{238}U 核求这些能量的数值（以 MeV 为单位）。

30.4　有下列三对"镜像核"（Z，N 互换）：

$$^{11}C \text{ 和 } ^{11}B, \quad ^{15}O \text{ 和 } ^{15}N, \quad ^{21}Na \text{ 和 } ^{21}Ne$$

它们各对中两核的静电能差分别是 2.79 MeV，3.48 MeV 和 4.30 MeV。试由此计算各对核的半径。半径是否与 $A^{1/3}$ 成正比？比例常量是多少？

30.5　有些核可以看成是由几个 α 粒子这种"原子"组成的"分子"。例如，^{12}C 可看成是由 3 个 α 粒子在一个三角形 3 顶点配置而成，而 ^{16}O 可看成是 4 个 α 粒子在一个四面体的 4 顶点配置而成。试通过计算证明用这种模型计算 ^{12}C 和 ^{16}O 的结合能和用质量亏损计算的结合能是相符的，设每对 α 粒子的结合能为 2.42 MeV 并且计入每个 α 粒子本身的结合能，给定一些原子的质量为

$$^{1}H: 1.007\,825 \text{ u} \qquad ^{4}He: 4.002\,603 \text{ u}$$
$$^{16}O: 15.994\,915 \text{ u} \qquad ^{12}C: 12.000\,000 \text{ u}$$

30.6　假设一个 ^{232}Th 核分裂成相等的两块。试用结合能的半经验公式计算此反应所释放的能量。

30.7 假设两个 Z,A 核聚合成一个 $2Z,2A$ 的核。试根据结合能的半经验公式写出反应所释放的能量的表示式并计算两个 ^{12}C 核聚合时所释放能量的数值。

30.8 一种放射性衰变的平均寿命为 τ。这种放射性物质的寿命对平均寿命的方均根偏差是多少？最概然寿命多长？

30.9 天然钾中放射性同位素 ^{40}K 的丰度为 1.2×10^{-4}，此种同位素的半衰期为 1.3×10^9 a。钾是活细胞的必要成分，约占人体重量的 0.37%。求每个人体内这种放射源的活度。

30.10 计算 10 kg 铀矿(U_3O_8)中 ^{226}Ra 和 ^{231}Pa 的含量。已知天然铀中 ^{238}U 的丰度为 99.27%，^{235}U 的丰度为 0.72%；^{226}Ra 的半衰期为 1600 a，^{231}Pa 的半衰期为 3.27×10^4 a。

30.11 一个病人服用 30 μCi 的放射性碘 ^{123}I 后 24 h，测得其甲状腺部位的活度为 4 μCi。已知 ^{123}I 的半衰期为 13.1 h。求在这 24 h 内多大比例的被服用的 ^{123}I 集聚在甲状腺部位了（一般正常人此比例约为 15% 到 40%）。

30.12 向一人静脉注射含有放射性 ^{24}Na 而活度为 300 kBq 的食盐水。10 h 后他的血液每 cm^3 的活度是 30 Bq。求此人全身血液的总体积，已知 ^{24}Na 的半衰期为 14.97 h。

30.13 一年龄待测的古木片在纯氧氛围中燃烧后收集了 0.3 mol 的 CO_2。这样品由于 ^{14}C 衰变而产生的总活度测得为每分钟 9 次计数。试由此确定占木片的年龄。

30.14 一块岩石样品中含有 0.3 g 的 ^{238}U 和 0.12 g 的 ^{206}Pb。假设这些铅全来自 ^{238}U 的衰变，试求这块岩石的地质年龄。

30.15 ^{226}Ra 放射的 α 粒子的动能为 4.7825 MeV，求子核的反冲能量。此 α 衰变放出的总能量是多少？

30.16 不同衰变方式释放的能量可用来确定子核的质量差。^{64}Cu 可通过 β 衰变产生 ^{64}Zn，也可通过 $β^+$ 衰变产生 ^{64}Ni。两种衰变的 Q 值分别为 0.57 MeV 和 0.66 MeV。试由这些数据求 ^{64}Zn 核和 ^{64}Ni 核的质量差，以 u 表示。

30.17 由于 ^{60}Co 的 β 衰变（半衰期为 5.27 a）总伴随着其子核的 γ 射线发射，所以 ^{60}Co 常被用于放射疗法。^{60}Co 可以通过用反应堆中的热中子照射 ^{59}Co 而得到。反应式是

$$^{59}\text{Co} + n \longrightarrow {}^{60}\text{Co} + \gamma$$

此反应的截面是 120 b。一个边长为 2 cm 的正立方钴块（天然钴中 ^{59}Co 的丰度为 100%）放入中子通量为 2×10^{12} $cm^{-2}\cdot s^{-1}$ 的中子射线中，求 6 h 后从中取出时钴块的活度。已知钴块密度为 8.858 g/cm^3。

30.18 Cd 有 8 种稳定同位素，有的对热中子有大的吸收截面。如果 Cd 的平均吸收截面是 4000 b，要吸收入射热中子通量的 95%，需要多厚的 Cd 片？已知 Cd 的摩尔质量为 112.4 g/mol，密度是 8.64 g/cm^3。

30.19 计算下列反应的 Q 值并指出何者吸热，何者放热：

$$^{13}\text{C}(p,\alpha)^{10}\text{B}, \quad ^{13}\text{C}(p,d)^{12}\text{C}, \quad ^{13}\text{C}(p,\gamma)^{14}\text{N}$$

给定一些原子的质量为

^{13}C：13.003 355 u $\qquad$ ^{1}H：1.007 825 u

^{4}He：4.002 603 u $\qquad$ ^{10}B：10.012 937 u

^{2}H：2.014 102 u $\qquad$ ^{14}N：14.003 074 u

30.20 计算反应 $^{13}\text{C}(p,\alpha)^{10}\text{B}$ 的阈能。注意，入射质子必须具有足够大的能量以便进入靶核 ^{13}C 的半径以内（原子质量数据见习题 30.19）。

30.21 目前太阳内含有约 1.5×10^{30} kg 的氢，而其辐射总功率为 3.9×10^{26} W。按此功率辐射下去，经多长时间太阳内的氢就要烧光了？

30.22 在温度比太阳高的恒星内氢的燃烧据信是通过**碳循环**进行的，其分过程如下：

$$^1\text{H} + {}^{12}\text{C} \longrightarrow {}^{13}\text{N} + \gamma$$

$$^{13}\text{N} \longrightarrow {}^{13}\text{C} + e^+ + \nu_e$$

$$^1\text{H} + {}^{13}\text{C} \longrightarrow {}^{14}\text{N} + \gamma$$

$$^1\text{H} + {}^{14}\text{N} \longrightarrow {}^{15}\text{O} + \gamma$$
$$^{15}\text{O} \longrightarrow {}^{15}\text{N} + e^+ + \nu_e$$
$$^1\text{H} + {}^{15}\text{N} \longrightarrow {}^{12}\text{C} + {}^4\text{He}$$

(1) 说明此循环并不消耗碳,其总效果和质子-质子循环一样。

(2) 计算此循环中每一反应或衰变所释放的能量。

(3) 释放的总能量是多少?

给定一些原子的质量为

^{1}H：1.007 825 u $\qquad$ ^{13}N：13.005 738 u

^{14}N：14.003 074 u $\qquad$ ^{15}N：15.000 109 u

^{13}C：13.003 355 u $\qquad$ ^{15}O：15.003 065 u

元素周期表

原子序数 ← 19 K → 元素符号
钾 → 元素名称
注＊的是人造元素
原子量 ← 39.0983

周期\族	$\mathrm{I_A}$	$\mathrm{II_A}$	$\mathrm{III_B}$	$\mathrm{IV_B}$	$\mathrm{V_B}$	$\mathrm{VI_B}$	$\mathrm{VII_B}$	VIII			$\mathrm{I_B}$	$\mathrm{II_B}$	$\mathrm{III_A}$	$\mathrm{IV_A}$	$\mathrm{V_A}$	$\mathrm{VI_A}$	$\mathrm{VII_A}$	0	电子层	0族电子数
1	1 H 氢 1.00794(7)																	2 He 氦 4.002602(2)	K	2
2	3 Li 锂 6.941(2)	4 Be 铍 9.012182(3)											5 B 硼 10.811(7)	6 C 碳 12.0107(8)	7 N 氮 14.0067(2)	8 O 氧 15.9994(3)	9 F 氟 18.9984032(5)	10 Ne 氖 20.1797(6)	L K	8 2
3	11 Na 钠 22.989770(2)	12 Mg 镁 24.3050(6)											13 Al 铝 26.981538(2)	14 Si 硅 28.0855(3)	15 P 磷 30.973761(2)	16 S 硫 32.065(5)	17 Cl 氯 35.453(2)	18 Ar 氩 39.948(1)	M L K	8 8 2
4	19 K 钾 39.0983(1)	20 Ca 钙 40.078(4)	21 Sc 钪 44.955910(8)	22 Ti 钛 47.867(1)	23 V 钒 50.9415(1)	24 Cr 铬 51.9961(6)	25 Mn 锰 54.938049(9)	26 Fe 铁 55.845(2)	27 Co 钴 58.933200(9)	28 Ni 镍 58.6934(2)	29 Cu 铜 63.546(3)	30 Zn 锌 65.39(2)	31 Ga 镓 69.723(1)	32 Ge 锗 72.64(1)	33 As 砷 74.92160(2)	34 Se 硒 78.96(3)	35 Br 溴 79.904(1)	36 Kr 氪 83.80(1)	N M L K	8 18 8 2
5	37 Rb 铷 85.4678(3)	38 Sr 锶 87.62(1)	39 Y 钇 88.90585(2)	40 Zr 锆 91.224(2)	41 Nb 铌 92.90638(2)	42 Mo 钼 95.94(1)	43 Tc 锝 (97.99)	44 Ru 钌 101.07(2)	45 Rh 铑 102.90550(2)	46 Pd 钯 106.42(1)	47 Ag 银 107.8682(2)	48 Cd 镉 112.411(8)	49 In 铟 114.818(3)	50 Sn 锡 118.710(7)	51 Sb 锑 121.760(1)	52 Te 碲 127.60(3)	53 I 碘 126.90447(3)	54 Xe 氙 131.293(6)	O N M L K	8 18 18 8 2
6	55 Cs 铯 132.90545(2)	56 Ba 钡 137.327(7)	57—71 La-Lu 镧系	72 Hf 铪 178.49(2)	73 Ta 钽 180.9479(1)	74 W 钨 183.84(1)	75 Re 铼 186.207(1)	76 Os 锇 190.23(3)	77 Ir 铱 192.217(3)	78 Pt 铂 195.078(2)	79 Au 金 196.96655(2)	80 Hg 汞 200.59(2)	81 Tl 铊 204.3833(2)	82 Pb 铅 207.2(1)	83 Bi 铋 208.98038(2)	84 Po 钋 (209,210)	85 At 砹 (210)	86 Rn 氡 (222)	P O N M L K	8 18 32 18 8 2
7	87 Fr 钫 (223)	88 Ra 镭 (226)	89—103 Ac-Lr 锕系	104 Rf 𬬻＊ (261)	105 Db 𬭊＊ (262)	106 Sg 𬭳＊ (263)	107 Bh 𬭛＊ (264)	108 Hs 𬭶＊ (265)	109 Mt 鿏＊ (268)	110 Ds 𫟼＊ (269)	111 Uuu ＊ (272)	112 Uub ＊ (277)								

镧系	57 La 镧 138.9055(2)	58 Ce 铈 140.116(1)	59 Pr 镨 140.90765(2)	60 Nd 钕 144.24(3)	61 Pm 钷＊ (147)	62 Sm 钐 150.36(3)	63 Eu 铕 151.964(1)	64 Gd 钆 157.25(3)	65 Tb 铽 158.92534(2)	66 Dy 镝 162.50(3)	67 Ho 钬 164.93032(2)	68 Er 铒 167.259(3)	69 Tm 铥 168.93421(2)	70 Yb 镱 173.04(3)	71 Lu 镥 174.967(1)
锕系	89 Ac 锕 (227)	90 Th 钍 232.0381(1)	91 Pa 镤 231.03588(2)	92 U 铀 238.02891(3)	93 Np 镎 (237)	94 Pu 钚 (239,244)	95 Am 镅＊ (243)	96 Cm 锔＊ (247)	97 Bk 锫＊ (247)	98 Cf 锎＊ (251)	99 Es 锿＊ (252)	100 Fm 镄＊ (257)	101 Md 钔＊ (258)	102 No 锘＊ (259)	103 Lr 铹＊ (260)

注：1. 原子量录自 1999 年国际原子量表，以 $^{12}C=12$ 为基准。原子量的末位数的准确度加注在其后括号内。
2. 括号内数据是天然放射性元素较重要的同位素的质量数或人造元素半衰期最长的同位素的质量数。

数值表

物理常量表

名 称	符号	计算用值	2006 最佳值[①]
真空中的光速	c	3.00×10^8 m/s	2.997 924 58(精确)
普朗克常量	h	6.63×10^{-34} J·s	6.626 068 96(33)
	$\hbar$	$=h/2\pi$	
		$=1.05\times 10^{-34}$ J·s	1.054 571 628(53)
玻耳兹曼常量	k	1.38×10^{-23} J/K	1.380 6504(24)
真空磁导率	μ_0	$4\pi\times 10^{-7}$ N/A²	(精确)
		$=1.26\times 10^{-6}$ N/A²	1.256 637 061…
真空介电常量	ε_0	$=1/\mu_0 c^2$	(精确)
		$=8.85\times 10^{-12}$ F/m	8.854 187 817
引力常量	G	6.67×10^{-11} N·m²/kg²	6.674 28(67)
阿伏伽德罗常量	N_A	6.02×10^{23} mol⁻¹	6.022 141 79(30)
元电荷	e	1.60×10^{-19} C	1.602 176 487(40)
电子静质量	m_e	9.11×10^{-31} kg	9.109 382 15(45)
		5.49×10^{-4} u	5.485 799 0943(23)
		0.5110 MeV/c^2	0.510 998 910(13)
质子静质量	m_p	1.67×10^{-27} kg	1.672 621 637(83)
		1.0073 u	1.007 276 466 77(10)
		938.3 MeV/c^2	938.272 013(23)
中子静质量	m_n	1.67×10^{-27} kg	1.674 927 211(84)
		1.0087 u	1.008 664 915 97(43)
		939.6 MeV/c^2	939.565 346(23)
α粒子静质量	m_α	4.0026 u	4.001 506 179 127(62)
玻尔磁子	μ_B	9.27×10^{-24} J/T	9.274 009 15(23)
电子磁矩	μ_e	-9.28×10^{-24} J/T	−9.284 763 77(23)
核磁子	μ_N	5.05×10^{-27} J/T	5.050 783 24(13)
质子磁矩	μ_p	1.41×10^{-26} J/T	1.410 606 662(37)
中子磁矩	μ_n	-0.966×10^{-26} J/T	−0.966 236 41(23)
里德伯常量	R	1.10×10^7 m⁻¹	1.097 373 156 8527(73)
玻尔半径	a_0	5.29×10^{-11} m	5.291 772 0859(36)
经典电子半径	r_e	2.82×10^{-15} m	2.817 940 2894(58)
电子康普顿波长	$\lambda_{C,e}$	2.43×10^{-12} m	2.426 310 2175(33)
斯特藩-玻耳兹曼常量	σ	5.67×10^{-8} W·m⁻²·K⁻⁴	5.670 400(40)

[①] 所列最佳值摘自《2006 CODATA INTERNATIONALLY RECOMMEDED VALUES OF THE FUNDAMENTAL PHYSICAL CONSTANTS》(www.physics.nist.gov)。

一些天体数据

名　称	计算用值
我们的银河系	
质量	10^{42} kg
半径	10^5 l. y.
恒星数	1.6×10^{11}
太阳	
质量	1.99×10^{30} kg
半径	6.96×10^8 m
平均密度	1.41×10^3 kg/m^3
表面重力加速度	274 m/s^2
自转周期	25 d(赤道), 37 d(靠近极地)
对银河系中心的公转周期	2.5×10^8 a
总辐射功率	4×10^{26} W
地球	
质量	5.98×10^{24} kg
赤道半径	6.378×10^6 m
极半径	6.357×10^6 m
平均密度	5.52×10^3 kg/m^3
表面重力加速度	9.81 m/s^2
自转周期	1 恒星日 $=8.616\times10^4$ s
对自转轴的转动惯量	8.05×10^{37} kg·m^2
到太阳的平均距离	1.50×10^{11} m
公转周期	1 a $=3.16\times10^7$ s
公转速率	29.8 m/s
月球	
质量	7.35×10^{22} kg
半径	1.74×10^6 m
平均密度	3.34×10^3 kg/m^3
表面重力加速度	1.62 m/s^2
自转周期	27.3 d
到地球的平均距离	3.82×10^8 m
绕地球运行周期	1 恒星月 $=27.3$ d

几个换算关系

名　称	符号	计算用值	1998 最佳值
1[标准]大气压	atm	1 atm $=1.013\times10^5$ Pa	$1.013\ 250\times10^5$
1 埃	Å	1 Å $=1\times10^{-10}$ m	(精确)
1 光年	l. y.	1 l. y. $=9.46\times10^{15}$ m	
1 电子伏	eV	1 eV $=1.602\times10^{-19}$ J	$1.602\ 176\ 462(63)$
1 特[斯拉]	T	1 T $=1\times10^4$ G	(精确)
1 原子质量单位	u	1 u $=1.66\times10^{-27}$ kg $=931.5$ MeV/c^2	$1.660\ 538\ 73(13)$ $931.494\ 013(37)$
1 居里	Ci	1 Ci $=3.70\times10^{10}$ Bq	(精确)

习题答案

第 17 章

17.1 (1) 9.08×10^3 Pa; (2) 90.4 K,-182.8℃

17.2 47 min

17.3 2.8 atm

17.4 196 K,6.65×10^{19} m^{-3}

17.5 84℃

17.6 25 cm^{-3}

17.7 1.4×10^{-9} Pa

17.8 (3) 0.29 atm

17.11 5.8×10^{-8} m, 1.3×10^{-10} s

17.12 3.2×10^{17} m^{-3}, 10^{-2} m(分子间很难相互碰撞),分子与器壁的平均碰撞频率为 4.7×10^4 s^{-1}。

17.13 80 m, 0.13 s

17.14 (1) $\pi d^2/4$; (2) $4/(\pi d^2 n)$

17.15 (1) 6.00×10^{-21} J, 4.00×10^{-21} J, 10.00×10^{-21} J;
(2) 1.83×10^3 J; (3) 1.39 J

17.16 3.74×10^3 J/mol, 6.23×10^3 J/mol, 6.23×10^3 J/mol;
0.935×10^3 J, 3.12×10^3 J, 0.195×10^3 J

17.17 284 K

17.18 (1) $2/3v_0$; (2) $\frac{2}{3}$ N,$\frac{1}{3}$ N; (3) $11v_0/9$

17.19 0.95×10^7 m/s, 2.6×10^2 m/s, 1.6×10^{-4} m/s

17.20 对火星:5.0 km/s, $v_{\text{rms},CO_2}=0.368$ km/s, $v_{\text{rms},H_2}=1.73$ km/s
对木星:60 km/s, $v_{\text{rms},H_2}=1.27$ km/s

17.21 8.8×10^{-3} m/s

17.22 6.15×10^{23}/mol

17.23 $\varepsilon_{t,p}=kT/2$

17.25 (1) 2.00×10^{19}; (2) 3.31×10^{23} cm$^{-2}\cdot$s^{-1}; (3) 3.31×10^{23} cm$^{-2}\cdot$s^{-1};
(4) 1 atm

17.26 2.57×10^6 Pa,$p_{\text{in}}=5.69\times10^5$ Pa

*17.27 (2) 0.198 J$\cdot$m^3/mol^2,3.18×10^{-5} m^3/mol

*17.28 (1) 2.65×10^{-7} m; (2) 1.78×10^{-10} m

17.29 1.7 Pa

第 18 章

18.1 (1) 600 K，600 K，300 K； (2) 2.81×10^3 J

18.2 (1) 424 J； (2) -486 J，放了热

18.3 (1) 2.08×10^3 J，2.08×10^3 J，0；
     (2) 2.91×10^3 J，2.08×10^3 J，0.83×10^3 J

18.4 319 K

18.5 (1) 41.3 mol； (2) 4.29×10^4 J； (3) 1.71×10^4 J； (4) 4.29×10^4 J

18.7 0.21 atm，193 K； 934 J，-934 J

18.8 (1) 5.28 atm，429 K； (2) 7.41×10^3 J，0.93×10^3 J，6.48×10^3 J

18.9 (1) 0.652 atm，317 K； (2) 1.90×10^3 J，-1.90×10^3 J；
     (3) 氮气体积由 20 L 变为 30 L，是非平衡过程，画不出过程曲线，从 30 L 变为 50 L 的过程曲线为绝热线。

18.10 1.42

18.12 29 m/s

*18.15 (1) 等压，等温，绝热，等体

18.16 (1) $p_B(0.04-V_B)^2=51V_B$； (2) 322 K，965 K； (3) 1.66×10^4 J

18.17 (2) 0.48

18.19 $1-\dfrac{T_1T_2}{T_1T_2+(T_2-T_1)T}$

18.21 (1) 6.7%； (2) 14 MW； (3) 6.5×10^2 t/h

18.22 1.05×10^4 J

18.23 0.39 kW

18.24 9.98×10^7 J， 2.99 倍

*18.25 (1) 7.10×10^5 J； (2) 9.33×10^5 J； (3) 2.23×10^5 J； (4) 3.18，3.71

第 19 章

19.1 1.30×10^3 J， 2.79×10^3 J， 23.5 J/K

19.2 268 J/K

19.3 3.4×10^3 J/K

19.4 30 J/(K·s)

19.5 70 J/(K·s)

19.6 3.8×10^6 J/K

19.7 (1) 184 J/K，增加； (2) 97 J/K

19.8 (1) -1.10×10^3 J/K， 0； (2) 1.10×10^3 J/K， 0.29×10^3 J/K

*19.9 (2) 等温过程 $A=1.69\times10^6$ J； $\Delta S=5.63\times10^3$ J/K
       等体过程 $A=0$，$\Delta S=-5.63\times10^3$ J/K
       绝热过程 $A=-1.30\times10^6$ J； $\Delta S=0$

循环过程 $A=3.9\times10^5$ J； $\Delta S=0$

*19.13 (1) 95 K； (2) 65 K； (3) 20 K

第 20 章

20.1 (1) $8\pi\text{s}^{-1}$, 0.25 s, 0.05 m, $\pi/3$, 1.26 m/s, 31.6 m/s^2；
 (2) $25\pi/3$, $49\pi/3$, $241\pi/3$

20.2 (1) π； (2) $-\pi/2$； (3) $\pi/3$

20.3 (1) 0, $\pi/3$, $\pi/2$, $2\pi/3$, $4\pi/3$； (2) $x=0.05\cos\left(\dfrac{5}{6}\pi t-\dfrac{\pi}{3}\right)$

20.4 (1) 4.2 s； (2) 4.5×10^{-2} m/s^2； (3) $x=0.02\cos\left(1.5t-\dfrac{\pi}{2}\right)$

20.5 (1) $x=0.02\cos(4\pi t+\pi/3)$； (2) $x=0.02\cos(4\pi t-2\pi/3)$

20.6 (1) $x_2=A\cos(\omega t+\varphi-\pi/2)$, $\Delta\varphi=-\pi/2$ (2) $\varphi=2\pi/3$,图从略

20.7 $2\pi/3$

20.8 (1) 0.25 m； (2) ±0.18 m； (3) 0.2 J

20.9 $m\dfrac{\text{d}^2x}{\text{d}t^2}=-kx$, $T=2\pi\sqrt{\dfrac{m}{k}}$； 总能量是 $\dfrac{1}{2}kA^2$

20.11 $2\pi\sqrt{m(k_1+k_2)/k_1k_2}$

20.13 31.8 Hz

*20.14 (1) $GM_E mr/R_E^3$, r 为球到地心的距离； (2),(3) $2\pi R_E\sqrt{R_E/GM_E}$

*20.15 (1) 0.031 m； (2) 2.2 Hz

20.16 0.90 s

20.17 0.77 s

20.20 $2\pi\sqrt{2R/g}$

20.21 (1) 1.1×10^{14} Hz； (2) 1.7×10^{-11} m

20.22 311 s, 2.2×10^{-3} s^{-1}, 712

20.24 $x=0.06\cos(2t+0.08)$

20.25 (1) 314 s^{-1}, 0.16 m, $\pi/2$, $x=0.16\cos\left(314t+\dfrac{\pi}{2}\right)$； (2) 12.5 ms

*20.26 长半轴 0.06 m, 短半轴 0.04 m, 0.1 s;右旋

20.27 1.8×10^4 Hz

第 21 章

21.1 6.9×10^{-4} Hz, 10.8 h

21.2 $y=0.05\sin(4.0t-5x+2.64)$ 或 $y=0.05\sin(4.0t+5x+1.64)$

21.3 (1) 0.50 m, 200 Hz, 100 m/s,沿 x 轴正向； (2) 25 m/s

21.4 3 km, 1.0 m

21.5 (1) $y=0.04\cos\left(0.4\pi t-5\pi x+\dfrac{\pi}{2}\right)$； (2) 图从略

21.6 (1) $x = n - 8.4$, $n = 0, \pm 1, \pm 2, \cdots$, -0.4 m, 4 s；(2) 图从略

21.7 (1) 0.12 m；(2) π

21.8 2.03×10^{11} N/m²

21.10 (1) 8×10^{-4} W/m²；(2) 1.2×10^{-6} W

21.12 x 轴正向沿 AB 方向，原点取在 A 点，静止的各点的位置为 $x = 15 - 2n$，$n = 0, \pm 1, \pm 2, \cdots, \pm 7$

21.13 (1) 0.01 m, 37.5 m/s；(2) 0.157 m；(3) -8.08 m/s

21.14 (1) $y_i = A\cos\left(2\pi\nu t - \dfrac{2\pi\nu}{u}x - \dfrac{\pi}{2}\right)$, $\left(0 \leqslant x \leqslant \dfrac{3}{4}\lambda = \dfrac{3u}{4\nu}\right)$；

(2) $y_r = A\cos\left(2\pi\nu t + \dfrac{2\pi\nu}{u}x - \dfrac{\pi}{2}\right)$, $\left(x \leqslant \dfrac{3}{4}\lambda = \dfrac{3u}{4\nu}\right)$ 波节在 P 点及距 P 点 $\lambda/2$ 处

21.15 1.44 MHz

21.16 0.316 W/m²，126 W/m²

21.17 7.3×10^3 km

21.18 10^{18} J，217 个

21.19 (1) 6.25 m/s；*(2) 0.94 m/s

21.20 415 Hz

21.21 0.30 Hz, 3.3 s；0.10 Hz, 10 s

21.22 9.4 m/s

21.23 1.66×10^3 Hz

21.24 超了

21.25 (1) 25.8°；(2) 13.6 s

21.26 1.46 m/s

21.27 (1) $y = 2A\cos(0.5x - 0.5t)\sin(4.5x - 9.5t)$；(2) 1 m/s；(3) 6.3 m

21.28 $2u$

21.29 $u = \sqrt{\omega_p^2 + c^2 k^2}/k$, $u_g = \dfrac{c^2 k}{\sqrt{\omega_p^2 + c^2 k^2}}$

21.30 1.2×10^8 m/s

第 22 章

22.1 5×10^6

22.2 545 nm，绿色

22.3 4.5×10^{-5} m

22.4 0.60 μm

22.5 $-39°, -7.2°, 22°, 61°$

22.6 23 Hz

22.8 5.7°

22.10 895 nm，0.8

22.11 23 cm，7.7×10^{-10} s

22.12 55 μm

22.13 6.6 μm

22.14 1.28 μm

22.15 反射加强 $\lambda=480$ nm；
透射加强 $\lambda_1=600$ nm，$\lambda_2=400$ nm

22.16 70 nm

22.17 643 nm

22.18 0.111 μm，590 nm（黄色）

22.19 $(99.6+199.3k)$nm，$k=0,1,2,\cdots$，最薄 99.6 nm

22.20 590 nm

22.21 $2(n-1)h$

22.22 534.9 nm

22.23 1.000 29

第 23 章

23.1 5.46 mm

23.2 7.26 μm

23.3 428.6 nm

23.4 47°

23.5 (1) 1.9×10^{-4} rad；(2) 4.4×10^{-3} mm；(3) 2.3 个

23.6 1.6×10^{-4} rad，7.1 km

23.7 13 μm

23.8 8.9 km

23.9 (1) 3×10^{-7} rad；(2) 2 m

23.10 1.6×10^{-4} rad

23.11 $10^{-3}{''}$（[角]秒）

23.12 1.0 cm

23.13 (1) 2.4 mm；(2) 2.4 cm；(3) 9

23.14 $\arcsin(\pm 0.1768k)$，$k=0,1,\cdots,5$；
0°，±10°11′，±20°42′，±32°2′，±45°，±62°7′

23.15 570 nm，43.2°

23.16 2×10^{-6} m，6.7×10^{-7} m

23.17 3646

23.18 极大，3.85′，12.4°

23.19 6.93 μm

23.20 有，0.130 nm，0.097 nm

23.21 0.165 nm

第 24 章

24.1 $2.25I_1$

24.2 (1) 54°44′；(2) 35°16′

*24.3 $\frac{1}{2}I_0\cos^2\theta/(\cos^2\theta+\sin^2\theta\cos^2\varphi)$

24.5 $48°26',41°34'$,互余

24.6 $35°16'$

24.7 1.60

24.8 $36°56'$

24.9 $48°$

24.11 (2) $I_i/2,I_i/2,3I_i/16$

24.12 931 nm,光轴平行于晶片表面

24.13 线偏振光,偏振方向与入射光的垂直

24.14 透射光的偏振方向在入射面内,在胶合面处全反射的光的偏振方向垂直于入射面

24.15 $49.9°/$mm

第 25 章

25.1 1.9 m/s

25.2 2.8 m

25.3 $2.42,5.17\times10^{14}$ Hz,240 nm,1.24×10^8 m/s

25.5 $41.1°,61.0°$

25.6 4.26%

25.8 (1) 镜前 37.5 cm 处放大到 1.5 倍的倒立实像;

(2) 镜后 30 cm 处放大到 3 倍的正立虚像。

25.9 凹镜,$f=2.5$ cm

25.10 用眼睛水平向平面镜看去,在镜前看到小玉佛的正立的放大到 2 倍的实像(参看答图 25.1)。

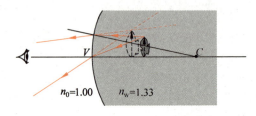

答图 25.1 习题 25.10 答案用图

25.11 (1) 0.743 cm;

(2) 0.691 cm

25.12 像在玻璃缸内距壁 8.58 cm 处,放大到 1.14 倍,是虚像(见答图 25.2)。

25.13 紫光焦点离透镜更近,0.036 mm

25.14 (3) 红光:$59.41°,42.06°$;

紫光:$58.89°,40.78°$

25.15 (1) 像距 60 cm,倒,实,放大率 1/2;(2) 80 cm,倒,实,1;

(3) 120 cm,倒,实,2;(4) -40 cm,正,虚,2

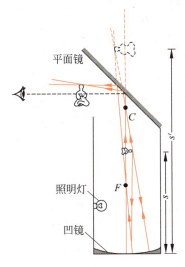

答图 25.2　习题 25.12 答案用图

25.16　(2) 两次的像一大一小,放大率互为倒数。

25.17　凸透镜后 20.8 cm 处,倒放,578 倍

25.18　在第二凸透镜外侧 5.7 cm 处,实像,倒立,高度为 2.3 cm

25.20　195,1344

25.21　-9 m,凸镜,目镜(凸透镜)放在物镜(凹镜)后 4.20 m 处。角放大率为 160,最小分辨角 $1.2\times10^{-3}(″)$。

第 26 章

26.1　292 W/m²

26.2　5.8×10^3 K,　6.4×10^7 W/m²

26.3　91℃

26.4　(2) 279 K,　45 K

26.5　2.6×10^7 m

26.6　(1) 1.76×10^{11} Hz；　(2) 2.36×10^9 W

26.11　(1) 2.0 eV；　(2) 2.0 V；　(3) 296 nm

26.12　2.5×10^3 m^{-3}

26.13　85 s

*26.14　2.9 eV

26.15　0.10 MeV

26.16　62 eV

*26.18　6.9×10^4 eV,　0.1×10^4 eV

26.19　3.32×10^{-24} kg·m/s,　3.32×10^{-24} kg·m/s;
　　　　5.12×10^5 eV,　6.19×10^3 eV

26.20　0.146 nm

26.21　6.1×10^{-12} m

26.24 0.5×10^{-13} m/s, 9.6 d, 是

26.25 1.2 nm, 不

26.26 5.2×10^{-15} m, 能

26.27 5.7×10^{-17} m, 能

26.28 45.5 eV

26.29 (1) 7.29×10^{-21} kg·m/s, 2.48×10^{4} eV;
     (2) 13.2 MeV

第 27 章

27.1 5.4×10^{-37} J, 5.5×10^{-37} J, 0.11×10^{-37} J

27.2 (1) 1.0×10^{-40} J; (2) 7.8×10^{9}, 1.6×10^{-30} J

27.4 0.091

*27.5 $a/2$, $a^2\left(\dfrac{1}{3}-\dfrac{1}{2\pi^2 n^2}\right)$

27.7 $\pi^2\hbar^2 n^2/ma^3$

27.11 $\left(n+\dfrac{1}{2}\right)\times 0.54$ eV, 0.54 eV, 2.30×10^{3} nm

第 28 章

28.1 91.4 nm, 122 nm

28.2 95.2 nm, 4.17 m/s

28.5 $me^4/2\pi(4\pi\varepsilon_0)^2\hbar^3 c$, 1.11×10^{7} m^{-1}

28.6 5.3×10^{-11} m, 1.25×10^{15} Hz

28.7 (1) $n^2\hbar^2/GMm^2$; (2) 2.54×10^{74}; (3) 1.18×10^{-63} m

28.8 (1) 分别从 $n=6$ 和 5 跃迁到 $n=2$ 时发出的光形成的谱线, 1.0009;
    (2) 2.9×10^{5} m/s

28.9 8 MHz

*28.10 4.8×10^{9} Hz

*28.12 $3a_0/2$

*28.13 -27.2 eV, 13.6 eV, 2.18×10^{6} m/s

28.15 65.9°, 144.7°

28.16 (1) 1.1×10^{10} Hz, 0.54 pm; (2) 0.39 T

28.17 54.7°, 125.3°, 1.1×10^{-23} J

*28.18 (1) $\pm 1.4\times10^{-20}$ N; (2) 0.21 mm

28.19 68.1 MHz, 4.41 m

28.21 B($1s^2 2s^2 2p^1$), Ar($1s^2 2s^2 2p^6 3s^2 3p^6$)
     Cu($1s^2 2s^2 2p^6 3s^2 3p^6 3d^{10} 4s^1$)
     Br($1s^2 2s^2 2p^6 3s^2 3p^6 3d^{10} 4s^2 4p^5$)

*28.22 6.6×10^{-34} J·s

习题答案 463

*28.23　12.4 kV

*28.24　0.062 nm，0.124 nm，0.248 nm

*28.25　(1) 393 eV；(2) N

*28.26　0.80×10^{-10} m

28.27　(1) 0.117 eV；(2) 1.07%；(3) -1.37×10^5 K

28.28　6

28.29　(1) 0.36 mm；(2) 12.5 GW；(3) 5.2×10^{17}

28.30　2.0×10^{16} s^{-1}

28.31　(1) 7.07×10^5 W/m^2；(2) 7.33 μm；(3) 2.49×10^{10} W/m^2

*28.32　0.12 nm

*28.33　34 eV，无贡献

*28.34　1.85×10^3 N/m

第 29 章

29.1　5.50 eV，1.39×10^6 m/s，6.38×10^4 K，0.524 nm

29.2　$3n E_F/5$，$3 E_F/5$

*29.3　$3v_F/4$，$\sqrt{3/5}\, v_F$

29.4　19 MeV，6.0×10^7 m/s

*29.5　1.8×10^3 K

*29.6　(1) 1.70 eV；(2) 0.900 K

29.7　(1) 3.8×10^{-14} s；(2) 4.09 nm；(3) 53 nm；(4) 0.26 nm

*29.8　0.24，0.76

29.9　(1) 4.9×10^{-93}；(2) 226 nm

29.10　(1) $1/5 \times 10^6$；(2) 0.22 μg

29.11　27.6 μm

29.12　513 nm，可见光；4.14 μm，红外线

29.13　654 nm

29.14　不透明

第 30 章

30.1　3.8×10^{-14} m，4.32×10^{-15} m；N 核不可，否

30.2　118.0 MeV，127.7 MeV，111.5 MeV

30.3　$53(Z/A)^{2/3}$ MeV，$32(Z/A)^{2/3}$ MeV；32，19 和 28，17 MeV

30.4　3.41 fm，3.72 fm，4.22 fm；1.5 fm

30.5　127.7 MeV，92.2 MeV

30.6　169 MeV

30.7　$\left(-0.8345\dfrac{Z^2}{A^{1/3}}+7.3458A^{2/3}\right)$ MeV，25.4 MeV

30.8　τ，0

30.9　8.1 kBq

30.10　2.87 mg，2.71 mg

30.11　48%

30.12　6.29 L

30.13　1.5×10^4 a

30.14　2.45×10^9 a

30.15　0.0862 MeV，4.8707 MeV

30.16　9.7×10^{-5} u

30.17　0.42 Ci

30.18　51 μm

30.19　−4.06 MeV（吸），−2.72 MeV（吸），7.55 MeV（放）

30.20　6.7 MeV

30.21　7.2×10^{10} a

30.22　(2) 1.944，1.198，7.551，7.297，1.732，4.966 MeV；
　　　(3) 24.69 MeV

诺贝尔物理学奖获得者名录

年 份	获 得 者	发现,发明,实验或理论创新
1901	Wilhelm Konrad Rontgen	X射线(1895)
1902	Hendrik Antoon Lorentz	磁场对辐射的影响
	Pieter Zeeman	
1903	Antoine Henri Becquerel	天然放射性(1896)
	Pierre Curie	放射现象
	Marie Sklowdowska Curie	
1904	John William Strutt	氩气和气体密度
	Lord Rayleigh	
1905	Phillip Eduard Anton von Lenard	阴极射线(1899)
1906	Joseph John Thomson	气体电导(1897)
1907	Albert Abraham Michelson	精密光学仪器及其用于计量学(1880)
1908	Gabriel Lippmann	基于干涉的彩色照片(1891)
1909	Guglielmo Marconi	电报
	Karl Ferdinand Braun	
1910	Johannes Diderik van der Waals	气体和液体的状态方程(1881)
1911	Wilhelm Wien	热辐射定律(1893)
1912	Nils Gustaf Dalen	灯塔用的自动气体调节器
1913	Heike Kamerlingh Onnes	低温和氦的液化(1908)
1914	Max Theodor Felix von Laue	晶体的X射线衍射(1912)
1915	William Henry Bragg	用X射线作晶体结构分析
	William Lawrence Bragg	
1917	Charles Glover Barkla	元素的特征X射线(1906)
1918	Max Planck	能量子(1900)
1919	Johannes Stark	电场致谱线分裂(1913)
1920	Charles Edouard Guillaume	殷钢及其低膨胀系数导致精密测量
1921	Albert Einstein	光电效应的解释(1905)

诺贝尔物理学奖获得者名录

续表

年 份	获 得 者	发现,发明,实验或理论创新
1922	Niels Henrik David Bohr	原子模型及其发光(1913)
1923	Robert Andrews Milliken	电子电量测定(1911),光电效应实验研究(1914)
1924	Karl Manne Georg Siegbahn	X 射线谱
1925	James Frank, Gustav Hertz	电子-原子碰撞实验
1926	Jean Baptiste Perrin	物质结构的不连续性和原子大小的测量
1927	Arthur Holly Compton	康普顿效应(1922)
	Charles Thomson Rees Wilson	云室(1906)
1928	Owen Willans Richardson	热电子发射(1911)
1929	Prince Louis Victor de Broglie	电子的波动性(1923)
1930	Sir Chandrasekhara Venkata Raman	原子或分子对光的散射(1928)
1932	Werner Heisenberg	量子力学(1925)
1933	Erwin Schrodinger	波动力学(1925)
	Paul Adrien Maurice Dirac	相对论量子力学(1927)
1935	James Chadwick	中子
1936	Victor Franz Hess	宇宙线
	Carl David Anderson	正电子
1937	Clinton Joseph Davisson George Paget Thomson	晶体的电子衍射证实德布罗意假设(1927)
1938	Enrico Fermi	中子照射产生超铀放射性元素和慢中子引起核反应(1934—1937年)
1939	Ernest Orlando Lawrence	回旋加速器(1932)
1943	Otto Stern	分子束(1923)和质子磁矩(1933)
1944	Isidor Issac Rabi	原子束内的核磁共振
1945	Wolfgang Pauli	泡利不相容原理(1924)
1946	Percy Williams Bridgman	高压物理
1947	Sir Edward Victor Appleton	电离层及其中 Appleton 层
1948	Patrik Maynard Stuart Blackett	利用云室研究核物理和宇射线
1949	Hideki Yukawa	核力和介子(1935)
1950	Cecil Frank Powell	乳胶,新介子
1951	Sir John Douglas Cockcroft Ernest Thomas Sinton Walton	加速器中的核嬗变(1932)
1952	Felix Bloch Edward Mills Purcell	液体和气体中的核磁共振(1946)
1953	Frits Zernike	相衬显微镜
1954	Max Born	波函数的统计解释(1926)
	Walther Bothe	符合方法(1930—1931年)
1955	Willis Eugene Lamb	氢光谱的兰姆移位(1947)
	Polykarp Kusch	电子磁矩(1947)

续表

年份	获得者	发现,发明,实验或理论创新
1956	William Bradford Skockley John Bardeen Walter Houser Brattain	半导体,三极管(1956)
1957	杨振宁(Chen Ning Yang) 李政道(Tsing Dao Lee)	弱作用中宇称不守恒(1956)
1958	Pavel Alekseyevich Cherenkov Ilya Mikhaylovich Frank Igor Yevgenyevich Tamm	切连科夫辐射(1935) 切连科夫辐射的解释(1937)
1959	Emilio Gino Segre Owen Chamberlain	反质子(1955)
1960	Donald Arthur Glaser	汽泡室(1952)
1961	Robert Hofstadter Rudolf Ludwig Mossbauer	核子的结构 无反冲γ射线发射(1957)
1962	Lev Davidovich Landau	液氦和凝聚态物质
1963	Eugene Paul Wigner Maria Goeppert Mayer J. Hans D. Jensen	应用对称原理研究核和粒子 核的壳模型(1947)
1964	Charles Hard Townes Nikolay Gennadiyevich Basov Alexander Mikhazlovich Prokhorov	微波激射器(1951—1952年)和激光
1965	Sin-itiro Tomonaga Julian S. Schwinger Richard Pillips Feynman	量子电动力学(1948)
1966	Alfred Kastler	研究原子能级的光学方法
1967	Hans Albrecht Bethe	恒星能量的产生(1939)
1968	Luis Walter Alvarez	粒子的共振态
1969	Murray Gell-Mann	粒子的分类和相互作用(1963)
1970	Hannes Olof Gosta Alfven Louis Eugene Felix Neel	磁流体动力学及应用于等粒子体物理 反铁电体和铁电体(1930)
1971	Dennis Gabor	全息照相(1947)
1972	John Bardeen,Leon Neil Cooper John Robert Schrieffer	超导理论(1957)
1973	Leo Esaki Ivar Giaever Brian David Josephson	半导体隧穿 超导体隧穿 约瑟夫森效应(1962)
1974	Anthony Hewish Sir Martin Ryle	中子星 无线天文干涉测量学

诺贝尔物理学奖获得者名录

续表

年份	获得者	发现,发明,实验或理论创新
1975	Aage Bohr,Ben Mottelson	非对称形核
	Leo James Rainwater	
1976	Burton Richer	J/Ψ 粒子
	丁肇中(Samuel Chao Chung Ting)	
1977	Phillip Warren Anderson	磁性无序系统的电子结构
	Sir nevill Francis Mott	
	John Hasbrouck Van Vleck	
1978	Pyotr Leonidovich Kapitsa	低温,液氦
	Arno Allan Penzias	宇宙微波背景辐射(1965)
	Robert Woodrow Wilson	
1979	Sheldon Lee Glashow	弱电统一
	Abdus Salam,Steven Weinberg	
1980	James Watson Cronin	CP 破坏(1964)
	Val L. Fitch	
1981	Nicolaas Bloembergen	激光光谱
	Arthur Leonard Schawlow	
	Kai M. Siegbahn	高分辨率电子能谱学
1982	Kenneth Geddes Wilson	分析临界现象的方法
1983	Subrahmanyan Chandrasekhar	恒星的结构和演化(1930)
	William A. Fowler	宇宙化学元素的形成
1984	Carlo Rubbia	W 和 Z 粒子(1982—1983年)
	Simon van der Meer	
1985	Klaus von Klitzing	量子霍尔效应(1980)
1986	Ernst August Friedrich Ruska	电子显微镜(1931)
	Gerd Binnig	扫描隧穿显微镜(1981)
	Heinrich Rohrer	
1987	Karl Alex Muller	高温超导(1986)
	Johnnes George Bednorz	
1988	Leon Max Lederman	中微子束方法和 μ 子中微子
	Melvin Schwarz,Jack Steinberger	
1989	Norman Foster Ramsey,Jr.	分离振荡场方法用于原子钟
	Hans Georg Dehmelt	离子捕陷技术
	Wilhelm Paul	
1990	Jerome I. Friedman	夸克(1967)
	Henry W. Kendall	
	Richard E. Taylor	
1991	Pierri-Gilles de Gennes	聚合物和液晶

续表

年份	获得者	发现,发明,实验或理论创新
1992	Georges Charpak	多丝正比室(1968)
1993	R. A. Hulse, J. H. Taylor	引力辐射(1975—1993年)
1994	Bertram Niville Brokhouse Clifford Glenwood Shull	中子散射技术
1995	Martin L. Perl Frederick Reines	τ子(1977) 中微子(1953)
1996	David M. Lee Douglas D. Osheroff Robert C. Ricardson	^{3}He
1997	朱棣文(Stephen Chu) Claude Cohen-Tannoudji William D. Phillips	激光冷却和捕陷原子
1998	R. B. Laughlin, H. L. Stormer 崔琦(D. C. Tsui)	分数量子霍尔效应(1982)
1999	Gerardus't Hooft Martinus J. G. Veltman	电弱相互作用的量子结构
2000	Zhores I. Alferov Herbert Kroemer Jack St. Clair Kilby	集成电路
2001	Eric A. Cornell Wolfgang Ketterle Carl E. Wieman	BE凝聚
2002	Raymond Davis Jr. Riccardo Giacconi Masatoshi Koshiba	中微子振荡实验
2003	Alexei A. Abrikosov Vitaly L. Ginzburg Anthony J. Leggett	超导,超流
2004	David J. Gross H. David Politzer Frank Wilczek	强相互作用渐近自由
2005	Roy J. Glauber John L. Hall, Theoder W. Hänsch	光相干的量子理论 光频梳技术
2006	John C. Mather, George E. Smoot	宇宙背景辐射
2007	A. Fort, P. Gruenberg	巨磁电阻效应

索引 INDEX

A

阿贝成像原理　Abbe principle of image formation　244
阿伏伽德罗常量　Avogadro number　8
爱因斯坦　Einstein, A.　308, 318, 372

B

巴比涅原理　Babinet principle　218
巴耳末系　Balmer series　352, 375
靶恩　barn(b)　446
半波带法　half-wave zone method　211
半波损失　half-wave loss　159, 194, 196
半导体　semiconductor　410
　N 型　N-type　411
　P 型　P-type　411
　本征　intrinsic　410
　杂质　impurity　410
半导体器件　semiconductor device　412
半导体三极管　semiconductor transistor　413
半衰期　half-life　433
傍轴光线　paraxial rays　279, 284
饱和电流　saturated current　306
饱和蒸气　saturated vapor　27
饱和蒸气压　saturated vapor pressure　27
本征频率　eigenfrequency　158
比热[容]　specific heat [capacity]　52
比热比　specific heat ratio　53
变换面　transformation plane　242
标准条件　standard condition　332
标准状态　standard state　7
波包　wave packet　170
波长　wavelength　143
波的叠加原理　superposition principle of wave　156
波的强度　intensity of wave　151
波的速度　velocity of wave　148
波的衍射　diffraction of wave　153
波动　wave　140
波动说　wave theory　206
波腹　[wave]loop　157
波函数　wave function　142, 319
波节　[wave]node　157
波粒二象性　wave-particle duality　309
波面　wave surface　145
波前　wave front　152
波数　wave number　144
波线　wave line　145
波形曲线　wave form curve　144
波阵面　wave front　152
玻尔半径　Bohr radius　351
玻尔磁子　Bohr magneton　361

玻尔频率条件　Bohr frequency condition　351
玻耳兹曼　Boltzmann,L.　43
玻耳兹曼常量　Boltzmann constant　8
玻耳兹曼分布律　Boltzmann distribution law　25
玻耳兹曼因子　Boltzmann factor　26
玻色-爱因斯坦分布　Bose Einstein (BE) distribution　404
玻色-爱因斯坦凝聚　Bose Einstein condensation　405
玻色子　boson　364,404

玻意耳定律　Boyle law　5
泊松公式　Poisson formula　57
薄透镜公式　thin-lens formula　287
不可分辨性　indistinguishability　364
不可逆过程　irreversible process　84
不可逆性　irreversibility　84
不确定关系　uncertainty relation　321
布儒斯特窗　Brewster window　386
布儒斯特角　Brewster angle　250

C

参考光　reference beam　237
残余色力　residual color force　427
长程力　long-range force　427
超声波　supersonic wave, ultrasound wave　162
衬比度　contrast　183
弛豫时间　relaxation time　49

冲击波　shock wave　168
磁矩　magnetic moment　358,361
磁致旋光　magnetic opticity　263
次极大　secondary maximum　215
次壳层　sub-shell　354
次声波　infrasonic wave　162

D

大爆炸　big bang　46
大气污染　atmospheric pollution　77
带状谱　band spectrum　383
戴维孙-革末实验　Davisson-Germer experiment　315
单缝衍射　single-slit diffraction　211,213
单价原子的能级　energy levels of monovalence atom　358
单热源热机　single heat source engine　86
单色光　monochromatic light　182,184
单原子探测　single atom detection　396
单轴晶体　uniaxial crystal　254
胆甾相　cholesteric phase　368
弹簧振子　spring oscillator　120
弹性模量　elastic modulus　147
弹性势能　elastic potential energy　147
弹性限度　elasticity limit　146
弹性形变　elastic deformation　146
导体　conductor　409
德布罗意波　de Broglie wave　315
德布罗意波长　de Broglie wavelength　315

德布罗意公式　de Broglie formula　315
等厚条纹　equal thickness fringes　195
等倾条纹　equal inclination fringes　198
等熵　isentropic　98
等体　isochore　49
等温热传导　equi-temperature heat conduction　93
等温线　isotherm　27,49
等压线　isobar　49
地壳　crust　163
地幔　mantle　163
地震波　seismic wave　162
第二定律　second law　82
第三定律　third law　4
第一定律　first law　46
电导率　conductivity　404
电子　electron　399
电子捕获　electron capture　442
电子磁矩　electron magnetic moment　364
电子导电　electron conductance　408
电子偶素　positronium　386
电子显微镜　electron microscope　320
电子云　electron cloud　354

电子自旋　electron spin　359
叠加原理　superposition principle　332,338
定态　stationary state　332
定态波函数　stationary state wave function　332
定体气体温度计　constant volume gas thermometer　4
动态平衡　dynamic equilibrium　2
读出　reading　221～223,253

对撞机　collider　447
多[数载流]子　majority carrier　410
多光束干涉　mutriple-beam interference　221
多光子吸收　multiphoton absorption　394
多普勒冷却　Doppler cooling　397
多普勒效应　Doppler effect　165,375
多体力　many-body force　426

—E—

二进制数码　binary number　228

二向色性　dichroism　257

—F—

发光二极管　light emmiting diode,LED　412
反冲　recoil　312,445
反对称波函数　antisymmetric wave funtion　365
反键轨函　antibonding　378
反氢原子　antihydrogen atom　368
反应截面　reaction cross-section　445
范德瓦尔斯方程　van der Waals equation　30
方解石　calcite　254
方均根　root-mean-square　15
方向性　directionality　82
放大　magnified　281,292
放大镜　magnifier　288
放大率　magnification　281,289
放能反应　exothermic reaction　447
放射系　radioactive series　433
放射性　radioactivity　432
放射性鉴年法　radioactive dating　435
非常光线　extraordinary light　253
非偏振光　nonpolarized (or unpolarized) light　245
菲涅耳　Augustin Fresnel　207
费恩曼图　Feynman diagram　323

费米-狄拉克分布　Fermi-Dirac (FD) distribution　404
费米能级　Fermi level　401
费米球　Fermi sphere　403
费米速度　Fermi velocity　401
费米温度　Fermi temperature　401
费米子　fermion　365,404
分贝　decibel　161
分辨本领　resolving power　215,227
分辨率　resolution　216
分波阵面法　method of dividing wave front　182
分振幅法　method of dividing amplitude　194
分子光谱　molecular spectrum　383
分子力　molecular force　27
分子振动能级　molecular vibration energy level　381
分子转动能级　molecular rotation energy level　381
丰度　abundance　49
封闭系统　closed system　111
夫琅禾费衍射　Fraunhofer diffraction　210
负晶体　negative crystal　255
傅里叶分析　Fourier analysis　132

—G—

g因子　g-factor　424
概率波　probabilty wave　317
概率幅　probabilty amplitude　317
概率流密度　probability flow density　357

概率密度　probability density　19,319
功热转换　work-heat conversion　82
共振　resonance　127
共振吸收　resonance absorption　375

孤立波　solitary wave　172
孤立子　soliton　172
固有角频率　natural angular frequency　120
固有周期　natural period　120
光程　optical path　192
光程差　optical path difference　188,191
光弹性　photoelasticity　260
光的二象性　duality of light　308
光的反射　reflection of light　277
光的干涉　interference of light　181
光的衍射　diffraction of light　209
光的折射　refraction of light　282
光电池　photoelectric cell　412
光电效应方程　photoelectric effect equation　308
光路图　ray diagram　280
光密介质　optically denser medium　187
光敏电阻　photosensitive resistance　409
光盘　optical disk　230
光谱　spectrum　225,353
　超精细结构　hyperfine structure　375
　精细结构　fine structure of　363
光谱辐射出射度　spectral radiant exitance　303
光谱辐射能密度　spectral radiation energy density　326
[光]谱线　spectral line　352
[光]谱线系　spectral series　352
光矢量　light vector　247
光疏介质　optically thinner medium　187
光学信息处理　optical information process-ing　241
光源　light source　186
光栅　grating　220
光栅常量　grating constant　221
光轴　optical axis　254,279
光子　photon　308
归一化条件　nomalizing condition　18,333,336
轨道　orbit　254
轨道磁矩　orbital magnetic moment　424
轨道角动量　orbital angular momentum　253
轨函　orbital　377
　成键　bonding　378
过饱和蒸气　supersaturated vapor　31
过程　process　48
过程的方向　direction of process　82
过程曲线　process curve　49
过热液体　superheated liquid　31

H

哈勃定律　Hubble law　48
哈勃太空望远镜　Hullle space telescope　216
海市蜃楼　mirage　296
核半径　nuclear radius　423
核磁共振　nuclear magnetic resonance, NMR　424
核磁矩　nuclear magnetic moment　424
核磁子　nuclear magneton　424
核的组成　nuclear composition　422
核反应　nuclear reaction　445
核聚变　nuclear fusion　430
核力　nuclear force　426
核裂变　nuclear fission　430,445
核模型　nuclear model　430,432
核自旋　nuclear spin　423
黑洞蒸发　blackhole evaporation　341
黑体　blackbody　304
黑体辐射　blackbody radiation　304
恒温气压公式　isothermal barometric formula　9
恒星　star　46
横波　transverse wave　141
红限波长　red-limit wavelength　307
红限频率　red-limit frequency　307
　引力红移　gravitational red shift　387,440
红移　red shift　47
宏观量子现象　macroscopic quantum phynomenon　398,405
虹　rainbow　298
候风地动仪　Houfeng seismograph　163
胡克定律　Hooke law　146
化学键　Chemical bond　376
　范德瓦尔斯　van der Waals　380
　共价　covalent　317
　金属　metallic　380
　离子　ionic　376

氢　hydrogen　380
环境　environment　76
回复力　restoring force　119

混频　frequency mixing　372
活度　activity　434

J

基极　base　413
基频　fundamental frequency　132
基频振动　fundamental vibration　132
基态　ground state　336,351
激发态　excited state　336
激光　laser　372,394
激光冷却　laser cooling　7
激光器　laser　372,394
　　氦氖　He-Ne　372
　　染料　dye　374
激光致冷和捕陷原子　laser cooling and atom trapping　396
级次　order　182
极限波长　limiting wavelength　352
集成电路　integrated circuit　414
几何光学　geometrical optics　276
价电子　valence electron　358
检偏器　analyzer　249
剪切　shear　147
简并态　degenerate state　355
简谐波　simple harmonic wave (SHW)　141
简谐运动　simple harmonic motion　117
简谐运动的合成　combination of simple harmonic motions　130
简谐运动的能量　energy of simple harmonic motion　124
简正模式　normal mode　158

焦点　focal point　279
焦耳　Joule,J.P　73
焦耳实验　Joule experiment　46
焦距　focal length　279
角膜　cornea　290
角频率　angular frequency　117
结电场　junction field　411
结合能　binding energy　424
睫状肌　ciliary muscle　291
截止波长　cutoff wavelength　369
截止电压　cutoff voltage　306
金属导电　metallic conductance　402
金属摩尔热容　mole heat capacity of metal　401
金属氧化物场效应管（MOSFET）　metal-oxide-semiconductor field effect transistor　413
晶体　crystal　253
晶相　smectic　368
径向概率密度　radial probability density　355
居里(Ci)　curie　434
绝对零度　absolute zero　6
绝对温标　absolute temperature scale　6
绝热过程　adiabatic process　56
绝热过程方程　adiabatic equation　57
绝热线　adiabat　57
绝热自由膨胀　adiabatic free expansion　59
绝缘体　insulator　408

K

卡诺　Carnot,S.　63
卡诺定理　Carnot theorem　93
卡诺循环　Carnot cycle　63
"卡特里娜"飓风　hurricane katrina　79
开[尔文](K)　Kelvin　5
开尔文说法　Kelvin statement　86

康普顿波长　Compton wavelength　312
康普顿散射　Compton scattering　311
康普顿效应　Compton effect　311
壳层　shell　355
可见光　visible light　181
可逆过程　irreversible process　92
可逆热机　reversible engine　93

克尔效应　Kerr effect　260
克劳修斯　Clausius，R.　86
克劳修斯不等式　Clausius inequality　96
空间滤波　spatial filtering　243
　　滤波器　filter　243
空间频率　spatial frequency　239
空间频谱　spatial frequency spectrum　240

空间相干性　spatial coherence　191
空气标准奥托循环　air standard Otto cycle　62
空穴　hole　410
空穴导电　hole conductance　410
库仑势垒　Coulumb potential barrier　341
夸克　quark　427

L

莱曼系　Lyman series　352
兰姆移位　Lamb shift　376
劳埃德镜　Lloyd mirror　187
劳厄实验　Laue experiment　232
崂山道士　Laoshan daoshi　342
类氢离子　hydrogen-like ion　351
棱镜　prism　293
离子　ion　376
李萨如图　Lissajous figures　137
里德伯常量　Rydberg constant　386
里氏地震级　Richter magnitude scale　149
理想气体　ideal gas　5
理想气体的压强　pressure of an ideal gas　11
理想气体状态方程　equation of state of ideal gas　8
粒子　particle　314
粒子的波动性　wave nature of particle　314
粒子数布居反转　population inversion　373
量子化　quantization　332,336
　　角动量　angular　327

空间　space　353
能量　energy　336
量子数　quantum number　336
　　轨道　orbital　353
量子数空间　quantum number space　400
量子态　quantum state　409
量子统计　quantum statistics　404
量子围栏　quantum corral　343
临界参量　critical parameter　27
临界等温线　critical isotherm　27
临界点　critical point　27
临界角　critical angle　156
临界密度　critical density　53
临界摩尔体积　critical molar volume　27
临界温度　critical temperature　27
临界压强　critical pressure　27
零点能　zero-point energy　323
漏　drain　413
录入　recording　220

M

马赫数　Mach number　178
马赫锥　Mach cone　168
马吕斯定律　Malus law　249
迈耶公式　Mayer formula　53
麦克斯韦-玻耳兹曼分布　Maxwell-Boltzmann（MB）distribution　406
麦克斯韦速率分布函数　Maxwell speed distribution function　19
麦克斯韦速率分布律　Maxwell speed distribution law　18
麦克斯韦速率分布曲线　Maxwell speed distribution curve　20
脉冲波　pulse wave　140
漫线系　diffuse seies　358
盲点　blind spot　290
明视距离　distinct distance　289
摩尔热容　molar heat capacity　52
摩尔体积　mole volume　27
磨镜者公式　lens-maker's formula　285
莫塞莱公式　Moseley formula　370
目镜　eyepiece　292
穆斯堡尔谱　Mossbauer spectrum　440

穆斯堡尔效应　Mossbauer effect　439

N

纳米科技　nano-technology　417
　　纳米车　nano-car　420
　　碳纳米管　carbon nanotube　418
内摩擦　internal friction　32
内转换　internal conversion　442
能带　energy band　408
能级　energy level　336
能级寿命　life-time of energy level　438
能量本征函数　energy eigenfunction　336
能量本征态　energy eigenstate　336
能量本征值　energy eigenvalue　336
能量均分定理　equipartition theorem　15
能量退降　degradation of energy　101
能量子　energy quantum　305
能量最低原理　principle of least energy　366
能源　energy source　76
逆循环　inverse cycle　65
牛顿环　Newton ring　196
扭摆磁铁　wiggler　391

P

PN 结　PN junction　411
帕邢系　Paschen series　352
拍　beat　130
拍频　beat frequency　130
泡利不相容原理　Pauli exclusion principle　364
碰撞截面　collision cross-section　10
偏振光　polarized light　248
偏振片　polaroid　249
偏振态　polarization state　247
漂移速度　drift velocity　403
频率　frequency　117
频谱　frequency spectrum　131
品质因数　quality factor　127
平动　translation　14
平衡热辐射　equilibrium heat radiation　304
平衡态　equilibrium state　3
平均碰撞频率　mean collision frequency　10
平均平动动能　average translational kinetic energy　17
平均寿命　mean lifetime　433
平均自由程　mean free path　10
平面镜　plane mirror　277
普朗克　M. Planck　90
普朗克[辐射]公式　Planck [radiation] formula　304
普朗克常量　Planck constant　305
普适气体常量　universal gas constant　8
谱线宽度　line width　324

Q

Q 值　Q-value　127, 443
气泡室　bubble chamber　31
气体动理论　kinetic theory of gases　3
气体温度计　gas theomometer　6
汽化　vaporization　30
汽化核　vaporization nucleus　30
汽化热　heat of vaporization　51
起偏器　polarizer　249
浅水波　shallow water wave　164
强力　strong force　426
切尔诺贝利　chernobyl　77
切连科夫辐射　Cherenkov radiation　168
氢原子能级图　energy level diagram of hydrogen atom　352

球面波 spherical wave 151
球面镜 spherical mirror 279
球面镜公式 spherical-mirror formula 280
驱动力 driving force 127

全反射 total reflection 156
全息照相 holograph 237
缺级 missing order 223
群速度 group velocity 170

R

热泵 heat pump 66
热传递 heat transformation 47
热功当量 mechanical equivalent of heat 46
热机 heat engine 63
热库 heat reservoir 53,63
热力学第二定律 second law of thermodynamics 82
热力学第零定律 zeroth law of thermodynamics 4
热力学第三定律 third law of thermodynamics 6
热力学第一定律 first law of thermodynamics 46
热力学概率 thermodynamic probability 88
热力学系统 thermodynamic system 3
热量 heat 47
热平衡 thermal equilibrium 5
热容 heat capacity 54
韧致辐射 bremsstrahlung 370
锐线系 sharp series 358
瑞利-金斯公式 Rayleigh-Jeans formula 304
瑞利判据 Rayleigh criterion 216
瑞利散射 Rayleigh scattering 312
人眼 human eye 290
弱相互作用 weak interaction 443

S

三相点温度 triple point 5
散光 astigmatism 291
散射 scattering 252
扫描隧穿显微镜 scanning tunneling microscope (STM) 38,342
色荷 color charge 427
色力 color force 427
色散关系 dispersion relation 179
色散介质 dispersion medium 169
沙尘暴 sand storm 80
熵 entropy 90
熵的可加性 additivity of entropy 96
熵增加原理 principle of entropy increase 90
少[数载流]子 minority carrier 410
深水波 deep water wave 164
声波 sound wave 160
声压(声强) sound pressure 160
施主 donor 410
石英 quartz 254
时间常量 time constant 125
实际气体等温线 isothermals of real gas 27
势阱 potential well 335,339
势垒 potential barrier 341
势垒穿透 barrier penetration 341
视角 visual angle 289
 视神经 optic nerve 290
 视网膜 retina 290
收集极 collector 413
艏波 bow wave 168
受激辐射 stimulated radiation 372
受主 acceptor 411
束缚态 bound state 335
衰变 decay 436
 α α-decay 436
 β β-decay 442
 γ γ-decay 437
衰变常量 decay constant 433
衰变定律 decay law 433

双缝干涉 double-slit interference 181
双镜 bimirror 186
双棱镜 biprism 203
双筒望远镜 binocular 294
双折射 birefringence 253
水波 water wave 164
水的三相点 triple point of water 5
水污染 water pollution 79

斯特藩-玻耳兹曼常量 Stefan-Boltzmann constant 305
斯特藩-玻耳兹曼定律 Stefan-Boltzmann law 305
速度共振 velocity resonance 127
速度空间 velocity space 403
速率分布函数 speed distribution function 18
隧道效应 tunneling effect 341

T

态密度 density of states 401
碳循环 carbon cycle 451
汤姆孙衍射实验 Thomson diffraction experiment 315
特征谱线 characteristic line 369
体积功 volume work 49
天然放射性 natural radioactivity 433
天然丰度 natural abundance 423
同位素 isotope 423

同相 in-phase 118
同相面 equi-phase surface 145
瞳孔 pupil 290
统计假设 statistical hypothesis 10, 84
统计平均值 statistical mean value 10
透镜 lens 283
退耦代 decoupling era 50
退行速度 recession velocity 387
托马斯·杨 Thomas Young 207

W

望远镜 telescope 293
微观状态 microscopic state 82
韦塞克半经验公式 Weizacker semiemperical formula 431
维恩公式 Wien formula 304
维恩位移律 Wien displacement law 306
位移共振 displacement resonance 128
温标 temperature scale 5
温度 temperature 3, 4, 15
温度计 thermometer 4

温室效应 green-house effect 73
无反冲共振吸收 recoilless resonant absorption 439
无规则运动 random motion 10
无序性 disorder 82
无阻尼自由振动 undamped free vibration 125
物光 object beam 235
物镜 objective 292
物理学大蟒 physics serpent 45
物质波 matter wave 315

X

X光导管 X-ray pipe 156
X射线 X-ray 370
X射线衍射 X-ray diffraction 231
X射线谱 X-ray spectrum 370
吸能反应 endothermic reaction 447

吸收 absorption 237
显微镜 microscope 292
线栅 wire fence 237
相长干涉 constructive interference 182
相干光 coherent light 185

相干间隔　coherent spacing　192
相干孔径　coherent aperture　192
相干时间　coherent time　189
相干条件　coherent conditions　185
相量图　phasor diagram　117
相速度　phase velocity　143,170,174
相位　phase　117
相消干涉　destructive interference　183
　向列相　hematic phase　368
相跃变　phase jump　159
消多普勒饱和分光仪　doppler-free saturation spectrometer　374
效率　efficiency　61

谐频　harmonic frequency　131
谐振分析　harmonic vibration analysis　131
谐振子　harmonic oscillator　343
行波　fravelling wave　140
旋光率　specific rotation　263
旋光现象　roto-optical phenomena　262
选择定则　selection rule　359
薛定谔方程　Schrodinger equation　331
　定态　stationary　332
　含时　time-dependent　332
寻常光线　ordinary light　253
循环　cycle　48,61,62
循环过程　cyclic process　61

—Y—

[液]氦Ⅱ　HeⅡ　405
压缩比　compression ratio　373
液化　liquification　327
逸出功　work function　308
g因子　g-factor　424
音调　pitch　231
音色　musical quelity　231
应变　strain　146
应力　stress　147
永动机　perpetual motion machine　86
右旋　right-handed　263
宇宙背景辐射　cosmic background radiation　51
阈能　threshold energy　447
原子实　atomic kernel　358
原子序数　atomic number　422
原子质量　atomic mass　428
原子质量单位　atomic mass unit　422
圆孔衍射　circular aperture diffraction　209,216
源　source　413
约恩孙电子衍射实验　Jonsson electron diffraction experiment　316
云室　cloud chamber　31

—Z—

杂质能级　impurity energy level　410
增透膜　transmission enhanced film　198
栅　gate　413
涨落　fluctuation　12
照相机　camera　288
折射定律　refraction law　155
折射率　refractive index　155
折射率　index of refraction　278
振动　vibration, oscillation　117
振动的强度　intensity of vibration　125

振幅　amplitude　117
振幅矢量　amplitude vector　118
震源　seismic origin　162
震中　epicenter　163
蒸汽　vapor　326
整流　rectification　412
正交性　orthogonality　347
正立　erect　277,289
正循环　positive cycle　63
质量亏损　mass defect　427

质量数	mass number 422	资用能	available energy 447
质子	proton 422	子核	daughter nucleus 433
质子磁矩	proton magnetic moment 424	自发辐射	spontaneous radiation 372
质子数	proton number 422	自聚焦	self-focusing 275
质子-质子链	proton-proton chain 445	自然光	natural light 245
致冷机	refrigerator 68	自然宽度	natural width 381
致冷系数	coefficient of performance 68	自旋	spin 359
致冷循环	refrigeration cycle 67	自旋磁矩	spin magnetic moment 361
中微子	neutrino 443	自旋轨道耦合	spin-orbit coupling 360
中子	neutron 442	自旋角动量	spin angular momentum 359
中子磁矩	neutron magnetic moment 453	自由电子	free electron 399
中子数	neutron number 422	自由电子激光	free electron laser 392
重力波	gravity wave 164	自由度	degree of freedom 17,18
周期	period 117	纵波	longitudinal wave 141
周期表	periodic table 452	走钢丝	tightrope walking 110
主极大	principal maximum 221	阻挡层	depletion zone 411
主平面	principal plane 255	阻尼	damping 125
主线系	principal series 358	阻尼系数	damping eoefficient 126
驻波	standing wave 157,338	阻尼振动	damped vibration 125
状态方程	equation of state 7	最概然	most probable 20
状态方程	equation of state of ideal gas 8	最小分辨角	angle of minimum resolution 216
准弹性力	quasi-elastic force 125	左旋	left-handed 263
准静态过程	quasi-static process 358		

为更好地服务于教学，本书配套提供智能化的数字教学平台——智学苑（www.izhixue.cn），**使用清华大学出版社教材的师生可以在全球领先的教学平台上顺利开展教学活动。**

为教师提供：

1. 通过学科知识点体系有机整合的碎片化的**多媒体教学资源**——教学内容创新；
2. 可划重点、做标注、跨终端无缝切换的**新一代电子教材**——深度学习模式；
3. 学生学习情况的**自动统计分析数据**——个性化教学；
4. 作业和习题的**自动组卷和自动评判**——减轻教学负担；
5. 课程、学科论坛上的**答疑讨论功能**——教学互动；
6. 群发通知、催交作业、调整作业时间、查看作业详情、发布学生答案等**课程管理功能**——SPOC 实践。

为学生提供：

1. 方便快捷的**课程复习功能**——及时巩固所学知识；
2. 个性化的**学习数据统计分析和激励机制**——精准的自我评估；
3. 智能题库和详细的**习题解答**——个性化学习的全过程在线辅导；
4. 收藏习题功能（**错题本**）、**在线笔记**和**划重点**等功能——高效的考前复习。

我是教师，

建立属于我的在线课程！

注册教师账号并登录，在"添加教材"处输入本书附带的教材序列号(见封底)，激活成功后即可建立包含该教材全套资源的在线课程。

我是学生，

加入教材作者的在线课程！

注册学生账号并登录，在"加入新课程"处输入课程编号 RGL-ZXY-0001 和报名密码 123456，同时输入本书附带的教材序列号(见封底)，即可加入教材作者的在线课程。

加入任课教师的在线课程！

注册学生账号并登录，在"加入新课程"处输入课程编号和报名密码（请向您的任课教师索取），同时输入本书附带的教材序列号，即可加入该教师的课程。

建议浏览器：

如有疑问，请联系 service@izhixue.cc   或加入清华教学服务群：213172117